"十二五"普通高等教育本科国家级规划教材
工业和信息化部"十二五"规划教材
高等学校电子信息类精品教材

# 微波技术与天线

## (第4版)(修订版)

李延平　王新稳　李　萍
陈　曦　王　楠　侯建强　朱永忠　编著
梁昌洪　主审

電子工業出版社
Publishing House of Electronics Industry
北京·BEIJING

## 内 容 简 介

本书从“路”的观点出发,较为系统地论述了微波技术与天线的基本理论与基础知识。在编写时力求去繁就简,深入浅出,这样既保持了知识结构的完整性,又为非电磁场专业的学生或其他人员学习微波技术与天线知识提供一条简捷的通道。

本书共4章,第1章至第3章为微波技术部分,第4章为天线部分。主要内容有:长线理论、理想导波系统的一般理论分析、规则波导传输线、常用微波横电磁(TEM)波传输线、微波网络理论基础、各种常用微波元件、天线基础知识和基本理论、线天线、面天线、引向天线、螺旋天线、微带天线、手机天线和移动通信中的基站天线、智能天线等各种常用天线及电波传播概论等。

本书可作为电子信息工程、通信工程等专业的本科生教材和参考用书,也可供相关专业的工程技术人员使用。

本书配套的慕课(MOOC)教学课程在中国大学 MOOC(爱课程)平台(https://www.icourse163.org/course/XDU-1206399806)上线,包含章节知识点视频、思考题、章节测验和期末考试等。



**图书在版编目(CIP)数据**

微波技术与天线/李延平等编著. —4版(修订本). —北京:电子工业出版社,2021.6
ISBN 978-7-121-41273-8

Ⅰ.①微… Ⅱ.①李… Ⅲ.①微波技术-高等学校-教材 ②微波天线-高等学校-教材 Ⅳ.①TN015 ②TN822

中国版本图书馆 CIP 数据核字(2021)第 105854 号

责任编辑:王晓庆
印　　刷:三河市君旺印务有限公司
装　　订:三河市君旺印务有限公司
出版发行:电子工业出版社
　　　　　北京市海淀区万寿路 173 信箱　邮编:100036
开　　本:787×1092　1/16　印张:20.25　字数:518.4 千字
版　　次:2003 年 1 月第 1 版
　　　　　2021 年 6 月第 5 版
印　　次:2024 年 7 月第 6 次印刷
定　　价:59.00 元

凡所购买电子工业出版社图书有缺损问题,请向购买书店调换。若书店售缺,请与本社发行部联系,联系及邮购电话:(010)88254888,88258888。

质量投诉请发邮件至 zlts@phei.com.cn,盗版侵权举报请发邮件至 dbqq@phei.com.cn。

本书咨询联系方式:(010)88254113,wangxq@phei.com.cn。

# 修 订 说 明

在这个信息爆炸的时代,作为信息主要载体的高频电磁波——微波,不仅在卫星通信、计算机通信、移动通信等新兴学科领域得到了广泛应用,而且深入到各行各业,甚至在人们的日常生活中也扮演着重要的角色。因此认识微波、了解微波的物理机制与原理,已经成为通信工程与其他电子信息类专业学生的必备技能。

在网络教学的大环境下,"微波技术与天线"课程于 2017 年成为西安电子科技大学"示范性特色课程"建设项目和在线开放课程建设项目,教学团队录制了该课程的慕课(MOOC)视频,并于 2019 年 9 月 7 日在中国大学 MOOC 平台上线(https://www.icourse163.org/course/XDU-1206399806),实现了该课程的在线教学。"微波技术与天线"MOOC 教学课程包含 83 个章节知识点视频、思考题、章节测验和期末考试。针对教材的每一章节,共设置了 6 次章节测验,每次测验从 40~50 道题中随机抽取 10 道题,用于检查学习效果。学生可以通过知识点视频来学习新知识,使用相应的章节测验来检查学习效果,利用思考题辅助预习及巩固课程内容。教师可利用平台获取学生学习的过程和效果,进而不断改进教学。

2023 年 6 月,"微波技术与天线"线上课程入选了第二批国家级一流本科课程。2023 年该课程也上线了学堂在线(https://www.xuetangx.com/course/xidian0807bt/19323461?channel=i.area.manual_search)。

为了进一步加强微波技术与天线的教学工作,适应高等学校正在开展的课程体系与教学内容的改革,特别是响应党的二十大精神,聚焦教育发展,履行"科教兴国、人才强国、创新驱动发展"的三大战略,而教材是育人的载体,必须集中体现系统学习和理论阐释,运用理论与实践、历史与现实相结合的方法,将思政要素融入课程教学各环节,积极探索适应 21 世纪人才培养的教学模式——网络教学,帮助使用该教材的老师和学生更好地利用线上资源,同时适应线上、线下教学需求,对第 4 版教材进行了补充修订。修订内容如下:每个章节末增加对应 MOOC 平台知识点的序号、章节测验及相应的习题号;对教材中的错误之处进行了勘误。其中,第 1 章由王楠修订,第 2 章由陈曦修订,第 3 章由王新稳修订,第 4 章由李延平修订,侯建强给出了修改意见。

武警工程大学的李萍教授、朱永忠教授给出修改意见,编者在此表示衷心的感谢。

本书由梁昌洪教授审阅,并提出了许多宝贵的意见和建议,编者在此表示衷心的感谢。

尽管书中对已发现的不足之处及印刷上的错误已做了修正,但金无足赤,若今后再有发现,望能及时告诉我们,以便及时改正。

编 者

2023 年 12 月

# 第 4 版前言

本教材的第 1 版是为了面向未来、宽口径培养人才，适应传统的专业理论课程面临大幅度压缩课时，而新技术、新知识类课程又不断涌现的情况而编著的。随着信息时代的到来，作为信息主要载体的高频电磁波——微波，不仅在卫星通信、计算机通信、移动通信等新兴学科领域得到了广泛应用，而且深入各行各业，甚至在人们的日常生活中也扮演着重要的角色。因此对于电子信息工程与通信工程专业的学生来说，电磁场、微波技术与天线类课程在目前及今后都是不可或缺的。但由于学生在校学习的时间有限，不可能像过去那样设置多门大课时课程，所以如何在有限的时间内让学生系统地学习电磁场、微波电路的基本知识，以适应培养从事电子工程系统研究专业人才知识结构的需要，为今后从事这方面的工作提供一个“接口”，就是这几年我们进行的主要教改工作。

我们根据电子信息工程与通信工程专业的特点，对“微波技术与天线”课程的内容在尊重知识构成的基本内在规律的基础上做了调整，对课时进行了压缩。微波技术部分将传统“场”与“路”两条线分析法调整为重点突出“路”的分析法，无源元件也以常用平面电路元件为主，并通过课内加开实验的方法，让学生对微波系统有一定的感性认识。天线部分的重点放在天线的性能指标与各种实用天线的结构特点介绍上。经过几年的教学实践，我们编写了这本教材，并为多所学校采用。

第 1 版教材获西安电子科技大学第九届(2005 年度)优秀教材二等奖。

本教材第 2 版正式列入“普通高等教育‘十一五’国家级规划教材”。在修订中参考了部分使用该教材的教师提出的意见。微波技术部分由王新稳修订。补充了几个杨德顺教授提供的与工程应用有关的传输线阻抗和驻波系数关系的公式；对传输线上的功率传输问题进行了详细的探讨；增加了部分例题；对波导传输线一节做了补充修改；对微波网络一章中的归一化转移参数矩阵改用 $\boldsymbol{A}$ 表示，避免与散射参数中的归一化入射波矩阵 $\boldsymbol{a}$ 混淆；对书中一些已发现的印刷错误和不妥之处做了修改；增加了附录和部分例题及习题。考虑大部分任课教师的建议，将微波网络一章中的 2.7 节“简单不均匀性的等效电路分析”打上星号，由任课教师选讲。天线部分由李萍和李延平共同修订，由李延平执笔重修。对天线基本理论知识进行了较详细的叙述，增加了接收天线基本理论和面天线基本理论知识。受教材篇幅和课时数的限制，删掉了原书中具体天线的介绍，只保留了移动通信中的基站天线内容。杨德顺教授和傅德明教授对重修内容进行了审阅。

第 2 版教材获西安电子科技大学第十一届(2009 年度)优秀教材一等奖。

本教材的第 3 版是根据“十二五”国家级教材规划选题的通知精神，对已出版、使用多年的该教材进行修订的。修订中参考了部分使用该教材的教师提出的意见。微波技术部分由王新稳修订，对书中的部分错误进行了更正，将微波网络一章中的 2.7 节“简单不均匀性的等效电路分析”移到附录中，由任课教师选讲。天线部分由李延平修改，根据教学的需要，增加了“电波传播概论”一节，并更正了部分错误，李萍给出了修改意见。

本教材第 3 版正式列入“‘十二五’普通高等教育本科国家级规划教材”和工业和信息化

部“十二五”规划教材立项。

第 3 版教材获 2015 年度陕西省普通高等学校优秀教材奖二等奖、西安电子科技大学第十三届(2013 年度)优秀教材一等奖。

根据教育部和工信部对已入选“十二五”教材规划的教材继续修订完善、补充更新知识的要求,以及新的网络教学方法的要求,我们对已出版、使用五年的该教材进行了再次修订。

第 4 版教材中参考了评审专家和部分使用该教材的教师提出的意见。微波技术部分由王新稳、陈曦、王楠、侯建强修改,在绪论中增加了通信波段的新的划分和太赫兹波段及应用的介绍,微波网络一章中增加了微波工程中的常用指标回波损耗和反射损耗,以及“微波网络的信号流图”一节,以满足不同学校的教学需求,对书中的部分错误进行了更正。天线部分由李延平修改,重新改写了 4. 11 节,增加了通信系统中常用天线的性能指标与各种实用天线的结构特点介绍,并更正了部分错误,武警工程大学的李萍教授、朱永忠教授给出修改意见,焦永昌教授、张小苗教授对重修内容进行了审阅。

第 4 版教材获西安电子科技大学第十五届(2017 年度)优秀教材一等奖。

本教材的多媒体教学软件是在西安电子科技大学校教改基金的资助下由王新稳负责研制的。该教学软件将动画、图形、文字、公式等素材集于一体,为使用该教材的教师提供了一个灵活自主课堂教学的计算机教学平台。利用动画设计软件完成的入射波、反射波、行波、驻波、波导 TE10 模场结构图、电流分布图的动画演示软件,将复杂抽象、概念高深的电磁波的运动规律用动画图形展示出来,既可以有效地辅助老师的课堂教学,帮助学生更好地学习、理解和掌握这种看不见、摸不着的电磁波的运动规律,又可以使单调、枯燥、乏味的教学工作变得生动有趣。该教材的习题详细解答的多媒体演示软件也设计完成,可用于辅助教学。本教材配套的学习指导书《微波技术与天线学习辅导与习题详解》也已出版发行。和该教材配套的教学资源、PPT 等,可以登录电子工业出版社的华信教育资源网(https://www.hxedu.com.cn)免费下载。本教材的参考教学时数为 60 学时左右。

编者对梁昌洪教授、杨德顺教授、叶后裕教授、傅德明教授、魏文元教授、周良明教授、王家礼教授、孙肖子教授、褚庆昕教授、卢起堂高工、朱满座教授、焦永昌教授、张小苗教授、郑会利教授、李勇教授,北京理工大学张晋民教授,桂林电子科技大学等学校使用该教材的任课老师们在编写、修订该教材的过程中给予的指导和帮助表示诚挚的感谢。编者对李清风、杨熙、樊芳芳、马超、田小林、李林子、周非、任可明和武警工程大学的陈军、刘颖等老师及赵波、袁莉、李军、苟永刚、邢蕊娜、张鹏、姜文、姜林涛、宋跃、梁浩、郭航利、周晓辉、袁涛等同学在编修该教材和制作多媒体教学课件中给予的帮助表示诚挚的感谢。编者对电子工业出版社的陈晓莉编辑、杨永毅编辑在编修该教材和 MOOC 课件录制中给予的指导与帮助表示诚挚的感谢。

本书由梁昌洪教授审阅,并提出了许多宝贵的意见和建议,在此,编者表示衷心的感谢。

尽管书中对已发现的不足之处及印刷上的错误已做了修正,但金无足赤,若今后再有发现,望能及时告诉我们,以便及时改正。

编 者

2015 年 12 月

# 目　　录

# 绪　　论

微波技术是近代科学研究的重大成就。几十年来,它已发展成为一门比较成熟的学科,在雷达、通信、导航、电子对抗等许多领域得到了广泛的应用。其中,雷达正是微波技术的典型应用。可以说没有微波技术的发展(具体地说是没有微波有源器件的发展),就不可能有现代雷达,两者休戚相关,互相促进。因此,微波技术目前已成为无线电电子工程专业的专业基础课之一。在绪论中,我们首先讨论微波及其特点、微波的应用与发展。

## 0.1　微波波段的划分

目前把在自由空间中波长为 1m~0.1mm 的电磁波称为微波,其对应的频率为 300MHz~3000GHz,该波段称为微波波段。由此可见,微波是指波长很小的波,是可以顾名思义的。这从 Microwave 一词中也可以看出。但从频率上来看,则恰好相反:微波的频率非常高,对应的数值也很大。因此在微波理论研究的早期,称其为超高频技术。

在实际应用中,为了方便起见,常把微波波段简单地分为:分米波段(B.dm)(频率 300~3000MHz)、厘米波段(B.cm)(频率 3~30GHz)、毫米波段(B.mm)(频率 30~300GHz)、亚毫米波段(频率 300~3000GHz)。其中毫米波的 100~10 000GHz 称为太赫兹(THz)波,即 0.1THz(100GHz)~ 10THz 范围内的电磁波,它介于毫米波与红外光之间,波长为 3mm~30μm,处于从电子学向光子学的过渡区。

在雷达、通信及常规微波技术中,常用英文字母来表示更为详细的微波分波段,如表 0-1 所示;表 0-2 给出了家用电器的频段。

**表 0-1　常用微波分波段代号**

| 波段代号 | 标称波长(cm) | 频率范围(GHz) | 波长范围(cm) |
|---|---|---|---|
| P | | 0.23~1 | 130~30 |
| L | 22 | 1~2 | 30~15 |
| S | 10 | 2~4 | 15~7.5 |
| C | 5 | 4~8 | 7.5~3.75 |
| X | 3 | 8~12 | 3.75~2. 5 |
| Ku | 2 | 12~18 | 2.5~1.67 |
| K | 1.25 | 18~27 | 1.67~1.11 |
| Ka | 0.8 | 27~40 | 1.11~0.75 |
| U | 0.6 | 40~60 | 0.75~0.5 |
| V | 0.4 | 60~80 | 0.5~0.375 |
| W | 0.3 | 80~100 | 0.375~0.3 |

**表 0-2　家用电器的频段**

| 名　称 | 频 率 范 围 |
|---|---|
| 调幅无线电 | 535~1605kHz |
| 短波无线电 | 3~30MHz |
| 调频无线电 | 88~108MHz |
| 商用电视 | |
| 1~3 频道 | 48. 5~72. 5MHz |
| 4~5 频道 | 76~92MHz |
| 6~12 频道 | 167~223MHz |
| 13~24 频道 | 470~566MHz |
| 25~68 频道 | 606~968MHz |
| 微波炉 | 2. 45GHz |

关于波段代号的由来,互联网上有一些有趣的解释,现摘录如下,网址见参考文献。

L 波段的代号源自英语 Long 的字头,最早用于搜索雷达的电磁波波长为 23cm,因此用 Long 的字头 L 命名了该波段,后来这一波段的中心波长变为 22cm。

S 波段的代号源自英语 Short 的字头,在波长为 10cm 的电磁波被使用后,因其电磁波波长比已有的 L 波段的波长短,就用 Short 的字头命名了该波段。

X 波段的代号源自工作于 3cm 的火控雷达的功能——探测扫描目标并帮助武器瞄准目标,因为 X 代表坐标上的某点,就用 X 命名了该波段,所以 3cm 波长的电磁波被称为 X 波段。

C 波段的代号源自英语 Compromise 的字头,为了结合 X 波段和 S 波段的优点,逐渐出现了使用中心波长为 5cm 的雷达,就用 Compromise 的字头 C 命名了该波段。

K 波段的代号源自德语中"Kurtz—短"的字头,在英国人之后,德国人也开始独立开发自己的雷达,他们选择 1.5cm 作为自己雷达的中心波长,并用 Kurtz 的字头 K 命名该波段。遗憾的是,德国人以其日尔曼民族特有的"精确性"选择的波长可以被水蒸气强烈吸收,结果这一波段的雷达不能在雨中和有雾的天气使用。战后设计的雷达为了避免这一吸收峰,通常使用比 K 波段频率略高(Ka,即英语 K-above 的缩写,意为在 K 波段之上)和略低(Ku,即英语 K-under 的缩写,意为在 K 波段之下)的波段。

P 波段的代号源自英语 Previous 的字头,由于最早的雷达使用的是米波,相对后来出现的频率越来越高的雷达波段,这一波段就用 Previous 的字头命名了。

第二次世界大战后,雷达的频谱分段有多个标准,表 0-1 的分段方法是由电气和电子工程师学会(IEEE)建立的,此外还有三种分段标准:德国标准、美国标准和欧洲标准。由于德国与美国的标准提出较早,现在大多数国家使用的是欧洲新标准,表 0-3 给出了欧洲新标准下的部分波段。

**表 0-3　欧洲新标准下的部分波段**

| 波段 | 类型 | 频率范围(GHz) | 波长范围(cm) |
|---|---|---|---|
| A | 米波 | <0.25 | >120 |
| B | 米波 | 0.25~0.5 | 120~60 |
| C | 分米波 | 0.5~1 | 60~30 |
| D | 分米波 | 1~2 | 30~15 |
| E | 分米波 | 2~3 | 15~10 |
| F | 分米波 | 3~4 | 10~7.5 |
| G | 分米波 | 4~6 | 7.5~5 |
| H | 厘米波 | 6~8 | 5~3.75 |
| I | 厘米波 | 8~10 | 3.75~3 |
| J | 厘米波 | 10~20 | 3~1.5 |
| K | 厘米波 | 20~40 | 1.5~0.75 |
| L | 毫米波 | 40~60 | 0.75~0.5 |
| M | 毫米波 | 60~100 | 0.5~0.3 |

ISM(Industrial Scientific Medical)频段是工业、科学和医用频段,无须许可证,只需要遵守一定的发射功率(一般低于 1W),并且不要对其他频段造成干扰即可。2.4GHz 为各国共同的

ISM 频段,因此无线局域网、蓝牙、ZigBee 等无线网络,均可工作在 2.4GHz 频段上。

水分子的谐振频率是 2.45GHz,所以微波炉、微波治疗仪的工作频率都是 2.45GHz。

## 0.2 微波的特点

之所以要将微波波段从射频频谱中分离出来,单独进行研究,是因为微波波段有着不同于其他波段的重要特点。

**(1) 似光性和似声性**

微波波段的波长与无线电设备的线长度及地球上的一般物体(如飞机、舰船、火箭、导弹、建筑物等)的尺寸相当或小得多,这样当微波照射到这些物体上时,将产生显著的反、折射,就如同光线的反、折射一样;同时,微波传播的特性也和几何光学相似,能像光线那样直线传播和容易集中,即具有似光性。这样利用微波就可以获得方向性极好、体积小的天线设备,用于接收地面上或宇宙空间中各种物体反射回来的微弱信号,从而确定该物体的方位与距离,这就是雷达及导航技术的基础。微波的波长与无线电设备尺寸相当的特点,使得微波又表现出与声波相似的特征,即具有似声性。例如,微波波导类似于声学中的传声筒;喇叭天线和缝隙天线类似于声学喇叭、箫和笛;微波谐振腔类似于声学共鸣箱等。

**(2) 分析方法的独特性**

由于微波的频率很高,波长很短,使得在低频电路中完全忽略了的一些现象和效应(例如,趋肤效应、辐射效应、相位滞后现象等)在微波波段不可忽略。这样在低频电路中,常用的集总参数元件(电阻、电感、电容)已不适用,电压、电流在微波波段甚至失去了唯一性意义。因此,用它们已无法对微波传输系统进行完全的描述,而要求建立一套新的能够描述这些现象及效应的理论分析方法——电磁场理论的场与波传输的分析方法,用新的装置(如传输线、波导、谐振腔等)代替那些我们已习惯了的电容、电感、电阻,这些装置起着与它们相似的作用。

**(3) 共渡性**

电子在真空管内的渡越时间($10^{-9}$s 左右)与微波的振荡周期($10^{-13}\sim10^{-9}$s)相当的这一特点称为共渡性,该特性是给微波电子学以巨大影响的非常重要的物理因素,利用这种共渡性可以做成各种微波电真空器件,得到微波振荡源。而这种渡越效应在静电控制的电子管中是忽略不计的。

**(4) 穿透性**

微波照射于介质物体时,能深入该物质内部的特点称为穿透性。例如,微波是射频波谱中唯一能穿透电离层的电磁波(光波除外),因而成为人类探测外层空间的"宇宙窗口";微波能穿透云雾、雨、植被、积雪和地表层,具有全天候和全天时工作的能力,成为遥感技术的重要波段;微波能穿透生物体,成为医学透热疗法的重要手段;毫米波还能穿透等离子体,是远程导弹和航天器重返大气层时实现通信和末端制导的重要手段。

**(5) 信息性**

微波波段可载的信息容量是非常巨大的,即使是很小的相对带宽,其可用的频带也是很宽的,可达数百甚至上千兆赫。所以现代多路通信系统,包括卫星通信系统,几乎无一例外地工作在微波波段。此外,微波信号还可提供相位信息、极化信息、多普勒频率信息。这在目标探测、遥感、目标特征分析等应用中是十分重要的。

**(6) 非电离性**

微波的量子能量不够大,因而不会改变物质分子的内部结构或破坏其分子的化学键,所以微波和物体之间的作用是非电离的。而由物理学可知,分子、原子和原子核在外加电磁场的周期力作用下所呈现的许多共振现象都发生在微波范围内,因此微波为探索物质的内部结构和其基本特性提供了有效的研究手段。此外,利用这一特性和原理可研制出许多适用于微波波段的器件。

## 0.3 研究对象及应用

微波技术研究的是微波信号的产生、放大、传输、接收、控制、测量、使用的方法。

微波的应用范围很广,最典型的应用就是雷达与通信。在第二次世界大战期间,迫切需要能够对敌机及舰船进行探测定位的高分辨率雷达,而微波的似光性正好可以满足这一要求,因而大大促进了微波技术的发展。在那时,雷达工程就是微波工程的同义语。甚至在今天,各种类型的雷达,如导弹跟踪雷达、炮火瞄准雷达、气象探测雷达和机场管制雷达等,仍然代表着微波频率的典型应用。微波波段的巨大的信息量使得其被广泛地应用于各种通信业务中,如微波多路通信、微波中继通信、散射通信、移动通信和卫星通信等。

微波的另一方面的应用就是作为能源被应用于工农业生产及人们的日常生活中,特别是随着微波炉的日益普及,微波产品也进入了寻常百姓的家中,直接为人类造福。

## 0.4 微波的发展简史回顾及新进展

微波技术的应用仅在第二次世界大战前几年才开始。尽管在 19 世纪末,已经知道了超高频的许多特性,赫兹用火花振荡器得到了微波信号,并对其进行了研究。但赫兹本人并没有想到将这种电磁波用于通信,他的实验仅证实了麦克斯韦(Maxwell)的一种预言——电磁波的存在。他在给朋友的信中甚至否认了将微波用于实际的可能性,因此很长一段时间内对微波没有更深入的研究。

20 世纪初期对微波技术的研究又有了一定的进展,但仅限于实验室研究。此阶段研制出了磁控管、速调管及其他一些新型的微波电子管。这些器件的功率较小,效率也很低。1936 年 4 月,美国科学家 SouthWorth 用直径为 12.5cm 的青铜管将 9cm 波长的电磁波传输了 260m。这一实验结果激励了当时的研究者,因为它证实了 Maxwell 的另一种预言——电磁波可以在空心的金属管中传输,因此,在第二次世界大战中微波技术的应用就成了一个热门的课题。

战争的需要促进了微波技术的发展,而电磁波在波导中传输的成功,又提供了一个有效的能量传输设备。因此,这时微波电真空振荡器及微波器件的发展十分迅速。在 1943 年终于制造出了第一台微波雷达,工作波长为 10cm。这一阶段由于战争的影响,只注重应用,理论问题的探讨远远落后于实际。

战后,可以认为是微波技术发展的第三阶段。这一阶段,不仅系统研究了微波技术的传输理论,而且向着多方应用发展,并且一直在不断地发展完善。其发展的趋势如表 0-4 所示。

近年来,太赫兹(THz)技术的发展极为迅速。太赫兹频段在无线电物理领域称为亚毫米波,在光学领域则习惯称为远红外光,太赫兹波具有独特的瞬态性、宽带性、相干性和低能性。太赫兹(THz)波用于通信还具有传输速率高、方向性好、安全性高、散射小及穿透性好等许多特性。

**表 0-4　微波技术的发展简表**

| | |
|---|---|
| 传输线 | 双线同轴传输线 ⟶ 波导传输线 ⟶ 带状微带线传输线 ⟶ 介质波导 ⟶ 鳍线波导 |
| 振荡器 | 微波电真空器件 ⟶ 微波半导体器件 ⟶ 多管合成器件 |
| 电路形式 | 波导电路 ⟶ 微带电路 ⟶ 混合集成电路 ⟶ 单片集成电路 |
| 研究的波段 | 分米波段 ⟶ 厘米波段 ⟶ 毫米波段 ⟶ 亚毫米波段 ⟶ 太赫兹波段 |

在 20 世纪 80 年代中期以前，由于缺乏有效的太赫兹辐射产生方法和检测方法，人们对该波段的特性知之甚少，以至于该波段被称为电磁波谱中的太赫兹空隙。近年来，太赫兹波以其独特的性能和广泛的潜在应用而越来越受到世界各国的关注。

太赫兹波辐射源技术的发展是推动太赫兹应用技术和相关交叉学科迅速发展的关键所在。太赫兹辐射源主要分为两大类:一类是可见光与红外技术通过非线性光学方法或光泵浦向长波方向发展而成;另一类为从微波技术向高频方向发展的电真空器件。

随着太赫兹波辐射源技术的发展,用于太赫兹波传输的各种传输线也应运而生。这些太赫兹传输线包括:共面线、金属线、光纤等。随着应用研究的不断深入和交叉学科领域的不断扩大,太赫兹波的研究与应用将迎来一个蓬勃发展的阶段。太赫兹波将和电磁波谱的其他波段一样，一定会给人类的社会生活带来深远的影响。

MOOC 视频知识点 1. 1。

# 第1章　传输线理论与微波传输线

凡是用以引导电磁波的装置都称为传输线。在微波波段，由于频率甚高，频率范围极宽，应用目的各异，因此微波传输线的种类较多，如图1-1所示。此外，还有一些特殊形式及不断问世的新型传输线。对微波传输线的基本要求就是：宽频带、低衰减的单模传输电磁波。微波传输线除用来传输电磁波外，还可用来构成各种结构形式的微波元件。

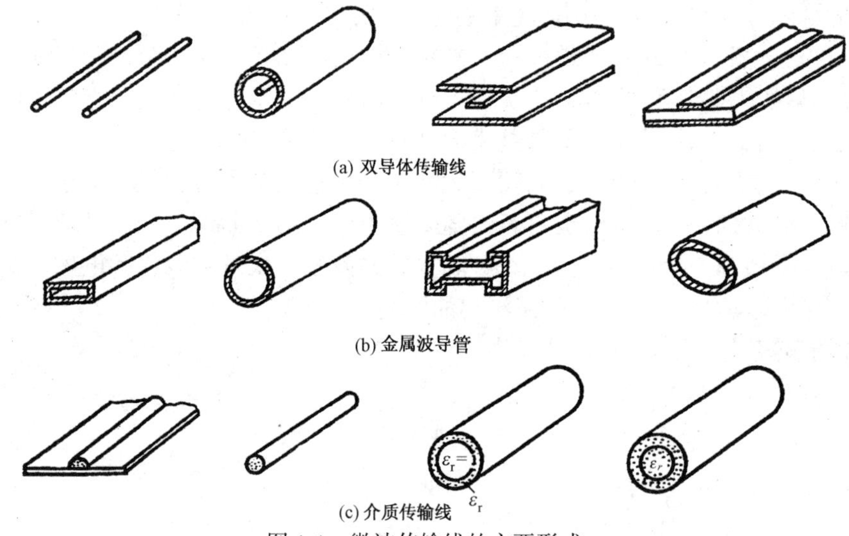


图1-1　微波传输线的主要形式

从图1-1可以看出，微波传输线主要有三种结构类型。第一类是双导体结构的传输线，主要有平行双导线、同轴线、带状线及微带线等。这类传输线上传输的是横电磁波，所以又称其为TEM波传输线。第二类是均匀填充介质的波导管，主要有矩形波导、圆波导、脊波导及椭圆波导等。这类传输线上传输的是横电（TE）波或横磁（TM）波，都是色散波，所以又称其为色散波传输线。第三类是介质波导，有镜像线、介质线等。这类传输线上传输的是TE和TM波的混合波，并且沿线的表面传输，所以称其为表面波传输线，它也是色散波传输线。所以从传输的电磁波类型上来分，微波传输线可以简单地分为两种类型：TEM波（或非色散波）传输线与非TEM波（或色散波）传输线。

分析电磁波沿传输线的传播特性的方法有两种。一种是“场”的分析方法，即从麦克斯韦方程出发，在特定的边界条件下求解电磁场的波动方程，求得各场量的时空变化规律，分析电磁波沿线的各种传播特性，这就是“场”理论的分析方法。电磁场理论中对波导传输线所用的分析方法就是“场”的分析方法，该方法能够对微波系统进行完全的描述，是分析色散波传输系统的根本方法。另一种是“路”的分析方法，将传输线作为分布参数电路处理，用基尔霍夫定律建立传输线方程，求得线上电压和电流的时空变化规律，分析其传输特性。TEM波传输线多用此方法进行分析。事实上，“场”的理论和“路”的理论是密切相关的，在很多方面两者互相补充。有些电磁现象可用“路”的理论处理，有些电磁现象却只能用“场”的理论处理。有时对同一种电磁现象既可用“路”的理论,也可用“场”的理论处理,因此两种理论只是分析同一问题的不同途径。另外,从广义传输线理论的观点来看,广义“路”的理论和“场”的理论是等效的。学完本章之后,对此会有一定的理解。

本章首先讨论一维分布参数电路和传输线理论——长线理论,然后用长线理论分析基本TEM 波传输线的传输特性,最后介绍一些其他形式的微波传输线。

# 1.1 长线理论

本节从路的观点研究传输线在微波运用下的传输特性,讨论用阻抗圆图进行阻抗计算和阻抗匹配的方法。本节所得到的一些基本概念和公式不仅适用于 TEM 波传输线,而且还可以用于天线和波导传输线。

## 1.1.1 分布参数电路的模型

在学习长线理论前,首先应弄清楚 TEM 波传输线的结构特点及为什么 TEM 波传输线可用“路”的理论分析,而非 TEM 波则不行的问题,应弄清楚“长线”“分布参数”“分布参数电路”等概念。

### 1. TEM 波传输线的结构特点

典型的 TEM 波传输线如表 1-1 中的插图所示,其结构上的最大特点就是:都是双导体构成,也正是这一结构特点使得其上的电磁波分布有别于非 TEM 波传输线。图 1-2 给出在 $t$ 时刻平行双导线和同轴线的电磁波分布。

**表 1-1 几种双导体传输线 $L_1$、$C_1$ 的计算公式**

| 种 类 | 双 导 线 | 同 轴 线 | 薄 带 状 线 |
|---|---|---|---|
| | $d$, $D$ | $D$, $d$ | $b$, $W$ |
| $L_1$ | $\frac{\mu}{\pi}\ln\frac{2D}{d}$ | $\frac{\mu}{2\pi}\ln\frac{D}{d}$ | $\frac{\pi\mu}{8\mathrm{arch}\exp\left(\frac{\pi W}{2b}\right)}$ |
| $C_1$ | $\frac{\pi\varepsilon}{\ln\frac{2D}{d}}$ | $\frac{2\pi\varepsilon}{\ln\frac{D}{d}}$ | $\frac{8\varepsilon}{\pi}\mathrm{arch}\exp\left(\frac{\pi W}{2b}\right)$ |

从电磁波的形状可以看出:平行双导线和同轴线所传输的电磁波与在自由空间传播的均匀平面波的共同特点是:电场靠磁场支持,磁场靠电场维系,彼此互为依存;不同点是:在 TEM 波传输线里,$t$ 时刻的电场力线还可以被视为从一个导体的正电荷发出落到另一个导体的负电荷上,它们是靠正、负电荷支持的,不是封闭的力线。围绕导体的一圈圈的封闭磁力线还可以被视为由导体上的电流激发的,并且在任一时刻电磁场分量都是同相的,与传输方向正交。其横向场随空间横向变化与静态场完全一样,这样电场可由单值的电压确定,磁场可由单值电流维系,因此 TEM 波传输线是唯一可以用分布参数的“路”的理论描述的。

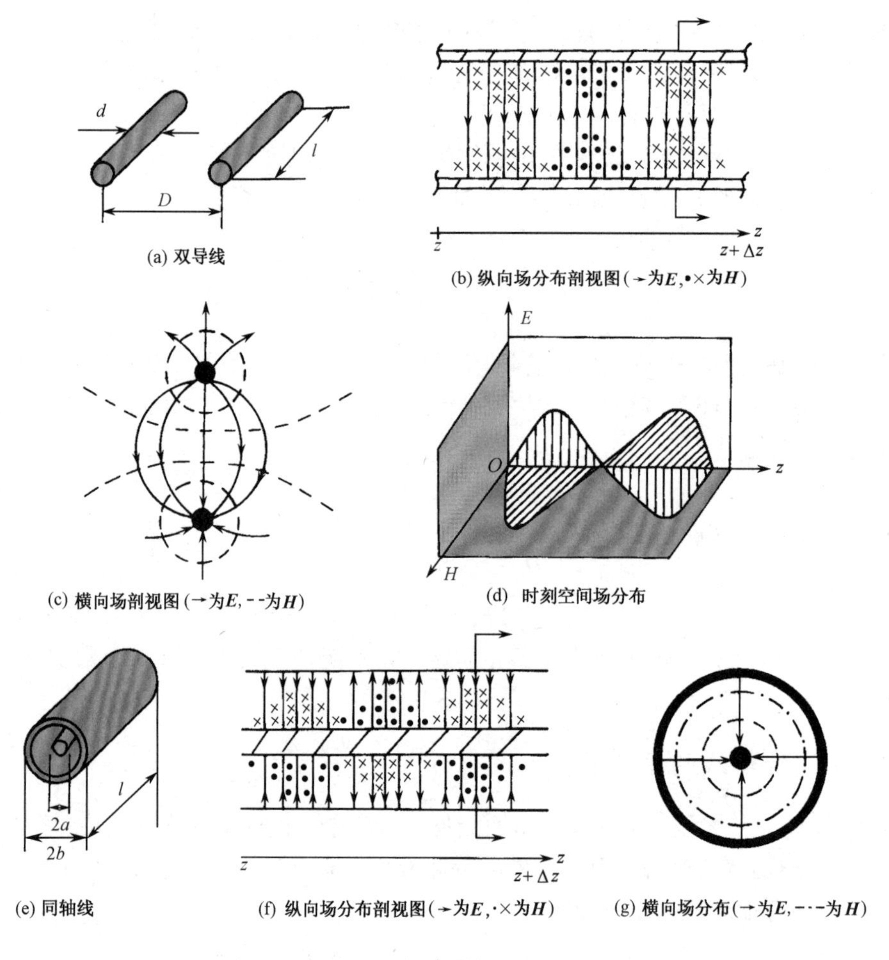


图 1-2　平行双导线和同轴线的电磁场分布

### 2. 长线的概念

通常人们把 TEM 波传输线称为长线,这是由于微波的波长很短,而传输线的长度往往比波长大得多或与波长相当的缘故。例如,在电力工程中,对于频率为 50Hz、波长为 6000km 的交流电,1000m 的输电线仍远小于波长,故视为短线;而对于 1000MHz 的电磁波,其波长为 30cm,1m 长的传输线远大于波长,故为长线,所以长线是相对波长而言的。**凡是线长度比波长大或与波长相当的传输线就称为长线。**在长线理论中为了分析和计算方便,引入了一个相对长度量——电长度,即定义传输线的长度与所传输的电磁波波长之比为电长度,用 $\bar{l}=l/\lambda$ 表示,其中 $\lambda$ 为波长,$l$ 为传输线的长度。

### 3. 分布参数电路的模型

分布参数是相对集总参数而言的。在低频电路中,电阻、电感、电容和电导都是以集总参数的形式出现的,连接元件的导线都是理想的短路线,可以任意延伸或压缩。在微波波段,由导体构成的传输线往往比波长长或与波长相当,当电磁波沿着长线传播时,低频时忽略的各种现象与效应此时都通过沿导体线的损耗电阻、电感、电容和漏电导表现出来,导致沿线的电压、电流随时间和空间位置变化。这些参数虽然看不见,但其对传输的电磁波的影响分布在传输线上的每一点，故称其为分布参数，并且用 $R_1$、$L_1$、$C_1$ 和 $G_1$ 表示，分别称其为传输线单位长度的分布电阻、分布电感、分布电容和分布电导。

如果长线的分布参数是沿线均匀分布的，不随位置而变化，则称其为均匀长线或均匀传输线。本节内容只限于分析均匀长线，表 1-1 给出了几种典型的双导体传输线的分布参数的计算公式。

对于连接源和负载的 TEM 波传输线，可用图 1-3(a)所示的电路表示。有了分布参数的概念之后，就可将均匀长线划分为许多无限小的线段 $\Delta z$($\Delta z \ll \lambda$)，则每个小线元可看成集总参数电路，其上有电阻 $R_1\Delta z$、电感 $L_1\Delta z$、电容 $C_1\Delta z$ 和漏电导 $G_1\Delta z$，于是得到其等效电路如图 1-3(b)所示。此即为传输线的电路模型：线元等效为集总元件构成的 Γ 形网络，实际的传输线则表示成各线元等效网络的级联，如图 1-3(c)、(d)所示。

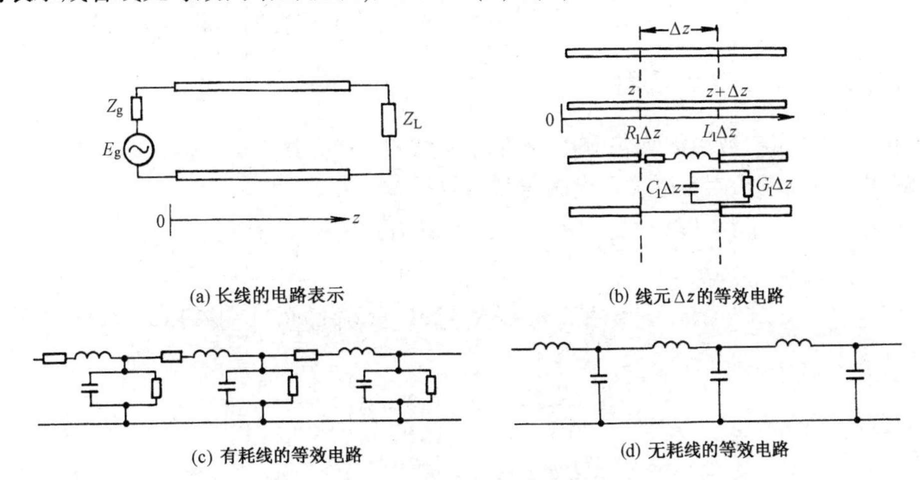

(a) 长线的电路表示　(b) 线元 $\Delta z$ 的等效电路

(c) 有耗线的等效电路　(d) 无耗线的等效电路

图 1-3　传输线的电路模型

本节习题 1-1～1-3；MOOC 视频知识点 1.2。

## 1.1.2　长线方程及其解

### 1. 传输线方程

当把传输线用图 1-4 所示的电路等效后，则根据基尔霍夫电压、电流定律，线元 $\Delta z$ 段上电压、电流的变化为

$$u(z,t) - u(z+\Delta z,t) = R_1\Delta z i(z,t) + L_1\Delta z\frac{\partial i(z,t)}{\partial t}$$

$$i(z,t) - i(z+\Delta z,t) = G_1\Delta z u(z+\Delta z,t) + C_1\Delta z\frac{\partial u(z+\Delta z,t)}{\partial t}$$

对上两式两边同除 $\Delta z$，并取 $\Delta z \to 0$ 的极限有

$$\left.\begin{aligned} -\frac{\partial u(z,t)}{\partial z} &= R_1 i(z,t) + L_1\frac{\partial i(z,t)}{\partial t} \\ -\frac{\partial i(z,t)}{\partial z} &= G_1 u(z,t) + C_1\frac{\partial u(z,t)}{\partial t} \end{aligned}\right\} \tag{1-1}$$

此即一般传输线方程，也叫电报方程。

对于角频率为 $\omega$ 的信号源，电压、电流的瞬时值 $u$、$i$ 与复振幅 $U$、$I$ 的关系为

$$u(z,t)=\mathrm{Re}[U(z)\mathrm{e}^{\mathrm{j}\omega t}]$$

$$i(z,t)=\mathrm{Re}[I(z)\mathrm{e}^{\mathrm{j}\omega t}]$$

代入式(1-1)可得时谐传输线方程

$$\left.\begin{aligned}\frac{\mathrm{d}U(z)}{\mathrm{d}z}&=-Z_1I(z)\\\frac{\mathrm{d}I(z)}{\mathrm{d}z}&=-Y_1U(z)\end{aligned}\right\}\tag{1-2}$$

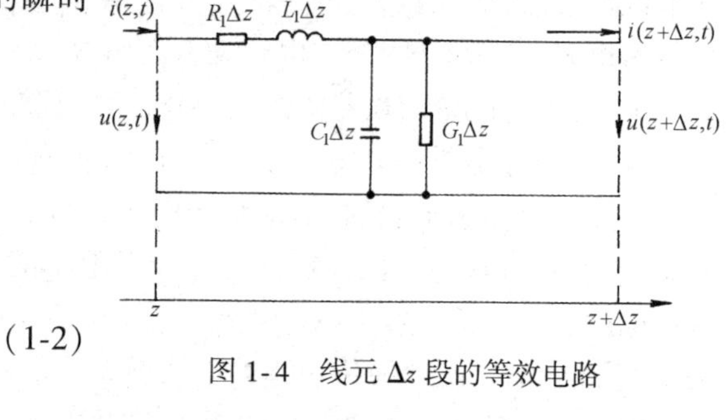

图 1-4　线元 $\Delta z$ 段的等效电路

式中，$Z_1=R_1+\mathrm{j}\omega L_1$，$Y_1=G_1+\mathrm{j}\omega C_1$ 分别称为传输线单位长度的串联阻抗和并联导纳。

## 2. 均匀传输线方程的通解

如果长线的分布参数沿线均匀分布，不随位置变化，则称其为均匀传输线。对于均匀传输线，为求解式(1-2)，两边对 $z$ 再求一次微分得

$$\frac{\mathrm{d}^2U(z)}{\mathrm{d}z^2}=-Z_1\frac{\mathrm{d}I(z)}{\mathrm{d}z},\qquad\frac{\mathrm{d}^2I(z)}{\mathrm{d}z^2}=-Y_1\frac{\mathrm{d}U(z)}{\mathrm{d}z}$$

将式(1-2)代入上两式，并令 $\gamma^2=Z_1Y_1=(R_1+\mathrm{j}\omega L_1)(G_1+\mathrm{j}\omega C_1)$，得到均匀长线电压和电流的波动方程为

$$\left.\begin{aligned}\frac{\mathrm{d}^2U(z)}{\mathrm{d}z^2}-\gamma^2U(z)=0\\\frac{\mathrm{d}^2I(z)}{\mathrm{d}z^2}-\gamma^2I(z)=0\end{aligned}\right\}\tag{1-3}$$

该式的通解为　$U(z)=A_1\mathrm{e}^{-\gamma z}+A_2\mathrm{e}^{\gamma z}$，　$I(z)=B_1\mathrm{e}^{-\gamma z}+B_2\mathrm{e}^{\gamma z}$

由式(1-2)的第一式可得

$$I(z)=-\frac{1}{Z_1}\frac{\mathrm{d}U(z)}{\mathrm{d}z}=\frac{\gamma}{Z_1}(A_1\mathrm{e}^{-\gamma z}-A_2\mathrm{e}^{\gamma z})=\frac{1}{Z_0}(A_1\mathrm{e}^{-\gamma z}-A_2\mathrm{e}^{\gamma z})$$

所以式(1-3)的通解可简化为

$$\left.\begin{aligned}U(z)&=A_1\mathrm{e}^{-\gamma z}+A_2\mathrm{e}^{\gamma z}\\I(z)&=\frac{1}{Z_0}(A_1\mathrm{e}^{-\gamma z}-A_2\mathrm{e}^{\gamma z})\end{aligned}\right\}\tag{1-4}$$

式中

$$Z_0=\frac{Z_1}{\gamma}=\sqrt{\frac{Z_1}{Y_1}}=\sqrt{\frac{R_1+\mathrm{j}\omega L_1}{G_1+\mathrm{j}\omega C_1}}$$

$$\gamma=\sqrt{Z_1Y_1}=\sqrt{(R_1+\mathrm{j}\omega L_1)(G_1+\mathrm{j}\omega C_1)}=\alpha+\mathrm{j}\beta$$

对于有耗长线，$Z_0$ 和 $\gamma$ 都是复数，其中 $Z_0$ 具有阻抗量纲，称其为传输线的特性阻抗，$\gamma$ 称为长线的传播常数，其实部称为衰减常数，虚部称为相移常数。

把 $\gamma=\alpha+\mathrm{j}\beta$ 代入式(1-4)中的指数项中，有

$$\mathrm{e}^{-\gamma z}=\mathrm{e}^{-\alpha z}\cdot\mathrm{e}^{-\mathrm{j}\beta z}\quad及\quad\mathrm{e}^{\gamma z}=\mathrm{e}^{\alpha z}\cdot\mathrm{e}^{\mathrm{j}\beta z}$$

对比电磁波在自由空间传播的情形可知：$\mathrm{e}^{-\mathrm{j}\beta z}$ 项为离开电源向负载方向传输的电压、电流波，称为入射波，用下标 i(incidental wave)表示；而 $\mathrm{e}^{\mathrm{j}\beta z}$ 项为离开负载端向电源方向传输的电压、电流波，称为反射波，用下标 r(reflected wave)表示。也可以用上标“+”号表示入射波，用

上标“-”号表示反射波。可见,传输线上的电压与电流是以波的形式出现的。根据复振幅与瞬时值的关系,将通解表示成瞬时值的形式有

$$\left.\begin{aligned} u(z,t) &= \mathrm{Re}[U(z)\mathrm{e}^{\mathrm{j}\omega t}] \\ &= |A_1|\mathrm{e}^{-\alpha z}\cos(\omega t - \beta z + \varphi_1) + |A_2|\mathrm{e}^{\alpha z}\cos(\omega t + \beta z + \varphi_2) \\ &= u_{\mathrm{i}}(z,t) + u_{\mathrm{r}}(z,t) = u^{+}(z,t) + u^{-}(z,t) \\ i(z,t) &= \mathrm{Re}[I(z)\mathrm{e}^{\mathrm{j}\omega t}] \\ &= \left|\frac{A_1}{Z_0}\right|\mathrm{e}^{-\alpha z}\cos(\omega t - \beta z + \varphi'_1) - \left|\frac{A_2}{Z_0}\right|\mathrm{e}^{\alpha z}\cos(\omega t + \beta z + \varphi'_2) \\ &= i_{\mathrm{i}}(z,t) + i_{\mathrm{r}}(z,t) = i^{+}(z,t) + i^{-}(z,t) \end{aligned}\right\} \tag{1-5}$$

式(1-5)表明:传输线上任意位置的电压与电流都是入射波与反射波的叠加。当 $Z_0$ 为实数时,电压入射波与电流入射波相位相同,电压反射波与电流反射波相位相反,沿线入射波与反射波的瞬时分布如图 1-5 所示。

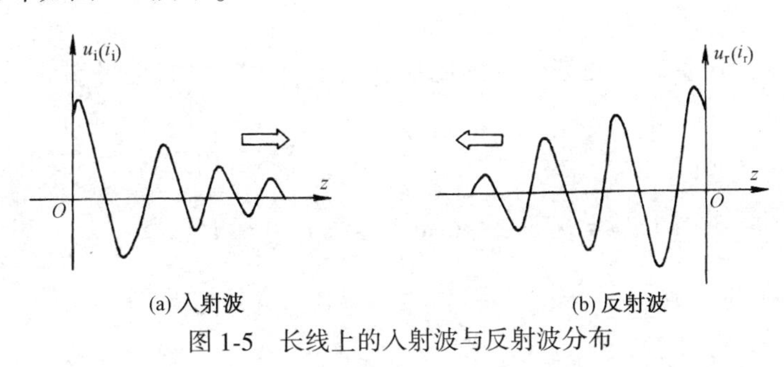


(a) 入射波　　(b) 反射波

图 1-5　长线上的入射波与反射波分布

### 3. 均匀传输线方程的定解

式(1-4)中的积分常数 $A_1$、$A_2$ 可由传输线的端接条件确定,如图 1-6 所示。下面分别讨论长线始端或终端电压、电流已知时,传输线方程的定解。

**(1) 已知始端条件的解**

设已知 $z=0$ 时,$U(0)=U_1$,$I(0)=I_1$,代入式(1-4)解得

$$A_1 = \frac{U_1 + I_1 Z_0}{2} \qquad A_2 = \frac{U_1 - I_1 Z_0}{2}$$

将 $A_1$ 和 $A_2$ 代回式(1-4),整理后得到

$$\left.\begin{aligned} U(z) &= \frac{U_1 + I_1 Z_0}{2}\mathrm{e}^{-\gamma z} + \frac{U_1 - I_1 Z_0}{2}\mathrm{e}^{\gamma z} \\ I(z) &= \frac{U_1 + I_1 Z_0}{2Z_0}\mathrm{e}^{-\gamma z} - \frac{U_1 - I_1 Z_0}{2Z_0}\mathrm{e}^{\gamma z} \end{aligned}\right\} \tag{1-6a}$$

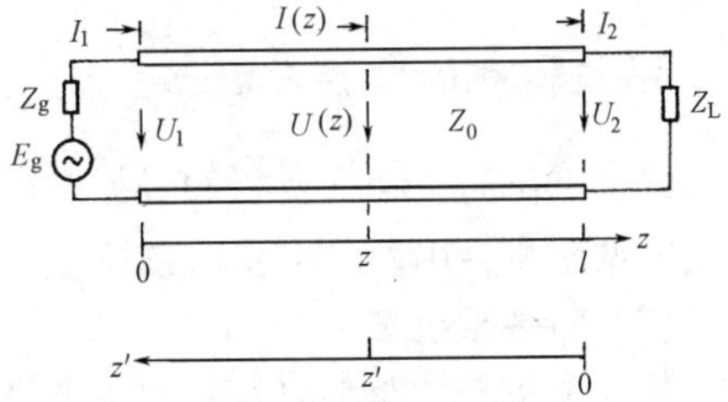

上式还可用双曲函数表示成

$$\left.\begin{aligned} U(z) &= U_1 \mathrm{ch}\gamma z - I_1 Z_0 \mathrm{sh}\gamma z \\ I(z) &= -U_1 \frac{\mathrm{sh}\gamma z}{Z_0} + I_1 \mathrm{ch}\gamma z \end{aligned}\right\} \tag{1-6b}$$

图 1-6　传输线的端接条件

**(2) 已知终端条件的解**

设已知 $z=l$ 时,$U(l)=U_2$,$I(l)=I_2$,代入式(1-4)解得

$$A_1 = \frac{U_2 + I_2 Z_0}{2} e^{\gamma l}, \qquad A_2 = \frac{U_2 - I_2 Z_0}{2} e^{-\gamma l}$$

代回式(1-4),可得其解为

$$U(z) = \frac{U_2 + I_2 Z_0}{2} e^{\gamma(l-z)} + \frac{U_2 - I_2 Z_0}{2} e^{-\gamma(l-z)}$$

$$I(z) = \frac{U_2 + I_2 Z_0}{2Z_0} e^{\gamma(l-z)} - \frac{U_2 - I_2 Z_0}{2Z_0} e^{-\gamma(l-z)}$$

为了书写及以后计算的简化,引入新的变量 $z'$,并且令 $z'=l-z$,即 $z'$是由终端计算起的坐标,如图 1-6 所示,则上式可写成

$$\left.\begin{aligned} U(z') &= \frac{U_2 + I_2 Z_0}{2} e^{\gamma z'} + \frac{U_2 - I_2 Z_0}{2} e^{-\gamma z'} \\ I(z') &= \frac{U_2 + I_2 Z_0}{2Z_0} e^{\gamma z'} - \frac{U_2 - I_2 Z_0}{2Z_0} e^{-\gamma z'} \end{aligned}\right\} \tag{1-7a}$$

上式中,由于$\frac{U_2+I_2Z_0}{2}$代表的是终端的入射电压波,$\frac{U_2-I_2Z_0}{2}$代表的是终端的反射电压波,分别令其等于 $U_{i2}$、$U_{r2}$,即 $U_{i2}=\frac{U_2+I_2Z_0}{2}$,$U_{r2}=\frac{U_2-I_2Z_0}{2}$,则上式还可用入射波与反射波表示,即

$$\left.\begin{aligned} U(z') &= U_{i2} e^{\gamma z'} + U_{r2} e^{-\gamma z'} = U_i(z') + U_r(z') \\ I(z') &= \frac{U_{i2}}{Z_0} e^{\gamma z'} - \frac{U_{r2}}{Z_0} e^{-\gamma z'} = I_i(z') + I_r(z') \end{aligned}\right\} \tag{1-7b}$$

式中, $U_i(z')$、$I_i(z')=\frac{U_i(z')}{Z_0}$ 表示的是 $z'$点的入射电压、电流波, $U_r(z')$、$I_r(z')=-\frac{U_r(z')}{Z_0}$ 表示的是 $z'$点的反射电压、电流波。

式(1-7a)也可表示成双曲函数的形式,即

$$\left.\begin{aligned} U(z') &= U_2 \mathrm{ch}\gamma z' + Z_0 I_2 \mathrm{sh}\gamma z' \\ I(z') &= \frac{U_2}{Z_0} \mathrm{sh}\gamma z' + I_2 \mathrm{ch}\gamma z' \end{aligned}\right\} \tag{1-7c}$$

式(1-7a)~式(1-7c)是同一物理量的三种不同表达方式,在后面分析计算传输线的不同参数时要分别用到上述的表达式。

### 4. 传输线的特性参数

在上面求解传输线方程的过程中得到 $Z_0$ 和 $\gamma$ 直接与传输线的分布参数有关,此外描述波传播的两个量(相速度 $v_p$ 和相波长 $\lambda_p$)又与 $\beta$ 有关,所以称其为传输线的特性参数。

**(1) 特性阻抗 $Z_0$**

特性阻抗是分布参数电路中用来描述传输线的固有特性的一个物理量。频率很低时,这种特性显示不出来,随着频率的升高,这种特性才突显出来。

**定义:** 传输线上入射波电压与入射波电流之比称为传输线的特性阻抗,用 $Z_0$ 表示,即

$$Z_0 = \frac{U_i(z)}{I_i(z)} = \sqrt{\frac{R_1 + j\omega L_1}{G_1 + j\omega C_1}} \tag{1-8a}$$

其倒数称为传输线的特性导纳,用 $Y_0$ 表示。由此可见,一般情况下 $Z_0$ 是与 $\omega$ 有关的复

数，但在工程上常可将 $Z_0$ 化简。

① 无耗传输线：此时 $R_1=G_1=0$，所以

$$Z_0=\sqrt{\frac{L_1}{C_1}} \tag{1-8b}$$

② 微波传输线：微波传输线都是低损耗线，都满足

$$R_1\ll\omega L_1 \text{和} \ G_1\ll\omega C_1$$

则有

$$\begin{aligned}Z_0&=\sqrt{\frac{R_1+j\omega L_1}{G_1+j\omega C_1}}=\sqrt{\frac{L_1}{C_1}\left(1+\frac{R_1}{j\omega L_1}\right)\left(1+\frac{G_1}{j\omega C_1}\right)^{-1}}\\&\approx\sqrt{\frac{L_1}{C_1}}\left(1-\frac{j}{2}\frac{R_1}{\omega L_1}\right)\left(1+\frac{j}{2}\frac{G_1}{\omega C_1}\right)\\&\approx\sqrt{\frac{L_1}{C_1}}\left[1-\frac{j}{2}\left(\frac{R_1}{\omega L_1}-\frac{G_1}{\omega C_1}\right)\right]\approx\sqrt{\frac{L_1}{C_1}}\end{aligned} \tag{1-8c}$$

对于工程上常用的双导线传输线，其特性阻抗 $Z_0$ 为

$$Z_0=\sqrt{\frac{L_1}{C_1}}=120\ln\frac{2D}{d}\ (\text{空气介质}) \tag{1-8d}$$

一般 $Z_0$ 为 100~1000Ω，常用的有 200Ω、300Ω、400Ω、600Ω。

对于同轴线，其特性阻抗 $Z_0$ 为

$$Z_0=\sqrt{\frac{L_1}{C_1}}=\frac{60}{\sqrt{\varepsilon_r}}\ln\frac{b}{a} \tag{1-8e}$$

一般 $Z_0$ 为 40~150Ω，常用的有 50Ω、75Ω 两种。

**(2) 传播常数 $\gamma$**

传播常数是反映波经过单位长度传输线后波的幅度和相位变化的一个物理量，由前述可知

$$\gamma=\sqrt{Z_1Y_1}=\sqrt{(R_1+j\omega L_1)(G_1+j\omega C_1)}=\alpha+j\beta \tag{1-9a}$$

式中，$\alpha$ 称为衰减常数，表示传输线上波传播单位长度幅值的变化，其单位为 1/m 或 dB/m（1dB/m=0.115 129/m）；$\beta$ 称为相移常数，表示传输线上波行进单位长度相位的变化，其单位为 1/m 或 rad/m。

$\gamma$ 一般是频率的函数，对于无耗和微波低耗传输线，其表达式可以简化。

① 无耗线：此时 $R_1=G_1=0$，$\gamma=j\beta=j\omega\sqrt{L_1C_1}$，所以有

$$\alpha=0 \qquad \beta=\omega\sqrt{L_1C_1} \tag{1-9b}$$

② 微波低耗线：此时，$R_1\ll\omega L_1$，$G_1\ll\omega C_1$，则

$$\begin{aligned}\gamma&=\sqrt{(R_1+j\omega L_1)(G_1+j\omega C_1)}=j\omega\sqrt{L_1C_1}\left(1+\frac{R_1}{j\omega L_1}\right)^{\frac{1}{2}}\left(1+\frac{G_1}{j\omega C_1}\right)^{\frac{1}{2}}\\&\approx j\omega\sqrt{L_1C_1}\left(1+\frac{1}{2}\frac{R_1}{j\omega L_1}\right)\left(1+\frac{1}{2}\frac{G_1}{j\omega C_1}\right)\approx\frac{1}{2}\left(R_1\sqrt{\frac{C_1}{L_1}}+G_1\sqrt{\frac{L_1}{C_1}}\right)+j\omega\sqrt{L_1C_1}\end{aligned}$$

所以有

$$\left.\begin{aligned}\alpha&=\frac{R_1}{2}\sqrt{\frac{C_1}{L_1}}+\frac{G_1}{2}\sqrt{\frac{L_1}{C_1}}=\frac{R_1}{2Z_0}+\frac{G_1Z_0}{2}=\alpha_c+\alpha_d\\\beta&=\omega\sqrt{L_1C_1}\end{aligned}\right\} \tag{1-9c}$$

式中，$\alpha_c=\dfrac{R_1}{2Z_0}$表示由单位长度的分布电阻决定的导体衰减常数，$\alpha_d=\dfrac{G_1Z_0}{2}$表示由单位长度漏电导决定的介质衰减常数。

**(3) 相速度 $v_p$ 与相波长 $\lambda_p$**

相速度定义为沿一个方向传播的波(入射波或反射波)等相位点移动的速度。不同时刻线上入射波的瞬时分布如图 1-7 所示，设 $t_1$ 时刻瞬时分布曲线上 $P_1$ 点的坐标为 $z_1$，相位为 $(\omega t_1-\beta z_1)$；到 $t_2$ 时刻，等相位点由 $P_1$ 移动到了 $P_2$ 点，对应坐标为 $z_2$，相位为$(\omega t_2-\beta z_2)$，由相速度的定义可知：$v_p=\dfrac{z_2-z_1}{t_2-t_1}$。

由 $P_1$ 点和 $P_2$ 点的相位相同，可得

$$\omega t_2-\beta z_2=\omega t_1-\beta z_1$$

即

$$v_p=\frac{z_2-z_1}{t_2-t_1}=\frac{\omega}{\beta} \tag{1-10a}$$

对于微波传输线 $\beta=\omega\sqrt{L_1C_1}$，因而

$$v_p=\frac{\omega}{\beta}=\frac{1}{\sqrt{L_1C_1}} \tag{1-10b}$$

将双导线和同轴线的 $L_1$、$C_1$ 代入上式可得

$$v_p=\frac{1}{\sqrt{\mu\varepsilon}}=\frac{c_{光}}{\sqrt{\varepsilon_r}} \tag{1-10c}$$

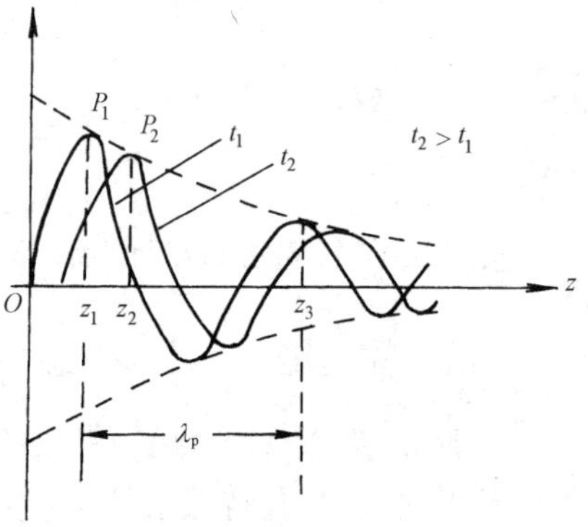

图 1-7 不同时刻入射波的瞬时分布

这说明空气介质中的传输线上电压、电流波传播的相速度与自由空间电磁波传播的相速度相同。

相波长定义为同一瞬时相位相差 $2\pi$ 的两点间的距离，用 $\lambda_p$ 表示。由图 1-7 可知

$$(\omega t_1-\beta z_1)-(\omega t_1-\beta z_3)=2\pi$$

故

$$\lambda_p=z_3-z_1=2\pi/\beta \tag{1-10d}$$

将$\beta=\dfrac{\omega}{v_p}$代入式(1-10d)中，可得

$$\lambda_p=v_p/f=\lambda_0/\sqrt{\varepsilon_r} \tag{1-10e}$$

式中，$\lambda_0=c_{光}/f$，称为自由空间的工作波长。

综上所述，无耗长线的特性参数可归纳如下

$$\left.\begin{aligned}
Z_0&=\sqrt{\frac{L_1}{C_1}}=\frac{1}{v_pC_1}\\
\beta&=\omega\sqrt{L_1C_1}=\frac{2\pi}{\lambda_p}\\
v_p&=\frac{\omega}{\beta}=\frac{c_{光}}{\sqrt{\varepsilon_r}}\\
\lambda_p&=\frac{2\pi}{\beta}=\frac{\lambda_0}{\sqrt{\varepsilon_r}}
\end{aligned}\right\} \tag{1-11}$$

4 个特性参数中，后三个很容易确定，而特性阻抗 $Z_0$ 则需求出传输线的单位长度的分布电容 $C_1$ 方可确定。对微波 TEM 波传输线，有 $\mu\varepsilon=L_1C_1$。因此，求解传输线的特性参数问题往往归结于求解传输线的单位长度的分布电容 $C_1$。

本节习题 1-4~1-6；MOOC 视频知识点 1.3~1.6。

### 1.1.3 传输线的输入阻抗与反射系数

1. 输入阻抗 $Z_{in}$

传输线上任一点 $z'$ 的输入阻抗 $Z_{in}(z')$ 定义为该点电压与电流之比。由式(1-7c)可得

$$Z_{in}(z') = \frac{U(z')}{I(z')} = Z_0 \frac{Z_L + Z_0 \text{th}\,\gamma z'}{Z_0 + Z_L \text{th}\,\gamma z'} \tag{1-12a}$$

式中,$Z_L = U_2/I_2$。对于无耗传输线,$\gamma = j\beta$,$\alpha = 0$,代入上式得

$$Z_{in}(z') = Z_0 \frac{Z_L + jZ_0 \tan\beta z'}{Z_0 + jZ_L \tan\beta z'} \tag{1-12b}$$

即传输线上任一点 $z'$ 的输入阻抗 $Z_{in}(z')$ 与其位置 $z'$ 和负载阻抗 $Z_L$ 有关。

当线的长度为 $l$ 时,便得长线始端输入阻抗为

$$Z_{in}(l) = Z_0 \frac{Z_L + jZ_0 \tan\beta l}{Z_0 + jZ_L \tan\beta l} \tag{1-12c}$$

因为阻抗与导纳互为倒数关系,将输入导纳 $Y_{in}(z') = 1/Z_{in}(z')$、特性导纳 $Y_0 = 1/Z_0$、负载导纳 $Y_L = 1/Z_L$ 等相互关系代入式(1-12b 中),可得

$$Y_{in}(z') = Y_0 \frac{Y_L + jY_0 \tan\beta z'}{Y_0 + jY_L \tan\beta z'} \tag{1-12d}$$

由于 $\tan\beta z'$ 是周期函数,因此无耗长线上的阻抗呈周期性变化,且具有 1/4 波长变换性和 1/2 波长重复性。

**(1) $\lambda/4$ 的变换性**

传输线上相距 $\lambda/4$ 两点的输入阻抗的乘积等于常数的这一特性,称为阻抗的 $\lambda/4$ 的变换性。

因为 $$Z_{in}(z' + \lambda/4) = Z_0 \frac{Z_L - jZ_0 \cot\beta z'}{Z_0 - jZ_L \cot\beta z'} = Z_0 \frac{Z_0 + jZ_L \tan\beta z'}{Z_L + jZ_0 \tan\beta z'} = \frac{Z_0^2}{Z_{in}(z')}$$

所以 $$Z_{in}(z' + \lambda/4) \cdot Z_{in}(z') = Z_0^2 = \text{常数} \tag{1-12e}$$

利用该特性可进行阻抗变换。所以说,传输线具有阻抗变换的作用,我们可将一容性阻抗经 $\lambda/4$ 变换成为感性阻抗,或反之。

**(2) $\lambda/2$ 的重复性**

传输线上相距 $\lambda/2$ 两点的输入阻抗相等,这一特性称为阻抗的 $\lambda/2$ 的重复性。

因为 $$Z_{in}(z' + \lambda/2) = Z_0 \frac{Z_L + jZ_0 \tan(\beta z' + \pi)}{Z_0 + jZ_L \tan(\beta z' + \pi)} = Z_0 \frac{Z_L + jZ_0 \tan\beta z'}{Z_0 + jZ_L \tan\beta z'}$$

所以 $$Z_{in}(z' + \lambda/2) = Z_{in}(z') \tag{1-12f}$$

由于长线上的电压和电流不能直接测量,因此长线上的阻抗也不能直接测量。

2. 反射系数

反射系数是描述传输线上波传播的一个重要概念。与电磁场理论中对空间电磁波传播时反射系数的定义相同,我们定义传输线上任一点的反射系数为该点的反射电压波与入射电压波之比,用 $\Gamma(z')$ 表示(如图 1-8 所示),即

$$\Gamma(z') = \frac{U_r(z')}{U_i(z')} \tag{1-13a}$$

也可用反射电流波与入射电流波之比来定义,并称其为电流反射系数,即

$$\Gamma_{\mathrm{I}}(z')=\frac{I_{\mathrm{r}}(z')}{I_{\mathrm{i}}(z')}$$

由式(1-7b)可得

$$\left.\begin{aligned}\Gamma(z')&=\frac{U_{\mathrm{r2}}}{U_{\mathrm{i2}}}\mathrm{e}^{-2\gamma z'}=\frac{U_2-I_2Z_0}{U_2+I_2Z_0}\mathrm{e}^{-2\gamma z'}\\\Gamma_{\mathrm{I}}(z')&=-\frac{U_{\mathrm{r2}}}{U_{\mathrm{i2}}}\mathrm{e}^{-2\gamma z'}=-\Gamma(z')\end{aligned}\right\}\tag{1-13b}$$

即电流反射系数与电压反射系数相差 180°,通常多用便于测量的电压反射系数。因此若不特别说明,后面提到的反射系数均是指电压反射系数,这样将 $U_2=I_2Z_{\mathrm{L}}$代入式(1-13b),可得

$$\Gamma(z')=\frac{Z_{\mathrm{L}}-Z_0}{Z_{\mathrm{L}}+Z_0}\mathrm{e}^{-2\gamma z'}\tag{1-13c}$$

当 $z'=0$ 时,此时对应的是终端反射系数,也叫负载反射系数,用 $\Gamma_{\mathrm{L}}$ 表示,即

$$\Gamma_{\mathrm{L}}=\frac{Z_{\mathrm{L}}-Z_0}{Z_{\mathrm{L}}+Z_0}\tag{1-13d}$$

显然对于无源负载 $Z_{\mathrm{L}}$,$0\leqslant|\Gamma_{\mathrm{L}}|\leqslant1$,因此

$$\left.\begin{aligned}\Gamma(z')&=\Gamma_{\mathrm{L}}\mathrm{e}^{-2\gamma z'}\\\Gamma_{\mathrm{L}}&=\frac{Z_{\mathrm{L}}-Z_0}{Z_{\mathrm{L}}+Z_0}\end{aligned}\right\}\tag{1-13e}$$

用反射系数,可将式(1-7b)写成

$$\left.\begin{aligned}U(z')&=U_{\mathrm{i}}(z')[1+\Gamma(z')]\\I(z')&=\frac{U_{\mathrm{i}}(z')}{Z_0}[1-\Gamma(z')]\end{aligned}\right\}\tag{1-13f}$$

对于无耗传输线 $\gamma=\mathrm{j}\beta$ ,代入式(1-13e)有

$$\Gamma(z')=\Gamma_{\mathrm{L}}\mathrm{e}^{-\mathrm{j}2\beta z'}=|\Gamma_{\mathrm{L}}|\mathrm{e}^{\mathrm{j}(\varphi_{\mathrm{L}}-2\beta z')}\tag{1-13g}$$

在极坐标系中作出 $\Gamma(z')$ 的图形,如图 1-8 所示,并设 $\Gamma(z')=\Gamma_{\mathrm{u}}+\mathrm{j}\Gamma_{\mathrm{v}}$。

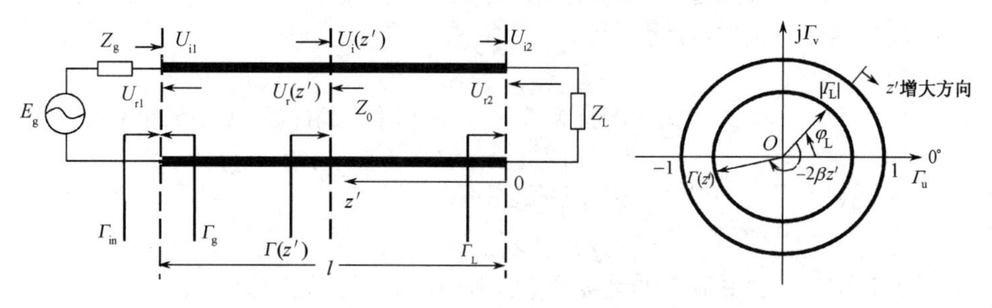


图 1-8 反射系数在传输线上的定义和在极坐标中的表示

图形与公式均表明:对于无耗传输线,反射系数的幅值仅由负载决定,与距离无关。相位随着 $z'$的增大而连续滞后,即离开负载向波源的方向是极坐标图上的顺时针方向,其滞后角为

$$2\beta z'=4\pi z'/\lambda=4\pi\overline{z'}$$

可见,当 $z'=\lambda/2$,即电长度$\overline{z'}=1/2$ 时,滞后角恰好是 2π。也就是说,每过 λ/2,反射系数的相位就改变 2π 角度,因此反射系数具有 λ/2 的重复性。

若需考虑源端反射,如图 1-8 所示,由负载反射系数的定义可得源反射系数 $\Gamma_{\mathrm{g}}$为

$$\Gamma_g = \frac{Z_g - Z_0}{Z_g + Z_0} \tag{1-13h}$$

波的反射是长线工作的基本物理现象,反射系数不但有明确的物理含义,而且便于测量,因此在微波测量技术和微波网络分析与设计中广泛采用反射系数这个物理量。

### 3. 驻波系数与行波系数

反射波的存在,使传输线上的电压与电流是入射波和反射波的合成。所形成的电压、电流分布称为行驻波分布。下面从式(1-13f)来看沿线电压、电流的变化。

$$U(z') = U_i(z')[1 + \Gamma(z')] = U_{i2}e^{j\beta z'}[1 + |\Gamma_L| e^{j(\varphi_L - 2\beta z')}]$$

$$I(z') = \frac{U_i(z')}{Z_0}[1 - \Gamma(z')] = \frac{U_{i2}}{Z_0}e^{j\beta z'}[1 - |\Gamma_L| e^{j(\varphi_L - 2\beta z')}]$$

当 $2\beta z' - \varphi_L = 2n\pi$,即 $z' = \frac{\varphi_L}{4\pi}\lambda_p + \frac{n}{2}\lambda_p = z'_{max}$ 时,$n=0,1,2,3\cdots$,有

$$|U(z')| = |U_{max}| = |U_{i2}|(1 + |\Gamma_L|)$$

$$|I(z')| = |I_{min}| = \frac{|U_{i2}|}{Z_0}(1 - |\Gamma_L|)$$

当 $2\beta z' - \varphi_L = (2n+1)\pi$,即 $z' = \frac{\varphi_L}{4\pi}\lambda_p + \frac{2n+1}{4}\lambda_p = z'_{min}$ 时,$n=0,1,2,3\cdots$,有

$$|U(z')| = |U_{min}| = |U_{i2}|(1 - |\Gamma_L|)$$

$$|I(z')| = |I_{max}| = \frac{|U_{i2}|}{Z_0}(1 + |\Gamma_L|)$$

可见传输线上不同点周期性的存在最大值与最小值,反射系数 $|\Gamma_L|$ 越大,$|U_{max}|$ 与 $|U_{min}|$ 的差也越大,波的起伏也越大。为了衡量这种行驻波的起伏程度,实质上还是衡量反射的程度,定义传输线上最大电压(电流)的幅值与最小电压(电流)的幅值之比为驻波系数,也叫驻波比,用 $\rho$ 表示,即

$$\rho = \frac{|U_{max}|}{|U_{min}|} = \frac{|I_{max}|}{|I_{min}|} = \text{VSWR} \tag{1-14a}$$

将 $|U_{max}|$ 与 $|U_{min}|$ 的表达式代入上式得

$$\rho = \frac{1 + |\Gamma_L|}{1 - |\Gamma_L|} \tag{1-14b}$$

由于 $|\Gamma_L| \leqslant 1$,因此 $1 \leqslant \rho < \infty$,且 $\rho$ 无量纲。

在微波测量中,通过测量驻波系数 $\rho$ 和第一个波节点距终端的距离 $z'_{min1}$,就可得到 $|\Gamma_L|$ 和 $\varphi_L = 2\beta z'_{min1} - \pi$ 的值,最终获得终端负载反射系数 $\Gamma_L$。

对应驻波系数,定义其倒数为行波系数,用 $K$ 表示,即

$$K = \frac{|U_{min}|}{|U_{max}|} = \frac{1}{\rho} = \frac{1 - |\Gamma_L|}{1 + |\Gamma_L|} \tag{1-14c}$$

显然 $0 \leqslant K \leqslant 1$,对于无耗传输线,$\rho$、$K$ 与坐标 $z'$ 无关,只与负载反射系数 $|\Gamma_L|$ 有关。

### 4. 各参数之间的关系

传输线上任一点的输入阻抗 $Z_{in}(z')$ 与反射系数 $\Gamma(z')$ 及驻波比 $\rho$ 和第一个波节点距终端的距离 $z'_{min1}$ 之间的关系为

$$Z_{in}(z')=Z_0\frac{1+\Gamma(z')}{1-\Gamma(z')}=Z_0\frac{1+j\rho\tan\beta(z'-z'_{min1})}{\rho+j\tan\beta(z'-z'_{min1})} \tag{1-15a}$$

反射系数 $\Gamma(z')$ 与输入阻抗 $Z_{in}(z')$ 及驻波比 $\rho$ 和第一个波节点距终端的距离 $z'_{min1}$ 之间的关系为

$$\Gamma(z')=\frac{Z_{in}(z')-Z_0}{Z_{in}(z')+Z_0}=\frac{\rho-1}{\rho+1}\exp\{-j[2\beta(z'-z'_{min1})+\pi]\} \tag{1-15b}$$

驻波系数、行波系数与反射系数幅值的关系为

$$|\Gamma(z')|=|\Gamma_L|=\frac{\rho-1}{\rho+1}=\frac{1-K}{1+K} \tag{1-15c}$$

本节习题1-8,1-12,1-44,1-48;MOOC视频知识点1.7~1.9;MOOC平台第1章第1次测验。

### 1.1.4 均匀无耗长线的工作状态

所谓工作状态,即指长线终端接不同负载时,电压、电流波沿线的分布状态。工作状态有三种:端接无反射负载(匹配负载)的行波工作状态、端接全反射负载的驻波工作状态及部分反射(不匹配负载)的行驻波工作状态。三种工作状态的特点分述如下。

1. 行波工作状态

长线为半无限长或负载阻抗 $Z_L$ 等于长线的特性阻抗 $Z_0$ 时,线上只有电压、电流的入射波项,反射波项为零,即此时 $\Gamma_L$ 为零,因此长线工作在行波状态,所以长线传输行波的条件为

$$Z_L=Z_0,\Gamma_L=0 \quad 或\ l\to\infty \tag{1-16a}$$

行波状态下,均匀无耗长线上电压、电流的复数表示为

$$U(z)=U_i(z)=U_{i1}e^{-j\beta z}$$
$$I(z)=I_i(z)=\frac{U_{i1}}{Z_0}e^{-j\beta z} \tag{1-16b}$$

电压、电流的瞬时值表示式为

$$u(z,t)=|U_{i1}|\cos(\omega t-\beta z+\varphi_1)$$
$$i(z,t)=\frac{|U_{i1}|}{Z_0}\cos(\omega t-\beta z+\varphi_1) \tag{1-16c}$$

根据上述关系式作出的电压、电流行波的瞬时分布和振幅分布曲线如图1-9所示。

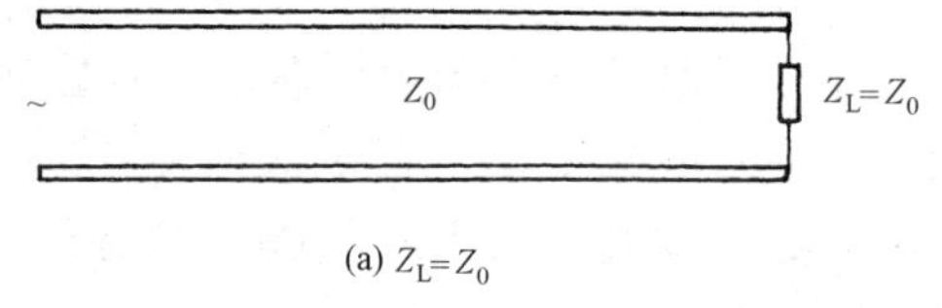

(a) $Z_L=Z_0$

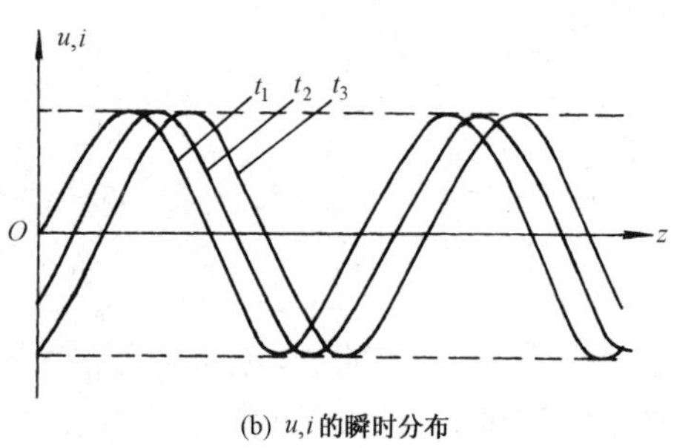

(b) $u,i$ 的瞬时分布

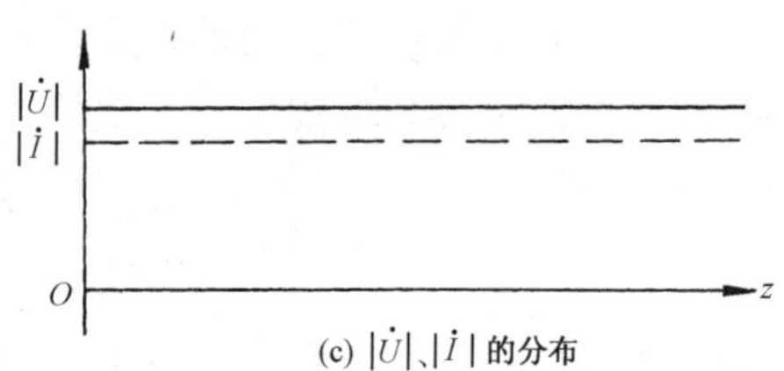

(c) $|\dot{U}|$、$|\dot{I}|$ 的分布

图1-9 行波的瞬时分布和振幅分布

将 $Z_L=Z_0$ 代入式(1-12b)并由式(1-13e)和式(1-14b)可得

$$Z_{in}(z)=Z_0,\quad \Gamma(z)=0,\quad \rho=1 \tag{1-16d}$$

可见负载与长线相匹配时,线上任何位置的输入阻抗 $Z_{in}(z)$ 恒等于长线特性阻抗 $Z_0$。

此时负载吸收的功率为

$$P_L = \frac{1}{2}\mathrm{Re}[U(z)I(z)^*] = \frac{1}{2}\mathrm{Re}\left[U_{i1}e^{-j\beta z}\frac{U_{i1}^*}{Z_0}e^{j\beta z}\right] = \frac{1}{2}\frac{|U_{i1}|^2}{Z_0} = P_i \tag{1-16e}$$

该式表明：由源馈送到长线的能量，全部被负载吸收，因此用传输线作馈线时，总希望工作在行波状态，也就是 $Z_L = Z_0$ 的匹配工作状态。但实际工作中，负载往往具有一定的随意性，要实现匹配工作，就必须采用一定的措施，这就是后面将会讨论的阻抗匹配问题。

**【例 1-1】** 一传输线的传播常数 $\gamma = 0.0091 + j0.8(1/\mathrm{km})$，特性阻抗 $Z_0 = 500e^{-j120}(\Omega)$，设在传输线始端输入信号电压为 $u(z,t)|_{z=0} = 10\sin 10^5 t(\mathrm{V})$，终端接匹配负载。求沿线的电压 $u(z,t)$ 和电流 $i(z,t)$。若传输线长度为 160km，求上述信号由始端传输到终端所需的时间。

**解**：由题设可知 $\beta = 0.8(1/\mathrm{km})$， $\alpha = 0.0091(1/\mathrm{km})$， $\omega = 10^5(\mathrm{rad/s})$

$$U_{i1} = 10e^{-j\pi/2}(\mathrm{V}), \quad U(z) = 10e^{-j\pi/2}e^{-(\alpha+j\beta)z}(\mathrm{V}), \quad I(z) = 10e^{-j\pi/2}e^{-(\alpha+j\beta)z}/Z_0(\mathrm{A})$$

$$u(z,t) = \mathrm{Re}(U(z)e^{j\omega t}) = 10e^{-\alpha z}\cos(10^5 t - \beta z - \pi/2) = 10e^{-0.0091z}\sin(10^5 t - 0.8z)(\mathrm{V})$$

$$i(z,t) = \mathrm{Re}(I(z)e^{j\omega t}) = \frac{1}{50}e^{-0.0091z}\sin(10^5 t - 0.8z + 12^0)(\mathrm{A})$$

相速度 $$v_p = \frac{\omega}{\beta} = \frac{10^5}{0.8\times10^{-3}} = 1.25\times10^8(\mathrm{m/s}) = 1.25\times10^5(\mathrm{km/s})$$

信号由始端传输到终端所需的时间为 $t = \frac{l}{v_p} = \frac{160}{1.25\times10^5} = 1.28\times10^{-3}(\mathrm{s}) = 1.28(\mathrm{ms})$

## 2. 驻波工作状态

长线终端短路、开路或端接纯电抗负载时，由于 $|\Gamma_L| = 1$，因此入射波在终端都将被全反射。入射波与反射波叠加，沿线形成驻波分布，驻波比 $\rho = \infty$。下面分别进行讨论。

**(1) 终端短路**

此时 $Z_L = 0, \Gamma_L = -1, \rho = \infty$，由已知终端条件下解的表达式(1-13f)，将 $\gamma = j\beta$ 代入，得线上任意一点的电压、电流为

$$\begin{aligned} U(z') &= U_{i2}e^{j\beta z'} + \Gamma_L U_{i2}e^{-j\beta z'} = U_{i2}(e^{j\beta z'} - e^{-j\beta z'}) = j2U_{i2}\sin\beta z' \\ I(z') &= \frac{U_{i2}}{Z_0}(e^{j\beta z'} - \Gamma_L e^{-j\beta z'}) = \frac{U_{i2}}{Z_0}(e^{j\beta z'} + e^{-j\beta z'}) = \frac{2U_{i2}}{Z_0}\cos\beta z' \end{aligned} \tag{1-17a}$$

其中在终端时，$U_2|_{z'=0} = 0, I_2|_{z'=0} = \frac{2U_{i2}}{Z_0}$。

线上电压、电流的瞬时值表达式为

$$\begin{aligned} u(z',t) &= 2|U_{i2}|\sin\beta z'\cos\left(\omega t + \varphi_2 + \frac{\pi}{2}\right) \\ i(z',t) &= \frac{2|U_{i2}|}{Z_0}\cos\beta z'\cos(\omega t + \varphi_2) \end{aligned} \tag{1-17b}$$

线上电压、电流的模值表达式为

$$\begin{aligned} |U(z')| &= 2|U_{i2}||\sin\beta z'| \\ |I(z')| &= \frac{2|U_{i2}|}{Z_0}\cdot|\cos\beta z'| \end{aligned} \tag{1-17c}$$

线上任意一点的输入阻抗为

$$Z_{in}(z') = \frac{U(z')}{I(z')} = jZ_0\tan\beta z' = jX_{in} \tag{1-17d}$$

根据上述公式作出的沿线电压、电流及阻抗分布曲线如图 1-10 所示。

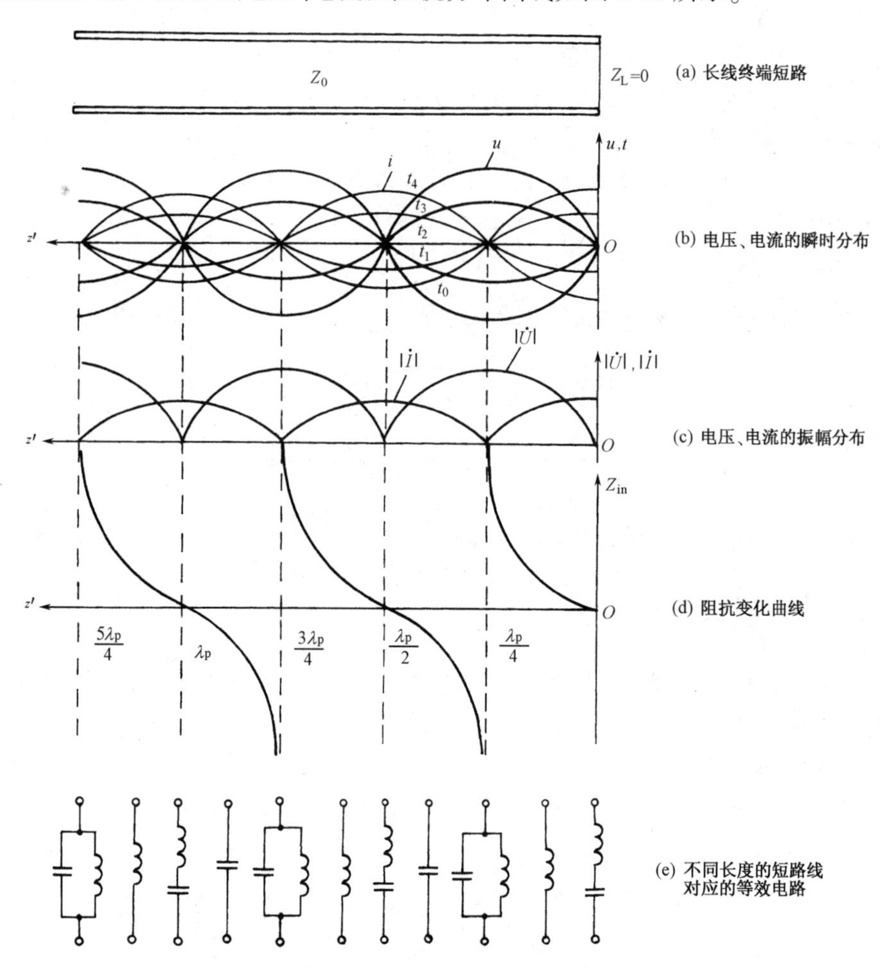


图 1-10　长线终端短路时电压、电流及阻抗分布曲线

从图 1-10(b)所示的电压、电流瞬时分布曲线中可以看出：当坐标 $z'$固定时，$u$ 和 $i$ 随时间变化的相位相差 π/2；当时间 $t$ 固定时，$u$ 与 $i$ 随坐标 $z'$的变化相差仍是 π/2。也就是说，某一时刻沿线电压达最大值处，电流必为零值；而电流达最大值处，电压必为零，取得最大值与零值的位置沿线是固定不变的，分别称其为波腹点和波节点。电压、电流波不随着时间和空间前进，而是做正弦变化，上下振动，所以称其为驻波。最大值称为驻波波腹，零值称为驻波波节。

图 1-10(c)所示为电压、电流振幅分布曲线，也就是通常所说的驻波分布曲线。从曲线中可以看出，电压、电流的振幅随 $z'$周期性地出现波腹值和波节值，在 $z'=0,\frac{\lambda_p}{2},\lambda_p,\cdots,\frac{n\lambda_p}{2}$等处，电压取到波节，电流取到波腹，即 $|U_{min}|=0$，$|I_{max}|=2\frac{U_{i2}}{Z_0}$；在 $z'=\frac{\lambda_p}{4},\frac{3}{4}\lambda_p,\cdots,\frac{2n+1}{4}\lambda_p$ 等处，电压取到波腹，电流取到波节，即 $|U_{max}|=2|U_{i2}|$，$|I_{min}|=0$。相邻的波腹点与波节点相距

$\frac{\lambda_p}{4}$,相邻的波腹点之间(或波节点之间)相距$\frac{\lambda_p}{2}$。

由于沿线各处电压与电流均相差 $\pi/2$,因此各处输入阻抗为纯电抗,且按式(1-17d)所示的正切函数规律变化,如图 1-10(d)所示。在 $0<z'<\lambda_p/4$ 范围内,$\tan\beta z'>0$,电压相位超前电流 $\pi/2$,$Z_{in}(z')$呈感性,此时短路线等效为一电感。当 $z'=\lambda_p/4$ 时,$Z_{in}(z')=\infty$,即 $\lambda_p/4$ 的短路线等效为一并联谐振电路。当 $\lambda_p/4<z'<\lambda_p/2$ 时,$\tan\beta z'<0$,电压相位落后电流 $\pi/2$,$Z_{in}(z')$呈容性,此时短路线等效为一电容。当 $z'=\lambda_p/2$ 时,$Z_{in}(z')=0$,即 $\lambda_p/2$ 短路线等效为一串联谐振电路。沿线阻抗的性质具有 $\lambda_p/4$ 的变换性和 $\lambda_p/2$ 的重复性。

**(2) 终端开路**

此时 $Z_L=\infty$,$\Gamma_L=1$,$\rho=\infty$,由已知终端条件下解的表示式(1-13f),将 $\gamma=j\beta$ 代入,得线上任意一点的电压、电流为

$$\begin{aligned} U(z') &= U_{i2}(e^{j\beta z'}+\Gamma_L e^{-j\beta z'}) = 2U_{i2}\cos\beta z' \\ I(z') &= \frac{U_{i2}}{Z_0}(e^{j\beta z'}-\Gamma_L e^{-j\beta z'}) = j2\frac{U_{i2}}{Z_0}\sin\beta z' \end{aligned} \tag{1-18a}$$

其模值为

$$\begin{aligned} |U(z')| &= 2|U_{i2}|\,|\cos\beta z'| \\ |I(z')| &= 2\frac{|U_{i2}|}{Z_0}|\sin\beta z'| \end{aligned} \tag{1-18b}$$

沿线电压、电流的瞬时值表示式为

$$\begin{aligned} u(z',t) &= 2|U_{i2}|\cos\beta z'\cos(\omega t+\varphi_2) \\ i(z',t) &= \frac{2|U_{i2}|}{Z_0}\sin\beta z'\cos(\omega t+\varphi_2+90°) \end{aligned} \tag{1-18c}$$

线上任意一点的输入阻抗为

$$Z_{in}(z') = -jZ_0\cot\beta z' \tag{1-18d}$$

根据上述公式作出的沿线电压、电流及阻抗分布曲线如图 1-11 所示,其变化规律类似短路线的曲线。电压、电流曲线的主要区别是终端为电压波腹和电流波节,且沿线 $z'=n\lambda_p/2$ $(n=0,1,2,\cdots)$处均为电压波腹和电流波节;而在 $z'=(2n+1)\lambda_p/4$ 处为电压波节和电流波腹。阻抗变化曲线的主要区别为开路线长度等于$(2n+1)\lambda_p/4$ 时,输入阻抗为零,等效为一串联谐振电路;长度等于 $n\lambda_p/2$ 时,输入阻抗为无穷大,等效为一并联谐振电路;当长度在 $0<z'<\lambda_p/4$ 范围内时,等效为一电容;当长度在 $\lambda_p/4<z'<\lambda_p/2$ 范围内时,等效为一电感,以此类推。

比较图 1-10 和图 1-11 可以看出,开路线和短路线各特性曲线之间相位相差 $\pi/2$,坐标相差 $\lambda_p/4$。考虑到 $\lambda_p/4$ 的短路线的输入阻抗就是无穷大,因此,只要将开路终端用延长 $\lambda_p/4$ 的短路线替代,则由已知的短路线的特性曲线截去 $\lambda_p/4$ 就可得到全部开路线的特性曲线,如图 1-11中的虚线所示。

开路线和短路线上电压、电流呈驻波分布,表示开路线和短路线只存储能量而不传输能量。而且适当长度的开路线或短路线可等效为一电感或电容、串联或并联谐振电路,因此它们被广泛地用作电抗元件或谐振电路。

**(3) 终端接纯电抗负载**

当终端接纯电抗负载 $Z_L=jX$ 时,其终端反射系数 $\Gamma_L$ 为

$$\Gamma_L = \frac{jX-Z_0}{jX+Z_0} = \frac{X^2-Z_0^2}{Z_0^2+X^2} + j\frac{2Z_0X}{Z_0^2+X^2} = e^{j\varphi_L} \tag{1-19a}$$

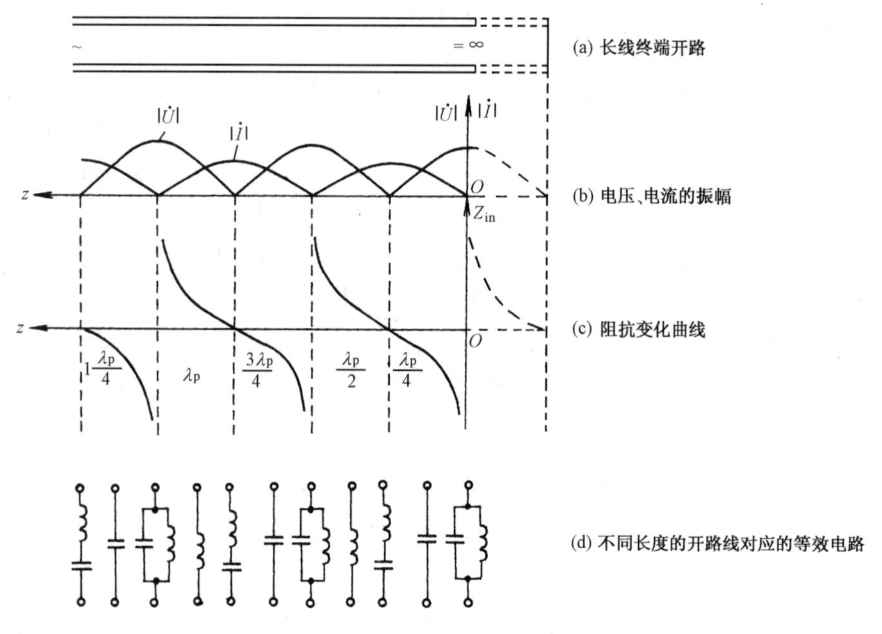


图 1-11　长线终端开路时电压、电流及阻抗分布曲线

即 $|\Gamma_L|=1, \varphi_L \neq 0$ 或 $\pi$，这样在终端仍将产生全反射，沿线形成驻波分布。但由于 $\varphi_L \neq 0$ 或 $\pi$，在终端既不是波节也不是波腹，下面分别讨论端接感抗和容抗时，沿线的电压、电流及阻抗分布。

当 $Z_L = jX, X>0$ 时，则 $|\Gamma_L|=1, 0<\varphi_L<\pi$，即 $\Gamma_L$ 位于反射系数单位圆的上半圆周上，显然我们前面讨论过的匹配、短路和开路负载所对应的反射系数分别位于单位圆的圆心、单位圆周的 $(-1,0)$ 点和单位圆周的 $(1,0)$ 点，如图 1-12 所示。

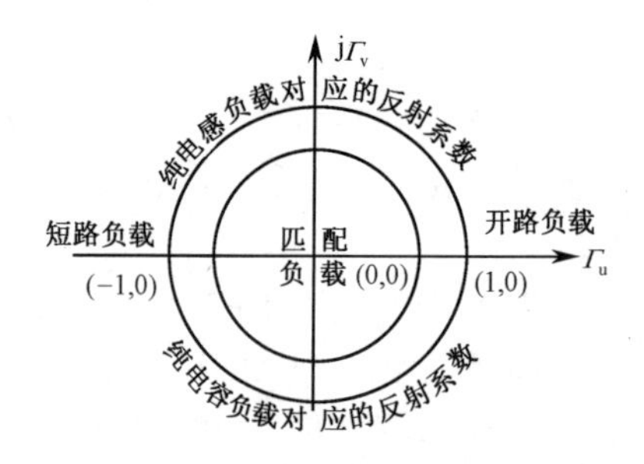


图 1-12　不同的负载所对应的反射系数在反射系数圆上的位置

由于一段长度为 $l(<\lambda_p/4)$ 的短路线的输入阻抗是一纯电感，因此可将端接的纯电感负载用一段长度为 $l_0(<\lambda_p/4)$ 的短路线代替，$l_0$ 的值由 $X=Z_0\tan\beta\, l_0$ 得

$$l_0 = \frac{\lambda_p}{2\pi}\arctan\left(\frac{X}{Z_0}\right) \tag{1-19b}$$

这样由短路线的电压、电流和阻抗分布截去 $l_0$ 长就可得到端接纯电感负载时沿线的电压、电流和阻抗分布，如图 1-13(a)所示。此时在终端既不是波腹点，也不是波节点，但离开终端第一个出现的必是电压波腹、电流波节。

当 $Z_L=-jX(X>0)$ 时，$|\Gamma_L|=1, \pi<\varphi_L<2\pi$，即 $\Gamma_L$ 位于反射系数单位圆的下半圆周上，如图 1-12 所示。由于一段长度 $l<(\lambda_p/4)$ 的开路线的输入阻抗为一纯电容，因此可将端接的纯电容负载用一段长度为 $l_0(<\lambda_p/4)$ 的开路线代替，$l_0$ 的值由 $X=Z_0\cot\beta\, l_0$ 得

$$l_0 = \frac{\lambda_p}{2\pi}\arctan\left(\frac{Z_0}{X}\right) \tag{1-19c}$$

这样由开路线的电压、电流和阻抗分布截去 $l_0$ 长就可得到端接纯电容负载时沿线的电压、电流和阻抗分布，如图 1-13(b)所示。此时在终端仍取不到波腹或波节，但离开终端第一

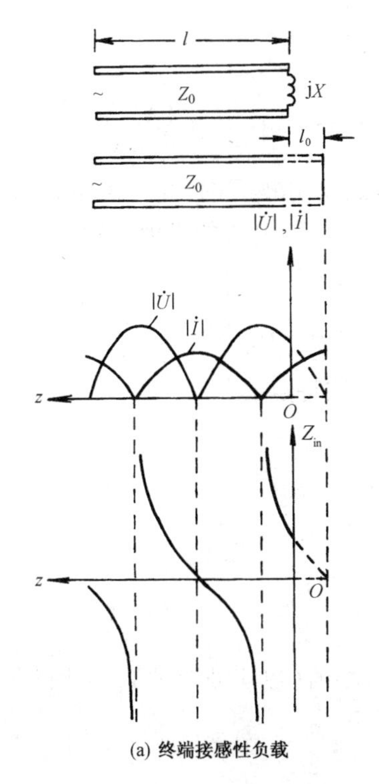

(a) 终端接感性负载

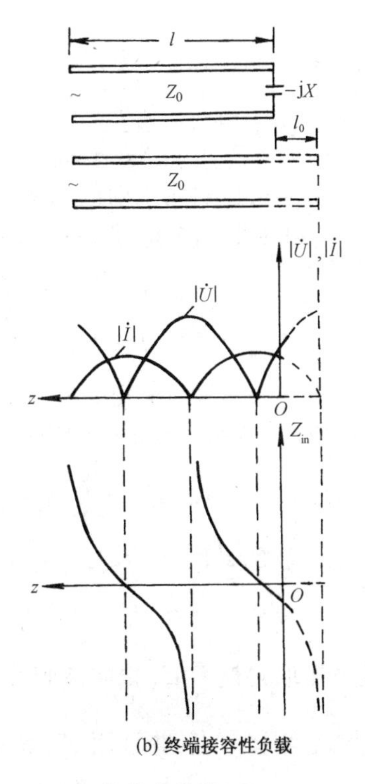

(b) 终端接容性负载

图 1-13　终端接纯电抗负载时电压、电流及阻抗分布曲线

个出现的必是电压波节、电流波腹。

综上所述,均匀无耗长线终端无论是短路、开路,还是端接纯电抗负载,终端均产生全反射,沿线电压、电流呈驻波分布,其特点如下。

① 沿线电压、电流的振幅是位置的函数,具有固定不变的波腹点和波节点,两相邻波腹(或波节)点之间距离为 $\lambda_p/2$,相邻的波腹点和波节点之间距离为 $\lambda_p/4$。短路线终端为电压波节、电流波腹;开路线终端为电压波腹、电流波节;接纯电感负载时,离开终端第一个出现的是电压波腹点;接纯电容负载时,离开终端第一个出现的是电压波节点。

② 沿线同一位置的电压与电流之间相位相差 $\pi/2$,所以驻波状态只有能量的存储,没有能量的传输。

③ 电压或电流波节点两侧的各点相位相反,相邻两波节点之间各点的相位相同。

④ 传输线的输入阻抗为纯电抗,且随频率和长度变化;在频率一定时,不同长度的驻波线分别等效为电感、电容、串联谐振电路和并联谐振电路。

### 3. 行驻波工作状态

**(1) 沿线电压、电流分布**

当均匀无耗长线终端接任意负载阻抗 $Z_L=R\pm jX$ 时,终端电压反射系数为

$$\Gamma_L=\frac{Z_L-Z_0}{Z_L+Z_0}=\frac{R-Z_0\ \pm jX}{R+Z_0\ \pm jX}$$

$$=\frac{R^2-Z_0^2+X^2}{(R+Z_0)^2+X^2}\pm j\frac{2Z_0X}{(R+Z_0)^2+X^2}$$

$$= \Gamma_u + j\Gamma_v = |\Gamma_L| e^{j\varphi_L} \tag{1-20a}$$

式中,反射系数的模与辐角分别为

$$|\Gamma_L| = \sqrt{\frac{(R - Z_0)^2 + X^2}{(R + Z_0)^2 + X^2}} \qquad \varphi_L = \arctan\left(\frac{\pm 2Z_0 X}{R^2 - Z_0^2 + X^2}\right) \tag{1-20b}$$

显然$|\Gamma_L|<1$,这表明入射的功率部分被负载吸收,部分被反射,此时传输线上的电压、电流波兼有行波和驻波的特点,所以称其为行驻波。线上电压、电流的模值分别为

$$\begin{aligned} |U(z')| &= |U_{i2}|\,|1 + |\Gamma_L| e^{-j(2\beta z' - \varphi_L)}| \\ |I(z')| &= |I_{i2}|\,|1 - |\Gamma_L| e^{-j(2\beta z' - \varphi_L)}| \end{aligned} \tag{1-20c}$$

分析式(1-20c)可知,沿线电压、电流振幅分布有下述特点。

① 沿线电压、电流呈非正弦的周期分布;

② 当$2\beta z'-\varphi_L=2n\pi$,即$z'=\frac{\varphi_L}{4\pi}\lambda_p+\frac{n}{2}\lambda_p(n=0,1,2,\cdots)$时

$$\begin{aligned} |U(z')| &= |U_{max}| = |U_{i2}|(1 + |\Gamma_L|) \\ |I(z')| &= |I_{min}| = |I_{i2}|(1 - |\Gamma_L|) = \frac{|U_{i2}|}{Z_0}(1 - |\Gamma_L|) \end{aligned} \tag{1-20d}$$

此时,电压取得最大值(也叫波腹值),电流取得最小值(也叫波节值),相应的位置$z'$称为电压波腹点、电流波节点,并且用$z'_{max}$表示,即$z'_{max}=\frac{\varphi_L}{4\pi}\lambda_p+\frac{n}{2}\lambda_p$,显然,$|U_{i2}|<|U_{max}|<2|U_{i2}|$,$0<|I_{min}|<|I_{i2}|$;

③ 当$2\beta z'-\varphi_L=(2n+1)\pi$,即$z'=\frac{\varphi_L}{4\pi}\lambda_p+\frac{2n+1}{4}\lambda_p$时

$$\begin{aligned} |U(z')| &= |U_{min}| = |U_{i2}|(1 - |\Gamma_L|) \\ |I(z')| &= |I_{max}| = |I_{i2}|(1 + |\Gamma_L|) \end{aligned} \tag{1-20e}$$

此时,电压取得最小值(也叫波节值),电流取得最大值(也叫波腹值),相应的位置$z'$称为电压波节点、电流波腹点,并且用$z'_{min}$表示,即$z'_{min}=\frac{\varphi_L}{4\pi}\lambda_p+\frac{2n+1}{4}\lambda_p$,显然,$0<|U_{min}|<|U_{i2}|$、$|I_{i2}|<|I_{max}|<2|I_{i2}|$;

④ 离开负载端向电源方向出现的第一个电压波腹点和波节点位置分别为

$$z'_{max1} = \frac{\varphi_L}{4\pi}\lambda_p, \quad z'_{min1} = z'_{max1} + \frac{\lambda_p}{4}$$

并且相邻波腹点、波节点之间有下述关系

$$|z'_{max2} - z'_{max1}| = |z'_{min2} - z'_{min1}| = \frac{\lambda_p}{2}$$

$$|z'_{max1} - z'_{min1}| = \frac{\lambda_p}{4}$$

这表明线上电压、电流的振幅是以半波长为变化周期的。

下面分别讨论端接不同负载阻抗$Z_L$时,沿线电压、电流的分布情况。

① 当$Z_L=R>Z_0$时,由$\Gamma_L$的表达式可知,$\varphi_L=0$,$0<\Gamma_L<1$,即$\Gamma_L$位于图1-12所示的反射系数单位圆内的正实轴上,此时有

$$z'_{max1} = 0, \quad z'_{min1} = \frac{\lambda_p}{4}$$

故得到结论：当负载阻抗为大于特性阻抗的纯电阻时，终端为电压波腹点、电流波节点，据此可画出沿线电压、电流振幅分布曲线如图 1-14(a)所示。

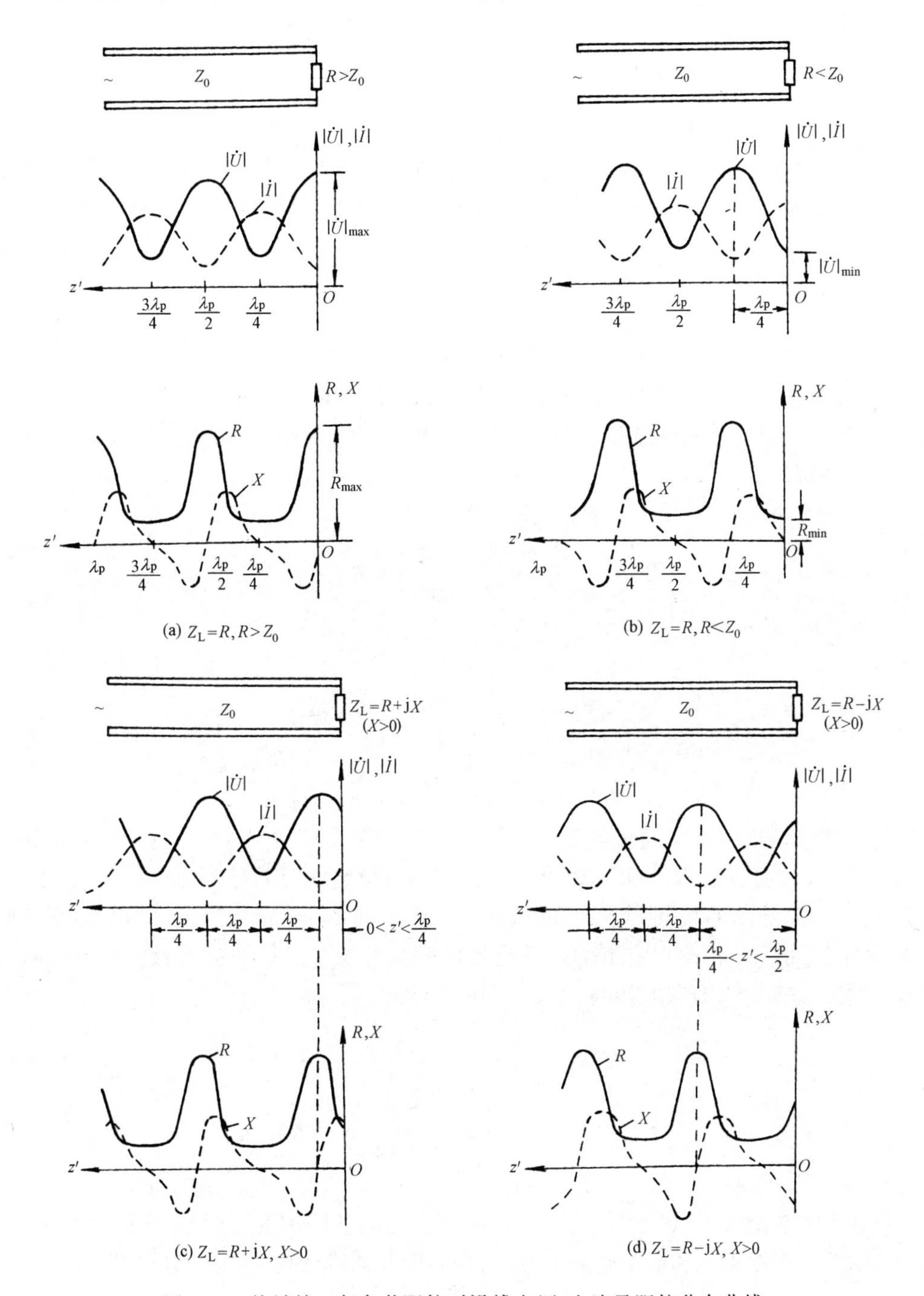


图 1-14　终端接一般负载阻抗时沿线电压、电流及阻抗分布曲线

② 当 $Z_L=R<Z_0$ 时，由 $\Gamma_L$ 的表达式可知，$\varphi_L=\pi$，$-1<\Gamma_L<0$，即 $\Gamma_L$ 位于图 1-12 所示的反射系数单位圆内的负实轴上，此时有

$$z'_{max1}=\frac{\lambda_p}{4},\quad z'_{min1}=0$$

这表明，当负载阻抗为小于特性阻抗的纯电阻时，终端为电压波节点、电流波腹点。据此可画出沿线电压、电流振幅分布曲线如图 1-14(b)所示。

③ 当 $Z_L=R+jX(X>0)$时，由 $\Gamma_L$ 的表达式可知，此时 $\varphi_L$ 的值在$(0,\pi)$之间，即 $\Gamma_L$ 位于图 1-12所示的反射系数单位圆的上半圆内，并且

$$0 < z'_{max1} < \frac{\lambda_p}{4}, \quad \frac{\lambda_p}{4} < z'_{min1} < \frac{\lambda_p}{2}$$

这表明，当端接一感性负载时，在终端既不是电压的波腹点，也不是电压的波节点。但离开终端第一个出现的是电压波腹点、电流波节点。其沿线电压、电流振幅分布曲线如图 1-14(c)所示。

④ 当 $Z_L = R - jX(X > 0)$ 时，由 $\Gamma_L$ 的表达式可知，此时 $\varphi_L$ 的值在$(\pi,2\pi)$ 之间，即 $\Gamma_L$ 位于图 1-12 所示的反射系数单位圆的下半圆内，并且

$$\frac{\lambda_p}{4} < z'_{max1} < \frac{\lambda_p}{2}, \qquad 0 < z'_{min1} < \frac{\lambda_p}{4}$$

这表示，当端接一容性负载时，在终端同样既不是电压波腹点，也不是电压波节点。但离开终端第一个出现的是电压波节点、电流波腹点。其沿线电压、电流振幅分布曲线如图 1-14(d)所示。

**(2) 沿线阻抗变化规律**

终端接任意负载时，其阻抗按式(1-12b)计算，即

$$Z_{in} = Z_0 \frac{Z_L + jZ_0 \tan\beta z'}{Z_0 + jZ_L \tan\beta z'} = R_{in} + jX_{in}$$

将 $Z_L=R+jX$ 代入上式，可得电阻 $R_{in}$和电抗 $X_{in}$的表示式分别为

$$\begin{aligned} R_{in} &= Z_0 \frac{RZ_0\sec^2\beta z'}{(Z_0 - X\tan\beta z')^2 + (R\tan\beta z')^2} \\ X_{in} &= Z_0 \frac{(Z_0 - X\tan\beta z')(X + Z_0\tan\beta z') - R^2\tan\beta z'}{(Z_0 - X\tan\beta z')^2 + (R\tan\beta z')^2} \end{aligned} \tag{1-20f}$$

根据上式可画出端接不同负载 $Z_L$ 的情况下，沿线的电阻 $R_{in}$ 与电抗 $X_{in}$ 的分布曲线，如图 1-14 所示，$Z_{in}$ 的模值分布与相应的集总参数的等效电路如图 1-15 所示。

由式(1-12b)和图 1-15 可以看出，端接任意负载阻抗 $Z_L$ 时，沿线阻抗分布有如下特点。

① 沿线阻抗值是非正弦周期函数，在电压波腹点和波节点处的输入阻抗为纯电阻，分别用 $Z_{max}$ 和 $Z_{min}$ 表示，则由式(1-20d)和式(1-20e)可得

$$\begin{aligned} Z_{max} &= R_{max} = \frac{|U_{max}|}{|I_{min}|} = Z_0 \frac{1 + |\Gamma_L|}{1 - |\Gamma_L|} = \rho Z_0 > Z_0 \\ Z_{min} &= R_{min} = \frac{|U_{min}|}{|I_{max}|} = Z_0 \frac{1 - |\Gamma_L|}{1 + |\Gamma_L|} = KZ_0 < Z_0 \end{aligned} \tag{1-20g}$$

及

$$R_{max} \cdot R_{min} = Z_0^2$$

传输线上阻抗最大值点与相邻的阻抗最小值点之间的距离为 $\lambda/4$，并且最大电压与最大电流的比值等于最小电压和最小电流的比值，都等于无耗传输线的特性阻抗，即有

$$\frac{|U_{max}|}{|I_{max}|} = \frac{|U_{min}|}{|I_{min}|} = Z_0 \tag{1-20h}$$

② 阻抗具有 $\lambda/4$ 变换性，即每隔 $\lambda/4$，阻抗性质变换一次，如感性负载$\xleftrightarrow{\lambda/4}$容性负载，$R_{max} \xleftrightarrow{\lambda/4} R_{min}$。

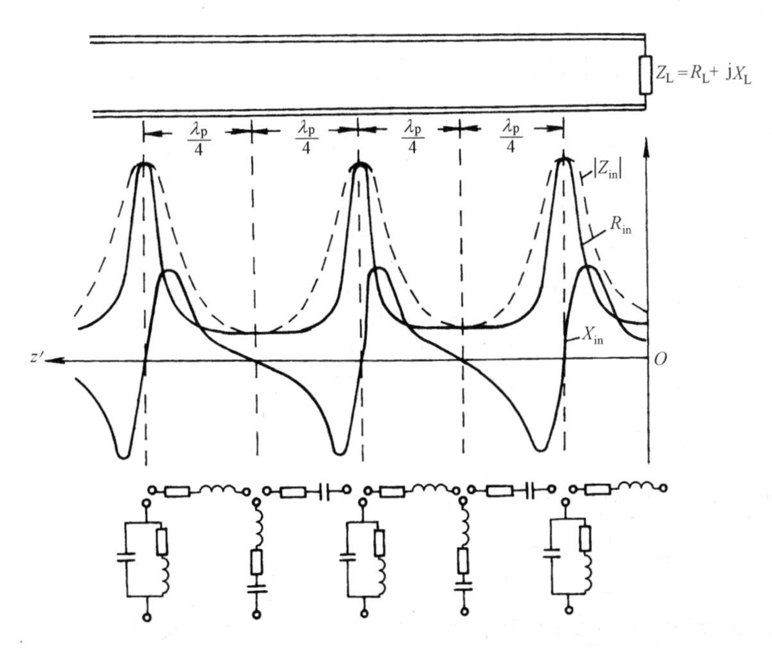


图 1-15　端接任意负载时,线上 $|Z_{in}|$、$R_{in}$ 和 $X_{in}$ 分布曲线及等效电路

③ 阻抗具有 $\lambda/2$ 的重复性,即相距半波长整数倍点的输入阻抗都相等。

**(3) 传输功率**

① 源与无耗传输线间匹配连接情况:此时源反射系数 $\Gamma_g=0, Z_g=Z_0$,等效微波源给出的最大功率与电路中定义的相同,就是共轭匹配($\Gamma_{in}=\Gamma_g^*, Z_{in}=Z_g^*$)时给出的资用功率(参见图 1-8),用 $P_a$表示,并且 $P_a$为

$$P_a=P_{max}=\frac{|E_g|^2}{8Z_0} \tag{1-20i}$$

负载反射系数 $\Gamma_L\neq 0$。该情况下均匀无耗传输线传输的功率沿线处处相等,故可由线上任一点的电压、电流来计算功率,并且任一点输入阻抗的实部所吸收的功率都等于负载吸收的功率。传输线上任一点的复功率为

$$\dot{P}=U(z')I^*(z')/2$$

将 $U(z')=U_{i2}(e^{j\beta z'}+\Gamma_L e^{-j\beta z'})$ 与 $I(z')=\frac{U_{i2}}{Z_0}(e^{j\beta z'}-\Gamma_L e^{-j\beta z'})$ 代入上式可得

$$\begin{aligned}\dot{P}&=\frac{1}{2}\frac{|U_{i2}|^2}{Z_0}(e^{j\beta z'}+\Gamma_L e^{-j\beta z'})(e^{-j\beta z'}-\Gamma_L^* e^{j\beta z'})\\&=\frac{|U_{i2}|^2}{2Z_0}(1-|\Gamma_L|^2)-j\frac{|U_{i2}|^2}{Z_0}|\Gamma_L|\sin(2\beta z'-\varphi_L)\\&=P_L+j2\omega(W_m-W_e)\end{aligned} \tag{1-20j}$$

负载吸收的功率 $P_L$ 为

$$P_L=\text{Re}(\dot{P})=\frac{|U_{i2}|^2}{2Z_0}(1-|\Gamma_L|^2)=\frac{|U_{i2}|^2}{2Z_0}-|\Gamma_L|^2\frac{|U_{i2}|^2}{2Z_0} \tag{1-20k}$$

根据式(1-16e)可知,上式第一项就是传输线的入射波功率 $P_i$,而第二项称为反射波功率 $P_r$,$|\Gamma_L|^2$称为功率反射系数。所以上式又可表示成

$$P_L=P_i-P_r=P_i(1-|\Gamma_L|^2) \tag{1-20l}$$

由于负载吸收的功率与传输线的位置无关,因此可以选取传输线上某些特殊点的电压、电流计算功率。如选取电压、电流同相的波节点、波腹点,在这些点上等效输入阻抗为纯电阻,即

$$P_L=\frac{1}{2}|U_{max}||I_{min}|=\frac{1}{2}\frac{|U_{max}|^2}{R_{max}}=\frac{1}{2}\frac{|U_{max}|^2}{\rho Z_0}$$

$$=\frac{1}{2}|U_{min}||I_{max}|=\frac{1}{2}\frac{|U_{min}|^2}{R_{min}}=\frac{1}{2}\frac{|U_{min}|^2}{KZ_0} \tag{1-20m}$$

由于无耗传输线上 $|U_{i2}|=|U_{i1}|$,当 $\Gamma_g=0$ 时,$|U_{i2}|=|U_{i1}|=|E_g|/2$,因此入射波功率 $P_i$ 与资用功率 $P_a$ 的关系为

$$P_i=\frac{|U_{i1}|^2}{2Z_0}=\frac{|U_{i2}|^2}{2Z_0}=\frac{|E_g|^2}{8Z_0}=P_a$$

这样式(1-20l)还可表示成

$$P_L=P_i-P_r=P_a(1-|\Gamma_L|^2) \tag{1-20n}$$

如果要考虑传输线的损耗,则电压和电流表示式中有衰减因子 $e^{\alpha z'}$,此时传输功率为

$$P_L=\mathrm{Re}\left[\frac{1}{2}U(z')I(z')^*\right]=\frac{1}{2}\frac{|U_{i2}|^2}{Z_0}(e^{2\alpha z'}-|\Gamma_L|^2e^{-2\alpha z'}) \tag{1-20o}$$

② 源与无耗传输线间不匹配连接情况:此时 $\Gamma_g\neq0$,等效微波源给出的最大功率仍是共轭匹配时的资用功率 $P_a$(参见图 1-8),并且 $P_a$ 为

$$P_a=\frac{|E_g|^2}{8Z_0}\frac{|1-\Gamma_g|^2}{(1-|\Gamma_g|^2)} \tag{1-20p}$$

则负载吸收的功率为

$$P_L=P_{in}=\frac{|E_g|^2}{8Z_0}\frac{|1-\Gamma_g|^2(1-|\Gamma_L|^2)}{|1-\Gamma_g\Gamma_Le^{-j2\beta l}|^2}=P_a\frac{(1-|\Gamma_g|^2)(1-|\Gamma_L|^2)}{|1-\Gamma_g\Gamma_Le^{-j2\beta l}|^2} \tag{1-20q}$$

式中,$(1-|\Gamma_g|^2)$ 称为失配因子。此时的 $P_L$ 与无耗传输线的长度有关。显然存在一个最佳的无耗传输线的长度 $l_{opt}$,当 $l=l_{opt}$ 时,$P_L$ 达到最大值 $P_{Lmax}$。由 $2\beta l_{opt}-\varphi_g-\varphi_L=2n\pi$ 得

$$l_{opt}=\frac{\varphi_g+\varphi_L}{2\beta}+\frac{n}{2}\lambda_p \quad n=1,2,3,\cdots$$

$$P_{Lmax}=P_a\frac{(1-|\Gamma_g|^2)(1-|\Gamma_L|^2)}{(1-|\Gamma_g||\Gamma_L|)^2} \tag{1-20r}$$

**(4) 效率**

传输线的效率定义为负载吸收的功率 $P_L$ 与传输线输入功率 $P_{in}$ 之比,用 $\eta_A$ 表示,即

$$\eta_A=P_L/P_{in} \tag{1-20s}$$

对于无耗传输线 $\quad P_L=P_{in},\quad \eta_A=1$

对于有耗传输线,由式(1-20p)可知

$$P_{in}=\frac{1}{2}\frac{|U_{i2}|^2}{Z_0}(e^{2\alpha l}-|\Gamma_L|^2e^{-2\alpha l})$$

$$P_L=\frac{1}{2}\frac{|U_{i2}|^2}{Z_0}(1-|\Gamma_L|^2)$$

则

$$\eta_A=\frac{1-|\Gamma_L|^2}{e^{2\alpha z'}-|\Gamma_L|^2e^{-2\alpha z'}}=\left[\frac{1}{\mathrm{ch}2\alpha l}+\frac{1}{2}\left(\rho+\frac{1}{\rho}\right)\mathrm{sh}2\alpha l\right]^{-1} \tag{1-20t}$$

**【例 1-2】** 一无耗传输馈电系统如图 1-16 所示。传输线(Ⅰ)长为 $l$,传输线(Ⅱ)长为一个波长

$\lambda$。传输线(Ⅱ)两端各接纯电阻负载 $R_{L1}$ 和 $R_{L2}$。信号源内阻等于传输线的特性阻抗，即 $R_g = Z_0$。当传输线(Ⅰ)分别从 $A$、$B$、$C$ 三点接入时($A$ 点位于传输线(Ⅱ)的中点，$B$、$C$ 各距负载端 $\lambda/4$)，问：(1) $R_{L1}$、$R_{L2}$ 与 $Z_0$ 保持什么关系时，信号源能输出最大功率？(2) 负载获得的最大功率为多少？

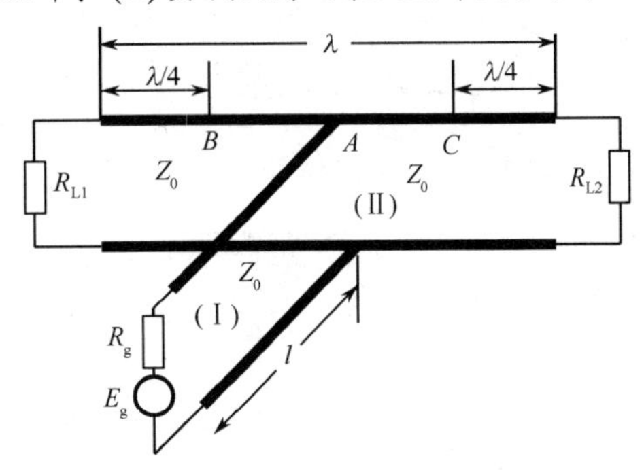


图 1-16　例 1-2 电路图

**解**：(1) 传输线(Ⅰ)接于 $A$ 点：由阻抗的半波长重复性可知

$$Z_{inAL1} = R_{L1}, \qquad Z_{inAL2} = R_{L2}, \qquad Z_{inA} = R_{L1} // R_{L2}$$

当 $Z_{inA} = Z_0$ 时，信号源输出最大功率，$R_{L1}$、$R_{L2}$ 与 $Z_0$ 的关系为

$$Z_0 = R_{L1} // R_{L2} = \frac{R_{L1} R_{L2}}{R_{L1} + R_{L2}}$$

传输线(Ⅰ)接于 $B$ 点(或 $C$ 点)：由阻抗的 1/4波长变换性可知

$$Z_{inBL1} = Z_0^2 / R_{L1}, Z_{inBL2} = Z_0^2 / R_{L2}$$

$$Z_{inB} = Z_{inBL1} // Z_{inBL1} = \frac{Z_0^2}{R_{L1} + R_{L2}}$$

当 $Z_{inB} = Z_0$ 时，信号源输出最大功率，$R_{L1}$、$R_{L2}$ 与 $Z_0$ 的关系为

$$Z_0 = R_{L1} + R_{L2}$$

(2) 由于传输线无耗，负载获得源功率的一半，即

$$P_{max} = P_a = \frac{|E_g|^2}{8Z_0}$$

**【例 1-3】** 电路图如图 1-17(a)所示，已知 $Z_{01} = 600\Omega$，$Z_{02} = 450\Omega$，$R = 900\Omega$，$Z_L = 400\Omega$。

(1) 画出沿线电压、电流和阻抗的振幅分布曲线，并求其最大值和最小值；

(2) 求负载吸收的总功率和 $Z_L$ 吸收的功率。

**解**：(1) 由 $\Gamma_L = \dfrac{Z_L - Z_{01}}{Z_L + Z_{01}} = -0.2$　得　$\rho = \dfrac{1 + |\Gamma_L|}{1 - |\Gamma_L|} = 1.5$

即 $BC$ 段传输行驻波，$C$ 为电压波节，$B$ 为电压波腹。

$$Z_{LinB} = \frac{Z_{01}^2}{Z_L} = \rho Z_{01} = 900\Omega$$

$$Z_{inB} = Z_{LinB} // R = 450\Omega = Z_{02}$$

即 $AB$ 段传输行波。

这样　　$Z_{inA} = Z_{inB}$，$|U_A| = 450\text{V}$，$|I_A| = 1\text{A}$

$AB$ 段：　$|U_B| = |U_A| = 450\text{V}$　　$|I_B| = |I_A| = 1\text{A}$

$$Z_{inA} = Z_{inB} = 450\Omega$$

$BC$ 段：　$|U_B| = |U_{max}| = 450\text{V}$　　$|U_C| = |U_{min}| = \dfrac{|U_{max}|}{\rho} = 300\text{V}$

$$|I_{min}| = \frac{|I_B|}{2} = 0.5\text{ A} \qquad |I_C| = |I_{max}| = \rho |I_{min}| = 0.75\text{A}$$

$$R_{max} = Z_{LinB} = 900\Omega \qquad R_{min} = Z_L = 400\Omega$$

其沿线电压、电流和阻抗的振幅分布曲线如图 1-17(b)所示。

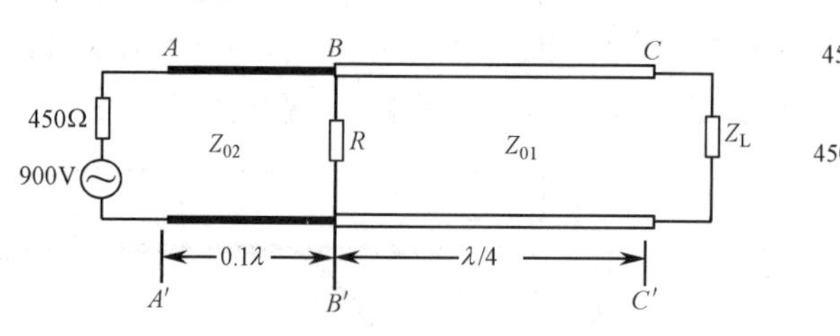

(a)电路图

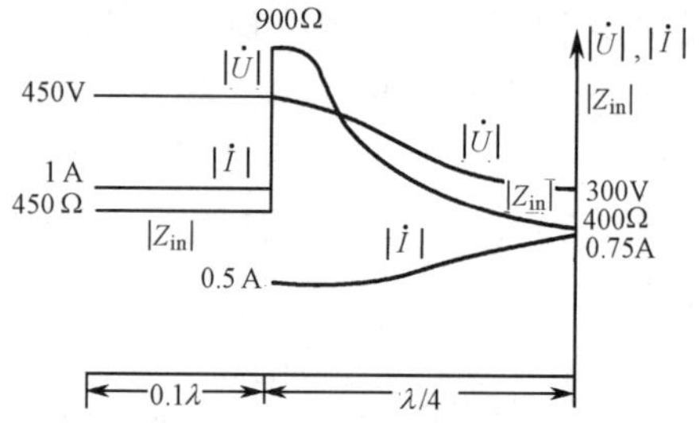

(b)沿线电压、电流和阻抗的振幅分布曲线

例 1-17 例 1-3 电路图

(2) 负载吸收的总功率为

$$P = \frac{1}{2} | U_A | | I_A | = 225\text{W}$$

$Z_L$ 吸收的功率为

$$P_L = \frac{1}{2} | U_{\min} | | I_{\max} | = \frac{1}{2} Z_L | I_{\max} |^2 = 112.5\text{W}$$

**【例 1-4】** 证明无耗传输线的负载阻抗为

$$Z_L = Z_0 \frac{1 - j\rho \tan \beta z'_{\min1}}{\rho - j\tan \beta z'_{\min1}} \tag{1-20u}$$

式中,$\rho$ 为驻波系数,$z'_{\min1}$ 是负载到第一个电压波节点的距离。

**证明**:因为在电压波节点处的输入阻抗为

$$Z_{in} = R_{\min} = \frac{Z_0}{\rho}$$

即

$$\frac{Z_0}{\rho} = Z_0 \frac{Z_L + jZ_0 \tan \beta z'_{\min1}}{Z_0 + jZ_L \tan \beta z'_{\min1}}$$

所以可得

$$Z_L = Z_0 \frac{1 - j\rho \tan \beta z'_{\min1}}{\rho - j\tan \beta z'_{\min1}}$$

该式是微波阻抗测量的理论基础。

本节习题 1-7,1-9,1-10,1-11,1-46;MOOC 知识点 1.10~1.17;MOOC 平台第 1 章第 2 次测验。

### 1.1.5 圆图

从前面的讨论可以看出,分析长线的工作状态离不开计算阻抗、反射系数等参数,会遇到大量烦琐的复数运算。为了简化运算,在计算机技术还未广泛应用的过去,图解法就是常用的手段之一。在天线和微波工程设计中,经常会用到各种图形曲线,它们既简便直观,又具有足够的准确度,即使在计算机技术广泛应用的今天,它们也对天线和微波工程设计有着重要的影响作用。下面将要学习的圆图就是其中之一。

1. 圆图的构成

在传输线的输入阻抗与反射系数一节中,已知均匀无耗传输线上某点的反射系数与终端负载反射系数及某点的等效输入阻抗之间有下述关系

$$(\text{I})\begin{cases} \Gamma(z') = \Gamma_u + j\Gamma_v = \Gamma_L e^{-j2\beta z'} \\ \Gamma_L = \dfrac{Z_L - Z_0}{Z_L + Z_0} = | \Gamma_L | e^{j\varphi_L} \end{cases} \qquad (\text{II})\begin{cases} Z_{in}(z') = Z_0 \dfrac{1 + \Gamma(z')}{1 - \Gamma(z')} \\ \Gamma(z') = \dfrac{Z_{in}(z') - Z_0}{Z_{in}(z') + Z_0} \end{cases}$$

在分析传输线的工作状态时得知：不同的负载所对应的反射系数位于反射系数单位圆的不同区域。于是就提出了可否将 $Z_{in}(z')$ 与 $\Gamma(z')$ 的一一对应关系用曲线图表示的问题。为了使该曲线图更具有一般性，引入归一化阻抗的概念。

**定义：** $\overline{Z_{in}(z')}=Z_{in}(z')/Z_0$ 为归一化的等效输入阻抗，$\overline{Z_L}=Z_L/Z_0$ 为归一化的负载阻抗。

归一化阻抗是一个无量纲量，因此也称为标称阻抗。

归一化之后，前面给出的（Ⅰ）、（Ⅱ）两组公式就简化为

$$\begin{cases}\Gamma(z')=\Gamma_u+j\Gamma_v=\Gamma_L e^{-j2\beta z'}\\ \Gamma_L=\dfrac{\overline{Z_L}-1}{\overline{Z_L}+1}=|\Gamma_L|e^{j\varphi_L}\end{cases}\tag{1-21a}$$

$$\begin{cases}\overline{Z_{in}(z')}=\dfrac{1+\Gamma(z')}{1-\Gamma(z')}=r+jx\\ \Gamma(z')=\dfrac{\overline{Z_{in}(z')}-1}{\overline{Z_{in}(z')}+1}=\Gamma_u+j\Gamma_v\end{cases}\tag{1-21b}$$

根据上述关系式，在直角坐标系中绘制的曲线图称为直角坐标阻抗圆图；在极坐标系中绘制的曲线图称为极坐标阻抗圆图，也称其为史密斯（Smith）圆图，下面介绍最通用的史密斯圆图的构成特点。

**（1）等反射系数圆**

均匀无耗长线的特性阻抗为 $Z_0$，终端接负载阻抗 $Z_L$，$\Gamma_L$ 为终端电压反射系数，如图 1-18（a）所示，反射系数 $\Gamma(z')$ 的直角坐标和极坐标表示式为

$$\Gamma(z')=\Gamma_u+j\Gamma_v=|\Gamma|e^{j\varphi}$$

两者之间的关系为

$$|\Gamma|=\sqrt{\Gamma_u^{\,2}+\Gamma_v^{\,2}},\qquad \varphi=\arctan\frac{\Gamma_v}{\Gamma_u},\qquad \Gamma_u=|\Gamma|\cos\varphi,\qquad \Gamma_v=|\Gamma|\sin\varphi$$

在图 1-18（b）所示的复平面上，以原点为圆心、反射系数 $|\Gamma|$ 为半径所画的圆称为等反射系数圆，或反射系数圆。因为 $|\Gamma|$ 与驻波比 $\rho$ 是一一对应的，故又称为等驻波比圆。由于 $|\Gamma|\leqslant 1$，因此全部反射系数圆都位于单位圆内。

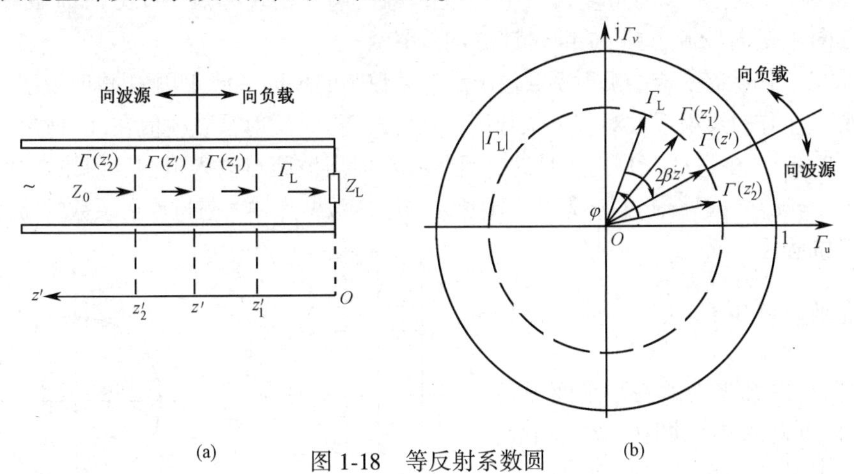


图 1-18　等反射系数圆

若终端反射系数为 $\Gamma_L=|\Gamma_L|e^{j\varphi_L}$，且位于反射系数圆上的 $\Gamma_L$ 位置，则传输线上任意一点的反射系数在反射系数圆上的位置都可由 $\Gamma_L$ 确定，如图 1-18（b）所示。由于 $\varphi=\varphi_L-2\beta z'$，即

离开负载向波源方向移动时，$\varphi$ 连续滞后，所以在反射系数圆上，向波源方向（对应 $z'$增大方向）是顺时针方向；向负载方向（对应 $z'$减小方向）是逆时针方向。在传输线上移动 $\Delta z'$距离与对应的转动角之间的关系为

$$\Delta\varphi = 2\beta\ \Delta z' = 4\pi\frac{\Delta z'}{\lambda} = 4\pi\Delta\overline{z'} = 720°\Delta\overline{z'} \tag{1-21c}$$

即电长度 $\Delta\overline{z'}$与转动角 $\Delta\varphi$ 的一一对应关系如下表所示：

| $\Delta\overline{z'}$ | 0 | 0.125 | 0.25 | 0.375 | 0.5 |
|---|---|---|---|---|---|
| $\Delta\varphi=4\pi\Delta\overline{z'}$ | 0 | $\frac{\pi}{2}$ | $\pi$ | $\frac{3\pi}{2}$ | $2\pi$ |

注意到反射系数的辐角改变 360°时，对应的电长度是 0.5，则 1°对应的电长度是 1/720，这样就可以用电长度的改变量来描述反射系数辐角的变化。电长度的零点可选在反射系数单位圆周上的任意位置，但由于 $Z_L=R+jX=0$ 时对应的反射系数为 $-1$，位于 $|\Gamma|=1$ 圆的 $(-1,0)$ 点，即单位圆上的 $\varphi=\pi$点，在该点上恒有 $R=X=0,K=0$。这些都是描述传输线特性的物理量，为使图上的所有物理零点一致，故选电长度的零点位于 $(-1,0)$ 处，即单位圆周上的 $\varphi=\pi$ 点。将标有角度及电长度的单位圆与复平面上的反射系数圆族相叠加，就得到了反射系数圆。为了使用方便，有的图上标有两个方向的电长度值，如图 1-19 所示，向波源方向移动读外圈的值，向负载方向移动读里圈的值。

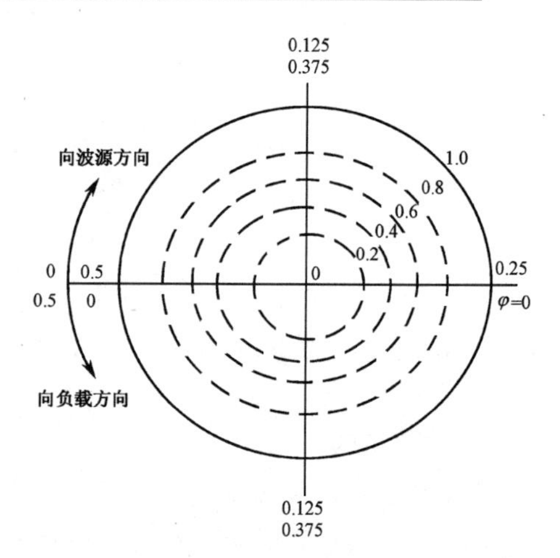


图 1-19　反射系数圆及电长度标度值

反射系数圆有下述特点。

① 一个负载阻抗对应一个 $\Gamma_L$，由 $|\Gamma_L|$ 确定一个反射系数圆。该圆上不同的点代表传输线上不同位置的反射系数。

② 反射系数具有 $\lambda/2$ 的重复性。电长度的零点选在物理零点 $(-1,0)$，即 $\varphi=\pi$ 处，电长度增大的方向也是向波源方向，是顺时针方向旋转。

③ 不同的工作状态对应的反射系数位于反射系数圆的不同区域，匹配工作时反射系数对应单位圆圆心；驻波工作时反射系数对应单位圆周；行驻波工作时反射系数模值在 $(0,1)$ 之间。其中右半实轴上的点（$\varphi=0,0<|\Gamma|<1$）对应是纯电阻负载或电压波腹点输入阻抗反射系数的轨迹，左半实轴上的点（$\varphi=\pi,0<|\Gamma|<1$）对应是纯电阻负载或电压波节点输入阻抗反射系数的轨迹。

**（2）阻抗圆图**

由复变函数可知 $\Gamma=\dfrac{\overline{Z}_{in}-1}{\overline{Z}_{in}+1}$是一个分式线性映射，它将 $\overline{Z}$ 平面的右半平面保角映射到 $\Gamma$ 平面上的单位圆内，如图 1-20 所示。现在来讨论 $\overline{Z}$ 平面和 $\Gamma$ 平面上一些特殊点间的映射关系。

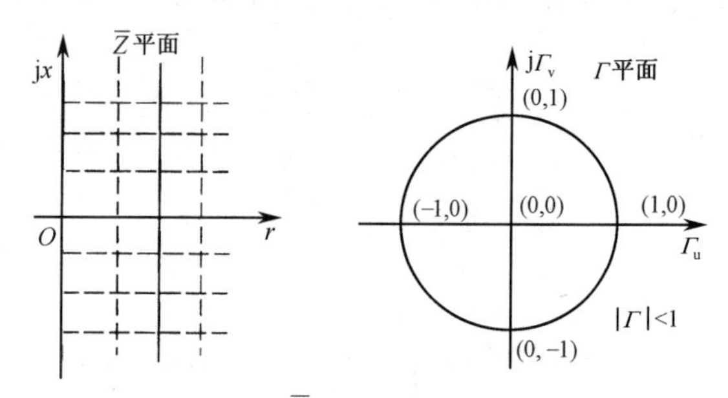


图 1-20　从 $\overline{Z}$ 平面到 $\Gamma$ 平面的变换

$\overline{Z}$ 平面实轴在 $\Gamma$ 平面的映像：

$$\bar{Z}_{in}:(0,0)、(1,0)、(\infty,0) \longleftrightarrow \Gamma:(-1,0)、(0,0)、(1,0)$$

也就是前述的短路、匹配、开路时对应的反射系数。而纯电阻负载对应的反射系数是 $\Gamma$ 平面实轴上的$(-1,1)$区间。

$\bar{Z}$ 平面虚轴在 $\Gamma$ 平面的映像：

$$\bar{Z}_{in}:(0,\infty)、(0,1)、(0,0)、(0,-1)、(0,-\infty) \longleftrightarrow$$

$$\Gamma:(1,0)、(0,1)、(-1,0)、(0,-1)、(1,0)$$

即单位圆周，也是前述驻波工作时的反射系数。显然由保圆性可知，$\bar{Z}$ 平面 $r=$ 常数和 $x=$ 常数的直线在 $\Gamma$ 平面的映像曲线应是圆族。由于 $\bar{Z}_{in}$ 平面上$(0,\pm\infty)$，$(\infty,0)$ 点的像在 $\Gamma$ 平面都位于$(1,0)$点，因此所有圆族的映像曲线均经过$(1,0)$ 点。将 $\bar{Z}_{in}=r+jx$，$\Gamma=\Gamma_u+j\Gamma_v$ 代入式(1-21b)有

$$\bar{Z}_{in}=r+jx=\frac{1+\Gamma}{1-\Gamma}=\frac{1+\Gamma_u+j\Gamma_v}{1-\Gamma_u-j\Gamma_v}$$

令上式两边的实部和虚部分别相等，可得

$$r=\frac{1-\Gamma_u^2-\Gamma_v^2}{(1-\Gamma_u)^2+\Gamma_v^2},\qquad x=\frac{2\Gamma_v}{(1-\Gamma_u)^2+\Gamma_v^2}$$

对上式整理可得

$$\left(\Gamma_u-\frac{r}{1+r}\right)^2+\Gamma_v^2=\left(\frac{1}{1+r}\right)^2$$
$$(\Gamma_u-1)^2+\left(\Gamma_v-\frac{1}{x}\right)^2=\left(\frac{1}{x}\right)^2 \tag{1-21d}$$

这就是 $\Gamma$ 平面上等电阻$(r)$圆和等电抗$(x)$圆的方程。从式中可以看出，在 $\Gamma$ 平面上，等 $r$ 圆的半径为$\frac{1}{1+r}$，圆心坐标为$\left(\frac{r}{1+r},0\right)$。显然 $r$ 数值不同，圆的半径和圆心位置也不同，但圆心横坐标 $\Gamma_u=\frac{r}{1+r}$与半径$\frac{1}{1+r}$之和恒等于 1，即所有等 $r$ 圆都切于$(1,0)$点；等 $x$ 圆的半径为$\frac{1}{x}$，圆心坐标为$\left(1,\frac{1}{x}\right)$。显然 $x$ 数值不同，圆的半径和圆心位置也不同，但由于圆心纵坐标为$\frac{1}{x}$恒等于半径$\frac{1}{x}$，因此等 $x$ 圆族也都切于$(1,0)$点。选取不同 $r$、$x$ 值，由式(1-21d)得到的 $\Gamma$ 平面像曲线如图 1-21 所示。

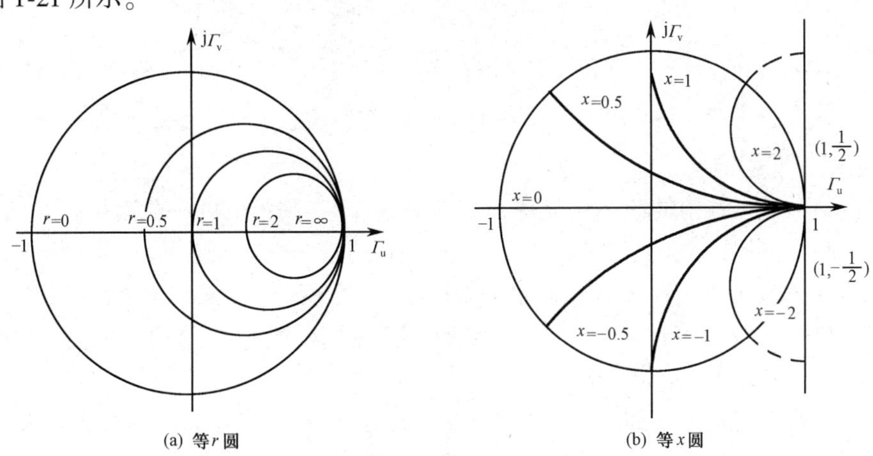


图 1-21　阻抗圆图的等 $r$ 圆和等 $x$ 圆

由方程和图形可以看出 $r$、$x$ 都被限制在反射系数模为 1 的单位圆内,这就把一个无限的量用一个有限的图充分表示了出来,这也是它的一个最大优点。将上述两组曲线与等反射系数圆套印在一起,就得到了阻抗圆图,也就是史密斯(Smith)圆图,如图 1-22所示。为了保持圆图的清晰,一般不画等反射系数圆。

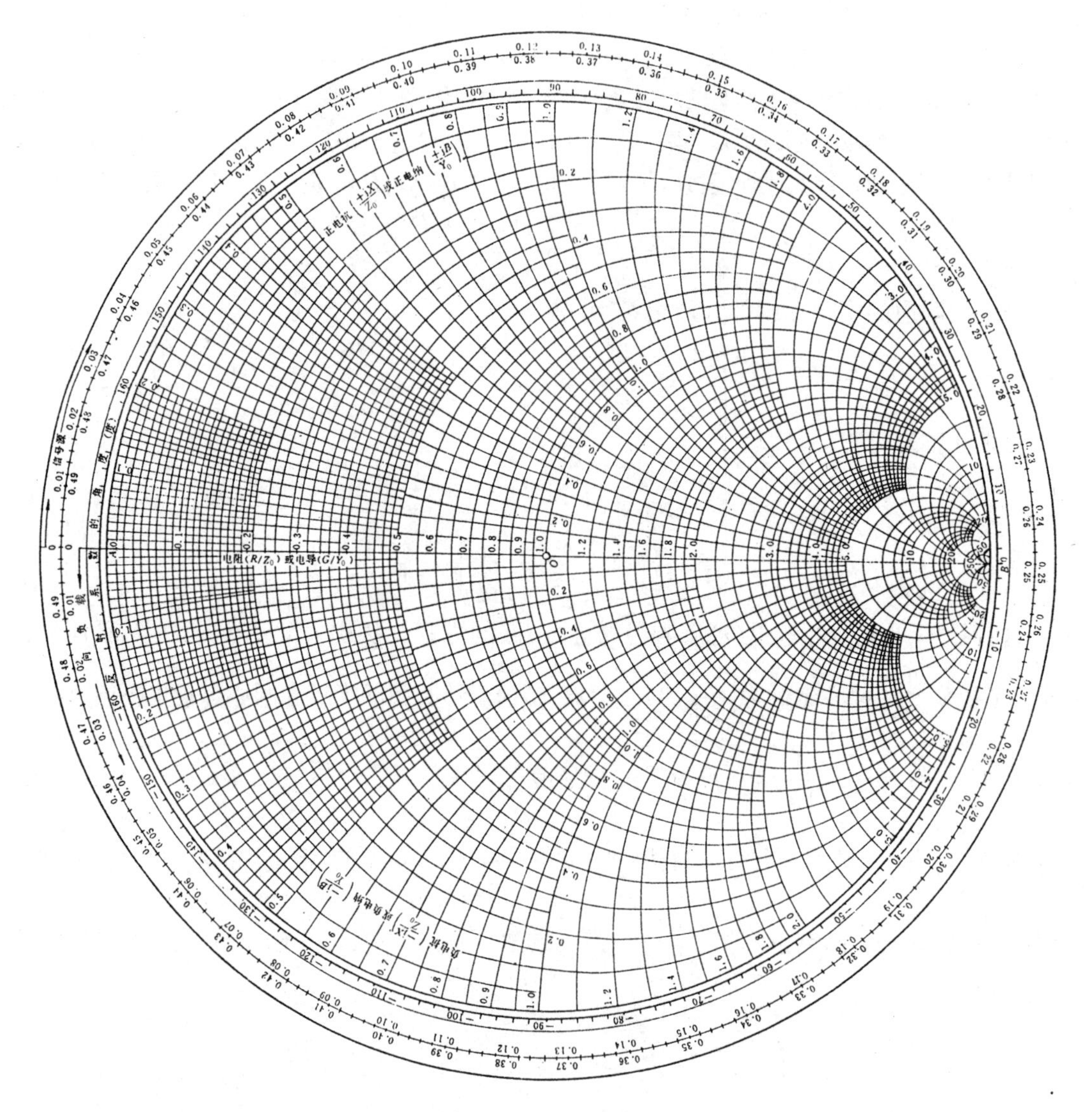


图 1-22　Smith 圆图

阻抗圆图有下述特点。

① 阻抗圆图上半圆内的归一化阻抗 $r+\mathrm{j}x$ 为感抗,下半圆内的归一化阻抗 $r-\mathrm{j}x$ 为容抗。

② 阻抗圆图上的$(-1,0)$点,其 $|\Gamma|=1,\varphi=\pi$,对应 $r=0,x=0$,为短路点;$(1,0)$点,其 $|\Gamma|=1,\varphi=0$,对应 $r=\infty$ ,$x=\infty$ ,为开路点;$(0,0)$点,其 $|\Gamma|=0$,对应匹配点;上半单位圆周上的点,其 $|\Gamma|=1,0<\varphi<\pi$,对应 $r=0,x>0$,为纯电感;下半单位圆周上的点,其 $|\Gamma|=1$,$\pi<\varphi<2\pi$,对应 $r=0,x<0$,为纯电容。

③ 阻抗圆图上实轴左边的点,其$-1<\Gamma=\Gamma_{\mathrm{u}}<0$,对应 $r<1,x=0$,即对应的是电压波节点处的归一化阻抗值。由于 $R_{\min}=KZ_0$,因此 $r=K$;实轴右边的点,其 $0<\Gamma=\Gamma_{\mathrm{u}}<1$,对应$r>1,x=0$,即

对应的是电压波腹点处的归一化阻抗值。由于 $R_{max}=\rho Z_0$,因此 $r=\rho$。

④ 阻抗圆图上任意一点可提供 4 个数据,即 $r$、$x$、$|\Gamma|$(或 $\rho$、$K$)及 $\varphi$。

对于图 1-23 所示的电路,在传输线上,若观察点由 $A$ 处向负载方向移动到 $E$ 处,则在圆图上 $\overline{Z}_A$ 沿反射系数圆逆时针方向转到 $\overline{Z}_E$ 点。若观察点由 $A$ 处向电源方向移动到 $F$ 处,则在圆图上 $\overline{Z}_A$ 沿反射系数圆顺时针方向转到 $\overline{Z}_F$ 点。若在传输线上的 $T$ 参考面处串联一纯电抗,如图 1-24电路所示,则由于 $\overline{Z}_A$ 的实部没有变化,只是虚部改变,因此在圆图上 $\overline{Z}_A$ 沿着等 $r_A$ 圆移动。对于串联电感,$x$ 增大,$\overline{Z}_A$ 沿等 $r_A$ 圆顺时针移到 $\overline{Z}_B$ 点;对于串联电容,$x$ 减小,$\overline{Z}_A$ 沿等 $r_A$ 圆逆时针移到 $\overline{Z}_C$ 点,如图 1-24 所示。

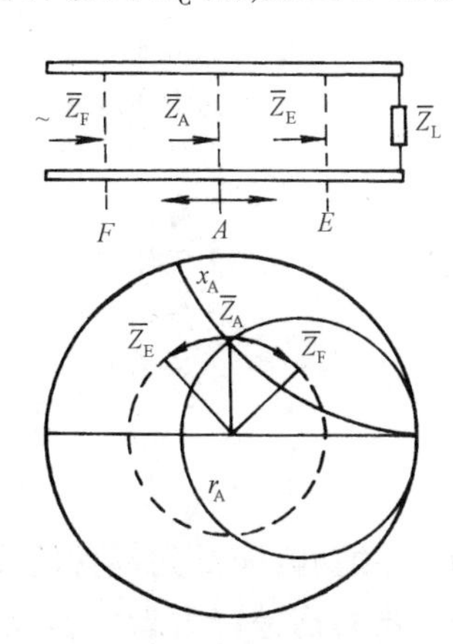


图 1-23　观察点在长线上的移动对应圆图中的转动

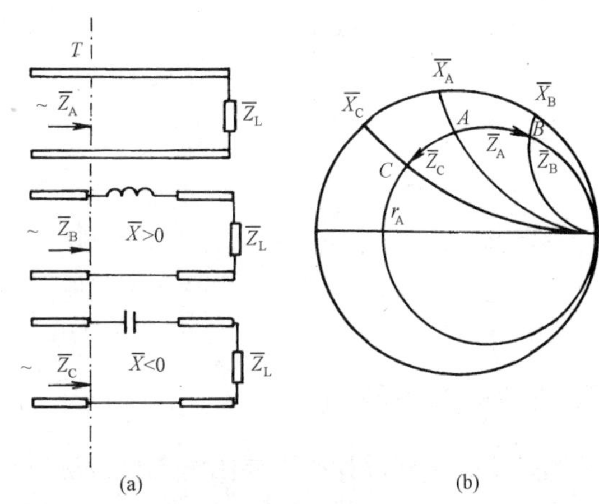


图 1-24　线上同一位置串联不同的电抗后归一化阻抗的变化规律

**(3) 导纳圆图**

实际微波电路常由并联元件构成,此时用导纳计算比较方便。设 $\overline{Y}_{in}=\overline{G}+j\overline{B}$,则由阻抗是导纳的倒数可得导纳与电压反射系数 $\Gamma$ 的关系为

$$\Gamma=\frac{\overline{Z}_{in}-1}{\overline{Z}_{in}+1}=\frac{1-\overline{Y}_{in}}{1+\overline{Y}_{in}}=e^{j\pi}\frac{\overline{Y}_{in}-1}{\overline{Y}_{in}+1}$$

由于电流反射系数 $\Gamma_I=-\Gamma$,因此电流反射系数 $\Gamma_I$ 与 $\overline{Y}_{in}$的关系为

$$\Gamma_I=\frac{\overline{Y}_{in}-1}{\overline{Y}_{in}+1} \tag{1-21e}$$

这是一个与 $\Gamma=\dfrac{\overline{Z}_{in}-1}{\overline{Z}_{in}+1}$完全相同的分式线性映射,它同样可以将 $\overline{Y}_{in}$平面的右半平面保角映射到 $\Gamma_I$ 平面上的单位圆内,将 $\overline{G}$=常数,$\overline{B}$=常数的直线映射成 $\Gamma_I$ 平面上的一族族圆。在 $\Gamma_I$ 平面上的映像曲线圆与史密斯圆图完全一样,称其为导纳圆图。显然导纳圆图上的任一点对应的是该点的归一化导纳 $\overline{G}+j\overline{B}$ 和电流反射系数 $|\Gamma_I|e^{j\varphi_I}$。由于 $\Gamma_I=-\Gamma$,因此导纳圆图在 $\Gamma$ 平面上的映像只需将史密斯圆图旋转 180°即可得到,这样史密斯圆图既是阻抗圆图,也是导纳圆图,在用史密斯圆图做导纳运算时应注意以下几点。

① 图中的标称数字全部不变,计算阻抗时,认为是归一化阻抗值。计算导纳时,认为是归一化导纳值。

② 在进行阻抗、导纳互换运算时,沿等反射系数圆转 π 弧度即可得到。

③ 由导纳求电压反射系数时，沿等反射系数圆转 π 弧度。

④ 特殊点数值不变，但物理含义变化如下：

| | | | | | |
|---|---|---|---|---|---|
| (0,0)点 | $r=1,\ x=0$ | | ⇔ | $\overline{G}=1,\ \overline{B}=0$ | 匹配点 |
| (1,0)点 | $r=x=\infty$ | 开路点 | ⇔ | $\overline{G}=\overline{B}=\infty$ | 短路点 |
| (-1,0)点 | $r=x=0$ | 短路点 | ⇔ | $\overline{G}=\overline{B}=0$ | 开路点 |
| 上半圆 | $x>0$ | 感抗 | ⇔ | $\overline{B}>0$ | 容抗 |
| 上半单位圆周 | $r=0,x>0$ | 纯电感 | ⇔ | $\overline{G}=0,\ \overline{B}>0$ | 纯电容 |
| 下半圆 | $x<0$ | 容抗 | ⇔ | $\overline{B}<0$ | 感抗 |
| 下半单位圆周 | $r=0,x<0$ | 纯电容 | ⇔ | $\overline{G}=0,\ \overline{B}<0$ | 纯电感 |
| 实轴左边 | $r<1,x=0$ | 为电压波节点处归一化阻抗值 | ⇔ | $\overline{G}<1,\ \overline{B}=0$ | 为电压波腹点处归一化电导值 |
| 实轴右边 | $r>1,\ x=0$ | 为电压波腹点处归一化阻抗值 | ⇔ | $\overline{G}>1,\ \overline{B}=0$ | 为电压波节点处归一化电导值 |

2. 圆图的应用举例

圆图是微波工程设计的重要图解工具，被广泛应用于阻抗、导纳、匹配及元部件的设计计算。正确熟练地应用圆图，除应了解圆图的构成及特点外，更主要的是进行大量的实际运算。下面的例题仅作为加深对圆图理解的基本练习。

**【例 1-5】** 已知长线特性阻抗 $Z_0=300\Omega$，终端接负载阻抗 $Z_L=180+j240\Omega$，求终端电压反射系数 $\Gamma_L$。

**解：** 解题示意图如图 1-25 所示。

(1) 计算归一化负载阻抗值。

$$\overline{Z}_L=\frac{Z_L}{Z_0}=\frac{180+j240}{300}=0.6+j0.8$$

在阻抗圆图上找到 $r=0.6$、$x=0.8$ 两圆的交点 $A$，$A$ 点即 $\overline{Z}_L$ 在圆图中的位置。

(2) 确定终端反射系数的模 $|\Gamma_L|$。通过 $A$ 点的反射系数圆与右半段纯电阻线交于 $B$ 点。$B$ 点归一化阻抗 $r_B=3$ 即为驻波比 $\rho$ 值，因此 $|\Gamma_L|$ 等于

$$|\Gamma_L|=\frac{\rho-1}{\rho+1}=\frac{3-1}{3+1}=0.5$$

(3) 确定终端反射系数的相角 $\varphi_L$。延长射线 $\overline{OA}$，即可读得 $\varphi_L=90°$。若圆图仅有波长数标度，且读得向波源方向的波长数为 0.125，则 $\varphi_L$ 对应的波长数变化量为

$$\Delta\frac{z'}{\lambda}=\left(\frac{z'}{\lambda}\right)_B-\left(\frac{z'}{\lambda}\right)_A=0.25-0.125=0.125$$

此值对应 $\varphi_L$ 的度数为 $$\varphi_L=360°\times\frac{0.125}{0.5}=90°$$

故终端电压反射系数为 $$\Gamma_L=0.5e^{j90°}$$

**【例 1-6】** 已知同轴线特性阻抗 $Z_0=50\Omega$，信号波长 $\lambda=10\text{cm}$，终端电压反射系数 $\Gamma_L=0.2e^{j50°}$。求：(1) 电压波腹点和波节点处的阻抗；(2) 终端负载阻抗 $Z_L$；(3) 靠近终端第一个电压波

腹点及波节点距终端的距离。

**解**：解题过程如图 1-26 所示。(1) 由反射系数模 $|\Gamma_{\mathrm{L}}|$ 得驻波比 $\rho$ 为

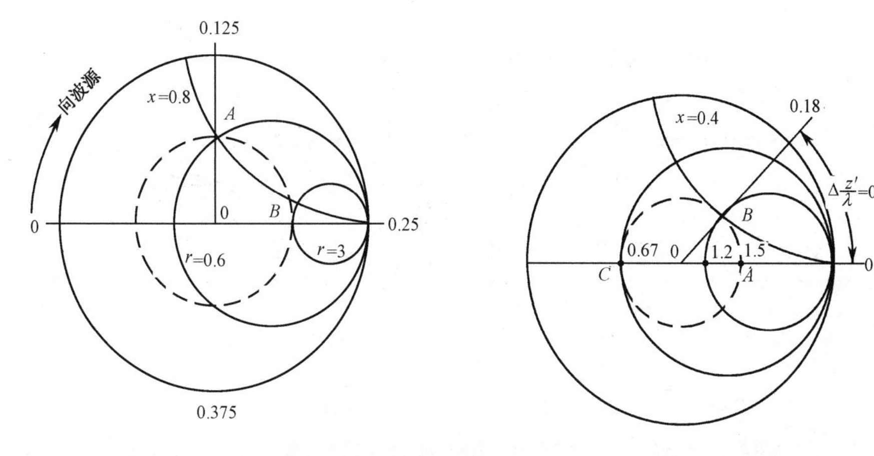


图 1-25　例 1-5 的解题示意图　　　　图 1-26　例 1-6 的解题示意图

$$\rho=\frac{1+|\Gamma_{\mathrm{L}}|}{1-|\Gamma_{\mathrm{L}}|}=\frac{1+0.2}{1-0.2}=1.5$$

电压波腹点及波节点的归一化阻抗分别为

$$r\,(\text{波腹})=\rho=1.5,\qquad r\,(\text{波节})=\frac{1}{\rho}=\frac{2}{3}$$

而阻抗为

$$R\,(\text{波腹})=r\,(\text{波腹})Z_0=1.5\times 50=75(\Omega)$$

$$R\,(\text{波节})=r\,(\text{波节})Z_0=\frac{2}{3}\times 50\approx 33.3(\Omega)$$

(2) 确定负载阻抗 $Z_{\mathrm{L}}$。将 $\varphi_{\mathrm{L}}=50°$ 换为相对波长数变化量

$$\Delta\frac{z'}{\lambda}=\frac{50°}{360°}\times 0.5=0.07$$

由 $\rho=1.5$ 的反射系数圆与右半纯电阻线的交点 $A$ 向负载方向反时针转过波长数 0.07 到 $B$ 点，$B$ 点对应的反射系数即为 $\Gamma_{\mathrm{L}}$，相应的 $\overline{Z}_{\mathrm{L}}$ 及 $Z_{\mathrm{L}}$ 为

$$\overline{Z}_{\mathrm{L}}=r+\mathrm{j}x=1.2+\mathrm{j}0.4$$

$$Z_{\mathrm{L}}=\overline{Z}_{\mathrm{L}}Z_0=(1.2+\mathrm{j}0.4)\times 50=60+\mathrm{j}20(\Omega)$$

(3) 由 $B$ 点顺时针转到 $A$ 点所经的波长数对应于第一个电压波腹点到终端的距离

$$z'\,(\text{波腹})=0.07\lambda=0.07\times 10=0.7(\mathrm{cm})$$

第一个电压波节点 C 距终端的距离为

$$z'\,(\text{波节})=(0.07+0.25)\lambda=0.32\times 10=3.2(\mathrm{cm})$$

**【例 1-7】**　用特性阻抗为 50Ω 的同轴测量线测得负载的驻波比 $\rho=1.66$，第一个电压波节点距离终端 10mm，相邻两波节点之间的距离为 50mm。求终端负载阻抗 $Z_{\mathrm{L}}$。

**解**：解题过程如图 1-27 所示。

(1) 由驻波比 $\rho=1.66$ 知图中 $A$ 点对应于电压波腹点，$B$ 点对应于电压波节点。

(2) 离终端最近的波节点距离终端的波长数为 $z'/\lambda=10/(2\times 50)=0.1$。

(3) 在 $\rho=1.66$ 的反射系数圆上从 $B$ 点向负载方向逆时针转过波长数 0.1 至 $C$ 点，$C$ 点

对应的归一化阻抗为 $\overline{Z}_L$，即 $\overline{Z}_L=0.76-j0.4$，而负载阻抗

$$Z_L=\overline{Z}_L Z_0=(0.76-j0.4)\times 50=38-j20(\Omega)$$

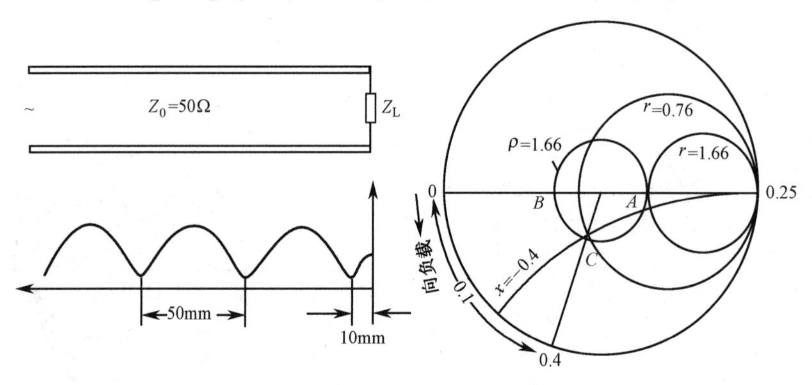


图 1-27 例 1-7 解题示意图

**【例 1-8】** 特性阻抗为 50Ω 的长线终端接匹配负载，离终端 $l_1=0.2\lambda$ 处串联一阻抗，$Z=20+j30\Omega$，求离终端为 $l_2=0.3\lambda$ 处的输入导纳值。

**解**：解题过程如图 1-28 所示。

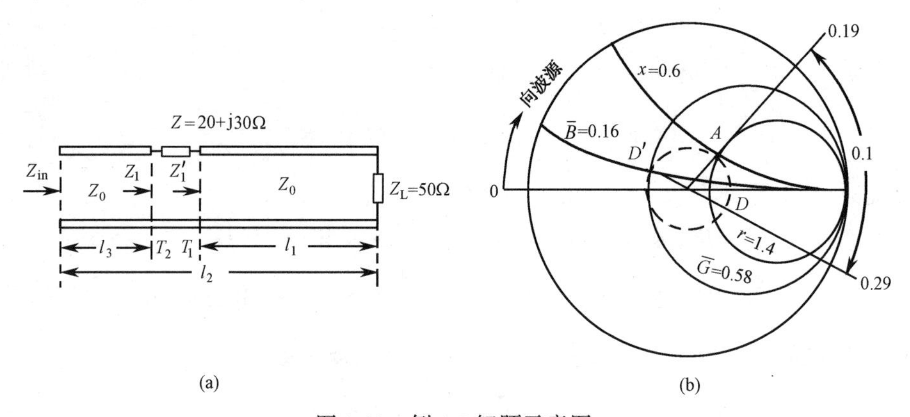


图 1-28 例 1-8 解题示意图

(1) 串联阻抗宜用阻抗圆图求解。终端接匹配负载，故图 1-28(a) 中参考面 $T_1$ 向负载方向的阻抗 $Z'_1=50\Omega$，参考面 $T_2$ 向负载方向的归一化阻抗为

$$\overline{Z}_1=\frac{Z_1}{Z_0}=\frac{Z'_1+Z}{Z_0}=\frac{50+(20+j30)}{50}=1.4+j0.6$$

(2) $\overline{Z}_1$ 位于图 1-28(b) 中的 $A$ 点，沿过 $A$ 点的反射系数圆顺时针方向转过波长数

$$\frac{l_3}{\lambda}=\frac{l_2}{\lambda}-\frac{l_1}{\lambda}=0.29-0.19=0.1$$

至 $D$ 点，$D$ 点表示归一化输入阻抗 $\overline{Z}_{in}$，而 $D'$ 点表示归一化输入导纳，其值为

$$\overline{Y}_{in}=\overline{G}+j\overline{B}=0.58+j0.16$$

所求输入导纳为

$$Y_{in}=\overline{Y}_{in}Y_0=\frac{0.58+j0.16}{50}=0.0116+j0.0032(S)$$

**【例 1-9】** 终端负载归一化导纳值为 $\overline{Y}_L=0.5-j0.6$，欲使负载与长线匹配，问距终端多远应并联多大的归一化电纳 $\overline{B}$？已知波长 $\lambda=0.1m$。

**解**：解题过程如图 1-29 所示。

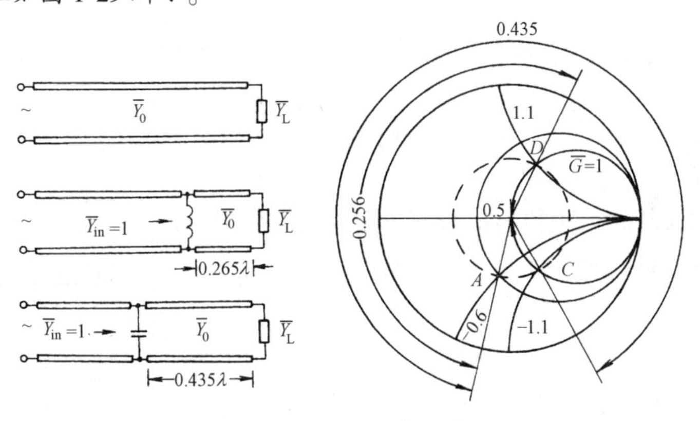


图 1-29　例 1-9 解题示意图

(1) 并联问题宜用导纳圆图求解。在导纳圆图上读取 $\overline{Y}_L=0.5-j0.6$，即图 1-29 中的 $A$ 点。

(2) 过 $A$ 点的反射系数圆与 $\overline{G}=1$ 的电导圆交于 $D$ 和 $C$ 两点，两点表示的归一化导纳为 $\overline{Y}_D$ 和 $\overline{Y}_C$，$\overline{Y}_D$ 和 $\overline{Y}_C$ 分别与适当大小的纯电纳相加就能实现匹配。由 $A$ 点沿反射系数圆顺时针方向转到 $D$ 点，转过的波长数为

$$\left(\frac{z'}{\lambda}\right)_D-\left(\frac{z'}{\lambda}\right)_A=0.165+0.1=0.265$$

长线上移动的距离为

$$\Delta z'_1=0.265\lambda=0.265\times0.1=2.65\text{cm}$$

由于 $\overline{Y}_D=1+j1.1$，因此需并联感性电纳的归一化值为 $\overline{B}=-1.1$。

(3) 若由 $A$ 点沿反射系数圆顺时针方向转到 $C$ 点，转过的波长数为

$$\left(\frac{z'}{\lambda}\right)_C-\left(\frac{z'}{\lambda}\right)_A=0.335+0.1=0.435$$

长线上移动的距离为

$$\Delta z'_2=0.435\lambda=0.435\times0.1=4.35\text{cm}$$

由于 $\overline{Y}_C=1-j1.1$，因此需并联容性电纳的归一化值为 $\overline{B}=1.1$。

本节习题 1-13～1-17；MOOC 视频知识点 1.18～1.22。

### 1.1.6　长线的阻抗匹配

#### 1. 阻抗匹配的概念

匹配一词在低频电路中早已出现，如设计一个放大器系统，为了保证足够的增益和灵敏度，要对其输入、输出端进行阻抗匹配。若是点频，则较易实现。若要求一定的带宽，则得采用网络综合的方法设计输入、输出匹配网络，如图 1-30 所示。与低频电路的设计不同，微波和天线系统，不管是有源电路还是无源电路，都必须考虑其阻抗匹配问题，阻抗匹配网络是设计微波电路与系统时采用最多的电路元件。这主要是由于微波电路传输的是电磁波，而不是低频电路中的电压与电流，若不匹配，则会引起严重反射。对于微波传输系统，为了提高长线的传输效率及功率容量、保持信号源工作稳定，希望信号源给出最大功率，负载能够吸收全部入射波功率。前者要求信号源内阻与长线输入阻抗实现共轭匹配，后者要求负载与长线实现无反

射匹配。下面讨论这两种匹配问题。

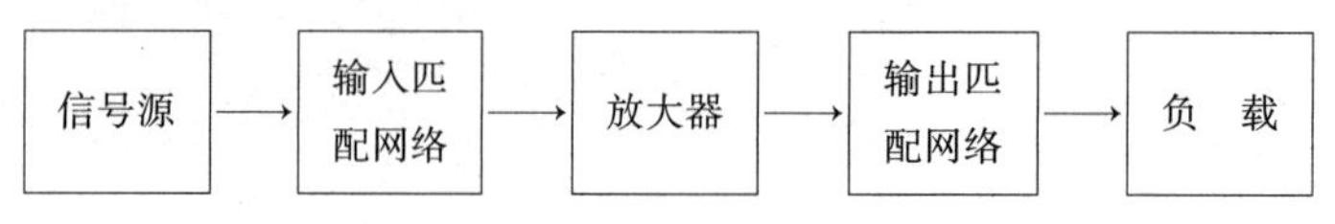

图 1-30　放大器系统设计框图

**(1) 共轭匹配**

共轭匹配要求长线输入阻抗与信号源内阻互为共轭值,设信号源内阻为 $Z_g=R_g+jX_g$,长线的输入阻抗 $Z_{in}=R_{in}+jX_{in}$,如图 1-31 所示,则共轭匹配要求

$$Z_{in}=Z_g^*$$

即

$$R_{in}=R_g,\quad X_{in}=-X_g$$

在此条件下信号源输出的最大功率为

$$P_{max}=\frac{|E_g|^2}{2|Z_g+Z_{in}|^2}R_g=\frac{|E_g|^2}{8R_g} \tag{1-22a}$$

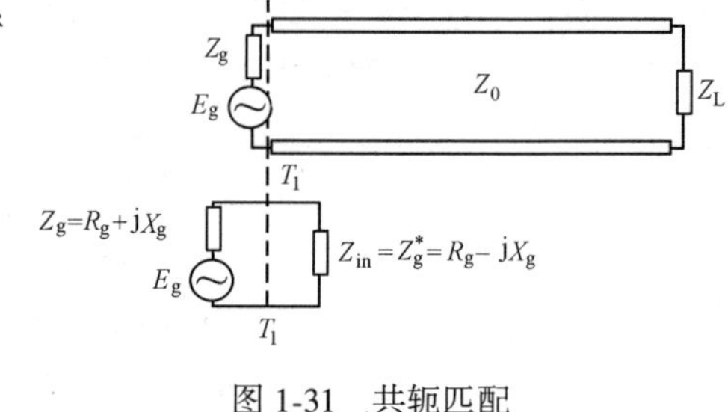

图 1-31　共轭匹配

由于共轭匹配时负载与长线并没有实现匹配,因此一般情况下,线上电压、电流呈行驻波分布。可以证明,若输入端有 $Z_{in}=Z_g^*$,则无耗传输线的输出端(或线上任一点处)的等效输出阻抗 $Z_{out}$ 与负载阻抗 $Z_L$ 也满足 $Z_{out}=Z_L^*$。

**(2) 无反射匹配**

无反射匹配要求负载阻抗等于长线的特性阻抗,此时负载吸收全部入射波功率,线上电压、电流呈行波分布。

无反射匹配的条件应用于无耗长线的始端时,要求信号源内阻为纯电阻,并且等于长线的特性阻抗,而始端实现无反射匹配的信号源称为匹配信号源。当长线始端接匹配信号源时,即使负载与长线不匹配,负载的反射波也将被匹配信号源所吸收,始端不会产生新的反射,所以无反射匹配的条件为

$$Z_L=R_L=Z_0\qquad Z_g=R_g=Z_0 \tag{1-22b}$$

由于共轭匹配和无反射匹配要求的条件不同,因此两种匹配不一定能同时实现。即:行波工作状态时,负载吸收的功率不一定最大;而负载吸收最大功率时,传输线上可能传输的是行驻波。在工程应用中,尽可能满足两种匹配要求,使传输线上既传输行波,负载又从源端得到最大功率,这就必须对源和负载进行匹配。而源端的匹配用一单向器件就可实现,因此对传输线的匹配主要是指负载端的无反射匹配。

### 2. 无反射匹配的方法

无反射匹配就是使传输线工作在行波状态,最基本的方法有两种:$\lambda/4$ 阻抗变换器和单支节调配器。

**(1) $\lambda/4$ 阻抗变换器**

该匹配方法利用的是传输线的阻抗变换性质。若负载 $Z_L=R_L\neq Z_0$ 时,在负载与传输线之间插入一段 $\lambda/4$ 长的传输线,就可使其匹配,如图 1-32所示。根据 $\lambda/4$ 传输线的阻抗变换性可知变换段的特性阻抗为

$$Z_{01}=\sqrt{Z_0Z_L} \tag{1-22c}$$

当 $Z_L$ 不是纯电阻时,可做如下处理:将 $Z_L$ 等效到波节(或波腹)处,在该点插入 $\lambda/4$ 阻抗

变换器,插入点距终端的距离 $l_{min1}$(或 $l_{max1}$)可利用圆图求出,插入段的特性阻抗为

$$Z_{01} = Z_0/\sqrt{\rho} \quad (\text{波节点})$$
$$\text{或} \quad Z_{01} = \sqrt{\rho}Z_0 \quad (\text{波腹点}) \tag{1-22d}$$

该方法是点频匹配,要想实现宽带匹配,必须采用多节 $\lambda/4$ 阻抗变换段,这部分内容在后面的章节中讨论。

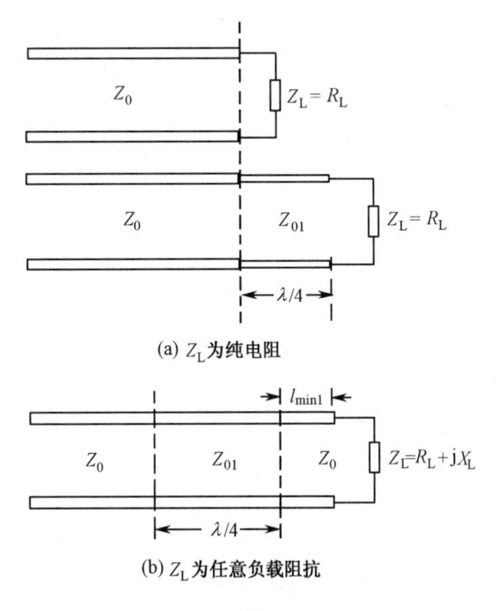


图 1-32　$\lambda/4$ 阻抗变换器匹配

**(2) 单支节调配器**

单支节调配器也叫短截线或分支线调配器。其匹配的原理是利用分支线电抗产生一新的反射,来抵消原来不匹配负载引起的反射。调配器电路如图 1-33 所示,分支线由装有可移动短路活塞的短截线构成,作为可调电纳元件使用。当负载导纳 $\overline{Y}_L \neq 1$ 时,适当选择分支线离终端的距离 $d$ 和支节长度 $l$ 即可实现无反射匹配,使分支线左边的长线工作在行波状态。由于要求支节左侧呈行波状态,因此必须有 $\overline{Y}_{in} = \overline{Y}_1 + \overline{Y}_2 = 1$,根据此方程,利用导纳圆图可以很方便地确定 $d$ 和 $l$,下面是基本步骤。

① 将 $Y_L$ 归一化 $\overline{Y}_L = Y_L/Y_0$,$\overline{Y}_L \neq 1$,继续下步,否则停止。

② 在导纳圆图上找到 $\overline{Y}_L$ 点,如图 1-33 所示的 $A$ 点。沿等反射系数圆顺时针(向电源)方向等效到 $\overline{G}=1$ 的圆上交于 $D$ 点或 $C$ 点(交到 $\overline{G}=1$ 圆上是因为支节引入纯电纳只能抵消虚部,不能改变导纳实部),即

$$\overline{Y}_1(D\text{ 点}) = 1 + j\overline{B}_1 \qquad \text{或} \qquad \overline{Y}'_1(C\text{ 点}) = 1 - j\overline{B}_1$$

③ 并联单支节的输入电纳由 $\overline{Y}_1 + \overline{Y}_2 = 1$ 可得

$$\overline{Y}_2 = j\overline{B}_2 = -j\overline{B}_1 \qquad \text{或} \qquad \overline{Y}'_2 = j\overline{B}'_2 = j\overline{B}_1$$

分别位于图 1-34 所示导纳圆图单位圆周上的 $F$ 和 $F'$点。

④ 求出 $d$ 和 $l$。在导纳圆图上求出 $A$ 点转到 $D$ 点(或 $C$ 点)所转过的电长度,即可确定支节接入位置离终端的距离 $d$,如图 1-33 所示。

在导纳圆图上求出 $F$ 点(或 $F'$点)沿逆时针(向负载)方向等效到短路点 $E$ 所转过的电长度,即可确定支节的长度 $l$,如图 1-34 所示。

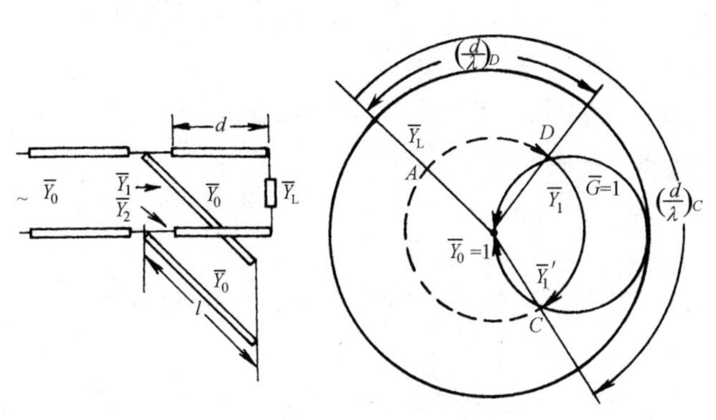


图 1-33　短截线单支节调配器

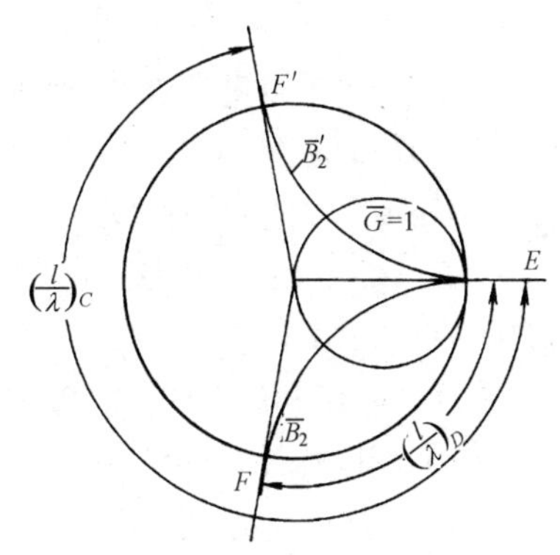


图 1-34　用导纳圆图确定分支线长度

由$\overline{Y}_{in}=1$也可解得支节电纳$j\overline{B}$及对应的支节长度$l$与支节接入位置$d$。设

$$\overline{Y}_L=\overline{G}_L+j\overline{B}_L=\frac{1-j\rho\tan(\varphi_L/2)}{\rho-j\tan(\varphi_L/2)}=\frac{\rho[1+\tan^2(\varphi_L/2)]+j(1-\rho^2)\tan(\varphi_L/2)}{\rho^2+\tan^2(\varphi_L/2)}$$

则由

$$j\overline{B}+\frac{\overline{Y}_L+j\tan\beta d}{1+j\overline{Y}_L\tan\beta d}=1$$

得

$$\begin{cases}\overline{B}=-\cot\beta l=\pm\sqrt{\dfrac{(\overline{G}_L-1)^2+\overline{B}_L^2}{\overline{G}_L}}=\pm\dfrac{\rho-1}{\sqrt{\rho}}\\ \tan\beta d=\dfrac{\overline{G}_L-1}{\overline{B}\,\overline{G}_L-\overline{B}_L}=\tan\left(\dfrac{\varphi_L}{2}\mp\arctan\sqrt{\rho}\right)\end{cases}\tag{1-22e}$$

或

$$\begin{cases}l=\dfrac{1}{\beta}\arctan\left(\mp\dfrac{\sqrt{\rho}}{\rho-1}\right)\\ d=\dfrac{1}{\beta}\left(\dfrac{\varphi_L}{2}\mp\arctan\sqrt{\rho}\right)\end{cases}\tag{1-22f}$$

若由式(1-22f)求出的角度是负值,即为$-\theta$,则将其用$\pi-\theta$代入即可得到正确的传输线长度。

在负载导纳$Y_L$值改变后,支节接入长线的位置$d$及支节长度$l$都会随着改变。若要求支节接入长线的位置$d$不变,要想达到匹配传输的目的,则必须采用双分支或三分支调配器,这些问题将在阻抗匹配器一章中专门讨论。

**【例 1-10】** 已知无耗传输线的特性阻抗$Z_0=200\Omega$,终端接$Z_L=50+j50\Omega$的负载,若采用$\lambda/4$阻抗变换器进行匹配(见图 1-35),试求变换段的特性阻抗$Z_{01}$及接入位置$d$;若采用并联短路单支节进行匹配,试求支节接入位置$d$及支节长度$l$。

**解:** 归一化$\overline{Z}_L=0.25+j0.25$,$\overline{Y}_L=2-j2$。

(1) $\overline{Z}_L$位于圆图的$A$点,向电源方向沿等反射系数圆等效到波腹点$A_1$有$r_{max}=\rho=4.27$,故

$$Z_{01}=\sqrt{Z_0R_{max}}=\sqrt{4.27}Z_0=413\Omega$$

接入位置$d$为

$$d=d_{max1}=(0.25-0.042)\lambda=0.208\lambda$$

等效到波节点$A_2$有$r_{min}=K=0.234$,故

$$Z_{01}=\sqrt{Z_0R_{min}}=\sqrt{0.234}Z_0=97\Omega$$

$$d=d_{min1}=d_{max1}+\frac{1}{4}\lambda=0.458\lambda$$

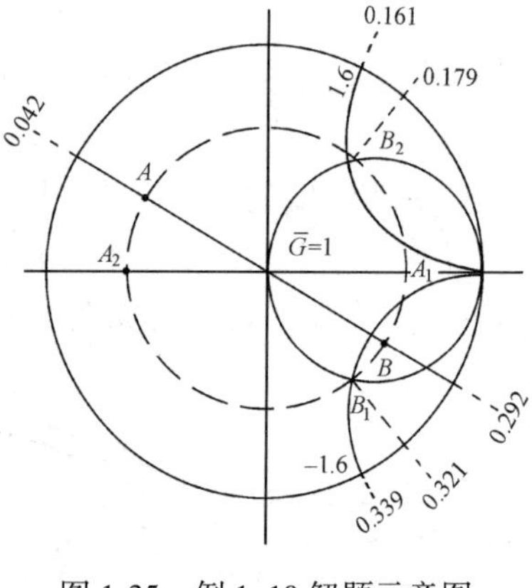

(2) $\overline{Y}_L$位于圆图的$B$点,向电源方向沿等反射系数圆等效到$\overline{G}=1$圆上,并交于$B_1$及$B_2$点,且有$\overline{Y}_{B1}=1-j1.6$,$\overline{Y}_{B2}=1+j1.6$,由此可得支节接入的位置$d$及支节长度$l$分别为

图 1-35 例 1-10 解题示意图

对于$\overline{Y}_{B1}$有 $d=(0.321-0.292)\lambda=0.029\lambda$, $l=(0.161+0.25)\lambda=0.411\lambda$

对于$\overline{Y}_{B2}$有 $d=(0.5-0.292+0.179)\lambda=0.387\lambda$, $l=(0.339-0.25)\lambda=0.089\lambda$

代入式(1-22f)计算,可得

$$d_{B1}=0.030\lambda,\quad l_{B1}=0.410\lambda;\quad d_{B2}=0.387\lambda,\quad l_{B2}=0.090\lambda$$

本节习题 1-18,1-21,1-47;MOOC 视频知识点 1.23~1.25;MOOC 平台第 1 章第 2 次测验。

# 1.2　波导与同轴线

波导与同轴线是封闭的微波传输系统,其结构如图 1-36 所示。对于波导传输线,只能用场理论分析;对于同轴线,由于是双导体结构,线上电压、电流具有确切定义,其传输的主模式是 TEM 波,因此既可以用长线理论分析,也可用场理论分析。

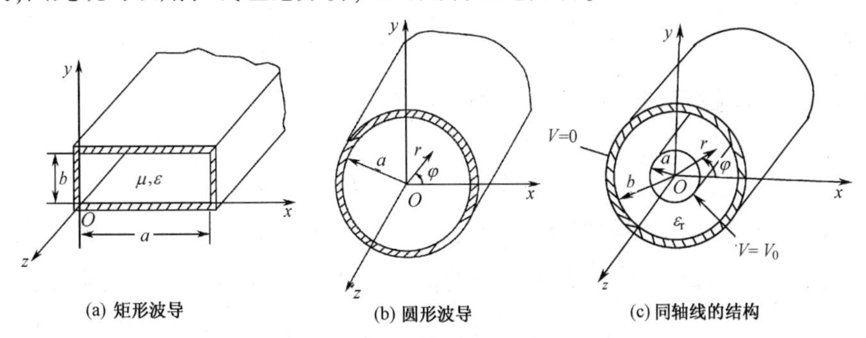


图 1-36　波导与同轴线

这一节用电磁场理论,建立导波系统的一般理论及模式电压和模式电流的概念,导出与长线理论中的传输线方程相类似的广义传输线方程。这样无论是 TEM 波传输线,还是非 TEM 波传输线,在广义传输线理论下,其传输线方程具有相同的形式,然后讨论波导与同轴线的传输特性。

## 1.2.1　理想导波系统的一般分析

### 1. 横、纵场分量的关系

理想导波系统中的电磁场,可以直接对麦克斯韦(Maxwell)方程求解,也可采用间接法,利用辅助矢位或标位函数使求解过程简化。或者采用纵向分量法使求解过程简化。下面通过 Maxwell 方程组导出横、纵向场分量间的关系及所满足的方程。

假设所研究的导波系统由无限长理想导体和各向同性的理想介质构成,并且介质是均匀填充于系统中的。对于按正弦规律变化的电磁场,其满足无源区的 Maxwell 方程,即

$$\nabla\times\boldsymbol{H}=\mathrm{j}\omega\varepsilon\,\boldsymbol{E} \tag{1-23a}$$

$$\nabla\times\boldsymbol{E}=-\mathrm{j}\omega\mu\,\boldsymbol{H} \tag{1-23b}$$

$$\nabla\cdot\boldsymbol{H}=0 \tag{1-23c}$$

$$\nabla\cdot\boldsymbol{E}=0 \tag{1-23d}$$

用广义柱坐标系$(u_1,u_2,z)$,其中$u_1$及$u_2$为导波系统横截面上的坐标,$z$为纵向坐标。场强的纵向分量用$\boldsymbol{E}_z(u_1,u_2,z)$和$\boldsymbol{H}_z(u_1,u_2,z)$表示,场强的横向分量用$\boldsymbol{E}_t(u_1,u_2,z)$和$\boldsymbol{H}_t(u_1,u_2,z)$表示,梯度算子为$\nabla=\nabla_t+\boldsymbol{a}_z\dfrac{\partial}{\partial z}$,则场强矢量可写成

$$\boldsymbol{E}(u_1,u_2,z)=\boldsymbol{E}_t(u_1,u_2,z)+\boldsymbol{E}_z(u_1,u_2,z)=\boldsymbol{E}_t+\boldsymbol{E}_z$$

$$\boldsymbol{H}(u_1,u_2,z)=\boldsymbol{H}_t(u_1,u_2,z)+\boldsymbol{H}_z(u_1,u_2,z)=\boldsymbol{H}_t+\boldsymbol{H}_z$$

将上式代入式(1-23a)和式(1-23b)可得

$$\nabla_t\times\boldsymbol{H}_t=\mathrm{j}\omega\varepsilon\boldsymbol{E}_z \tag{1-24a}$$

$$\nabla_t\times\boldsymbol{H}_z+\boldsymbol{a}_z\times\frac{\partial\boldsymbol{H}_t}{\partial z}=\mathrm{j}\omega\varepsilon\boldsymbol{E}_t \tag{1-24b}$$

$$\nabla_t \times \boldsymbol{E}_t = -j\omega\mu \boldsymbol{H}_z \tag{1-24c}$$

$$\nabla_t \times \boldsymbol{E}_z + \boldsymbol{a}_z \times \frac{\partial \boldsymbol{E}_t}{\partial z} = -j\omega\mu \boldsymbol{H}_t \tag{1-24d}$$

对式(1-24b)和式(1-24d)进行变换整理,可得

$$\left(k^2 + \frac{\partial^2}{\partial z^2}\right)\boldsymbol{E}_t = \frac{\partial}{\partial z}\ \nabla_t E_z + j\omega\,\mu\,\boldsymbol{a}_z \times \nabla_t H_z \tag{1-25a}$$

$$\left(k^2 + \frac{\partial^2}{\partial z^2}\right)\boldsymbol{H}_t = \frac{\partial}{\partial z}\ \nabla_t H_z - j\omega\,\varepsilon\,\boldsymbol{a}_z \times \nabla_t E_z \tag{1-25b}$$

由式(1-23)可得各场量所满足的矢量及标量亥姆霍兹方程为

$$\nabla^2 \boldsymbol{E}_t + k^2 \boldsymbol{E}_t = 0 \qquad \nabla^2 \boldsymbol{H}_t + k^2 \boldsymbol{H}_t = 0 \tag{1-26a}$$

$$\nabla^2 E_z + k^2 E_z = 0 \qquad \nabla^2 H_z + k^2 H_z = 0 \tag{1-26b}$$

式中,$k = \omega\sqrt{\mu\varepsilon}$ 为电磁波在无限媒质中的波数。由分离变量法可知,$E_z$、$H_z$ 的解可表示成 $f(u_1, u_2)\mathrm{e}^{-\gamma z}$,其中 $\gamma = \alpha + j\beta = \sqrt{k_c^2 - k^2}$ 称为导波的传播常数,这样横、纵场量的关系可表示成

$$\boldsymbol{E}_t = \frac{1}{k_c^2}(-\gamma \nabla_t E_z + j\omega\,\mu \boldsymbol{a}_z \times \nabla_t H_z) \tag{1-27a}$$

$$\boldsymbol{H}_t = \frac{1}{k_c^2}(-\gamma \nabla_t H_z - j\omega\,\varepsilon \boldsymbol{a}_z \times \nabla_t E_z) \tag{1-27b}$$

及

$$\nabla_t^2 \boldsymbol{E}_t + k_c^2 \boldsymbol{E}_t = 0 \qquad \nabla_t^2 \boldsymbol{H}_t + k_c^2 \boldsymbol{H}_t = 0 \tag{1-27c}$$

$$\nabla_t^2 E_z + k_c^2 E_z = 0 \qquad \nabla_t^2 H_z + k_c^2 H_z = 0 \tag{1-27d}$$

式中,$k_c$ 为截止波数。将广义柱坐标系中的 $\nabla_t$ 算子 $\nabla_t = \dfrac{1}{h_1}\dfrac{\partial}{\partial u_1}\boldsymbol{e}_u + \dfrac{1}{h_2}\dfrac{\partial}{\partial u_2}\boldsymbol{e}_v$ 代入,可得各横向场分量的表示式(写成矩阵形式)为

$$\begin{bmatrix} E_{u1} \\ E_{u2} \end{bmatrix} = \frac{-\gamma}{k_c^2}\begin{bmatrix} \dfrac{1}{h_1}\dfrac{\partial}{\partial u_1} & \dfrac{1}{\gamma}\dfrac{1}{h_2}\dfrac{\partial}{\partial u_2} \\ \dfrac{1}{h_2}\dfrac{\partial}{\partial u_2} & -\dfrac{1}{\gamma}\dfrac{1}{h_1}\dfrac{\partial}{\partial u_1} \end{bmatrix}\begin{bmatrix} E_z \\ j\omega\mu H_z \end{bmatrix} \tag{1-28a}$$

$$\begin{bmatrix} H_{u1} \\ H_{u2} \end{bmatrix} = \frac{-\gamma}{k_c^2}\begin{bmatrix} \dfrac{1}{h_1}\dfrac{\partial}{\partial u_1} & \dfrac{1}{\gamma}\dfrac{1}{h_2}\dfrac{\partial}{\partial u_2} \\ \dfrac{1}{h_2}\dfrac{\partial}{\partial u_2} & -\dfrac{1}{\gamma}\dfrac{1}{h_1}\dfrac{\partial}{\partial u_1} \end{bmatrix}\begin{bmatrix} H_z \\ -j\omega\varepsilon E_z \end{bmatrix} \tag{1-28b}$$

式中,$h_1$、$h_2$ 为拉梅系数。在直角坐标系中,$u_1 = x$,$u_2 = y$,$h_1 = h_2 = 1$;在柱坐标系中,$u_1 = r$,$u_2 = \varphi$,$h_1 = 1$,$h_2 = r$。式(1-28)就是所求的横向场分量与纵向场分量的关系式,这样只需求出标量 $E_z$、$H_z$ 的波动方程式(1-27d)的解,就可求出所有场分量,从而使问题大为简化。式(1-28a)和式(1-28b)还可合并成一个矩阵式[22]

$$\begin{bmatrix} E_{u1} \\ E_{u2} \\ H_{u1} \\ H_{u2} \end{bmatrix} = \frac{1}{k_c^2}\begin{bmatrix} -\gamma & 0 & 0 & -j\omega\mu \\ 0 & -\gamma & j\omega\mu & 0 \\ 0 & j\omega\varepsilon & -\gamma & 0 \\ -j\omega\varepsilon & 0 & 0 & -\gamma \end{bmatrix}\begin{bmatrix} \dfrac{1}{h_1}\dfrac{\partial E_z}{\partial u_1} \\ \dfrac{1}{h_2}\dfrac{\partial E_z}{\partial u_2} \\ \dfrac{1}{h_1}\dfrac{\partial H_z}{\partial u_1} \\ \dfrac{1}{h_2}\dfrac{\partial H_z}{\partial u_2} \end{bmatrix} \tag{1-28c}$$

### 2. 导行波波型的分类

导行波的波型是指能够单独在导波系统中存在的电磁场结构形式,也叫传输模式,从上面的分析可知,导波横向场分量只与纵向场分量有关,因此可根据导行波中是否存在纵向场分量对导行波的波型进行分类。

**(1) 横电磁波(TEM 波)**

此传输模式没有电磁场的纵向场量,即 $E_z=H_z=0$,由式(1-28)可知,要使 $\boldsymbol{E}_t$ 和 $\boldsymbol{H}_t$ 不为零,必须有 $k_c=0$,即

$$\gamma=\sqrt{k_c^2-k^2}=j\beta=jk \tag{1-29}$$

此时导波场的求解不能用上述纵向场法求,将 $k_c$、$E_z$、$H_z$ 为零代入式(1-24)和式(1-27)可得

$$\nabla_t\times\boldsymbol{E}_t=0 \qquad \nabla_t^2\boldsymbol{E}_t=0 \tag{1-30a}$$

$$\nabla_t\times\boldsymbol{H}_t=0 \qquad \nabla_t^2\boldsymbol{H}_t=0 \tag{1-30b}$$

$$\boldsymbol{H}_t=\frac{1}{\eta}\boldsymbol{a}_z\times\boldsymbol{E}_t \qquad \eta=\sqrt{\frac{\mu}{\varepsilon}} \tag{1-30c}$$

这就是 TEM 波的存在条件。它表明:横电磁波在导波系统横截面上的场分布与相同条件下静止场的分布形式一样。这说明只有能够建立静止场的导波系统,才能传输 TEM 波。因此 TEM 波模式只能存在于多导体传输系统中,其场的求解可看成二维静场问题的求解,即将横向电场 $\boldsymbol{E}_t$ 用标量电位 $\Phi(u_1,u_2)$ 的横向梯度表示,求 $\Phi$ 的二维拉普拉斯方程的解,就可求出各横向场分量。

**(2) 横电波(TE 波)或磁波(H 波)**

此波型的特征是 $E_z=0$,$H_z\neq0$,所有的场分量都可由纵向磁场分量 $H_z$ 求出。

**(3) 横磁波(TM 波)或电波(E 波)**

此波型的特征是 $H_z=0$,$E_z\neq0$,所有的场分量都可由纵向电场分量 $E_z$ 求出。

在某些特殊的场合,单独用 TE 波或 TM 波不能满足所有的边界条件,但它们的线性组合总能满足这些特殊要求,并且提供一个完整而普遍的解,这时的波称为混合波。当然还有别的分类方法,但按上述方法分类的三种波型是最实用的。

### 3. 导行波的传输特性

**(1) 截止波长与传输条件**

导行波的场量都有因子 $e^{-\gamma z}$(沿正 $z$ 轴方向传输),和长线理论一节一样,$\gamma=\alpha+j\beta$ 为传播常数,由前面的推导可知

$$\gamma^2=k_c^2-k^2 \tag{1-31a}$$

对于理想导波系统,$k=\omega\sqrt{\mu\varepsilon}$ 为实数,而 $k_c$ 是由导波系统横截面的边界条件决定的,也是实数。这样随着工作频率的不同,$\gamma^2$ 可能有下述三种情况。

① $\gamma^2<0$,即 $\gamma=j\beta$,此时导行波的场为

$$\boldsymbol{E}=\boldsymbol{E}(u_1,u_2)e^{j(\omega t-\beta z)}$$

这是沿正 $z$ 轴方向无衰减传输的行波,故称其为传输状态。

② $\gamma^2>0$,即 $\gamma=\alpha$,此时导行波的场为

$$\boldsymbol{E}=\boldsymbol{E}(u_1,u_2)e^{-\alpha z}e^{j\omega t}$$

显然,这不是传输波,而是沿正 $z$ 轴以指数规律衰减的波,称其为截止状态。

③ $\gamma=0$,这是介于传输与截止之间的一种状态,称其为临界状态,它是决定电磁波能否在导波系统中传输的分水岭,这时由 $k_c^2=k^2$ 所决定的频率($f_c$)和波长($\lambda_c$)分别称为截止频率和截止波长,并且有

$$f_c=\frac{k_c}{2\pi\sqrt{\mu\varepsilon}} \qquad \lambda_c=\frac{v}{f_c}=\frac{2\pi}{k_c} \tag{1-31b}$$

式中,$v=1/\sqrt{\mu\varepsilon}$ 为理想介质中的光速;$k_c$ 称为截止波数,并有

$$k_c=\frac{2\pi}{\lambda_c} \tag{1-31c}$$

这样导波系统传输 TE 波和 TM 波的条件为

$$f>f_c \quad 或 \quad \lambda<\lambda_c \tag{1-31d}$$

截止条件为

$$f<f_c \quad 或 \quad \lambda>\lambda_c \tag{1-31e}$$

对于 TEM 波,由于 $k_c=0$,即 $f_c=0$,$\lambda_c=\infty$,因此在任何频率下 TEM 都能满足 $f>f_c=0$ 的传输条件,均是传输状态。

**(2) 相移常数与波导波长**

理想导波系统中的相波长称为波导波长,并记为 $\lambda_g$。这样,根据长线理论中相波长的定义可知波导中的相移常数与波导波长的关系为

$$\beta=2\pi/\lambda_g \quad 或 \quad \lambda_g=2\pi/\beta \tag{1-32a}$$

在传输状态下,$\gamma=j\beta$,代入式(1-31a)得

$$\beta=\sqrt{k^2-k_c^2}=k\sqrt{1-k_c^2/k^2} \tag{1-32b}$$

将 $k_c=2\pi/\lambda_c$,$k=2\pi/\lambda=2\pi/(\lambda_0/\sqrt{\mu_r\varepsilon_r})$ 代入上式,得

相移常数

$$\beta=k\sqrt{1-\left(\frac{\lambda}{\lambda_c}\right)^2}=\frac{2\pi}{\lambda}\sqrt{1-\left(\frac{\lambda}{\lambda_c}\right)^2} \tag{1-32c}$$

波导波长

$$\lambda_g=\frac{\lambda}{\sqrt{1-\left(\frac{\lambda}{\lambda_c}\right)^2}}=\frac{\lambda_0/\sqrt{\mu_r\varepsilon_r}}{\sqrt{1-\left(\frac{\lambda_0}{\lambda_c}\right)^2\frac{1}{\mu_r\varepsilon_r}}} \tag{1-32d}$$

式中,$\lambda_0$ 为自由空间的工作波长。

对于 TEM 波,$\lambda_c=\infty$,由式(1-32d)可得

$$\lambda_g=\lambda_p=\lambda=\lambda_0/\sqrt{\mu_r\varepsilon_r} \tag{1-32e}$$

式(1-32d)给出了 $\lambda_g$、$\lambda$ 和 $\lambda_c$ 三者之间的关系。$\lambda_c$ 与导波系统的截面形状尺寸有关,可以由边界条件求出。

**(3) 相速度、群速度和色散**

① 相速度——根据长线理论中相速度的定义及其一般公式 $v_p=\omega/\beta$,将式(1-32c)代入可得 TE 波和 TM 波相速度的公式

$$v_p=v/\sqrt{1-(\lambda/\lambda_c)^2} \tag{1-33a}$$

式中

$$v=c/\sqrt{\mu_r\varepsilon_r}$$

对于 TEM 波($\lambda_c\to\infty$)

$$v_p=v=c/\sqrt{\mu_r\varepsilon_r} \tag{1-33b}$$

显然 TE 波和 TM 波的相速度是大于光速度(或介质中的光速度)的。根据相对论,任何物质的运动速度都不能超过光速度,但相速度所描述的是波的等相位面移动的速度,不是能量传播的速度。因而 TE 和 TM 波相速度不是物质真实运动的速度,所以和相对论并不矛盾。

② 群速度——群速度是指一群具有相近的 $\omega$ 和 $\beta$ 的波群在传输过程中的"共同"速度,或者已调波包络的速度。从物理概念上来看,这种速度就是能量的传播速度,其一般公式为

$$v_g = d\omega/d\beta \tag{1-33c}$$

由式(1-32b)可知 $\beta=\sqrt{k^2-k_c^2}=\sqrt{\omega^2\mu\varepsilon-k_c^2}$,代入上式可得群速度 $v_g$ 为

$$v_g=\frac{d\omega}{d\beta}=v\sqrt{1-\left(\frac{\lambda}{\lambda_c}\right)^2} \tag{1-33d}$$

可见,群速度 $v_g<v$,并且

$$v_g \cdot v_p = v^2 \tag{1-33e}$$

对于 TEM 波($\lambda_c\to\infty$),有

$$v_g = v_p = v \tag{1-33f}$$

③ 色散——由式(1-33a)和式(1-33d)可知,TE 波和 TM 波的相速度和群速度都随波长(即频率)而变化,称此现象为"色散"。因此 TE 波和 TM 波(即非 TEM 波)称为"色散"波,而 TEM 波的相速度和群速度相等,且与频率无关,称为"非色散"波。

**(4) 波阻抗**

导波系统中,传输模式的横向电场与横向磁场之比称为导行波的波阻抗,由式(1-28)可得 TE 波和 TM 波的波阻抗为

$$Z_{TE}=\frac{E_u}{H_v}=\frac{-E_v}{H_u}=\frac{\omega\mu}{\beta}=\sqrt{\frac{\mu}{\varepsilon}}\frac{k}{\beta}=\frac{\eta}{\sqrt{1-\left(\frac{\lambda}{\lambda_c}\right)^2}} \tag{1-34a}$$

$$Z_{TM}=\frac{E_u}{H_v}=\frac{-E_v}{H_u}=\frac{\beta}{\omega\varepsilon}=\sqrt{\frac{\mu}{\varepsilon}}\frac{\beta}{k}=\eta\sqrt{1-\left(\frac{\lambda}{\lambda_c}\right)^2} \tag{1-34b}$$

对于 TEM 波

$$Z_{TEM}=\eta=120\pi\sqrt{\frac{\mu_r}{\varepsilon_r}} \tag{1-34c}$$

**(5) 传输功率**

导波沿无耗规则导行系统$+z$ 方向传输的平均功率为

$$\begin{aligned}P_0 &= \mathrm{Re}\int_s \frac{1}{2}(\boldsymbol{E}\times\boldsymbol{H}^*)\cdot ds=\frac{1}{2}\mathrm{Re}\int_s(\boldsymbol{E}_t\times\boldsymbol{H}_t^*)\cdot\boldsymbol{a}_z ds\\&=\frac{1}{2|Z|}\int_s|\boldsymbol{E}_t|^2ds=\frac{|Z|}{2}\int_s|\boldsymbol{H}_t|^2ds\end{aligned} \tag{1-35}$$

式中,$Z=Z_{TE}$(或 $Z_{TM}$或 $Z_{TEM}$)。

若计及低耗情况下导行系统的损耗,则上述功率公式仅需乘以 $\exp(-2\alpha z)$。

### 4. 模式电压与模式电流

对传输模式的求解,可采用纵向分量法,也可采用横向分量的辅助标位函数法,在本质上是一样的。这是因为标位函数也满足标量亥姆霍兹方程,该方程是变量可分离的,而横向场分量与电压、电流有关,因此下面用横向场分量的辅助标位函数导出 TM、TE、TEM 波型的广义传输线方程及模式电压、电流的概念。

**(1) TM 波**

TM 波型磁场的纵向分量 $H_z=0$,代入式(1-24c)得 $\nabla_t\times\boldsymbol{E}_t=0$,因为任何标量函数梯度的旋

度恒等于零，所以可令横向场 $\boldsymbol{E}_t$ 为

$$\boldsymbol{E}_t=-\nabla_t\underline{\Phi}(u_1,u_2,z) \tag{1-36a}$$

式中，$\underline{\Phi}$称为导波中的电位函数，简称为电标位，其可写成下述形式

$$\underline{\Phi}(u_1,u_2,z)=U(z)\Phi(u_1,u_2) \tag{1-36b}$$

将上式代入式(1-24a)、式(1-24b)，便可得到 TM 波各场分量的基本关系式为

$$\boldsymbol{E}_t=-U(z)\ \nabla_t\Phi \tag{1-37a}$$

$$\boldsymbol{H}_t=I(z)\ \nabla_t\Phi\times\boldsymbol{a}_z$$

$$E_z=-\frac{I(z)}{\mathrm{j}\omega\varepsilon}\ \nabla_t^2\Phi \tag{1-37b}$$

式中

$$I(z)=-\int\mathrm{j}\omega\varepsilon U(z)\,\mathrm{d}z \tag{1-37c}$$

式(1-37)表明，求解 $\boldsymbol{E}_t$、$\boldsymbol{H}_t$及 $E_z$的问题，可归结为求解纵向分布函数 $U(z)$、$I(z)$及横向分布函数 $\Phi(u_1,u_2)$的问题。纵向分布函数 $U(z)$、$I(z)$具有明确的物理意义：$U(z)$表示电位函数 $\underline{\Phi}$沿波传播方向的变化规律，即代表了电场强度横向分量 $\boldsymbol{E}_t$沿 $z$ 轴的变化规律，$U(z)$具有电位的量纲，故称其为 TM 波的模式电压；$I(z)$表示磁场强度横向分量沿 $z$ 轴的变化规律，$I(z)$具有电流的量纲，故称其为 TM 波的模式电流。

将式(1-37a)代入式(1-24d)，整理后可得

$$\frac{\nabla_t^2\Phi}{\Phi}=\frac{\mathrm{j}\omega\varepsilon}{I(z)}\ \frac{\mathrm{d}U(z)}{\mathrm{d}z}-k^2$$

上式左边仅是横向坐标$(u_1,u_2)$的函数，右边仅是纵向坐标 $z$ 的函数，要使等式成立，两边必须等于同一常数$(-k_c^2)$，即

$$\nabla_t^2\Phi+k_c^2\Phi=0 \tag{1-38}$$

$$\frac{\mathrm{d}U(z)}{\mathrm{d}z}=-\frac{\gamma^2}{\mathrm{j}\omega\varepsilon}I(z)=-\mathrm{j}Z_{\mathrm{TM}}\beta I(z) \tag{1-39a}$$

式中，$\gamma=\mathrm{j}\beta=\sqrt{k_c^2-k^2}$，$Z_{\mathrm{TM}}=\dfrac{\beta}{\omega\varepsilon}$。将式(1-37c)两边对 $z$ 求导得

$$\frac{\mathrm{d}I(z)}{\mathrm{d}z}=-\mathrm{j}\omega\varepsilon U(z)=-\mathrm{j}\ \frac{\beta}{Z_{\mathrm{TM}}}U(z) \tag{1-39b}$$

式(1-39)就是模式电压和模式电流(即纵向函数)所满足的方程，与长线理论中由分布参数等效电路导出的传输线方程具有相同的形式，故称其为 TM 波的广义传输线方程。

从式(1-39)可得模式电压与模式电流所满足的波动方程为

$$\frac{\mathrm{d}^2U(z)}{\mathrm{d}z^2}-\gamma^2U(z)=\frac{\mathrm{d}^2U(z)}{\mathrm{d}z^2}+\beta^2U(z)=0$$

$$\frac{\mathrm{d}^2I(z)}{\mathrm{d}z^2}-\gamma^2I(z)=\frac{\mathrm{d}^2I(z)}{\mathrm{d}z^2}+\beta^2I(z)=0 \tag{1-39c}$$

式(1-38)是求解横向函数的标量亥姆霍兹方程。由此式及 $\Phi$ 的边界条件，就可以确定横向分布函数。式(1-39)是求解纵向函数的基本公式，对于理想的无穷长导波系统，其解为

$$U(z)=A_1\mathrm{e}^{-\mathrm{j}\beta z},\qquad I(z)=\frac{A_1}{Z_{\mathrm{TM}}}\mathrm{e}^{-\mathrm{j}\beta z} \tag{1-39d}$$

将式(1-39d)及由式(1-38)求得的 $\Phi$ 代入式(1-37)，就可求得 TM 波全部场分量的表达式。

**(2) TE 波**

TE 波型电场的纵向分量 $E_z=0$，代入式(1-24a)得 $\nabla_t\times\boldsymbol{H}_t=0$。令

$$\boldsymbol{H}_{\mathrm{t}}=-\nabla_{\mathrm{t}}\underline{\Psi}(u_1,u_2,z) \tag{1-40a}$$

式中，$\underline{\Psi}$为标量磁位函数，简称为磁标位。$\underline{\Psi}$可写成

$$\underline{\Psi}(u_1,u_2,z)=I(z)\Psi(u_1,u_2) \tag{1-40b}$$

将上式代入式(1-40a)及式(1-24c)、式(1-24d)，便可得到TE波各场分量的基本关系式

$$\boldsymbol{H}_{\mathrm{t}}=-I(z)\ \nabla_{\mathrm{t}}\Psi(u_1,u_2)$$

$$\boldsymbol{E}_{\mathrm{t}}=-U(z)\ \nabla_{\mathrm{t}}\Psi\times\boldsymbol{a}_{\mathrm{z}},\qquad H_{\mathrm{z}}=\frac{U(z)}{\mathrm{j}\omega\mu}\ \nabla_{\mathrm{t}}^2\Psi \tag{1-41a}$$

式中

$$U(z)=\int -\mathrm{j}\omega\mu I(z)\,\mathrm{d}z \tag{1-41b}$$

式(1-41)表明，求解TE波的全部场分量可归结为求解纵向分布函数$U(z)$、$I(z)$和横向分布函数$\Psi(u_1,u_2)$。$U(z)$和$I(z)$分别称为TE波的模式电压和模式电流，它们表示TE波横向电场与横向磁场沿$z$轴的变化规律。无论是TE波还是TM波，$U(z)$和$I(z)$都分别称为模式电压和模式电流，但$U(z)$与$I(z)$之间的关系是不同的，至于$\Phi$与$\Psi$的区别就更明显了，$\Phi$代表电位函数的横向分布，$\Psi$代表磁位函数的横向分布。

与分析TM波的过程完全相同，由式(1-41a)、式(1-24b)及式(1-41c)可得

$$\nabla_{\mathrm{t}}^2\Psi+k_{\mathrm{c}}^2\Psi=0 \tag{1-42}$$

$$\frac{\mathrm{d}I(z)}{\mathrm{d}z}=-\frac{\gamma^2}{\mathrm{j}\omega\mu}U(z)=-\mathrm{j}\frac{\beta}{Z_{\mathrm{TE}}}U(z) \tag{1-43a}$$

$$\frac{\mathrm{d}U(z)}{\mathrm{d}z}=-\mathrm{j}\omega\mu I(z)=-\mathrm{j}Z_{\mathrm{TE}}\beta I(z) \tag{1-43b}$$

式中，$\gamma^2=k_{\mathrm{c}}^2-k^2=(\mathrm{j}\beta)^2$，$Z_{\mathrm{TE}}=\dfrac{\omega\mu}{\beta}$。式(1-43)就是TE波的广义传输线方程，其所满足的波动方程与式(1-39c)完全一样，即

$$\frac{\mathrm{d}^2U(z)}{\mathrm{d}z^2}-\gamma^2U(z)=\frac{\mathrm{d}^2U(z)}{\mathrm{d}z^2}+\beta^2U(z)=0$$

$$\frac{\mathrm{d}^2I(z)}{\mathrm{d}z^2}-\gamma^2I(z)=\frac{\mathrm{d}^2I(z)}{\mathrm{d}z^2}+\beta^2I(z)=0 \tag{1-43c}$$

式(1-43c)的解为

$$U(z)=A_1\mathrm{e}^{-\mathrm{j}\beta z},\qquad I(z)=\frac{A_1}{Z_{\mathrm{TE}}}\mathrm{e}^{-\mathrm{j}\beta z} \tag{1-43d}$$

将由式(1-42)求得的$\Psi$及式(1-43d)求得的$U(z)$、$I(z)$代入式(1-41)，便可求得TE波全部场分量的表达式。

**(3) TEM波**

横电磁波的纵向电磁场分量都为零，即$E_{\mathrm{z}}=0$，$H_{\mathrm{z}}=0$，故$\boldsymbol{E}=\boldsymbol{E}_{\mathrm{t}}$，$\boldsymbol{H}=\boldsymbol{H}_{\mathrm{t}}$。显然，如果TM波的$E_{\mathrm{z}}$(或TE波的$H_{\mathrm{z}}$)等于零，它就变成了TEM波，但由式(1-28)可知，此时必有$k_{\mathrm{c}}=0$，$\gamma=\mathrm{j}\beta=\mathrm{j}k$，这样$\boldsymbol{E}_{\mathrm{t}}$和$\boldsymbol{H}_{\mathrm{t}}$仍可由式(1-37a)计算，即

$$\boldsymbol{E}_{\mathrm{t}}=-U(z)\ \nabla_{\mathrm{t}}\Phi,\qquad \boldsymbol{H}_{\mathrm{t}}=I(z)\ \nabla_{\mathrm{t}}\Phi\times\boldsymbol{a}_{\mathrm{z}} \tag{1-44a}$$

由式(1-38)、式(1-39)可得

$$\nabla_{\mathrm{t}}^2\Phi=0 \tag{1-44b}$$

$$\frac{\mathrm{d}U(z)}{\mathrm{d}z}=-\mathrm{j}\omega\mu I(z),\qquad \frac{\mathrm{d}I(z)}{\mathrm{d}z}=-\mathrm{j}\omega\varepsilon U(z) \tag{1-44c}$$

式(1-44b)是TEM波横向分布函数$\Phi$所满足的二维拉普拉斯方程。式(1-44c)就是TEM波的模式电压、模式电流所满足的广义传输线方程，对于理想无穷长的TEM波导行系统，其解为

$$U(z)=A_1\mathrm{e}^{-\mathrm{j}\beta z},\qquad I(z)=\frac{A_1}{Z_{\mathrm{TEM}}}\mathrm{e}^{-\mathrm{j}\beta z} \tag{1-44d}$$

式中，$Z_{\mathrm{TEM}}=\omega\mu/\beta=\sqrt{\mu/\varepsilon}=\eta$，$\beta=k=\omega\sqrt{\mu\varepsilon}$。

如前所述，TEM 波只能存在于多导体导波系统中。但 TEM 波并不是其中可能存在的唯一波型，在一定的条件下，其中也可以存在一系列 TE 波或 TM 波及它们的混合波。

#### 5. 边界条件

无论是用纵向分量法求解导行波，还是用位函数法求解导行波，最终都是根据导行系统的边界条件确定 $k_c$ 和积分常数的。对于由理想导体构成的导行系统，其横截面如图 1-37 所示，边界条件为

$$\begin{aligned}&\boldsymbol{n}\times\boldsymbol{E}=0\\&\boldsymbol{n}\times\boldsymbol{H}=\boldsymbol{J}_s\\&\boldsymbol{n}\cdot\boldsymbol{D}=\boldsymbol{\rho}_s\\&\boldsymbol{n}\cdot\boldsymbol{B}=0\end{aligned} \tag{1-45}$$

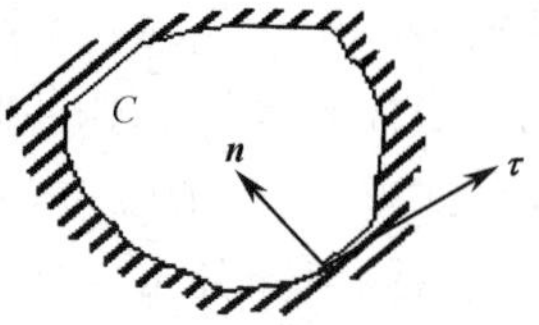

图 1-37　导波系统横截面

对于 TM 波，其边界条件为

$$E_z\big|_c=0 \tag{1-46a}$$

由式(1-37b)及式(1-38)可知　$E_z=-\dfrac{I(z)}{\mathrm{j}\omega\varepsilon}\nabla_t^2\Phi=\dfrac{I(z)}{\mathrm{j}\omega\varepsilon}k_c^2\Phi$

由于 $k_c\neq0$，因此用横向分布函数表示，有

$$\Phi\big|_c=0 \tag{1-46b}$$

对于 TE 波，其边界条件为

$$\left.\frac{\partial H_z}{\partial n}\right|_c=0 \tag{1-47a}$$

用横向分布函数表示时，有

$$\left.\frac{\partial \Psi}{\partial n}\right|_c=0 \tag{1-47b}$$

对于 TEM 波，其边界条件为

$$E_\tau\big|_c=0 \tag{1-48a}$$

或者用横向分布函数表示为

$$\left.\frac{\partial \Phi}{\partial \tau}\right|_c=0 \tag{1-48b}$$

本节习题 1-24~1-28；MOOC 视频知识点 1.26~1.29。

### 1.2.2　波导传输线

#### 1. 矩形波导

矩形波导是应用最广泛的一种导波系统，其结构如图 1-36(a)所示，宽边尺寸为 $a$，窄边尺寸为 $b$，管壁一般用紫铜材料。对理想波导，假定波导内填充无损耗介质(通常是空气)，波导壁的损耗也忽略不计。实际应用的波导的损耗都很小，在工程上一般都可将其近似看成理想波导。

为了研究波导中的电磁场，首先需求出它的各场分量，然后分析波导中存在的波型(即模式)、场结构、传输特性等。下面用纵向分量法讨论波导传输线的特性。

**(1) 纵向分量 $E_z$、$H_z$ 的求解**

$E_z$、$H_z$ 满足的波动方程也称为二维亥姆霍兹方程,已在“横、纵场分量的关系”中导出,即式(1-27d)

$$\nabla_t^2 E_z + k_c^2 E_z = 0 \qquad \nabla_t^2 H_z + k_c^2 H_z = 0$$

在直角坐标系中,$E_z$、$H_z$可表示成

$$E_z = E_z(x,y)\mathrm{e}^{-\gamma z}, \quad H_z = H_z(x,y)\mathrm{e}^{-\gamma z}$$

将其代入波动方程得

$$\frac{\partial^2 E_z(x,y)}{\partial x^2} + \frac{\partial^2 E_z(x,y)}{\partial y^2} + k_c^2 E_z(x,y) = 0$$

$$\frac{\partial^2 H_z(x,y)}{\partial x^2} + \frac{\partial^2 H_z(x,y)}{\partial y^2} + k_c^2 H_z(x,y) = 0$$

用分离变量法求解该波动方程。

设 $E_z$、$H_z$是变量可分离的,即 $E_z(x,y)$和 $H_z(x,y)$均可表示成 $X(x)Y(y)$的形式,则有

$$\frac{1}{X}\frac{\mathrm{d}^2 X}{\mathrm{d}x^2} + \frac{1}{Y}\frac{\mathrm{d}^2 Y}{\mathrm{d}y^2} + k_c^2 = 0$$

令 $k_c^2 = k_x^2 + k_y^2$,代入上式得

$$\frac{\mathrm{d}^2 X}{\mathrm{d}x^2} + k_x^2 X = 0, \qquad \frac{\mathrm{d}^2 Y}{\mathrm{d}y^2} + k_y^2 Y = 0$$

则有

$$X = A_1 \cos k_x x + A_2 \sin k_x x$$

$$Y = A_3 \cos k_y y + A_4 \sin k_y y$$

即

$$E_z(x,y) = (A_1 \cos k_x x + A_2 \sin k_x x)(A_3 \cos k_y y + A_4 \sin k_y y)$$

$$H_z(x,y) = (B_1 \cos k_x x + B_2 \sin k_x x)(B_3 \cos k_y y + B_4 \sin k_y y)$$

式中,$A_k$、$B_k(k=1,2,3,4)$、$k_x$、$k_y$ 为积分常数,由边界条件确定。

**(2) TM 波型(Transverse Magnetic wave mode)**

对 TM 波,$H_z=0$,$E_z \neq 0$,并且

$$E_z = (A_1 \cos k_x x + A_2 \sin k_x x)(A_3 \cos k_y y + A_4 \sin k_y y)\mathrm{e}^{-\gamma z}$$

边界条件为

$$E_z\big|_{x=0} = E_z\big|_{x=a} = E_z\big|_{y=0} = E_z\big|_{y=b} = 0$$

则得

$$A_1 = 0, \quad A_3 = 0, \quad k_x = \frac{m\pi}{a}, \quad k_y = \frac{n\pi}{b}$$

即

$$k_c^2 = \left(\frac{m\pi}{a}\right)^2 + \left(\frac{n\pi}{b}\right)^2 \tag{1-49}$$

$$E_z = E_0 \sin\left(\frac{m\pi}{a}x\right)\sin\left(\frac{n\pi}{b}y\right)\mathrm{e}^{-\gamma z} \tag{1-50a}$$

将上式及 $\gamma=\mathrm{j}\beta$ 代入横、纵向分量关系矩阵式(1-28),可得 TM 波型的各场分量为

$$\begin{aligned}
E_x &= -\mathrm{j}\frac{\beta}{k_c^2}\frac{m\pi}{a}E_0\cos\left(\frac{m\pi}{a}x\right)\sin\left(\frac{n\pi}{b}y\right)\mathrm{e}^{-\mathrm{j}\beta z}\\
E_y &= -\mathrm{j}\frac{\beta}{k_c^2}\frac{n\pi}{b}E_0\sin\left(\frac{m\pi}{a}x\right)\cos\left(\frac{n\pi}{b}y\right)\mathrm{e}^{-\mathrm{j}\beta z}\\
E_z &= E_0\sin\left(\frac{m\pi}{a}x\right)\sin\left(\frac{n\pi}{b}y\right)\mathrm{e}^{-\mathrm{j}\beta z}\\
H_x &= \mathrm{j}\frac{\omega\varepsilon}{k_c^2}\frac{n\pi}{b}E_0\sin\left(\frac{m\pi}{a}x\right)\cos\left(\frac{n\pi}{b}y\right)\mathrm{e}^{-\mathrm{j}\beta z}\\
H_y &= -\mathrm{j}\frac{\omega\varepsilon}{k_c^2}\frac{m\pi}{a}E_0\cos\left(\frac{m\pi}{a}x\right)\sin\left(\frac{n\pi}{b}y\right)\mathrm{e}^{-\mathrm{j}\beta z}
\end{aligned} \tag{1-50b}$$

式中，$E_0$是振幅常数；$m$ 和 $n$ 是由波导边界条件决定的正整数，称为波指数。$m$ 表示沿波导宽边 $a$ 分布的半驻波个数；$n$ 表示沿窄边 $b$ 分布的半驻波个数。每一对$(m,n)$对应一种电磁场分布，即一种波型（或模式）。从 $E_z$的表达式可以看出，$m$、$n$ 不能为零，$m$、$n$ 的取值只能是$(1,2,3,\cdots)$，所以矩形波导中不存在 $TM_{00}$、$TM_{m0}$、$TM_{0n}$ 波型。$TM_{11}$是 TM 波中的最简单波型。边界条件决定了截止波数只能取一些离散值。

**（3）TE 波型（Transverse Electric wave mode）**

对 TE 波来说，就是 $E_z=0$，$H_z\neq0$ 的波型，其 $H_z$为

$$H_z(x,y)=(B_1\cos k_x x+B_2\sin k_x x)(B_3\cos k_y y+B_4\sin k_y y)$$

边界条件为 $E_y\big|_{x=0}=E_y\big|_{x=a}=E_x\big|_{y=0}=E_x\big|_{y=b}=0$，由于

$$E_x=-\frac{\mathrm{j}\omega\mu}{k_c^2}\frac{\partial H_z}{\partial y}=-\frac{\mathrm{j}\omega\mu}{k_c^2}k_y(B_1\cos k_x x+B_2\sin k_x x)(-B_3\sin k_y y+B_4\cos k_y y)$$

$$E_y=\frac{\mathrm{j}\omega\mu}{k_c^2}\frac{\partial H_z}{\partial x}=\frac{\mathrm{j}\omega\mu}{k_c^2}k_x(-B_1\sin k_x x+B_2\cos k_x x)(B_3\cos k_y y+B_4\sin k_y y)$$

代入边界条件可得 $$B_2=0,\quad B_4=0,\quad k_x=\frac{m\pi}{a},\quad k_y=\frac{n\pi}{b}$$

即 $$H_z=H_0\cos\left(\frac{m\pi}{a}x\right)\cos\left(\frac{n\pi}{b}y\right)\mathrm{e}^{-\gamma z} \tag{1-51a}$$

将上式及 $\gamma=\mathrm{j}\beta$ 代入横、纵向分量关系矩阵式(1-28)，可得 TM 波型的各场分量为

$$\begin{aligned}
E_x&=\mathrm{j}\frac{\omega\mu}{k_c^2}\frac{n\pi}{b}H_0\cos\left(\frac{m\pi}{a}x\right)\sin\left(\frac{n\pi}{b}y\right)\mathrm{e}^{-\mathrm{j}\beta z}\\
E_y&=-\mathrm{j}\frac{\omega\mu}{k_c^2}\frac{m\pi}{a}H_0\sin\left(\frac{m\pi}{a}x\right)\cos\left(\frac{n\pi}{b}y\right)\mathrm{e}^{-\mathrm{j}\beta z}\\
H_x&=\mathrm{j}\frac{\beta}{k_c^2}\frac{m\pi}{a}H_0\sin\left(\frac{m\pi}{a}x\right)\cos\left(\frac{n\pi}{b}y\right)\mathrm{e}^{-\mathrm{j}\beta z}\\
H_y&=\mathrm{j}\frac{\beta}{k_c^2}\frac{n\pi}{b}H_0\cos\left(\frac{m\pi}{a}x\right)\sin\left(\frac{n\pi}{b}y\right)\mathrm{e}^{-\mathrm{j}\beta z}\\
H_z&=H_0\cos\left(\frac{m\pi}{a}x\right)\cos\left(\frac{n\pi}{b}y\right)\mathrm{e}^{-\mathrm{j}\beta z}
\end{aligned} \tag{1-51b}$$

式中，$H_0$是振幅常数。从 $H_z$的表达式可以看出，$m$、$n$ 不能同时为零，其取值为 $m=0,1,2,3,\cdots$，$n=0,1,2,3,\cdots$，所以矩形波导中不存在 $TE_{00}$波型。若 $a>b$，则最简单的 TE 波是 $TE_{10}$波。截止波数 $k_c$的表达式与式(1-49)相同。

将所求得的 $TM_{mn}$和 $TE_{mn}$波场线性叠加，可以完整地表示出矩形波导中所有可能存在的场。波指数 $m$、$n$ 不同，就有不同的场分布，而且一般也具有不同的传输特性，但是它们都满足矩形波导的边界条件而独立地存在于矩形波导中，这称为正规波的正交性。

**（4）传输特性**

从导行波的传输特性一节中可知，各个波型的传输参数都和因子$[1-(\lambda/\lambda_c)^2]^{\frac{1}{2}}$有关，即只要求出截止波长 $\lambda_c$，其他传输参数都可由式(1-31)~式(1-34)求出，因此截止波长是决定波的传输特性的重要参数，由式(1-49)可知

$$\lambda_c=\frac{2\pi}{k_c}=\frac{2}{\sqrt{\left(\frac{m}{a}\right)^2+\left(\frac{n}{b}\right)^2}} \tag{1-52a}$$

它表明每个以波指数 $m$、$n$ 表征的正规波都有对应的截止波长，而该波的传输条件为 $\lambda_0<\lambda_c$，因此，不同的波型有不同的传输条件。但对波指数相同的 TE 和 TM 波来说，具有相同的截止波长，也就具有相同的传输参数与传输条件，但它们的场结构显然是不同的。这种具有不同的场结构，而有相同的传输参数与传输条件的现象，称为模式“简并”。只有 $TE_{m0}$ 波和 $TE_{0n}$ 波没有简并模，这是因为不存在 $TM_{m0}$ 波型和 $TM_{0n}$ 波型的缘故。

由式(1-52a)可知，对给定的波导尺寸 $a\times b$，波指数 $m$、$n$ 越大，截止波长越短。在 $a>2b$ 时，截止波长分布如图 1-38 所示，显然当 $\lambda_0>2a$ 时，波导中不能传输任何波，处于截止状态；当 $\lambda_0<2a$ 时，才有传输波，因此也称波导为高通滤波器。

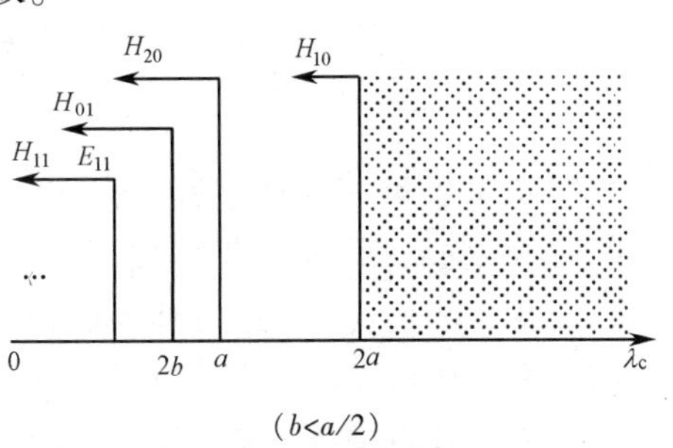

图 1-38 矩形波导中各模式截止波长分布

从图中可知，当 $a<\lambda_0<2a$ 时，可传输 $TE_{10}$ 波，即 $TE_{10}$ 波具有最长的截止波长，因此称其为波导的最低波型或主模式。随着 $\lambda_0$ 的减小，波导中依次出现 $TE_{20}$、$TE_{01}$、$TE_{11}$、$TM_{11}$ 等，这些波型称为波导的高次模式，显然，要想使波导中只传输单模(即主模式) $TE_{10}$ 波，就得抑制所有的高次模。

单模传输，可通过适当选择波导尺寸得到。对于 $a>2b$ 的情况，实现单模工作的条件为

$$\lambda_c(TE_{20})<\lambda_0<\lambda_c(TE_{10}) \text{ 和 } \lambda_c(TE_{01})<\lambda_0$$

即

$$a<\lambda_0<2a,\quad 2b<\lambda_0$$

因此波导尺寸应满足 $\lambda_0/2<a<\lambda_0$，$b<\lambda_0/2$。

**(5) 主模式 $TE_{10}$ 波**

① $TE_{10}$ 模传输特性参数：

截止波数与截止波长
$$k_c^2=\left(\frac{\pi}{a}\right)^2,\quad \lambda_c=2a \tag{1-52b}$$

波导波长
$$\lambda_g=\frac{\lambda}{\sqrt{1-(\lambda/\lambda_c)^2}}=\frac{\lambda}{\sqrt{1-(\lambda/2a)^2}} \tag{1-52c}$$

相移常数
$$\beta=k\sqrt{1-\left(\frac{\lambda}{\lambda_c}\right)^2}=\frac{2\pi}{\lambda}\sqrt{1-\left(\frac{\lambda}{2a}\right)^2}=\frac{2\pi}{\lambda_g} \tag{1-52d}$$

相速度
$$v_p=v/\sqrt{1-\left(\frac{\lambda}{2a}\right)^2} \tag{1-52e}$$

群速度
$$v_g=v\sqrt{1-\left(\frac{\lambda}{2a}\right)^2} \tag{1-52f}$$

波阻抗
$$Z_{TE}=\frac{\eta}{\sqrt{1-(\lambda/2a)^2}} \tag{1-52g}$$

当波导中填充空气媒质时，$\lambda=\lambda_0$，$v=c$，$\eta=\eta_0=120\pi(\Omega)$。

② 场结构及表面电流分布：$TE_{10}$ 波是波导传输波型中的最低波型，也是主模式，其场方程为

$$E_y=-j\frac{\omega\mu}{k_c^2}\frac{\pi}{a}H_0\sin\left(\frac{\pi}{a}x\right)e^{-j\beta z}$$

$$H_x=j\frac{\beta}{k_c^2}\frac{\pi}{a}H_0\sin\left(\frac{\pi}{a}x\right)e^{-j\beta z} \tag{1-53a}$$

$$H_z = H_0 \cos\left(\frac{\pi}{a}x\right) e^{-j\beta z}$$

或者表示成

$$\begin{aligned} E_y &= E_0 \sin\left(\frac{\pi}{a}x\right) e^{-j\beta z} \\ H_x &= -\frac{\beta}{\omega\mu} E_0 \sin\left(\frac{\pi}{a}x\right) e^{-j\beta z} \\ H_z &= j\frac{\pi}{a}\frac{1}{\omega\mu} E_0 \cos\left(\frac{\pi}{a}x\right) e^{-j\beta z} \end{aligned} \tag{1-53b}$$

根据场方程,可画出 $TE_{10}$波的场分布如图 1-39(a)和(b)所示。若用力线的疏密分布来表示波导中电磁场的强弱,则可得到图 1-39(c)所示 $TE_{10}$波的场结构。场结构图构成遵循如下规则:

(1) 电力线垂直于理想导体表面,不能与之平行;

(2) 电力线可以环绕交变磁场形成闭合曲线,电力线之间不能相互交叉;

(3) 磁力线总是环绕交变电场形成闭合曲线,磁力线之间不能相互交叉;

(4) 电力线和磁力线总是相互正交,且依从坡印亭矢量的关系。

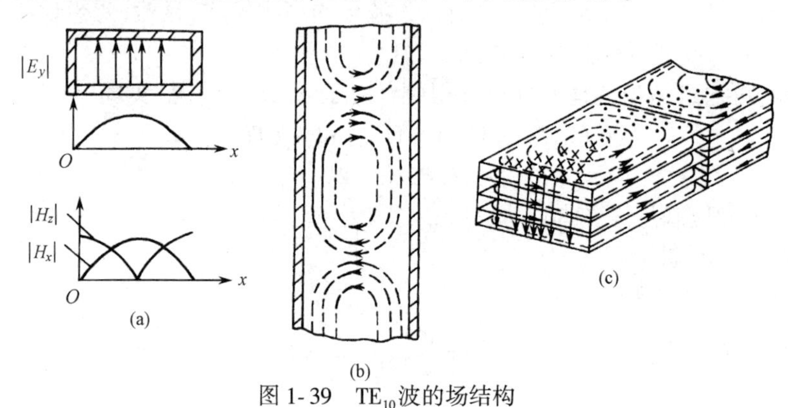


图 1-39 $TE_{10}$波的场结构

由图 1-39 可见,为满足理想导体的边界条件,各场分量沿波导横向必定按驻波规律变化,沿波导纵向必定按行波规律变化,即图 1-39(c)的场结构是作为一个整体随 $t$ 的增加沿 $z$ 方向以 $v_p$ 的速度移动的。从图中还可看出,$E_y$ 与 $H_z$的最大值相距 $\lambda_g/4$,两者在时间相位上差 90°。$E_y$ 与 $H_x$的最大值出现在同一横截面上,它们之间相差一实数——波阻抗 $Z_{TE_{10}}$。

由边界条件 $\boldsymbol{J}_s = \boldsymbol{n}\times\boldsymbol{H}$ 可得波导壁上的电流分布为

$$\begin{aligned} \boldsymbol{J}_s \big|_{x=0} &= \boldsymbol{a}_x \times \boldsymbol{H} = -H_0 e^{-j\beta z} \boldsymbol{a}_y \\ \boldsymbol{J}_s \big|_{x=a} &= -\boldsymbol{a}_x \times \boldsymbol{H} = -H_0 e^{-j\beta z} \boldsymbol{a}_y \\ \boldsymbol{J}_s \big|_{y=0} &= \boldsymbol{a}_y \times (\boldsymbol{H}_x + \boldsymbol{H}_z) = -j\frac{\beta}{k_c^2}\frac{\pi}{a} H_0 \sin\left(\frac{\pi}{a}x\right) e^{-j\beta z} \boldsymbol{a}_z + H_0 \cos\left(\frac{\pi}{a}x\right) e^{-j\beta z} \boldsymbol{a}_x \\ \boldsymbol{J}_s \big|_{y=b} &= -\boldsymbol{a}_y \times (\boldsymbol{H}_x + \boldsymbol{H}_z) = j\frac{\beta}{k_c^2}\frac{\pi}{a} H_0 \sin\left(\frac{\pi}{a}x\right) e^{-j\beta z} \boldsymbol{a}_z - H_0 \cos\left(\frac{\pi}{a}x\right) e^{-j\beta z} \boldsymbol{a}_x \end{aligned} \tag{1-53c}$$

其瞬时值为

$$\begin{aligned} \boldsymbol{J}_s \big|_{x=0} &= -H_0 \cos(\omega t - \beta z) \boldsymbol{a}_y \\ \boldsymbol{J}_s \big|_{x=a} &= -H_0 \cos(\omega t - \beta z) \boldsymbol{a}_y \\ \boldsymbol{J}_s \big|_{y=0} &= \frac{2a}{\lambda_g} H_0 \sin\left(\frac{\pi}{a}x\right) \cos\left(\omega t - \beta z - \frac{\pi}{2}\right) \boldsymbol{a}_z + H_0 \cos\left(\frac{\pi}{a}x\right) \cos(\omega t - \beta z) \boldsymbol{a}_x \end{aligned} \tag{1-53d}$$

$$\boldsymbol{J}_s\Big|_{y=b}=\frac{2a}{\lambda_g}H_0\sin\left(\frac{\pi}{a}x\right)\cos\left(\omega t-\beta z+\frac{\pi}{2}\right)\boldsymbol{a}_z-H_0\cos\left(\frac{\pi}{a}x\right)\cos(\omega t-\beta z)\boldsymbol{a}_x$$

根据上式可以确定 $TE_{10}$波的表面电流分布，如图 1-40 所示。

研究场结构和电流分布不仅有助于分析波形的特点，而且也有其实用意义。例如，利用波型及电流分布的特点，可以构成图 1-41 所示的吸收式可变衰减器及驻波测量线。

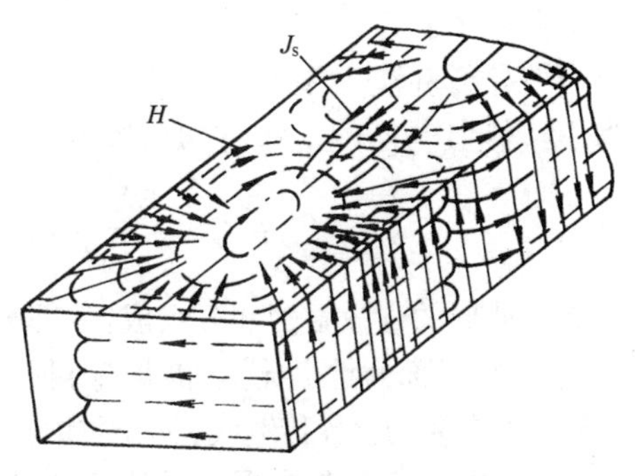

图 1-40　$TE_{10}$波的表面电流分布

在图 1-41(a)中，波导内的吸收片平面与 $TE_{10}$波的电场 $E_y$ 平行。由于 $E_y$ 沿波导宽边为正弦分布，即 $E_y\propto\sin(\pi x/a)$，当吸收片紧贴窄壁($x=0$)时，电场 $E_y=0$，此时吸收片基本不吸收所传输的微波功率，故其损耗为零。当吸收片逐渐向波导宽边中心移动时，衰减量也逐渐增大，直到移到宽边中央($x=a/2$)处时，$E_y$ 有最大值。此时吸收片吸收的能量最大，衰减也最大。利用这一特点可构成吸收式可变衰减器。

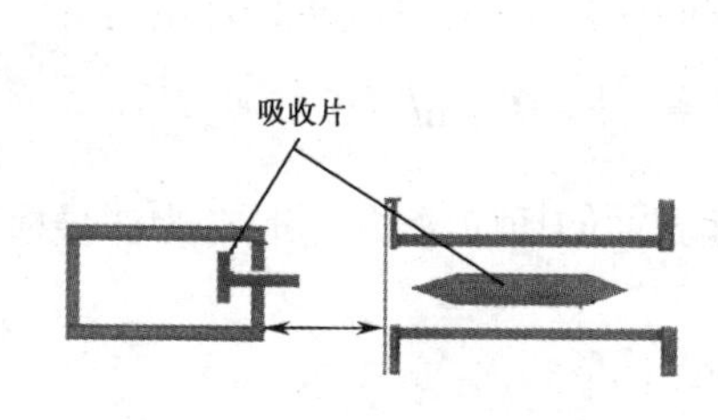

(a) 矩形波导吸收式可变衰减器示意图

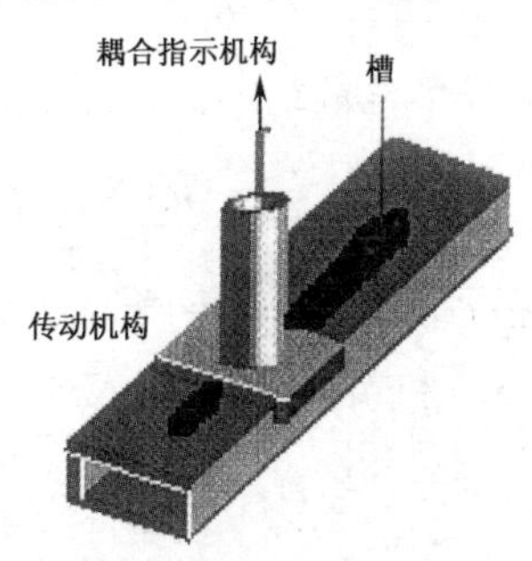

(b) 驻波测量线结构示意图

图 1-41　波导元件结构图

图 1-41(b)所示的驻波测量线，是利用图 1-40 所示的表面电流分布特点(在波导宽边中央 $x=a/2$ 处横向电流为零)，在波导宽边 $x=a/2$ 开一纵向缝隙，并配上耦合指示装置(如探针、调谐腔体、晶体检波器和指示设备)构成的。由于开缝处不会切断高频电流，故不影响电磁波的正常传播。这种不切断高频电流的缝隙称为“无辐射缝”。相反切断高频电流的缝隙被称为“有辐射缝”。利用“有辐射缝”可以构成波导缝隙天线。

③ 传输功率与衰减：矩形波导各模式所传输功率可根据式(1-35)求出。

将式(1-53b)给出的 $TE_{10}$模横向场分量代入式(1-35)，并在波导口面上积分可得 $TE_{10}$模传输的功率为

$$P=\frac{1}{2}\mathrm{Re}\int_0^a\int_0^b(-E_yH_x^*)\,\mathrm{d}x\mathrm{d}y=\frac{ab}{4}\frac{E_0^2}{Z_{TE_{10}}}\tag{1-54a}$$

若定义 $x=a/2$ 时最大场强为击穿场强 $E_{br}$，则有

$$E_{br}=|E_y|_{x=a/2}=E_0$$

代入上式可得波导中充空气介质时，传输 $TE_{10}$波的最大极限功率容量为

$$P_{max}=P_{br}=\frac{E_{br}^2}{480\pi}ab\sqrt{1-\left(\frac{\lambda_0}{2a}\right)^2}\tag{1-54b}$$

空气的击穿场强为 $E_{br}=3\times10^6\,\mathrm{V/m}$，代入上式得空气波导的极限功率为

$$P_{max}=P_{br}=6\times10^9ab\sqrt{1-\left(\frac{\lambda_0}{2a}\right)^2}\quad(\mathrm{W})\tag{1-54c}$$

显然波导行波工作时的功率容量与波导的截面尺寸、工作频率有关。截面尺寸越大，功率容量越大；频率越高，传输的功率也越大。当工作频率接近截止频率时，传输功率趋近于零。$P_{br}$与 $\lambda/2a$ 的关系曲线如图 1-42 所示。考虑功率容量的影响，最佳的单模工作区应选择为

$$0.5<\lambda/\lambda_c<0.9 \quad 即 \quad a<\lambda<1.8a \tag{1-54d}$$

当波导行驻波工作时，不匹配负载的反射波导致功率容量降低，若不匹配工作时的功率容量为 $P'_{br}$，则其与匹配工作时的功率容量 $P_{br}$和驻波系数 $\rho$ 的关系为

$$P'_{br}=P_{br}\frac{4\rho}{(\rho+1)^2} \tag{1-54e}$$

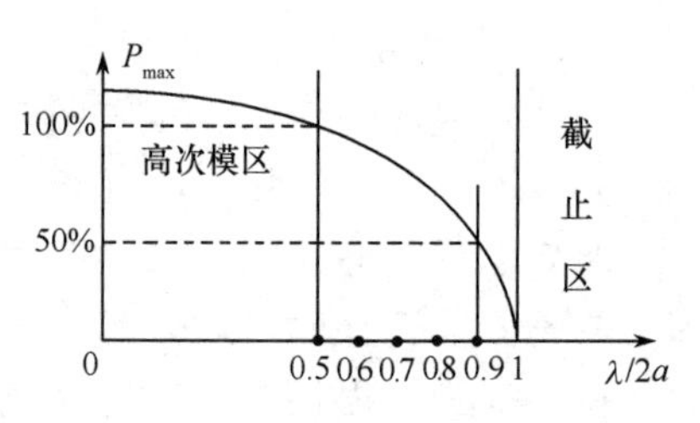

图 1-42　功率容量与频率的关系曲线

矩形波导的衰减由两部分组成：一部分是由介质损耗引起的衰减，另一部分是由导体（波导壁）损耗引起的衰减。对于填充空气介质的波导传输线，其介质损耗很小，一般忽略不计。但由于电导率 $\sigma$ 为有限值导致的波导壁损耗必须考虑。衰减的大小用 $\alpha$ 表示，在小损耗条件下的近似计算公式为

$$\alpha=\frac{P_L}{2P_0} \tag{1-54f}$$

式中，$P_0$ 为波导中传输功率，$P_L$ 为波传输单位长度的损耗功率，由电磁场理论可知

$$P_L=\frac{1}{2}R_s\oint_C|\boldsymbol{J}_s|^2\mathrm{d}l=\frac{1}{2}R_s\oint_C|\boldsymbol{H}_\tau|^2\mathrm{d}l \tag{1-54g}$$

式中，$R_s=\sqrt{\pi f\mu/\sigma}$是波导壁的表面电阻，$H_\tau$ 是波导表面的切向磁场分量，$C$ 为波导横截面的周界。把式（1-35）和式（1-54g）代入式（1-54f）得

$$\alpha=\frac{1}{2}\frac{R_s\oint_C|\boldsymbol{H}_\tau|^2\mathrm{d}l}{Z\iint_S|\boldsymbol{H}_t|^2\mathrm{d}S} \tag{1-54h}$$

式中，$Z=Z_{TE}$或 $Z_{TM}$。

对于 $TE_{10}$波，将各场分量代入积分可得（空气介质）

$$\alpha=\frac{R_s}{120\pi b}\frac{1+\frac{2b}{a}\left(\frac{\lambda_0}{2a}\right)^2}{\sqrt{1-\left(\frac{\lambda_0}{2a}\right)^2}}\quad(1/\mathrm{m}) \tag{1-54i}$$

衰减常数 $\alpha$ 与频率的关系曲线如图 1-43（a）所示。从曲线中可以看出，随着频率的变化，$\alpha$ 有一个最佳值，即最小衰减点。设 $b=\frac{a}{2}$，由$\frac{\mathrm{d}\alpha}{\mathrm{d}f}=0$，得$\frac{\lambda_0}{\lambda_c}\approx0.6$。

显然，当宽边 $a$ 一定时，$b$ 越大，衰减越小。但为避免出现高次模，通常让 $a>\lambda/2$，$b<\lambda/2$，$b/a\approx1/2$。

为了比较，图 1-43(b)给出了矩形波导中的 $TE_{10}$、$TE_{20}$、$TE_{11}$、$TM_{11}$波的衰减曲线。不同的波型有不同的衰减特性，在各种波型中 $TE_{10}$波的衰减最小，并且也只有 $TE_{10}$波可以实现单模传输。

④ 矩形波导的尺寸选择。

矩形波导的尺寸选择通常主要考虑下述因素的影响：保证主模工作时有足够的单模工作频带；满足功率容量的要求；波导的衰减要小等。有些场合还需考虑波导的重量、体积等因素的影响。

综合上述因素，主模工作时矩形波导的尺寸一般选

$$a=0.7\lambda_0,\quad b=(0.4\sim0.5)a \text{ 或 } b=(0.1\sim0.2)a$$

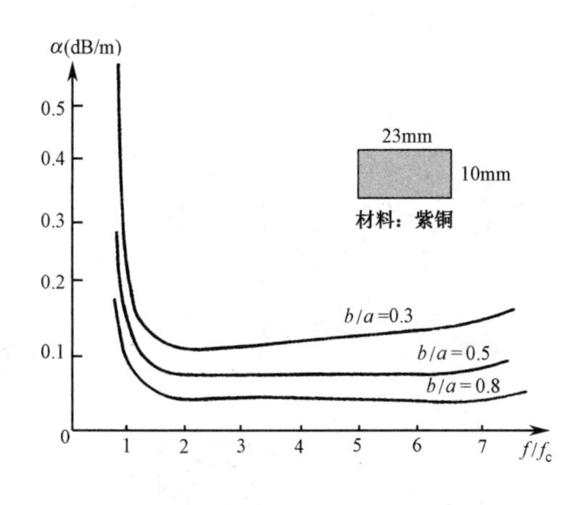


(a)矩形波导 $TE_{10}$ 波的衰减常数理论曲线

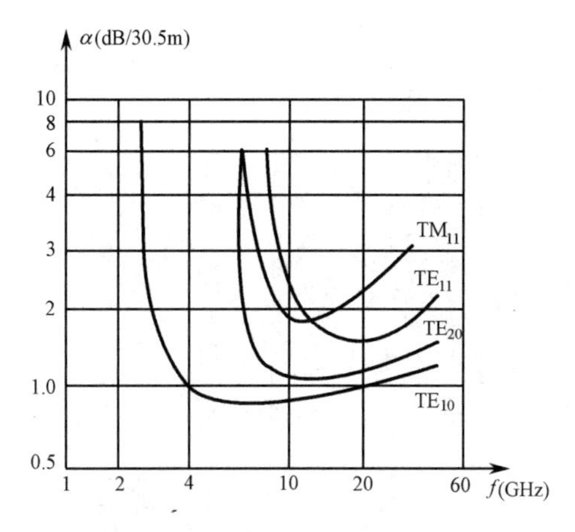


(b)矩形波导中各种波形衰减的比较

图 1-43　矩形波导的衰减曲线

最后对照矩形波导的标准系列(见附录 B)选用合适的波导。

图 1-44 给出了波导中几个高次模的场结构供参考。

本节习题 1-29~1-31,1-49~1-52,1-56;MOOC 视频知识点 1.30~1.33。

## 2. 圆波导

圆波导的结构如图 1-36(b)所示,关于其波形、场结构、传输特性等讨论如下。

**(1) 圆波导中 TM、TE 波场方程**

对圆波导来说,将 $h_1=1,h_2=r$ 代入式(1-28)就可得柱坐标系中所有的横向场分量与纵向场分量的关系式

$$\begin{bmatrix} E_r \\ E_\varphi \\ H_r \\ H_\varphi \end{bmatrix}=\frac{1}{k_c^2}\begin{bmatrix} -\gamma & 0 & 0 & -j\omega\mu \\ 0 & -\gamma & j\omega\mu & 0 \\ 0 & j\omega\varepsilon & -\gamma & 0 \\ -j\omega\varepsilon & 0 & 0 & -\gamma \end{bmatrix}\begin{bmatrix} \dfrac{\partial E_z}{\partial r} \\ \dfrac{1}{r}\dfrac{\partial E_z}{\partial \varphi} \\ \dfrac{\partial H_z}{\partial r} \\ \dfrac{1}{r}\dfrac{\partial H_z}{\partial \varphi} \end{bmatrix} \tag{1-55a}$$

此时,$E_z$、$H_z$ 所满足的柱坐标系下的二维亥姆霍兹方程式(1-27d)为

$$\frac{\partial^2 E_z}{\partial r^2}+\frac{1}{r}\frac{\partial E_z}{\partial r}+\frac{1}{r^2}\frac{\partial^2 E_z}{\partial \varphi^2}+k_c^2 E_z=0$$

$$\frac{\partial^2 H_z}{\partial r^2}+\frac{1}{r}\frac{\partial H_z}{\partial r}+\frac{1}{r^2}\frac{\partial^2 H_z}{\partial \varphi^2}+k_c^2 H_z=0$$

式中,$k_c^2=k^2+\gamma^2$。

设 $E_z(r,\varphi)e^{-\gamma z}$、$H_z(r,\varphi)e^{-\gamma z}$ 均可表示为 $R(r)\Phi(\varphi)e^{-\gamma z}$ 的形式,代入上述亥姆霍兹方程,并将 $R(r)$ 和 $\Phi(\varphi)$ 分别移到等号两边,可得

$$\frac{r^2}{R}\frac{\partial^2 R}{\partial r^2}+\frac{r}{R}\frac{\partial R}{\partial r}+k_c^2 r^2=-\frac{1}{\Phi}\frac{\partial^2 \Phi}{\partial \varphi^2}$$

由于 $R$ 只是 $r$ 的函数,$\Phi$ 只是 $\varphi$ 的函数,要使上式成立,就要求等式两边等于同一个常数。令

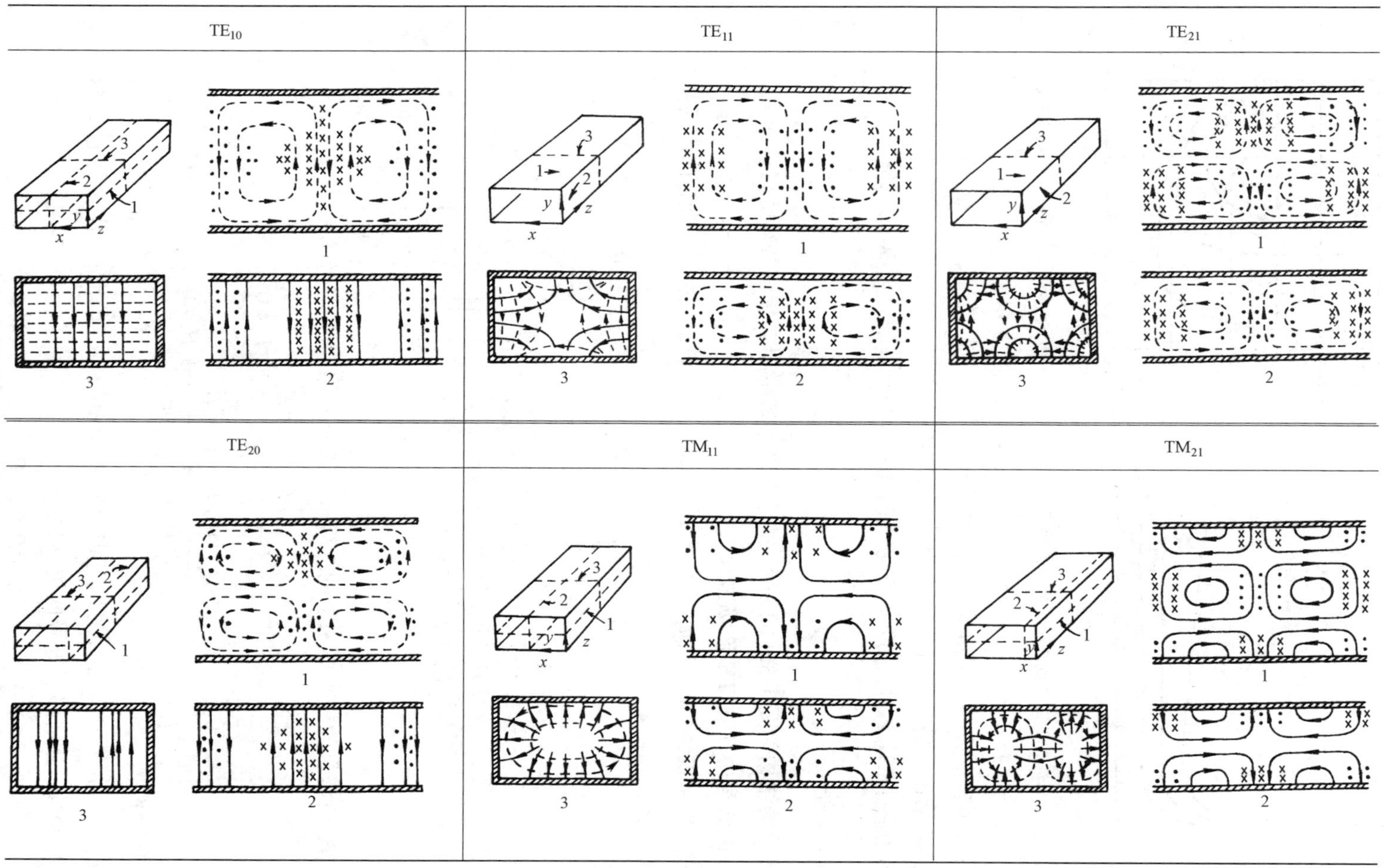

| $TE_{10}$ | $TE_{11}$ | $TE_{21}$ |
| --- | --- | --- |
| 1 2 3 | 1 2 3 | 1 2 3 |
| $TE_{20}$ | $TM_{11}$ | $TM_{21}$ |
| 1 2 3 | 1 2 3 | 1 2 3 |

图 1-44　矩形波导中几种低阶模的场结构（- - - - 磁力线；——电力线）

该常数为 $m^2$,则有

$$\frac{1}{\Phi}\frac{\mathrm{d}^2\Phi}{\mathrm{d}\varphi^2}+m^2=0,\qquad \frac{r^2}{R}\frac{\mathrm{d}^2R}{\mathrm{d}r^2}+\frac{r}{R}\frac{\mathrm{d}R}{\mathrm{d}r}+k_c^2r^2-m^2=0$$

其解分别是

$$\Phi(\varphi)=C_1\cos m\varphi+C_2\sin m\varphi=C'\begin{pmatrix}\cos m\varphi\\ \sin m\varphi\end{pmatrix}$$

$$R(r)=C_3J_m(k_cr)+C_4N_m(k_cr)=C''\begin{pmatrix}J_m(k_cr)\\ N_m(k_cr)\end{pmatrix}$$

式中,$C_1$、$C_2$、$C_3$、$C_4$为常数,$m=1,2,\cdots$为整数,$J_m(k_cr)$和$N_m(k_cr)$分别为第一类和第二类 $m$ 阶贝塞尔(Bessel)函数。

由于 $r\to0$ 时,$N_m(k_cr)\to-\infty$,根据波导中心处电磁场为有限值的要求,$C_4$必须为零。于是,$E_z$、$H_z$的解可用第一类 $m$ 贝塞尔函数 $J_m(k_cr)$表示成

$$E_z=E_0J_m(k_cr)\begin{pmatrix}\cos m\varphi\\ \sin m\varphi\end{pmatrix}\mathrm{e}^{-\gamma z}\tag{1-55b}$$

$$H_z=H_0J_m(k_cr)\begin{pmatrix}\cos m\varphi\\ \sin m\varphi\end{pmatrix}\mathrm{e}^{-\gamma z}\tag{1-55c}$$

式中,$k_c$ 由式(1-46)和式(1-47)的边界条件确定。

对于 TM 波,其边界条件为 $E_z\big|_{r=a}=0$,即 $J_m(k_ca)=0$。

对于 TE 波,其边界条件为 $E_\varphi\big|_{r=a}=0$,即 $J'_m(k_ca)=0$。

设$\mu_{mn}$是 $m$ 阶贝塞尔函数第 $n$ 个根的值,$\mu'_{mn}$是 $m$ 阶贝塞尔函数一阶导数第 $n$ 个根的值,则由 $J_m(\mu_{mn})=0$ 及 $J'_m(\mu'_{mn})=0$ 可得

对 TM 波 $\qquad k_ca=\mu_{mn}\qquad \lambda_c=2\pi a/\mu_{mn}$ (1-56a)

对 TE 波 $\qquad k_ca=\mu'_{mm}\qquad \lambda_c=2\pi a/\mu'_{mn}$ (1-56b)

将 $\gamma=\mathrm{j}\beta$ 和式(1-55b)及式(1-55c)分别代入式(1-55a),就可求出 TE 波和 TM 波各横向场分量。所求得的各场分量的完整解为

TM 波

$$E_r=-\mathrm{j}\frac{\beta}{k_c}E_0J'_m\left(\frac{\mu_{mn}}{a}r\right)\begin{pmatrix}\cos m\varphi\\ \sin m\varphi\end{pmatrix}\mathrm{e}^{-\mathrm{j}\beta z}$$

$$E_\varphi=\pm\mathrm{j}\frac{\beta}{k_c^2}\frac{m}{r}E_0J_m\left(\frac{\mu_{mn}}{a}r\right)\begin{pmatrix}\sin m\varphi\\ \cos m\varphi\end{pmatrix}\mathrm{e}^{-\mathrm{j}\beta z}$$

$$E_z=E_0J_m\left(\frac{\mu_{mn}}{a}r\right)\begin{pmatrix}\cos m\varphi\\ \sin m\varphi\end{pmatrix}\mathrm{e}^{-\mathrm{j}\beta z}\tag{1-57a}$$

$$H_r=\mp\mathrm{j}\frac{\omega\varepsilon}{k_c^2}\frac{m}{r}E_0J_m\left(\frac{\mu_{mn}}{a}r\right)\begin{pmatrix}\sin m\varphi\\ \cos m\varphi\end{pmatrix}\mathrm{e}^{-\mathrm{j}\beta z}$$

$$H_\varphi=-\mathrm{j}\frac{\omega\varepsilon}{k_c}E_0J'_m\left(\frac{\mu_{mn}}{a}r\right)\begin{pmatrix}\cos m\varphi\\ \sin m\varphi\end{pmatrix}\mathrm{e}^{-\mathrm{j}\beta z}$$

其中

$$k_c=\frac{\mu_{mn}}{a}\qquad \lambda_c=\frac{2\pi a}{\mu_{mn}}\tag{1-57b}$$

$$E_r=\pm\mathrm{j}\frac{\omega\mu}{k_c^2}\frac{m}{r}H_0J_m\left(\frac{\mu'_{mn}}{a}r\right)\begin{pmatrix}\sin m\varphi\\ \cos m\varphi\end{pmatrix}\mathrm{e}^{-\mathrm{j}\beta z}$$

$$E_\varphi = \mathrm{j}\,\frac{\omega\mu}{k_c}H_0 J'_m\left(\frac{\mu'_{mn}}{a}r\right)\begin{pmatrix}\cos m\varphi\\ \sin m\varphi\end{pmatrix}\mathrm{e}^{-\mathrm{j}\beta z}$$

TE 波

$$H_z = H_0 J_m\left(\frac{\mu'_{mn}}{a}r\right)\begin{pmatrix}\cos m\varphi\\ \sin m\varphi\end{pmatrix}\mathrm{e}^{-\mathrm{j}\beta z} \tag{1-58a}$$

$$H_r = -\mathrm{j}\,\frac{\beta}{k_c}H_0 J'_m\left(\frac{\mu'_{mn}}{a}r\right)\begin{pmatrix}\cos m\varphi\\ \sin m\varphi\end{pmatrix}\mathrm{e}^{-\mathrm{j}\beta z}$$

$$H_\varphi = \pm\mathrm{j}\,\frac{\beta}{k_c^2}\,\frac{m}{r}H_0 J_m\left(\frac{\mu'_{mn}}{a}r\right)\begin{pmatrix}\sin m\varphi\\ \cos m\varphi\end{pmatrix}\mathrm{e}^{-\mathrm{j}\beta z}$$

其中

$$k_c = \frac{\mu'_{mn}}{a} \qquad \lambda_c = \frac{2\pi a}{\mu'_{mn}} \tag{1-58b}$$

式中，$E_0$和$H_0$是振幅常数，序数$m$、$n$（贝塞尔函数的阶数和根的序号）表明了电磁场结构的特征，称为波指数。$m$表示沿圆周分布的驻波数，$n$表示沿半径分布的半驻波数或场的最大值的个数。由于$\mu_{mn}$和$\mu'_{mn}$有无穷多个，因此波导中可存在无穷多个$E^{\circ}_{mn}$和$H^{\circ}_{mn}$的波型，它们都是圆波导的正规模式。但由于TM波的边界条件为$E_z|_{r=a}=0$，TE波的边界条件为$E_\varphi|_{r=a}=0$，因此沿$r$方向至少有一个零点，故$n\neq0$，$n=1,2,3,\cdots$，即不存在$TM_{m0}$、$TE_{m0}$波型，存在$TM_{0n}$、$TM_{mn}$、$TE_{0n}$、$TE_{mn}$波型。

**（2）圆波导的传输特性**

求出了$\lambda_c$，其传输特性参数就可根据式（1-31）~式（1-34）计算。将贝塞尔函数及其导数的根代入式（1-56）就可得到截止波长$\lambda_c$，表1-2列出了几个$E^{\circ}_{mn}$和$H^{\circ}_{mn}$波型的截止波长，图1-45是其截止波长分布图。

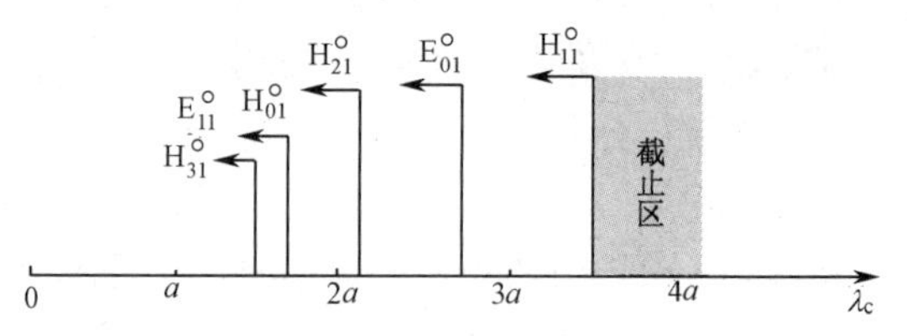

图1-45　圆波导中几种模式截止波长的分布

在所有波型中，$H^{\circ}_{11}$波的截止波长最长，为3.413$a$，因此$H^{\circ}_{11}$波是圆波导中的最低波型或主模式，其次是$E^{\circ}_{01}$波，其截止波长$\lambda_c$为2.613$a$。对给定半径$a$的圆波导，当$\lambda_0$在3.413$a$和2.613$a$之间时，只能传输$H^{\circ}_{11}$波。随着$\lambda_0$的减小，依次出现$E_{01}$，$H_{21}$，$H_{01}$……，因此圆波导也具有高通特性。

**表1-2　圆波导中几种$E^{\circ}_{mn}$波、$H^{\circ}_{mn}$波的截止波长值**

| $H^{\circ}$波 | | $E^{\circ}$波 | |
|---|---|---|---|
| 波　型 | $\lambda_c$ | 波　型 | $\lambda_c$ |
| $H_{11}$ | 3.413$a$ | $E_{01}$ | 2.613$a$ |
| $H_{21}$ | 2.057$a$ | $E_{11}$ | 1.640$a$ |
| $H_{01}$ | 1.640$a$ | $E_{21}$ | 1.223$a$ |
| $H_{31}$ | 1.496$a$ | $E_{02}$ | 1.138$a$ |
| $H_{41}$ | 1.182$a$ | $E_{31}$ | 0.985$a$ |
| $H_{12}$ | 1.179$a$ | $E_{12}$ | 0.896$a$ |
| $H_{22}$ | 0.937$a$ | $E_{41}$ | 0.828$a$ |
| $H_{02}$ | 0.896$a$ | $E_{22}$ | 0.746$a$ |

圆波导中的“简并”有两种：一种是由$\lambda_c$相同导致的模式简并，例$H^{\circ}_{0n}$和$E^{\circ}_{1n}$波的简并；另

一种是由场分量沿 $\varphi$ 的分布存在 $\cos m\varphi$ 和 $\sin m\varphi$ 两种可能导致的极化简并，即对同一组 $m$、$n$，有两种场结构完全一样，只是极化面相互旋转了 90°。只有轴对称的 $E_{0n}^{\circ}$ 和 $H_{0n}^{\circ}$ 波才没有这种简并现象。

**(3) 圆波导中几种常用波型**

和矩形波导不同，圆波导中除应用最低模外，还应用高次模。圆波导中常用的波型有 $H_{11}^{\circ}$、$E_{01}^{\circ}$、$H_{01}^{\circ}$ 波，下面分别介绍。

① $H_{11}^{\circ}$ 波：

将 $m=1,n=1$ 代入式(1-58)可得 $H_{11}^{\circ}$ 波的场方程，它有 5 个场分量，其横截面的场分布如图 1-46 所示。它存在场型相同而极化方向互相垂直的两种波型，这两种波型分别称为水平极化波和垂直极化波。

由图可见，$H_{11}^{\circ}$ 波的场结构与矩形波导 $TE_{10}$ 波的场结构相似，因此很容易经过波导截面的逐渐变形，将矩形波导的 $TE_{10}$ 波变换成圆波导的 $H_{11}^{\circ}$，如图 1-47 所示。

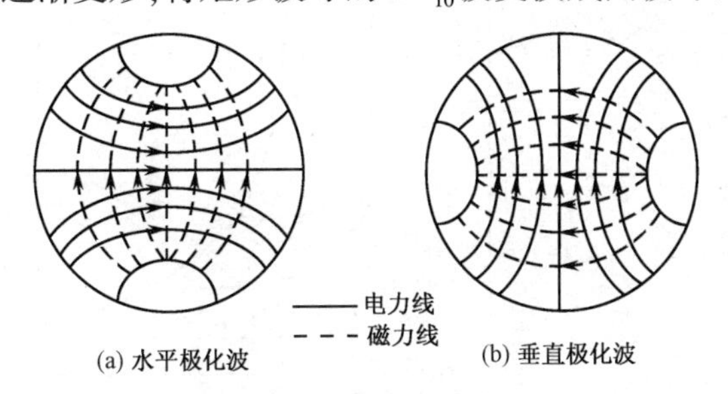


图 1-46　$H_{11}^{\circ}$ 模横截面场分布

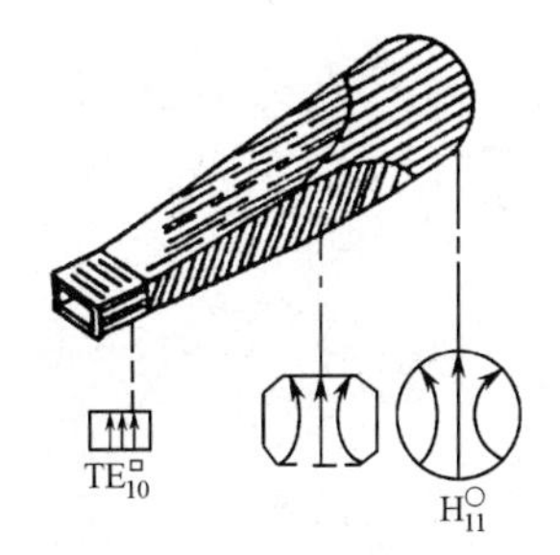


图 1-47　$TE_{10}^{\square}$-$H_{11}^{\circ}$ 波型变换器

尽管 $H_{11}^{\circ}$ 波的截止波长最长（$\lambda_c=3.413a$），又可通过 $TE_{10}^{\square}$-$H_{11}^{\circ}$ 波型变换器得到单一波型 $H_{11}^{\circ}$ 波，但 $H_{11}^{\circ}$ 波的极化面不稳定，在传输过程中，遇到不均匀性可能使极化面偏转。极化面偏转后的 $H_{11}^{\circ}$ 波可以分解为极化面相互垂直的两个 $H_{11}^{\circ}$ 波，如图 1-48 所示，因此圆波导 $H_{11}^{\circ}$ 波只能用于短距离传输。

利用 $H_{11}^{\circ}$ 波的极化简并模可以构成一些特殊的波导元件，如在多路通信系统中，收/发公用一副天线时，将相互垂直的两个极化波分别用于收和发，以避免收/发之间的耦合。

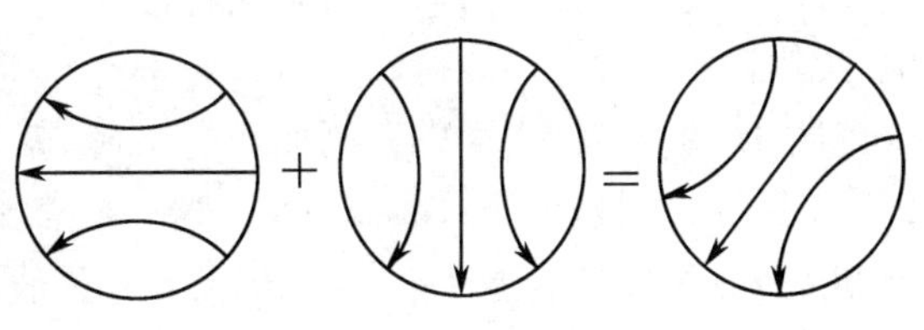

图 1-48　$H_{11}^{\circ}$ 波的极化简并

② $E_{01}^{\circ}$ 波：

将 $m=0,n=1$ 代入式(1-57)中，可得 $E_{01}^{\circ}$ 波的场方程和内壁电流方程，其横截面场分布如图 1-49(a)所示。

$$E_r=-\frac{\mathrm{j}\beta}{k_c}E_0J_0'\left(\frac{2.405}{a}r\right)\mathrm{e}^{-\mathrm{j}\beta z},\qquad E_z=E_0J_0\left(\frac{2.405}{a}r\right)\mathrm{e}^{-\mathrm{j}\beta z}$$

$$H_\varphi=-\mathrm{j}\frac{\omega\varepsilon}{k_c}E_0J_0'\left(\frac{2.405}{a}r\right)\mathrm{e}^{-\mathrm{j}\beta z},\qquad \lambda_c=2.62a$$

$$\boldsymbol{J}_s=\boldsymbol{n}\times\boldsymbol{H}\big|_{r=a}=-\boldsymbol{e}_r\times\boldsymbol{H}_\varphi\big|_{r=a}=-\boldsymbol{e}_zH_\varphi\big|_{r=a}$$

$E_{01}^{\circ}$ 波的特点是：$m=0$，场沿 $\varphi$ 方向不变化，场分布具有轴对称性，磁场只有 $H_\varphi$ 分量，故只存在纵向管壁电流；电场 $E_z$ 在轴线附近最强。

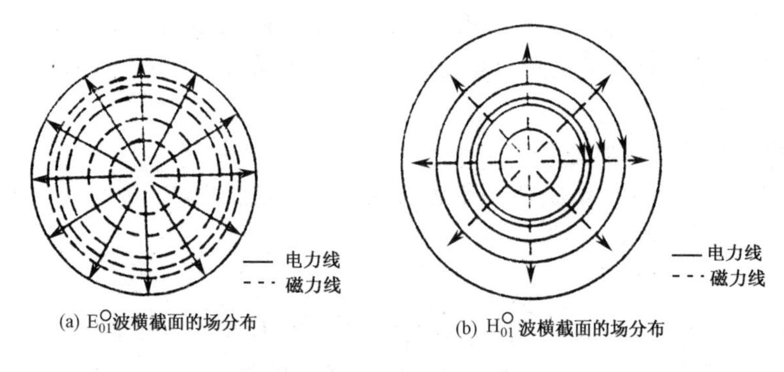

(a) $E_{01}^{\circ}$波横截面的场分布　(b) $H_{01}^{\circ}$波横截面的场分布

图 1-49　横截面的场分布

根据上述特点,$E_{01}^{\circ}$波可用作天线馈线系统中旋转接头的工作波型,还可用于微波管和电子加速器中。

③ $H_{01}^{\circ}$波

将 $m=0,n=1$ 代入式(1-58)中,可得 $H_{01}^{\circ}$波的场方程和内壁电流方程,其横截面场分布如图 1-49(b)所示。

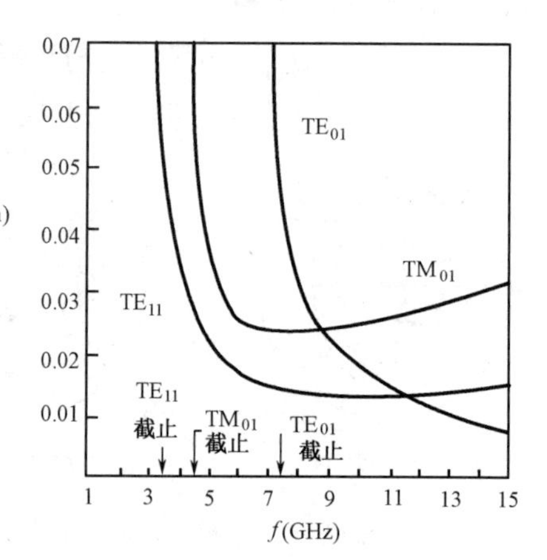

图 1-50　$a=2.54$cm 圆波导中 $E_{01}^{\circ}$、$H_{11}^{\circ}$、$H_{01}^{\circ}$三个波的衰减曲线

$$E_{\varphi}=-\mathrm{j}\frac{\omega\mu}{k_{c}}H_{0}J_{1}\left(\frac{3.832}{a}r\right)\mathrm{e}^{-\mathrm{j}\beta z}$$

$$H_{z}=H_{0}J_{0}\left(\frac{3.832}{a}r\right)\mathrm{e}^{-\mathrm{j}\beta z}$$

$$H_{r}=\mathrm{j}\frac{\beta}{k_{c}}H_{0}J_{1}\left(\frac{3.832}{a}r\right)\mathrm{e}^{-\mathrm{j}\beta z}$$

$$\boldsymbol{J}_{s}=n\times\boldsymbol{H}\big|_{r=a}=-\boldsymbol{e}_{r}\times(\boldsymbol{H}_{r}+\boldsymbol{H}_{z})\big|_{r=a}=\boldsymbol{e}_{\varphi}H_{z}\big|_{r=a}$$

$$\lambda_{c}=1.64a$$

$H_{01}^{\circ}$波的特点是场分布具有轴对称性,波导壁上只有 $H_z$ 分量,所以只存在 $\varphi$ 方向的管壁电流,无纵向电流。

$H_{01}^{\circ}$波的衰减随频率的升高而单调下降,是它突出的特点,为了便于比较,图 1-50 给出了 $E_{01}^{\circ}$、$H_{11}^{\circ}$、$H_{01}^{\circ}$三种波的衰减曲线。由于这一特点,$H_{01}^{\circ}$波适于用作高 $Q$ 谐振腔的工作波,还可用作远距离毫米波波导的传输波。但 $H_{01}^{\circ}$波不是最低模,因此实际应用时,需设法抑制其他模。

本节习题 1-53~1-55;MOOC 视频知识点 1.34~1.35。

### 1.2.3　同轴线

同轴线的结构如图 1-36(c)所示,是双导体结构,其传输的主模式是 TEM 波。从场的观点看,同轴线的边界条件既能支持 TEM 波传输,也能支持 TE 波或 TM 波传输,究竟哪些波能在同轴线中传输,取决于同轴线的尺寸和电磁波的频率。

同轴线是一种宽频带微波传输线。当工作波长大于 10cm 时,矩形波导和圆波导都显得尺寸过大而笨重,而相应的同轴线却不大。同轴线的特点之一是可以从直流一直工作到毫米波波段,因此在微波整机系统、微波测量系统或微波元件中,同轴线都得到了广泛的应用。

1. 主模式 TEM 波的性质

**(1) 场方程**

求解同轴线中的 TEM 波各场量,就是在柱坐标系下求解横向分布函数 $\Phi$ 所满足的拉普拉斯方程式(1-44),即

$$\frac{\partial^2 \Phi}{\partial r^2}+\frac{1}{r}\frac{\partial \Phi}{\partial r}+\frac{1}{r^2}\frac{\partial^2 \Phi}{\partial \varphi^2}=0 \tag{1-59a}$$

由于对称性,可认为 $\Phi$ 沿坐标 $\varphi$ 均匀分布,即 $\frac{\partial \Phi}{\partial \varphi}=0$,$\Phi$ 仅是坐标 $r$ 的函数,因而上式简化成常微分方程式

$$r^2\frac{\mathrm{d}^2 \Phi}{\mathrm{d}r^2}+r\frac{\mathrm{d}\Phi}{\mathrm{d}r}=0 \tag{1-59b}$$

其一般解为

$$\Phi(r)=B_0-B_1\ln r \tag{1-59c}$$

将 $\Phi(r)$ 及式(1-44d)代入式(1-44a),可得同轴线中 TEM 波的横向场分量为

$$\boldsymbol{E}_{\mathrm{t}}=\boldsymbol{a}_r\frac{E_0}{r}\mathrm{e}^{-\mathrm{j}\beta z},\qquad \boldsymbol{H}_{\mathrm{t}}=\boldsymbol{a}_{\varphi}\frac{E_0}{\eta\ r}\mathrm{e}^{-\mathrm{j}\beta z} \tag{1-59d}$$

式中,$E_0$ 是振幅常数,$\eta=120\pi/\sqrt{\varepsilon_{\mathrm{r}}}$ 是 TEM 波的波阻抗。

**(2) 传输参数**

设同轴线内外导体之间的电压为 $V$,内导体上的轴向电流为 $I$,则由式(1-59d)可求得

$$V=\int_a^b E_r\mathrm{d}r=E_0\ln\frac{b}{a}\mathrm{e}^{-\mathrm{j}\beta z} \tag{1-60a}$$

$$I=\oint_C H_{\varphi}\mathrm{d}l=\int_0^{2\pi}H_{\varphi}r\mathrm{d}\varphi=\frac{E_0}{\eta}2\pi\mathrm{e}^{-\mathrm{j}\beta z} \tag{1-60b}$$

由特性阻抗的定义可知 $Z_0$ 为

$$Z_0=\frac{V}{I}=\frac{\eta}{2\pi}\ln\frac{b}{a}=\frac{60}{\sqrt{\varepsilon_{\mathrm{r}}}}\ln\frac{b}{a} \tag{1-61a}$$

与长线理论一节中导出的结果相同,相移常数为

$$\beta=k=\omega\sqrt{\mu\varepsilon} \tag{1-61b}$$

相速度为

$$v_{\mathrm{p}}=\frac{\omega}{\beta}=\frac{c}{\sqrt{\varepsilon_{\mathrm{r}}}} \tag{1-61c}$$

相波长为

$$\lambda_{\mathrm{p}}=\frac{2\pi}{\beta}=\frac{v_{\mathrm{p}}}{f}=\frac{\lambda_0}{\sqrt{\varepsilon_{\mathrm{r}}}} \tag{1-61d}$$

式中,$\varepsilon_{\mathrm{r}}$ 为同轴线中填充介质的相对介电常数,$c$ 为光速。

**(3) 传输的功率与衰减**

若设 $z=0$ 时,内、外导体之间的电压为 $V_0$,则从式(1-60a)可得

$$E_0=V_0/\ln\frac{b}{a} \tag{1-62a}$$

代入式(1-59d) 可得

$$E_{\mathrm{r}}=\frac{V_0}{\ln\frac{b}{a}}\frac{1}{r}\mathrm{e}^{-\mathrm{j}\beta z},\qquad H_{\varphi}=\frac{V_0}{\eta\ln\frac{b}{a}}\frac{1}{r}\mathrm{e}^{-\mathrm{j}\beta z}=\frac{E_{\mathrm{r}}}{\eta} \tag{1-62b}$$

将上式代入式(1-35)可得同轴线传输 TEM 波的平均功率为

$$P=\frac{1}{2\eta}\int_S|\boldsymbol{E}_t|^2\mathrm{d}S=\frac{1}{2\eta}\int_a^b|\boldsymbol{E}_r|^2 2\pi r\mathrm{d}r=\frac{1}{2}\frac{2\pi}{\eta}\frac{|V_0|^2}{\ln\frac{b}{a}}=\frac{1}{2}\frac{|V_0|^2}{Z_0} \tag{1-63a}$$

同轴线的功率容量 $P_{br}$ 可按下式计算

$$P_{br}=\frac{1}{2}\frac{|U_{br}|^2}{Z_0} \tag{1-63b}$$

式中,$U_{br}$ 为击穿电压,由击穿电场 $E_{br}$ 决定。由于同轴线内的电场强度在 $r=a$ 处最强,因此由式(1-62b)可得 $U_{br}$ 与 $E_{br}$ 的关系为

$$|U_{br}|=aE_{br}\ln\frac{b}{a} \tag{1-63c}$$

代入式(1-63b),可得功率容量的计算式

$$P_{br}=\sqrt{\varepsilon_r}\frac{a^2E_{br}^2}{120}\ln\frac{b}{a} \tag{1-63d}$$

同轴线的衰减由两部分构成:一部分是由导体损耗引起的衰减,用 $\alpha_c$ 表示;另一部分是由介质损耗引起的衰减,用 $\alpha_d$ 表示,其计算公式为

$$\alpha_c=\frac{R_s}{2\eta}\frac{\left(\frac{1}{a}+\frac{1}{b}\right)}{\ln\frac{b}{a}}\quad 1/\mathrm{m},\qquad \alpha_d=\frac{\pi\sqrt{\varepsilon_r}}{\lambda_0}\tan\delta\quad 1/\mathrm{m} \tag{1-63e}$$

式中,$R_s=(\pi f\mu/\sigma)^{\frac{1}{2}}$ 是导体的表面电阻,$\tan\delta$ 是同轴线中填充介质的损耗角正切。

### 2. 同轴线中的高次模

当同轴线的尺寸与波长相比足够大时,传输线上有可能传输 TM 波或 TE 波。因此有必要研究高次模的场结构特点,以便在给定频率下选择合适的尺寸,保证在同轴线内可抑制高次模的产生,只传输 TEM 波。

对于同轴线内的 TE 或 TM 高次模来说,其截止波数 $k_c$ 所满足的都是超越方程式,严格求解很困难,一般采用数值解法。用近似方法,可得截止波长的近似表达式为

对 TM 波有

$$\lambda_c(E_{mn})\approx\frac{2}{n}(b-a)\qquad(n=1,2,3,\cdots) \tag{1-64a}$$

最低波型为 $\lambda_c(E_{01})\approx 2(b-a)$。

在 $m\neq 0, n=1$ 时,对 TE 波有

$$\lambda_c(H_{m1})\approx\frac{\pi(a+b)}{m}\qquad(m=1,2,3,\cdots) \tag{1-64b}$$

最低波型为 $\lambda_c(H_{11})\approx\pi(a+b)$。

在 $m=0$ 时,对 $TE_{01}$ 波有

$$\lambda_c(H_{01})\approx 2(b-a) \tag{1-64c}$$

### 3. 同轴线尺寸选择

确定同轴线尺寸时,主要考虑以下几个方面的因素。

① 保证 TEM 波单模传输,因此工作波长与同轴线尺寸的关系应满足

$$\lambda>\lambda_c(H_{11})=\pi(b+a)$$

② 获得最小的导体损耗。为此将式(1-63e)的 $\alpha_c$ 在 $b$ 不变时对 $a$ 求导,并令 $\dfrac{\partial\alpha_c}{\partial a}=0$,可求得

$$(b/a)\approx 3.59$$

此尺寸相应的空气同轴线的特性阻抗约为 77Ω。

③ 获得最大的功率容量。为此将式(1-63d)的 $P_{br}$ 对 $a$ 微分(固定 $b$ 不变),且令 $\dfrac{\partial P_{br}}{\partial a}=0$,可得

$$(b/a)\approx 1.65$$

此尺寸相应的空气同轴线的特性阻抗约为 30Ω。

显然,上述两种要求所对应的同轴线的特性阻抗值并不相同,因此有必要兼顾考虑。同轴线的特性阻抗取 75Ω 和 50Ω 两个标准值,前者考虑的主要是损耗小,后者兼顾了损耗和功率容量的要求。附录 C 给出国产同轴线标准系列供参考。

**【例 1-11】** 用静态场分析法求同轴线单位长分布电容与电感。

**解:** 设内导体上有线电荷 $\rho_L$ 分布,积分路径如图 1-51 所示。由高斯定理可得

$$\oint_S \boldsymbol{E}\cdot \mathrm{d}\boldsymbol{s}=\int(\rho_L/\varepsilon)\,\mathrm{d}z$$

取单位长度,有

$$\int_0^1 2\pi r E_r \mathrm{d}z=\frac{1}{\varepsilon}\int_0^1\rho_L\mathrm{d}z\qquad E_r=\frac{\rho_L}{2\pi\varepsilon r}$$

设内、外导体间电压为 $V$,则由 $V=\int_a^b E_r\mathrm{d}r$ 得

$$V=\int_a^b\frac{\rho_L}{2\pi\varepsilon r}\mathrm{d}r=\frac{\rho_L}{2\pi\varepsilon}\ln\frac{b}{a}$$

则同轴线单位长电容 $C_1=\dfrac{\rho_L}{V}=\dfrac{2\pi\varepsilon}{\ln\frac{b}{a}}$。

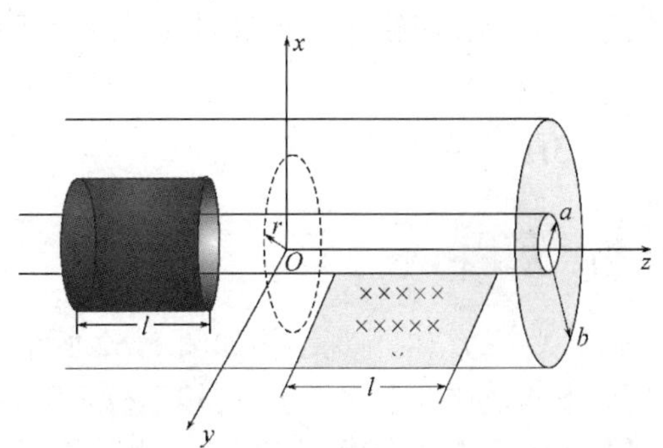


图 1-51　例 1-11 解题示意图

设内导体上有电流 $I$,则由安培环路定理得

$$\oint_l \boldsymbol{H}_\varphi\cdot\mathrm{d}\boldsymbol{l}=I,\quad \mathrm{d}\boldsymbol{l}=r\mathrm{d}\varphi\,\boldsymbol{a}_\varphi$$

$$H_\varphi=\frac{I}{2\pi r},\quad B_\varphi=\frac{\mu I}{2\pi r}$$

穿过单位长度面积的磁通为(如图 1-51 所示)

$$\boldsymbol{\Phi}=\iint \boldsymbol{B}_\varphi\cdot\mathrm{d}\boldsymbol{s}=\int_a^b\int_0^1\frac{\mu I}{2\pi r}\mathrm{d}r\mathrm{d}z=\frac{\mu I}{2\pi}\ln\frac{b}{a}$$

单位长度电感为

$$L_1=\frac{\Phi}{I}=\frac{\mu}{2\pi}\ln\frac{b}{a}$$

所以

$$Z_0=\sqrt{\frac{L_1}{C_1}}=\frac{1}{v_pC_1}=\sqrt{\frac{\mu}{(2\pi)^2\varepsilon}\left(\ln\frac{b}{a}\right)^2}=\frac{\sqrt{\frac{\mu}{\varepsilon}}}{2\pi}\ln\frac{b}{a}=\frac{60}{\sqrt{\varepsilon_r}}\ln\frac{b}{a}$$

本节习题 1-32~1-34。

## 1.3　平面传输线

平面传输线是一类半开放结构的传输线,主要由带状线、微带线、耦合传输线组成。它们与平行双线、同轴线和波导传输线一样,是在生产实践中发展演变而来的。

我们知道,初期的平行双导线当工作到较高频率(如分米波段、厘米波段)时,由于它的开放结构,辐射损耗大大增加,已无法正常工作,因此人们就研制出了全封闭式的同轴线与波导传输线。而波导传输线的问世不仅防止了辐射损耗,也使微波系统的工作频率由厘米波段升到了毫米波段,把微波技术推进到了一个新的水平。但随着空间技术的发展,波导的体积大、重量大的缺点也越来越突出。在航空、航天及卫星通信中,迫切要求减小电子元器件的体积、质量,提高其可靠性及稳定性。即使对于地面设备,也同样存在减轻设备体积与质量的问题,这样波导传输线及元件已不能满足这些要求,而要求用一种新型的传输线来代替。20 世纪 50 年代,受晶体管及晶体管印制电路的影响产生的带状线及微带线,不仅使微波电路的体积、质量大为减小,而且结构简单、加工容易,因此发展得极为迅速。尤其是微波半导体器件的问世,使得将器件和电路结合起来解决小型化问题的微波集成电路得以发展,从而奠定了微波单片和混合集成电路的基础,使微波系统固态化、小型化变为了现实。

本节主要讨论带状线、微带线、耦合带状线和耦合微带线的传输特性及简化近似计算公式,最后简单介绍鳍线、槽线和共面传输线的特性。

### 1.3.1 带状线

#### 1. 传输模式

带状线的结构与场结构如图 1-52 所示,由一个宽度为 $W$、厚度为 $t$ 的中心导带和相距为 $b$ 的上、下两块接地金属板构成,接地板之间填充 $\varepsilon_r$ 的均匀介质。带状线是双导体系统,且介质均匀,故可以支持 TEM 波传输,这也是带状线的主模式。带状线可认为是由同轴线演变而来的,如图 1-53(a)所示,因此带状线和同轴线都可存在高次波 TE 或 TM 模。一般可通过选择带状线的横向尺寸来抑制高次模的出现。分析表明取 $b<\dfrac{\lambda_{\min}}{2\sqrt{\varepsilon_r}}$, $W<\dfrac{\lambda_{\min}}{2\sqrt{\varepsilon_r}}$,就能保证 TEM 波主模式的单模工作。

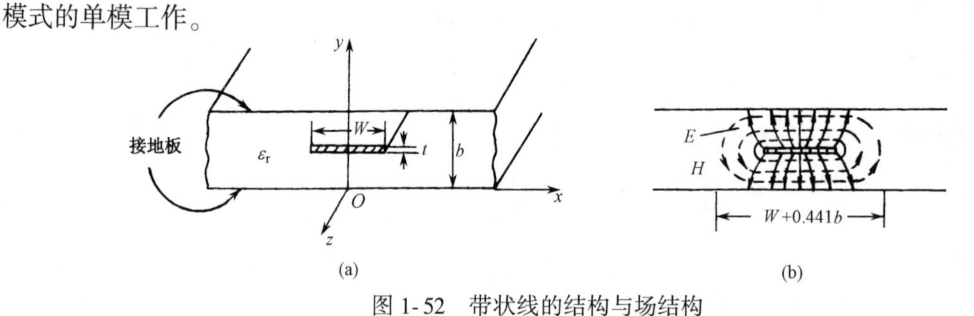


图 1-52 带状线的结构与场结构

#### 2. 传输参数

由于带状线传输的主模式是 TEM 波,因此对带状线可用长线理论的结论。由长线理论可知,TEM 波传输线的传输参数为

$$
\begin{aligned}
&\text{相速度} && v_p = c/\sqrt{\varepsilon_r} \\
&\text{相波长} && \lambda_p = \lambda_0/\sqrt{\varepsilon_r} = v_p/f \\
&\text{相移常数} && \beta = 2\pi/\lambda_p \\
&\text{特性阻抗} && Z_0 = 1/v_p C_1
\end{aligned}
\tag{1-65}
$$

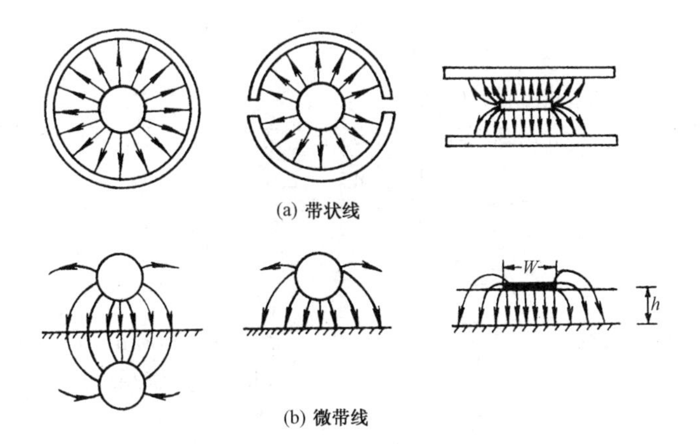


图 1-53　带状线与微带线的演变

当工作频率一定时，除特性阻抗 $Z_0$ 外，其他三个参数都是定值，所以对带状线的分析最终归结于求解单位长分布电容 $C_1$。由于带状线的场结构与静态场是一样的，所以可用保角变换法求解静场的拉普拉斯方程，得到 $C_1$ 的精确解。但求解过程复杂，最后的解仍涉及复杂的椭圆函数，不便工程应用，因此工程上常用的是用曲线拟合法得到的简单准确的计算公式。对于零厚度($t=0$)的带状线，其特性阻抗的近似计算公式为

$$Z_0 = \frac{30\pi}{\sqrt{\varepsilon_r}} \frac{b}{W_e + 0.441b} \tag{1-66a}$$

式中，$W_e$ 是中心导带的有效宽度，且

$$\frac{W_e}{b} = \frac{W}{b} - \begin{cases} 0 & \dfrac{W}{b} > 0.35 \\ \left(0.35 - \dfrac{W}{b}\right)^2 & \dfrac{W}{b} < 0.35 \end{cases} \tag{1-66b}$$

式(1-66)的精度约为 1%。

由此式可以看出，带状线的特性阻抗随导带宽度 $W$ 的增大而单调减小，即阻抗越高、导带宽度越窄，阻抗越低、导带宽度越宽。设计电路时，通常是给定特性阻抗 $Z_0$ 和基片材料 $\varepsilon_r$ 而要求设计导带的宽度 $W$，因此由式(1-66)，可得如下综合设计公式。

$$\frac{W}{b} = \begin{cases} \dfrac{30\pi}{\sqrt{\varepsilon_r} Z_0} - 0.441 & \sqrt{\varepsilon_r} Z_0 < 120\Omega \\ 0.85 - \sqrt{1.041 - \dfrac{30\pi}{\sqrt{\varepsilon_r} Z_0}} & \sqrt{\varepsilon_r} Z_0 > 120\Omega \end{cases} \tag{1-67}$$

对于 $t \neq 0$ 的带状线，其特性阻抗的近似计算公式为

$$Z_0 = \frac{30}{\sqrt{\varepsilon_r}} \ln\left\{1 + \frac{4}{\pi} \frac{1}{m} \left[\frac{8}{\pi} \frac{1}{m} + \sqrt{\left(\frac{8}{\pi} \frac{1}{m}\right)^2 + 6.27}\right]\right\} \tag{1-68a}$$

式中

$$m = \frac{W}{b-t} + \frac{\Delta W}{b-t}$$

$$\frac{\Delta W}{b-t} = \frac{x}{\pi(1-x)}\left\{1 - 0.5\ln\left[\left(\frac{x}{2-x}\right)^2 + \left(\frac{0.0796x}{W/b + 1.1x}\right)^n\right]\right\}$$

$$n=\frac{2}{1+\dfrac{2x/3}{1-x}},\quad x=\frac{t}{b}$$

当 $W/(b-t)<10$ 时,上式的精度优于 0.5%。

若已知特性阻抗 $Z_0$、$\varepsilon_r$ 和 $b$,非零厚度带状线导带宽度可用如下综合公式计算

$$\frac{W}{b}=\frac{W_e}{b}-\frac{\Delta W}{b} \tag{1-68b}$$

式中

$$\frac{W_e}{b}=\frac{8(1-t/b)}{\pi}\frac{\sqrt{e^A+0.5675}}{e^A-1}$$

$$\frac{\Delta W}{b}=\frac{t/b}{\pi}\left\{1-\frac{1}{2}\ln\left[\left(\frac{t/b}{2-t/b}\right)^2+\left(\frac{0.0796t/b}{W_e/b-0.26t/b}\right)^m\right]\right\}$$

$$m=\frac{2}{1+\dfrac{2t/3b}{1-t/b}}\qquad A=\frac{Z_0\sqrt{\varepsilon_r}}{30}$$

式(1-68)可用于带状线电路的 CAD。工程上另一种简便的求解特性阻抗的方法是查曲线。图 1-54 给出的是科恩(CohnS.B.)在 1955 年用保角变换法计算出的带状线特性阻抗曲线,他将厚度的影响折合成宽高比($W/b$)来计算,其精度约为 1.5%。应用此曲线可以很方便地由 $\varepsilon_r$、$W/b$ 查得特性阻抗 $Z_0$,以及由 $Z_0$、$\varepsilon_r$、$b$ 查得导带宽度 $W$。

3. 衰减常数

带状线的衰减由介质衰减和导体衰减两部分组成。介质衰减常数与 TEM 波传输线的介质衰减常数表达式(1-63f)相同,导体衰减常数的近似表达式为

$$\alpha_c=\begin{cases}\dfrac{2.7\times10^{-3}R_s\varepsilon_r Z_0}{30\pi(b-t)}A & \sqrt{\varepsilon_r}Z_0<120(\Omega)\\ \dfrac{0.16R_s}{Z_0 b}B & \sqrt{\varepsilon_r}Z_0>120(\Omega)\end{cases} \tag{1-69}$$

式中

$$A=1+\frac{2W}{b-t}+\frac{1}{\pi}\frac{b+t}{b-t}\ln\frac{2b-t}{t}$$

$$B=1+\frac{b}{0.5W+0.7t}\left(0.5+\frac{0.414t}{W}+\frac{1}{2\pi}\ln\frac{4\pi W}{t}\right)$$

**【例 1-12】** 计算聚四氟乙烯($\varepsilon_r=2.1$)敷铜板带状线的特性阻抗。已知 $b=2\text{mm}$,$t=0.1\text{mm}$,$W=1.6\text{mm}$。

**解:** 将$\dfrac{W}{b}=0.8$,$x=\dfrac{t}{b}=0.05$ 代入式(1-68a)得

$$n\approx1.932,\quad \frac{\Delta W}{b-t}\approx0.07774,\quad m\approx0.91985,\qquad Z_0\approx47.67(\Omega)$$

查图 1-54 曲线可得 $Z_0\sqrt{\varepsilon_r}\approx67\Omega$,$Z_0\approx46\Omega$。

本节习题 1-35,1-36;MOOC 视频知识点 1.36。

### 1.3.2 微带线

1. 传输模式

微带线的结构如图 1-55 所示,由厚度为 $t$、宽度为 $W$ 的导带和下金属接地板组成,导带和

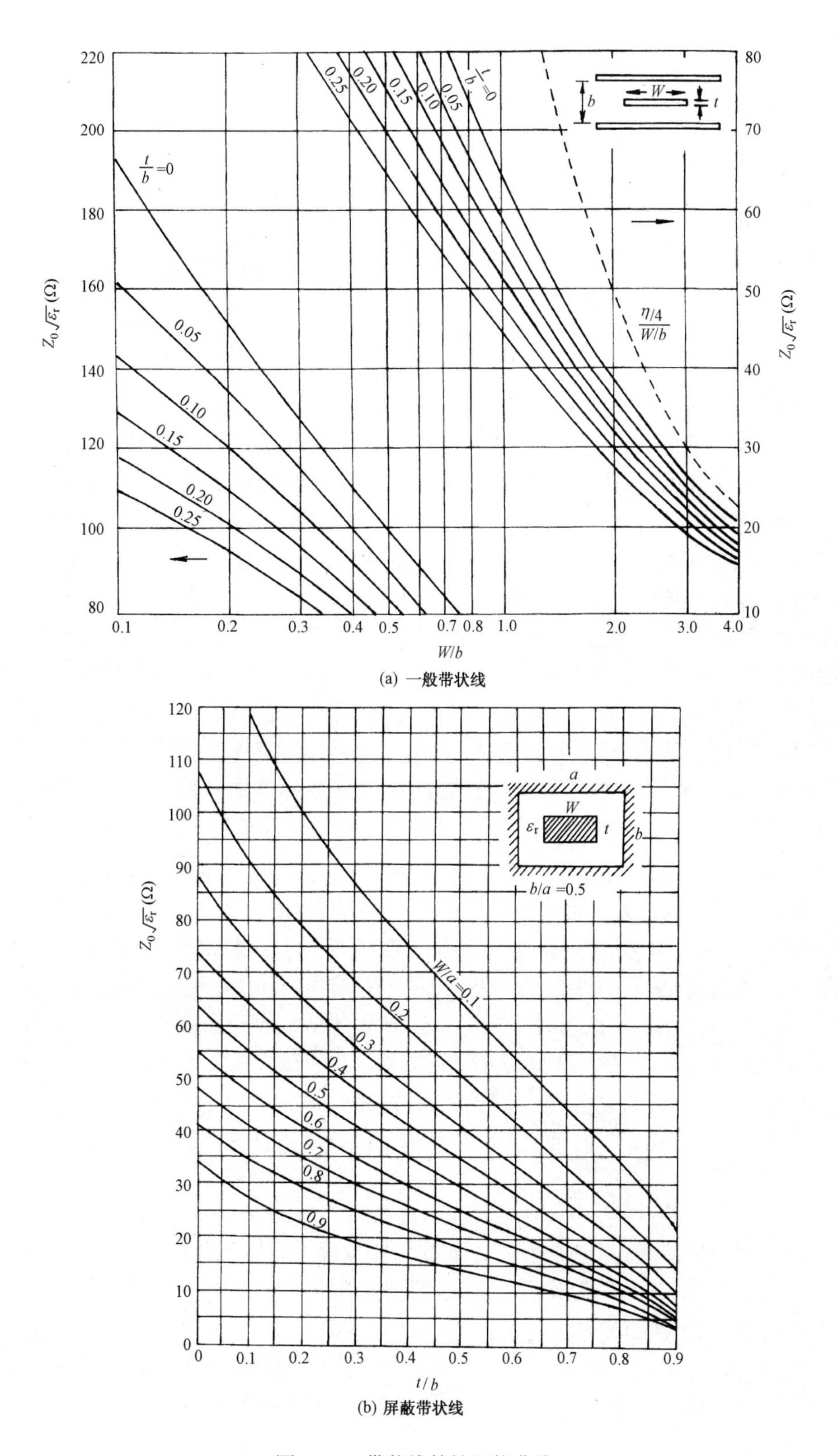


图 1-54　带状线特性阻抗曲线

接地板之间是 $\varepsilon_r$ 的介质基片。微带线目前是混合微波集成电路(HMIC)和单片微波集成电路(MMIC)中使用得最多的一种平面传输线,它可用光刻工艺制作,且容易与其他无源微波电路和有源微波器件连接,实现微波电子系统的小型化、集成化。

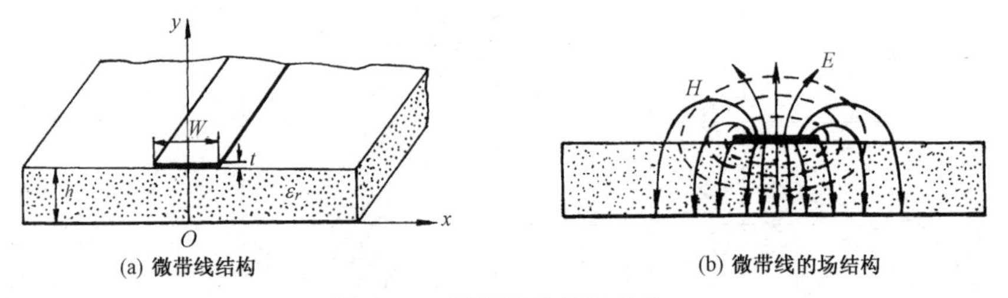


图 1-55　微带线及其场结构

微带线的加工与印制电路工序基本一致。一种是采用双面聚四氟乙烯($\varepsilon_r=2.1$, $\tan\delta=0.0004$)或聚四氟乙烯玻璃纤维($\varepsilon_r=2.55$, $\tan\delta=0.008$)敷铜板,经照相制版、光刻腐蚀做成电路。另一种就是在氧化铝陶瓷($\varepsilon_r=9.5\sim10$, $\tan\delta=0.0003$)基片上用真空镀膜技术蒸发上电路。后一种加工工艺复杂、成本高,多用于特殊要求的场合。微波单片集成电路所用的半导体基片材料主要是砷化镓($\varepsilon_r=13$, $\tan\delta=0.006$)。微带电路与普通晶体管印制电路的区别为:微带电路要求基片介质必须损耗小、不易变形,介电常数 $\varepsilon_r$ 的取值一般为 2~20,金属板的导电性能要好,加工线条的精度要高。

微带线的场结构如图 1-55(b)所示,它是一种双导体结构。如果将微带线的介质基片换成空气,即空气微带线,就可以发现,它可被视为由双导线传输线演变而来,如图 1-53(b)所示。实际上,空气微带线就是半个双导线。这样对于空气微带线,由于导带周围的介质是连续的,其上传输的波形是 TEM 波。对于实际填充 $\varepsilon_r$ 介质的标准微带线,导带周围有两种介质,导带上方为空气,下方为 $\varepsilon_r$ 的介质,其场大部分集中在导带与接地板之间,其余的场分布在空气介质中。由于 TEM 波在介质中的传播相速度为 $c/\sqrt{\varepsilon_r}$,在空气中的传播相速度为 $c$,显然相速度在介质不连续的界面处不可能对 TEM 模匹配,那么标准微带线传输的是什么模式的电磁波呢?事实上,微带线中真正传输的是一种 TE-TM 的混合波,其纵向场分量主要是由介质、空气分界面处的边缘场 $E_z$ 和 $H_z$ 引起的。但由于 $E_z$、$H_z$ 与导带和接地板之间的横向场分量相比要小得多,在工作频率不很高时适当选择带线尺寸,便可忽略纵向场分量的影响,因此微带线中传输模的特性与 TEM 波相差很小,故称其为准 TEM 波。由于微带线的传输模式不是纯 TEM 波,因此对其分析比较困难、复杂,分析方法也较多,大致可归为如下三类:准静态法、色散模型法和全波分析法。本节主要介绍用准静态法分析微带线的准 TEM 特性及一些实用简化结果。

### 2. 微带线的准 TEM 特性

由于微带线上传输的是准 TEM 波,因此其传输参数不能简单套用长线理论的结论。准静态法是将这种准 TEM 模式看成纯 TEM 模,通过引入相对有效介电常数为 $\varepsilon_{re}$ 的均匀介质来代替原微带的混合介质,从而使导带处在 $\varepsilon_{re}$ 的连续介质中,如图 1-56 所示。这种等效的条件是标准微带的单位长分布电容 $C_1$ 应等于全填充等效介质 $\varepsilon_{re}$ 的微带线的单位长分布电容 $C_1'$。若设空气微带的单位长分布电容为 $C_{1a}$,显然等效介质中微带线的单位长分布电容 $C_1'$ 为

$$C_1' = C_1 = \varepsilon_{re} C_{1a} \tag{1-70a}$$

所以有效介电常数 $\varepsilon_{re}$ 定义为

$$\varepsilon_{re}=\frac{C_1}{C_{1a}}=\frac{\text{标准微带的单位长分布电容}}{\text{空气微带的单位长分布电容}} \tag{1-70b}$$

引入等效介质和有效介电常数后，就可由前述长线理论得到标准微带线的传输参数为

$$\left.\begin{aligned} &\text{相速度} && v_p=c/\sqrt{\varepsilon_{re}} \\ &\text{相波长} && \lambda_p=\frac{v_p}{f}=\frac{\lambda_0}{\sqrt{\varepsilon_{re}}} \\ &\text{相移常数} && \beta=2\pi/\lambda_p \\ &\text{特性阻抗} && Z_0=\frac{1}{v_pC_1}=\frac{Z_{0a}}{\sqrt{\varepsilon_{re}}} \end{aligned}\right\} \tag{1-70c}$$

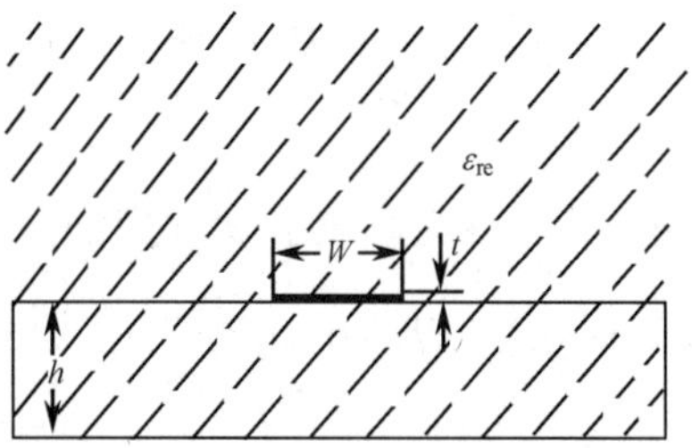

$\varepsilon_{re}$ W t h

图 1-56　填充均匀介质 $\varepsilon_{re}$的微带线

式中，$Z_{0a}=(cC_{1a})^{-1}$为空气微带的特性阻抗（$c$ 为光速），$\varepsilon_{re}$的大小与基片厚度 $h$ 和导带宽度 $W$ 有关。但由于电力线部分在空气中，部分在介质中，所以 $\varepsilon_{re}$的值是介于 $1\sim\varepsilon_r$ 之间的。从式（1-70c）可以看出，微带线的传输参数最终归结为求解空气微带的特性阻抗 $Z_{0a}$（即求解单位长分布电容 $C_{1a}$）及有效介电常数 $\varepsilon_{re}$。

$Z_{0a}$和 $\varepsilon_{re}$可用保角变换法得出精确解，但都是复杂的超越函数式。工程上是用曲线拟合法逼近严格的准静态求解曲线，得到一组近似计算公式。下面给出零厚度（$t=0$）微带线的近似计算公式

$$\left.\begin{aligned} &Z_0=\frac{60}{\sqrt{\varepsilon_{re}}}\ln\left(\frac{8h}{W}+\frac{W}{4h}\right) && \frac{W}{h}\leqslant 1 \\ &\varepsilon_{re}=\frac{\varepsilon_r+1}{2}+\frac{\varepsilon_r-1}{2}\left[\left(1+\frac{12h}{W}\right)^{-\frac{1}{2}}+0.041\left(1-\frac{W}{h}\right)^2\right] \\ &Z_0=\frac{120\pi}{\sqrt{\varepsilon_{re}}}\,\frac{1}{W/h+1.393+0.667\ln(W/h+1.444)} && \frac{W}{h}\geqslant 1 \\ &\varepsilon_{re}=\frac{\varepsilon_r+1}{2}+\frac{\varepsilon_r-1}{2}\left(1+\frac{12h}{W}\right)^{-\frac{1}{2}} \end{aligned}\right\} \tag{1-71a}$$

在 $0.05<\dfrac{W}{h}<20$，$\varepsilon_r<16$ 内，上式的精度优于 1%。

当导带厚度 $t\neq0$ 时，可将 $t$ 的影响等效为导带宽度变宽为 $W_e$，在 $t<h$、$t<\dfrac{W}{2}$条件下，修正公式近似为

$$\frac{W_e}{h}=\frac{W}{h}+\frac{1.25t}{\pi h}\left(1+\ln\frac{2x}{t}\right) \tag{1-71b}$$

式中

$$x=\begin{cases} h & \dfrac{W}{h}\geqslant\dfrac{1}{2\pi} \\ 2\pi W & \dfrac{W}{h}\leqslant\dfrac{1}{2\pi} \end{cases}$$

微带线电路的设计通常是给定 $Z_0$ 和 $\varepsilon_r$，要计算导体带宽度 $W$。此时可由上式得到综合公式

$$\frac{W}{h}=\begin{cases} \dfrac{8e^A}{e^{2A}-2} & A>1.52 \\ \dfrac{2}{\pi}\left\{B-1-\ln(2B-1)+\dfrac{\varepsilon_r-1}{2\varepsilon_r}\left[\ln(B-1)+0.39-\dfrac{0.61}{\varepsilon_r}\right]\right\} & A\leqslant 1.52 \end{cases} \tag{1-72}$$

式中

$$A=\frac{Z_0}{60}\sqrt{\frac{\varepsilon_r+1}{2}}+\frac{\varepsilon_r-1}{\varepsilon_r+1}\left(0.23+\frac{0.11}{\varepsilon_r}\right),\qquad B=\frac{377\pi}{2Z_0\sqrt{\varepsilon_r}}=\frac{60\pi^2}{Z_0\sqrt{\varepsilon_r}}$$

式(1-71)和式(1-72)可用于微带电路的CAD,有时也把$\varepsilon_{re}$表示成

$$\varepsilon_{re}=1+q(\varepsilon_r-1)\tag{1-73a}$$

式中,$q=\frac{\varepsilon_{re}-1}{\varepsilon_r-1}$称为填充系数,它表示介质填充的程度。$q$的值主要取决于微带线的横截面尺寸$W/h$,由式(1-71a)中$\varepsilon_{re}$的表达式可得

$$q=\begin{cases}\frac{1}{2}\left\{1+\left[\left(1+\frac{12h}{W}\right)^{-\frac{1}{2}}+0.041\left(1-\frac{W}{h}\right)^2\right]\right\} & \frac{W}{h}\leqslant 1\\ \frac{1}{2}\left[1+\left(1+\frac{12h}{W}\right)^{-\frac{1}{2}}\right] & \frac{W}{h}\geqslant 1\end{cases}\tag{1-73b}$$

微带线的特性阻抗也满足导带越宽,阻抗越低;导带越窄,阻抗越高的关系,通常称这些窄线和宽线为高阻抗线和低阻抗线。

### 3. 微带线的衰减

微带线的衰减比波导、同轴线大得多,在构成微带电路元件时,应考虑其影响。在忽略辐射损耗时,其衰减由导体衰减和介质衰减构成,导体衰减常数$\alpha_c$和介质衰减常数$\alpha_d$近似为

$$\alpha_c=\frac{R_s}{Z_0W}\quad(1/\mathrm{m}),\qquad \alpha_d=\frac{\beta}{2}q\frac{\varepsilon_r}{\varepsilon_{re}}\tan\delta\quad(1/\mathrm{m})\tag{1-74}$$

### 4. 微带线的色散特性与尺寸限制

微带线上真正传输的是TE-TM的混合模,其传播相速度与频率有关,是弱色散波,通常工作频率较低时,可以忽略这种色散现象,而上述与频率无关的传输参数也只适用于较低的工作频率。当频率升高时,由于色散效应,其相速$v_p$要降低,$\varepsilon_{re}$要增大,特性阻抗$Z_0$要减小,因此微带线的工作频率受到诸多因素的限制,不可能到达很高的微波频段,其最高工作频率可按下式估算

$$f_T=\frac{150}{\pi h(\mathrm{mm})}\sqrt{\frac{2}{\varepsilon_r-1}}\arctan\varepsilon_r\quad(\mathrm{GHz})\tag{1-75a}$$

研究结果表明,在工作频率$f\leqslant 10\mathrm{GHz}$时,可以不考虑色散对$Z_0$的影响,但对$\varepsilon_{re}$的影响较大,可用下述修正公式计算

$$\varepsilon_{re}(f)=\left(\frac{\sqrt{\varepsilon_r}-\sqrt{\varepsilon_{re}}}{1+4F^{-1.5}}+\sqrt{\varepsilon_{re}}\right)^2\tag{1-75b}$$

式中
$$F=\frac{4h\sqrt{\varepsilon_r-1}}{\lambda_0}\left\{0.5+\left[1+2\ln\left(1+\frac{W}{h}\right)\right]^2\right\}$$

微带线中除准TEM模外,和带状线一样,也有高次模式,主要是波导模和表面波模。为了抑制高次模,微带线的横向尺寸应选择为

$$0.4h+W<\frac{\lambda_{\min}}{2\sqrt{\varepsilon_r}},\qquad h<\frac{\lambda_{\min}}{2\sqrt{\varepsilon_r}},\qquad h<\frac{\lambda_{\min}}{4\sqrt{\varepsilon_r-1}}$$

金属屏蔽盒的高度 $H$ 取为 $H \geq (5\sim6)h$，接地板的宽度应大于或等于 $(5\sim6)W$。

**【例 1-13】** 试计算复合介质微带电路 50Ω 传输线的线宽 $W$，已知 $\varepsilon_r=9$，$h=1\text{mm}$，$t=0.01\text{mm}$。

**解**：用式(1-72)计算可得 $A=2.057$，$B=3.948$，$\frac{W}{h}=1.06$，$W=1.06(\text{mm})$。

本节习题 1-37，1-38；MOOC 视频知识点 1.37。

### 1.3.3 耦合带状线与耦合微带线

在微波电路中，有时候需要把某一传输线中的能量的一部分耦合到另外的传输线上，若用带状线或微带线来实现，则只需将两根导带彼此靠近就可以完成。这样两根线互相产生影响，每根线的特性都不同于独立单根线的特性。我们把这种彼此靠得很近的两根或多根非屏蔽传输线称为耦合传输线，一般简称为耦合线。耦合线有对称和不对称两种结构，这一节仅讨论对称结构的耦合线。图 1-57 给出的是对称侧边耦合带状线与耦合微带线的结构。

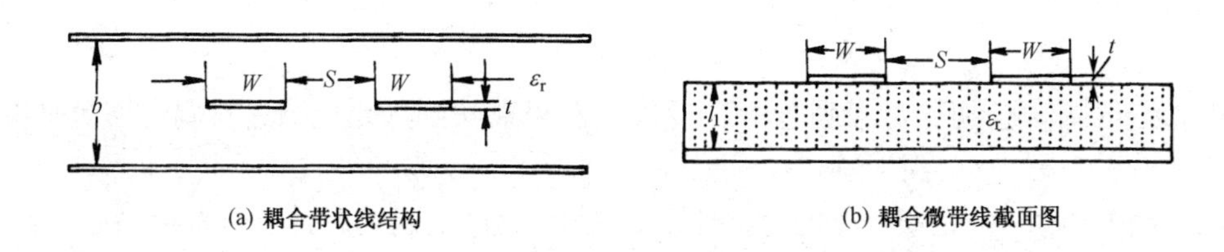


图 1-57　耦合带状线与耦合微带线结构

设对称耦合传输线的传输模式是 TEM 波，则对其的分析通常采用奇偶模参量法。本节首先介绍一般对称耦合线的奇偶模分析法及耦合传输线理论，然后分析对称耦合带状线和耦合微带线的特性。

#### 1. 对称耦合传输线理论与奇偶模分析法

**(1) 奇偶模分析法**

图 1-58(a)是对称耦合传输线的示意图，两根传输线的结构一样，以 $y$ 轴为对称，并有公共的接地板。

如果我们给传输线 1 和传输线 2 分别加以电压 $U_1$ 和 $U_2$，则因为两根传输线间存在互电容及互电感而产生电磁耦合，其上的电压波与电流波将相互影响，显然其电压、电流分布要比长线理论中所讨论的独立单根传输线的情形复杂得多。对于对称结构的耦合传输线，目前大都采用“奇偶模参量法”进行分析，即根据线性电路的叠加原理，将对称耦合传输线上的 TEM 波看成奇模波和偶模波叠加的结果。

如果将等幅同相的电压 $U_e$ 分别加在传输线 1 和传输线 2 上，如图 1-58(b)所示，则耦合线的电磁场是以 $yOz$ 平面偶对称分布的，并且切向磁场分量为零，称此平面为磁壁，而耦合线上的波称为偶模波，相应的激励称为偶模激励。若将等幅反相的电压 $U_o$ 与 $-U_o$ 分别加在传输线 1 和传输线 2 上，则耦合线的电磁场是以 $yOz$ 平面奇对称分布的，并且切向电场分量为零，称此平面为电壁，而耦合线上的波称为奇模波，相应的激励称为奇模激励。由于任意激励电压 $U_1$ 和 $U_2$ 总可以分解成一对奇偶模激励，即可设

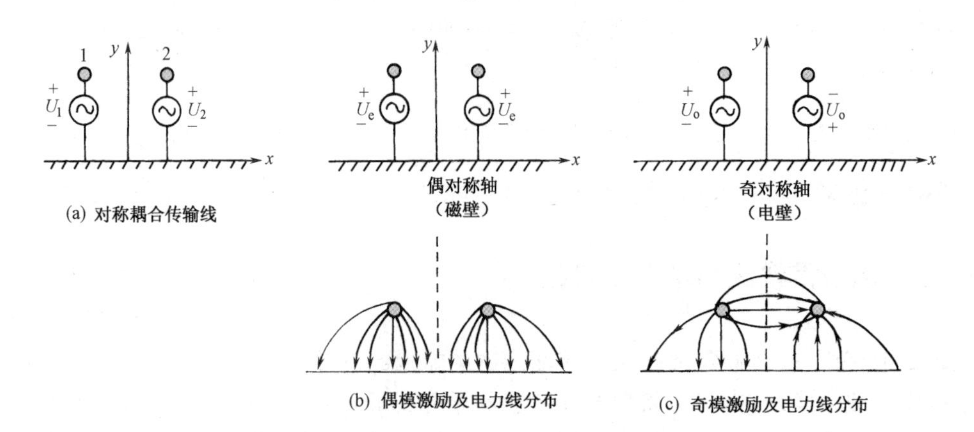


图 1-58　对称耦合传输线及奇偶模激励

$$U_1 = U_e + U_o, \qquad U_2 = U_e - U_o$$

因此有

$$U_e = \frac{U_1 + U_2}{2}, \qquad U_o = \frac{U_1 - U_2}{2} \tag{1-76}$$

该式表明，对于任何一对激励电压 $U_1$ 和 $U_2$，总可以找到其相应的一对偶奇模激励电压 $U_e$ 和 $U_o$。

由偶奇模激励时电磁场分布的对称性不难看出，无论是偶模激励还是奇模激励，两根传输线的场分布一样，电压、电流沿线的分布也必相同。这样就把对耦合线的分析问题简化成在偶奇模分别激励时的特殊边界条件下研究单根传输线的电压、电流分布问题，该单根线的传输参数与激励模式有关，故分别称为偶奇模参数。对于任意激励电压时的耦合传输线，只需将偶模和奇模分别激励下得到的结果叠加，便可得到所求耦合线的完整解。

**（2）均匀介质对称耦合传输线偶奇模激励下的微分方程及其解**

对图 1-58(a)的耦合线任取 $\Delta z$ 长进行分析，方法类似于长线理论一节。设激励电压电流为正弦波，当 $\Delta z$ 很小时，耦合线等效为图 1-59 所示的集总参数电路(这里设传输线无耗)。其中 $L_1$、$C_1$ 为单根传输线的单位长度的电感和电容，$L_m$、$C_m$ 为两根传输线之间的单位长度的耦合电感(互感)和耦合电容(互电容)。根据电路理论，由图示等效电路可得电压、电流方程为

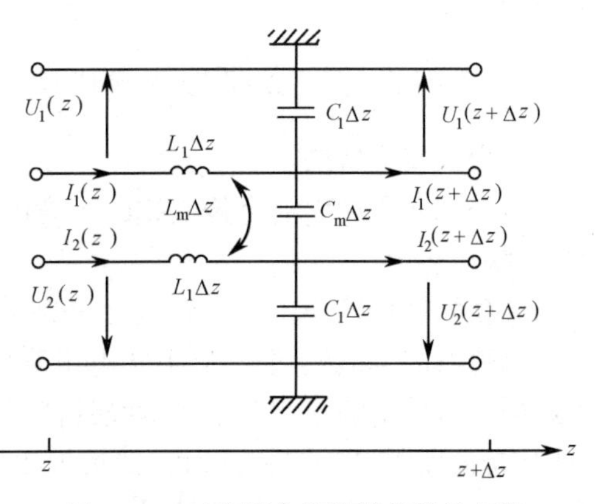


图 1-59　对称耦合传输线的等效电路

$$U_1(z) = U_1(z + \Delta z) + j\omega L_1 \Delta z I_1(z) + j\omega L_m \Delta z I_2(z)$$
$$I_1(z) = I_1(z + \Delta z) + j\omega C_1 \Delta z U_1(z + \Delta z) + j\omega C_m \Delta z[U_1(z + \Delta z) - U_2(z + \Delta z)]$$
$$U_2(z) = U_2(z + \Delta z) + j\omega L_1 \Delta z I_2(z) + j\omega L_m \Delta z I_1(z)$$
$$I_2(z) = I_2(z + \Delta z) + j\omega C_1 \Delta z U_2(z + \Delta z) + j\omega C_m \Delta z[U_2(z + \Delta z) - U_1(z + \Delta z)]$$

对上述各式移项整理，两边同除 $\Delta z$，并取 $\Delta z \to 0$ 的极限有

$$
\begin{aligned}
\frac{\mathrm{d}U_1(z)}{\mathrm{d}z} &= -\mathrm{j}\omega LI_1(z) - \mathrm{j}\omega L_\mathrm{m}I_2(z) \\
\frac{\mathrm{d}I_1(z)}{\mathrm{d}z} &= -\mathrm{j}\omega CU_1(z) + \mathrm{j}\omega C_\mathrm{m}U_2(z) \\
\frac{\mathrm{d}U_2(z)}{\mathrm{d}z} &= -\mathrm{j}\omega LI_2(z) - \mathrm{j}\omega L_\mathrm{m}I_1(z) \\
\frac{\mathrm{d}I_2(z)}{\mathrm{d}z} &= -\mathrm{j}\omega CU_2(z) + \mathrm{j}\omega C_\mathrm{m}U_1(z)
\end{aligned} \tag{1-77}
$$

式中,$L=L_1$,$C=C_1+C_\mathrm{m}$,式(1-77)就是对称耦合传输线方程,下面讨论偶奇模分别激励时传输线方程的解。

① 偶模激励:设 $U_1=U_2=U_\mathrm{e}$,$I_1=I_2=I_\mathrm{e}$,代入式(1-77)可得

$$
\begin{aligned}
\frac{\mathrm{d}U_\mathrm{e}}{\mathrm{d}z} &= -\mathrm{j}\omega(L+L_\mathrm{m})I_\mathrm{e} = -Z_{1\mathrm{e}}I_\mathrm{e} \\
\frac{\mathrm{d}I_\mathrm{e}}{\mathrm{d}z} &= -\mathrm{j}\omega(C-C_\mathrm{m})U_\mathrm{e} = -Y_{1\mathrm{e}}U_\mathrm{e}
\end{aligned} \tag{1-78a}
$$

式中,$Z_{1\mathrm{e}} = \mathrm{j}\omega L\left(1+\frac{L_\mathrm{m}}{L}\right) = \mathrm{j}\omega L(1+K_\mathrm{L})$ 为单位长度偶模阻抗。

$Y_{1\mathrm{e}} = \mathrm{j}\omega C\left(1-\frac{C_\mathrm{m}}{C}\right) = \mathrm{j}\omega C(1-K_\mathrm{C})$ 为单位长度偶模导纳。

$K_\mathrm{L} = \frac{L_\mathrm{m}}{L}$ 为电感耦合系数。

$K_\mathrm{C} = \frac{C_\mathrm{m}}{C}$ 为电容耦合系数。

式(1-78a)与长线方程一样,因此可得偶模特性参数及偶模电压、电流的解为

$$
\left.
\begin{aligned}
&\text{相移常数} && \beta_\mathrm{e} = \omega\sqrt{LC(1+K_\mathrm{L})(1-K_\mathrm{C})} \\
&\text{相速度} && v_\mathrm{pe} = \frac{\omega}{\beta_\mathrm{e}} = \frac{1}{\sqrt{LC(1+K_\mathrm{L})(1-K_\mathrm{C})}} \\
&\text{相波长} && \lambda_\mathrm{pe} = \frac{2\pi}{\beta_\mathrm{e}} = \frac{v_\mathrm{pe}}{f} \\
&\text{特性阻抗} && Z_{0\mathrm{e}} = \sqrt{\frac{Z_{1\mathrm{e}}}{Y_{1\mathrm{e}}}} = \sqrt{\frac{L(1+K_\mathrm{L})}{C(1-K_\mathrm{C})}} = \frac{1}{v_\mathrm{pe}C_{1\mathrm{e}}}
\end{aligned}
\right\} \tag{1-78b}
$$

式中,$C_{1\mathrm{e}}=C(1-K_\mathrm{C})$称为偶模激励时单根传输线单位长度的电容。

$$
\left.
\begin{aligned}
U_\mathrm{e}(z) &= A_1\mathrm{e}^{-\mathrm{j}\beta_\mathrm{e}z} + A_2\mathrm{e}^{\mathrm{j}\beta_\mathrm{e}z} \\
I_\mathrm{e}(z) &= \frac{1}{Z_{0\mathrm{e}}}(A_1\mathrm{e}^{-\mathrm{j}\beta_\mathrm{e}z} - A_2\mathrm{e}^{\mathrm{j}\beta_\mathrm{e}z})
\end{aligned}
\right\} \tag{1-78c}
$$

② 奇模激励:设 $U_1=-U_2=U_\mathrm{o}$, $I_1=-I_2=I_\mathrm{o}$,代入式(1-77)可得

$$
\begin{aligned}
\frac{\mathrm{d}U_\mathrm{o}}{\mathrm{d}z} &= -\mathrm{j}\omega(L-L_\mathrm{m})I_\mathrm{o} = -Z_{1\mathrm{o}}I_\mathrm{o} \\
\frac{\mathrm{d}I_\mathrm{o}}{\mathrm{d}z} &= -\mathrm{j}\omega(C+C_\mathrm{m})U_\mathrm{o} = -Y_{1\mathrm{o}}U_\mathrm{o}
\end{aligned} \tag{1-79a}
$$

式中,$Z_{1\mathrm{o}} = \mathrm{j}\omega L\left(1-\frac{L_\mathrm{m}}{L}\right) = \mathrm{j}\omega L(1-K_\mathrm{L})$ 为单位长度奇模阻抗。

$Y_{1o}=\mathrm{j}\omega C\left(1+\dfrac{C_m}{C}\right)=\mathrm{j}\omega C(1+K_C)$ 为单位长度奇模导纳。

同理可得奇模特性参数及奇模电压、电流的解为

$$\left.\begin{array}{ll}\text{相移常数} & \beta_o=\omega\sqrt{LC(1-K_L)(1+K_C)} \\ \text{相速度} & v_{po}=\dfrac{\omega}{\beta_o}=\dfrac{1}{\sqrt{LC(1-K_L)(1+K_C)}} \\ \text{相波长} & \lambda_{po}=\dfrac{2\pi}{\beta_o}=\dfrac{v_{po}}{f} \\ \text{特性阻抗} & Z_{0o}=\sqrt{\dfrac{Z_{1o}}{Y_{1o}}}=\sqrt{\dfrac{L(1-K_L)}{C(1+K_C)}}=\dfrac{1}{v_{po}C_{1o}}\end{array}\right\}\tag{1-79b}$$

式中，$C_{1o}=C(1+K_C)$ 称为奇模激励时单根传输线单位长度电容。

$$\begin{aligned}U_o(z)&=B_1\mathrm{e}^{-\mathrm{j}\beta_o z}+B_2\mathrm{e}^{\mathrm{j}\beta_o z}\\ I_o(z)&=\frac{1}{Z_{0o}}(B_1\mathrm{e}^{-\mathrm{j}\beta_o z}-B_2\mathrm{e}^{\mathrm{j}\beta_o z})\end{aligned}\tag{1-79c}$$

当对称耦合线处于均匀介质中时，其传输的是纯 TEM 波，这样无论是偶模波还是奇模波，其传播的相速都是介质中的光速，即

$$v_{pe}=v_{po}=\frac{1}{\sqrt{\mu\varepsilon}}=\frac{c}{\sqrt{\varepsilon_r}}\tag{1-80a}$$

这必要求 $K_L=K_C=K$，即处于均匀介质中的对称耦合线的电感耦合系数等于电容耦合系数，因此可得

$$\left.\begin{aligned}&\beta_e=\beta_o=\omega\sqrt{LC(1-K^2)}=\frac{2\pi}{\lambda_p}\\ &\lambda_{pe}=\lambda_{po}=\lambda_p=\frac{\lambda_0}{\sqrt{\varepsilon_r}}\\ &Z_{0e}=\frac{1}{v_{pe}C_{1e}}=\sqrt{\frac{L}{C}\,\frac{1+K}{1-K}}=Z_0'\sqrt{\frac{1+K}{1-K}}\\ &Z_{0o}=\frac{1}{v_{po}C_{1o}}=\sqrt{\frac{L}{C}\,\frac{1-K}{1+K}}=Z_0'\sqrt{\frac{1-K}{1+K}}\end{aligned}\right\}\tag{1-80b}$$

式中，$Z_0'=\sqrt{\dfrac{L}{C}}$ 为考虑另一根耦合线影响时，单根线的特性阻抗。下面我们讨论 $Z_0'$ 与独立单根线的特性阻抗 $Z_0=\sqrt{\dfrac{L_0}{C_0}}$ 的关系，由 $v_{pe}=v_{po}=c/\sqrt{\varepsilon_r}$（$c$ 为光速）可知

$$L_0C_0=LC(1-K^2)\tag{1-81a}$$

由于传输线一般不是铁磁材料构成的，因此另一根传输线的存在并不影响分布电感 $L$ 的值，故可以认为 $L=L_1\approx L_0$，代入上式可得

$$C=\frac{C_0}{1-K^2}\tag{1-81b}$$

所以有

$$Z'_0=\sqrt{\frac{L}{C}}=\sqrt{\frac{L_0}{C_0}(1-K^2)}=Z_0\sqrt{1-K^2}\tag{1-81c}$$

此时偶奇模特性阻抗又可用 $Z_0$ 表示成

$$Z_{0e}=Z_0(1+K),\qquad Z_{0o}=Z_0(1-K) \tag{1-81d}$$

显然有

$$Z_{0o}<Z_0<Z_{0e}$$

从式(1-80b)和式(1-81d)还可得偶奇模特性阻抗 $Z_{0e}$、$Z_{0o}$与 $Z_0'$、$K$ 的关系为

$$Z_{0e}Z_{0o}=Z_0'^2,\qquad K=\frac{Z_{0e}-Z_{0o}}{Z_{0e}+Z_{0o}} \tag{1-82}$$

式(1-82)表明,偶奇模的特性阻抗虽然随耦合程度变化,但其乘积恒等于存在另一根线的影响时单根线特性阻抗 $Z_0'$的平方;同时,还进一步说明耦合系数 $K$ 与偶奇模特性阻抗的关系。当紧耦合时,$K$ 较大,$Z_{0e}$与 $Z_{0o}$的差值也大;当弱耦合时,$K$ 较小,$Z_{0e}$与 $Z_{0o}$的差值也小;当 $K\to 0$ 时,则有 $Z_{0e}\to Z_{0o}\to Z_0$,也就是说当两根线相距较远时,彼此耦合太弱,以至于与孤立单根线的性质相同。

对于非均匀介质填充的耦合线,其传输的不是纯 TEM 波(如耦合微带),不能直接套用上述结论。

## 2. 耦合带状线

耦合带状线的结构如图 1-57(a)所示,由于导带周围是均匀填充的介质,此系统中传输的是纯 TEM 波,因此其偶奇模特性参数与处于均匀介质中的耦合线的相同,即由式(1-80)确定。而偶奇模相速度相等,并且就等于介质中的光速度使得偶奇模特性阻抗可表示成下式

$$Z_{0e}=\frac{\eta}{C_{1e}/\varepsilon},\qquad Z_{0o}=\frac{\eta}{C_{1o}/\varepsilon} \tag{1-83}$$

式中,$\varepsilon=\varepsilon_0\varepsilon_r$ 为介质的介电常数,显然耦合带状线的传输参数最终归结为确定偶奇模分布电容 $C_{1e}$和 $C_{1o}$。其求解方法与独立单根带状线的一样,所求得的 $Z_{0e}$与 $Z_{0o}$由复杂的椭圆函数决定,工程上多用数值计算方法算出相应的曲线数表来简化设计。图 1-60 就是耦合带状线的带线尺寸 $W/b$、$S/b$ 与 $Z_{0e}$、$Z_{0o}$的关系曲线,由图中两侧 $\sqrt{\varepsilon_r}Z_{0e}$和 $\sqrt{\varepsilon_r}Z_{0o}$刻度线上相应点的连线与中间 $W/b$ 和 $S/b$ 刻度线的交点,即可读取所求的 $W/b$ 与 $S/b$ 的值。

当$\dfrac{t}{b}<0.1$,$\dfrac{W}{b}\geqslant 0.35$ 时,可用下述近似公式计算 $Z_{0o}$和 $Z_{0e}$

$$Z_{0o}=\frac{30\pi(b-t)}{\sqrt{\varepsilon_r}\left[W+\dfrac{bC_f}{2\pi}A_o\right]},\qquad Z_{0e}=\frac{30\pi(b-t)}{\sqrt{\varepsilon_r}\left[W+\dfrac{bC_f}{2\pi}A_e\right]} \tag{1-84}$$

式中

$$A_o=1+\frac{\ln[1+\mathrm{cth}(\pi S/2b)]}{\ln 2},\qquad A_e=1+\frac{\ln[1+\mathrm{th}(\pi S/2b)]}{\ln 2}$$

$$C_f=2\ln\left(\frac{2b-t}{b-t}\right)-\frac{t}{b}\ln\left[\frac{t(2b-t)}{(b-t)^2}\right]$$

图 1-61 所示曲线也可用于计算对称侧边耦合带状线的尺寸。

**【例 1-14】** 已知一薄带共面耦合带状线的参数为 $b=2\text{mm}$,$\varepsilon_r=2.1$,$Z_{0o}=48.2\Omega$,$Z_{0e}=84.1\Omega$,求 $W$、$S$。

**解:** $\sqrt{\varepsilon_r}Z_{0e}\approx 122$　　$\sqrt{\varepsilon_r}Z_{0o}\approx 70$

查图 1-60 曲线可得:$\dfrac{S}{b}=0.1$、$\dfrac{W}{b}=0.5$,故求得 $S=0.2\text{mm}$,$W=1\text{mm}$。

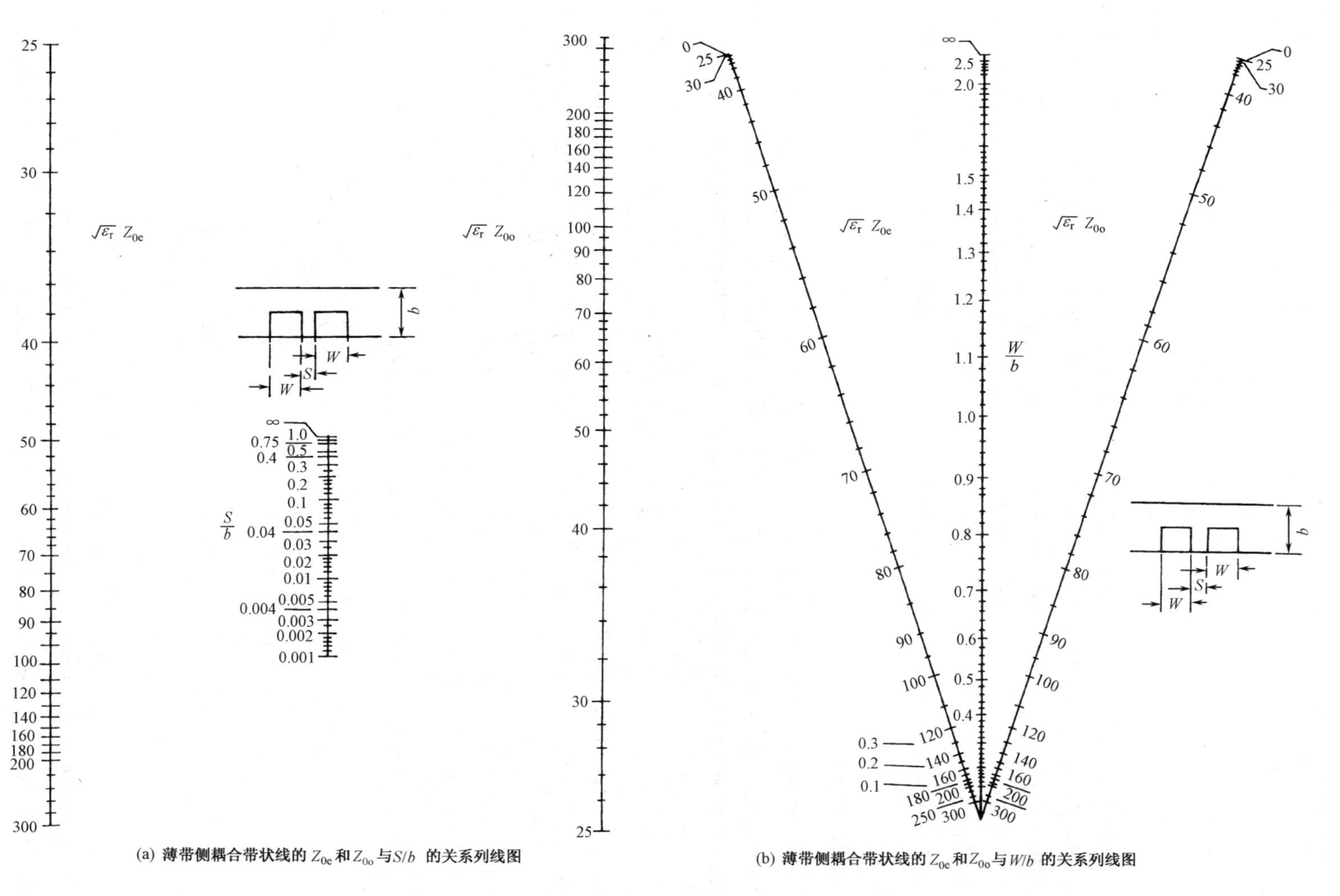


(a) 薄带侧耦合带状线的 $Z_{0e}$ 和 $Z_{0o}$ 与 $S/b$ 的关系列线图

(b) 薄带侧耦合带状线的 $Z_{0e}$ 和 $Z_{0o}$ 与 $W/b$ 的关系列线图

图 1-60 薄带侧耦合带状线的带线尺寸与 $Z_{0e}$、$Z_{0o}$ 的关系曲线

## 3. 耦合微带线

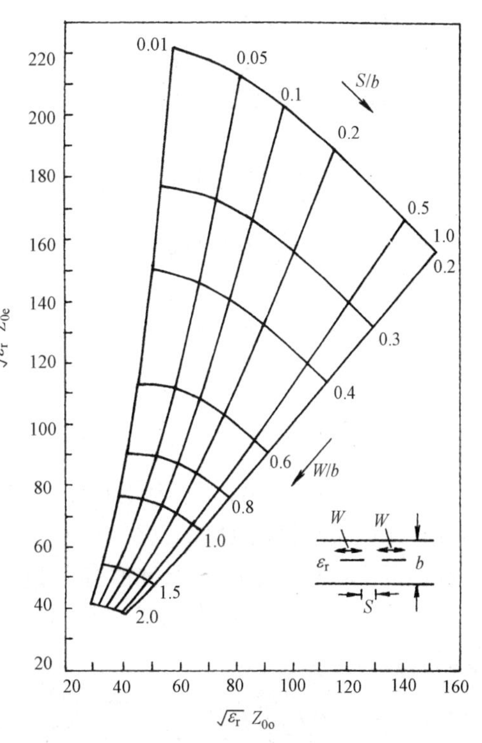


图 1-61　侧边耦合带状线的偶奇模特性阻抗曲线

耦合微带线的结构如图 1-57(b)所示,对其仍可采用奇偶模参量法分析。但由于导带处于非均匀介质中,其上传输的不是纯 TEM 波,因此其传输特性不同于耦合带状线。这主要表现在耦合微带线的电感耦合系数 $K_L$ 不等于电容耦合系数 $K_C$,并且 $K_L>K_C$。这样耦合微带线的偶奇模相速度 $v_{pe}\neq v_{po}$,并且有 $v_{pe}<v_{po}$ 及 $\beta_e>\beta_o$、$\lambda_{pe}<\lambda_{po}$。为了利用前述耦合线的结论,和独立单根微带线的分析方法一样,引入有效介电常数为 $\varepsilon_{re}$ 的均匀等效介质来代替原不均匀介质。由于偶奇模激励时的场分布不同,如图 1-62 所示,因此有效介电常数也相应分为偶模有效介电常数 $\varepsilon_{ee}$ 和奇模有效介电常数 $\varepsilon_{eo}$,并且

$$\varepsilon_{ee}=\frac{C_{1e}(\varepsilon_r)}{C_{1e}(1)},\qquad \varepsilon_{eo}=\frac{C_{1o}(\varepsilon_r)}{C_{1o}(1)} \tag{1-85}$$

式中,$C_{1e}(1)$、$C_{1o}(1)$ 为空气耦合微带的偶奇模电容,$C_{1e}(\varepsilon_r)$、$C_{1o}(\varepsilon_r)$ 为填充 $\varepsilon_r$ 介质的耦合微带的偶奇模电容。

引入有效介电常数 $\varepsilon_{ee}$ 和 $\varepsilon_{eo}$ 后,就可以利用前述耦合传输线的结果,得出耦合微带线在偶奇模分别激励时的传输参数

$$\begin{cases} v_{pe}=\dfrac{c}{\sqrt{\varepsilon_{ee}}},\quad v_{po}=\dfrac{c}{\sqrt{\varepsilon_{eo}}} \\ \lambda_{pe}=\dfrac{\lambda_0}{\sqrt{\varepsilon_{ee}}},\quad \lambda_{po}=\dfrac{\lambda_0}{\sqrt{\varepsilon_{eo}}} \\ \beta_e=\dfrac{2\pi}{\lambda_{pe}},\quad \beta_o=\dfrac{2\pi}{\lambda_{po}} \\ Z_{0e}=\dfrac{1}{v_{pe}C_{1e}(\varepsilon_r)},\quad Z_{0o}=\dfrac{1}{v_{po}C_{1o}(\varepsilon_r)} \end{cases} \tag{1-86}$$

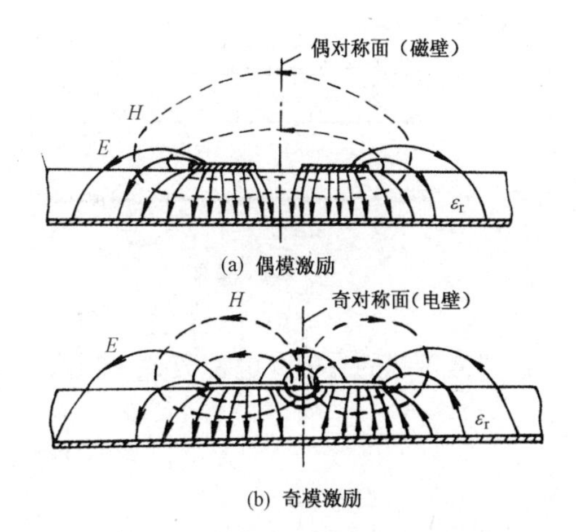


图 1-62　耦合微带线偶奇模力线分布

由 $K_L>K_C$,可知 $\varepsilon_{ee}>\varepsilon_{eo}$。

$C_{1e}(\varepsilon_r)$、$C_{1o}(\varepsilon_r)$ 和 $C_{1e}(1)$、$C_{1o}(1)$ 可采用保角变换法求出精确解,但过程冗繁,所得结果都与介质基片 $\varepsilon_r$ 有关,工程上多将数值计算的精确结果用数表或曲线表示出来。图 1-63 就是 $\varepsilon_r=10$ 的耦合微带线的偶奇模特性阻抗曲线。实际设计电路时可查阅相关的微波工程手册。

**【例 1-15】**　已知耦合微带线基片厚度 $h=0.8$mm,$S=0.4$mm,$W=0.8$mm,$\varepsilon_r=10$,求 $Z_{0o}$ 与 $Z_{0e}$。

**解:** 由已知的 $h$、$S$、$W$ 可求得 $S/h=0.5$,$W/h=1$。

由图 1-63 可查得，$Z_{0o}\approx36\Omega$，$Z_{0e}\approx58\Omega$。

本节习题 1-39～1-43；MOOC 视频知识点 1.38～1.39；MOOC 平台第 1 章第 3 次测验。

### 1.3.4 其他形式平面传输线

除上述带状线和微带线外，本节介绍的悬置微带线、倒置微带线、槽线、共面传输线和鳍线各具优点，在 HMIC、MMIC 及太赫兹波段中有着重要应用和潜在应用。

1. 悬置微带线和倒置微带线

悬置微带线和倒置微带线如图 1-64 所示，它们具有比微带更高的 $Q$ 值(500～1500)。这两种传输媒体可实现很宽范围的阻抗值，因而它们特别适用于滤波器。当 $t/a\leqslant1$ 时，特性阻抗和有效介电常数的公式为

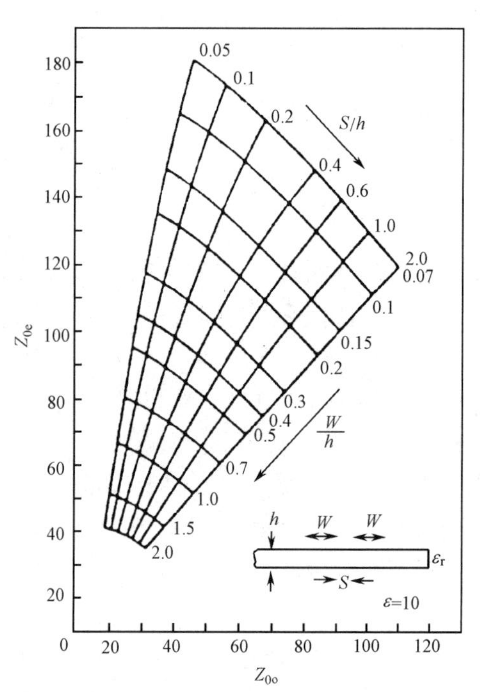


图 1-63 耦合微带线的偶奇模特性阻抗曲线

$$Z_0=\frac{60}{\sqrt{\varepsilon_{re}}}\ln\left[\frac{f(u)}{u}+\sqrt{1+\left(\frac{2}{u}\right)^2}\right] \quad (1\text{-}87)$$

式中
$$f(u)=6+(2\pi-6)\exp[-(30.66/u)^{0.7528}]$$

对于悬置微带线，$u=W/(a+b)$；对于倒置微带线，则 $u=W/b$，式中各个变量均定义在图 1-64 中。

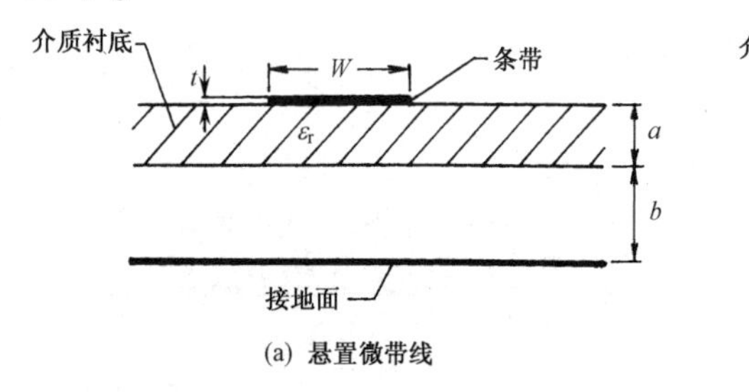


(a) 悬置微带线

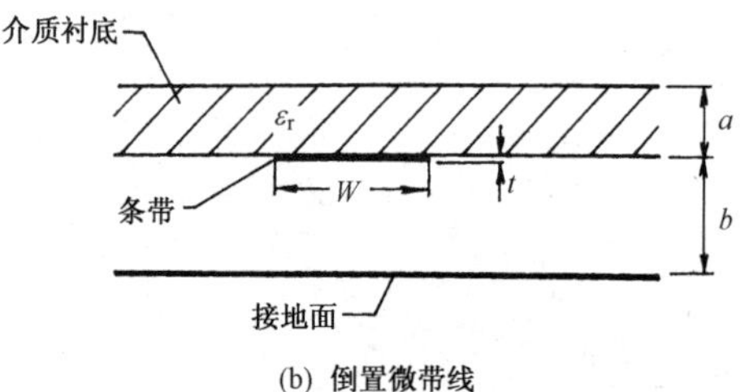


(b) 倒置微带线

图 1-64 悬置衬底微带线结构

悬置微带线的有效介电常数 $\varepsilon_e$ 可由下式求出

$$\sqrt{\varepsilon_e}=\left[1+\frac{a}{b}\left(a_1-b_1\ln\frac{W}{b}\right)\left(\frac{1}{\sqrt{\varepsilon_r}}-1\right)\right]^{-1} \quad (1\text{-}88)$$

这里，$a_1=\left(0.8621-0.1251\ln\frac{a}{b}\right)^4$，$b_1=\left(0.4986-0.1397\ln\frac{a}{b}\right)^4$。

倒置微带线的有效介电常数可由下式求出

$$\sqrt{\varepsilon_e}=1+\frac{a}{b}\left(\bar{a}_1-\bar{b}_1\ln\frac{W}{b}\right)(\sqrt{\varepsilon_r}-1) \quad (1\text{-}89)$$

式中，$\bar{a}_1=\left(0.5173-0.1515\ln\frac{a}{b}\right)^2$，$\bar{b}_1=\left(0.3092-0.1047\ln\frac{a}{b}\right)^2$。

当 $1<W/b\leqslant8$，$0.2\leqslant a/b\leqslant1$ 时，式(1-88)和式(1-89)的精确度在 $\varepsilon_r\leqslant6$ 的情况下，小于

±1%；在 $\varepsilon_r \approx 10$ 时，小于±2%。

## 2. 槽线

在需要高阻抗线、串联短线和短路等电路中，以及微波集成电路中用的微带电路的混合组合中，槽线是非常有用的，其结构如图 1-65 所示。槽线的传播模式是非 TEM 波，其性质基本上是横电波(TE)。用一般的分析方法未能得到槽线波长和阻抗的闭合型表达式，这就成为电路分析和设计中的一个严重障碍，特别在用计算机辅助设计时更是如此。根据数值计算结果作出曲线的拟合，已得到槽线特性阻抗和波长的闭合型表达式。在下面所列出的一组参数范围内，这些公式的精度约为 2%（$9.7 \leqslant \varepsilon_r \leqslant 20$，$0.02 \leqslant W/h \leqslant 1.0$，$0.01 \leqslant h/\lambda_0 \leqslant (h/\lambda_0)_c$）。这里 $(h/\lambda_0)_c$ 是槽线上 $TE_{10}$ 表面波模的截止值，并由下式给出

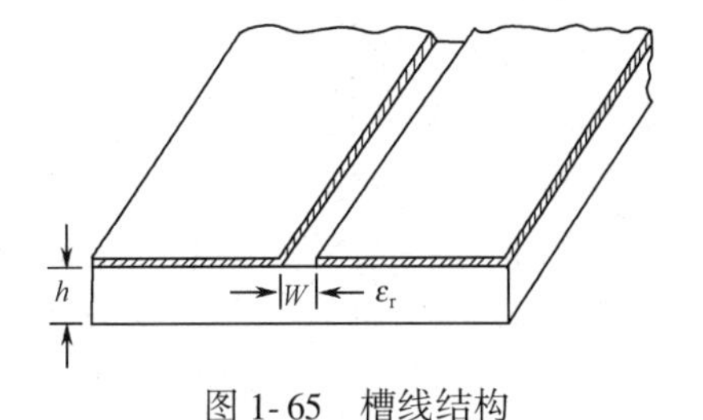

图 1-65　槽线结构

$$(h/\lambda_0)_c = 0.25/\sqrt{\varepsilon_r - 1} \tag{1-90}$$

① 当 $0.02 \leqslant W/h \leqslant 0.2$ 时

$$\frac{\lambda_g}{\lambda_0} = 0.923 - 0.195\ln\varepsilon_r + 0.2\frac{W}{h} - \left(0.126\frac{W}{h} + 0.02\right)\ln\left(\frac{h}{\lambda_0} \times 10^2\right) \tag{1-91}$$

$$\begin{aligned} Z_0 = {} & 72.62 - 15.283\ln\varepsilon_r + 50\frac{(W/h - 0.02)(W/h - 0.1)}{W/h} + \ln\left(\frac{W}{h} \times 10^2\right) \times \\ & (19.23 - 3.693\ln\varepsilon_r) - \left[0.139\ln\varepsilon_r - 0.11 + \frac{W}{h}(0.465\ln\varepsilon_r + 1.44)\right] \times \\ & \left(11.4 - 2.636\ln\varepsilon_r - \frac{h}{\lambda_0} \times 10^2\right)^2 \end{aligned} \tag{1-92}$$

② 当 $0.2 \leqslant W/h \leqslant 1.0$ 时

$$\begin{aligned} \frac{\lambda_g}{\lambda_0} = {} & 0.987 - 0.21\ln\varepsilon_r + \frac{W}{h}(0.111 - 0.0022\varepsilon_r) - \\ & \left(0.053 + 0.041\frac{W}{h} - 0.0014\varepsilon_r\right)\ln\left(\frac{h}{\lambda_0} \times 10^2\right) \end{aligned} \tag{1-93}$$

$$\begin{aligned} Z_0 = {} & 113.19 - 23.257\ln\varepsilon_r + 1.25\frac{W}{h}(114.59 - 22.531\ln\varepsilon_r) + 20\left(\frac{W}{h} - 0.2\right) \times \\ & \left(1 - \frac{W}{h}\right) - \left[0.15 + 0.1\ln\varepsilon_r + \frac{W}{h}(0.79 + 0.899\ln\varepsilon_r)\right] \times \\ & \left[10.25 - 2.171\ln\varepsilon_r + \frac{W}{h}(2.1 - 0.617\ln\varepsilon_r) - \frac{h}{\lambda_0} \times 10^2\right] \end{aligned} \tag{1-94}$$

## 3. 共面传输线

在微波集成电路中，共面波导正得到广泛的应用。把共面波导用到微波电路中提高了电路设计的灵活性，并改善了某些功能电路的性能。共面波导(CPW)的形状如图 1-66(a)所示。另一种有前途的传输结构称为共面带状线(CPS)，它是一种和共面波导互补的结构，如图 1-66(b)所示。这两种结构均属于“共面传输线”的范畴。在这类传输线中，所有导体均位于同一平面内(即在介质衬底的上表面)。这两种传输线的一个明显优点是安装并联或串联形式的(有源或无源)集总参数元件都很方便，无须在衬底上钻孔或开槽。

共面波导或共面带状线都能支持 TEM 模的传播，并已用准静态法和全波法对它们做了分

析。可得出 CPW 和 CPS 的 $Z_0$、$\varepsilon_r$ 的表达式和传输线的衰减近似公式。一般来说，损耗随阻抗的降低或带线宽度的增大而减小。

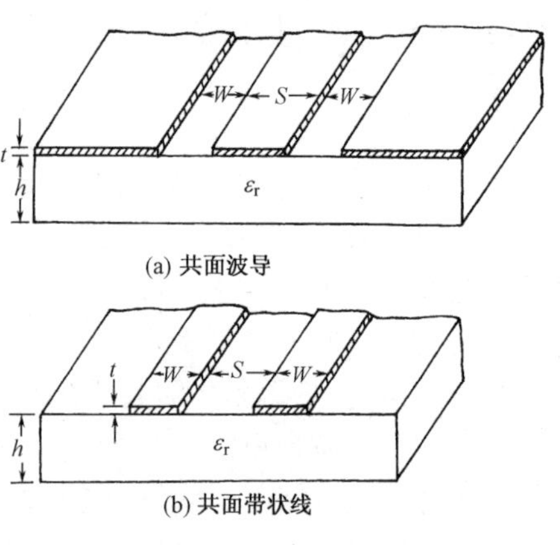

(a) 共面波导

(b) 共面带状线

图 1-66　共面传输线

## 4. 鳍线

鳍线是 20 世纪 70 年代末期出现的一种新型毫米波传输线，它具有单模、频带宽、低色散、损耗比微带小和组装半导体元器件方便等优点。因此，鳍线是毫米波平面集成电路中很有发展前途的一种传输线。对于这种传输线在理论和应用方面都进行了大量的工作，目前已成功地研制出部分性能良好的毫米波元器件，如谐振腔、滤波器和混频器等。

典型的鳍线结构有如图 1-67(a)所示的双侧鳍线和图 1-67(b)所示的绝缘鳍线两种。

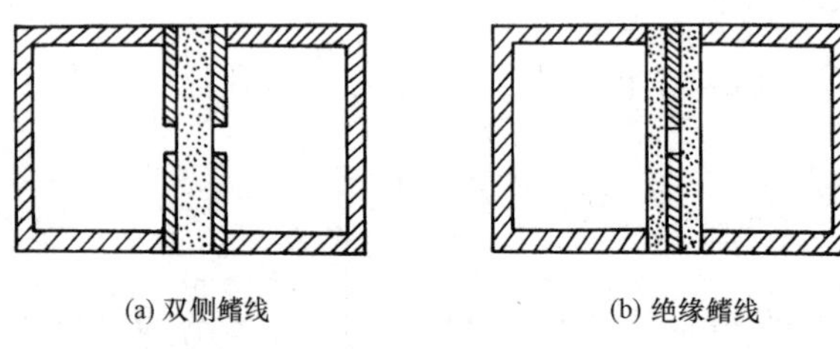
(a) 双侧鳍线　　(b) 绝缘鳍线

图 1-67　双侧鳍线和绝缘鳍线截面图

## 5. 各种 MIC 传输线的性能比较

微带线、槽线、共面波导和共面带状线已在混合 MIC 中使用，而在单片 MIC 中广泛使用的是微带线，不过，共面波导也被人们所注意，下面对这 4 种传输线的某些参数进行比较。通常可以认为，共面波导和共面带状线兼有微带线和槽线的一些优点，它们的功率容量、辐射损耗、$Q$ 值和色散性能介于微带线和槽线的相应参数值之间。也许这两种共面传输线的最大特点是对串联或并联形式的元件都容易安装，而微带线仅对串联安装方便，槽线则只适合于并联安装元件。表 1-3 列出各种 MIC 传输线的性能比较。

**表 1-3　各种 MIC 传输线的性能比较**

| 性能参数 | 微　带　线 | 槽　　线 | 共面波导 | 共面带状线 |
|---|---|---|---|---|
| 阻抗范围(Ω) | 20~110 | 55~300 | 25~155 | 45~280 |
| 有效介电常数<br>($\varepsilon_r=10, h=0.64$mm) | 6.5 | 4.5 | 5 | 5 |
| 功率容量 | 高 | 低 | 中等 | 中等 |
| 辐射损耗 | 低 | 高 | 中等 | 中等 |
| 空载 $Q$ 值 | 高 | 低 | 中等 | 低(当阻抗较低时)<br>高(当阻抗较高时) |
| 色　散 | 小 | 大 | 中等 | 中等 |
| 元件的安装难度 | | | | |
| 并联结构 | 难 | 易 | 易 | 易 |
| 串联结构 | 易 | 难 | 易 | 易 |
| 工艺难点 | 陶瓷孔，边缘电镀 | 双面蚀刻 | / | / |
| 椭圆极化的磁场结构 | 不能用 | 能用 | 能用 | 能用 |
| 封装尺寸 | 小 | 大 | 大 | 大 |

# 习 题 一

1-1 传输线长度为10cm，当信号频率为9375MHz时，此传输线是长线还是短线？

1-2 传输线长度为10cm，当信号频率为150kHz时，此传输线是长线还是短线？

1-3 何谓长线的分布参数？何谓均匀无耗长线？

1-4 均匀无耗长线的分布电感$L_0 = 1.665\text{nH/mm}$，分布电容$C_0 = 0.666\text{pF/mm}$，介质为空气，求长线的特性阻抗$Z_0$。当信号频率分别为50Hz和1000MHz时，计算每厘米线长引入的串联电抗和并联电纳。

1-5 均匀无耗长线的特性阻抗$Z_0 = 200\Omega$，终端接负载阻抗$Z_L$，已知终端电压入射波复振幅$U_{i2} = 20\text{V}$，终端电压反射波复振幅$U_{r2} = 2\text{V}$。求距终端$z_1' = 3\lambda/4$处合成电压复振幅$U(z_1')$及合成电流复振幅$I(z_1')$，以及电压、电流瞬时值表示式$u(z_1',t)$和$i(z_1',t)$（见图1-68）。

1-6 均匀无耗长线终端负载等于长线特性阻抗，已知线上坐标为$z_2'$处电压瞬时值表示为$u(z_2',t) = 100\cos(\omega t + 2\pi/3)\text{V}$，又点$z_1'$与$z_2'$相距$\lambda/4$，如图1-69所示。求点$z_1'$处的电压瞬时值表示式$u(z_1',t)$和电压复振幅$U(z_1')$。

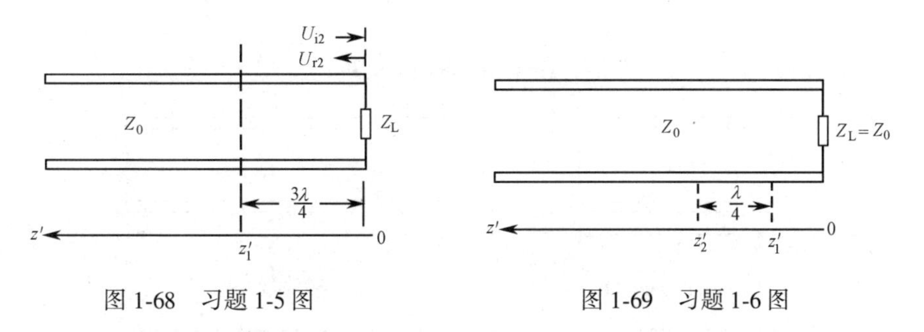


图1-68 习题1-5图　　图1-69 习题1-6图

1-7 均匀无耗长线终端接负载阻抗$Z_L = 100\Omega$，信号频率$f_0 = 1000\text{MHz}$时测得终端电压反射系数相角$\varphi = 180°$和电压驻波比$\rho = 1.5$。计算终端电压反射系数$\Gamma_L$、长线特性阻抗$Z_0$及距终端最近的一个电压波腹点的距离$l$。

1-8 求图1-70所示各电路的输入端反射系数$\Gamma$及输入阻抗$Z_{in}$，画出各电路中沿线合成电压分布曲线（设$Z_0 = 100\Omega$）。

1-9 特性阻抗为50Ω的长线终端接负载时，测得反射系数模$|\Gamma| = 0.2$，求线上电压波腹和波节处的输入阻抗。

1-10 均匀无耗长线终端接负载阻抗$Z_L$时，沿线电压呈行驻波分布，相邻波节点之间的距离为2cm，靠近终端的第一个电压波节点离终端0.5cm，驻波比为1.5，求终端反射系数。

1-11 无耗长线特性阻抗为300Ω，如图1-71所示，当线长分别为$\lambda/6$及$\lambda/3$时，计算终端短路和开路条件下的输入阻抗。

1-12 特性阻抗为50Ω的长线，终端负载阻抗$Z_L = 100 + \text{j}100\Omega$，计算终端反射系数$\Gamma_2$。

1-13 均匀无耗短路线，其长度如表1-4所示，试用圆图确定长线始端归一化输入阻抗$\overline{Z}_{in}$及归一化输入导纳$\overline{Y}_{in}$。

1-14 均匀无耗开路线，其长度如表1-5所示，用圆图确定长线始端$\overline{Z}_{in}$及$\overline{Y}_{in}$值。

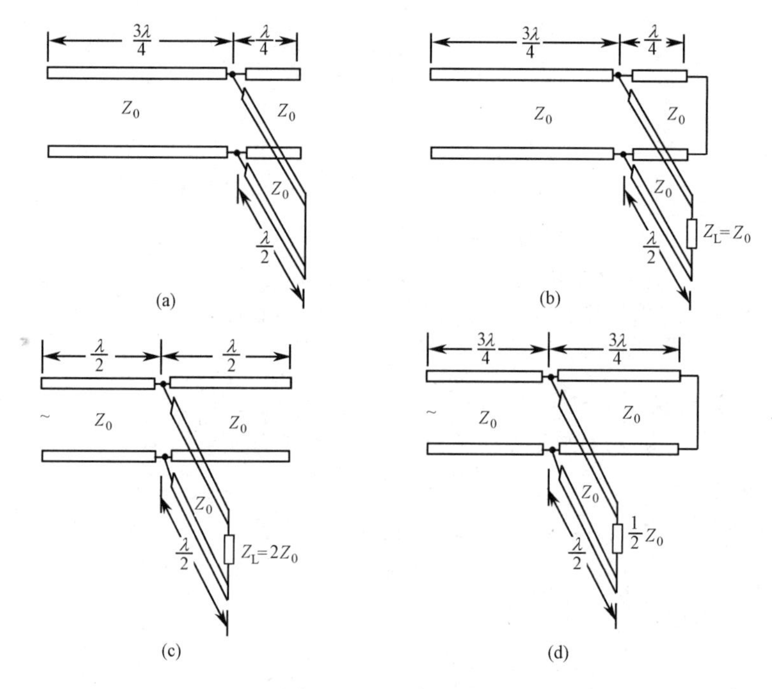


图 1-70　习题 1-8 图

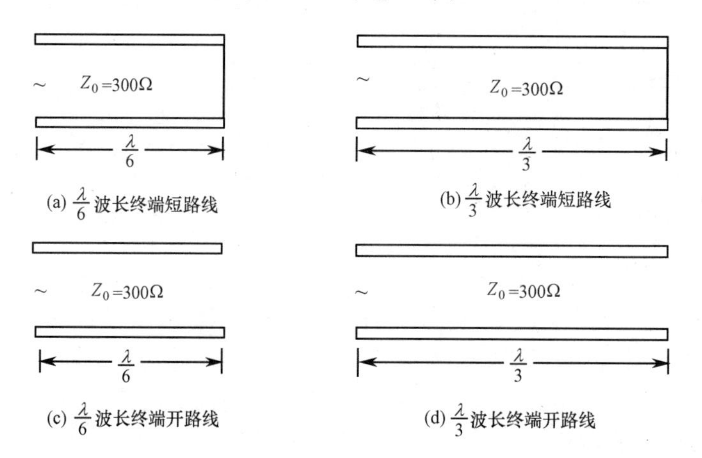


图 1-71　习题 1-11 图

**表 1-4　习题 1-13 表**

| 短路线长度 | 0.182λ | 0.25λ | 0.15λ | 0.62λ |
|---|---|---|---|---|
| 输入阻抗 $\overline{Z}_{in}$ | | | | |
| 输入导纳 $\overline{Y}_{in}$ | | | | |

**表 1-5　习题 1-14 表**

| 开路线长度 | 0.1λ | 0.19λ | 0.37λ | 0.48λ |
|---|---|---|---|---|
| 输入阻抗 $\overline{Z}_{in}$ | | | | |
| 输入导纳 $\overline{Y}_{in}$ | | | | |

1-15　根据表 1-6 中所给定的负载阻抗归一化值，用圆图确定驻波比 $\rho$ 和反射系数模 $|\Gamma|$。

**表 1-6　习题 1-15 表**

| 负载阻抗 $\overline{Z}_L$ | 0.3+j1.3 | 0.5−j1.6 | 3.0 | 0.25 | 0.45−j1.2 | −j2.0 |
|---|---|---|---|---|---|---|
| 驻波比 $\rho$ | | | | | | |
| 反射系数模 $\|\Gamma\|$ | | | | | | |

1-16　已知无耗长线特性阻抗为 50Ω，线长为 1.25λ，根据表 1-7 中所给定的归一化负载阻抗值，用圆图确定长线始端的输入阻抗 $Z_{in}$。

**表 1-7　习题 1-16 表**

| 负载阻抗 $\overline{Z}_L$ | 0.8+j | 0.3−j1.1 | ∞ | j1.0 | 1.0 | 6+j3 |
|---|---|---|---|---|---|---|
| 输入阻抗 $Z_{in}$（Ω） | | | | | | |

1-17　已知长线特性阻抗 $Z_0$ = 50Ω，负载阻抗 $Z_L$ = 10 − j20Ω，用圆图确定终端反射系数 $\Gamma_2$。

1-18　特性阻抗为 50Ω 的长线，终端负载不匹配，沿线电压波腹 $|U_{max}|$ = 10V，波节 $|U_{min}|$ = 6V，离终端最近的电压波节点与终端间的距离为 0.12λ，求负载阻抗 $Z_L$。若用短路分支线进行匹配，求短路分支线的并接位置和分支线的最短长度。

1-19　无耗长线特性阻抗 $Z_0$ = 50Ω，终端负载阻抗 $Z_L$ = 130 − j70Ω，线长 $l$ = 30cm，信号 $f_0$ = 300MHz，用圆图确定始端输入阻抗和输入导纳。

1-20　用圆图求图 1-72 所示电路的输入阻抗 $Z_{in}$。

1-21　无耗长线特性阻抗为 500Ω，如图 1-73所示。负载阻抗 $Z_L$ = 100 − j100Ω，通过四分之一波长变换段及并联短路分支线使长线输入端实现匹配，已知信号频率为 300MHz，求变换段特性阻抗 $Z'_0$ 及并联短路分支线的最短长度 $l_{min}$。

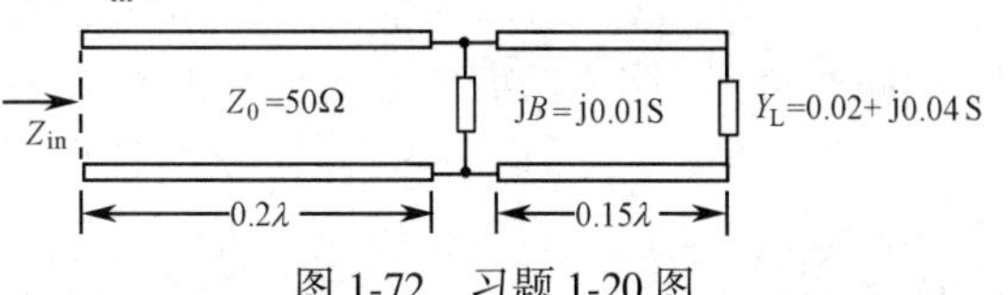

图 1-72　习题 1-20 图

1-22　无耗长线终端负载导纳的归一化值为 $\overline{Y}_L$ = 0.8 − j1.0，用圆图确定靠终端的第一个电压波腹和第一个波节至终端的距离（波长数）。

1-23　如图 1-74 所示，终端负载与长线特性阻抗不匹配，通过距终端 λ/8 处并接一段长度为 λ/8 的开路线、与开路线相距 λ/4 处串接一段长度为 λ/8 的短路线，使长线始端输入阻抗归一化值 $\overline{Z}_{in}$ = 1，求归一化负载阻抗 $\overline{Z}_L$（要求用圆图求解）。

1-24　何谓波导模式电压和模式电流？写出波导 TM 波和 TE 波模式电压和模式电流的传输线方程。

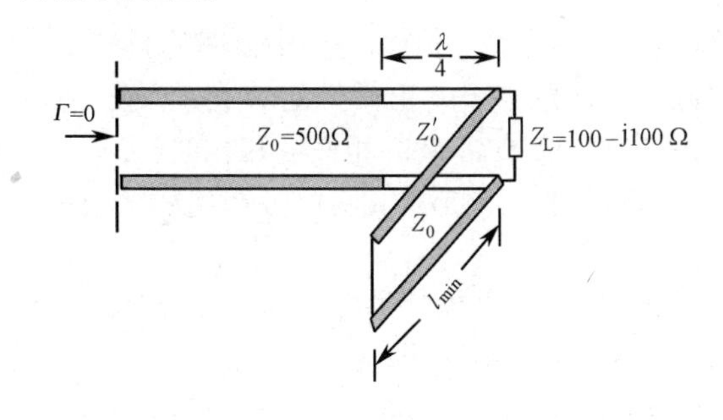

图 1-73　习题 1-21 图

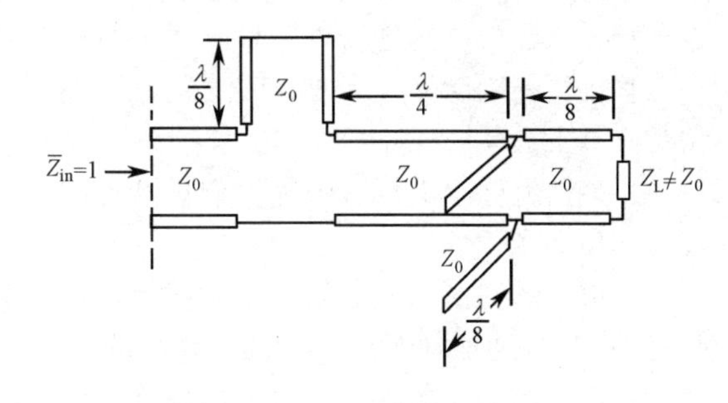

图 1-74　习题 1-23 图

1-25　何谓波导截止波长 $\lambda_c$？工作波长 λ 大于或小于 $\lambda_c$ 时，电磁波的特性有何不同？

1-26　理想波导传输 TE 波和 TM 波，传播常数 γ 在什么情况下为实数 α？在什么情况下为虚数 jβ？这两种情况各有何特点？

1-27　何谓波的色散？

1-28　如何定义波导的波阻抗？分别写出 TE 波、TM 波波阻抗与 TEM 波波阻抗之间的关系式。

1-29　用 BJ—100 型矩形波导( $a\times b=22.86\times10.16\text{mm}^2$ )传输 $TE_{10}$波,终端负载与波导不匹配,测得波导中相邻两个电场波节点之间的距离为 19.88mm,求工作波长 $\lambda$。

1-30　BJ—100 型矩形波导填充相对介电常数 $\varepsilon_r=2.1$ 的介质,信号频率 $f=10\text{GHz}$,求 $TE_{10}$波的相波长 $\lambda_g$ 和相速度 $v_p$。

1-31　有一无限长的矩形波导,在 $z\geqslant0$ 处填充相对介电常数为 $\varepsilon_r$ 的介质,其中 $TE_{10}$波的波阻抗用 $Z_{02}$表示,相波长为 $\lambda_{g2}$;$z<0$ 的区域中媒质为空气,其中 $TE_{10}$波的波阻抗用 $Z_{01}$表示,相波长为 $\lambda_{g1}$,电磁波由 $z<0$ 的区域引入,试证明( $Z_{02}/Z_{01}$ )=( $\lambda_{g2}/\lambda_{g1}$ )。

1-32　空气填充的硬同轴线外导体内直径 $D=35\text{mm}$,内导体直径 $d=15.2\text{mm}$,计算同轴线的特性阻抗 $Z_0$。如图 1-75 所示,若在相距 $n\lambda/2$( $n$ 为正整数)处加 $\varepsilon_r=2.1$ 的介质垫圈,加垫圈的一段同轴线的外导体内直径 $D$ 不变,要保持上面算出的 $Z_0$ 值不变,求同轴线内导体直径 $d'$。

1-33　空气填充的同轴线外导体内直径 $D=16\text{mm}$,内导体直径 $d=4.44\text{mm}$,电磁波的频率 $f=20\text{GHz}$,问同轴线中可能出现哪些波型?

1-34　媒质为空气的同轴线外导体内直径 $D=7\text{mm}$,内导体直径 $d=3.04\text{mm}$,要求同轴线只传输 TEM 波,问电磁波的最短工作波长为多少?

1-35　如图 1-76 所示的两条带状线,其尺寸 $b$、$t$ 相同,问:(1)若 $W_1=W_2$,$\varepsilon_{r1}>\varepsilon_{r2}$,定性解释带状线特性阻抗 $Z_{01}$和 $Z_{02}$哪一个大?(2)若 $W_1<W_2$,$\varepsilon_{r1}=\varepsilon_{r2}$,$Z_{01}$和 $Z_{02}$哪一个大?

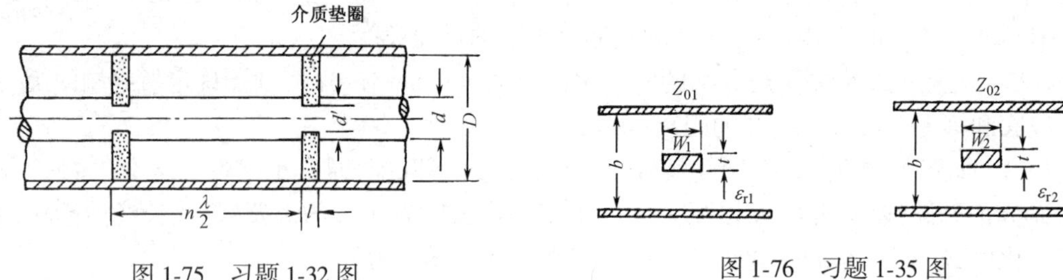


图 1-75　习题 1-32 图

图 1-76　习题 1-35 图

1-36　已知带状线尺寸 $b=2\text{mm}$、$t=0.1\text{mm}$、$W=1.4\text{mm}$,介质的 $\varepsilon_r=2.1$,求带状线的特性阻抗 $Z_0$ 及传输 TEM 模容许的最高信号频率。

1-37　要求微带线特性阻抗 $Z_0=75\Omega$,介质的 $\varepsilon_r=9$,基片厚 $h=0.8\text{mm}$,求微带宽度 $W$。

1-38　已知微带线宽度 $W=2\text{mm}$,基片厚 $h=1\text{mm}$,介质的 $\varepsilon_r=9$,求微带的填充系数 $q$、有效相对介电常数 $\varepsilon_{re}$及特性阻抗 $Z_0$。信号的频率为 10GHz 时,求 TEM 波的相速度和相波长。

1-39　怎样定义耦合传输线偶模特性阻抗 $Z_{0e}$及奇模特性阻抗 $Z_{0o}$、偶模分布电容 $C_{1e}$及奇模分布电容 $C_{1o}$?

1-40　已知薄带共面耦合带状线偶模特性阻抗 $Z_{0e}=70\Omega$,奇模特性阻抗 $Z_{0o}=35.7\Omega$,导带厚度 $t\approx0$,接地板间距离 $b=2\text{mm}$,介质的 $\varepsilon_r=2.1$,求导带宽度 $W$ 和耦合距离 $S$。

1-41　已知对称共面耦合带状线 $Z_{0e}=58\Omega$,$Z_{0o}=43.10\Omega$,$b=6\text{mm}$,$t\approx0\text{mm}$,媒质为空气,求图 1-77 所示带状线导带宽度 $W$ 和耦合距离 $S$。

1-42　耦合微带线 $Z_{0e}=70\Omega$,$Z_{0o}=35.7\Omega$,基片介质的 $\varepsilon_r=10$,基片厚 $h=1\text{mm}$,求图1-78所示导带宽度 $W$ 和耦合距离 $S$。

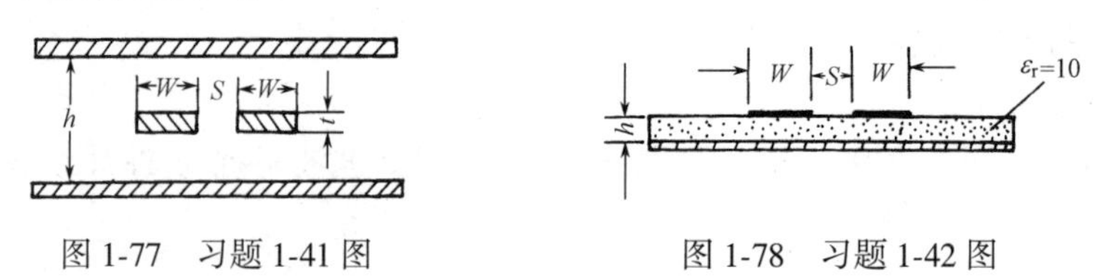


图 1-77　习题 1-41 图

图 1-78　习题 1-42 图

1-43　已知耦合微带线基片厚 $h=0.8\text{mm}$，耦合距离 $S=0.4\text{mm}$，导带宽度 $W=0.8\text{mm}$，基片介质的 $\varepsilon_r=10$，求耦合微带线的奇模阻抗 $Z_{0o}$ 和偶模阻抗 $Z_{0e}$。

1-44　设无耗传输线端接负载的归一化阻抗为 $\overline{Z}_L=1+jx$，证明其归一化电抗与驻波系数的关系为

$$x=(\rho-1)/\sqrt{\rho}$$

1-45　试证明长度为 $\lambda/2$ 的两端短路的无耗传输线，不论信号从线上哪一点馈入，均对信号频率呈现并联谐振。

1-46　在特性阻抗为 200Ω 的无耗传输线上，测得负载处为电压驻波最小点 $|U_{min}|=8\text{V}$，电压最大值为 $|U_{max}|=10\text{V}$，试求负载阻抗 $Z_L$ 及负载吸收的功率。

1-47　特性阻抗为 50Ω 的无耗传输线，长 2.5λ，端接 $Z_L=25+j30\Omega$ 的负载，若源 $E_g=20\text{V}$，$Z_g=50\Omega$，求从信号源传输至负载的功率；若用 λ/4 阻抗变换段对负载匹配，求变换段接入的位置 $d$ 及此时负载吸收的功率。

1-48　特性阻抗为 75Ω 的无耗传输线，长为 $l$，端接 $Z_L$ 的负载，在 400MHz 时测得 $Z_L=150-j90\Omega$，在 600MHz 时测得 $Z_L=150+j90\Omega$，试求在此两频率时具有相同输入阻抗的线长 $l$ 及该输入阻抗值。

1-49　用 BJ—100 型（$a\times b=22.86\times10.16\text{mm}^2$）矩形波导作馈线，当工作波长为 5cm、3cm、1.8cm 时，波导中能出现哪些波型？

1-50　用 BJ—32 型（$a\times b=72.14\times34.04\text{mm}^2$）矩形波导作馈线，试问：

（1）当工作波长为 6cm 时，波导中能出现哪些波型？

（2）在主模 $TE_{10}$ 模工作时，测得相邻两波节的距离为 10.9cm，求工作波长 $\lambda_0$ 和波导波长 $\lambda_g$；

（3）若工作波长 $\lambda_0=10\text{cm}$，求 $TE_{10}$ 模工作时的 $\lambda_c$、$\lambda_g$、$v_p$、$v_g$ 和 $Z_{TE_{10}}$。

1-51　用 BJ—100 型（$a\times b=22.86\times10.16\text{mm}^2$）矩形波导作馈线，传输 $TE_{10}$ 波。

（1）求充空气和充 $\varepsilon_r=2.25$ 气体时都能传输 $TE_{10}$ 波的频段；

（2）若 $f=7.6\text{GHz}$，求上述两种情况下波导的传输参量；

（3）若空气的击穿场强为 $3\times10^6\text{V/m}$，充 $\varepsilon_r=2.25$ 气体时的击穿场强为 $6\times10^6\text{V/m}$，求两种情况下波导的功率容量。

1-52　发射机的工作波长范围为 7.1～11.8cm，用矩形波导馈电，计算波导的尺寸和相对频带宽度。

1-53　直径为 6cm 的空气圆波导以 $TE_{11}$ 模工作，求频率为 3GHz 时的 $f_c$、$\lambda_g$、$Z_{TE_{11}}$。

1-54　直径为 2cm 的空气圆波导，传输 10GHz 的微波信号，求其可能传输的模式。

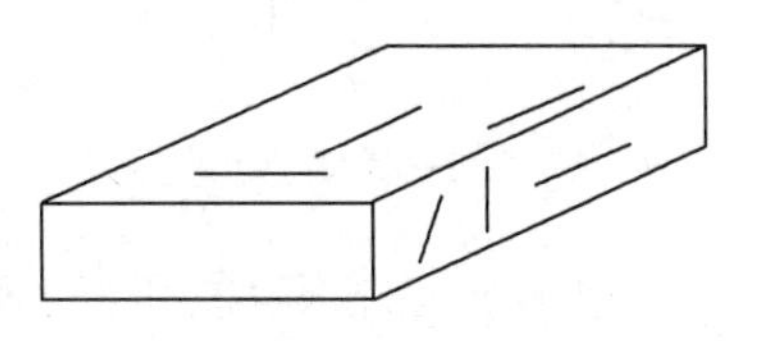

图 1-79　习题 1-56 图

1-55　已知工作波长为 8mm，采用矩形波导（$a\times b=7.112\times3.556\text{mm}^2$）的 $TE_{10}$ 模传输，现需转换到圆波导的 $TE_{01}$ 模传输，要求两波导中相速相等，问圆波导的直径 $D$ 为多少？若转换到圆波导的 $TE_{11}$ 模传输，同样要求两波导中相速相等，问此时圆波导的直径 $D$ 为多少？

1-56　$TE_{10}$ 模工作的矩形波导，试问图 1-79 上哪些缝隙会影响波的传播？

# 第2章 微波网络

## 2.1 网络的基本概念

### 1. 微波系统的研究方法

任何一个微波系统都是由各种微波元件和均匀的微波传输线连接而成的。微波元件就是由各种不同于均匀传输线的不均匀区域或不连续性区域组成的结构,其特性可以用“场”和“路”两种方法来描述。所谓“场”方法,就是从麦克斯韦方程出发,解电磁场的边值问题,求出微波元件内部任一点的场,从而确定其对与之相连接的外电路产生的影响。但由于大多数微波元件的边界条件很复杂,不能以简单的数学形式表示,导致用“场”方法求解变得十分复杂,所以不便工程应用。所谓“路”的分析方法,就是用类似低频电路网络理论的方法,将微波元件等效为一个网络,用它的等效电路来描述其对外接电路的影响。此时与元件相连接的外接均匀传输线,用微波长线,即双线来等效。这样复杂的微波系统就可以用由此而产生的微波网络理论来描述。尽管“路”的方法不能描述元件的内部特性,但由于网络参数是可以测量的,并且使得复杂的计算分析变得简便易行,因此微波网络理论成为分析微波系统的重要工具。

一般的微波元件都可以用“路”的方法分析,但也有些元件只适合用“场”方法分析,如波导谐振腔,因此具体问题要具体分析。本章主要讨论将微波元件等效为“路”问题的分析方法。

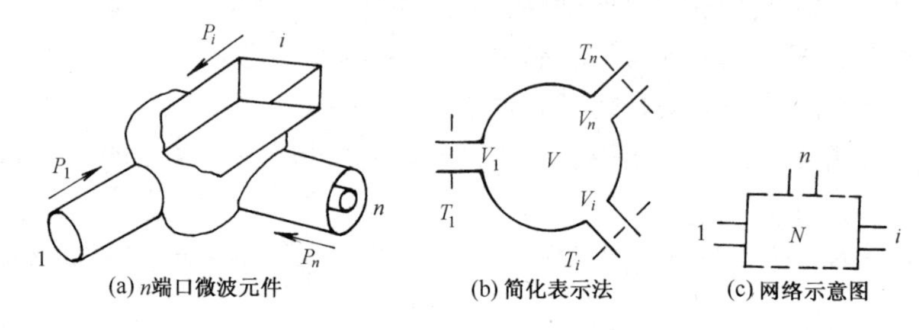


图 2-1 微波元件及其等效网络

### 2. 端口与参考面

每个微波元件都可能和若干微波传输线相连接,如图 2-1 所示。这些传输线既将元件与系统沟通,又为电磁波进出不均匀区提供接口通路,故称这些连接口为端口。若各均匀传输线是单模工作,则微波元件的电气端口数与几何端口数相同,并且按端口数目的多少将微波元件分为单端口、双端口或 $n$ 端口元件,相应的等效网络也分别称为单端口、双端口或 $n$ 端口网络;若传输线内是多模传输,则电气端口数为各传输波形的总和。本章只研究单模传输的情况。

现在我们来讨论图 2-1(b)中某个端口(如 1 端口)接上波源后,入射波传输到不均匀区时发生的现象。由于传输线 1 与不均匀区 $V$ 交界处的边界形状复杂,在不均匀区 $V$ 的内部以及与其相邻的各输入传输线的区域 $V_1, V_2, \cdots, V_n$ 中所激起的电磁场也是很复杂的,但总可用相应的主模波和高次模波的线性叠加来表示,因此在各传输线单模传输的情况下,$V_1, V_2, \cdots, V_n$

等区域中就同时存在着一个传输波型和许多截止波型,截止波的场将随离开不均匀区的距离而按指数规律迅速衰减。于是在每根均匀传输线中,远离不均匀区处,一定有这样的一个位置,其上截止波的场已衰减到非常小,可以忽略不计,而只剩下传输波的场,该位置就选在该端口的参考面,并用 $T_1, T_2, \cdots, T_n$ 表示。即每个端口的参考面都选得离不均匀区较远,使得参考面上只有主模的入射波和反射波。这样参考面 $T_1, T_2, \cdots, T_n$ 就把一个复杂的微波元件分成两部分:一部分是各参考面内所包围的不均匀或不连续性区域,另一部分是参考面外的均匀传输线。根据电磁场边值解的唯一性定理:在一个封闭区域内的边界上,切向电场(或磁场)如果是确定的,那么封闭区域内的电磁场也就被唯一地确定。由于不均匀区域的边界是理想导体和各端口的参考面,而参考面上的模式电压和电流是与横向电磁场 $\boldsymbol{E}_t$、$\boldsymbol{H}_t$ 有关的,所以只要参考面上的模式电压 $U_1, U_2, \cdots, U_n$ 确定,则这些参考面上的电流 $I_1, I_2, \cdots, I_n$ 也就完全确定了,反之亦然。这样利用参考面上的电压与电流就可将不均匀区域等效为一网格,而均匀传输线则等效为微波双线。由于微波网络的参数是由参考面上的电压与电流确定的,因此参考面的选取始终是决定微波网络特性的关键因素,也是微波网络有别于低频网络的主要特征。

综上所述,为了把微波元件等效为微波网络,要解决如下三个问题:确定微波元件的参考面;由横向电磁场定义等效(即模式)电压、等效电流和等效(模式)阻抗,以便将均匀传输线等效为双线传输线;确定一组网络参数、建立网络方程,以便将不均匀区等效为网络。

### 3. 微波网络的分析与综合

微波网络理论包括网络分析和网络综合两部分内容。所谓网络分析,就是对已知的微波元件或基本微波结构应用网络或等效电路方法进行分析,求得其特性,然后用许多这样的基本结构组合起来,以实现所需的微波元件的设计。该方法所用的元件并非最少,设计也并非最佳。网络综合则是根据预定的工作特性要求(各项指标),运用最优化计算方法,求得物理上可实现的网络结构,并用微波电路实现之,从而得到所需设计的微波元件。该方法可得到最佳设计。随着计算机技术的广泛应用,网络综合所需的大量数学运算都可由计算机完成,因此网络综合已成为工程上设计微波元件的基本方法。

### 4. 微波网络的分类

微波元件种类繁多,可以从不同的角度对微波网络进行分类。若按网络特性进行分类,则可分成以下几种。

**(1) 线性与非线性微波网络**

若微波网络参考面上的模式(或称等效)电压和电流呈线性关系,则网络方程便是一组线性方程,这种网络就称为线性微波网络,否则称为非线性微波网络。

**(2) 互易与非互易(或可逆与非可逆)微波网络**

填充有互易媒质的微波元件,其对应的网络称为互易微波网络,否则称为非互易微波网络。各向同性媒质就是互易媒质,微波铁氧体材料为非互易媒质。

**(3) 有耗与无耗微波网络**

根据微波无源元件内部有无损耗,将其等效的微波网络分为有耗与无耗微波网络两种。严格地说,任何微波元件均有损耗,但当损耗很小,以致损耗可以忽略而不影响该元件的特性时,就可以认为是无耗微波网络。

**(4) 对称与非对称微波网络**

如果微波元件的结构具有对称性，则称为对称微波网络，否则称为非对称微波网络。

本节习题 2-1；mooc 知识点 2.1(1)。

# 2.2 微波元件等效为网络

## 2.2.1 微波传输线等效为双线

在电路理论中，电压和电流有明确的定义，并能直接测量。尽管长线理论中的基本参量也是电压和电流，但在微波波段，电压和电流的测量是很困难的，或者说是不可能的。这是因为电压、电流的测量需要定义有效端对，这样的端对对于非 TEM 波传输线（如波导）不存在，对于 TEM 波传输线存在这样的有效端对，但在微波频率下也是难以测量的。因此，将传输线等效为双线，首先就要解决将波导传输线等效为双线的问题。

1. 将波导传输线等效为双线

在微波测量技术中，功率是能够测量的基本参量，因此可以通过功率关系确定波导传输线与双线之间的等效关系。

由第 1.2 节可知波导的 TM 波和 TE 波的横向场矢量可用横向分布函数的梯度和模式电压、电流表示，如式(1-37a)和式(1-41a)所示。若用二维矢量 $\boldsymbol{e}(u_1,u_2)$ 和 $\boldsymbol{h}(u_1,u_2)$ 表示横向分布函数的梯度，则无论是 TM 波还是 TE 波，其横向场矢量都可表示成下式

$$\begin{aligned}\boldsymbol{E}_{\mathrm{t}}(u_1,u_2,z)&=\boldsymbol{e}(u_1,u_2)U(z)\\ \boldsymbol{H}_{\mathrm{t}}(u_1,u_2,z)&=\boldsymbol{h}(u_1,u_2)I(z)\end{aligned}\tag{2-1}$$

对于 TM 波，模式矢量函数为

$$\boldsymbol{e}(u_1,u_2)=-\nabla_{\mathrm{t}}\Phi(u_1,u_2),\quad \boldsymbol{h}(u_1,u_2)=\nabla_{\mathrm{t}}\Phi(u_1,u_2)\times\boldsymbol{a}_z$$

对于 TE 波，模式矢量函数为

$$\boldsymbol{e}(u_1,u_2)=-\nabla_{\mathrm{t}}\Psi(u_1,u_2)\times\boldsymbol{a}_z,\quad \boldsymbol{h}(u_1,u_2)=-\nabla_{\mathrm{t}}\Psi(u_1,u_2)$$

由复坡印亭定理可知，波导传输线上传输的功率为

$$P=\frac{1}{2}\iint_S\boldsymbol{E}_{\mathrm{t}}\times\boldsymbol{H}_{\mathrm{t}}^*\cdot\mathrm{d}S$$

将式(2-1)代入此式可得

$$P=\frac{1}{2}U(z)I(z)^*\iint_S\boldsymbol{e}\times\boldsymbol{h}^*\cdot\boldsymbol{a}_z\mathrm{d}S\tag{2-2}$$

由长线理论可知，长线上传输的功率为

$$P=\frac{1}{2}UI^*\tag{2-3}$$

比较式(2-2)与式(2-3)可知，如果模式矢量函数满足下述归一化条件

$$\iint_S\boldsymbol{e}\times\boldsymbol{h}^*\cdot\boldsymbol{a}_z\mathrm{d}S=1\tag{2-4}$$

则波导传输的功率为

$$P=\frac{1}{2}U(z)I(z)^*\tag{2-5}$$

与式(2-3)相同。由此可见，只要双线上的电压、电流用波导的模式电压、电流代替，就可以将

波导传输线等效为双线，因为两者传输的功率是一样的。此时由广义传输线方程的行波解式(1-39d)和式(1-43d)及长线特性阻抗的定义，可得等效双线的特性阻抗 $Z_0$ 为

$$Z_0=\frac{U(z)}{I(z)}=\begin{cases}Z_{\mathrm{TM}} & (\text{TM 波})\\ Z_{\mathrm{TE}} & (\text{TE 波})\end{cases}\tag{2-6}$$

即为该模式的波阻抗。

### 2. 归一化电压与电流

波导的模式电压、电流和模式矢量函数是不唯一的。这是因为若令 $k$ 为任意实数，并取一组新的模式电压、电流和模式矢量函数为

$$U(z)'=kU(z),\quad I(z)'=\frac{1}{k}I(z)$$

$$\boldsymbol{e}(u_1,u_2)'=\frac{1}{k}\boldsymbol{e}(u_1,u_2),\quad \boldsymbol{h}(u_1,u_2)'=k\boldsymbol{h}(u_1,u_2)$$

代入式(2-1)、式(2-2)、式(2-4)，则可知 $U(z)'$、$I(z)'$、$\boldsymbol{e}(u_1,u_2)'$、$\boldsymbol{h}(u_1,u_2)'$同样满足 $U(z)$、$I(z)$、$\boldsymbol{e}(u_1,u_2)$、$\boldsymbol{h}(u_1,u_2)$所满足的归一化条件和功率关系，即

$$\boldsymbol{E}_{\mathrm{t}}(u_1,u_2,z)'=\boldsymbol{e}(u_1,u_2)'U(z)'=\frac{1}{k}\boldsymbol{e}(u_1,u_2)kU(z)=\boldsymbol{e}(u_1,u_2)U(z)=\boldsymbol{E}_{\mathrm{t}}(u_1,u_2,z)$$

$$\boldsymbol{H}_{\mathrm{t}}(u_1,u_2,z)'=\boldsymbol{h}'(u_1,u_2)I(z)'=k\boldsymbol{h}(u_1,u_2)\frac{1}{k}I(z)=\boldsymbol{h}(u_1,u_2)I(z)=\boldsymbol{H}_{\mathrm{t}}(u_1,u_2,z)$$

$$\iint_S\boldsymbol{e}'\times\boldsymbol{h}^{*\prime}\cdot\boldsymbol{a}_z\mathrm{d}S=\iint_S\frac{1}{k}\boldsymbol{e}\times k\boldsymbol{h}^*\cdot\boldsymbol{a}_z\mathrm{d}S=\iint_S\boldsymbol{e}\times\boldsymbol{h}^*\cdot\boldsymbol{a}_z\mathrm{d}S=1$$

$$P'=\frac{1}{2}U(z)'I(z)^{*\prime}=\frac{1}{2}kU(z)\frac{1}{k}I(z)^*=\frac{1}{2}U(z)I(z)^*=P$$

但新的模式电压、电流定义的等效双线的特性阻抗 $Z_0{}'$为

$$Z_0{}'=\frac{U(z)'}{I(z)'}=k^2\frac{U(z)}{I(z)}=k^2Z_0$$

显然模式电压、电流的不唯一导致了等效特性阻抗和等效阻抗也不唯一。在微波测量中，反射系数 $\Gamma(z)$是可通过测量唯一确定的量，因此，由归一化等效阻抗与反射系数的关系

$$\overline{Z}(z)=\frac{Z(z)}{Z_0}=\frac{1+\Gamma(z)}{1-\Gamma(z)}\tag{2-7}$$

可知，归一化等效阻抗也是可唯一确定的。这样，为了消除模式电压、电流的不唯一所带来的这种不确定性，引入归一化电压 $\widetilde{U}$ 和归一化电流 $\widetilde{I}$ 两个量，并且要求用归一化电压、归一化电流定义的归一化阻抗和功率应与式(2-7)和式(2-5)相同，即

$$\overline{Z}(z)=\frac{\widetilde{U}(z)}{\widetilde{I}(z)}=\frac{Z(z)}{Z_0}=\frac{U(z)}{I(z)}\frac{1}{Z_0}$$

$$P=\frac{1}{2}\widetilde{U}(z)\widetilde{I}(z)^*=\frac{1}{2}U(z)I(z)^*$$

由此可得

$$\widetilde{U}(z)=U(z)/\sqrt{Z_0}\qquad \widetilde{I}(z)=I(z)\sqrt{Z_0}\tag{2-8}$$

由于归一化阻抗 $\overline{Z}$ 是确定的，因此归一化模式电压、电流也是确定量。这样将波导等效为双线时，双线上的归一化电压、电流可用归一化的模式电压、电流代替，波导的负载等效为双线的

负载时，一般用式(2-6)定义的模式阻抗作为波导的特性阻抗进行归一化，或者另外定义波导的等效特性阻抗。

传输线上的电压、电流都是入射波与反射波的叠加，即

$$U(z)=U_{\mathrm{i}}(z)+U_{\mathrm{r}}(z)$$

$$I(z)=\frac{1}{Z_0}[U_{\mathrm{i}}(z)-U_{\mathrm{r}}(z)]$$

若传输线的特性阻抗为 $Z_0$，则任一点的归一化电压、电流为

$$\begin{aligned}\widetilde{U}(z)&=\widetilde{U}_{\mathrm{i}}(z)+\widetilde{U}_{\mathrm{r}}(z)=a+b\\ \widetilde{I}(z)&=\widetilde{U}_{\mathrm{i}}(z)-\widetilde{U}_{\mathrm{r}}(z)=a-b\end{aligned}\tag{2-9}$$

即传输线上任意一点的归一化电压、电流仅由该点的归一化入射波电压(用 $a$ 表示)和归一化反射波电压(用 $b$ 表示)确定。

由长线理论中功率的计算公式，将式(2-9)代入可得

$$\begin{aligned}P_{\mathrm{L}}&=P_{\mathrm{i}}-P_{\mathrm{r}}\\&=\frac{1}{2}\frac{|U_{\mathrm{i}}|^2}{Z_0}-\frac{1}{2}\frac{|U_{\mathrm{r}}|^2}{Z_0}=\frac{1}{2}|\widetilde{U}_{\mathrm{i}}|^2-\frac{1}{2}|\widetilde{U}_{\mathrm{r}}|^2=\frac{1}{2}|a|^2-\frac{1}{2}|b|^2\end{aligned}\tag{2-10}$$

即

$$P_{\mathrm{i}}=\frac{1}{2}|\widetilde{U}_{\mathrm{i}}|^2=\frac{1}{2}|a|^2,\quad P_{\mathrm{r}}=\frac{1}{2}|\widetilde{U}_{\mathrm{r}}|^2=\frac{1}{2}|b|^2$$

这说明归一化电压、电流是有量纲的，但与电压、电流的量纲不同，为$(W)^{\frac{1}{2}}$。

### 3. 对波导 $\mathrm{H}_{10}$ 波的等效

当波导传输主模 $\mathrm{TE}_{10}$ 波时，由于 $\mathrm{TE}_{10}$ 波的波阻抗与波导尺寸 $b$ 无关，若将 $a$ 相同而 $b$ 不相同的两段矩形波导相连接，虽然它们的波阻抗相等，但由于连接处存在不连续性，会对入射波产生反射，因此用波阻抗讨论不同尺寸波导的匹配连接问题时，将不能给出符合实际情况的完整描述。为此对传输 $\mathrm{TE}_{10}$ 波的矩形波导，对其的电路分析和常用的 TEM 波同轴线、带状线、微带线一样，在电压、电流、阻抗的定义上沿用低频电路的理论，而不完全采用广义传输线的结果。

在低频电路中，任意两点 $A$、$B$ 之间的电压 $U$，定义为该两点电场强度的线积分，即

$$U=\int_A^B \boldsymbol{E}\cdot \mathrm{d}\boldsymbol{l}\tag{2-11a}$$

对 TEM 波传输线，积分是从正导体到负导体的任意路径，并且积分结果是唯一的，与路径及形状无关。对 $\mathrm{TE}_{10}$ 波，将 $E_y$ 代入上式可得等效电压

$$U=-\int_A^B E_y\mathrm{d}y=-E_0\sin\frac{\pi}{a}x\int_A^B\mathrm{d}y\mathrm{e}^{-\mathrm{j}\beta z}$$

显然积分与路径有关。习惯上将积分路径选在波导宽壁中央从上底到下底的特定路径上，如图 2-2 所示，因此该电压值为

$$U=bE_0\mathrm{e}^{-\mathrm{j}\beta z}\tag{2-11b}$$

在低频电路中，流过正导体的总电流可由安培定律计算，即

$$I=\oint_l \boldsymbol{H}\cdot\mathrm{d}\boldsymbol{l}\tag{2-11c}$$

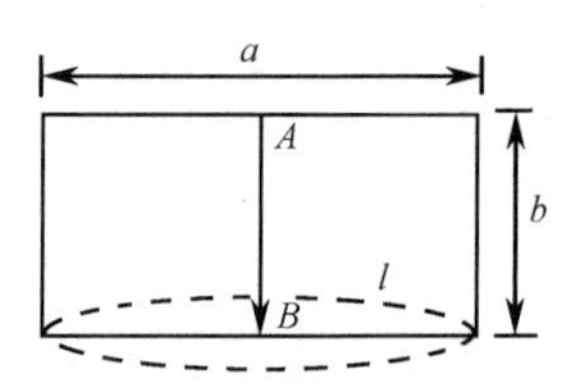

图 2-2　矩形波导电压和电流的积分路径

式中，$l$ 为包围正导体的任意闭合路径。对 TEM 波传输线，$l$ 一般选在所研究的横截面上，并套着中心导体。对 $\mathrm{TE}_{10}$ 波波导，常把积

分路径选在沿波导任一宽边侧壁的闭合路径上,如图 2-2所示。将 $H_x$ 代入上式可得等效电流 $I$ 为

$$I = \frac{E_0}{Z_{TE_{10}}}\int_0^a \sin\frac{\pi}{a}x\mathrm{d}x = \frac{E_0}{Z_{TE_{10}}}\frac{2a}{\pi}e^{-j\beta z} \tag{2-11d}$$

根据电路理论,由等效电压、电流和功率可得等效特性阻抗 $Z_0$ 的三种定义方法

$$Z_0 = \frac{U}{I},\quad Z_0 = \frac{U^2}{2P},\quad Z_0 = \frac{2P}{I^2}$$

将 $P=\frac{ab}{4}\frac{E_0^2}{Z_{H_{10}}}$及 $U$、$I$ 值代入上述各式可得

$$Z_0=\frac{U}{I}=\frac{\pi}{2}\frac{b}{a}Z_{TE_{10}},\qquad Z_0=\frac{U^2}{2P}=2\frac{b}{a}Z_{TE_{10}},\qquad Z_0=\frac{2P}{I^2}=\frac{\pi^2}{8}\frac{b}{a}Z_{TE_{10}} \tag{2-12a}$$

三种定义方法得到的等效特性阻抗各不相同,主要是因为波导传输线的等效电压、电流不唯一,与积分路径有关。好在它们的基本部分相同,只差一个常数因子,而在讨论阻抗匹配问题时多采用归一化阻抗,因此可将常数因子选作 1。这样 $TE_{10}$波导等效为双线时的等效特性阻抗为

$$Z_0 = \frac{b}{a}Z_{TE_{10}} \tag{2-12b}$$

需要指出,这样等效 $TE_{10}$波并不是最完全、最好的,也不可能解决所有问题。

### 2.2.2 不均匀区域等效为网络

1. 不均匀区域等效为网络

对于图 2-1 所示的不均匀区,由场的唯一性定理可知,对于特定的参考面 $T_1, T_2, \cdots, T_n$ 可将其等效为一 $n$ 端口微波网络。网络的参数可由参考面上的切向场,即等效模式电压、电流确立。

若不连续性区域填充线性媒质,即媒质特性参量 $\mu$、$\varepsilon$ 及 $\sigma$ 均与场强无关,则麦克斯韦方程组是一线性方程组,参考面上的各场量之间呈线性关系,与之对应的电路量(电压、电流)之间也呈线性关系,因此等效网络是一线性网络。对线性网络可以用叠加原理。根据叠加原理,各端口参考面上同时有电流(方向为流入各参考面)作用时,任一参考面上的电压为各参考面上的电流单独作用时响应电压的叠加,即

$$\begin{aligned}
U_1 &= Z_{11}I_1 + Z_{12}I_2 + \cdots + Z_{1n}I_n \\
U_2 &= Z_{21}I_1 + Z_{22}I_2 + \cdots + Z_{2n}I_n \\
&\vdots \\
U_n &= Z_{n1}I_1 + Z_{n2}I_2 + \cdots + Z_{nn}I_n
\end{aligned} \tag{2-13a}$$

用矩阵表示有

$$\begin{bmatrix} U_1 \\ U_2 \\ \vdots \\ U_n \end{bmatrix} = \begin{bmatrix} Z_{11} & Z_{12} & \cdots & Z_{1n} \\ Z_{21} & Z_{22} & \cdots & Z_{2n} \\ \vdots & \vdots & & \vdots \\ Z_{n1} & Z_{n2} & \cdots & Z_{nn} \end{bmatrix} \begin{bmatrix} I_1 \\ I_2 \\ \vdots \\ I_n \end{bmatrix} \tag{2-13b}$$

也可简写成

$$\boldsymbol{U} = \boldsymbol{Z}\boldsymbol{I} \tag{2-13c}$$

式中,$Z_{ij}$具有阻抗量纲,称其为网络的阻抗参量,并且

$$Z_{ij}=\frac{U_i}{I_j}\bigg|_{\substack{I_k=0\\k\neq j}} \qquad \text{称为由 } j \text{ 端口到 } i \text{ 端口的互阻抗}$$

$$Z_{ii}=\frac{U_i}{I_i}\bigg|_{\substack{I_k=0\\k\neq i}} \qquad \text{称为 } i \text{ 端口的自阻抗}$$

同理,任一参考面上的电流为各参考面上的电压单独作用时响应电流的叠加,即

$$\begin{aligned}
I_1 &= Y_{11}U_1 + Y_{12}U_2 + \cdots + Y_{1n}U_n \\
I_2 &= Y_{21}U_1 + Y_{22}U_2 + \cdots + Y_{2n}U_n \\
&\vdots \\
I_n &= Y_{n1}U_n + Y_{n2}U_2 + \cdots + Y_{nn}U_n
\end{aligned} \tag{2-14a}$$

用矩阵表示有

$$\begin{bmatrix} I_1 \\ I_2 \\ \vdots \\ I_n \end{bmatrix} = \begin{bmatrix} Y_{11} & Y_{12} & \cdots & Y_{1n} \\ Y_{21} & Y_{22} & \cdots & Y_{2n} \\ \vdots & \vdots & & \vdots \\ Y_{n1} & Y_{n2} & \cdots & Y_{nn} \end{bmatrix} \begin{bmatrix} U_1 \\ U_2 \\ \vdots \\ U_n \end{bmatrix} \tag{2-14b}$$

也可写简成

$$\boldsymbol{I} = \boldsymbol{Y}\boldsymbol{U} \tag{2-14c}$$

式中,$Y_{ij}$具有导纳量纲,称为网络的导纳参量,并且

$$Y_{ij}=\frac{I_i}{U_j}\bigg|_{\substack{U_k=0\\k\neq j}} \qquad \text{称为由 } j \text{ 端口到 } i \text{ 端口的互导纳}$$

$$Y_{ii}=\frac{I_i}{U_i}\bigg|_{\substack{U_k=0\\k\neq i}} \qquad \text{称为 } i \text{ 端口的自导纳}$$

上述二网络方程组与低频集总参数元件构成的线性网络方程组完全一样,故称为广义基尔霍夫定律。

## 2. 微波网络的特性

对于图 2-1 所示的不均匀区,设其内部无源,除 $n$ 个端口外,其余部分与外界没有场的联系。对于这样的波导结,作一封闭曲面 $S$ 将其包围起来,各端口的参考面也选在 $S$ 面上,如图 2-3所示,则由复坡印亭定理可得流进一个闭合面的复功率与这闭合面内消耗的功率和储能的关系为

$$-\frac{1}{2}\int_S \boldsymbol{E} \times \boldsymbol{H}^* \cdot \mathrm{d}\boldsymbol{S} = P_{\mathrm{L}} + \mathrm{j}2\omega(W_{\mathrm{m}} - W_{\mathrm{e}}) \tag{2-15a}$$

由于仅在各端口参考面上的场量不为零,因此有

$$\sum_{k=1}^{n} -\frac{1}{2}\int_S \boldsymbol{E}_k \times \boldsymbol{H}_k^* \cdot \mathrm{d}\boldsymbol{S} = P_{\mathrm{L}} + \mathrm{j}2\omega(W_{\mathrm{m}} - W_{\mathrm{e}}) \tag{2-15b}$$

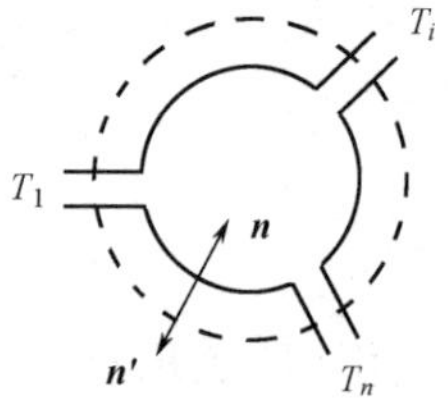

将式(2-1)及式(2-4)代入可得

$$\frac{1}{2}\sum_{k=1}^{n} U_k I_k^* = P_{\mathrm{L}} + \mathrm{j}2\omega(W_{\mathrm{m}} - W_{\mathrm{e}}) \tag{2-16}$$

图 2-3　$n$ 端口波导

式(2-16)就是网络各端口参考面上的电压、电流与网络内部电磁场能量之间的关系。

对于单端口微波网络,由式(2-13)和式(2-14)可得

$$U_1 = Z_1 I_1, \quad I_1 = Y_1 U_1$$

即 $$Z_1 = U_1/I_1,\quad Y_1 = I_1/U_1$$

将式(2-16)代入可得

$$Z_1 = \frac{\frac{1}{2}U_1 I_1^*}{\frac{1}{2}|I_1|^2} = \frac{P_L}{\frac{1}{2}|I_1|^2} + \mathrm{j}\frac{2\omega(W_m - W_e)}{\frac{1}{2}|I_1|^2} = R + \mathrm{j}\left(\omega L - \frac{1}{\omega C}\right) = R + \mathrm{j}X$$

$$Y_1 = \frac{\left(\frac{1}{2}U_1 I_1^*\right)^*}{\frac{1}{2}|U_1|^2} = \frac{P_L}{\frac{1}{2}|U_1|^2} + \mathrm{j}\frac{2\omega(W_m - W_e)}{\frac{1}{2}|U_1|^2} = G + \mathrm{j}\left(\omega C - \frac{1}{\omega L}\right) = G + \mathrm{j}B \tag{2-17}$$

这说明单端口网络的阻抗参量和导纳参量就是网络参考面上的输入阻抗和输入导纳,并且它们都是频率的函数。因此由式(2-17)可得如下结论:

① 如果网络有耗,$P_L>0$,则有 $R>0,G>0$;

② 如果网络无耗,$P_L=0$,则有 $R=G=0$,阻抗参量和导纳参量为纯虚数,并且有 $X(-\omega)=-X(\omega)$,$B(-\omega)=-B(\omega)$,即电抗、电纳均是频率的奇函数;

③ 如果网络内存储的平均磁能等于平均电能,即 $W_m=W_e$,则 $X=B=0$,此时网络内部发生谐振;

④ 如果网络内存储的平均磁能大于平均电能,即 $W_m>W_e$,则 $X>0$,网络参考面上的等效阻抗呈感性;反之若 $W_m<W_e$,则 $X<0$,网络参考面上的等效阻抗呈容性。

这些结论不难推广到多端口网络,但多端口网络不仅具有上述单端口网络的特性,而且还有自身的特点。完整描述多端口网络的特性,必须用网络的全部阻抗参量或导纳参量。多端口网络具有如下特性。

① 对无耗网络,由式(2-17)可知网络的全部阻抗参量或导纳参量为纯虚数,即

$$Z_{ij} = \mathrm{j}X_{ij}\quad Y_{ij} = \mathrm{j}B_{ij}\qquad (i,j = 1,2,3,\cdots) \tag{2-18a}$$

② 若参考面所包围的区域内填充均匀各向同性媒质,则等效为互易(或可逆)网络。互易网络满足互易定理,其阻抗和导纳参量具有下述特性

$$Z_{ij} = Z_{ji}\quad Y_{ij} = Y_{ji}\quad (i \neq j \text{ 且 } i,j = 1,2,3,\cdots) \tag{2-18b}$$

③ 若 $n$ 端口微波网络在结构上具有对称面(或轴),则称其为面(或轴)对称微波网络。如从 $i$ 端口和 $j$ 端口向网络看去的情况完全一样时,则称 $i$ 端口关于 $j$ 端口对称。表现在网络参数上,则要求

$$\begin{aligned} Z_{ii} = Z_{jj}\qquad Z_{ij} = Z_{ji} \\ Y_{ii} = Y_{jj}\qquad Y_{ij} = Y_{ji} \end{aligned} \tag{2-18c}$$

即对称网络首先必须是互易网络。

在以后讨论微波网络的特性时,将直接引用上述结论,而不再加以说明。

### 3. *Z* 与 *Y* 的关系

由于 $\boldsymbol{Z}$ 与 $\boldsymbol{Y}$ 都是用来描述同一网络特性的,因此两者之间的关系为

$$\boldsymbol{I} = \boldsymbol{YU} = \boldsymbol{YZI}$$

即 $$\boldsymbol{YZ} = \boldsymbol{1} \tag{2-19a}$$

或 $$\boldsymbol{Y} = \boldsymbol{Z}^{-1},\qquad \boldsymbol{Z} = \boldsymbol{Y}^{-1} \tag{2-19b}$$

本节习题 2-2,2-3;mooc 知识点 2.1(2)。

## 2.3　双端口微波网络的 Z、Y、A 参数及其归一化参数

在各种微波网络中，图 2-4 所示的双端口微波网络是最基本的。在选定的网络参考面上，定义出每个端口的电压和电流后，由于线性网络的电压和电流之间是线性关系，因此选定不同的自变量和因变量，可以得到不同的线性组合。类似于低频双端口网络理论，这些不同变量的线性组合可以用不同的网络参数来表征，主要有阻抗参数、导纳参数和转移参数等，下面分别讨论这几组参数。

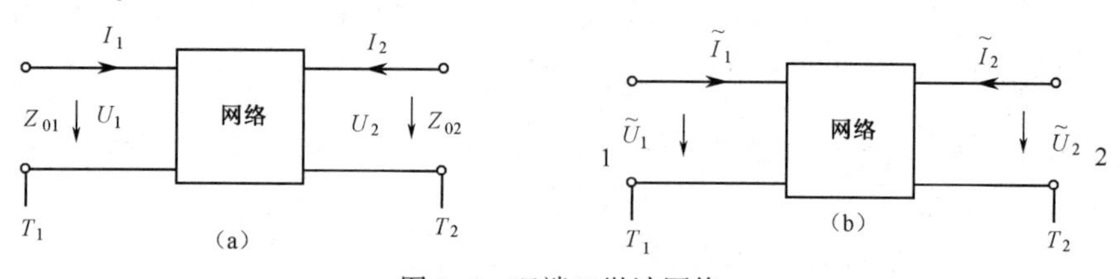


图 2-4　双端口微波网络

### 2.3.1　阻抗参数与导纳参数

由前述式(2-13)及式(2-14)，令 $n=2$ 可得双端口网络的电压与电流的关系为

$$\begin{aligned} U_1 &= Z_{11}I_1 + Z_{12}I_2 \qquad & I_1 &= Y_{11}U_1 + Y_{12}U_2 \\ U_2 &= Z_{21}I_1 + Z_{22}I_2 \qquad & I_2 &= Y_{21}U_1 + Y_{22}U_2 \end{aligned} \tag{2-20a}$$

写成矩阵形式有

$$\begin{bmatrix} U_1 \\ U_2 \end{bmatrix} = \begin{bmatrix} Z_{11} & Z_{12} \\ Z_{21} & Z_{22} \end{bmatrix} \begin{bmatrix} I_1 \\ I_2 \end{bmatrix}, \qquad \begin{bmatrix} I_1 \\ I_2 \end{bmatrix} = \begin{bmatrix} Y_{11} & Y_{12} \\ Y_{21} & Y_{22} \end{bmatrix} \begin{bmatrix} U_1 \\ U_2 \end{bmatrix} \tag{2-20b}$$

由式(2-20a)可知 Z 参数与 Y 参数的定义及物理意义，即

$Z_{11} = \left.\dfrac{U_1}{I_1}\right|_{I_2=0}$　为 $T_2$ 面(端口 2)开路时，$T_1$ 面(端口 1)的输入阻抗；

$Z_{22} = \left.\dfrac{U_2}{I_2}\right|_{I_1=0}$　为 $T_1$ 面(端口 1)开路时，$T_2$ 面(端口 2)的输入阻抗；

$Z_{12} = \left.\dfrac{U_1}{I_2}\right|_{I_1=0}$　为 $T_1$ 面开路时，端口 2 至端口 1 的互阻抗；

$Z_{21} = \left.\dfrac{U_2}{I_1}\right|_{I_2=0}$　为 $T_2$ 面开路时，端口 1 至端口 2 的互阻抗；

$Y_{11} = \left.\dfrac{I_1}{U_1}\right|_{U_2=0}$　为 $T_2$ 面短路时，$T_1$ 面(端口 1)的输入导纳；

$Y_{22} = \left.\dfrac{I_2}{U_2}\right|_{U_1=0}$　为 $T_1$ 面短路时，$T_2$ 面(端口 2)的输入导纳；

$Y_{12} = \left.\dfrac{I_1}{U_2}\right|_{U_1=0}$　为 $T_1$ 面短路时，端口 2 至端口 1 的互导纳；

$Y_{21} = \left.\dfrac{I_2}{U_1}\right|_{U_2=0}$　为 $T_2$ 面短路时，端口 1 至端口 2 的互导纳。

若 $T_1$ 和 $T_2$ 参考面外接传输线的特性阻抗分别为 $Z_{01}$ 和 $Z_{02}$，则以 $Z_{01}$ 作为特性阻抗对 $U_1$ 和 $I_1$ 归一化、以 $Z_{02}$ 作为特性阻抗对 $U_2$ 和 $I_2$ 归一化，由此得到归一化的双端口微波网络，如

图 2-4(b)所示。归一化的阻抗和导纳矩阵用 $\bar{\boldsymbol{Z}}$ 和 $\bar{\boldsymbol{Y}}$ 表示,即

$$\begin{bmatrix}\widetilde{U}_1\\ \widetilde{U}_2\end{bmatrix}=\begin{bmatrix}\bar{Z}_{11} & \bar{Z}_{12}\\ \bar{Z}_{21} & \bar{Z}_{22}\end{bmatrix}\begin{bmatrix}\tilde{I}_1\\ \tilde{I}_2\end{bmatrix}\qquad \begin{bmatrix}\tilde{I}_1\\ \tilde{I}_2\end{bmatrix}=\begin{bmatrix}\bar{Y}_{11} & \bar{Y}_{12}\\ \bar{Y}_{21} & \bar{Y}_{22}\end{bmatrix}\begin{bmatrix}\widetilde{U}_1\\ \widetilde{U}_2\end{bmatrix}\tag{2-21}$$

$$\widetilde{\boldsymbol{U}}=\bar{\boldsymbol{Z}}\tilde{\boldsymbol{I}},\qquad \tilde{\boldsymbol{I}}=\bar{\boldsymbol{Y}}\widetilde{\boldsymbol{U}}$$

在此归一化网络中

$$\bar{Z}_{01}=Z_{01}/Z_{01}=1\qquad \bar{Z}_{02}=Z_{02}/Z_{02}=1$$

$$\widetilde{U}_1=U_1/\sqrt{Z_{01}},\quad \tilde{I}_1=\sqrt{Z_{01}}I_1$$

$$\widetilde{U}_2=U_2/\sqrt{Z_{02}},\quad \tilde{I}_2=\sqrt{Z_{02}}I_2$$

即

$$\widetilde{\boldsymbol{U}}=\begin{bmatrix}\widetilde{U}_1\\ \widetilde{U}_2\end{bmatrix}=\begin{bmatrix}1/\sqrt{Z_{01}} & 0\\ 0 & 1/\sqrt{Z_{02}}\end{bmatrix}\begin{bmatrix}U_1\\ U_2\end{bmatrix}=\sqrt{\boldsymbol{Z}_0}^{\,-1}\boldsymbol{U}$$

$$\tilde{\boldsymbol{I}}=\begin{bmatrix}\tilde{I}_1\\ \tilde{I}_2\end{bmatrix}=\begin{bmatrix}\sqrt{Z_{01}} & 0\\ 0 & \sqrt{Z_{02}}\end{bmatrix}\begin{bmatrix}I_1\\ I_2\end{bmatrix}=\sqrt{\boldsymbol{Z}_0}\boldsymbol{I}\tag{2-22}$$

由此可得 $\bar{\boldsymbol{Z}}$ 与 $\boldsymbol{Z}$,以及 $\bar{\boldsymbol{Y}}$ 与 $\boldsymbol{Y}$ 的关系为

$$\begin{aligned}\widetilde{\boldsymbol{U}}&=\sqrt{\boldsymbol{Z}_0}^{\,-1}\boldsymbol{Z}\sqrt{\boldsymbol{Z}_0}^{\,-1}\tilde{\boldsymbol{I}}=\bar{\boldsymbol{Z}}\tilde{\boldsymbol{I}}\\ \tilde{\boldsymbol{I}}&=\sqrt{\boldsymbol{Y}_0}^{\,-1}\boldsymbol{Y}\sqrt{\boldsymbol{Y}_0}^{\,-1}\widetilde{\boldsymbol{U}}=\bar{\boldsymbol{Y}}\widetilde{\boldsymbol{U}}\end{aligned}\tag{2-23a}$$

故有

$$\bar{\boldsymbol{Z}}=\begin{bmatrix}\bar{Z}_{11} & \bar{Z}_{12}\\ \bar{Z}_{21} & \bar{Z}_{22}\end{bmatrix}=\begin{bmatrix}\dfrac{1}{\sqrt{Z_{01}}} & 0\\ 0 & \dfrac{1}{\sqrt{Z_{02}}}\end{bmatrix}\begin{bmatrix}Z_{11} & Z_{12}\\ Z_{21} & Z_{22}\end{bmatrix}\begin{bmatrix}\dfrac{1}{\sqrt{Z_{01}}} & 0\\ 0 & \dfrac{1}{\sqrt{Z_{02}}}\end{bmatrix}=\begin{bmatrix}\dfrac{Z_{11}}{Z_{01}} & \dfrac{Z_{12}}{\sqrt{Z_{01}Z_{02}}}\\ \dfrac{Z_{21}}{\sqrt{Z_{01}Z_{02}}} & \dfrac{Z_{22}}{Z_{02}}\end{bmatrix}$$

$$\bar{\boldsymbol{Y}}=\begin{bmatrix}Y_{11}/Y_{01} & Y_{12}/\sqrt{Y_{01}Y_{02}}\\ Y_{21}/\sqrt{Y_{01}Y_{02}} & Y_{22}/Y_{02}\end{bmatrix}\tag{2-23b}$$

并且 $\boldsymbol{Y}$ 与 $\boldsymbol{Z}$ 互为逆矩阵,式中 $Y_{01}=1/Z_{01}$,$Y_{02}=1/Z_{02}$。

根据上节所述的网络特性可知,对于双端口网络有:

(1) 若网络无耗,则 $Z_{ij}$、$Y_{ij}$或$\bar{Z}_{ij}$、$\bar{Y}_{ij}$($i,j=1,2$)为纯虚数;

(2) 若网络互易,则 $Z_{12}=Z_{21}$、$Y_{12}=Y_{21}$或 $\bar{Z}_{12}=\bar{Z}_{21}$、$\bar{Y}_{12}=\bar{Y}_{21}$;

(3) 若网络对称,则有 $Z_{11}=Z_{22}$,$Z_{12}=Z_{21}$及 $Y_{11}=Y_{22}$,$Y_{12}=Y_{21}$或 $\bar{Z}_{11}=\bar{Z}_{22}$,$\bar{Z}_{12}=\bar{Z}_{21}$及$\bar{Y}_{11}=\bar{Y}_{22}$,$\bar{Y}_{12}=\bar{Y}_{21}$。

**【例 2-1】** 试求图 2-5 所示电路的阻抗参数矩阵。

**解:**根据 $Z$ 参数的定义可得

$$Z_{11}=\left.\frac{U_1}{I_1}\right|_{I_2=0}=\mathrm{j}\left(\omega L-\frac{1}{\omega C}\right),\qquad Z_{22}=\left.\frac{U_2}{I_2}\right|_{I_1=0}=-\mathrm{j}\frac{1}{\omega C}$$

$$Z_{12}=\left.\frac{U_1}{I_2}\right|_{I_1=0}=-\mathrm{j}\frac{1}{\omega C},\qquad Z_{21}=\left.\frac{U_2}{I_1}\right|_{I_2=0}=-\mathrm{j}\frac{1}{\omega C}$$

所以有 $\mathbf{Z}=\begin{bmatrix} \mathrm{j}\left(\omega L-\dfrac{1}{\omega C}\right) & -\mathrm{j}\dfrac{1}{\omega C} \\ -\mathrm{j}\dfrac{1}{\omega C} & -\mathrm{j}\dfrac{1}{\omega C} \end{bmatrix}$

由网络的性质可知该网络是无耗互易的。

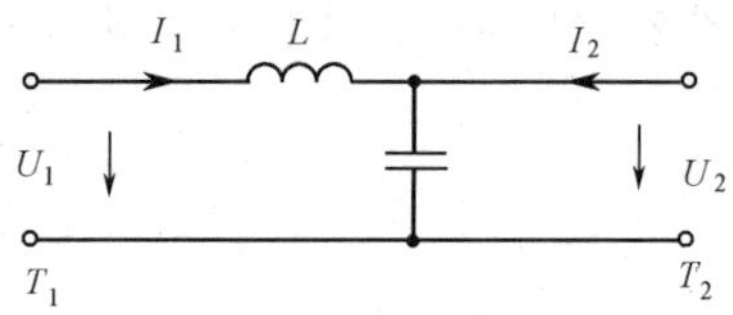

图 2-5　Γ 形网络电路

### 2.3.2　转移参数 A

#### 1. A 参数的定义

在图 2-6 的双端口网络中，$U_1$、$I_1$ 是输入量，$U_2$、$I_2$ 是输出量，并且 $I_2$ 的正方向为流出端口 2，与图 2-4(a)中 $I_2$ 的流向相反。这样把网络的输出量作为自变量、输入量作为因变量，就可得到一组线性方程，称作转移参数或 A 参数方程，即

$$\begin{aligned} U_1 &= A_{11}U_2+A_{12}I_2 \\ I_1 &= A_{21}U_2+A_{22}I_2 \end{aligned} \tag{2-24a}$$

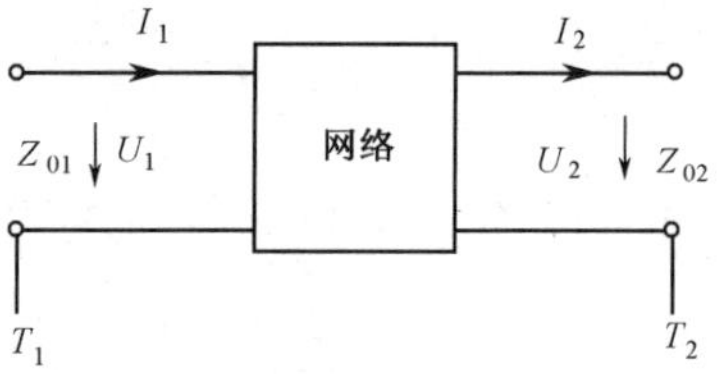

图 2-6　双端口网络

或写成矩阵形式

$$\begin{bmatrix} U_1 \\ I_1 \end{bmatrix}=\begin{bmatrix} A_{11} & A_{12} \\ A_{21} & A_{22} \end{bmatrix}\begin{bmatrix} U_2 \\ I_2 \end{bmatrix}=\boldsymbol{A}\begin{bmatrix} U_2 \\ I_2 \end{bmatrix} \tag{2-24b}$$

式中 $\boldsymbol{A}=\begin{bmatrix} A_{11} & A_{12} \\ A_{21} & A_{22} \end{bmatrix}$，称为 $\boldsymbol{A}$ 矩阵。

由式(2-24a)可得 $\boldsymbol{A}$ 参数的定义及物理意义为：

$A_{11}=\left.\dfrac{U_1}{U_2}\right|_{I_2=0}$ 为端口 2 开路时的电压转移系数；$A_{22}=\left.\dfrac{I_1}{I_2}\right|_{U_2=0}$ 为端口 2 短路时的电流转移系数；$A_{12}=\left.\dfrac{U_1}{I_2}\right|_{U_2=0}$ 为端口 2 短路时的转移阻抗；$A_{21}=\left.\dfrac{I_1}{U_2}\right|_{I_2=0}$ 为端口 2 开路时的转移导纳。

#### 2. 归一化转移参数

若把图 2-6 的双端口网络归一化，即令

$$\begin{aligned} \overline{Z}_{01}=Z_{01}/Z_{01}=1 \quad \widetilde{U}_1=U_1/\sqrt{Z_{01}} \quad \widetilde{I}_1=I_1\sqrt{Z_{01}} \\ \overline{Z}_{02}=Z_{02}/Z_{02}=1 \quad \widetilde{U}_2=U_2/\sqrt{Z_{02}} \quad \widetilde{I}_2=I_2\sqrt{Z_{02}} \end{aligned} \tag{2-25}$$

则有

$$\begin{bmatrix} \widetilde{U}_1 \\ \widetilde{I}_1 \end{bmatrix}=\overline{\boldsymbol{A}}\begin{bmatrix} \widetilde{U}_2 \\ \widetilde{I}_2 \end{bmatrix} \tag{2-26}$$

$$\overline{\boldsymbol{A}}=\begin{bmatrix} a_{11} & a_{12} \\ a_{21} & a_{22} \end{bmatrix}$$

称为归一化的转移参数矩阵。

由式(2-25)和式(2-24a)可得

$$U_1=\sqrt{Z_{01}}\widetilde{U}_1=A_{11}\sqrt{Z_{02}}\widetilde{U}_2+\frac{A_{12}}{\sqrt{Z_{02}}}\widetilde{I}_2$$

$$I_1=\frac{1}{\sqrt{Z_{01}}}\widetilde{I}_1=A_{21}\sqrt{Z_{02}}\widetilde{U}_2+\frac{A_{22}}{\sqrt{Z_{02}}}\widetilde{I}_2$$

即
$$\begin{bmatrix}\widetilde{U}_1\\ \widetilde{I}_1\end{bmatrix}=\begin{bmatrix}A_{11}\sqrt{\dfrac{Z_{02}}{Z_{01}}} & A_{12}/\sqrt{Z_{01}Z_{02}}\\ A_{21}\sqrt{Z_{01}Z_{02}} & A_{22}\sqrt{\dfrac{Z_{01}}{Z_{02}}}\end{bmatrix}\begin{bmatrix}\widetilde{U}_2\\ \widetilde{I}_2\end{bmatrix} \tag{2-27a}$$

由此可得归一化 $\overline{\boldsymbol{A}}$ 参数与非归一化 $\boldsymbol{A}$ 参数的关系是

$$\begin{bmatrix}a_{11} & a_{12}\\ a_{21} & a_{22}\end{bmatrix}=\begin{bmatrix}A_{11}\sqrt{\dfrac{Z_{02}}{Z_{01}}} & \dfrac{A_{12}}{\sqrt{Z_{01}Z_{02}}}\\ A_{21}\sqrt{Z_{01}Z_{02}} & A_{22}\sqrt{\dfrac{Z_{01}}{Z_{02}}}\end{bmatrix} \tag{2-27b}$$

### 3. $\boldsymbol{A}$ 参数的性质

$\boldsymbol{A}$ 参数的性质可以从阻抗参数或导纳参数的性质导出,为此由式(2-24a)找到 $\boldsymbol{Z}$ 参数与 $\boldsymbol{A}$ 参数的关系为

$$U_1=\frac{A_{11}}{A_{21}}I_1+\frac{\det\boldsymbol{A}}{A_{21}}(-I_2)=Z_{11}I_1+Z_{12}(-I_2)$$
$$U_2=\frac{1}{A_{21}}I_1+\frac{A_{22}}{A_{21}}(-I_2)=Z_{21}I_1+Z_{22}(-I_2)$$

故有:

**(1) 无耗网络**

由 $Z_{ij}$ 为纯虚数可知,$A_{12}$、$A_{21}$ 应为虚数,$A_{11}$、$A_{22}$ 应为实数,或 $a_{12}$、$a_{21}$ 为虚数,$a_{11}$、$a_{22}$ 为实数。

**(2) 互易网络**

由 $Z_{12}=Z_{21}$ 可知 $\det\boldsymbol{A}=1$ 或 $\det\overline{\boldsymbol{A}}=1$。

**(3) 对称网络**

由 $Z_{11}=Z_{22}$,$Z_{12}=Z_{21}$ 可知,$A_{11}=A_{22}$,$\det\boldsymbol{A}=1$;或 $a_{11}=a_{22}$,$\det\overline{\boldsymbol{A}}=1(Z_{01}=Z_{02})$。

### 4. $\boldsymbol{A}$ 参数的应用

**(1) 级联系统**

对于 $n$ 个双端口网络相级联的系统,应用 $\boldsymbol{A}$ 或 $\overline{\boldsymbol{A}}$ 矩阵计算最方便。在图 2-7 的级联系统中,输入量 $U_1$、$I_1$ 与输出量 $U_{n+1}$、$I_{n+1}$ 的关系为

$$\begin{bmatrix}U_1\\ I_1\end{bmatrix}=\boldsymbol{A}_1\begin{bmatrix}U_2\\ I_2\end{bmatrix}=\boldsymbol{A}_1\boldsymbol{A}_2\begin{bmatrix}U_3\\ I_3\end{bmatrix}=\cdots=\boldsymbol{A}_1\boldsymbol{A}_2\cdots\boldsymbol{A}_n\begin{bmatrix}U_{n+1}\\ I_{n+1}\end{bmatrix}=\boldsymbol{A}_{\text{总}}\begin{bmatrix}U_{n+1}\\ I_{n+1}\end{bmatrix}$$

即
$$\boldsymbol{A}_{\text{总}}=\prod_{i=1}^{n}\boldsymbol{A}_i \tag{2-28a}$$

也就是说双端口网络级联后总的 $\boldsymbol{A}$ 矩阵为各个网络的 $\boldsymbol{A}$ 矩阵之积。

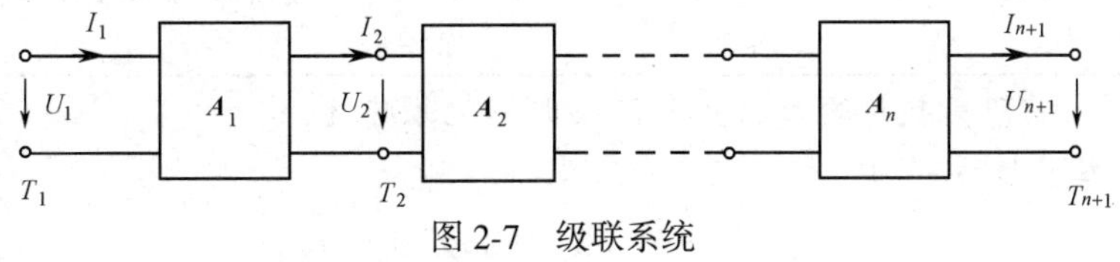


图 2-7　级联系统

对于归一化后的级联双端口网络,同样有

$$\overline{A}_{总} = \prod_{i=1}^{n} \overline{A}_i \tag{2-28b}$$

**(2) 求输入阻抗**

用 $\boldsymbol{A}$ 参数求网络的输入阻抗是很方便的。在图 2-6 中，网络的 $\boldsymbol{A}$ 参数方程是

$$U_1 = A_{11}U_2 + A_{12}I_2$$
$$I_1 = A_{21}U_2 + A_{22}I_2$$

在输出端口有 $U_2/I_2=Z_L$，故可得

$$Z_{in} = \frac{U_1}{I_1} = \frac{A_{11}U_2 + A_{12}I_2}{A_{21}U_2 + A_{22}I_2} = \frac{A_{11}Z_L + A_{12}}{A_{21}Z_L + A_{22}} \tag{2-29a}$$

对于归一化网络，同样有

$$\overline{Z}_{in} = \frac{\widetilde{U}_1}{\widetilde{I}_1} = \frac{a_{11}\overline{Z}_L + a_{12}}{a_{21}\overline{Z}_L + a_{22}} \tag{2-29b}$$

表 2-1 列出几个常用简单双端口网络的 $\boldsymbol{A}$ 和 $\overline{\boldsymbol{A}}$ 矩阵，以便计算较复杂的网络时查用。表 2-2列出的是双端口网络的 $\boldsymbol{Z}$、$\boldsymbol{Y}$ 及 $\boldsymbol{A}$ 三种网络参数之间的互换公式。对于归一化参量，互换公式仍成立。

**表 2-1　几个简单双端口网络的 $A$ 矩阵和 $\overline{A}$ 矩阵**

| 基本网络 | $A$ 矩阵 | $\overline{A}$ 矩阵 |
|---|---|---|
| $Z_{01}$ $Z_{02}$ $T_1$ $T_2$ | $\begin{bmatrix}1 & 0\\ 0 & 1\end{bmatrix}$ | $\begin{bmatrix}\sqrt{Z_{02}/Z_{01}} & 0\\ 0 & \sqrt{Z_{01}/Z_{02}}\end{bmatrix}$ |
| $Z_{01}$ $Z$ $Z_{02}$ $T_1$ $T_2$ | $\begin{bmatrix}1 & Z\\ 0 & 1\end{bmatrix}$ | $\begin{bmatrix}\sqrt{Z_{02}/Z_{01}} & Z/\sqrt{Z_{02}Z_{01}}\\ 0 & \sqrt{Z_{01}/Z_{02}}\end{bmatrix}$ |
| $Y_{01}$ $Y$ $Y_{02}$ $T_1$ $T_2$ | $\begin{bmatrix}1 & 0\\ Y & 1\end{bmatrix}$ | $\begin{bmatrix}\sqrt{Y_{01}/Y_{02}} & 0\\ Y/\sqrt{Y_{01}Y_{02}} & \sqrt{Y_{02}/Y_{01}}\end{bmatrix}$ |
| $Z_{01}$ $Z_{02}$ $n:1$ $T_1$ $T_2$ | $\begin{bmatrix}n & 0\\ 0 & \frac{1}{n}\end{bmatrix}$ | $\begin{bmatrix}n\sqrt{Z_{02}/Z_{01}} & 0\\ 0 & \frac{1}{n}\sqrt{Z_{01}/Z_{02}}\end{bmatrix}$ |
| $Z_{01}$ $Z_0$ $Z_{02}$ $\theta$ $T_1$ $T_2$ | $\begin{bmatrix}\cos\theta & jZ_0\sin\theta\\ j\sin\theta/Z_0 & \cos\theta\end{bmatrix}$ | $\begin{bmatrix}\sqrt{Z_{02}/Z_{01}}\cos\theta & jZ_0\sin\theta/\sqrt{Z_{01}Z_{02}}\\ j\sqrt{Z_{01}Z_{02}}\sin\theta/Z_0 & \sqrt{Z_{01}/Z_{02}}\cos\theta\end{bmatrix}$ |

**【例 2-2】** 求一段无耗传输线的 $\boldsymbol{A}$ 矩阵及归一化矩阵 $\overline{\boldsymbol{A}}$。

**解：** 由第 1 章长线方程的解析式(1-7c)可知

$$U(z') = \text{ch}\gamma z' U_2 + Z_0 \text{sh}\gamma z' I_2$$

$$I(z') = \text{sh}\gamma z' U_2/Z_0 + \text{ch}\gamma z' I_2$$

令 $z'=l$，则 $U_1=U(l)$，$I_1=I(l)$，即

$$U_1=\text{ch}\gamma l U_2+Z_0\text{sh}\gamma l I_2$$

$$I_1=\text{sh}\gamma l U_2/Z_0+\text{ch}\gamma l I_2$$

$$\begin{bmatrix}U_1\\I_1\end{bmatrix}=\begin{bmatrix}\text{ch}\gamma l & Z_0\text{sh}\gamma l\\ \text{sh}\gamma l/Z_0 & \text{ch}\gamma l\end{bmatrix}\begin{bmatrix}U_2\\I_2\end{bmatrix}$$

对无耗传输线有 $\gamma=\text{j}\beta$，$\beta l=2\pi l/\lambda_{\text{p}}=\theta$，且

$$\text{ch}\gamma l=\cos\theta \quad \text{sh}\gamma l=\text{j}\sin\theta$$

$$\begin{bmatrix}U_1\\I_1\end{bmatrix}=\begin{bmatrix}\cos\theta & \text{j}Z_0\sin\theta\\ \text{j}\sin\theta/Z_0 & \cos\theta\end{bmatrix}\begin{bmatrix}U_2\\I_2\end{bmatrix}=\boldsymbol{A}\begin{bmatrix}U_2\\I_2\end{bmatrix}$$

$$\overline{\boldsymbol{A}}=\begin{bmatrix}\cos\theta\sqrt{Z_0/Z_0} & \text{j}Z_0\sin\theta/\sqrt{Z_0Z_0}\\ \text{j}\sin\theta\sqrt{Z_0Z_0}/Z_0 & \cos\theta\sqrt{Z_0/Z_0}\end{bmatrix}=\begin{bmatrix}\cos\theta & \text{j}\sin\theta\\ \text{j}\sin\theta & \cos\theta\end{bmatrix}$$

**表 2-2　Z、Y、A 之间的互换公式**

| 网络参数 | 以 Y 参数表示 | 以 Z 参数表示 | 以 A 参数表示 |
|---|---|---|---|
| $\begin{bmatrix}Z_{11} & Z_{12}\\ Z_{21} & Z_{22}\end{bmatrix}$ | $\begin{bmatrix}Y_{22}/\lvert Y\rvert & -Y_{12}/\lvert Y\rvert\\ -Y_{21}/\lvert Y\rvert & Y_{11}/\lvert Y\rvert\end{bmatrix}$ | $\begin{bmatrix}Z_{11} & Z_{12}\\ Z_{21} & Z_{22}\end{bmatrix}$ | $\begin{bmatrix}A_{11}/A_{21} & \det\boldsymbol{A}/A_{21}\\ 1/A_{21} & A_{22}/A_{21}\end{bmatrix}$ |
| $\begin{bmatrix}Y_{11} & Y_{12}\\ Y_{21} & Y_{22}\end{bmatrix}$ | $\begin{bmatrix}Y_{11} & Y_{12}\\ Y_{21} & Y_{22}\end{bmatrix}$ | $\begin{bmatrix}Z_{22}/\lvert Z\rvert & -Z_{12}/\lvert Z\rvert\\ -Z_{21}/\lvert Z\rvert & Z_{11}/\lvert Z\rvert\end{bmatrix}$ | $\begin{bmatrix}A_{22}/A_{12} & -\det\boldsymbol{A}/A_{12}\\ -1/A_{12} & A_{11}/A_{12}\end{bmatrix}$ |
| $\begin{bmatrix}A_{11} & A_{12}\\ A_{21} & A_{22}\end{bmatrix}$ | $\begin{bmatrix}-Y_{22}/Y_{21} & -1/Y_{21}\\ -\lvert Y\rvert/Y_{21} & -Y_{11}/Y_{21}\end{bmatrix}$ | $\begin{bmatrix}Z_{11}/Z_{21} & \lvert Z\rvert/Z_{21}\\ 1/Z_{21} & Z_{22}/Z_{21}\end{bmatrix}$ | $\begin{bmatrix}A_{11} & A_{12}\\ A_{21} & A_{22}\end{bmatrix}$ |

**【例 2-3】**　试求图 2-8 电路的 $\boldsymbol{A}$ 矩阵和 $\overline{\boldsymbol{A}}$ 矩阵。

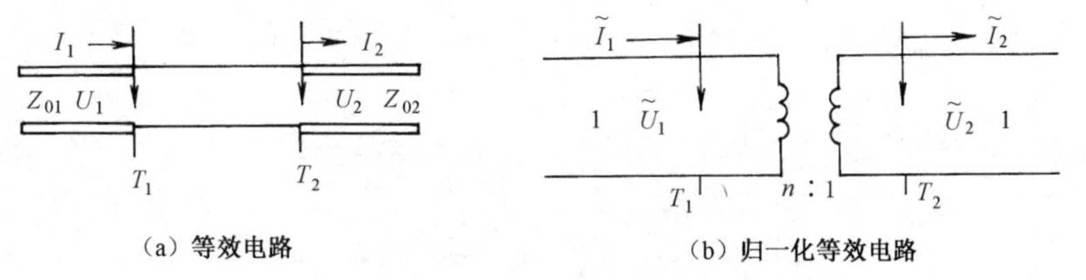


（a）等效电路　　　（b）归一化等效电路

图 2-8　特性阻抗不同的传输线连接

**解：**在图 2-8(a)的参考面上选定电压电流的方向，则有

$$U_1=A_{11}U_2+A_{12}I_2=U_2$$

$$I_1=A_{21}U_2+A_{22}I_2=I_2$$

比较可得　$A_{11}=A_{22}=1$，　$A_{12}=A_{21}=0$

故有　$\boldsymbol{A}=\begin{bmatrix}1 & 0\\ 0 & 1\end{bmatrix}$

归一化　$\overline{\boldsymbol{A}}=\begin{bmatrix}\sqrt{Z_{02}/Z_{01}} & 0\\ 0 & \sqrt{Z_{01}/Z_{02}}\end{bmatrix}=\begin{bmatrix}n & 0\\ 0 & \dfrac{1}{n}\end{bmatrix}$

式中 $n=\sqrt{Z_{02}/Z_{01}}$ 称为变压比，归一化等效电路如图 2-8(b)所示。

【**例 2-4**】 试求图 2-9 电路的 $\boldsymbol{A}$ 矩阵和 $\overline{\boldsymbol{A}}$ 矩阵。

**解**:先把图示电路网络分成三个简单网络相级联,即两个并联导纳和一段均匀传输线。由表 2-1 查出各简单网络的 $\boldsymbol{A}$ 矩阵,并依次相乘,可得所求电路网络的 $\boldsymbol{A}$ 矩阵为

$$\boldsymbol{A}=\begin{bmatrix}1 & 0\\ Y_1 & 1\end{bmatrix}\begin{bmatrix}\cos\theta & \mathrm{j}\sin\theta/Y_0\\ \mathrm{j}Y_0\sin\theta & \cos\theta\end{bmatrix}\begin{bmatrix}1 & 0\\ Y_2 & 1\end{bmatrix}$$

$$=\begin{bmatrix}\cos\theta+\mathrm{j}Y_2\sin\theta/Y_0 & \mathrm{j}\sin\theta/Y_0\\ (Y_1+Y_2)\cos\theta+\mathrm{j}(Y_0+Y_1Y_2/Y_0)\sin\theta & \cos\theta+\mathrm{j}Y_1\sin\theta/Y_0\end{bmatrix}=\begin{bmatrix}A_{11} & A_{12}\\ A_{21} & A_{22}\end{bmatrix}$$

归一化

$$\overline{\boldsymbol{A}}=\begin{bmatrix}A_{11}\sqrt{Y_{01}/Y_{02}} & A_{12}\sqrt{Y_{01}Y_{02}}\\ A_{21}/\sqrt{Y_{01}Y_{02}} & A_{22}\sqrt{Y_{02}/Y_{01}}\end{bmatrix}$$

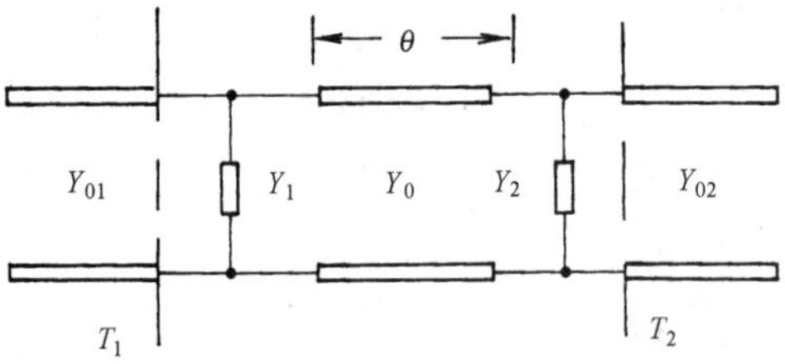

图 2-9　级联电路

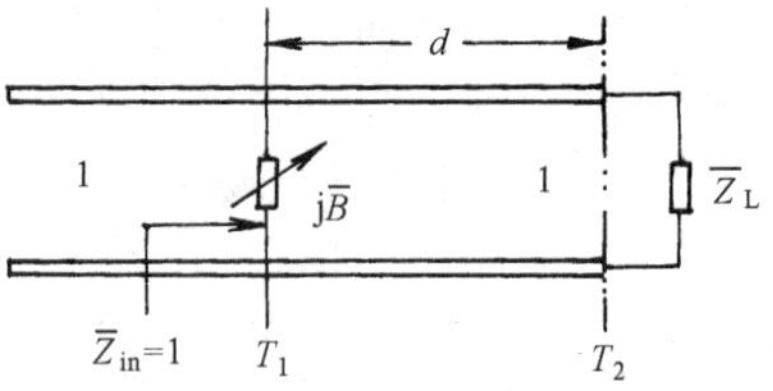

图 2-10　例 2-5 题图

【**例 2-5**】 在图 2-10 电路中,已知 $\overline{Z}_{\mathrm{L}}=r+\mathrm{j}x$,试求输入端阻抗匹配时的并联电纳 $\mathrm{j}\overline{B}$ 的值及其距终端的位置 $d$。

**解**:这是单节调配的问题,可以用第 1 章中的阻抗圆图求解,也可用网络理论求解。用网络理论求解时,将 $T_1$ 和 $T_2$ 面之间看成两个简单网络的级联,则有

$$\overline{\boldsymbol{A}}=\begin{bmatrix}1 & 0\\ \mathrm{j}\overline{B} & 1\end{bmatrix}\begin{bmatrix}\cos\beta d & \mathrm{j}\sin\beta d\\ \mathrm{j}\sin\beta d & \cos\beta d\end{bmatrix}=\begin{bmatrix}\cos\beta d & \mathrm{j}\sin\beta d\\ \mathrm{j}(\overline{B}\cos\beta d+\sin\beta d) & \cos\beta d-\overline{B}\sin\beta d\end{bmatrix}$$

故由 $\overline{Z}_{\mathrm{in}}=\dfrac{a_{11}\overline{Z}_{\mathrm{L}}+a_{12}}{a_{21}\overline{Z}_{\mathrm{L}}+a_{22}}=1$,将 $\overline{Z}_{\mathrm{L}}=r+\mathrm{j}x$ 代入可解得

$$\overline{B}=\pm\sqrt{\frac{(1-r)^2+x^2}{r}},\qquad d=\frac{\lambda_{\mathrm{p}}}{2\pi}\arctan\left(\frac{r\overline{B}-x}{1-r}\right)$$

【**例 2-6**】 用网络理论研究计算第 1 章的习题 1-23。

**解**:正确画出等效电路图,选取参考面,归一化。

该等效电路可看成 4 个网络的级联,如图 2-11 所示。

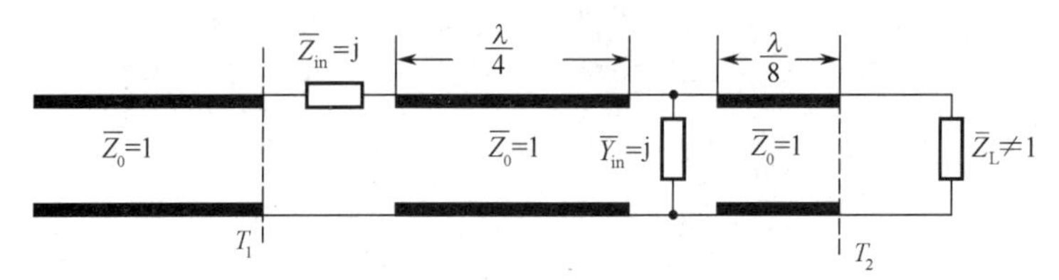


图 2-11　习题 1-23 等效电路

$$\overline{\boldsymbol{A}}_1=\begin{bmatrix}1 & \mathrm{j}\\0 & 1\end{bmatrix}\quad \overline{\boldsymbol{A}}_2=\begin{bmatrix}0 & \mathrm{j}\\\mathrm{j} & 0\end{bmatrix}\quad \overline{\boldsymbol{A}}_3=\begin{bmatrix}1 & 0\\\mathrm{j} & 1\end{bmatrix}\quad \overline{\boldsymbol{A}}_4=\frac{1}{\sqrt{2}}\begin{bmatrix}1 & \mathrm{j}\\\mathrm{j} & 1\end{bmatrix}$$

$$\overline{\boldsymbol{A}}_{总}=\frac{1}{\sqrt{2}}\begin{bmatrix}1 & \mathrm{j}\\0 & 1\end{bmatrix}\begin{bmatrix}0 & \mathrm{j}\\\mathrm{j} & 0\end{bmatrix}\begin{bmatrix}1 & 0\\\mathrm{j} & 1\end{bmatrix}\begin{bmatrix}1 & \mathrm{j}\\\mathrm{j} & 1\end{bmatrix}=\frac{1}{\sqrt{2}}\begin{bmatrix}-1 & \mathrm{j}\\\mathrm{j} & 0\end{bmatrix}\begin{bmatrix}1 & \mathrm{j}\\\mathrm{j2} & 0\end{bmatrix}=\frac{1}{\sqrt{2}}\begin{bmatrix}-3 & -\mathrm{j}\\\mathrm{j} & -1\end{bmatrix}$$

由
$$\overline{Z}_{\mathrm{in}}=\frac{a_{11}\overline{Z}_{\mathrm{L}}+a_{12}}{a_{21}\overline{Z}_{\mathrm{L}}+a_{22}}=1$$

可得
$$\frac{-3\overline{Z}_{\mathrm{L}}-\mathrm{j}}{\mathrm{j}\,\overline{Z}_{\mathrm{L}}-1}=1,\qquad \overline{Z}_{\mathrm{L}}=\frac{1-\mathrm{j}}{3+\mathrm{j}}=\frac{1-\mathrm{j2}}{5}=0.2-\mathrm{j}0.4$$

本节习题 2-4,2-6,2-7,2-8,2-9,2-10;mooc 知识点 2.2,2.3。

## 2.4 散射矩阵(Scattering Matrix)

在上节中定义的阻抗参数、导纳参数及转移参数矩阵都是从电压、电流出发定义的,而在微波波段,电压、电流本身已失去确切定义,并且在选定的网络参考面上也难以得到真正的微波开路或短路终端,因此上述参数在微波波段变成抽象的理论定义参数,无法通过测量直接得到。为了研究微波电路系统的特性,需要一种在微波波段能用直接测量方法确定的网络参数,考虑到微波波段可测的电参量就是功率和反射系数,因此从归一化的入射波和反射波出发,定义出一组新的网络参数——散射参数,简称 $S$ 参数。$S$ 参数可以通过测量得到,用矢量网络分析仪可以很方便地测得各种微波有源和无源网络的 $S$ 参数,它们可以是线性网络,也可以是非线性网络,下面仅讨论线性无源微波网络的 $S$ 参数的特性。

### 2.4.1 S 参数的定义

$S$ 参数是描述网络各端口的归一化入射波和反射波之间关系的网络参数。对图 2-12 的 $n$ 端口微波网络,设进入网络的方向为入射波方向,离开网络的方向为反射波方向,则各端口的归一化入射波和反射波的关系为

$$\widetilde{U}_k=\frac{U_k}{\sqrt{Z_{0k}}}=a_k+b_k,\qquad \widetilde{I}_k=I_k\sqrt{Z_{0k}}=a_k-b_k \tag{2-30}$$

由此可得
$$a_k=\frac{1}{2}(\widetilde{U}_k+\widetilde{I}_k),\qquad b_k=\frac{1}{2}(\widetilde{U}_k-\widetilde{I}_k) \tag{2-31a}$$

用矩阵表示
$$\boldsymbol{a}=\frac{1}{2}(\widetilde{\boldsymbol{U}}+\widetilde{\boldsymbol{I}}),\qquad \boldsymbol{b}=\frac{1}{2}(\widetilde{\boldsymbol{U}}-\widetilde{\boldsymbol{I}}) \tag{2-31b}$$

若 $\widetilde{U}_k$ 与 $\widetilde{I}_k$ 之间是线性关系,并且 $\tilde{\boldsymbol{U}}=\overline{\boldsymbol{Z}}\tilde{\boldsymbol{I}}$,代入上式可得

$$\boldsymbol{b}=(\overline{\boldsymbol{Z}}-\boldsymbol{1})(\overline{\boldsymbol{Z}}+\boldsymbol{1})^{-1}\boldsymbol{a} \tag{2-32a}$$

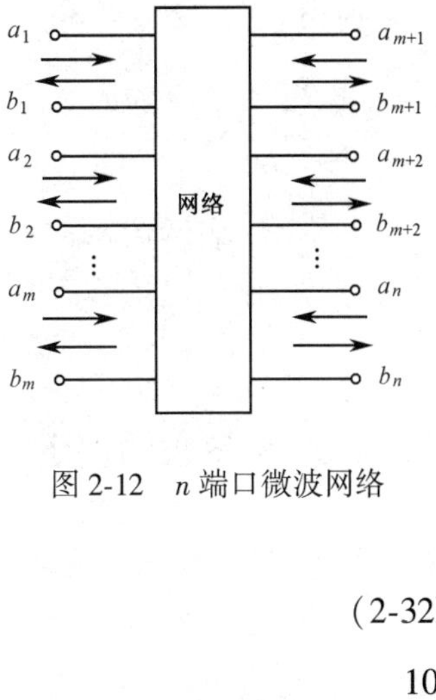

图 2-12　$n$ 端口微波网络

显然 $\boldsymbol{b}$ 与 $\boldsymbol{a}$ 之间也存在线性关系,并记为

$$\boldsymbol{b}=\boldsymbol{S}\boldsymbol{a} \tag{2-32b}$$

式中

$$S = (\bar{Z} - 1)(\bar{Z} + 1)^{-1} \tag{2-33a}$$

而

$$S = \begin{bmatrix} S_{11} & S_{12} & \cdots & S_{1n} \\ S_{21} & S_{22} & \cdots & S_{2n} \\ \vdots & \vdots & & \vdots \\ S_{n1} & S_{n2} & \cdots & S_{nn} \end{bmatrix} \tag{2-33b}$$

称为散射矩阵,其元素 $S_{ij}$称为 $n$ 端口网络的散射参数。下面讨论 $S$ 参数的定义及其物理含义。

1. 单端口网络

此时 $n=1$,如图 2-13(a)所示。由式(2-32b)可得 $b_1=S_{11}a_1$,则有

$$S_{11}=\frac{b_1}{a_1}=\Gamma_1$$

即为 1 端口的反射系数。

2. 双端口网络

此时 $n=2$,如图 2-13(b)所示。由式(2-32b)可得

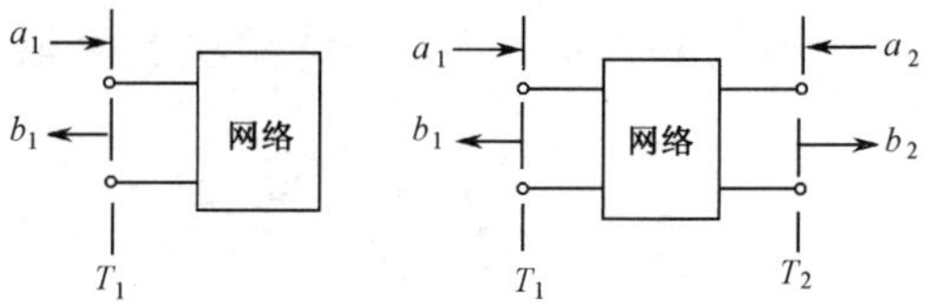

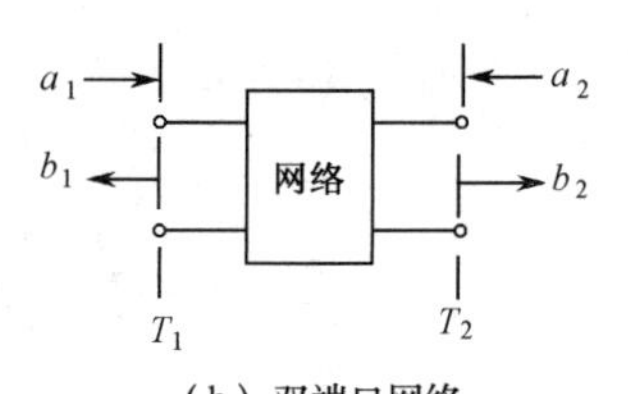


(a) 单端口网络　　(b) 双端口网络

图 2-13　单、双端口网络

$$b_1 = S_{11}a_1 + S_{12}a_2, \qquad b_2 = S_{21}a_1 + S_{22}a_2$$

故有:

$S_{11}=\left.\frac{b_1}{a_1}\right|_{a_2=0}=\Gamma_1$ 为 2 端口接匹配负载时,1 端口的反射系数;

$S_{22}=\left.\frac{b_2}{a_2}\right|_{a_1=0}=\Gamma_2$ 为 1 端口接匹配负载时,2 端口的反射系数;

$S_{12}=\left.\frac{b_1}{a_2}\right|_{a_1=0}$ 为 1 端口接匹配负载时,由 2 端口至 1 端口的电压传输系数;

$S_{21}=\left.\frac{b_2}{a_1}\right|_{a_2=0}$ 为 2 端口接匹配负载时,由 1 端口至 2 端口的电压传输系数。

3. 多端口网络($n>2$)

此时由式(2-32b)可知

$S_{kk}=\left.\frac{b_k}{a_k}\right|_{\substack{a_l=0\\ l\neq k}}$表示除 $k$ 端口外,其余各端口均接匹配负载时,$k$ 端口的反射系数;

$S_{kl}=\left.\frac{b_k}{a_l}\right|_{\substack{a_k=0\\ k\neq l}}$表示除 $l$ 端口外,其余各端口均接匹配负载时,由 $l$ 端口至 $k$ 端口的电压传输系数。

## 2.4.2　S 参数的性质

$S$ 参数有几个很重要的特性,这些特性在微波电路特性的分析中有着重要的应用。

### 1. 互易性及对称性

若网络互易,则 $\bar{\boldsymbol{Z}}^{\mathrm{T}}=\bar{\boldsymbol{Z}}$,根据 $S$ 参数与 $\bar{Z}$ 参数的关系式(2-33a),可得

$$\boldsymbol{S}^{\mathrm{T}} = (\bar{\boldsymbol{Z}} + \boldsymbol{1})^{-1}(\bar{\boldsymbol{Z}} - \boldsymbol{1})$$

利用恒等式

$$\bar{\boldsymbol{Z}}^2 - \boldsymbol{1}^2 = (\bar{\boldsymbol{Z}} + \boldsymbol{1})(\bar{\boldsymbol{Z}} - \boldsymbol{1}) = (\bar{\boldsymbol{Z}} - \boldsymbol{1})(\bar{\boldsymbol{Z}} + \boldsymbol{1})$$

对该恒等式两边同时左乘、右乘$(\bar{\boldsymbol{Z}}+\boldsymbol{1})^{-1}$可得

$$(\bar{\boldsymbol{Z}} - \boldsymbol{1})(\bar{\boldsymbol{Z}} + \boldsymbol{1})^{-1} = (\widetilde{\boldsymbol{Z}} + \boldsymbol{1})^{-1}(\bar{\boldsymbol{Z}} - \boldsymbol{1})$$

故有

$$\boldsymbol{S}^{\mathrm{T}} = \boldsymbol{S} \tag{2-34}$$

即互易网络的散射参数恒有 $S_{kl}=S_{lk}$。

若网络的 $k$ 端口还关于 $l$ 端口为对称,则有

$$S_{kk} = S_{ll} \quad 及 \quad S_{kl} = S_{lk} \tag{2-35}$$

### 2. 无耗性

将式(2-16)的复坡印亭定理中的 $U_k$、$I_k$ 用归一化的 $\widetilde{U}_k$、$\widetilde{I}_k$ 表示,则有

$$\sum_{k=1}^{n} \widetilde{U}_k \widetilde{I}_k^* = \mathrm{j}4\omega(W_{\mathrm{m}} - W_{\mathrm{e}}) + 2P_{\mathrm{R}}$$

把 $\widetilde{U}_k=a_k+b_k$、$\widetilde{I}_k=a_k-b_k$ 代入上式,并让等号两边的实、虚部分别相等。可得

$$\sum_{k=1}^{n} (|a_k|^2 - |b_k|^2) = 2P_{\mathrm{L}}$$

$$\sum_{k=1}^{n} (b_k a_k^* - b_k^* a_k) = \mathrm{j}4\omega(W_{\mathrm{m}} - W_{\mathrm{e}})$$

若网络无耗,则必有 $P_{\mathrm{L}}=0$,即

$$\sum_{k=1}^{n} (|a_k|^2 - |b_k|^2) = 0$$

用矩阵表示为

$$[a_1, a_2, \cdots, a_n]\begin{bmatrix} a_1 \\ a_2 \\ \vdots \\ a_n \end{bmatrix}^* - [b_1, b_2, \cdots, b_n]\begin{bmatrix} b_1 \\ b_2 \\ \vdots \\ b_n \end{bmatrix}^* = 0$$

即

$$\boldsymbol{a}^{\mathrm{T}}\boldsymbol{a}^* - \boldsymbol{b}^{\mathrm{T}}\boldsymbol{b}^* = 0$$

将 $\boldsymbol{b}=\boldsymbol{S}\boldsymbol{a}$ 代入上式,可得

$$\boldsymbol{a}^{\mathrm{T}}(\boldsymbol{1} - \boldsymbol{S}^{\mathrm{T}}\boldsymbol{S}^*)\boldsymbol{a}^* = 0$$

式中 $\boldsymbol{a}$ 是任意的,要使上式成立,必有

$$\boldsymbol{S}^{\mathrm{T}}\boldsymbol{S}^* = \boldsymbol{1} \text{ 或 } \boldsymbol{S}^{+}\boldsymbol{S} = \boldsymbol{1} \tag{2-36}$$

(式中的上角标“+”表示共轭转置,也叫哈密顿共轭)这就是无耗网络散射矩阵的性质,称为一元性或称幺正性。

### 3. 传输线无耗条件下,参考面移动 S 参数幅值的不变性

由于 $S$ 参数是描述网络各端口参考面上归一化入射波和反射波之间关系的参数,因此参考面不同时,网络的 $S$ 参数必也不同。但对于端接无耗传输线的 $n$ 端口网络,参考面的移动只改变 $S$ 参数的辐角,不改变 $S$ 参数的幅值。

用 $\boldsymbol{S}$ 表示参考面 $T_1,T_2,\cdots,T_n$ 所确定网络的散射矩阵,若各参考面都朝离开网络的方向移动,移动的距离分别为 $l_1,l_2,\cdots,l_n$,用 $\boldsymbol{S}'$ 表示移动后的参考面 $T_1',T_2',\cdots,T_n'$ 所确定的网络的散射矩阵,如图 2-14 所示。

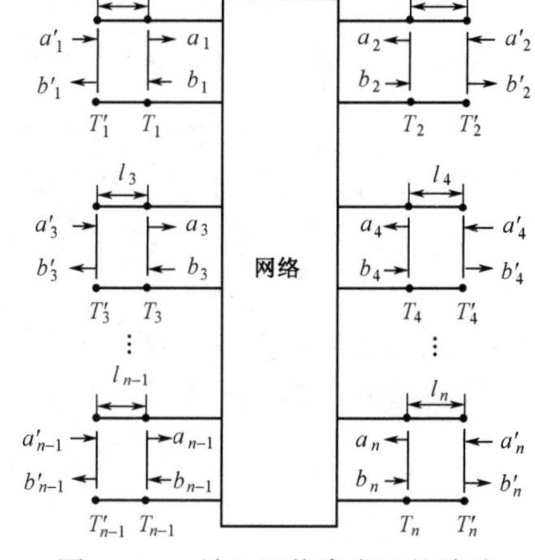

图 2-14　$n$ 端口网络参考面的移动

由于

$$b_k' = b_k \mathrm{e}^{-\mathrm{j}\beta l_k} = b_k \mathrm{e}^{-\mathrm{j}\theta_k}$$

$$a_k = a_k' \mathrm{e}^{-\mathrm{j}\theta_k}$$

用矩阵表示有

$$\begin{bmatrix} b_1' \\ b_2' \\ \vdots \\ b_n' \end{bmatrix} = \begin{bmatrix} \mathrm{e}^{-\mathrm{j}\theta_1} & 0 & \cdots & 0 \\ 0 & \mathrm{e}^{-\mathrm{j}\theta_2} & \cdots & 0 \\ \vdots & \vdots & & \vdots \\ 0 & 0 & \cdots & \mathrm{e}^{-\mathrm{j}\theta_n} \end{bmatrix} \begin{bmatrix} b_1 \\ b_2 \\ \vdots \\ b_n \end{bmatrix} = \boldsymbol{P}\boldsymbol{b}$$

$$\begin{bmatrix} a_1 \\ a_2 \\ \vdots \\ a_n \end{bmatrix} = \begin{bmatrix} \mathrm{e}^{-\mathrm{j}\theta_1} & 0 & \cdots & 0 \\ 0 & \mathrm{e}^{-\mathrm{j}\theta_2} & \cdots & 0 \\ \vdots & \vdots & & \vdots \\ 0 & 0 & \cdots & \mathrm{e}^{-\mathrm{j}\theta_n} \end{bmatrix} \begin{bmatrix} a_1' \\ a_2' \\ \vdots \\ a_n' \end{bmatrix} = \boldsymbol{P}\boldsymbol{a}'$$

其中

$$\boldsymbol{P} = \begin{bmatrix} \mathrm{e}^{-\mathrm{j}\theta_1} & 0 & \cdots & 0 \\ 0 & \mathrm{e}^{-\mathrm{j}\theta_2} & \cdots & 0 \\ \vdots & \vdots & & \vdots \\ 0 & 0 & \cdots & \mathrm{e}^{-\mathrm{j}\theta_n} \end{bmatrix} \tag{2-37}$$

将 $\boldsymbol{b}=\boldsymbol{S}\boldsymbol{a}$ 代入可得

$$\boldsymbol{b}' = \boldsymbol{P}\boldsymbol{S}\boldsymbol{P}\boldsymbol{a}'$$

故有

$$\boldsymbol{S}' = \boldsymbol{P}\boldsymbol{S}\boldsymbol{P} \tag{2-38a}$$

或

$$S_{kl}' = S_{kl}\mathrm{e}^{-\mathrm{j}(\theta_k+\theta_l)} \qquad (k,l=1,2,3,\cdots) \tag{2-38b}$$

由此可得如下结论:

(1) 无耗传输线上参考面移动时,不改变原网络 $S$ 参数的幅值,只改变其辐角(相位);

(2) 参考面向离开网络的方向移动时,对角矩阵 $\boldsymbol{P}$ 中对应该端口的元素为 $\mathrm{e}^{-\mathrm{j}\theta_k}$,向进入网络的方向移动时,$\boldsymbol{P}$ 矩阵中对应该端口的元素为 $\mathrm{e}^{\mathrm{j}\theta_k}$;

(3) 若只移动某个参考面,则只改变与此参考面有关的 $S$ 参数的辐角。

### 2.4.3　$S$ 矩阵与 $\bar{Z}$ 矩阵、$\bar{Y}$ 矩阵之间的变换关系

由 $\boldsymbol{b}=\boldsymbol{S}\boldsymbol{a}$、$\widetilde{\boldsymbol{U}}=\boldsymbol{a}+\boldsymbol{b}$、$\widetilde{\boldsymbol{I}}=\boldsymbol{a}-\boldsymbol{b}$ 及 $\widetilde{\boldsymbol{U}}=\overline{\boldsymbol{Z}}\widetilde{\boldsymbol{I}}$、$\widetilde{\boldsymbol{I}}=\overline{\boldsymbol{Y}}\widetilde{\boldsymbol{U}}$ 可得

$$\boldsymbol{S} = (\bar{\boldsymbol{Z}}-\boldsymbol{1})(\bar{\boldsymbol{Z}}+\boldsymbol{1})^{-1} = (\boldsymbol{1}-\bar{\boldsymbol{Y}})(\boldsymbol{1}+\bar{\boldsymbol{Y}})^{-1} \tag{2-39a}$$

$$\bar{\boldsymbol{Z}} = (\boldsymbol{1}+\boldsymbol{S})(\boldsymbol{1}-\boldsymbol{S})^{-1} \tag{2-39b}$$

$$\bar{\boldsymbol{Y}} = (\boldsymbol{1}-\boldsymbol{S})(\boldsymbol{1}+\boldsymbol{S})^{-1} \tag{2-39c}$$

### 2.4.4 双端口网络 $S$ 参数的讨论

对于常用的双端口微波网络，其 $S$ 参数方程为

$$b_1 = S_{11}a_1 + S_{12}a_2, \qquad b_2 = S_{21}a_1 + S_{22}a_2 \tag{2-40}$$

#### 1. 无耗互易性

由无耗网络的一元性 $\boldsymbol{S}^{+}\boldsymbol{S}=\boldsymbol{1}$ 可得

$$|S_{11}|^2 + |S_{21}|^2 = 1, \qquad S_{11}^{*}S_{12} + S_{21}^{*}S_{22} = 0$$
$$|S_{22}|^2 + |S_{12}|^2 = 1, \qquad S_{12}^{*}S_{11} + S_{22}^{*}S_{21} = 0$$

若网络互易，则有 $S_{12}=S_{21}$，代入上式可得

$$|S_{11}| = |S_{22}|$$

可见无耗互易网络，即使不对称，也有 $|S_{11}|=|S_{22}|$。若设 $S_{11}=|S_{11}|\mathrm{e}^{\mathrm{j}\theta_{11}}$，$S_{22}=|S_{22}|\mathrm{e}^{\mathrm{j}\theta_{22}}$，$S_{12}=S_{21}=|S_{21}|\mathrm{e}^{\mathrm{j}\theta_{21}}$，代入上述各式，可得 $\theta_{21}=\dfrac{1}{2}(\theta_{11}+\theta_{22}\pm\pi)$。故对于无耗互易的双端口网络，各 $S$ 参数之间有如下关系

$$|S_{22}|=|S_{11}|, \qquad S_{12}=S_{21}=|S_{21}|\mathrm{e}^{\mathrm{j}\theta_{21}}, \qquad |S_{21}|=\sqrt{1-|S_{11}|^2} \tag{2-41}$$
$$\theta_{21}=\frac{1}{2}(\theta_{11}+\theta_{22}\pm\pi)$$

#### 2. 双端口网络 $\boldsymbol{S}$ 矩阵与 $\overline{\boldsymbol{A}}$ 矩阵的关系

$S$ 参数有明确的物理意义，但不便于分析级联双端口网络，因此在分析级联网络的特性时，常采用先求出总的级联网络的 $\overline{\boldsymbol{A}}$ 矩阵，再转为 $\boldsymbol{S}$ 矩阵的方法，所以有必要熟悉 $\boldsymbol{S}$ 矩阵与 $\overline{\boldsymbol{A}}$ 矩阵的关系。

由于 $\boldsymbol{b}=\boldsymbol{S}\boldsymbol{a}$ 及 $\begin{bmatrix}\widetilde{U}_1\\ \tilde{I}_1\end{bmatrix}=\overline{\boldsymbol{A}}\begin{bmatrix}\tilde{U}_2\\ \tilde{I}_2\end{bmatrix}$，将 $\widetilde{U}_1=a_1+b_1$，$\widetilde{U}_2=a_2+b_2$，$\tilde{I}_1=a_1-b_1$，$\tilde{I}_2=b_2-a_2$ 代入可得

$$\boldsymbol{S}=\begin{bmatrix}\dfrac{a_{11}+a_{12}-a_{21}-a_{22}}{a_{11}+a_{12}+a_{21}+a_{22}} & \dfrac{2\det\overline{\boldsymbol{A}}}{a_{11}+a_{12}+a_{21}+a_{22}}\\[2ex] \dfrac{2}{a_{11}+a_{12}+a_{21}+a_{22}} & \dfrac{-a_{11}+a_{12}-a_{21}+a_{22}}{a_{11}+a_{22}+a_{21}+a_{22}}\end{bmatrix} \tag{2-42a}$$

$$\overline{\boldsymbol{A}}=\begin{bmatrix}\dfrac{(1+S_{11})(1-S_{22})+S_{12}S_{21}}{2S_{21}} & \dfrac{(1+S_{11})(1+S_{22})-S_{12}S_{21}}{2S_{21}}\\[2ex] \dfrac{(1-S_{11})(1-S_{22})-S_{12}S_{21}}{2S_{21}} & \dfrac{(1-S_{11})(1+S_{22})+S_{12}S_{21}}{2S_{21}}\end{bmatrix} \tag{2-42b}$$

显然当 $S_{21}=0$ 时，$\overline{\boldsymbol{A}}$ 矩阵将是不确定的。但在微波电路中 $S_{21}$ 一般是不可能为零的，因为它表示的是正向电压传输系数，所以 $\overline{\boldsymbol{A}}$ 矩阵也总是确定的。

#### 3. 输入端反射系数 $\Gamma_{\mathrm{in}}$ 与负载反射系数 $\Gamma_{\mathrm{L}}$ 的关系

根据输入端反射系数 $\Gamma_{\mathrm{in}}$ 的定义及 $\Gamma_{\mathrm{L}}=a_2/b_2$，由式(2-40)可得

$$\Gamma_{in} = \frac{b_1}{a_1} = S_{11} + \frac{S_{12}S_{21}\Gamma_L}{1 - S_{22}\Gamma_L} \tag{2-43}$$

### 4. $S$ 参数的简单测量

微波网络理论的实际意义，首先在于网络参数可以直接用实验方法测得。对于 $n$ 端口微波网络，一般情况下有 $n^2$ 个独立的网络参数，若网络互易，则 $n$ 阶网络参数矩阵中，除对角线上的 $n$ 个参数是独立的外，其余 $n^2-n$ 个参数中只有一半是独立的，于是独立参数为 $n+\frac{n^2-n}{2}=\frac{1}{2}n(n+1)$ 个；若是将 $(n-2)$ 个端口接上固定负载阻抗，则 $n$ 端口网络便简化为双端口微波网络，对于互易的双端口网络，独立的网络参数为 $n(n+1)/2=3$ 个，即必须进行三次独立的测量。若网络互易对称，则只有两个独立的网络参数，相应地只要进行两次独立的测量。网络参数的测量方法有许多种，这里只介绍一种最简单的测量方法——阻抗法测网络的 $S$ 参数。

由 $\Gamma_{in}$ 与 $S$ 参数的关系，对于互易双端口网络可用三次独立测量确定网络的 $S$ 参数。通常在 $T_2$ 参考面上选特定的负载：匹配 $(Z_L=Z_0, \Gamma_L=0)$、短路 $(Z_L=0, \Gamma_L=-1)$ 及开路 $(Z_L=\infty, \Gamma_L=1)$ 负载进行三点测量，在 $T_1$ 参考面上测得相应的反射系数为 $\Gamma_{1M}$、$\Gamma_{1S}$ 及 $\Gamma_{1O}$，代入式(2-43)可得

$$\Gamma_{1M} = S_{11}, \qquad \Gamma_{1S} = S_{11} - \frac{S_{12}^2}{1 + S_{22}}, \qquad \Gamma_{1O} = S_{11} + \frac{S_{12}^2}{1 - S_{22}}$$

联立此方程组可解得

$$\begin{aligned} S_{11} &= \Gamma_{1M} \\ S_{22} &= \frac{2\Gamma_{1M} - \Gamma_{1S} - \Gamma_{1O}}{\Gamma_{1S} - \Gamma_{1O}} \\ S_{12}^2 &= \frac{2(\Gamma_{1M} - \Gamma_{1S})(\Gamma_{1M} - \Gamma_{1O})}{\Gamma_{1S} - \Gamma_{1O}} \end{aligned} \tag{2-44a}$$

实际上由于 $T_2$ 参考面的开路负载是难以真正得到的，故可采用在 $T_1$ 参考面上接匹配负载测出 $T_2$ 参考面处的 $\Gamma_{2M}$，则有 $\Gamma_{2M}=S_{22}$，由式(2-43)可得

$$\begin{aligned} S_{11} &= \Gamma_{1M} \\ S_{22} &= \Gamma_{2M} \\ S_{12}^2 &= (\Gamma_{1M} - \Gamma_{1S})(1 + \Gamma_{2M}) \end{aligned} \tag{2-44b}$$

或者直接由 $S_{11}$、$S_{22}$ 的值，代入式(2-41)求 $S_{12}$ 的值。

**【例 2-7】** 求图 2-15 的并联导纳网络的散射矩阵。

**解：** 因为 $\begin{cases} a_1+b_1=a_2+b_2 \\ a_1-b_1=\overline{Y}(a_2+b_2)+b_2-a_2 \end{cases}$，在网络的 2 端口接上匹配负载 $\overline{Z}_L=1$，则 $a_2=0$，于是由方程组可得

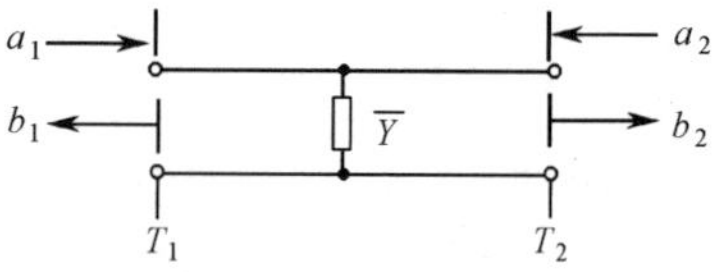

$$S_{11} = \left.\frac{b_1}{a_1}\right|_{a_2=0} = \frac{-\overline{Y}}{2+\overline{Y}}, \qquad S_{21} = \left.\frac{b_2}{a_1}\right|_{a_2=0} = \frac{2}{2+\overline{Y}}$$



图 2-15 并联导纳网络

同样，在网络的 1 端口接上匹配负载，则 $a_1=0$，由方程组可得

$$S_{22}=\left.\frac{b_2}{a_2}\right|_{a_1=0}=\frac{-\bar{Y}}{2+\bar{Y}},\qquad S_{12}=\left.\frac{b_1}{a_2}\right|_{a_1=0}=\frac{2}{2+\bar{Y}}$$

所以
$$\boldsymbol{S}=\begin{bmatrix}\dfrac{-\bar{Y}}{2+\bar{Y}} & \dfrac{2}{2+\bar{Y}}\\ \dfrac{2}{2+\bar{Y}} & \dfrac{-\bar{Y}}{2+\bar{Y}}\end{bmatrix}$$

**【例 2-8】** 图 2-16 所示为微波接头的等效电路，今测得 $S_{11}=(1-\mathrm{j})/(3+\mathrm{j})$，$S_{22}=-(1+\mathrm{j})/(3+\mathrm{j})$，求理想变压器的匝比 $n$、接头处的归一化电纳 $\mathrm{j}\bar{B}$ 及 $S_{12}$ 的值。

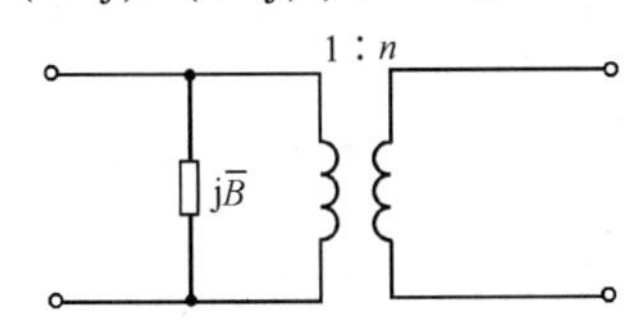


图 2-16　例 2-8 题图

**解：**由图示电路可得

$$\bar{\boldsymbol{A}}=\begin{bmatrix}1 & 0\\ \mathrm{j}\bar{B} & 1\end{bmatrix}\begin{bmatrix}1/n & 0\\ 0 & n\end{bmatrix}=\begin{bmatrix}1/n & 0\\ \mathrm{j}\bar{B}/n & n\end{bmatrix}$$

由 $S$ 参数与 $\bar{\boldsymbol{A}}$ 参数的关系可得

$$S_{11}=\frac{a_{11}-a_{22}+a_{12}-a_{21}}{a_{11}+a_{12}+a_{21}+a_{22}}=\frac{\dfrac{1}{n}-n-\dfrac{\mathrm{j}\bar{B}}{n}}{\dfrac{1}{n}+n+\dfrac{\mathrm{j}\bar{B}}{n}}$$

解之有
$$\bar{B}=\frac{1}{2},\qquad n=\frac{1}{\sqrt{2}}$$

$$S_{12}=S_{21}=|S_{12}|\,\mathrm{e}^{\mathrm{j}\theta_{12}}=\frac{2}{a_{11}+a_{12}+a_{21}+a_{22}}$$

$$S_{12}=\frac{2\sqrt{2}}{3+\mathrm{j}}=\frac{2\sqrt{5}}{5}\mathrm{e}^{-\mathrm{j}18.43^\circ}$$

**【例 2-9】** 对图 2-17 所示的微波电路，求传输至负载 $Z_L$ 的功率，并求两段传输线上的驻波比 $\rho_1$、$\rho_2$。设 $Z_L=2Z_0$，$X_1=X_2=Z_0$，$Z_g=Z_0$，$E_g=5(\mathrm{V})$。

**解：**在参考面 $T_1$-$T_2$ 之间的归一化 $\bar{\boldsymbol{A}}$ 矩阵为

$$\bar{\boldsymbol{A}}=\begin{bmatrix}1 & \mathrm{j}\\ 0 & 1\end{bmatrix}\begin{bmatrix}1 & 0\\ -\mathrm{j} & 1\end{bmatrix}=\begin{bmatrix}2 & \mathrm{j}\\ -\mathrm{j} & 1\end{bmatrix}$$

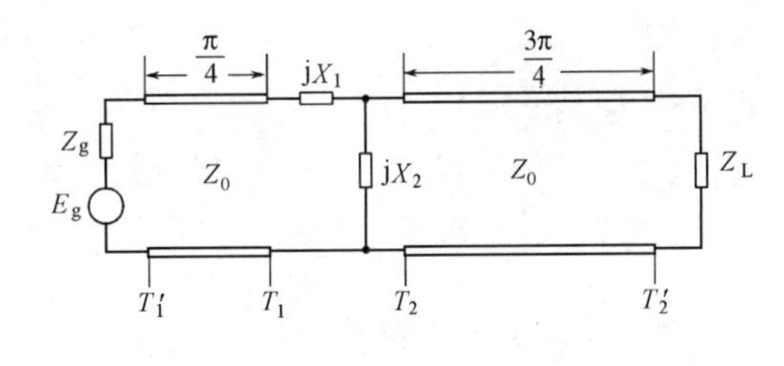


图 2-17　例 2-9 题图

由 $S$ 参数与 $\bar{\boldsymbol{A}}$ 参数的关系可得 $\boldsymbol{S}$ 矩阵为

$$\boldsymbol{S}=\begin{bmatrix}\dfrac{1+\mathrm{j}2}{3} & \dfrac{2}{3}\\ \dfrac{2}{3} & \dfrac{-1+\mathrm{j}2}{3}\end{bmatrix}$$

将参考面由 $T_1$-$T_2$ 处外移至 $T_1'$-$T_2'$ 处有

$$\boldsymbol{S}'=\begin{bmatrix}S_{11}\mathrm{e}^{-\mathrm{j}2\theta_1} & S_{12}\mathrm{e}^{-\mathrm{j}(\theta_1+\theta_2)}\\ S_{21}\mathrm{e}^{-\mathrm{j}(\theta_1+\theta_2)} & S_{22}\mathrm{e}^{-\mathrm{j}2\theta_2}\end{bmatrix}=\begin{bmatrix}\dfrac{2-\mathrm{j}}{3} & -\dfrac{2}{3}\\ -\dfrac{2}{3} & -\dfrac{(2+\mathrm{j})}{3}\end{bmatrix}$$

则 $$\Gamma_{\mathrm{in}}=\Gamma_1=S_{11}'+\frac{S_{12}'^2\Gamma_L}{1-S_{22}'\Gamma_L}=\frac{48-\mathrm{j}21}{61},\qquad \Gamma_L=\frac{\bar{Z}_L-1}{\bar{Z}_L+1}=\frac{1}{3}$$

$$\rho_1=\frac{1+|\Gamma_1|}{1-|\Gamma_1|}=13.17,\qquad \rho_2=\frac{1+|\Gamma_L|}{1-|\Gamma_L|}=2$$

即

$$P_L=\frac{1}{2}|a_1|^2(1-|\Gamma_1|^2)$$

由于在 $T_1'$ 面处归一化的入射波电压 $a_1=\frac{1}{2}\overline{E}_g$，因此可得

$$P_L=\frac{50}{61Z_0}$$

【例 2-10】 图 2-18 所示电路中的晶体管的归一化 Y 参数为 $\boldsymbol{y}_t=\begin{bmatrix} y_{ie} & y_{re} \\ y_{fe} & y_{oe}\end{bmatrix}$。现并联一无耗 π 形网络，求并联后的归一化 $\boldsymbol{Y}$ 矩阵。应如何选择 π 形网络各电纳才能使整个电路无反馈？

**解：** 用 $Y$ 参数求解总的归一化 $\boldsymbol{Y}$ 矩阵

$$\overline{\boldsymbol{Y}}=\overline{\boldsymbol{Y}}_t+\overline{\boldsymbol{Y}}_\pi \qquad \overline{\boldsymbol{Y}}_\pi=\begin{bmatrix} b_1+b_3 & -b_3 \\ -b_3 & b_2+b_3\end{bmatrix}$$

$$\overline{\boldsymbol{Y}}=\begin{bmatrix} y_{ie}+b_1+b_3 & y_{re}-b_3 \\ y_{fe}-b_3 & y_{oe}+b_2+b_3\end{bmatrix}=\begin{bmatrix} \overline{Y}_{11} & \overline{Y}_{12} \\ \overline{Y}_{21} & \overline{Y}_{22}\end{bmatrix}$$

要使电路无反馈，只需使 $S_{12}=0$，由 $Y$ 参数与 $S$ 参数的关系

$$\boldsymbol{S}=(\boldsymbol{1}-\overline{\boldsymbol{Y}})(\boldsymbol{1}+\overline{\boldsymbol{Y}})^{-1}$$

$$(\boldsymbol{1}+\overline{\boldsymbol{Y}})^{-1}=\frac{1}{\boldsymbol{\Delta}}\begin{bmatrix} 1+\overline{Y}_{22} & -\overline{Y}_{12} \\ -\overline{Y}_{21} & 1+\overline{Y}_{11}\end{bmatrix},\qquad \boldsymbol{\Delta}=(1+\overline{Y}_{11})(1+\overline{Y}_{22})-\overline{Y}_{12}\overline{Y}_{21}$$

$$\boldsymbol{S}=\frac{1}{\boldsymbol{\Delta}}\begin{bmatrix} 1-\overline{Y}_{11} & -\overline{Y}_{12} \\ -\overline{Y}_{21} & 1-\overline{Y}_{22}\end{bmatrix}\begin{bmatrix} 1+\overline{Y}_{22} & -\overline{Y}_{12} \\ -\overline{Y}_{21} & 1+\overline{Y}_{11}\end{bmatrix}$$

$$S_{12}=\frac{1}{\boldsymbol{\Delta}}[(1-\overline{Y}_{11})(-\overline{Y}_{12})-\overline{Y}_{12}(1+\overline{Y}_{11})]=\frac{-2\overline{Y}_{12}}{\boldsymbol{\Delta}}=0$$

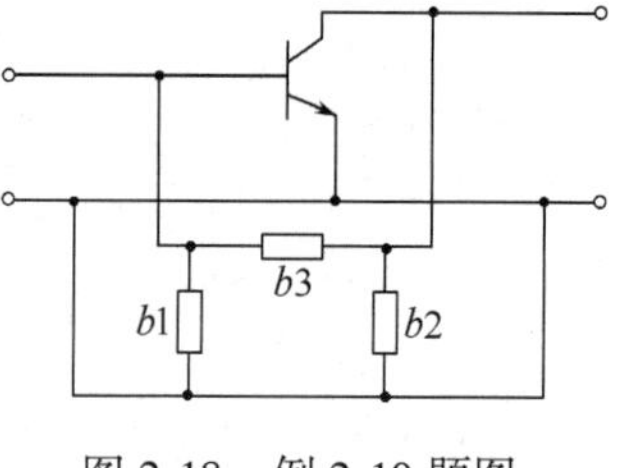


图 2-18 例 2-10 题图

即

$$\overline{Y}_{12}=0,\quad b_3=y_{re}$$

由 $\boldsymbol{\Delta}=(1+\overline{Y}_{11})(1+\overline{Y}_{22})-\overline{Y}_{12}\overline{Y}_{21}\neq 0$ 得

$$b_1\neq-(1+y_{ie}+y_{re}),\ b_2\neq-(1+y_{oe}+y_{re})$$

【例 2-11】 无耗互易双端口网络，若 $S_{22}=\Gamma_L^*$，求 $\Gamma_{in}$。

**解：** 设无耗互易双端口网络的 $S$ 参数为 $\boldsymbol{S}=\begin{bmatrix} S_{11} & S_{12} \\ S_{12} & S_{22}\end{bmatrix}$，由无耗网络的性质 $\boldsymbol{S}^+\boldsymbol{S}=\boldsymbol{1}$ 得

$$|S_{11}|^2+|S_{12}|^2=1 \tag{1}$$

$$|S_{12}|^2+|S_{22}|^2=1 \tag{2}$$

$$S_{11}S_{12}^*+S_{12}S_{22}^*=0 \tag{3}$$

由于

$$\Gamma_{in}=S_{11}+\frac{S_{12}^2\Gamma_L}{1-S_{22}\Gamma_L}=S_{11}+\frac{S_{12}^2S_{22}^*}{1-|S_{22}|^2} \tag{4}$$

由式(2)得

$$1-|S_{22}|^2=|S_{12}|^2=S_{12}S_{12}^*$$

由式(3)得

$$S_{12}S_{22}^*=-S_{11}S_{12}^*$$

代入式(4)得 $$\Gamma_{\text{in}} = S_{11} + \frac{-S_{12}S_{12}^{*}S_{11}}{S_{12}S_{12}^{*}} = S_{11} - S_{11} = 0$$

本节习题 2-5,2-11,2-13,2-15,2-16,2-17,2-18,2-19;mooc 知识点 2.4(1),2.4(2),2.5(1),2.5(2),2.6,2.7,2.8。

## 2.5 双端口网络的传输散射矩阵

上节讨论的散射矩阵表示法不便于分析级联双端口网络,解决的办法:一是采用 $\overline{\boldsymbol{A}}$ 矩阵运算,然后转换成 $\boldsymbol{S}$ 矩阵;二是重新定义一组网络参数。

仿效 $\overline{\boldsymbol{A}}$ 参数的定义,以输出端口的入射波和反射波为自变量,输入端口的入射波和反射波为因变量,可以定义出一组新的网络参数——传输散射参数,简称为传输参数,并用 $T$ 表示,故也叫 $T$ 参数。其定义方程为

$$\begin{bmatrix} a_1 \\ b_1 \end{bmatrix} = \begin{bmatrix} T_{11} & T_{12} \\ T_{21} & T_{22} \end{bmatrix} \begin{bmatrix} b_2 \\ a_2 \end{bmatrix} = \boldsymbol{T} \begin{bmatrix} b_2 \\ a_2 \end{bmatrix} \tag{2-45}$$

式(2-45)定义的 $T$ 参数与 $S$ 参数的关系为

$$\begin{bmatrix} T_{11} & T_{12} \\ T_{21} & T_{22} \end{bmatrix} = \begin{bmatrix} 1/S_{21} & -S_{22}/S_{21} \\ S_{11}/S_{21} & -\det \boldsymbol{S}/S_{21} \end{bmatrix} \tag{2-46}$$

$$\begin{bmatrix} S_{11} & S_{12} \\ S_{21} & S_{22} \end{bmatrix} = \begin{bmatrix} T_{21}/T_{11} & \det \boldsymbol{T}/T_{11} \\ 1/T_{11} & -T_{12}/T_{11} \end{bmatrix} \tag{2-47}$$

由 $S$ 参数的性质,可以很容易得到 $T$ 参数的性质:

对于互易网络有 $$\det \boldsymbol{T} = 1$$

对于对称网络有 $$\begin{cases} \det \boldsymbol{T} = 1 \\ T_{12} = -T_{21} \end{cases}$$

$\boldsymbol{T}$ 矩阵中的各参数除 $T_{11} = 1/S_{21}$ 是 2 端口接匹配负载时 1 端口至 2 端口的电压传输系数的倒数外,其余各参数均没有具体明确的物理意义。

求 $T$ 参数的一种简便方法是由 $S$ 参数转求 $T$ 参数,表 2-3 给出了几个常用双端口网络的 $\boldsymbol{S}$ 矩阵和 $\boldsymbol{T}$ 矩阵。

**表 2-3 几个简单双端口网络的 $S$ 矩阵和 $T$ 矩阵**

| 名 称 | 电 路 图 | 散射矩阵 $\boldsymbol{S}$ | 传输矩阵 $\boldsymbol{T}$ |
|---|---|---|---|
| 串联阻抗 | 1 $\overline{Z}$ 1 | $\begin{bmatrix} \frac{\overline{Z}}{2+\overline{Z}} & \frac{2}{2+\overline{Z}} \\ \frac{2}{2+\overline{Z}} & \frac{\overline{Z}}{2+\overline{Z}} \end{bmatrix}$ | $\begin{bmatrix} 1+\frac{\overline{Z}}{2} & -\frac{\overline{Z}}{2} \\ \frac{\overline{Z}}{2} & 1-\frac{\overline{Z}}{2} \end{bmatrix}$ |
| 并联导纳 | 1 $\overline{Y}$ 1 | $\begin{bmatrix} \frac{-\overline{Y}}{2+\overline{Y}} & \frac{2}{2+\overline{Y}} \\ \frac{2}{2+\overline{Y}} & \frac{-\overline{Y}}{2+\overline{Y}} \end{bmatrix}$ | $\begin{bmatrix} 1+\frac{\overline{Y}}{2} & \frac{\overline{Y}}{2} \\ -\frac{\overline{Y}}{2} & 1-\frac{\overline{Y}}{2} \end{bmatrix}$ |

续表

| 名　称 | 电　路　图 | 散射矩阵 $\boldsymbol{S}$ | 传输矩阵 $\boldsymbol{T}$ |
|---|---|---|---|
| 理想变压器 | $N_1$　$N_2$　$n=N_1/N_2$ | $\begin{bmatrix} -\frac{1-n^2}{1+n^2} & \frac{2n}{1+n^2} \\ \frac{2n}{1+n^2} & \frac{1-n^2}{1+n^2} \end{bmatrix}$ | $\begin{bmatrix} \frac{1+n^2}{2n} & -\frac{1-n^2}{2n} \\ -\frac{1-n^2}{2n} & \frac{1+n^2}{2n} \end{bmatrix}$ |
| 短　截　线 | 1　$\theta$ | $\begin{bmatrix} 0 & \mathrm{e}^{-\mathrm{j}\theta} \\ \mathrm{e}^{-\mathrm{j}\theta} & 0 \end{bmatrix}$ | $\begin{bmatrix} \mathrm{e}^{\mathrm{j}\theta} & 0 \\ 0 & \mathrm{e}^{-\mathrm{j}\theta} \end{bmatrix}$ |
| $\bar{\mathrm{K}}$ 变换器 | 1　$\bar{K}$　1 | $\begin{bmatrix} \frac{\bar{K}^2-1}{\bar{K}^2+1} & \frac{\pm\mathrm{j}2\bar{K}}{\bar{K}^2+1} \\ \frac{\pm\mathrm{j}2\bar{K}}{\bar{K}^2+1} & \frac{\bar{K}^2-1}{\bar{K}^2+1} \end{bmatrix}$ | $\begin{bmatrix} \frac{\bar{K}^2+1}{\mathrm{j}2\bar{K}} & \frac{\bar{K}^2-1}{\mathrm{j}2\bar{K}} \\ \frac{\bar{K}^2-1}{\mathrm{j}2\bar{K}} & \frac{\bar{K}^2+1}{\mathrm{j}2\bar{K}} \end{bmatrix}$ |
| $\bar{\mathrm{J}}$ 变换器 | 1　$\bar{J}$　1 | $\begin{bmatrix} \frac{1-\bar{J}^2}{1+\bar{J}^2} & \frac{\pm\mathrm{j}2\bar{J}}{1+\bar{J}^2} \\ \frac{\pm\mathrm{j}2\bar{J}}{1+\bar{J}^2} & \frac{1-\bar{J}^2}{1+\bar{J}^2} \end{bmatrix}$ | $\begin{bmatrix} \frac{1+\bar{J}^2}{\mathrm{j}2\bar{J}} & \frac{1-\bar{J}^2}{\mathrm{j}2\bar{J}} \\ \frac{1-\bar{J}^2}{\mathrm{j}2\bar{J}} & \frac{1+\bar{J}^2}{\mathrm{j}2\bar{J}} \end{bmatrix}$ |

# 2.6　双端口网络的功率增益与工作特性参数

## 2.6.1　双端口网络的功率增益

在微波有源电路的分析与设计中会用到功率增益,网络的某些工作特性参数也与功率增益有关。对于不同的源和负载,功率增益的定义也不同,最常用的功率增益定义有三种类型:功率增益 $G$、资用功率增益 $G_A$ 和转移功率增益 $G_T$,它们都可用网络的 $S$ 参数表示。

① 功率增益 $G$ 定义为负载吸收的功率 $P_L$ 与双端口网络输入功率 $P_{in}$ 之比,即$G=P_L/P_{in}$,一般 $G$ 与源内阻 $Z_g$ 无关。

② 资用功率增益 $G_A$ 定义为负载从网络得到的资用功率 $P_{an}$ 与信源输出的资用功率 $P_a$ 之比,即 $G_A=P_{an}/P_a$。$G_A$ 与 $Z_g$ 有关,但一般与 $Z_L$ 无关。

③ 转移功率增益 $G_T$ 定义为负载吸收的功率 $P_L$ 与信源的资用功率 $P_a$ 之比,即 $G_T=P_L/P_a$,$G_T$ 一般与 $Z_L$、$Z_g$ 都有关系。

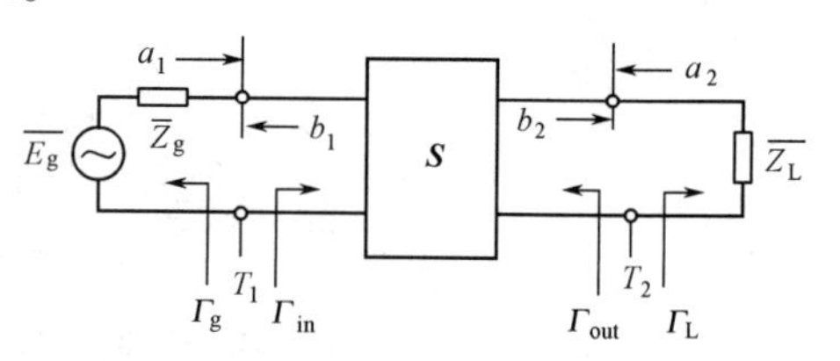


图 2-19　具有信源与负载的双端口网络

由图 2-19 可知,网络各端口满足如下关系

$$b_1=S_{11}a_1+S_{12}a_2=S_{11}a_1+S_{12}\Gamma_L b_2 \tag{2-48a}$$

$$b_2=S_{21}a_1+S_{22}a_2=S_{21}a_1+S_{22}\Gamma_L b_2 \tag{2-48b}$$

$$\Gamma_{in}=\frac{\bar{Z}_{in}-1}{\bar{Z}_{in}+1}=S_{11}+\frac{S_{12}S_{21}\Gamma_L}{1-S_{22}\Gamma_L},\qquad \Gamma_{out}=\frac{\bar{Z}_{out}-1}{\bar{Z}_{out}+1}=S_{22}+\frac{S_{12}S_{21}\Gamma_g}{1-S_{11}\Gamma_g} \tag{2-49a}$$

$$\Gamma_g=\frac{\bar{Z}_g-1}{\bar{Z}_g+1},\qquad \Gamma_L=\frac{\bar{Z}_L-1}{\bar{Z}_L+1} \tag{2-49b}$$

根据 $P_{in}$ 及 $P_L$ 的定义

$$P_{in}=\frac{1}{2}|a_1|^2(1-|\Gamma_{in}|^2),\qquad P_L=\frac{1}{2}|b_2|^2(1-|\Gamma_L|^2) \tag{2-50}$$

可知,只要求出 $|a_1|^2$ 与 $|b_2|^2$,就可求出功率增益 $G$。

由于 $\widetilde{U}_1=a_1+b_1=a_1(1+\Gamma_{in})=\dfrac{\overline{E}_g}{\overline{Z}_g+\overline{Z}_{in}}\overline{Z}_{in}$,将 $\overline{Z}_{in}=\dfrac{1+\Gamma_{in}}{1-\Gamma_{in}}$,$\overline{Z}_g=\dfrac{1+\Gamma_g}{1-\Gamma_g}$代入上式可得

$$a_1=\frac{1-\Gamma_g}{2(1-\Gamma_g\Gamma_{in})}\overline{E}_g \tag{2-51a}$$

由式(2-48b)可得

$$b_2=\frac{S_{21}}{1-S_{22}\Gamma_L}a_1=\frac{S_{21}(1-\Gamma_g)}{2(1-S_{22}\Gamma_L)(1-\Gamma_g\Gamma_{in})}\overline{E}_g \tag{2-51b}$$

将式(2-51)代入式(2-50)可得

$$P_{in}=\frac{1}{8}\frac{|1-\Gamma_g|^2(1-|\Gamma_{in}|^2)}{|1-\Gamma_g\Gamma_{in}|^2}|\overline{E}_g|^2 \tag{2-52a}$$

$$P_L=\frac{1}{8}\frac{|S_{21}|^2|1-\Gamma_g|^2(1-|\Gamma_L|^2)}{|1-S_{22}\Gamma_L|^2|1-\Gamma_g\Gamma_{in}|^2}|\overline{E}_g|^2 \tag{2-52b}$$

由此可得功率增益 $G$ 为

$$G=\frac{P_L}{P_{in}}=\frac{|S_{21}|^2(1-|\Gamma_L|^2)}{|1-S_{22}\Gamma_L|^2(1-|\Gamma_{in}|^2)} \tag{2-53}$$

信源的资用功率 $P_a$ 为网络的输入阻抗 $\overline{Z}_{in}$与信源内阻 $\overline{Z}_g$ 共轭匹配时的最大输出功率,此时有 $\Gamma_g=\Gamma_{in}^*$,代入式(2-52a)可得

$$P_a=\frac{|\overline{E}_g|^2}{8}\frac{|1-\Gamma_g|^2}{(1-|\Gamma_g|^2)} \tag{2-54a}$$

网络输出的资用功率 $P_{an}$ 为负载阻抗 $\overline{Z}_L$ 与网络的输出阻抗 $\overline{Z}_{out}$ 呈共轭匹配时的输出功率,此时有 $\Gamma_L=\Gamma_{out}^*$,代入式(2-52b)有

$$P_{an}=\frac{|\overline{E}_g|^2}{8}\frac{|S_{21}|^2|1-\Gamma_g|^2(1-|\Gamma_{out}|^2)}{|1-S_{22}\Gamma_{out}^*|^2|1-\Gamma_g\Gamma_{in}|^2}$$

当 $\Gamma_L=\Gamma_{out}^*$时,由式(2-49a)可知此时

$$\Gamma_{in}=S_{11}+\frac{S_{12}S_{21}\Gamma_{out}^*}{1-S_{22}\Gamma_{out}^*},\qquad \Gamma_{out}=S_{22}+\frac{S_{12}S_{21}\Gamma_g}{1-S_{11}\Gamma_g}$$

经推导整理可得

$$|1-\Gamma_g\Gamma_{in}|^2_{\Gamma_L=\Gamma_{out}^*}=\frac{|1-\Gamma_gS_{11}|^2(1-|\Gamma_{out}|^2)^2}{|1-S_{22}\Gamma_{out}^*|^2}$$

代入 $P_{an}$表达式可得

$$P_{an}=\frac{|\overline{E}_g|^2}{8}\frac{|S_{21}|^2|1-\Gamma_g|^2}{|1-\Gamma_gS_{11}|^2(1-|\Gamma_{out}|^2)} \tag{2-54b}$$

故可得资用功率增益 $G_A$ 为

$$G_A=\frac{P_{an}}{P_a}=\frac{|S_{21}|^2(1-|\Gamma_g|^2)}{|1-S_{11}\Gamma_g|^2(1-|\Gamma_{out}|^2)} \tag{2-55}$$

由 $P_L$ 与 $P_a$ 可得转移功率增益 $G_T$ 为

$$G_T = \frac{P_L}{P_a} = \frac{|S_{21}|^2(1-|\Gamma_g|^2)(1-|\Gamma_L|^2)}{|1-S_{22}\Gamma_L|^2|1-\Gamma_g\Gamma_{in}|^2} \tag{2-56a}$$

输入/输出端均匹配情况下的转移功率增益称为匹配转移功率增益,用 $G_{TM}$ 表示,此时由 $\Gamma_L=\Gamma_g=0$,可得

$$G_{TM} = |S_{21}|^2 \tag{2-56b}$$

对于 $S_{12}=0$ 的单向非互易网络,其转移功率增益称为单向功率增益,用 $G_{TU}$ 表示,此时由 $S_{12}=0$,$\Gamma_{in}=S_{11}$ 可得

$$G_{TU} = \frac{|S_{21}|^2(1-|\Gamma_g|^2)(1-|\Gamma_L|^2)}{|1-S_{22}\Gamma_L|^2|1-S_{11}\Gamma_g|^2} \tag{2-56c}$$

由于转移功率增益与 $Z_g$、$Z_L$ 均有关系,因此在实际电路中比前两种增益更实用。

### 2.6.2 双端口网络的工作特性参数

在 2.1 节中已知用网络分析法设计电路时,所得的电路元件一般不是最佳的,只有用网络综合法,才能得到最佳设计。而网络综合时,优化设计的依据就是工作特性参数。这些特性参数都与网络参数密切相关,下面我们讨论几个常用的双端口网络的工作特性参数。

1. 电压传输系数 $T$

电压传输系数定义为网络输出端接匹配负载时,输出端参考面上反射电压波 $b_2$ 与输入端参考面上入射电压波 $a_1$ 之比,即

$$T = \left.\frac{b_2}{a_1}\right|_{a_2=0} = S_{21} \tag{2-57}$$

对于互易网络有

$$T=S_{21}=S_{12}$$

2. 插入相移 $\theta$

插入相移定义为 $b_2$ 与 $a_1$ 的相位差,即

$$\theta = \arg(b_2/a_1) \tag{2-58a}$$

将式(2-51b)代入上式,可得

$$\theta=\arg\left(\frac{S_{21}}{1-S_{22}\Gamma_L}\right) \tag{2-58b}$$

当 $\overline{Z}_g=\overline{Z}_L=1$ 时,有

$$\theta=\arg(S_{21}) \tag{2-58c}$$

即插入相移就是网络电压传输系数的辐角。

3. 插入驻波比 $\rho$

网络的插入驻波比定义为网络输出端接匹配负载时,网络输入端的驻波比。此时由 $\Gamma_L=0$,可得 $\Gamma_{in}=S_{11}$,故插入驻波比为

$$\rho = \frac{1+|S_{11}|}{1-|S_{11}|} \quad 或 \quad |S_{11}| = \frac{\rho-1}{\rho+1} \tag{2-59}$$

4. 网络的插入衰减 $L_I$ 与工作衰减 $L_A$

网络的插入衰减定义为网络未插入前负载吸收的功率 $P_{L0}$ 与网络插入后负载吸收的功率 $P_L$ 之比的分贝数,即

$$L_I = 10\lg \frac{P_{L0}}{P_L} \tag{2-60a}$$

由于 $$P_{L0} = \frac{1}{2}\left|\frac{\bar{E}_g}{\bar{Z}_L + \bar{Z}_g}\right|^2 \frac{\bar{Z}_L + \bar{Z}_L^*}{2} = \frac{|\bar{E}_g|^2}{8} \frac{|1-\Gamma_g|^2(1-|\Gamma_L|^2)}{|1-\Gamma_g\Gamma_L|^2}$$

将上式及式(2-52b)的 $P_L$ 代入式(2-60a),可得

$$L_I = 10\lg \frac{|1-S_{22}\Gamma_L|^2 |1-\Gamma_g\Gamma_{in}|^2}{|S_{21}|^2 |1-\Gamma_g\Gamma_L|^2} \tag{2-60b}$$

插入衰减 $L_I$ 用来衡量网络插入前、后源和负载间匹配情况的改善程度。$L_I>0$ 表明网络插入后负载吸收的功率小于插入前负载吸收的功率,即网络插入后,匹配状况变坏;$L_I=0$ 表明网络插入前、后负载吸收的功率相等,匹配状况没有改善;$L_I<0$ 表明网络插入后负载吸收的功率大于插入前负载吸收的功率,即网络插入后,匹配状况得到了改善。但插入衰减 $L_I$ 究竟为何值时,才能达到最佳匹配呢?从式(2-60b)一般是不能直接得知的,这是插入衰减定义的不足之处。为解决此问题,又定义了工作衰减。

工作衰减 $L_A$ 定义为信源的资用功率 $P_a$ 与网络输出端负载吸收的功率 $P_L$ 之比的分贝数,即

$$L_A = 10\lg\frac{P_a}{P_L} = 10\lg\frac{1}{G_T} = 10\lg\frac{|1-S_{22}\Gamma_L|^2|1-\Gamma_g\Gamma_{in}|^2}{|S_{21}|^2(1-|\Gamma_g|^2)(1-|\Gamma_L|^2)} \tag{2-61}$$

工作衰减用来衡量网络插入后源和负载间匹配状况的变坏程度。若无源网络插入后负载吸收的功率仍等于信源的资用功率,则 $L_A=0$,表明网络使负载和源之间达到了最佳匹配。当负载吸收的功率 $P_L<P_a$ 时,$L_A>0$,表明网络使源和负载失配,$L_A$ 越大,失配越严重。对于无源网络,由于负载吸收的功率总是等于或小于信源的资用功率,因此工作衰减 $L_A$ 总是正值。

比较式(2-60b)和式(2-61)可知,工作衰减和插入衰减有如下关系

$$L_A = L_I + 10\lg\frac{|1-\Gamma_g\Gamma_L|^2}{(1-|\Gamma_g|^2)(1-|\Gamma_L|^2)} \tag{2-62}$$

即工作衰减与插入衰减之间差一个常数。对于双端口网络的源和负载都匹配的系统,即 $\bar{Z}_g=\bar{Z}_L=1$,则由 $\Gamma_g=\Gamma_L=0$ 可知

$$L_A = L_I = 10\lg\frac{1}{|S_{21}|^2} \tag{2-63}$$

即此时工作衰减等于插入衰减。对上式变换有

$$L_A = L_I = 10\lg\frac{1}{1-|S_{11}|^2} + 10\lg\frac{1-|S_{11}|^2}{|S_{21}|^2}$$

该式表明,对于源和负载都匹配的网络系统,插入网络后引起的衰减由两部分构成:第一部分为插入网络后引起的反射衰减($\Gamma_{in}=S_{11}$),第二部分为网络的吸收衰减。若所插入的网络是无耗的,则由式(2-41)可知 $|S_{21}|^2=1-|S_{11}|^2$,即吸收衰减项为零,插入网络后的衰减仅由反射衰减构成。

### 5. 回波损耗和反射损耗

#### (1) 回波损耗(return loss)

回波损耗又称为回程损耗,用 $L_r$表示,定义为入射波功率与反射波功率之比,即

$$L_r = 10\ \lg\frac{P_i}{P_r} \tag{2-64}$$

由于 $P_r=|\Gamma|^2P_i$,因此 $L_r=10\lg\dfrac{1}{|\Gamma|^2}=-20\lg|\Gamma|$。 (2-65)

对无耗传输线 $|\Gamma| = |\Gamma_{\rm L}|$

对有耗传输线 $|\Gamma| = |\Gamma_{\rm L}| {\rm e}^{-2\alpha l}$

对双端口网络系统 $|\Gamma| = |\Gamma_{\rm in}| = \left|S_{11}+\dfrac{S_{12}S_{21}\Gamma_{\rm L}}{1-S_{22}\Gamma_{\rm L}}\right|$

当负载端匹配时 $\Gamma_{\rm L}=0$, $\Gamma=\Gamma_{\rm in}=S_{11}$

回波损耗为
$$L_{\rm r}=10\lg\frac{1}{|\Gamma|^2}=-20\lg|S_{11}| \tag{2-66}$$

回波损耗越大,反射的功率越小;回波损耗越小,反射的功率越大。当负载和双端口网络均匹配时,回波损耗为无穷大,此时无反射波功率;当全反射时,回波损耗为零,此时入射波功率全部被反射。

**(2) 反射损耗(reflection loss)**

反射损耗定义为在信源匹配时匹配负载吸收的功率与不匹配负载吸收的功率之比,即
$$L_{\rm R}=10\lg\frac{P_{\rm L}|_{Z_{\rm L}=Z_0}}{P_{\rm L}|_{Z_{\rm L}\neq Z_0}} \tag{2-67}$$

由于 $P_{\rm L}|_{Z_{\rm L}=Z_0}=\dfrac{|U_{\rm i}|^2}{2Z_0}=\dfrac{1}{2}|a_1|^2, P_{\rm L}|_{Z_{\rm L}\neq Z_0}=\dfrac{|U_{\rm i}|^2}{2Z_0}(1-|\Gamma_{\rm L}|^2)=\dfrac{1}{2}|a_1|^2(1-|\Gamma_{\rm L}|^2)$

因此
$$L_{\rm R}=10\lg\frac{1}{1-|\Gamma_{\rm L}|^2}=10\lg\frac{(\rho+1)^2}{4\rho} \tag{2-68}$$

该指标用于衡量负载不匹配时,导致负载吸收功率减小的程度。

**【例 2-12】** 试求图 2-20(a)所示传输线单节 $\lambda/4$ 阻抗变换器的插入衰减的频率特性,设 $Z_{\rm L}=Z_{02}, Z_{\rm g}=Z_{01}$。

**解:** 要实现匹配传输,$\lambda/4$ 变换器的特性阻抗 $Z_0$ 为
$$Z_0=\sqrt{Z_{01}Z_{02}}$$

其插入衰减 $L_{\rm I}$ 等于工作衰减 $L_{\rm A}$,即
$$L_{\rm I}=10\lg\frac{1}{|S_{21}|^2}=10\lg\frac{|a_{11}+a_{12}+a_{21}+a_{22}|^2}{4}$$

插入变换段的 $\overline{\boldsymbol{A}}$ 参数为
$$\overline{\boldsymbol{A}}=\begin{bmatrix}\sqrt{\dfrac{Z_{02}}{Z_{01}}}\cos\theta & {\rm j}\sin\theta\\ {\rm j}\sin\theta & \sqrt{\dfrac{Z_{01}}{Z_{02}}}\cos\theta\end{bmatrix}$$

令 $R=Z_{02}/Z_{01}$,则
$$\overline{\boldsymbol{A}}=\begin{bmatrix}\sqrt{R}\cos\theta & {\rm j}\sin\theta\\ {\rm j}\sin\theta & \dfrac{1}{\sqrt{R}}\cos\theta\end{bmatrix}$$

故
$$L_{\rm I}=10\lg\frac{1}{4}\left[\left(\sqrt{R}+\frac{1}{\sqrt{R}}\right)^2\cos^2\theta+4\sin^2\theta\right]=10\lg\left\{1+\left[\frac{1}{4}\left(\sqrt{R}+\frac{1}{\sqrt{R}}\right)^2-1\right]\cos^2\theta\right\}$$

式中,$\theta=\dfrac{2\pi}{\lambda_{\rm p}}\cdot\dfrac{\lambda_{\rm p0}}{4}=\dfrac{\pi}{2}\cdot\dfrac{f}{f_0}$,其频率特性如图 2-20(b)所示。

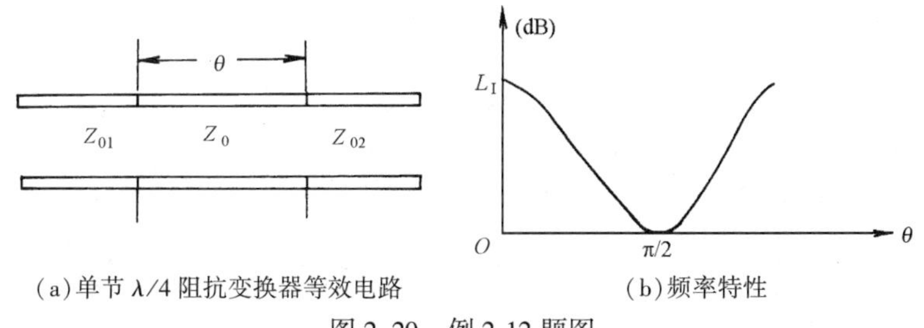

(a)单节 λ/4 阻抗变换器等效电路　　(b)频率特性

图 2-20　例 2-12 题图

本节习题 2-12,2-14,2-20;mooc 知识点 2.9,2-10,2-11;MOOC 平台第 3 章测验。

# 2.7　微波网络的信号流图

信号流图(signal flow graph)是图论的一个分支,1953 年由麻省理工学院的 S.J. Mason(梅森)首先提出。在微波网络中,用散射参量方程求解,常常会遇到复杂的运算,难以得到简明的结果。信号流图概念的引入将有助于免去对散射方程的复杂运算,容易得到所需的结果。流图中的变量为归一入射波和反射波,变量间的关系常数都是散射参数和反射系数。本节就信号流图的基本概念与流图的两种简化解法做简单介绍,并举例说明信号流图在微波网络分析中的应用。

## 2.7.1　网络信号流图的建立法则

信号流图的基本构成部分是节点(node)和支路(branch):

(1) 每个变量(信号)$a_k$ 和 $b_k$ 都用一个节点(小圆圈或圆点)表示,微波网络的每个端口都有两个节点,节点 $a_k$ 定义为流入 $k$ 端口的波,节点 $b_k$ 定义为流出 $k$ 端口的波。

(2) 支路是两个节点之间的有向线段。每个 $S$ 参数和反射系数都用一条支路(线段)表示。支路上的箭头方向表示信号流图的方向,支路旁的系数表示信号流图的系数。

(3) 节点上信号流的大小等于该流图信号乘以它所经支线旁的系数,而与其他支线的信号流通无关。

(4) 节点上流入信号的总和等于该节点的信号,而与流出的信号无关。

(5) 从某一节点出发,沿着支路方向连续经过一些支路而终止于另一节点或同一节点所经过的途径称为通路或路径(path);闭合的路径称为环(loop);只有一个支路的环称为自环。

(6) 通路的传输值等于所经各支路传输值之积。

**【例 2-13】**　画出图 2-21 所示二端口网络的信号流图。

**解:** 散射方程为 $b_1=S_{11}a_1+S_{12}a_2$, $b_2=S_{21}a_1+S_{22}a_2$,画出的信号流图如图 2-21(b)所示。

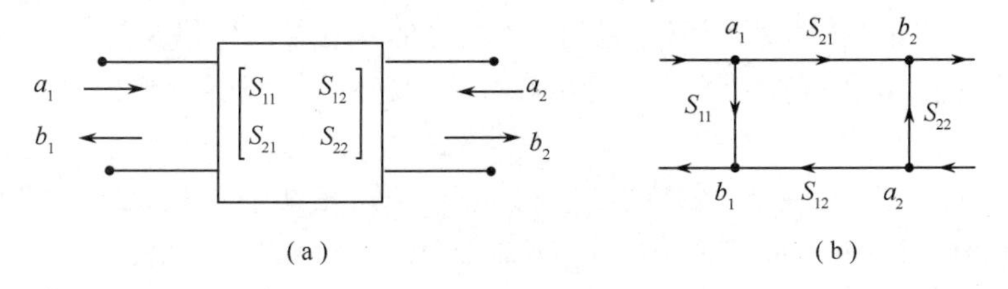

(a)　　(b)

图 2-21　二端口网络及其信号流图

在许多情况下,不一定要写出网络的方程组,可以根据信号在网络中的流动情况,直接画出信号流图。对于复杂的微波系统,可以把它分成若干基本电路,分别画出其基本网络的流图,再把它们级联起来,就可得到整个系统的信号流图。表2-3给出了常用简单微波网络的信号流图。

**表 2-4　常用简单微波网络的信号流图**

| | | | |
|---|---|---|---|
| 短截线 | 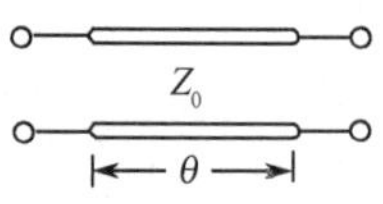 | 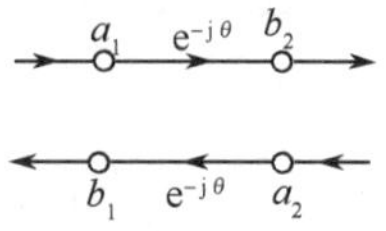 | |
| 信号源 | 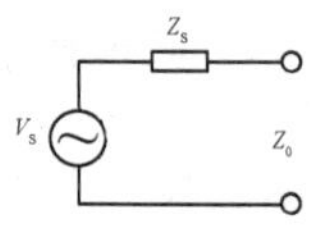 | 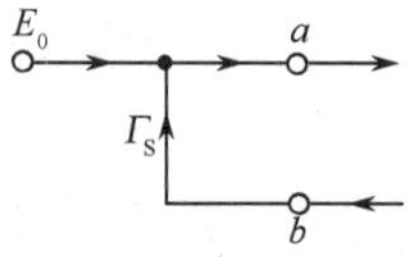 | $E_0=\dfrac{V_s\sqrt{Z_0}}{z_s+Z_0}$<br>$\Gamma_s=\dfrac{Z_s-Z_0}{Z_s+Z_0}$ |
| 负载 | 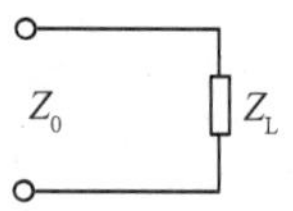 | 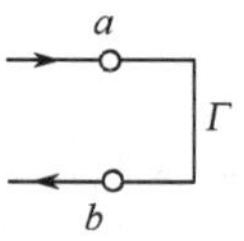 | $\Gamma=\dfrac{Z_L-Z_0}{Z_L+Z_0}$ |
| 并联导纳 | 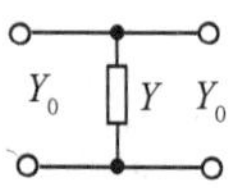 | 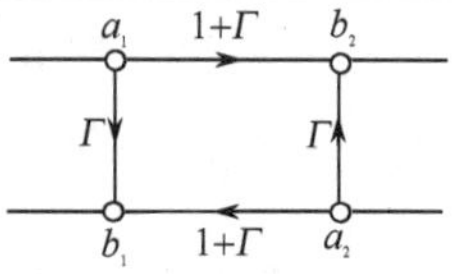 | $\Gamma=\dfrac{-Y}{Y+2Y_0}$ |
| 串联阻抗 | 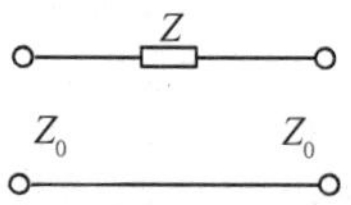 | 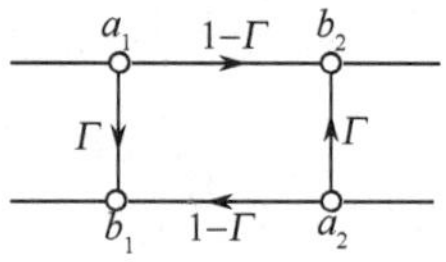 | $\Gamma=\dfrac{Z}{Z+2Z_0}$ |

## 2.7.2　信号流图的求解方法

在微波网络分析中,常需要求两个变量之间的关系,在信号流图中则表现为求两个节点的信号比值,称为求节点间的传输。求解方法有两种:流图化简法与流图公式法。

### 1. 流图化简法

流图化简法又称为流图分解法或流图拓扑变换法。根据拓扑变换规则,将复杂信号流图简化成两个节点之间的一条支路——求出传输特性。流图化简有4条基本变换规则,即:同向串联支路合并规则、同向并联支路合并规则、自环消除规则、支节分裂规则,化简时应遵循该4条简单规则。

① 同向串联支路合并规则:两节点之间如有几条首尾相接的串联支路,可以合并为一条支路,新支路的传输值为原各串联支路传输值的积,图2-22(a)所示为此规则的流图,其基本关系是

$$a_3=S_a a_2=S_a S_b a_1 \tag{2-69}$$

② 同向并联支路合并规则:两节点之间如有几条同相并联支路,可合并为一条支路,新支路的传输值为原各并联支路传输值的和,图2-22(b)所示为此规则的流图,其基本关系是

$$a_2=S_a a_1+S_b a_1=(S_a+S_b)a_1 \tag{2-70}$$

③ 自环消除规则:某节点有传输为$S$的自环,则可将流入该节点的支路传输值除以$(1-S)$,消除自环,流出支路的传输值不变,图2-22(c)所示为此规则的流图,其基本关系是

$$a_2=S_a a_1+S_c a_2,\qquad a_2=\frac{S_a}{1-S_c}a_1 \tag{2-71a}$$

$$a_3=S_b a_2=\frac{S_a S_b}{1-S_c}a_1 \tag{2-71b}$$

④ 支节分裂规则：一个节点可以分裂成几个节点，只要分裂后的图形仍保持原来节点上的信号流通情况即可。若该节点上有自环，则分裂后的每个节点上都应保持原有自环，图 2-22(d)所示为此规则的流图，其基本关系是

$$\begin{aligned}a_4&=S_c a_2'=S_a S_c a_1\\ a_3&=S_b a_2=S_a S_b a_1\end{aligned} \tag{2-72}$$

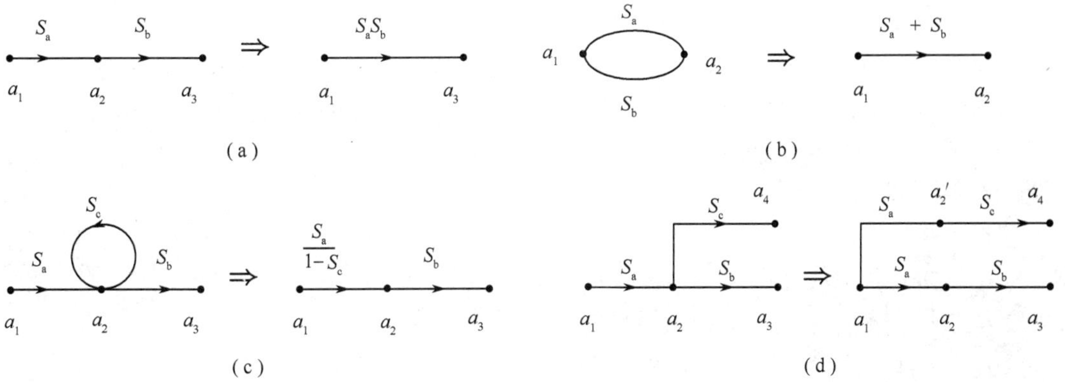

$S_a$　$S_b$　⇒　$S_aS_b$　$a_1$　$a_2$　$a_3$　$a_1$　$a_3$

$S_a$　$a_1$　$a_2$　$S_b$　⇒　$S_a+S_b$　$a_1$　$a_2$

(a)　(b)

$S_c$　$S_a$　$S_b$　⇒　$\frac{S_a}{1-S_c}$　$S_b$　$a_1$　$a_2$　$a_3$　$a_1$　$a_2$　$a_3$

$S_c$　$a_4$　$S_a$　$S_b$　⇒　$S_a$　$a_2'$　$S_c$　$a_4$　$S_a$　$S_b$　$a_1$　$a_2$　$a_3$　$a_1$　$a_2$　$a_3$

(c)　(d)

图 2-22　流图化简规则

【例 2-14】　用化简法求图 2-23(a)接任意源和负载的二端口网络的输入端反射系数 $\Gamma_{in}$。

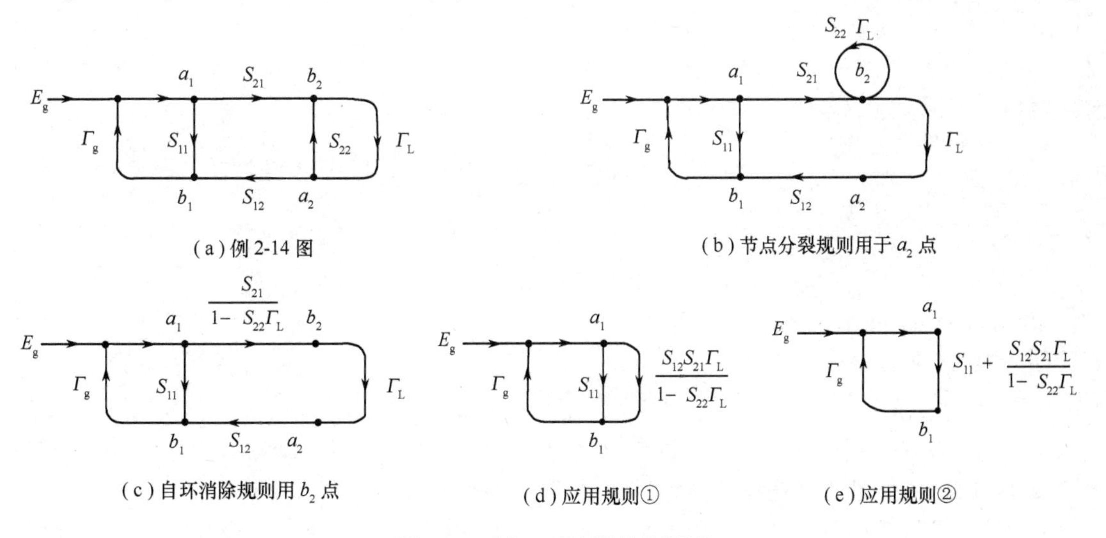


图 2-23　例 2-24 流图化简规则

**解**：由于 $\Gamma_{in}=b_1/a_1$，应用上述流图化简规则，如图 2-23(b)、(c)、(d)、(e)所示，最后得

$$\Gamma_{in}=\frac{b_1}{a_1}=S_{11}+\frac{S_{12}S_{21}\Gamma_L}{1-S_{22}\Gamma_L}$$

## 2. 流图公式法

流图公式法亦称梅森不接触环法则(Mason's nontouching loop rule),简称梅森公式。根据梅森公式,可以直接求出流图中任意两节点之间的传输值。求流图中节点 $j$ 至节点 $k$ 的传输值 $T_{jk}$ 的梅森公式为

$$T_{jk}=\frac{a_k}{a_j}=\frac{\sum_{i=1}^{n}P_i\Delta_i}{\Delta} \tag{2-73}$$

式中,$a_k$ 是节点 $k$ 的值,$a_j$ 是节点 $j$ 的值;$P_i$ 是节点 $j$ 至节点 $k$ 的第 $i$ 条通路的传输值;

$$\Delta_i=1-\sum L_{1i}+\sum L_{2i}-\sum L_{3i}+\cdots$$

$$\Delta=1-\sum L_1+\sum L_2-\sum L_3+\cdots$$

这里 $\sum L_1$ 为所有一阶环传输值之和(一阶环就是一条由一系列首尾相接的定向线段按一定方向传输的闭合通路,而且其中没有一个节点接触一次以上,其传输值等于各线段传输值之积)。

$\sum L_2$ 为所有二阶环传输值之和(任何两个互不接触的一阶环就构成一个二阶环,其传输值等于两个一阶环传输值之积)。

$\sum L_3$ 为所有三阶环传输值之和(任何三个互不接触的一阶环就构成一个三阶环,其传输值等于三个一阶环传输值之积)。更高阶环的情况以此类推。

$\sum L_{1i}$ 为所有不与第 $i$ 条通路相接触的一阶环传输值之和;

$\sum L_{2i}$ 为所有不与第 $i$ 条通路相接触的二阶环传输值之和;

$\sum L_{3i}$ 为所有不与第 $i$ 条通路相接触的三阶环传输值之和;以此类推。

**【例 2-15】** 用梅森公式重做例 2-14 题。

**解**:用梅森公式求 $\Gamma_{\text{in}}$ 时,所求节点 $a_1$ 和 $b_1$ 左边的电路部分无须考虑,由图 2-23(a)可知从节点 $a_1$ 到节点 $b_1$ 有两条通路:$P_1=S_{11}$,$P_2=S_{21}\Gamma_{\text{L}}S_{12}$;一个一阶环:$\sum L_1=\Gamma_{\text{L}}S_{22}$;无二阶环和高阶环。所有一阶环不与 $P_1$ 相接触的传输值之和是 $\sum L_{11}=\Gamma_{\text{L}}S_{22}$,不与 $P_2$ 相接触的所有一阶环的传输值之和 $\sum L_{12}=0$,代入梅森公式:

$$\sum_{i=1}^{2}P_i\Delta_i=P_1\Delta_1+P_2\Delta_2=S_{11}(1-\Gamma_{\text{L}}S_{22})+S_{21}\Gamma_{\text{L}}S_{12},\quad \Delta=1-\Gamma_{\text{L}}S_{22}$$

$$\Gamma_{in}=\frac{b_1}{a_1}=\frac{\sum_{i=1}^{2}P_i\Delta_i}{\Delta}=\frac{S_{11}(1-S_{22}\Gamma_{\text{L}})+S_{12}S_{21}\Gamma_{\text{L}}}{1-S_{22}\Gamma_{\text{L}}}=S_{11}+\frac{S_{12}S_{21}\Gamma_{\text{L}}}{1-S_{22}\Gamma_{\text{L}}}$$

与前面的流图化简法的结果一样。

# 习 题 二

2-1 将微波元件等效为微波网络进行分析有何优点?

2-2 波导等效为双线的等效条件是什么?为什么要引入归一化阻抗的概念?

2-3 归一化电压 $\widetilde{U}$ 和归一化电流 $\widetilde{I}$ 的定义是什么?$\widetilde{U}$ 和 $\widetilde{I}$ 的量纲是否相同?

2-4 求图 2-24 所示参考面 $T_1$、$T_2$ 所确定的网络的转移参量矩阵。

2-5 求图 2-25 所示参考面 $T_1$、$T_2$ 所确定的网络的散射参量矩阵。

2-6 求图 2-26 所示参考面 $T_1$、$T_2$ 所确定的网络的归一化转移参量矩阵、归一化阻抗参量矩阵。

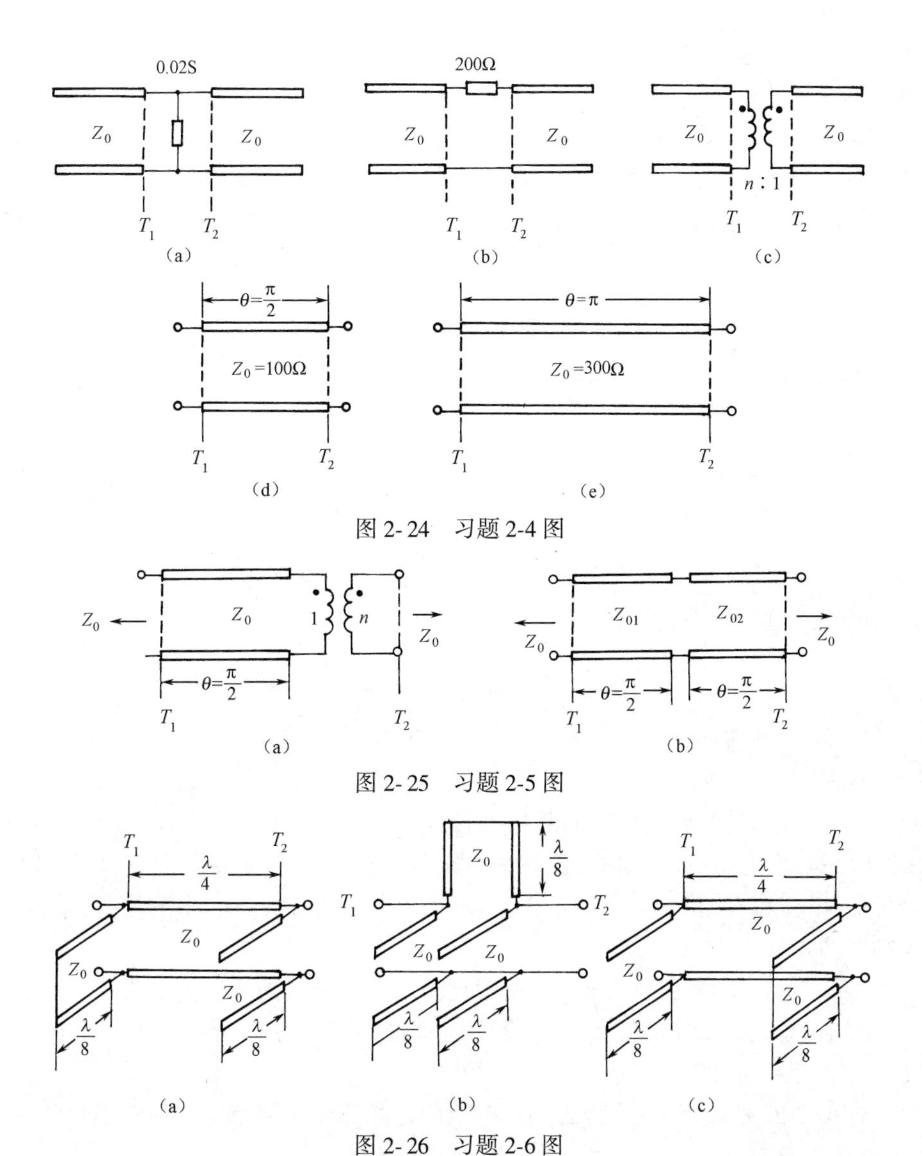


图 2-24　习题 2-4 图

图 2-25　习题 2-5 图

图 2-26　习题 2-6 图

2-7　图 2-27 所示的互易二端口网络参考面 $T_2$ 接负载阻抗 $Z_L$，证明参考面 $T_1$ 处的输入阻抗为

$$Z_{in}=Z_{11}-Z_{12}^2/(Z_{22}+Z_L)$$

2-8　图 2-28 所示互易二端口网络参考面 $T_2$ 接负载导纳 $Y_L$，证明参考面 $T_1$ 处的输入导纳为

$$Y_{in}=Y_{11}-Y_{12}^2/(Y_{22}+Y_L)$$

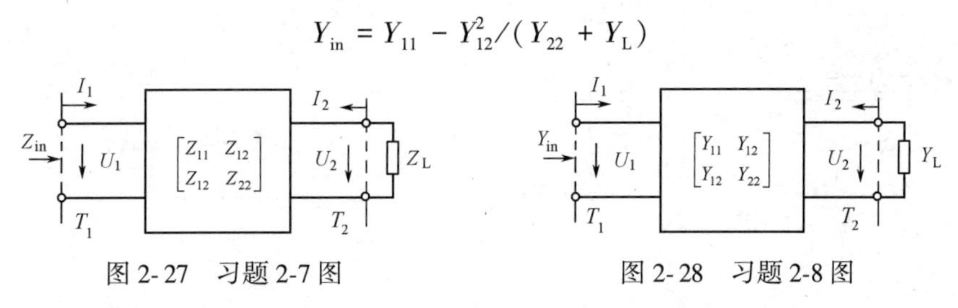


图 2-27　习题 2-7 图　　　　图 2-28　习题 2-8 图

2-9　已知互易无耗二端口网络的转移参量 $A_{11}=A_{22}=1+XB$，$A_{21}=2B+XB^2$（式中 $X$ 为电抗，

$B$ 为电纳)，试证明转移参量 $A_{12}=X$。

2-10　图 2-29 所示二端口网络参考面 $T_2$ 接归一化负载阻抗 $\bar{Z}_L$。$a_{11}$、$a_{12}$、$a_{21}$ 及 $a_{22}$ 为二端口网络的归一化转移参量。证明参考面 $T_1$ 处的归一化输入阻抗 $\bar{Z}_{in}=(a_{11}\bar{Z}_L+a_{12})/(a_{21}\bar{Z}_L+a_{22})$。

2-11　图 2-30 所示可逆对称无耗二端口网络参考面 $T_2$ 接匹配负载，测得距参考面 $T_1$ 距离为 $l=0.125\lambda_p$ 处是电压波节，驻波比 $\rho=1.5$，求二端口网络的散射参量矩阵。

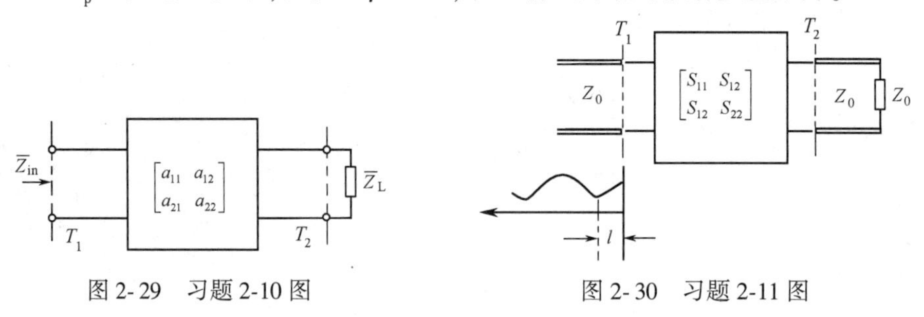


图 2-29　习题 2-10 图　　　　图 2-30　习题 2-11 图

2-12　已知二端口网络的散射参量矩阵为

$$S=\begin{bmatrix} 0.2e^{j\frac{3}{2}\pi} & 0.98e^{j\pi} \\ 0.98e^{j\pi} & 0.2e^{j\frac{3}{2}\pi} \end{bmatrix}$$

求二端口网络的插入相移 $\theta$、插入衰减 $L$(dB)、电压传输系数 $T$ 及输入驻波比 $\rho$。

2-13　已知二端口网络的转移参量 $A_{11}=A_{22}=0$，$A_{12}=jZ_0$，$A_{21}=j/Z_0$，两个端口外接传输线特性阻抗均为 $Z_0$，求网络的归一化阻抗参量矩阵、归一化导纳参量矩阵及散射参量矩阵。

2-14　已知二端口网络的转移参量 $A_{11}=A_{22}=1$，$A_{12}=jZ_0$，$A_{21}=0$，网络外接传输线特性阻抗为 $Z_0$，求网络插入驻波比。

2-15　如图 2-31 所示，参考面 $T_1$、$T_2$ 所确定的二端口网络的散射参量为 $S_{11}$、$S_{12}$、$S_{21}$ 及 $S_{22}$。网络输入端传输线上波的相移常数为 $\beta$。若参考面 $T_1$ 外移距离 $l_1$ 至 $T'_1$ 处，求参考面 $T'_1$、$T_2$ 所确定的网络的散射参量矩阵 $S'$。

2-16　在图 2-32 所示参考面 $T_1$、$T_2$ 及 $T_3$ 所确定的三端口网络的散射参量矩阵为

$$S=\begin{bmatrix} S_{11} & S_{12} & S_{13} \\ S_{21} & S_{22} & S_{23} \\ S_{31} & S_{32} & S_{33} \end{bmatrix}$$

若参考面 $T_1$ 内移距离 $l_1$ 至 $T_1{}'$，参考面 $T_2$ 外移距离 $l_2$ 至 $T_2{}'$，参考面 $T_3$ 位置不变，即令 $T_3$ 与 $T_3{}'$重合。求参考面 $T_1{}'$、$T_2{}'$及 $T_3{}'$所确定的网络的散射参量矩阵 $S'$。

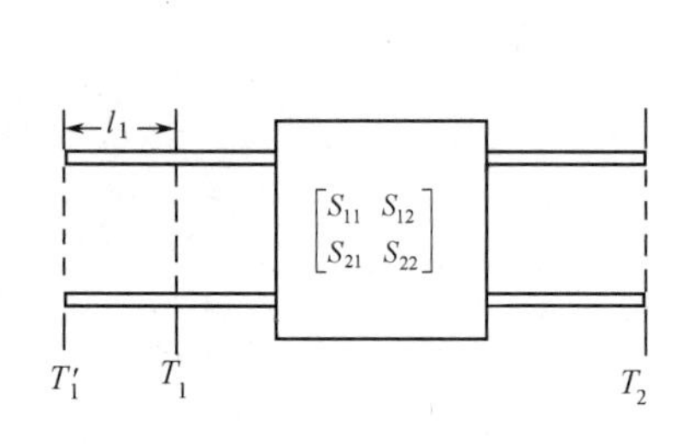


图 2-31　习题 2-15 图

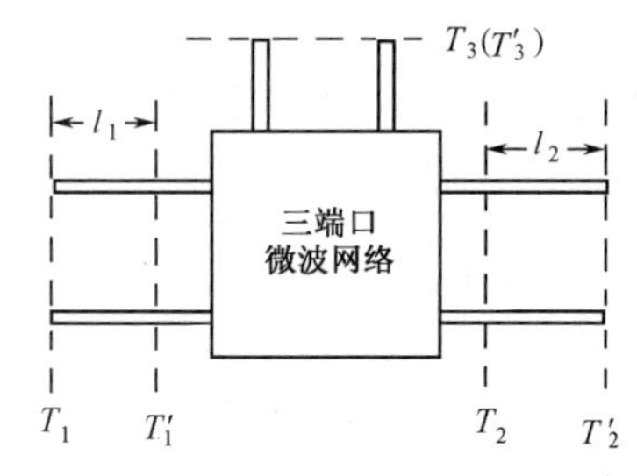


图 2-32　习题 2-16 图

2-17 用阻抗法测得二端口网络的三个反射系数为 $\Gamma_{1M}=2/3, \Gamma_{1S}=3/5, \Gamma_{10}=1$。求网络的散射参量矩阵。

2-18 测得某微波二端口网络的 **S** 矩阵为

$$\boldsymbol{S}=\begin{bmatrix} 0.1 & \mathrm{j}0.8 \\ \mathrm{j}0.8 & 0.2 \end{bmatrix}$$

问此二端口网络是否互易无耗？若在 2 端口接短路负载，求 1 端口的反射系数。

2-19 在图 2-33 所示的微波等效电路中，当终端接匹配负载时，要求输入端匹配，求电阻 $R_1$ 和 $R_2$ 所满足的关系。

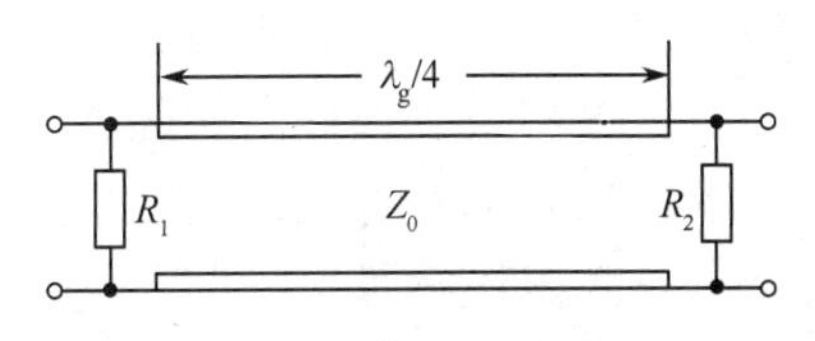


图 2-33 习题 2-19 图

2-20 某微波晶体管在 10GHz 时相对于 50Ω 参考阻抗的 $S$ 参数为

$$\boldsymbol{S}=\begin{bmatrix} 0.45\mathrm{e}^{\mathrm{j}150^\circ} & 0.01\mathrm{e}^{-\mathrm{j}10^\circ} \\ 2.05\mathrm{e}^{\mathrm{j}10^\circ} & 0.4\mathrm{e}^{-\mathrm{j}150^\circ} \end{bmatrix}$$

信号源阻抗为 20Ω，负载阻抗为 30Ω，试计算资用功率增益 $G_A$、转移功率增益 $G_T$ 和功率增益 $G$。

# 第 3 章　微 波 元 件

任何一个微波系统都是由许多功能不同的微波元件和有源电路组成的,与低频电路中集总参数的电感、电容和电阻元件不同,微波元件由微波传输线构成,在系统中起着对微波能量的定向传输、分配、衰减、储存、隔离、滤波、相位控制、波形转换、阻抗匹配与变换的作用。微波元件的种类繁多,按导行系统结构分类,可分为波导型、同轴线型、微带线型元件等;按工作波形分类,可分为单模元件和多模元件;按端口数目分类,可分为单端口、双端口、$n$ 端口元件等;按功能分类,可分为匹配元件、连接元件、定向耦合元件、滤波元件、衰减与相移元件、谐振器等。本章主要讨论最基本、常用的微波元件的工作原理及基本特性,并主要介绍微带电路元件。

## 3.1　阻抗匹配与变换元件

### 3.1.1　阻抗匹配与变换元件及其设计

阻抗匹配元件在微波系统中用得很多,匹配的实质是设法在终端负载附近产生新的反射波,使它恰好和负载引起的反射波等幅反相,彼此抵消,从而达到匹配传输的目的。一旦匹配完善,传输线就处于行波工作状态。

在微波电路中,常用的匹配方法如下。

电抗补偿法——在传输线中的某些位置上加入不耗能的匹配元件,如纯电抗的膜片、销钉、螺钉调配器、短路调配器等,使这些电抗性负载产生的反射与负载产生的反射相互抵消,从而实现匹配传输。这些电抗负载可以是容性,也可以是感性,其主要优点是匹配装置不耗能、传输效率高。

阻抗变换法——采用 $\lambda/4$ 阻抗变换器或渐变线阻抗变换器使不匹配的负载或两段特性阻抗不同的传输线实现匹配连接。

反射吸收法——利用铁氧体元件的单向传输特性(如隔离器等)将不匹配负载产生的反射波吸收掉。

下面主要讨论电抗补偿法和阻抗变换法的工作原理。

1. 电抗补偿法

**(1) 波导中的膜片与销钉**

波导中的膜片及其等效电路请参见附录 A 中的表 A-1 和表 A-2,由于电容膜片的功率容量小,故实际电路中多用电感膜片。其在电路中的作用,与长线理论中的并联单支节完全一样,用法也相同,即利用圆图将归一化的负载阻抗等效到 $\overline{G}=1$ 的圆上的 $1+\mathrm{j}\,\overline{B}$ 点,则电感膜片的接入位置与电纳值即可确定,再代入表 A-2 中的公式即可求出膜片的尺寸,然后通过实验确定最终的尺寸与接入位置。

波导中销钉的等效电路与计算公式参见附录 A 中的“销钉”小节,其作用原理与膜片相同，这里需强调指出的是，计算膜片和销钉尺寸的公式中所用的特性导纳与相波长一定要用 $TE_{10}$ 模波导的等效特性导纳和波导波长。

**（2）螺钉调配器**

膜片和销钉的尺寸一旦确定，就只能作为固定的电抗元件使用。而位于波导宽壁中间的螺钉则不同，其电抗是随螺钉进入波导的深度 $h$ 而变化的，图 3-1 是波导可调螺钉及其等效电路。

当螺钉插入波导中时，一方面螺钉附近高次模的电场较为集中，另一方面宽壁上的轴向电流也要进入螺钉产生附加磁场。当 $h$ 较小时，后者的影响较小，总的作用等效为一电容；随着 $h$ 的增大，高次模的电能和磁能发生相对变化，当 $h \approx \lambda_p/4$ 时，电能和磁能相等，螺钉等效为一串联谐振电路；当 $h$ 继续增大时，附加磁场的影响起主要作用，螺钉等效为一电感。通常使用的螺钉调配器，螺钉插入的深度都较小，故等效为一电容。由于螺钉是作为可调电抗元件使用的，故其电纳值多在实际电路中调整得到，无须用公式计算。

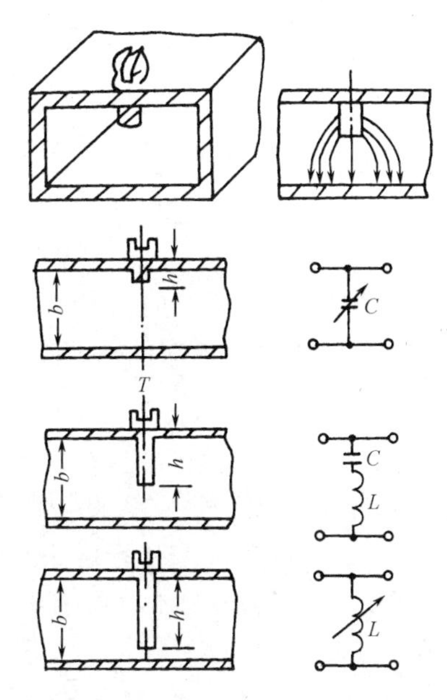

图 3-1　波导可调螺钉及其等效电路

单螺钉调配器的调配原理与长线理论中的单支节匹配的原理方法相同。单支节在长线上之所以可以实现匹配，是因为我们认为支节的位置在线上是可以随要求而变的，而波导的单螺钉调配器在波导传输线中的位置一般是不能随意改变的，因此用单螺钉调配器是很难实现系统匹配的，故在波导系统中多采用双螺钉、三螺钉或四螺钉调配器。在同轴系统中，也多用双分支、三分支或四分支调配器。相邻螺钉或分支之间的距离通常是 $\lambda_p/8$、$\lambda_p/4$、$3\lambda_p/8$，但不能是 $\lambda_p/2$。下面我们讨论并联双支节或双螺钉调配器的调配原理。

无论是同轴并联双支节（或称分支）调配器还是双螺钉调配器，都可用图 3-2 所示的等效电路表示。唯一的区别是螺钉只能提供容性电纳，而双支节提供的电纳既可以是容性的，也可以是感性的。现用圆图说明匹配过程，设两分支（或螺钉）的距离为 $\lambda_p/8$。

首先对电路归一化，如图 3-2 所示，则第一个支节左侧的归一化导纳为

$$\overline{Y}_1 = \overline{Y}'_1 + j\overline{B}_1 = \overline{G}_C + j\overline{B}_C + j\overline{B}_1$$

此导纳经 $\lambda_p/8$ 变换后至第二个支节右侧的导纳为 $\overline{Y}'_2$，则 $\overline{Y}'_2 + j\overline{B}_2 = 1$ 即可实现匹配。根据此要求可知，$\overline{Y}'_2$ 的实部必须为 1，也就是说 $\overline{Y}'_2$ 应位于导纳圆图 $\overline{G}=1$ 的圆上。由于 $\overline{Y}'_2$ 与 $\overline{Y}_1$ 之间的距离是固定不变的，因此将 $\overline{G}=1$ 的圆向负载方向等效 $\lambda_p/8$ 就可得到 $\overline{Y}_1$ 在圆图上的位置曲线，称其为辅助圆，如图 3-3 所示，显然双支节的作用已很清楚，第一个支节的作用就是改变 $\overline{Y}_L$ 的输入导纳 $\overline{Y}'_1$ 的虚部，使它落在辅助圆上；第二个支节的作用就是改变位于 $\overline{G}=1$ 圆上的输入导纳 $\overline{Y}'_2$ 的虚部，使其回到匹配原点，实现匹配传输，以达到第二个支节左侧传输行波的目的。

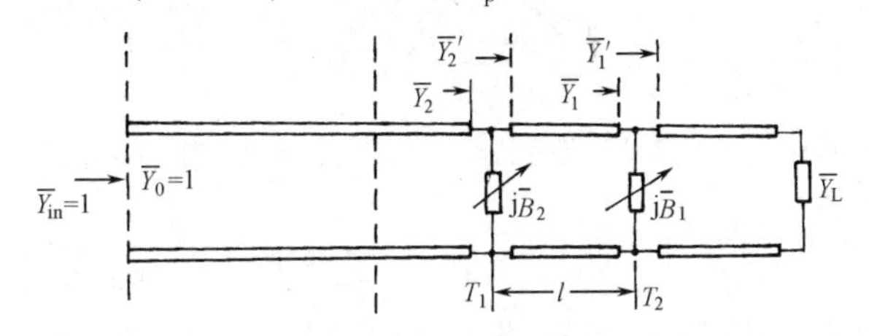

图 3-2　同轴双分支调配器的等效电路

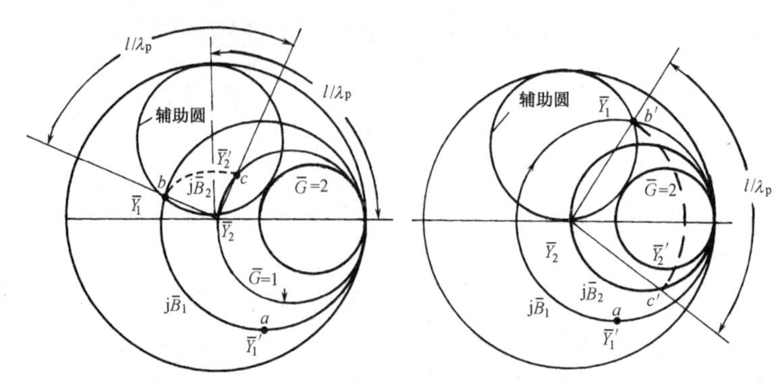


(a) 由 $a(\overline{Y}_1')$点→辅助圆 $b(\overline{Y}_1)$点→$\overline{G}=1$ 圆 $c(\overline{Y}_2')$点→匹配($\overline{Y}_2$)点　　(b) 由 $a(\overline{Y}_1')$点→辅助圆 $b'(\overline{Y}_1)$点→$\overline{G}=1$ 圆 $c'(\overline{Y}_2')$点→匹配($\overline{Y}_2$)点

图 3-3　双分支调配器的调配过程($l/\lambda_p=1/8$)

当两支节距离不同时,辅助圆的位置也不同,图 3-4 给出了相距 $\lambda_p/4$ 和 $3\lambda_p/8$ 时的辅助圆的位置图。

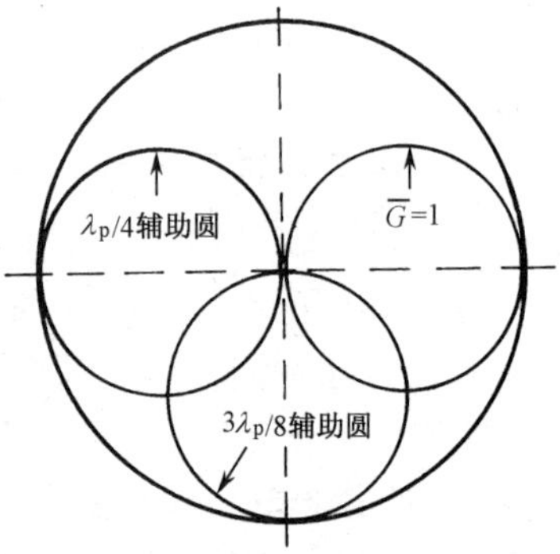

$\lambda_p/4$辅助圆　$\overline{G}=1$　$3\lambda_p/8$辅助圆

图 3-4　两支节距离不同时辅助圆的位置图

从图 3-3 可以看出,若$\overline{Y}_L$ 的输入导纳$\overline{Y}_1'$落在了 $\overline{G}=2$ 的圆的内部,显然无论是怎样的 j $\overline{B}_1$ 都无法使$\overline{Y}_1$ 落在辅助圆上,这样也就无法实现匹配了,因此双支节调配器有无法匹配的区域,称其为匹配禁区(或死区),如图 3-5(a)所示。

由$\overline{Y}_2'$的实部必须为 1 也可求出$\overline{G}_C$ 与两支节之间的距离 $d$ 所满足的关系,即

$$\mathrm{Re}(\overline{Y}_2')=\mathrm{Re}\left\{\frac{\overline{G}_C+\mathrm{j}(\overline{B}_C+\overline{B}_1)+\mathrm{j}\tan\beta d}{1+\mathrm{j}[\overline{G}_C+\mathrm{j}(\overline{B}_C+\overline{B}_1)]\tan\beta d}\right\}=1$$

由此可得

$$\overline{G}_C^2-\frac{1+\tan^2\beta d}{\tan^2\beta d}\overline{G}_C+\frac{[1-(\overline{B}_C+\overline{B}_1)\tan\beta d]^2}{\tan^2\beta d}=0$$

解此方程有

$$\overline{G}_C=\frac{1+\tan^2\beta d}{2\tan^2\beta d}\left\{1\pm\sqrt{1-\frac{4\tan^2\beta d}{(1+\tan^2\beta \mathrm{d})^2}[1-(\overline{B}_C+\overline{B}_1)\tan\beta d]^2}\right\}$$

$$=\frac{1+\tan^2\beta d}{2\tan^2\beta d}(1\pm\sqrt{1-\Delta})$$

由于$\overline{G}_C$ 为正实数,故要求 $0\leqslant\Delta\leqslant1$,这样可得$\overline{G}_C$ 的取值范围为

$$0<\overline{G}_C\leqslant\frac{1+\tan^2\beta d}{\tan^2\beta d}=\frac{1}{\sin^2\beta d}\tag{3-1a}$$

对满足式(3-1a)的$\overline{Y}_L$,由$\overline{Y}_2=1$ 可解得$\overline{B}_1$、$\overline{B}_2$ 与支节距离 $d$、$\overline{G}_C$、$\overline{B}_C$ 的关系

$$\left.\begin{aligned}\overline{B}_1&=-\overline{B}_C+\frac{1\pm\sqrt{\overline{G}_C(1+\tan^2\beta d)-\overline{G}_C^2\tan^2\beta d}}{\tan\beta d}\\ \overline{B}_2&=\frac{\overline{G}_C\pm\sqrt{\overline{G}_C(1+\tan^2\beta d)-\overline{G}_C^2\tan^2\beta d}}{\overline{G}_C\tan\beta d}\end{aligned}\right\}\tag{3-1b}$$

对 $d=\lambda_p/8$ 的双支节调配器,由式(3-1a)可得$\overline{G}_C\leqslant2$,即匹配禁区在 $\overline{G}=2$ 圆的内部,对

$d=\lambda_p/4$的双支节调配器，由式(3-1a)可得$\overline{G}_C \leqslant 1$，即匹配禁区在$\overline{G}=1$圆的内部。对于相距$\lambda_p/8$的波导双螺钉调配器，由于螺钉只能提供容性电纳，故第一个螺钉的作用就是使$\overline{Y}_1$落在辅助圆的右半圆周上，这样$\overline{Y}_2'$就能落在$\overline{G}=1$的匹配圆的下半圆周上，此时第二个螺钉提供的容纳才能最终使$\overline{Y}_2'$回到匹配点。显然双螺钉调配器的匹配禁区比双支节的匹配禁区要大些，如图3-5(b)所示。

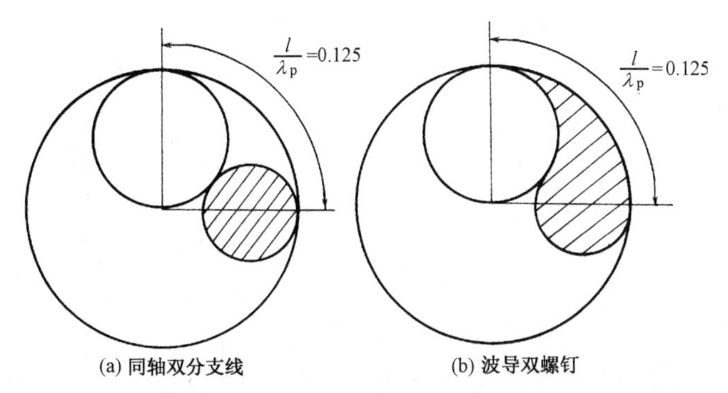


图3-5　双并联电纳调配的死区

为了克服双支节或双螺钉调配器存在匹配禁区的缺陷，工程上多采用三支节或三螺钉、四支节或四螺钉调配器。

**【例3-1】**　在图3-6所示的均匀微波传输线等效电路中，若$\overline{Y}_L=0.8-j0.6$，问：

(1) $j\overline{B}_1$、$j\overline{B}_2$为何值时，$T_1$参考面处可实现匹配？

(2) 若$j\overline{B}_1$、$j\overline{B}_2$为波导可调螺钉的等效电纳，能否实现电路匹配？若可以，实现匹配的$\overline{B}_1$和$\overline{B}_2$各为多少？

(3) 若负载$\overline{Y}_L$变化，仍用该调配电路，要实现电路匹配，$\overline{Y}_L$应满足什么条件？

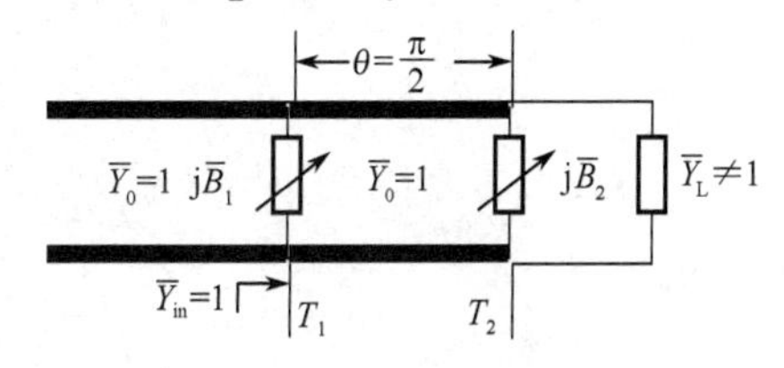


图3-6　双支节调配器等效电路

**解：**(1) $T_1$和$T_2$间可以看成三个简单网络的级联，则归一化$\overline{\boldsymbol{A}}$矩阵为

$$\overline{\boldsymbol{A}}=\begin{bmatrix}1 & 0\\ j\overline{B}_1 & 1\end{bmatrix}\begin{bmatrix}0 & j\\ j & 0\end{bmatrix}\begin{bmatrix}1 & 0\\ j\overline{B}_2 & 1\end{bmatrix}=\begin{bmatrix}-\overline{B}_2 & j\\ j(1-\overline{B}_1\overline{B}_2) & -\overline{B}_1\end{bmatrix}$$

由$\overline{Y}_{in}=\dfrac{a_{21}+a_{22}\overline{Y}_L}{a_{11}+a_{12}\overline{Y}_L}=1$，设$\overline{Y}_L=\overline{G}_L+j\overline{B}_L$，得

$$\overline{B}_1=\pm\sqrt{\frac{1-\overline{G}_L}{\overline{G}_L}}\quad \overline{B}_2=\pm\sqrt{\frac{1-\overline{G}_L}{\overline{G}_L}}\overline{G}_L-\overline{B}_L$$

将$\overline{Y}_L$的值代入上式中得$\overline{B}_1=\pm0.5$，$\overline{B}_2=\begin{cases}1\\0.2\end{cases}$。

(2) 由于所求解答中，有一组容纳解$j\overline{B}_1=j0.5$，$j\overline{B}_2=j1$，所以用波导可调螺钉可以实现电路匹配。

(3) 负载$\overline{Y}_L$变化后，仍用该调配电路调配，要实现电路匹配，要求变化后的$\overline{Y}_L$满足

$$\mathrm{Re}(\overline{Y}_L)\leqslant 1$$

若$\mathrm{Re}(\overline{Y}_L>1)$，则无论怎样的$j\overline{B}_1$、$j\overline{B}_2$都无法使电路匹配，此时$\overline{Y}_L$已处于匹配禁区。

### 2. 阻抗变换法

**(1) λ/4 阻抗变换器**

在长线理论一节中我们知道,对于单一频率的纯电阻负载和传输线的匹配,只要用一节 λ/4 阻抗变换器就可实现,但如果要求宽带匹配,则单节 λ/4 阻抗变换器无法满足要求,而必须采用多节 λ/4 阻抗变换器。下面先讨论单节 λ/4 阻抗变换器的频带特性,然后用小反射理论近似讨论多节 λ/4 阻抗变换器的频带特性。

① 单节 λ/4 阻抗变换器。

设变换器的长度 $l=\lambda_{p0}/4$,$Z_1=\sqrt{Z_0Z_L}$,如图 3-7(a)所示。显然当工作频率偏离中心频率 $f_0$ 时,$\beta l\neq\pi/2$,$Z_{in}\neq Z_0$,$\Gamma\neq0$,并且

$$\Gamma=\frac{Z_{in}-Z_0}{Z_{in}+Z_0}\qquad\qquad Z_{in}=Z_1\frac{Z_L+jZ_1\tan\beta l}{Z_1+jZ_L\tan\beta l}$$

将 $Z_{in}$ 代入 $\Gamma$ 的表达式可得

$$\Gamma=\frac{Z_L-Z_0}{Z_L+Z_0+j2\sqrt{Z_0Z_L}\tan\beta l}$$

反射系数的幅值为

$$|\Gamma|=\frac{|Z_L-Z_0|}{\sqrt{(Z_L+Z_0)^2+(2\sqrt{Z_0Z_L}\tan\beta l)^2}}=\frac{1}{\sqrt{1+\dfrac{4Z_LZ_0}{(Z_L-Z_0)^2}\sec^2\beta l}}\tag{3-2a}$$

在中心频率 $f_0$ 附近,$\theta=\beta l=\dfrac{2\pi}{\lambda_p}\cdot\dfrac{\lambda_{p0}}{4}=\dfrac{\pi}{2}\dfrac{\lambda_{p0}}{\lambda_p}=\dfrac{\pi}{2}\dfrac{f}{f_0}$,接近于 π/2,所以 $\sec\theta\gg1$,故上式可近似为

$$|\Gamma|\approx\frac{|Z_L-Z_0|}{2\sqrt{Z_LZ_0}}|\cos\theta|\tag{3-2b}$$

根据此式可得单节 λ/4 阻抗变换器的反射系数幅频特性,如图 3-7(b)所示。

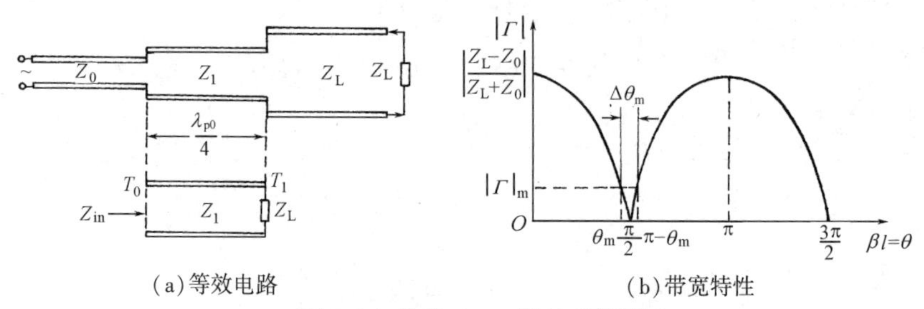


(a)等效电路　　　　(b)带宽特性

图 3-7　单节 $\lambda_{p0}/4$ 阻抗变换器

若设 $|\Gamma|=\Gamma_m$ 为反射系数模值的最大容许值,则由单节 λ/4 阻抗变换器提供的工作带宽为图 3-7(b)中 $\Delta\theta_m$ 限定的频率范围,并且

$$\Delta\theta_m=\pi-2\theta_m$$

由式(3-2a)可得

$$\cos\theta_m=\frac{\Gamma_m}{\sqrt{1-\Gamma_m^2}}\frac{2\sqrt{Z_LZ_0}}{|Z_L-Z_0|}\tag{3-3a}$$

即

$$\theta_m=\arccos\left(\frac{\Gamma_m}{\sqrt{1-\Gamma_m^2}}\frac{2\sqrt{Z_LZ_0}}{|Z_L-Z_0|}\right)\tag{3-3b}$$

通常用相对带宽 $W_q$ 表示频带宽度，即

$$W_q = \frac{f_2 - f_1}{f_0} = \frac{\theta_2 - \theta_1}{\theta_0} = \frac{\pi - 2\theta_m}{\pi/2} = 2 - \frac{4}{\pi}\theta_m \tag{3-4a}$$

将式(3-3b)代入，有

$$W_q = 2 - \frac{4}{\pi}\arccos\left(\frac{\Gamma_m}{\sqrt{1 - \Gamma_m^2}} \frac{2\sqrt{Z_L Z_0}}{|Z_L - Z_0|}\right) \tag{3-4b}$$

根据 $Z_L$、$Z_0$、$\Gamma_m$ 的值可由式(3-4)求出单节 $\lambda/4$ 阻抗变换器的相对带宽 $W_q$。反过来，根据相对带宽 $W_q$ 也可确定变换器通带内容许的最大反射系数模值 $\Gamma_m$。在计算中，$\theta_m$ 应取小于 $\pi/2$ 的值。

严格讲，上述结果只适用于 TEM 波传输线，对于非 TEM 波传输线(如波导传输线)，由于传输参数与频率有关，并且在截面尺寸不同的传输线连接处，存在不均匀电纳的影响，因此上述结论不能对非 TEM 波传输线的 $\lambda/4$ 阻抗变换器的特性进行精确描述，只能进行定性分析。

对于单一频率或窄带匹配，单节 $\lambda/4$ 阻抗变换器提供的带宽一般都能满足要求，图 3-8 是几种常用的单节 $\lambda/4$ 阻抗变换器的结构形式。若要求变换器在较宽的频带内实现匹配，则须采用多节$\lambda/4$阻抗变换器或渐变线变换器。

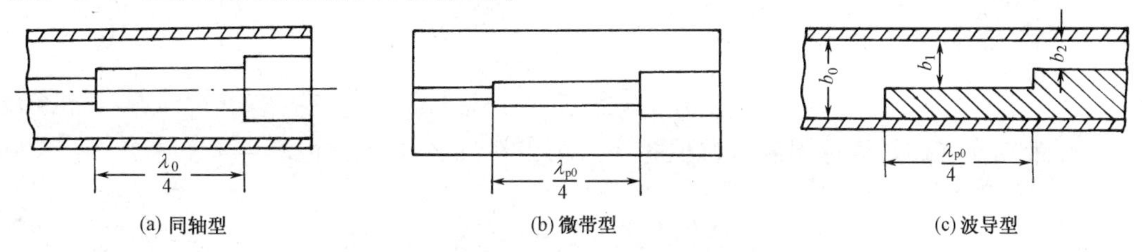


图 3-8　单节 $\lambda/4$ 阻抗变换器的结构形式

**【例 3-2】**　设计单节 $\lambda/4$ 阻抗变换器，工作频率 $f_0 = 3\text{GHz}$，将 $10\Omega$ 的负载匹配到 $50\Omega$，确定 $\rho \leqslant 1.5$ 时的相对带宽。

**解：** 匹配段的特性阻抗　$Z_1 = \sqrt{Z_L Z_0} = \sqrt{10\times 50} = 10\sqrt{5}\,\Omega$

匹配段的长度　$l = \dfrac{\lambda_0}{4} = 2.5\text{cm}$

$\rho = 1.5$ 所对应的 $|\Gamma|$ 为　$|\Gamma| = \Gamma_m = \dfrac{1.5-1}{1.5+1} = 0.2$

由式(3-4b)可得相对带宽 $W_q$ 为

$$W_q = 2 - \frac{4}{\pi}\arccos\left(\frac{\Gamma_m}{\sqrt{1 - \Gamma_m^2}} \frac{2\sqrt{Z_L Z_0}}{|Z_L - Z_0|}\right) = 2 - \frac{4}{\pi}\arccos\left(\frac{0.2}{\sqrt{1 - 0.2^2}} \times \frac{2\times 10\sqrt{5}}{|10 - 50|}\right)$$

$$= 0.293 = 29.3\%$$

② 多节 $\lambda/4$ 阻抗变换器。

为了获得比单节 $\lambda/4$ 阻抗变换器更宽的频带，可采用多节 $\lambda/4$ 阻抗变换器组成阶梯阻抗变换网络，用网络综合法进行设计。用网络综合的方法可以在预定指标下设计出所需的阻抗匹配网络，由于设计方法较多，这里只就小反射理论一次近似的结果做简单介绍。我们还是由浅入深，从单节的情况开始。

对于图 3-9 所示的单节 $\lambda/4$ 阶梯阻抗变换器，设 $Z_L > Z_1 > Z_0$，$\Gamma_0$、$\Gamma_1$ 分别为对应参考面上的局部反射系数，并且

$$\Gamma_0 = \frac{Z_1 - Z_0}{Z_1 + Z_0} \qquad \Gamma_1 = \frac{Z_L - Z_1}{Z_L + Z_1} \tag{3-5}$$

小反射理论就是假设这些局部电压反射系数的模值都很小,因此可以认为各参考面上入射电压波的幅值都近似相等,作为一级近似,$T_0$ 参考面上的总反射电压波只取各参考面上一次反射电压波的总和,忽略多次反射的影响,则有

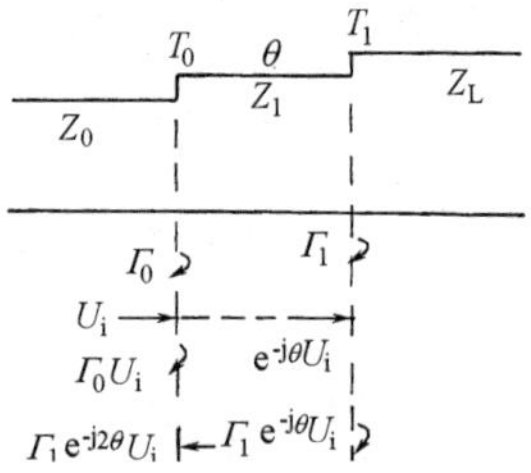

$$U_r = \Gamma_0 U_i + \Gamma_1 e^{-j2\theta} U_i$$

$T_0$ 面上,总的电压反射系数近似为

$$\Gamma = \frac{U_r}{U_i} = \Gamma_0 + \Gamma_1 e^{-j2\theta} = \Gamma_0 e^{-j\theta}\left(e^{j\theta} + \frac{\Gamma_1}{\Gamma_0} e^{-j\theta}\right) \tag{3-6a}$$

图 3-9　单节 λ/4 阶梯阻抗变换器

在中心频率 $f_0$ 上,$\theta=\frac{\pi}{2}$,并要求 $\Gamma=0$,故有 $\Gamma_1=\Gamma_0$,即

$$\frac{Z_1 - Z_0}{Z_1 + Z_0} = \frac{Z_L - Z_1}{Z_L + Z_1}$$

由此可得

$$Z_1^2 = Z_L Z_0$$

当工作频率偏离 $f_0$ 时,有

$$\Gamma = 2\Gamma_0 e^{-j\theta} \cos\theta \tag{3-6b}$$

其幅值为

$$|\Gamma| = 2|\Gamma_0||\cos\theta| \tag{3-6c}$$

若频带内允许的最大反射系数幅值为 $\Gamma_m$,则当 $\theta \leqslant \pi/2$ 时,由上式可得

$$\theta_m = \arccos \frac{\Gamma_m}{2|\Gamma_0|} \tag{3-6d}$$

其相对带宽

$$W_q = 2 - \frac{4}{\pi}\theta_m = 2 - \frac{4}{\pi}\arccos \frac{\Gamma_m}{2|\Gamma_0|} \tag{3-7}$$

对例 3-1 用小反射理论的近似公式计算可得 $W_q=33.7\%$,误差约为 4%。显然对于单节 $\lambda/4$ 阻抗变换器,$Z_0$ 与 $Z_L$ 的差别越大,就越难满足小反射近似的条件,误差也越大。

对于图 3-10 所示的两节 $\lambda/4$ 阶梯阻抗变换器,设 $Z_L>Z_2>Z_1>Z_0$,各参考面上的局部反射系数分别为 $\Gamma_0$、$\Gamma_1$、$\Gamma_2$,并且

$$\left.\begin{aligned} \Gamma_0 &= \frac{Z_1 - Z_0}{Z_1 + Z_0} \\ \Gamma_1 &= \frac{Z_2 - Z_1}{Z_2 + Z_1} \\ \Gamma_2 &= \frac{Z_L - Z_2}{Z_L + Z_2} \end{aligned}\right\} \tag{3-8}$$

用与单节阻抗变换器类似的近似方法可得 $T_0$ 参考面上的总反射电压波为

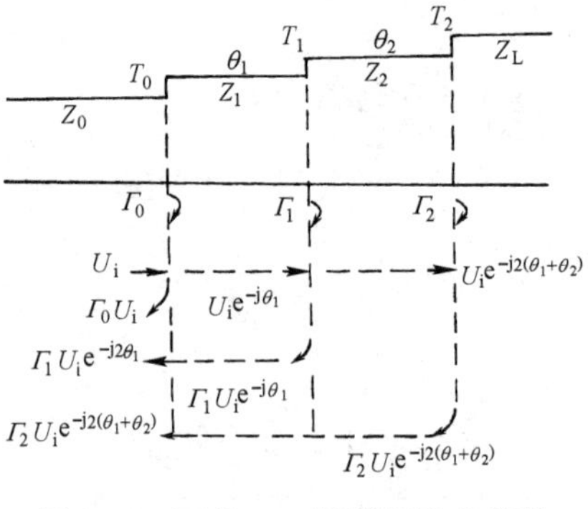

图 3-10　两节 λ/4 阶梯阻抗变换器

$$U_r = \Gamma_0 U_i + \Gamma_1 U_i e^{-j(\theta_1+\theta_2)} + \Gamma_2 U_i e^{-j2(\theta_1+\theta_2)}$$

$T_0$ 面上总的电压反射系数为

$$\Gamma = \frac{U_r}{U_i} = \Gamma_0 + \Gamma_1 e^{-j(\theta_1+\theta_2)} + \Gamma_2 e^{-j2(\theta_1+\theta_2)} \tag{3-9a}$$

在中心频率 $f_0$ 上有 $\theta_1=\theta_2=\frac{\pi}{2}$,并要求 $\Gamma=0$,即 $\Gamma_0-\Gamma_1+\Gamma_2=0$,若取 $\Gamma_0=\Gamma_2$,则 $\Gamma_1=2\Gamma_0$,当工作频率偏离 $f_0$ 时,近似认为 $\theta_1 \approx \theta_2=\theta$,故由上式可得

$$\Gamma \approx \Gamma_0 + 2\Gamma_0 e^{-j2\theta} + \Gamma_0 e^{-j4\theta} = \Gamma_0 e^{-j2\theta}(e^{j2\theta} + e^{-j2\theta} + 2)$$
$$= 4\Gamma_0 e^{-j2\theta}\cos^2\theta \tag{3-9b}$$

其反射系数的幅值为

$$|\Gamma| = 4|\Gamma_0|\cos^2\theta \tag{3-9c}$$

比较式(3-6c)和式(3-9c),可以看出双节的频率特性要比单节的频率特性平滑得多,这是因为双节变换器有三个量$\Gamma_0$、$\Gamma_1 e^{-j2\theta}$、$\Gamma_2 e^{-j4\theta}$对应的反射波参与抵消,这就有可能在多个频率点上使总的反射系数$\Gamma=0$,从而在相同的条件下,使工作频带增宽,仍以$\Gamma_m$表示通带内允许的最大反射系数幅值,则可得

$$\theta_m = \arccos\sqrt{\frac{\Gamma_m}{4|\Gamma_0|}} \tag{3-9d}$$

代入式(3-4a),可得相对带宽为

$$W_q = 2 - \frac{4}{\pi}\theta_m = 2 - \frac{4}{\pi}\arccos\sqrt{\frac{\Gamma_m}{4|\Gamma_0|}} \tag{3-10}$$

如果变换器有$N$节,则阶梯突变面有$T_0, T_1, T_2, \cdots, T_N$,共$(N+1)$个,并近似认为$\theta_1=\theta_2=\cdots=\theta_N=\theta$,这时式(3-9a)扩展为

$$\Gamma = \Gamma_0 + \Gamma_1 e^{-j2\theta} + \Gamma_2 e^{-j4\theta} + \cdots + \Gamma_K e^{-j2K\theta} + \cdots + \Gamma_N e^{-j2N\theta} \tag{3-11a}$$

若对称选择各局部反射系数$\Gamma_0=\Gamma_N, \Gamma_1=\Gamma_{N-1}, \cdots$,则上式可写成

$$\Gamma = (\Gamma_0 + \Gamma_N e^{-j2N\theta}) + (\Gamma_1 e^{-j2\theta} + \Gamma_{(N-1)} e^{-j2(N-1)\theta}) + \cdots$$
$$= e^{-jN\theta}[\Gamma_0(e^{jN\theta} + e^{-jN\theta}) + \Gamma_1(e^{j(N-2)\theta} + e^{-j(N-2)\theta}) + \cdots]$$

如果$N$为奇数,最后一项为$\Gamma_{\frac{N-1}{2}}(e^{j\theta}+e^{-j\theta})$;如果$N$为偶数,最后一项为$\Gamma_{N/2}$。这样上式可写成如下的余弦函数多项式

$$\left.\begin{aligned} &\Gamma=2e^{-jN\theta}[\Gamma_0\cos N\theta+\Gamma_1\cos(N-2)\theta+\cdots+\Gamma_{\frac{N-1}{2}}\cos\theta] && N=\text{奇数} \\ &\Gamma=2e^{-jN\theta}[\Gamma_0\cos N\theta+\Gamma_1\cos(N-2)\theta+\cdots+\frac{1}{2}\Gamma_{N/2}] && N=\text{偶数} \end{aligned}\right\} \tag{3-11b}$$

其幅值为

$$|\Gamma| = 2|\Gamma_0\cos N\theta + \Gamma_1\cos(N-2)\theta + \Gamma_2\cos(N-4)\theta + \cdots| \tag{3-12}$$

由于$|\Gamma|$是$\cos\theta$的多项式,故满足$|\Gamma|=0$的$\theta$值有许多,只要适当选取$\Gamma_0, \Gamma_1, \cdots, \Gamma_{N/2}$(或$\Gamma_{\frac{N-1}{2}}$),也就是适当选取各阶梯传输线的特性阻抗$Z_1, Z_2, \cdots, Z_N$,就可综合出任何要求的反射系数频率响应的通带特性。

网络综合理论中,使用较多的通带响应有两种:一种是采用二项式的展开式逼近反射系数多项式所获得的通带响应,称为最平坦响应;另一种是采用切比雪夫多项式逼近反射系数多项式所获得的等波纹响应,它们的精确设计公式、计算结果可在有关的微波元件设计的专著中(如《微波网络及其应用》《微波工程手册》等)查找,这里仅就最平坦特性的综合设计过程做简要描述。

③ 最平坦通带特性多节阻抗变换器。

最平坦通带特性是指在中心频率$f_0$附近,反射系数幅值$|\Gamma|$的变化最小,在中心频率$f_0$上,$\Gamma$对$\omega$的$(N-1)$阶导数均为零,如图3-11所示。要获得这样的特性,反射系数应取如下形式

$$\Gamma = A(1 + e^{-j2\theta})^N \tag{3-13}$$

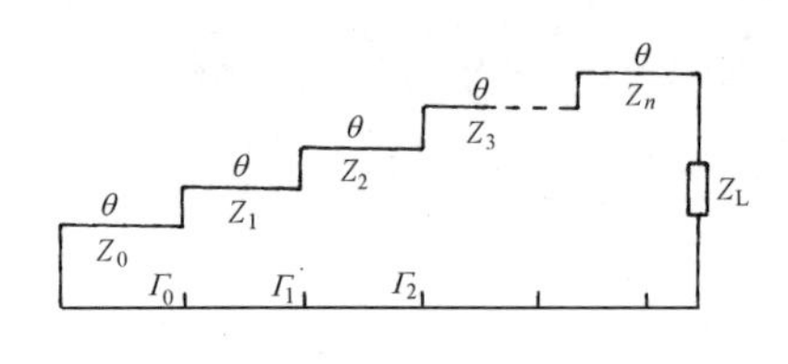


(a) 多节阻抗变换器示意图

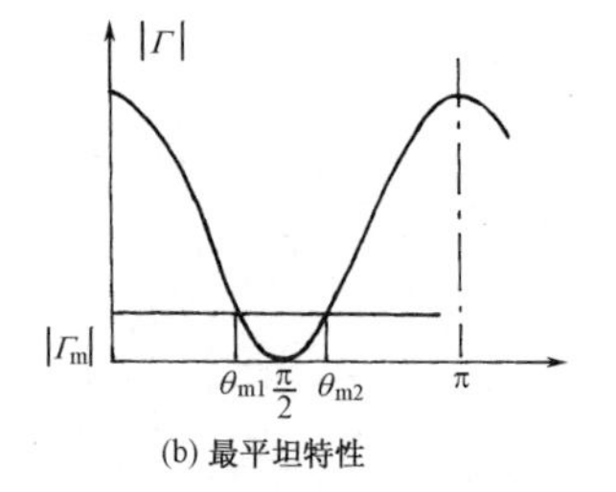


(b) 最平坦特性

图 3-11　多节阻抗变换器

式中，$A$ 为常数。将 $\theta=0$ 时，$\Gamma=\dfrac{Z_L-Z_0}{Z_L+Z_0}$代入上式可得

$$A = 2^{-N}\frac{Z_L - Z_0}{Z_L + Z_0}$$

这样反射系数可写成

$$\Gamma=2^{-N}\frac{Z_L-Z_0}{Z_L+Z_0}(1+e^{-j2\theta})^N \tag{3-14}$$

利用二项式

$$(1+x)^N = C_N^0 + C_N^1 x + C_N^2 x^2 + \cdots + C_N^N x^N = \sum_{n=0}^{N} C_N^n x^n \tag{3-15}$$

式中

$$C_N^n = C_N^{N-n} = \frac{N!}{(N-n)!n!} \tag{3-16}$$

将式(3-14)按二项式展开有

$$\Gamma = 2^{-N}\frac{Z_L - Z_0}{Z_L + Z_0}\sum_{n=0}^{N} C_n^N e^{-j2n\theta} \tag{3-17}$$

要得到最平坦特性，必须使式(3-11$a$)与式(3-17)各对应项的系数相等，即

$$\Gamma_n = \frac{Z_L - Z_0}{Z_L + Z_0}2^{-N}C_n^N \tag{3-18}$$

考虑到 $C_n^N=C_{N-n}^N$，故有

$$\Gamma_{N-n}=\Gamma_n=2^{-N}\frac{Z_L-Z_0}{Z_L+Z_0}C_n^N \tag{3-19}$$

为了算出各节 $\lambda/4$ 阶梯段的特性阻抗 $Z_n$，使求解过程更为简单，在 $0.5<Z_L/Z_0<2$ 的条件下，可利用如下近似公式

$$\ln\frac{Z_L}{Z_0} = \ln\frac{1+\dfrac{Z_L - Z_0}{Z_L + Z_0}}{1-\dfrac{Z_L - Z_0}{Z_L + Z_0}} = 2\frac{Z_L - Z_0}{Z_L + Z_0} + \frac{2}{3}\left(\frac{Z_L - Z_0}{Z_L + Z_0}\right)^2 + \cdots$$

$$\approx 2\frac{Z_L - Z_0}{Z_L + Z_0} \tag{3-20a}$$

$$\ln\frac{Z_{n+1}}{Z_n} \approx 2\frac{Z_{n+1} - Z_n}{Z_{n+1} + Z_n} = 2\Gamma_n \tag{3-20b}$$

将式(3-20)代入式(3-18)可得

$$\ln\frac{Z_{n+1}}{Z_n} = 2^{-N}C_n^N\ln\frac{Z_L}{Z_0} \tag{3-21}$$

这就是变换器的近似设计公式。

由式(3-14)可得反射系数的幅值为

$$|\Gamma| = \left|\frac{Z_L - Z_0}{Z_L + Z_0}\right| |\cos^N\theta| \approx \frac{1}{2}\left|\ln\frac{Z_L}{Z_0}\right| |\cos^N\theta|$$

其幅频特性如图 3-11(b)所示,若通带内容许的最大反射系数幅值为 $\Gamma_m$,则有

$$|\Gamma_m| = \frac{1}{2}\left|\ln\frac{Z_L}{Z_0}\right| |\cos^N\theta_m|$$

即

$$\theta_m = \arccos\left|\frac{2\Gamma_m}{\ln(Z_L/Z_0)}\right|^{1/N} \quad \left(\theta_m < \frac{\pi}{2}\right)$$

代入式(3-4a)可得其相对带宽

$$W_q = 2 - \frac{4}{\pi}\arccos\left|\frac{2\Gamma_m}{\ln\dfrac{Z_L}{Z_0}}\right|^{\frac{1}{N}} \tag{3-22a}$$

**【例 3-3】** 设计一最平坦特性阶梯阻抗变换器,取 $N=2$,已知被匹配的阻抗为 $Z_L$、$Z_0$,试求两节 $\lambda/4$ 阻抗变换段的特性阻抗。

**解**:根据式(3-16),当 $N=2$ 时,得 $C_2^0=C_2^2=1$,$C_2^1=2$,代入式(3-21)可得

$$\ln\frac{Z_1}{Z_0} = \frac{1}{4}\ln\frac{Z_L}{Z_0} \qquad \ln\frac{Z_2}{Z_1} = \frac{1}{2}\ln\frac{Z_L}{Z_0}$$

则第一节、第二节 $\lambda/4$ 阻抗变换器的特性阻抗分别为

$$Z_1 = Z_L^{\frac{1}{4}} Z_0^{\frac{3}{4}}, \qquad Z_2 = Z_L^{\frac{3}{4}} Z_0^{\frac{1}{4}} \tag{3-22b}$$

**(2) 渐变线**

对于上述的 $\lambda/4$ 阻抗变换器,若节数增加时,每两节之间的特性阻抗阶梯变化就变得很小,在节数无限增大的极限情况下,就变成连续的渐变线,如图 3-12 所示。这种渐变线匹配节的长度 $l$ 只要远大于工作波长,其输入驻波比就可以很小。并且工作频率越高,该条件也越容易得到满足。

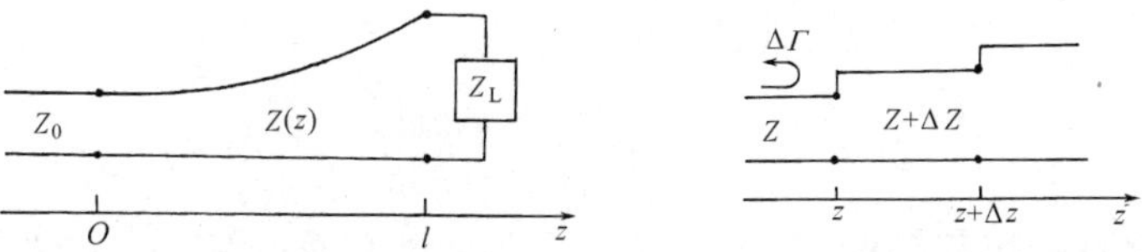


图 3-12 阻抗渐变线匹配段和等效电路

对于图 3-12 所示的渐变线,其特性阻抗从 $z=0$ 处的 $Z_0$ 变为 $z=l$ 处的 $Z_L$(一般为纯电阻 $R_L$)。用小反射理论可将其看成由长度为 $\Delta z$ 的许多增量节组成,相邻两增量节的阻抗变化为 $\Delta Z(z)$,如图 3-12(b)所示,则 $z$ 处阶梯增量的反射系数为

$$\Delta\Gamma = \frac{\overline{Z} + \Delta\overline{Z} - \overline{Z}}{\overline{Z} + \Delta\overline{Z} + \overline{Z}} \approx \frac{\Delta\overline{Z}}{2\overline{Z}} \tag{3-23}$$

式中,$\Delta\Gamma$、$\overline{Z}$、$\Delta\overline{Z}$都是位置 $z$ 的函数,并且$\overline{Z}=Z/Z_0$。在 $\Delta z\to 0$ 时,对上式两边同求 $\Delta z\to 0$ 的极限,有

$$\mathrm{d}\Gamma = \frac{\mathrm{d}\overline{Z}}{2\overline{Z}} = \frac{1}{2}\mathrm{d}\ln\overline{Z} = \frac{1}{2}\,\frac{\mathrm{d}\ln\dfrac{Z}{Z_0}}{\mathrm{d}z}\mathrm{d}z$$

然后利用小反射理论,对全部部分反射系数和它们的相位移求和,得 $z=0$ 处的总反射系数为

$$\Gamma_{in} = \frac{1}{2}\int_{z=0}^{l} e^{-j2\beta z}\,\frac{\mathrm{d}\ln\dfrac{Z}{Z_0}}{\mathrm{d}z}\mathrm{d}z \tag{3-24}$$

此式是忽略多次反射和损耗的近似式，显然若给定 $Z(z)$，由上式就可求得 $\Gamma_{in}$。

根据 $Z(z)$ 的分布函数不同，用于阻抗匹配的渐变线有许多种，下面主要讨论指数渐变线、切比雪夫渐变线及它们的频响特性。

① 指数渐变线：设指数渐变线沿线的阻抗为

$$Z(z) = Z_0 e^{\alpha z} \qquad 0 < z < l$$

由 $Z(z)\big|_{z=0} = Z_0$，$Z(z)\big|_{z=l} = Z_L = Z_0 e^{\alpha l}$ 可得常数 $\alpha$ 为

$$\alpha = \frac{1}{l}\ln Z_L/Z_0$$

将 $Z(z)$、$\alpha$ 的表达式代入式(3-24)可得

$$\Gamma_{in} = \frac{1}{2}\int_0^l e^{-j2\beta z}\frac{d\ln e^{\alpha z}}{dz}dz = \frac{1}{2}\ln\frac{Z_L}{Z_0}e^{-j\beta l}\cdot\frac{\sin\beta l}{\beta l} \tag{3-25}$$

在推导上式时，已假定渐变线的传播常数 $\beta$ 与 $z$ 无关，这种假定只适用于 TEM 波传输线。

根据式(3-25)绘出的反射系数幅值 $|\Gamma|$ 与 $\beta l$ 的关系曲线如图 3-13 所示。由图可见，随着长度 $l$ 的增大，$|\Gamma|$ 的幅值如人们预期的那样呈现周期性振荡下降，第一个零点出现在 $\beta l = \pi$ 处，显然要想使低频端获得良好匹配，应取渐变线的长度 $l > \lambda_p/2$。

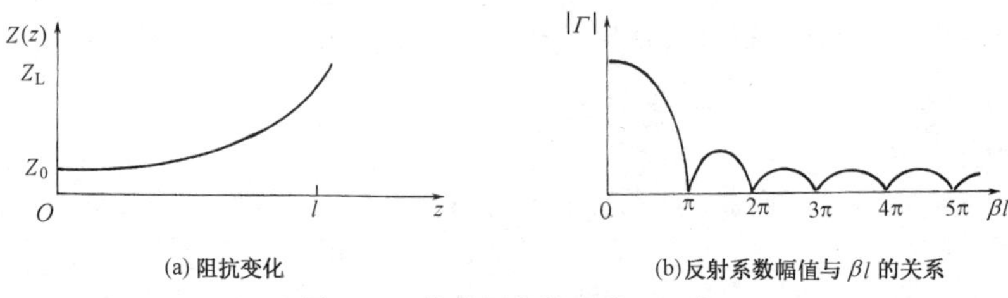


(a) 阻抗变化　　(b) 反射系数幅值与 $\beta l$ 的关系

图 3-13　指数阻抗渐变线匹配段

指数渐变线在给定阻抗变换比 $Z_L/Z_0$（或 $Z_0/Z_L$）和终端反射系数 $\Gamma_L$ 时，其最短长度为

$$l_{min} = \frac{1}{4\beta\,|\Gamma_L|}\left|\ln\frac{Z_L}{Z_0}\right| \tag{3-26}$$

假如所要匹配的两阻抗 $Z_0$ 与 $Z_L$ 差别不大时，为便于加工，可将指数线近似看成直线过渡。

② 切比雪夫渐变线：切比雪夫渐变线是保持切比雪夫阶梯阻抗变换器的长度 $l$ 不变，让节数 $N$ 无限增大演变而成的。这种渐变线在通带内的反射系数幅值最小，或者说对于通带内的最大反射系数指标，这种渐变线的长度最短，因此它可作为衡量其他渐变线是否达到最佳设计的标准。

切比雪夫渐变线的输入端反射系数的幅值为

$$|\Gamma_{in}| = \frac{1}{2}\ln\overline{Z}_L\,\frac{\left|\cos\sqrt{(\beta l)^2 - (\beta_1 l)^2}\right|}{\mathrm{ch}\beta_1 l} \tag{3-27}$$

式中，$\beta = \dfrac{2\pi}{\lambda}$，$\beta_1 = \dfrac{2\pi}{\lambda_1}$，$\lambda$ 为工作波长，$\lambda_1$ 为下限频率相应的工作波长。上式还可写成

$$\frac{2|\Gamma_{in}|}{\ln\overline{Z}_L} = \frac{\left|\cos\sqrt{(\beta l)^2 - (\beta_1 l)^2}\right|}{\mathrm{ch}\beta_1 l} \tag{3-28}$$

根据上式绘出的反射系数幅频特性如图 3-14 所示。

当 $\beta = 0$ 时，式(3-28)右边因分子、分母相同而等于 1。当 $\beta$ 由零增大至 $\beta_1$ 时，式(3-28)右边的分母不变，而分子按双曲余弦函数变化，曲线单调下降，当 $\beta = \beta_1$ 时，因为

$$\frac{2|\Gamma_{in}|}{\ln Z_L}=\frac{1}{\text{ch}\beta_1 l}$$

$|\Gamma_{in}|$下降为通带边缘的 $\Gamma_m$，且

$$\Gamma_m=\frac{1}{2}\frac{\ln \bar{Z}_L}{\text{ch}\beta_1 l} \tag{3-29}$$

当 $\beta>\beta_1$，即 $\lambda<\lambda_1$ 时，进入通频带的范围，式(3-28)右边的分子为一余弦函数，在$-1\sim+1$之间摆动，因而产生等幅的旁瓣，主瓣对旁瓣的振幅比为 $\text{ch}\beta_1 l$。如果给定通带内反射系数的模$|\Gamma|$小于或等于 $\Gamma_m$，并选定通带低端频率$f_1$（由$f_1$决定$\beta_1$），则渐变线长度 $l$ 也就确定了。这是因为由式(3-29)可得

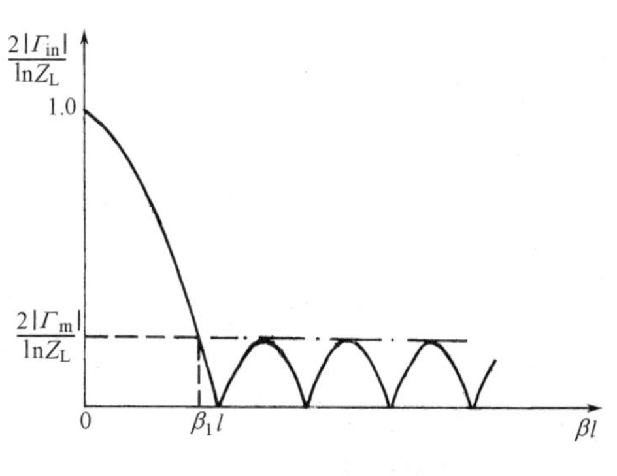


图 3-14　切比雪夫渐变线的反射系数幅频特性

$$\text{ch}\beta_1 l=\frac{\ln \bar{Z}_L}{2\Gamma_m} \tag{3-30}$$

反之，若 $\beta_1$、$l$ 给定，则通带内容许的最大反射系数幅值 $\Gamma_m$ 由式(3-29)确定。

切比雪夫渐变线的最佳特性表现在：当渐变线长度给定时，切比雪夫渐变线的旁瓣最小；当渐变线旁瓣振幅给定时，切比雪夫渐变线的长度最短。下面通过一个例子来加以说明。

**【例 3-4】**　设 $Z_0=50\Omega$，$Z_L=100\Omega$，渐变线长度 $l=3\lambda_1/4$，计算两种渐变线通带内允许的反射系数幅值 $\Gamma_m$。

**解：**

$$\ln\frac{Z_L}{Z_0}=\ln 2=0.693,\qquad \beta_1 l=\frac{2\pi}{\lambda_1}\times\frac{3}{4}\lambda_1=\frac{3}{2}\pi$$

对于指数渐变线

$$\Gamma_m=\frac{1}{2}\ln \bar{Z}_L\times\frac{|\sin\beta_1 l|}{\beta_1 l}=0.073$$

对于切比雪夫渐变线

$$\Gamma_m=\frac{1}{2}\ln \bar{Z}_L\times\frac{1}{\text{ch}\beta_1 l}=0.006$$

可见，在渐变线长度相同的情况下，切比雪夫渐变线的匹配性能优于指数渐变线。

本节习题 3-1～3-9，MOOC 视频知识点 3.1～3.4。

### 3.1.2　抗流连接和转接器

#### 1. 抗流连接

任一微波系统总是由元部件与传输线连接而组成的。在连接处，对沿传输线流通的纵向电流，必须保证有很小的阻抗，即应保持有良好的电接触。如果接触不够好，则将会引起接触损耗、波由此连接处反射、波由连接处的间隙向四周空间辐射，当传输大功率时，还可能引起接触处放电。连接处的良好电接触可以由直接的接触连接或“抗流”连接来获得。但直接的接触连接要求对接头进行精密的机械加工，且接头表面玷污或氧化等因素均会使接触性能变差。如果应用抗流连接，则可以在连接处没有机械接触的情况下保证有足够可靠的电接触。

**（1）波导抗流接头**

矩形波导抗流接头的结构如图 3-15 所示。两段矩形波导由法兰盘连接，右边波导的法兰盘上开有一圆槽，槽的内外表面构成终端短路的同轴线；另外使槽到波导口间的端面较法兰盘平面凹进去一个很小的间距 $d$，与左边法兰盘相接形成一径向线。这样，法兰盘的外沿部分是

直接接触的,而两波导端口并不直接接触。如果使槽深 $l_2$ 为 1/4 波长,并使圆槽与波导宽壁内表面之间的距离 $l_1$ 也是 1/4 波长。因此,在中心频率,圆槽底部($C$ 点)为同轴线的短路终端,$B$ 点的输入阻抗为无穷大,而从 $B$ 点到 $A$ 点又是径向传输线的 1/4 波长,因而 $A$ 点的输入阻抗为零。这就使得实际上并不接触的波导口等效为短路连接。由于法兰盘外沿接触部分($B$ 点)处于电流驻波节点,所以即使接触不良,也不会引起较大的功率损耗。

必须指出,在圆槽构成的同轴线中激发的电磁波不是 TEM 模,而是 $TE_{11}$ 模,$l_2$ 取用 $\lambda_0/4$ 是近似的。此外,当工作频率偏离中心频率时,$A$ 点也不再等效为理想短路点。为获得一定频带的抗流连接,必须将隙缝宽度 $d$ 选得尽可能小,圆槽宽度要足够大。

**(2) 旋转连接**

旋转接头又称为旋转关节,它是雷达天馈系统中一个重要的部件,结构形式可以是同轴线型或圆波导型。工作模式分别为 TEM 模和 $E_{01}$ 模,它们在横截面上的场分布具有轴对称的特点。

同轴旋转接头如图 3-16 所示,它由固定段同轴线和旋转段同轴线组成,两者之间能做相对转动,并要求在连接处有良好的电气接触,所以同轴线的内、外导体连接处均采用抗流连接。外导体抗流段由特性阻抗分别为 $Z_{01}$、$Z_{02}$,长度 $l$ 均为 $\lambda_0/4$ 的两段同轴线构成,$Z_{02}$ 段终端短路,实际接触处为轴承支承点 $A$,$A$ 点处于电流驻波节点,工作在中心频率时,外导体接缝处的输入阻抗等于零。内导体抗流段由特性阻抗分别为 $Z_{03}$、$Z_{04}$ 的两段长度 $l$ 均为 $\lambda_0/4$ 同轴线构成,$Z_{04}$ 段终端短路,实际接触点为轴承支承点 $B$,$B$ 点也处于电流驻波节点,因此工作在中心频率时,内导体接缝处的输入阻抗也等于零。这样,当内、外导体做相对转动时,仍可保证有良好的电气连接。

分析表明,选取很小的 $Z_{01}$、$Z_{03}$ 及很小的比值 $Z_{01}/Z_{02}$、$Z_{03}/Z_{04}$,可以展宽旋转接头的频带。另外,如果使内、外导体的两连接缝在轴向的位置上彼此相距 $\lambda_0/4$,工作频率发生偏离时,即使两接缝处的输入阻抗不为零,但它们产生的反射波彼此会因路程差 $\lambda_0/2$ 而抵消一部分,从而也能适当展宽工作频带。

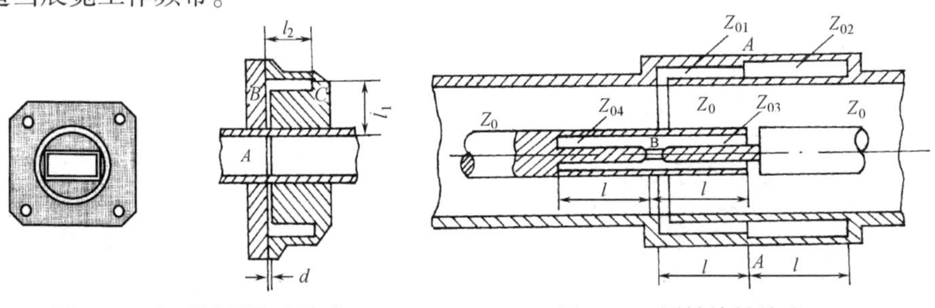


图 3-15　矩形波导抗流接头　　　　图 3-16　同轴旋转接头

## 2. 转接器

在微波系统中,不同类型的传输线相连接时,经常需要用转接器或波形变换器。最常用的是同轴—波导转接器、波导—微带转接器及同轴—微带转接器。分析转接器,将涉及波的激励和阻抗匹配问题。这里仅从阻抗匹配的角度进行简单介绍。

**(1) 同轴—波导转接器**

同轴线的内导体延伸一个适当长度 $h$,作为小天线在宽壁正中插入矩形波导中,便构成最常见的探针型同轴—波导转接器,如图 3-17 所示。为使能量单方向传输,将波导一端(图中探针的左端)短路,短路端与探针间距离为 $D$。同轴线中传输 TEM 模,矩形波导中传输 $TE_{10}$ 模,这样两种不同类型的传输线连接在一起,因阻抗不连续必产生反射。因此,阻抗匹配是转接器的重要问题。适当调节 $h$ 和 $D$,可以使得从同轴线向连接处看去的阻抗接近于同轴线的特性阻抗,从而得到匹配。

图 3-17 所示的同轴—波导转接器在单一频率工作时,可调节到使电压驻波比小于 1.1。若要求转接器在一定频带内有良好的匹配,则需采取展宽频带的措施。工作频带较窄时,可在转接器中适当增加不连续性,引入附加的反射以实现匹配。

**(2) 波导—微带转接器**

波导—微带转接器的结构示意图如图 3-18 所示。微带线的特性阻抗一般取为 50Ω,而波导的等效阻抗通常在 400~500Ω 的范围内,二者直接相连,将产生很大的反射,且结构上也不易实现。采用图 3-18 所示的单脊波导阻抗变换器,可以较好地消除反射。其中连接处单脊波导的脊与宽壁的间隙等于微带基片厚度 $h$,脊的宽度等于微带宽度 $W$,脊高可以逐渐改变或按阶梯变化。

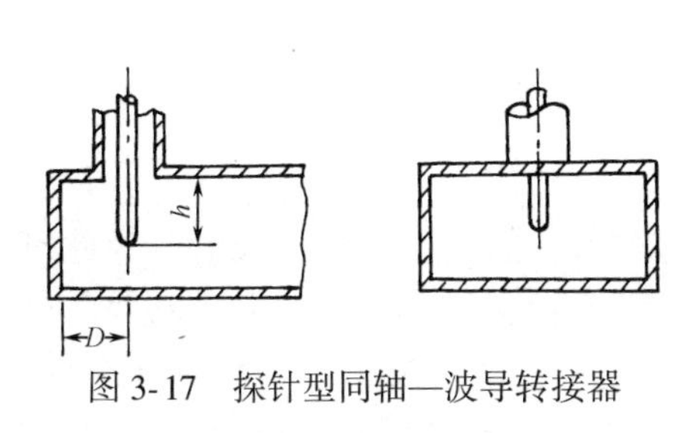


图 3-17　探针型同轴—波导转接器

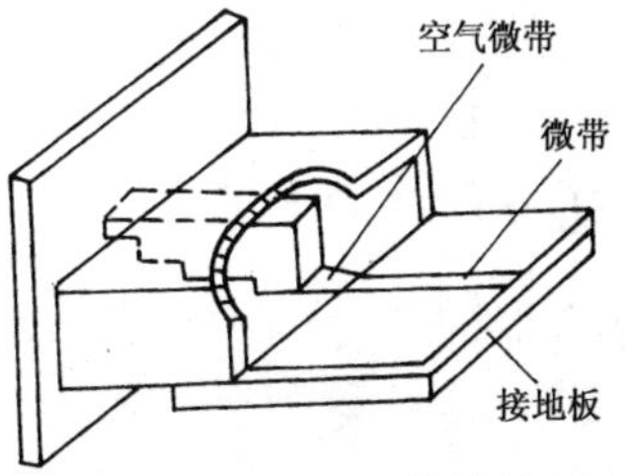

图 3-18　波导—微带转接器

由图 3-18 可见,在微带线与单脊波导中间,有一段空气微带线。这是因为微带线的特性阻抗为 50Ω,而单脊波导的等效阻抗值为 80~90Ω,它们并不相等,其间通过一段空气微带线进行过渡,可使匹配性能变好。

另有一种“共线式”波导—微带过渡器,采用单脊波导—同轴线—微带的结构形式,结构示意图如图 3-19 所示。过渡区共分三部分:单脊波导段、混合段及同轴线段。与图 3-18所示的转接器结构相比,其具有结构简单、牢固的特点。此外,由于混合段两端都有突变台阶,存在着不连续性电容,因此混合段的阻抗要适当地高于给定值,以起到补偿容抗的作用。

**(3) 同轴—微带转接器**

同轴—微带转接器的结构如图 3-20 所示。转接器中同轴线的内导体与微带线相连的部分,是通过内导体延伸出一小段(为 1.5~2mm),切成平面与微带线的导带搭接。同轴线的外

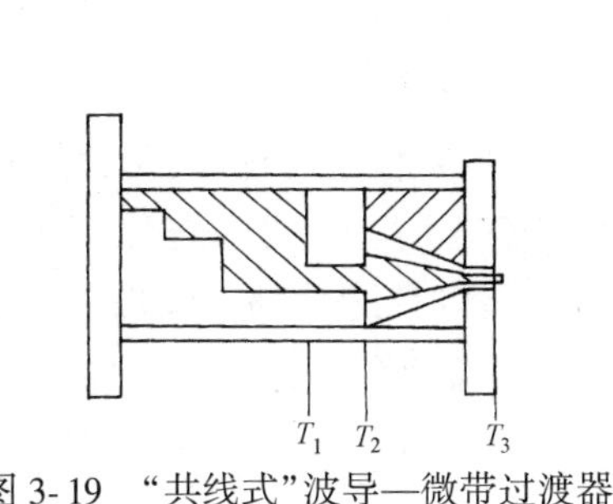


图 3-19　“共线式”波导—微带过渡器

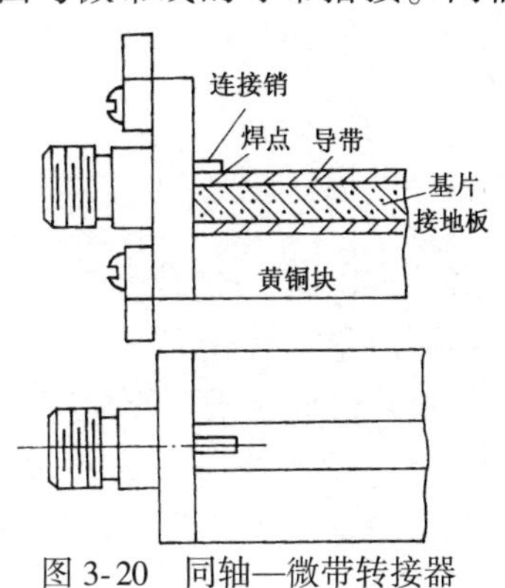


图 3-20　同轴—微带转接器

导体与微带线接地平面相连的外壳之间,则通过法兰盘用螺钉固定。与微带连接处的同轴线内导体的直径的选取与微带线的特性阻抗有关,通常使内导体直径等于微带线宽度。

# 3.2 定向耦合元件

定向耦合元件是微波系统中应用得最广泛的元件,可用于监测功率、频率和频谱,测量馈线系统和元件的反射系数、插入衰减等,还可用作衰减器、功率分配器等,这类元件一般都在两个端口以上,因此通常用多端口的网络理论进行分析。

本节主要讨论由微带线或带状线构成的定向耦合器、混合环、功率分配器等,最后讨论波导匹配双T,这些元件大部分结构都是对称的,因此有些元件可用偶奇模分析法将多端口网络简化成双端口网络进行分析,从而使分析过程变得简单易行。

## 3.2.1 定向耦合器的基本概念

### 1. 定向耦合器的分类

定向耦合器的种类和形式很多,结构上的差异较大,工作原理也不尽相同,因此可以从不同的角度对其进行分类。若按传输线的类型来分类,有波导型、同轴线型、带状线与微带线型定向耦合器等;若按耦合方式分类,有分支线耦合、平行线耦合、小孔耦合定向耦合器等;若按耦合输出的相位分类,有90°定向耦合器、180°定向耦合器等;若按耦合输出的方向分类,有同向定向耦合器与反向定向耦合器等。图3-21示出了几种常见的定向耦合器及桥路元件。

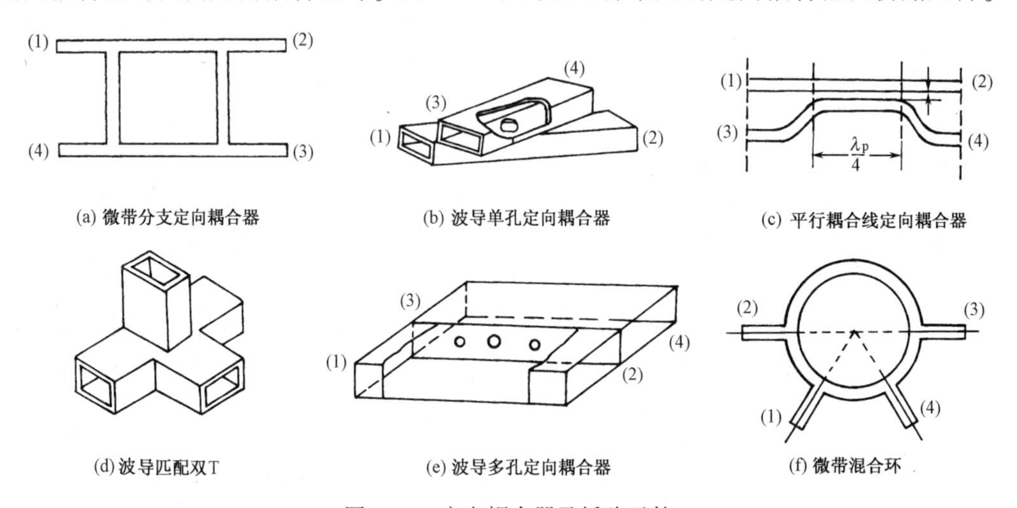


图3-21　定向耦合器及桥路元件

图3-22是同向定向耦合器的原理框图,有4个端口和两根传输线,两线间有一定的耦合,理想的定向耦合器应具有如下特性:当功率由主传输线的(1)端口向(2)端口传输时,如果(2)、(3)、(4)端口均接匹配负载,则副线上只有(3)端口有能量耦合输出,(4)端口无能量耦合输出,该类定向耦合器就称为同向定向耦合器,并称(2)端口为直通端口,(3)端口为耦合端口,(4)端口为隔离端口。若直通端口仍为(2)端口,但(3)端口成为隔离端,(4)端口成为耦合端,则称其为反向定向耦合器。

## 2. 定向耦合器的技术指标

衡量定向耦合器性能的指标有耦合度、定向性系数、隔离度、输入驻波比、频带宽度等,下面就一些主要指标的定义和意义叙述如下。

**(1) 耦合度 *C***

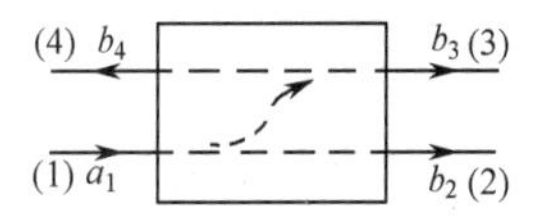

图 3-22 同向定向耦合器

定义为输入端的输入功率 $P_1$ 与耦合输出端的输出功率 $P_3$ 之比,通常用分贝表示,即

$$C = 10\lg \frac{P_1}{P_3} \tag{3-31a}$$

由于 $P_1 = \frac{1}{2}|a_1|^2, P_3 = \frac{1}{2}|b_3|^2$,代入上式可得耦合度 $C$ 与 $\boldsymbol{S}$ 参数的关系为

$$C = 10\lg \frac{1}{|S_{31}|^2} \tag{3-31b}$$

耦合度 $C$ 表征了耦合的强弱。当输入功率 $P_1$ 一定时,耦合输出功率 $P_3$ 越大,耦合度 $C$ 越小;$P_3$ 越小,$C$ 越大,故零分贝、3 分贝定向耦合器为强耦合定向耦合器;20 分贝、30 分贝定向耦合器为弱耦合定向耦合器。

**(2) 隔离度 *D***

定义为输入端的输入功率 $P_1$ 与隔离端的输出功率 $P_4$ 之比,用分贝表示为

$$D = 10\lg \frac{P_1}{P_4} = 10\lg \frac{1}{|S_{41}|^2} \tag{3-32}$$

在理想情况下,副线中的端口(4)应无输出,此时的隔离度应为无穷大。但实际上由于设计或加工制作的不完善,常使极小部分功率从隔离端输出,使隔离度 $D$ 不再是无穷大。

工程上常采用定向性系数 $D'$ 来表征耦合通道的定向传输性能。它定义为耦合端输出功率 $P_3$ 与隔离端输出功率 $P_4$ 之比,用分贝表示为

$$D' = 10\lg \frac{P_3}{P_4} = 10\lg \left|\frac{S_{31}}{S_{41}}\right|^2 = D - C \tag{3-33}$$

**(3) 输入驻波比**

定义为在(2)、(3)、(4)端口(见图 3-22)均接匹配负载时输入端口((1)端口)的驻波比,即

$$\rho = \frac{1 + |S_{11}|}{1 - |S_{11}|} \tag{3-34}$$

**(4) 频带宽度**

频带宽度是指耦合度、隔离度(或定向性系数)及输入驻波比都满足指标要求时,定向耦合器的工作频带。

## 3. 定向耦合器的网络分析

定向耦合器的种类繁多,结构各异,对不同的定向耦合器就得用不同的分析方法和设计方法,但它们都是多端口元件,用多端口的网络理论可以分析它们的共性,得到定向耦合器的一般特性。

无论是什么结构的理想定向耦合器,都可用图 3-22 所示的原理框图表示,该原理框图又可用图 3-23 所示的四端口网络来等效。该网络的 $\boldsymbol{S}$ 矩阵为

$$
\boldsymbol{S}=\begin{bmatrix} S_{11} & S_{12} & S_{13} & S_{14} \\ S_{21} & S_{22} & S_{23} & S_{24} \\ S_{31} & S_{32} & S_{33} & S_{34} \\ S_{41} & S_{42} & S_{43} & S_{44} \end{bmatrix} \tag{3-35a}
$$

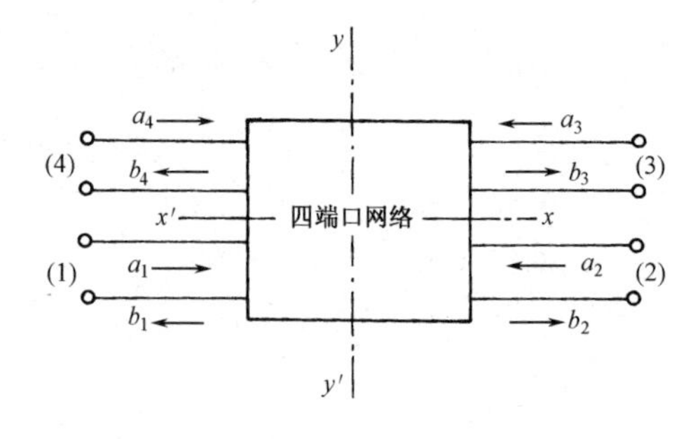


图 3-23　定向耦合器的方框图

若该网络互易，则有

$$
S_{ij}=S_{ji} \qquad \text{即 } \boldsymbol{S}^{\mathrm{T}}=\boldsymbol{S}
$$

若该网络关于 $xx'$、$yy'$ 面都对称，则有

$$
S_{11}=S_{22}=S_{33}=S_{44} \qquad S_{14}=S_{23}
$$

$$
S_{12}=S_{34} \qquad S_{13}=S_{24}
$$

若该网络无耗，则有

$$
\boldsymbol{S}^{+}\boldsymbol{S}=1
$$

若该网络的各个端口已完全匹配，则有

$$
S_{11}=S_{22}=S_{33}=S_{44}=0
$$

这样，一个互易、无耗、完全对称、完全匹配的四端口网络的散射参数矩阵简化为

$$
\boldsymbol{S}=\begin{bmatrix} 0 & S_{12} & S_{13} & S_{14} \\ S_{12} & 0 & S_{14} & S_{13} \\ S_{13} & S_{14} & 0 & S_{12} \\ S_{14} & S_{13} & S_{12} & 0 \end{bmatrix} \tag{3-35b}
$$

由 $\boldsymbol{S}$ 矩阵的一元性可得

$$
\begin{aligned}
&|S_{12}|^2+|S_{13}|^2+|S_{14}|^2=1 \\
&S_{13}S_{14}^{*}+S_{13}^{*}S_{14}=0 \\
&S_{12}^{*}S_{14}+S_{12}S_{14}^{*}=0 \\
&S_{12}^{*}S_{13}+S_{12}S_{13}^{*}=0
\end{aligned} \tag{3-35c}
$$

显然，要使式(3-35c)的各式成立，$S_{12}$、$S_{13}$、$S_{14}$ 中必有一个元素为零，也就是说该四端口网络必定具有定向性，可以构成一定向耦合器，故可得如下性质。

**性质：** 任何一个互易、无耗、完全对称、完全匹配的四端口网络，都可以构成一个理想的定向耦合器。

设 $S_{14}=0$，该四端口网络构成正向定向耦合器，其网络参数所满足的方程为

$$
|S_{12}|^2+|S_{13}|^2=1, \qquad S_{12}^{*}S_{13}+S_{12}S_{13}^{*}=0 \tag{3-36a}
$$

将 $S_{12}=|S_{12}|\mathrm{e}^{\mathrm{j}\theta_{12}}$、$S_{13}=|S_{13}|\mathrm{e}^{\mathrm{j}\theta_{13}}$ 代入上式中可得

$$
\mathrm{e}^{\mathrm{j}(\theta_{13}-\theta_{12})}+\mathrm{e}^{-\mathrm{j}(\theta_{13}-\theta_{12})}=0
$$

即

$$
\cos(\theta_{13}-\theta_{12})=0 \qquad \theta_{13}-\theta_{12}=\pm\frac{\pi}{2}
$$

式(3-36a)表明，该网络的(2)端口和(3)端口输出功率之和等于(1)端口的输入功率，两输出端口的输出电压波相位相差 90°。所构成的理想 90°定向耦合器的散射参数矩阵为

$$
\boldsymbol{S}=\begin{bmatrix} 0 & S_{12} & S_{13} & 0 \\ S_{12} & 0 & 0 & S_{13} \\ S_{13} & 0 & 0 & S_{12} \\ 0 & S_{13} & S_{12} & 0 \end{bmatrix} \tag{3-36b}
$$

设 $S_{13}=0$,此时构成一个反向定向耦合器,其网络参数所满足的方程为

$$|S_{12}|^2+|S_{14}|^2=1, \qquad S_{12}^*S_{14}+S_{12}S_{14}^*=0 \tag{3-37a}$$

该式表明,网络(2)端口和(4)端口的输出功率之和等于输入功率,两个端口输出电压波的相位相差 90°,因此其构成的理想 90°反向定向耦合器的散射参数矩阵为

$$\boldsymbol{S}=\begin{bmatrix} 0 & S_{12} & 0 & S_{14} \\ S_{12} & 0 & S_{14} & 0 \\ 0 & S_{14} & 0 & S_{12} \\ S_{14} & 0 & S_{12} & 0 \end{bmatrix} \tag{3-37b}$$

同理,若设 $S_{12}=0$,并且设 $|S_{13}|=|S_{14}|$,则可得到 90°混合电桥的网络参数所满足的方程为

$$|S_{13}|^2+|S_{14}|^2=1, \qquad S_{13}^*S_{14}+S_{13}S_{14}^*=0 \tag{3-38a}$$

将 $|S_{13}|=|S_{14}|$ 代入,并令 $\theta_{13}=0$,可得 $|S_{13}|=|S_{14}|=\dfrac{1}{\sqrt{2}}$,$\theta_{14}=\theta_{13}\pm\dfrac{\pi}{2}=\pm\dfrac{\pi}{2}$,因此理想 90°混合电桥的散射参数矩阵为

$$\boldsymbol{S}=\begin{bmatrix} 0 & 0 & 1/\sqrt{2} & \pm \mathrm{j}/\sqrt{2} \\ 0 & 0 & \pm \mathrm{j}/\sqrt{2} & 1/\sqrt{2} \\ 1/\sqrt{2} & \pm \mathrm{j}/\sqrt{2} & 0 & 0 \\ \pm \mathrm{j}/\sqrt{2} & 1/\sqrt{2} & 0 & 0 \end{bmatrix} \tag{3-38b}$$

若设四端口网络关于 $xx'$ 面对称、关于 $yy'$ 面反对称,则有

$$S_{12}=S_{34}, \quad S_{13}=S_{24}, \quad S_{14}=-S_{23}$$

于是式(3-35a)变成

$$\boldsymbol{S}=\begin{bmatrix} 0 & S_{12} & S_{13} & S_{14} \\ S_{12} & 0 & -S_{14} & S_{13} \\ S_{13} & -S_{14} & 0 & S_{12} \\ S_{14} & S_{13} & S_{12} & 0 \end{bmatrix} \tag{3-39a}$$

根据无耗网络的一元性,当 $S_{13}=0$ 时,可得到理想 0°~180°混合电桥的网络参数所满足的方程为

$$|S_{12}|^2+|S_{14}|^2=1, \qquad S_{12}^*S_{14}-S_{12}S_{14}^*=0 \tag{3-39b}$$

令 $|S_{12}|=|S_{14}|$,代入可得 $|S_{12}|=|S_{14}|=\dfrac{1}{\sqrt{2}}$,$\theta_{12}=\theta_{14}$,故理想 0°~180°混合电桥的散射参数矩阵为

$$\boldsymbol{S}=\begin{bmatrix} 0 & 1/\sqrt{2} & 0 & 1/\sqrt{2} \\ 1/\sqrt{2} & 0 & -1/\sqrt{2} & 0 \\ 0 & -1/\sqrt{2} & 0 & 1/\sqrt{2} \\ 1/\sqrt{2} & 0 & 1/\sqrt{2} & 0 \end{bmatrix} \tag{3-39c}$$

下面讨论几种具体的定向耦合器。

### 3.2.2 平行耦合线定向耦合器

平行耦合线定向耦合器是 TEM 波传输线定向耦合器的一种主要形式,目前主要由耦合带

状线和耦合微带线构成,具有反向耦合器的特点。

### 1. 基本工作原理

图 3-24 是一单节 1/4 波长平行耦合线定向耦合器,它由两根等宽的平行耦合线节构成,耦合线节的长度是中心频率 $f_0$ 对应的波长 $\lambda_{p0}$ 的 1/4,各端口均接匹配终端负载 $Z_0$。若信号从端口(1)输入,则电磁波除在(1)~(2)的主线上传输外,还有一部分电磁能量分别由电场和磁场耦合到(3)~(4)的副线上。电场和磁场耦合在副线的(3)端口产生同相电场,在(4)端口产生反相电场,因此理想情况下,(3)端口有耦合输出,称为耦合端;(4)端口无输出,称为隔离端。故这种定向耦合器是反向定向耦合器。

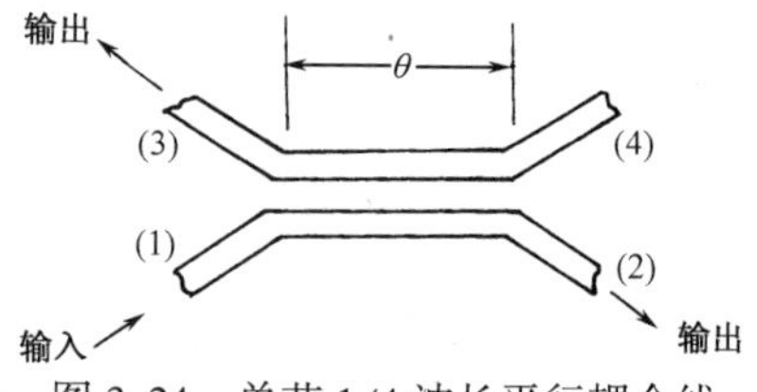

图 3-24　单节 1/4 波长平行耦合线定向耦合器

### 2. 平行耦合线定向耦合器的分析

平行耦合线定向耦合器通常采用"偶奇模法"分析。对于图 3-24 所示的平行耦合线定向耦合器,由于结构对称,因此其散射参数矩阵为

$$
\boldsymbol{S} = \begin{bmatrix} S_{11} & S_{12} & S_{13} & S_{14} \\ S_{12} & S_{11} & S_{14} & S_{13} \\ S_{13} & S_{14} & S_{11} & S_{12} \\ S_{14} & S_{13} & S_{12} & S_{11} \end{bmatrix} \tag{3-40}
$$

当偶模和奇模电压分别同时在(1)、(3)端口激励时,图 3-24 所示的四端口元件就变成图 3-25 所示的完全相同的两个双端口元件。

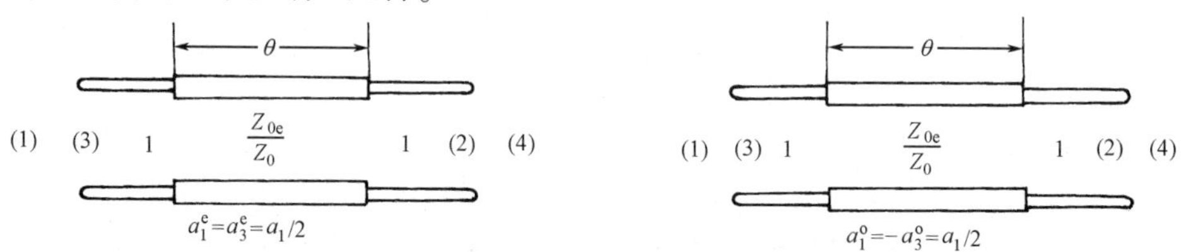

图 3-25　平行耦合线定向耦合器偶模和奇模激励等效电路

该双端口网络的偶、奇模散射参数矩阵为

$$
\boldsymbol{S}_{\mathrm{e}} = \begin{bmatrix} S_{11\mathrm{e}} & S_{12\mathrm{e}} \\ S_{12\mathrm{e}} & S_{11\mathrm{e}} \end{bmatrix} = \begin{bmatrix} S_{33\mathrm{e}} & S_{34\mathrm{e}} \\ S_{34\mathrm{e}} & S_{33\mathrm{e}} \end{bmatrix}, \qquad \boldsymbol{S}_{\mathrm{o}} = \begin{bmatrix} S_{11\mathrm{o}} & S_{12\mathrm{o}} \\ S_{12\mathrm{o}} & S_{11\mathrm{o}} \end{bmatrix} = \begin{bmatrix} S_{33\mathrm{o}} & S_{34\mathrm{o}} \\ S_{34\mathrm{o}} & S_{33\mathrm{o}} \end{bmatrix} \tag{3-41a}
$$

由于

$$
\overline{\boldsymbol{A}}_{\mathrm{e}} = \begin{bmatrix} \cos\theta & \mathrm{j}\dfrac{Z_{0\mathrm{e}}}{Z_0}\sin\theta \\ \mathrm{j}\dfrac{Z_0}{Z_{0\mathrm{e}}}\sin\theta & \cos\theta \end{bmatrix}, \qquad \overline{\boldsymbol{A}}_{\mathrm{o}} = \begin{bmatrix} \cos\theta & \mathrm{j}\dfrac{Z_{0\mathrm{o}}}{Z_0}\sin\theta \\ \mathrm{j}\dfrac{Z_0}{Z_{0\mathrm{o}}}\sin\theta & \cos\theta \end{bmatrix} \tag{3-41b}
$$

由 $\overline{A}$ 参数与 $S$ 参数的关系可得

$$
S_{11\mathrm{e}} = \frac{\mathrm{j}\left(\dfrac{Z_{0\mathrm{e}}}{Z_0} - \dfrac{Z_0}{Z_{0\mathrm{e}}}\right)\sin\theta}{2\cos\theta + \mathrm{j}\left(\dfrac{Z_{0\mathrm{e}}}{Z_0} + \dfrac{Z_0}{Z_{0\mathrm{e}}}\right)\sin\theta}, \qquad S_{12\mathrm{e}} = \frac{2}{2\cos\theta + \mathrm{j}\left(\dfrac{Z_{0\mathrm{e}}}{Z_0} + \dfrac{Z_0}{Z_{0\mathrm{e}}}\right)\sin\theta}
$$

$$S_{11o}=\frac{j\left(\frac{Z_{0o}}{Z_0}-\frac{Z_0}{Z_{0o}}\right)\sin\theta}{2\cos\theta+j\left(\frac{Z_{0o}}{Z_0}+\frac{Z_0}{Z_{0o}}\right)\sin\theta},\qquad S_{12o}=\frac{2}{2\cos\theta+j\left(\frac{Z_{0o}}{Z_0}+\frac{Z_0}{Z_{0o}}\right)\sin\theta}\tag{3-41c}$$

由 $\boldsymbol{b}=\boldsymbol{S}\,\boldsymbol{a}$ 可得

$$\begin{aligned}
&\begin{bmatrix}b_1^e\\b_2^e\end{bmatrix}=\begin{bmatrix}S_{11e}&S_{12e}\\S_{12e}&S_{11e}\end{bmatrix}\begin{bmatrix}a_1^e\\0\end{bmatrix}\qquad \begin{bmatrix}b_3^e\\b_4^e\end{bmatrix}=\begin{bmatrix}S_{11e}&S_{12e}\\S_{12e}&S_{11e}\end{bmatrix}\begin{bmatrix}a_3^e\\0\end{bmatrix}\\
&\begin{bmatrix}b_1^o\\b_2^o\end{bmatrix}=\begin{bmatrix}S_{11o}&S_{12o}\\S_{12o}&S_{11o}\end{bmatrix}\begin{bmatrix}a_1^o\\0\end{bmatrix}\qquad \begin{bmatrix}b_3^o\\b_4^o\end{bmatrix}=\begin{bmatrix}S_{11o}&S_{12o}\\S_{12o}&S_{11o}\end{bmatrix}\begin{bmatrix}a_3^o\\0\end{bmatrix}
\end{aligned}\tag{3-41d}$$

根据叠加原理,并将 $a_1^e=a_3^e=\frac{1}{2}a_1$,$a_1^o=-a_3^o=\frac{1}{2}a_1$ 代入可得

$$\begin{aligned}
b_1&=b_1^e+b_1^o=\frac{1}{2}(S_{11e}+S_{11o})a_1=S_{11}a_1\\
b_2&=b_2^e+b_2^o=\frac{1}{2}(S_{12e}+S_{12o})a_1=S_{12}a_1\\
b_3&=b_3^e+b_3^o=\frac{1}{2}(S_{11e}-S_{11o})a_1=S_{13}a_1\\
b_4&=b_4^e+b_4^o=\frac{1}{2}(S_{12e}-S_{12o})a_1=S_{14}a_1
\end{aligned}\tag{3-41e}$$

若要求 4 个端口完全匹配,则必有 $S_{11}=0$,即

$$S_{11e}+S_{11o}=0$$

将式(3-41c)代入上式,由实部与虚部分别为 0,得

$$\frac{Z_{0e}}{Z_0}-\frac{Z_0}{Z_{0e}}=\frac{Z_0}{Z_{0o}}-\frac{Z_{0o}}{Z_0}\quad 及\quad \frac{Z_{0e}}{Z_0}+\frac{Z_0}{Z_{0e}}=\frac{Z_{0o}}{Z_0}+\frac{Z_0}{Z_{0o}}\tag{3-42a}$$

经整理化简可得

$$Z_{0e}Z_{0o}=Z_0^2\tag{3-42b}$$

此时必有

$$S_{14}=\frac{1}{2}(S_{12e}-S_{12o})\Big|_{S_{11}=0}=0$$

也就是说在 4 个端口完全匹配时,(4)端口自然隔离。而

$$S_{12}=\frac{1}{2}(S_{12e}+S_{12o})=\frac{2}{2\cos\theta+j\left(\frac{Z_{0e}}{Z_0}+\frac{Z_0}{Z_{0e}}\right)\sin\theta}$$

$$S_{13}=\frac{1}{2}(S_{11e}-S_{11o})=\frac{j\left(\frac{Z_{0e}}{Z_0}-\frac{Z_0}{Z_{0e}}\right)\sin\theta}{2\cos\theta+j\left(\frac{Z_{0e}}{Z_0}+\frac{Z_0}{Z_{0e}}\right)\sin\theta}$$

在中心频率上 $\theta=90°$,于是有

$$S_{12}=-j\frac{2Z_0}{Z_{0e}+Z_{0o}}\qquad S_{13}=\frac{Z_{0e}-Z_{0o}}{Z_{0e}+Z_{0o}}$$

令

$$k=\frac{Z_{0e}-Z_{0o}}{Z_{0e}+Z_{0o}}\tag{3-42c}$$

称其为中心频率的电压耦合系数，这样 $S_{12}$、$S_{13}$又可表示成

$$S_{12}=-\mathrm{j}\frac{2Z_0}{Z_{0e}+Z_{0o}}=-\mathrm{j}\sqrt{1-k^2}\qquad S_{13}=\frac{Z_{0e}-Z_{0o}}{Z_{0e}+Z_{0o}}=k$$

因此，互易、无耗、对称、完全匹配的平行耦合线定向耦合器在中心频率上的散射参数矩阵为

$$\boldsymbol{S}=\begin{bmatrix}0 & -\mathrm{j}\sqrt{1-k^2} & k & 0\\ -\mathrm{j}\sqrt{1-k^2} & 0 & 0 & k\\ k & 0 & 0 & -\mathrm{j}\sqrt{1-k^2}\\ 0 & k & -\mathrm{j}\sqrt{1-k^2} & 0\end{bmatrix}\tag{3-43}$$

由以上分析，可得如下结论。

① 不论耦合区电角度 $\theta$ 为何值，要获得理想匹配与隔离，都必须满足 $Z_{0e}Z_{0o}=Z_0^2$。

② 耦合输出电压 $b_3$ 与直通端输出电压 $b_2$ 都是频率的函数，并且无论频率如何变化，耦合输出端电压 $b_3$ 的相位总是比直通输出端电压 $b_2$ 的相位超前 90°，在中心频率 $f_0$ 上，耦合输出达到最大。

③ 平行耦合线定向耦合器的耦合度 $C$ 为

$$C(\mathrm{dB})=10\lg\frac{P_1}{P_3}=10\lg\frac{1}{|S_{13}|^2}\bigg|_{f=f_0}=10\lg\frac{1}{k^2}\tag{3-44}$$

故根据中心频率 $f_0$ 时的耦合度 $C(\mathrm{dB})$ 可得出耦合系数 $k$ 为

$$k=10^{-\frac{C(\mathrm{dB})}{20}}\tag{3-45a}$$

由 $k$ 及式(3-42)可得

$$Z_{0e}=Z_0\sqrt{\frac{1+k}{1-k}}\qquad 及\qquad Z_{0o}=Z_0\sqrt{\frac{1-k}{1+k}}\tag{3-45b}$$

这样由 $Z_{0e}$和 $Z_{0o}$的值就可确定耦合线的尺寸。

上述分析过程及结论公式完全适用于平行耦合带状线定向耦合器，因此式(3-45)是计算平行耦合带状线定向耦合器结构尺寸的基本公式。对于耦合微带线，由于上述分析过程已假定 $v_{pe}=v_{po}$，$\theta_e=\theta_o=\theta$，而我们知道耦合微带线是不满足这两个条件的，因此上述分析过程及结论公式不完全适用于耦合微带线。主要是由于耦合区的偶奇模相速及电角度不等，导致耦合器的隔离度变差。为了改善性能，需要采取相应的速度补偿措施，如加介质覆盖层、耦合区段做成锯齿形缝隙以加大电容耦合系数等，这些措施都可使耦合微带的偶奇模相速度近似相等。

### 3. 平行耦合线定向耦合器的组合

单节平行耦合线定向耦合器只适用于窄带弱耦合应用，若要求强耦合或宽频带应用，则需采取一些措施。常用的方法是将多个平行耦合线定向耦合器进行串接或级联组合。

**(1) 串接组合**

单节平行耦合线定向耦合器难以实现强耦合。这是因为耦合度 $C(\mathrm{dB})$越小，耦合系数 $k$ 就越大，即 $Z_{0e}$与 $Z_{0o}$的差值也越大，而耦合隙缝 $S$ 却越小。所以耦合越强，制造公差就越不易保证。为解决这个问题，常采用两只弱耦合的定向耦合器串接组合的办法。

图 3-26 是两只定向耦合器串接组合的电路示意图。设每只定向耦合器的耦合系数都为 $k$，主、副线在耦合区的中点跨接了一次，这样可使定向耦合器在结构上平衡，接线变短。如果将串接起来的两只定向耦合器看成一只定向耦合器，则端口(1)为输入端，端口(2)为直通端，端口(3)为耦合端，端口(4)为隔离端，并且有

$$b'_2 = -\mathrm{j}\sqrt{1-k^2}\,a_1 \qquad b'_3 = ka_1$$

$$b_2 = -\mathrm{j}\sqrt{1-k^2}\,b'_2 + kb'_3 = (2k^2-1)\,a_1$$

$$b_3 = kb'_2 - \mathrm{j}\sqrt{1-k^2}\,b'_3 = -\mathrm{j}2k\sqrt{1-k^2}\,a_1 \tag{3-46a}$$

串接组合定向耦合器的耦合度为

$$C(\mathrm{dB}) = 10\lg\frac{1}{|2k\sqrt{1-k^2}\,|^2} \tag{3-46b}$$

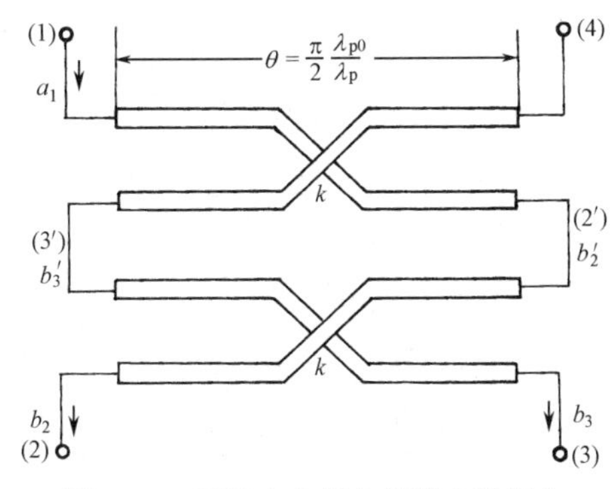


图 3-26　两只定向耦合器的串接组合

在 $C$(dB)给定后，就可由上式算出单只定向耦合器的电压耦合系数 $k$，从而计算出 $Z_{0e}$ 和 $Z_{0o}$ 的值。例如，若要求 $C$=3dB，则由上式可求得每只定向耦合器的耦合系数 $k$=0.383，相应的耦合度 $C$=8.3dB，即用两只 8.3dB 的弱耦合定向耦合器串接，就可得到一只 3dB 的强耦合定向耦合器。而 8.3dB 的定向耦合器的偶奇模特性阻抗分别为 $Z_{0e}=1.49Z_0$，$Z_{0o}=0.69Z_0$，差值较小，同单只 3dB 定向耦合器相比较更容易实现，因此串接组合的定向耦合器应用得较为广泛。

**(2) 级联组合**

单节平行耦合线定向耦合器的结构简单、制作方便、应用广泛，但其频带很窄。为了展宽频带，可采用多节平行耦合线定向耦合器级联组合的方法。多节定向耦合器由若干 1/4 波长的单节定向耦合器构成，有对称型和非对称型两类，其展宽频带的原理类似于 1/4 波长的阶梯阻抗变换器。图 3-27 给出了级联组合的定向耦合器的结构示意图。

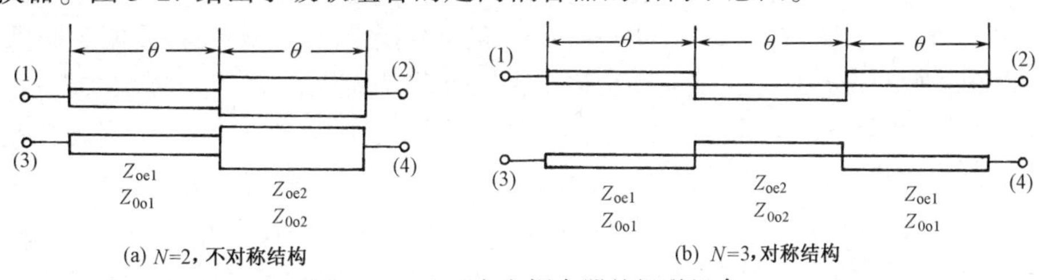


图 3-27　$N$ 只定向耦合器的级联组合

**【例 3-5】** 在耦合系数为 $K_0$ 的平行耦合线定向耦合器的两臂上接反射系数为 $\Gamma_D$ 的负载，如图 3-28 所示。试求其输入端(接匹配源)的反射系数和输出端(接匹配负载)的传输系数。若 $\Gamma_D=1$，则如何？若 $K_0=1/\sqrt{2}$，又如何？

**解：**该器件的 $\boldsymbol{S}$ 参数为

$$\boldsymbol{S}=\begin{bmatrix} 0 & -\mathrm{j}\sqrt{1-K_0^2} & K_0 & 0 \\ -\mathrm{j}\sqrt{1-K_0^2} & 0 & 0 & K_0 \\ K_0 & 0 & 0 & -\mathrm{j}\sqrt{1-K_0^2} \\ 0 & K_0 & -\mathrm{j}\sqrt{1-K_0^2} & 0 \end{bmatrix}$$

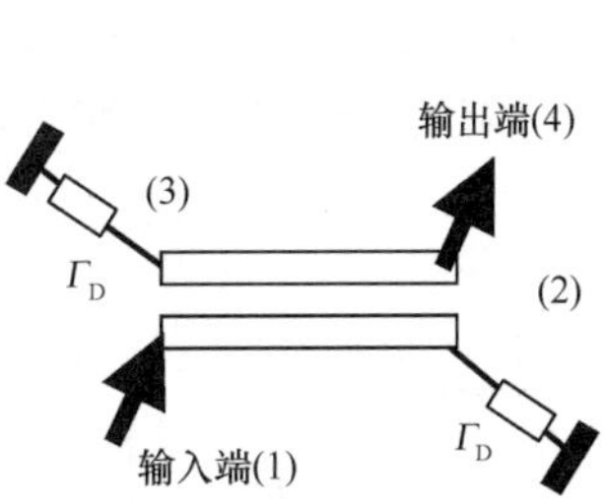

输出端(4)
(3)
$\Gamma_D$
(2)
$\Gamma_D$
输入端(1)

图 3-28　例 3-5 题图

功率由(1)端口输入，(4)端口接匹配负载，则有

$$a_1\neq 0,\ a_4=0,\ a_2/b_2=\Gamma_D,\ a_3/b_3=\Gamma_D$$

由 $\boldsymbol{b}=\boldsymbol{S}\,\boldsymbol{a}$ 得

$$b_1=-\mathrm{j}\sqrt{1-K_0^2}\,a_2+K_0a_3 \qquad b_2=-\mathrm{j}\sqrt{1-K_0^2}\,a_1+K_0a_4$$

$$b_3=K_0a_1-\mathrm{j}\sqrt{1-K_0^2}\,a_4 \qquad b_4=K_0a_2-\mathrm{j}\sqrt{1-K_0^2}\,a_3$$

$$a_2=b_2\Gamma_D=-j\Gamma_D\sqrt{1-K_0^2}a_1 \qquad a_3=b_3\Gamma_D=\Gamma_DK_0a_1$$

$$b_1=(-j\sqrt{1-K_0^2})^2\Gamma_Da_1+\Gamma_DK_0^2a_1=\Gamma_D(2K_0^2-1)a_1$$

$$b_4=-jK_0\Gamma_D\sqrt{1-K_0^2}a_1-jK_0\Gamma_D\sqrt{1-K_0^2}a_1=-j2K_0\Gamma_D\sqrt{1-K_0^2}a_1$$

输入端反射系数为 $\Gamma_{in}=b_1/a_1=\Gamma_D(2K_0^2-1)$

输出端传输系数为 $T=b_4/a_1=-j2K_0\Gamma_D\sqrt{1-K_0^2}$

当 $\Gamma_D=1$ 时，$\Gamma_{in}=(2K_0^2-1)$，$T=-j2K_0\sqrt{1-K_0^2}$。

当 $\Gamma_D=1$ 时，$K_0=1/\sqrt{2}$ 时，$\Gamma_{in}=0$，$T=-j$。

此时表明输入的能量全部由(4)端口输出，输入端无反射损耗。

### 3.2.3 分支定向耦合器和混合环

#### 1. 分支定向耦合器的结构与理论分析

分支定向耦合器是由主线、副线及若干耦合分支线所组成的。图 3-29(a)为微带双分支定向耦合器，图 3-29(b)为波导双分支定向耦合器。分支线长度及其间距均等于四分之一中心相波长。图 3-29(a)中分支线与主线、副线是并联的，各段线的特性均用归一化特性导纳表示，其中端口(1)、(4)的传输线的归一化特性导纳为$\overline{Y}_{01}=\overline{Y}_{04}=1$，端口(2)、(3)的传输线的归一化特性导纳为$\overline{Y}_{02}=\overline{Y}_{03}=1/R$，$R$ 称为变阻比，$R=Z_{02}/Z_{01}$。使用这类定向耦合器可同时起到两种作用，即定向耦合作用和阻抗变换作用，因此称它为“阻抗变换定向耦合器”或“变阻定向耦合器”。

图 3-29(b)所示波导双分支定向耦合器也是一变阻定向耦合器，其分支波导与主、副波导的连接为 $E$ 面 $T$ 形分支。如果把主、副波导等效为长线，则分支波导与主、副波导是串联的(参见附录 A 中的图 A-12)，图中各段线的特性均用归一化等效阻抗表示。

现将双分支定向耦合器的基本特性说明如下：假定信号电压由端口(1)经 $A$ 点输入，那么到达 $D$ 点的电压是两路电压叠加的结果，一路从 $A$ 到 $D$，路程为 $\lambda_{p0}/4$，另一路沿 $A\to B\to C\to D$，路程为 $3\lambda_{p0}/4$，二者路程差为 $\lambda_{p0}/2$，对应的相位差为 $\pi$。如果适当选择图 3-29(a)中各段传输线的归一化特性导纳值 $H_1$、$H_2$ 及 $K$，使这两路电压的幅度相等，则二者相互抵消，使端口(4)成为隔离端。耦合端口(3)为什么有输出呢？从 $A$ 到 $C$ 的路径也有两条，一条沿 $A\to B\to C$，另一条沿 $A\to D\to C$，两条路径的长度均等于 $\lambda_{p0}/2$，因而到达 $C$ 点的两路电压等幅同相，故端口(3)有信号输出，成为耦合端，耦合输出的大小取决于各段线的归一化特性导纳值 $H_1$、$H_2$ 及 $K$。

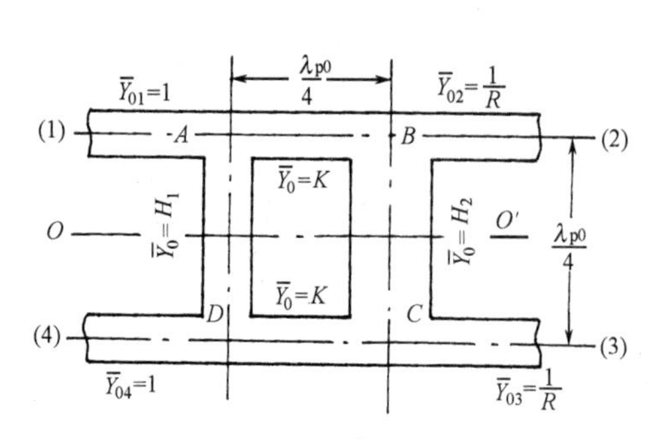


(a)微带双分支定向耦合器

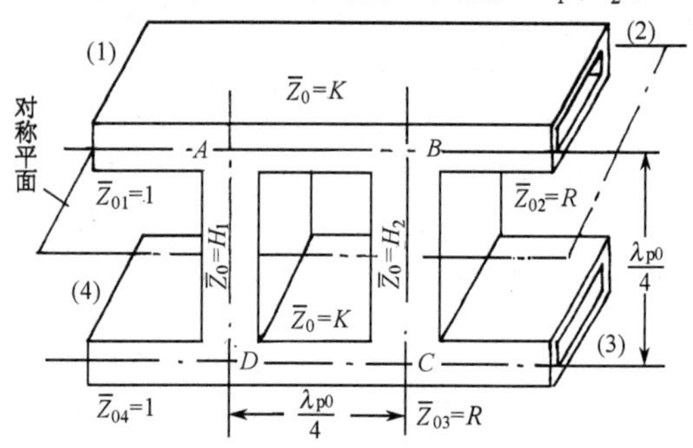


(b)波导双分支定向耦合器

图 3-29 双分支定向耦合器

分支定向耦合器可以等效为一个四端口网络，直接分析四端口网络是比较困难的。通常运用奇模、偶模的概念及叠加原理，将定向耦合器沿其对称平面一分为二，使四端口网络成为两个二端口网络。显然，分析二端口网络要简便得多。现以图3-29(a)的微带双分支定向耦合器为例，说明具体的分析方法和步骤。

在图3-29(a)所示的定向耦合器中，当端口(2)、(3)、(4)均接匹配负载时，定向耦合器网络各端口的反射电压波与端口(1)的入射电压波满足如下关系

$$\begin{bmatrix} b_1 \\ b_2 \\ b_3 \\ b_4 \end{bmatrix} = \begin{bmatrix} S_{11} & S_{12} & S_{13} & S_{14} \\ S_{12} & S_{22} & S_{23} & S_{13} \\ S_{13} & S_{23} & S_{22} & S_{12} \\ S_{14} & S_{13} & S_{12} & S_{11} \end{bmatrix} \begin{bmatrix} a_1 \\ 0 \\ 0 \\ 0 \end{bmatrix} \tag{3-47}$$

由于其关于 $OO'$ 面对称，故仍可用偶奇模激励法分析。

在偶模工作时，端口(1)和(4)分别同时加偶模激励电压 $a_1^e = a_4^e = \dfrac{1}{2}a_1$，此时定向耦合器分支线对称面 $OO'$ 上的电压等幅同相叠加成为电压波腹、电流波节点，$OO'$ 面相当于一个磁壁，故各分支线在其中点处等效为开路，如图3-30(a)所示。这样可以沿 $OO'$ 对称面把定向耦合器分成两个独立的二端口网络，其偶模二端口网络的等效电路如图3-31所示。

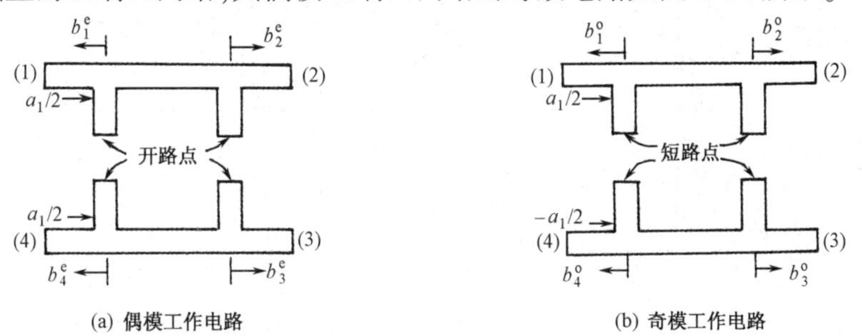


图3-30　分支定向耦合器的分解

在奇模工作时，端口(1)和(4)分别加奇模激励电压 $a_1^o = -a_4^o = \dfrac{1}{2}a_1$，此时定向耦合器分支线对称面 $OO'$ 上的电压等幅反相叠加成为电压波节、电流波腹点，$OO'$ 面相当于一个电壁，故各分支线在其中点处等效为短路，如图3-30(b)所示。这样可以沿 $OO'$ 对称面把定向耦合器分成两个独立的二端口网络，其奇模二端口网络的等效电路如图3-32所示。

根据图3-31和图3-32的等效电路，可得其 **A** 矩阵为

$$\boldsymbol{A}_e = \begin{bmatrix} 1 & 0 \\ jH_1Y_{01} & 1 \end{bmatrix} \begin{bmatrix} 0 & \dfrac{j}{KY_{01}} \\ jKY_{01} & 0 \end{bmatrix} \begin{bmatrix} 1 & 0 \\ jH_2Y_{01} & 1 \end{bmatrix} = \begin{bmatrix} -\dfrac{H_2}{K} & \dfrac{j}{KY_{01}} \\ j\left(K - \dfrac{H_1H_2}{K}\right)Y_{01} & -\dfrac{H_1}{K} \end{bmatrix}$$

$$\boldsymbol{A}_o = \begin{bmatrix} 1 & 0 \\ -jH_1Y_{01} & 1 \end{bmatrix} \begin{bmatrix} 0 & \dfrac{j}{KY_{01}} \\ jKY_{01} & 0 \end{bmatrix} \begin{bmatrix} 1 & 0 \\ -jH_2Y_{01} & 1 \end{bmatrix} = \begin{bmatrix} \dfrac{H_2}{K} & \dfrac{j}{KY_{01}} \\ j\left(K - \dfrac{H_1H_2}{K}\right)Y_{01} & \dfrac{H_1}{K} \end{bmatrix}$$

归一化后有

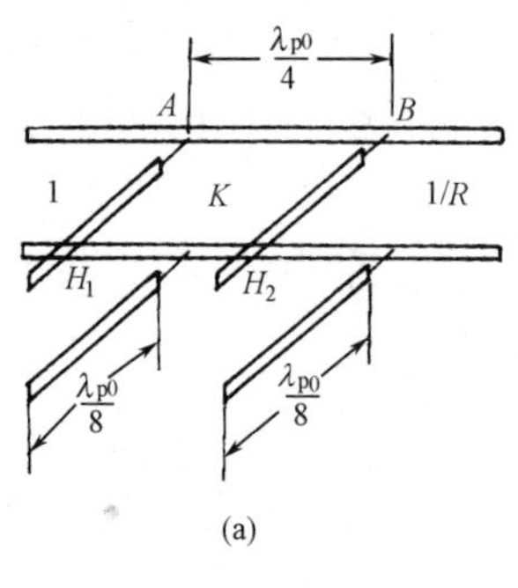


(a)

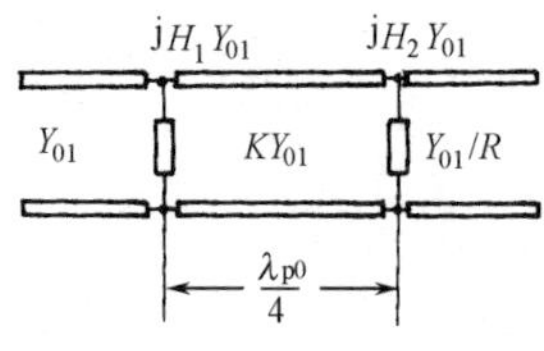


(b)

图 3-31　偶模二端口网络等效电路

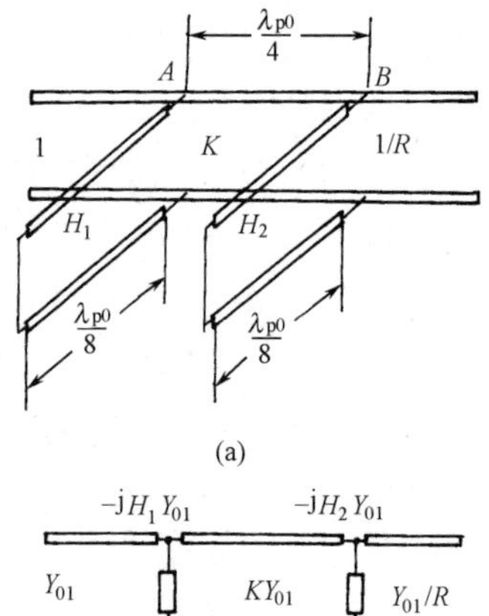


(a)

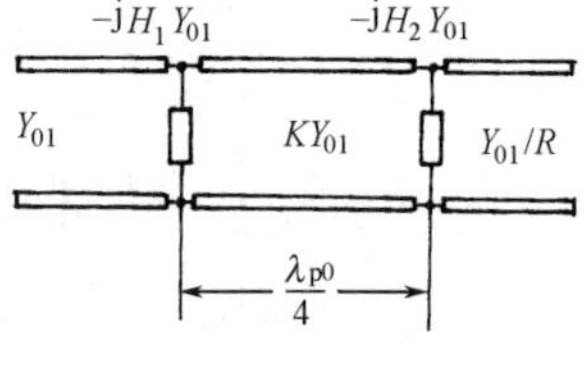


(b)

图 3-32　奇模二端口网络等效电路

$$\overline{\boldsymbol{A}}_{\mathrm{e}}=\begin{bmatrix}-\dfrac{H_2}{K}\sqrt{R} & \dfrac{\mathrm{j}}{K\sqrt{R}}\\ \mathrm{j}\left(K-\dfrac{H_1H_2}{K}\right)\sqrt{R} & -\dfrac{H_1}{K\sqrt{R}}\end{bmatrix}\qquad \overline{\boldsymbol{A}}_{\mathrm{o}}=\begin{bmatrix}\dfrac{H_2}{K}\sqrt{R} & \dfrac{\mathrm{j}}{K\sqrt{R}}\\ \mathrm{j}\left(K-\dfrac{H_1H_2}{K}\right)\sqrt{R} & \dfrac{H_1}{K\sqrt{R}}\end{bmatrix}\tag{3-48}$$

式中，$\sqrt{R}=\sqrt{Y_{01}/Y_{02}}$。由 $\boldsymbol{S}$ 参数与 $\boldsymbol{A}$ 参数的关系可得

$$\begin{aligned}
S_{11\mathrm{e}}&=\frac{\dfrac{1}{K}\left(\dfrac{H_1}{\sqrt{R}}-H_2\sqrt{R}\right)+\mathrm{j}\left(\dfrac{1}{KR}-K+\dfrac{H_1H_2}{K}\right)\sqrt{R}}{-\left(\dfrac{H_2}{K}\sqrt{R}+\dfrac{H_1}{K\sqrt{R}}\right)+\mathrm{j}\left(K+\dfrac{1}{KR}-\dfrac{H_1H_2}{K}\right)\sqrt{R}}\\
S_{12\mathrm{e}}&=\frac{2}{-\left(\dfrac{H_2}{K}\sqrt{R}+\dfrac{H_1}{K\sqrt{R}}\right)+\mathrm{j}\left(K+\dfrac{1}{KR}-\dfrac{H_1H_2}{K}\right)\sqrt{R}}\\
S_{11\mathrm{o}}&=\frac{\dfrac{1}{K}\left(H_2\sqrt{R}-\dfrac{H_1}{\sqrt{R}}\right)+\mathrm{j}\left(\dfrac{1}{KR}-K+\dfrac{H_1H_2}{K}\right)\sqrt{R}}{\dfrac{1}{K}\left(H_2\sqrt{R}+\dfrac{H_1}{\sqrt{R}}\right)+\mathrm{j}\left(K+\dfrac{1}{KR}-\dfrac{H_1H_2}{K}\right)\sqrt{R}}\\
S_{12\mathrm{o}}&=\frac{2}{\dfrac{1}{K}\left(H_2\sqrt{R}+\dfrac{H_1}{\sqrt{R}}\right)+\mathrm{j}\left(K+\dfrac{1}{KR}-\dfrac{H_1H_2}{K}\right)\sqrt{R}}
\end{aligned}\tag{3-49}$$

则由

$$\begin{pmatrix}b_1^{\mathrm{e}}\\ b_2^{\mathrm{e}}\end{pmatrix}=\begin{pmatrix}S_{11\mathrm{e}} & S_{12\mathrm{e}}\\ S_{12\mathrm{e}} & S_{22\mathrm{e}}\end{pmatrix}\begin{pmatrix}a_1^{\mathrm{e}}\\ 0\end{pmatrix}\qquad \begin{pmatrix}b_1^{\mathrm{o}}\\ b_2^{\mathrm{o}}\end{pmatrix}=\begin{pmatrix}S_{11\mathrm{o}} & S_{12\mathrm{o}}\\ S_{12\mathrm{o}} & S_{22\mathrm{o}}\end{pmatrix}\begin{pmatrix}a_1^{\mathrm{o}}\\ 0\end{pmatrix}$$

$$\begin{pmatrix}b_4^{\mathrm{e}}\\ b_3^{\mathrm{e}}\end{pmatrix}=\begin{pmatrix}S_{11\mathrm{e}} & S_{12\mathrm{e}}\\ S_{12\mathrm{e}} & S_{22\mathrm{e}}\end{pmatrix}\begin{pmatrix}a_4^{\mathrm{e}}\\ 0\end{pmatrix}\qquad \begin{pmatrix}b_4^{\mathrm{o}}\\ b_3^{\mathrm{o}}\end{pmatrix}=\begin{pmatrix}S_{11\mathrm{o}} & S_{12\mathrm{o}}\\ S_{12\mathrm{o}} & S_{22\mathrm{o}}\end{pmatrix}\begin{pmatrix}a_4^{\mathrm{o}}\\ 0\end{pmatrix}$$

及叠加原理可得

$$b_1 = b_1^{e} + b_1^{o} = \frac{1}{2}(S_{11e} + S_{11o})a_1 = S_{11}a_1$$

$$b_2 = b_2^{e} + b_2^{o} = \frac{1}{2}(S_{12e} + S_{12o})a_1 = S_{12}a_1$$

$$b_3 = b_3^{e} + b_3^{o} = \frac{1}{2}(S_{12e} - S_{12o})a_1 = S_{13}a_1$$

$$b_4 = b_4^{e} + b_4^{o} = \frac{1}{2}(S_{11e} - S_{11o})a_1 = S_{14}a_1$$

若要求该定向耦合器(1)端口完全匹配,(1)~(4)端口彼此理想隔离,则必须使 $S_{11}=S_{14}=0$,即

$$S_{11e} = S_{11o} = 0$$

因此可得

$$K^2 - H_1H_2 = \frac{1}{R}, \quad H_1 = H_2R \tag{3-50}$$

将 $S_{11}=S_{14}=0$ 代入式(3-47)的 $\boldsymbol{S}$ 参数矩阵,并由无耗网络的一元性可得 $S_{22}=S_{23}=0$。这表明该四端口网络在(1)、(4)端口完全匹配、彼此理想隔离时,(2)、(3)端口也同时完全匹配、彼此理想隔离,所以称式(3-50)为单节分支定向耦合器在中心频率上完全匹配和理想隔离的条件。在此条件下

$$S_{12} = \frac{-\mathrm{j}K\sqrt{R}}{H_1^2 + 1}, \qquad S_{13} = \frac{-H_1K\sqrt{R}}{H_1^2 + 1} \tag{3-51}$$

相应的网络参数为

$$\boldsymbol{S} = \begin{bmatrix} 0 & S_{12} & S_{13} & 0 \\ S_{12} & 0 & 0 & S_{13} \\ S_{13} & 0 & 0 & S_{12} \\ 0 & S_{13} & S_{12} & 0 \end{bmatrix} = \begin{bmatrix} 0 & \dfrac{-\mathrm{j}K\sqrt{R}}{H_1^2+1} & \dfrac{-H_1K\sqrt{R}}{H_1^2+1} & 0 \\ \dfrac{-\mathrm{j}K\sqrt{R}}{H_1^2+1} & 0 & 0 & \dfrac{-H_1K\sqrt{R}}{H_1^2+1} \\ \dfrac{-H_1K\sqrt{R}}{H_1^2+1} & 0 & 0 & \dfrac{-\mathrm{j}K\sqrt{R}}{H_1^2+1} \\ 0 & \dfrac{-H_1K\sqrt{R}}{H_1^2+1} & \dfrac{-\mathrm{j}K\sqrt{R}}{H_1^2+1} & 0 \end{bmatrix} \tag{3-52}$$

由此可知,(3)端口的输出相位比(2)端口落后 90°,是 90°定向耦合器。

根据耦合度 $C(\mathrm{dB})$ 与 $\boldsymbol{S}$ 参数的关系,当耦合度指标给定时,由 $C(\mathrm{dB}) = 10\lg\dfrac{1}{|S_{13}|^2}$ 可得

$$|S_{13}| = 10^{-\frac{C(\mathrm{dB})}{20}} \tag{3-53a}$$

联立式(3-50)和式(3-51)可得到计算单节分支定向耦合器各段传输线的归一化导纳值的一组公式

$$\begin{aligned} H_1 = H_2R &= \frac{|S_{13}|}{\sqrt{1 - |S_{13}|^2}} \\ K &= \frac{1}{\sqrt{R(1 - |S_{13}|^2)}} \end{aligned} \tag{3-53b}$$

对于耦合度为 3dB 的不变阻单节分支定向耦合器,代入上式可得

$$|S_{13}| = \frac{1}{\sqrt{2}} \qquad H_1 = H_2 = 1 \qquad K = \frac{1}{\sqrt{2}} \tag{3-54a}$$

将此结果代入式(3-51)可得

$$S_{12} = -\mathrm{j}/\sqrt{2} \qquad S_{13} = -1/\sqrt{2}$$

故可得理想的 3dB 不变阻单节分支定向耦合器的 **S** 参数矩阵为

$$\boldsymbol{S} = \frac{1}{\sqrt{2}}\begin{bmatrix} 0 & -\mathrm{j} & -1 & 0 \\ -\mathrm{j} & 0 & 0 & -1 \\ -1 & 0 & 0 & -\mathrm{j} \\ 0 & -1 & -\mathrm{j} & 0 \end{bmatrix} \tag{3-54b}$$

上述计算公式是在分支定向耦合器工作在中心频率 $f_0$ 时导出的。因此,在中心频率 $f_0$ 上,其输入驻波比、隔离度肯定是理想的,耦合度也符合要求。但实际上,定向耦合器工作在一定的频率范围内,当偏离中心频率时,输入驻波比及隔离度都会变差,耦合度也将偏离中心频率时的值。为了增宽工作频带,常用多节分支定向耦合器级联的方法,对其的分析仍可采用偶奇模分析方法,相应的偶奇模二端口网络由较多的基本电路级联组成,相关的内容可参考有关微波网络的专著。

偶奇模分析方法对波导分支定向耦合器也是适用的。和分支定向耦合器分析方法完全相同的还有混合环桥路元件。

## 2. 混合环

早期的混合环由波导制成,功率容量较大,宜作雷达天线收发开关用,但体积大、笨重。微带混合环具有体积小、重量轻、加工容易等优点,在小功率微波集成平衡混频器中,它作为功率分配器获得广泛的应用。图 3-33 所示为制作在介质基片上的微带混合环的几何图形,环的全长为 $3\lambda_{p0}/2$,4 个分支线并联在环上,将环分为 4 段,各段的长度和特性导纳值如图 3-33所示,与环相接的 4 个分支线特性导纳均等于 $Y_0$。

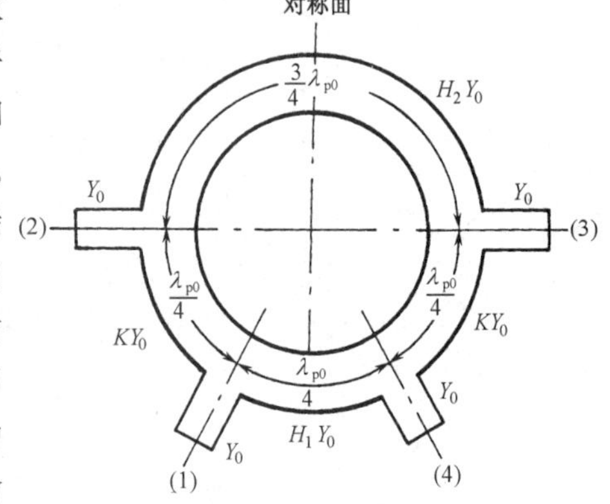


图 3-33 微带混合环

微带混合环具有两个端口相互隔离、另外两个端口平分输入功率的特性,因此可以看作一个 3dB 定向耦合器。例如,信号由端口(1)输入时,端口(3)无输出,而端口(2)和(4)有等幅、同相的信号电压输出,即端口(1)和(3)彼此隔离,端口(2)和(4)则有相等的功率输出。若信号由端口(3)输入,则端口(1)无输出,端口(2)和(4)有等幅、反相的信号输出。

由于微带混合环也具有一对称平面,端口(4)与(1)对称,端口(3)与(2)对称,因此微带混合环的上述特性也可以用偶奇模分析方法和叠加原理导出,据此可确定环的各段线的归一化特性导纳 $H_1$、$H_2$、$K$。图 3-34 给出了奇偶模电压激励的情况。

由图 3-35 所示的偶模工作电路及其等效网络,可确定其网络特性参量 $S_{11e}$、$S_{12e}$。同理,由图 3-36 所示的奇模工作电路及其等效网络,可确定网络特性参量 $S_{11o}$、$S_{12o}$。再应用叠加原理,可得各端口反射波电压的表示式。然后由理想混合环的三个条件,即端口(1)无反射、端口(3)无输出及端口(2)与(4)输出电压等幅、同相,便可导出如下结果:环的各段线归一化特性导纳值均相等,其值为

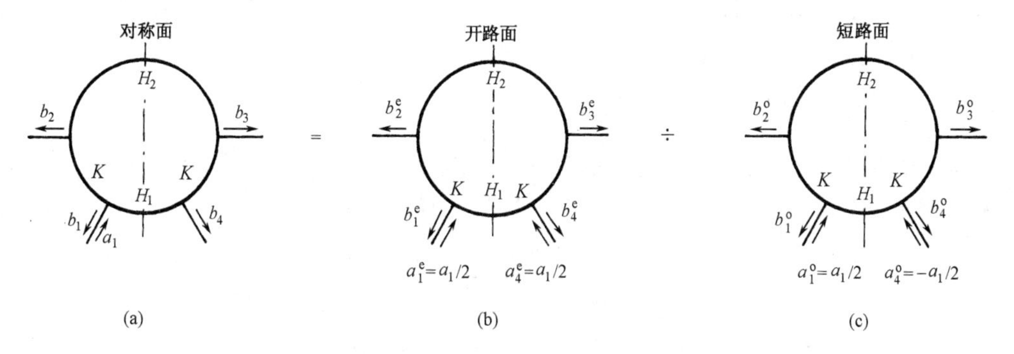


图 3-34 微带混合环的奇偶模电压

$$H_1 = H_2 = K = 1/\sqrt{2} \tag{3-55}$$

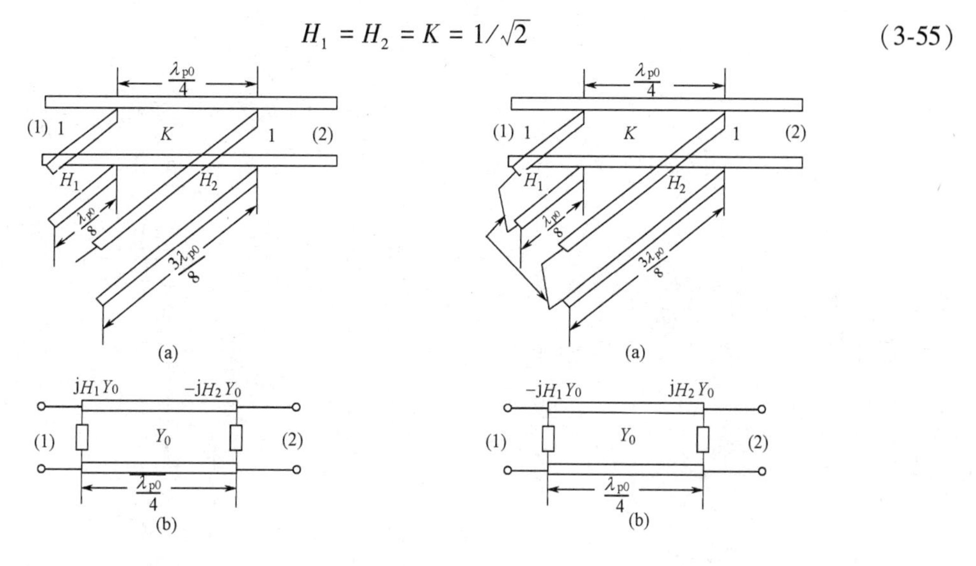


图 3-35 混合环偶模等效电路　　　　图 3-36 混合环奇模等效电路

显然,当信号由端口(3)输入时,同样可导出式(3-55),不过此时端口(2)与(4)的输出电压具有等幅、反相的特点。因此,由上述分析,混合环的特性可以用散射参数矩阵表示为

$$\boldsymbol{S} = \frac{1}{\sqrt{2}}\begin{bmatrix} 0 & -\mathrm{j} & 0 & -\mathrm{j} \\ -\mathrm{j} & 0 & \mathrm{j} & 0 \\ 0 & \mathrm{j} & 0 & -\mathrm{j} \\ -\mathrm{j} & 0 & -\mathrm{j} & 0 \end{bmatrix} \tag{3-56}$$

实际使用的微带混合环,除由式(3-55)确定各段线的特性导纳值外,还必须考虑对分支线连接处的 T 形结电抗效应的修正,从而最后确定出环的各段微带线的宽度及长度等结构尺寸。

### 3.2.4 微带功分器

前面几节所讨论的定向耦合器都可以作为功率分配器使用。但是它们的结构较复杂,成本也较高,在单纯进行功率分配的情况下,用得并不多。通常采用的功率分配器是 T 形接头或 T 形接头的变形。它们的类型很多,有波导型、同轴线型、带状线型及微带线型等。大功率微波功率分配器采用波导或同轴线结构,中小功率则多用带状线或微带线结构。本节先讨论无耗互易三端口网络的性质,然后简单介绍微带三端口功率分配器。

### 1. 无耗互易三端口网络的性质

任何一个三端口元件都可等效为三端口网络,而任何一个三端口网络都可用如下的散射参数矩阵描述,即

$$\boldsymbol{S}=\begin{bmatrix} S_{11} & S_{12} & S_{13} \\ S_{21} & S_{22} & S_{23} \\ S_{31} & S_{32} & S_{33} \end{bmatrix} \tag{3-57a}$$

若元件是互易的,则有 $\boldsymbol{S}^{\mathrm{T}}=\boldsymbol{S}$,散射参数矩阵变成

$$\boldsymbol{S}=\begin{bmatrix} S_{11} & S_{12} & S_{13} \\ S_{12} & S_{22} & S_{23} \\ S_{13} & S_{23} & S_{33} \end{bmatrix} \tag{3-57b}$$

若所有的端口均匹配,则有 $S_{11}=S_{22}=S_{33}=0$,此时散射参数矩阵简化为

$$\boldsymbol{S}=\begin{bmatrix} 0 & S_{12} & S_{13} \\ S_{12} & 0 & S_{23} \\ S_{13} & S_{23} & 0 \end{bmatrix} \tag{3-57c}$$

若元件还是无耗的,则有 $\boldsymbol{S}^{+}\boldsymbol{S}=\mathbf{1}$,即

$$\left.\begin{aligned} |S_{12}|^2+|S_{13}|^2=1 \\ |S_{12}|^2+|S_{23}|^2=1 \\ |S_{13}|^2+|S_{23}|^2=1 \end{aligned}\right\} \tag{3-58a}$$

$$S_{12}^{*}S_{23}=S_{13}^{*}S_{23}=S_{13}^{*}S_{12}=0 \tag{3-58b}$$

式(3-58b)表明 $S_{12}$、$S_{13}$、$S_{23}$三个参数中至少有两个必须为零,但此条件与式(3-58a)不相容。这说明一个三端口网络不可能同时满足既无耗互易,又完全匹配的条件,即有如下性质:

无耗互易的三端口网络,三个端口不可能同时都匹配。

对于微波三端口元件,在实用中总是希望三个端口同时实现匹配。为了满足该要求,在设计微波三端口元件时,或者将其设计成非互易元件,或者将其设计成有耗元件,这样就可实现三个端口同时匹配。前者所得到的是微波三端口环行器,后者就是下面讨论的电阻性功率分配器。

### 2. 微带三端口功率分配器

图 3-37 是微带三端口功率分配器(简称功分器)的原理图,它是在微带 T 形接头的基础上发展起来的,其结构较简单。信号由端口(1)输入(所接传输线的特性阻抗为 $Z_0$),分别经特性阻抗为 $Z_{02}$、$Z_{03}$的两段微带线从端口(2)、(3)输出,负载电阻分别为 $R_2$ 及 $R_3$。两段传输线在中心频率时的电角度均为 $\theta_0=\pi/2$。(2)、(3)端口之间跨接一纯电阻 $R$ 有耗网络。由于它的存在,才使得三个端口同时实现匹配,(2)、(3)端口之间彼此隔离。

功率分配器应满足下列条件:(i)端口(2)与端口(3)的输出功率比可为任意指定值;(ii)输入端口(1)无反射;(iii)端口(2)与端口(3)的输出电压等幅、同相。由这些条件可确定 $Z_{02}$、$Z_{03}$及 $R_2$、$R_3$。

由于端口(2)、(3)的输出功率与输出电压的关系为

$$P_2 = \frac{U_2^2}{2R_2}, \qquad P_3 = \frac{U_3^2}{2R_3}$$

如按条件(i),要求输出功率比为

$$\frac{P_2}{P_3} = \frac{1}{k^2} \tag{3-59}$$

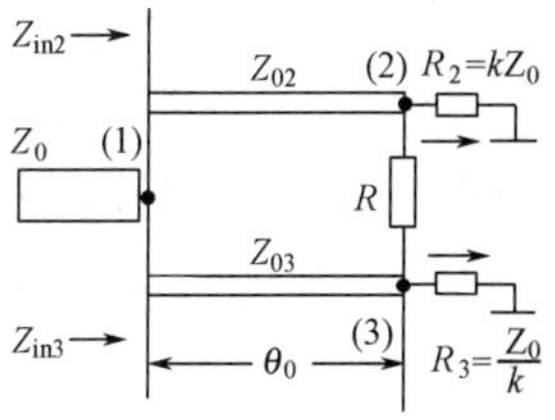

则

$$\frac{U_2^2}{2R_2}k^2 = \frac{U_3^2}{2R_3}$$



图 3-37 微带三端口功分器原理图

按条件(iii),由上式可得

$$R_2 = k^2 R_3$$

若取

$$\left.\begin{aligned} R_2 &= kZ_0 \\ R_3 &= \frac{Z_0}{k} \end{aligned}\right\} \tag{3-60}$$

则

由条件(ii),即端口(1)无反射,所以要求由 $Z_{\text{in2}}$ 与 $Z_{\text{in3}}$ 并联而成的总输入阻抗等于 $Z_0$。由于在中心频率 $\theta_0 = \pi/2$, $Z_{\text{in2}} = Z_{02}^2/R_2$, $Z_{\text{in3}} = Z_{03}^2/R_3$ 为纯电阻,则

$$Y_0 = \frac{1}{Z_0} = \frac{R_2}{Z_{02}^2} + \frac{R_3}{Z_{03}^2} \tag{3-61}$$

如以输入电阻表示功率比,则

$$\frac{P_2}{P_3} = \frac{Z_{\text{in3}}}{Z_{\text{in2}}} = \frac{R_2}{Z_{02}^2}\frac{Z_{03}^2}{R_3} = \frac{1}{k^2} \tag{3-62}$$

联立式(3-61)和式(3-62)可解得

$$Z_{02} = Z_0\sqrt{k(1+k^2)}, \qquad Z_{03} = Z_0\sqrt{\frac{1+k^2}{k^3}} \tag{3-63}$$

由于 $U_2$ 和 $U_3$ 等幅、同相,在端口(2)、(3)间跨接一只电阻 $R$,并不会影响功分器的性能。但当(2)、(3)两端口外接负载不等于 $R_2$, $R_3$ 时,来自负载的反射波功率就分别由(2)、(3)两端口输入,这时三端口网络就成为一功率相加器,为使(2)、(3)两端口彼此隔离,电阻 $R$ 必不可少,即由它起隔离作用。隔离电阻 $R$ 的数值可由图 3-38 所示的等效电路分析得到。图示的等效电路可看成两个二端口网络的并联,电阻 $R$ 网络的 $\boldsymbol{Y}$ 矩阵为

$$\boldsymbol{Y}_1 = \begin{bmatrix} 1/R & -1/R \\ -1/R & 1/R \end{bmatrix}$$

$Z_{02}$、$Z_{03}$ 两段传输线与并联电阻 $Z_0$ 的级联网络的 $\boldsymbol{Y}$ 矩阵,在 $\theta = \theta_0 = \pi/2$ 时为

$$\boldsymbol{Y}_2 = \begin{bmatrix} \dfrac{1}{k(1+k^2)Z_0} & \dfrac{k}{(1+k^2)Z_0} \\ \dfrac{k}{(1+k^2)Z_0} & \dfrac{k^3}{(1+k^2)Z_0} \end{bmatrix}$$

并联网络的 $\boldsymbol{Y}$ 矩阵为

$$\boldsymbol{Y} = \boldsymbol{Y}_1 + \boldsymbol{Y}_2 = \begin{bmatrix} Y_{11} & Y_{12} \\ Y_{21} & Y_{22} \end{bmatrix} = \begin{bmatrix} \dfrac{1}{k(1+k^2)Z_0} + \dfrac{1}{R} & \dfrac{k}{(1+k^2)Z_0} - \dfrac{1}{R} \\ \dfrac{k}{(1+k^2)Z_0} - \dfrac{1}{R} & \dfrac{k^3}{(1+k^2)Z_0} + \dfrac{1}{R} \end{bmatrix}$$

归一化后为

$$\overline{Y} = \begin{bmatrix} Y_{11}kZ_0 & Y_{12}Z_0 \\ Y_{21}Z_0 & Y_{22}Z_0/k \end{bmatrix}$$

要使端口(2)和(3)隔离,则要求上述网络相应的散射参数矩阵中的 $S_{12}=S_{21}=0$。由 $\boldsymbol{S}=(\boldsymbol{1}-\overline{\boldsymbol{Y}})(\boldsymbol{1}+\overline{\boldsymbol{Y}})^{-1}$可知,必有 $\overline{Y}_{12}=\overline{Y}_{21}=0$,即

$$R = \frac{1+k^2}{k}Z_0 \tag{3-64}$$

隔离电阻 $R$ 通常是用镍铬合金或电阻粉等材料制成的薄膜电阻。

实际情况往往是输出端口(2)、(3)所接负载并不是电阻 $R_2$ 和 $R_3$,而是特性阻抗为 $Z_0$ 的传输线,因此为获得指定的功分比,需在其间各加一 $\lambda_{p0}/4$ 线段,作为阻抗变换器,如图 3-39 所示。变换段的特性阻抗分别为 $Z_{04}$和 $Z_{05}$,其计算公式为

$$\left.\begin{aligned} Z_{04} &= \sqrt{R_2Z_0} = \sqrt{k}\,Z_0 \\ Z_{05} &= \sqrt{R_3Z_0} = \frac{Z_0}{\sqrt{k}} \end{aligned}\right\} \tag{3-65}$$

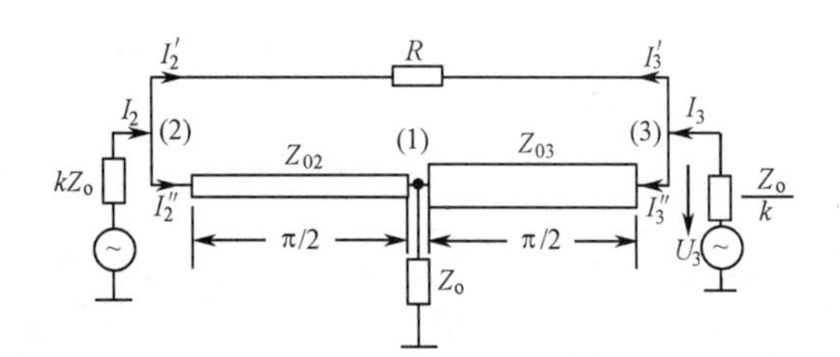


图 3-38　微波功率相加器等效电路

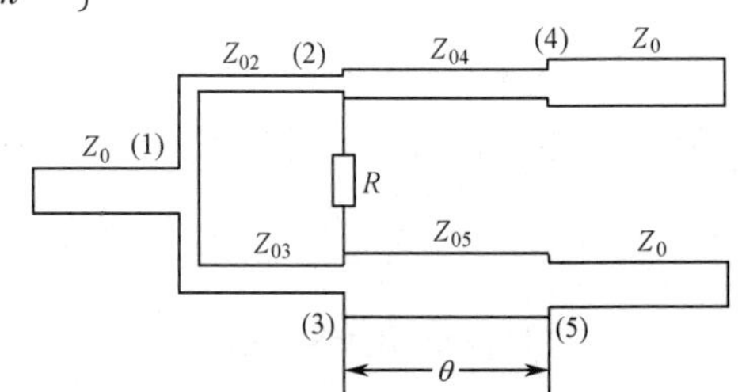


图 3-39　微带三端口功分器

对于等功率分配器,$P_2=P_3$,$k=1$,于是有

$$R_2 = R_3 = Z_0, \qquad Z_{02} = Z_{03} = \sqrt{2}Z_0, \qquad R = 2Z_0 \tag{3-66}$$

功分器工作在中心频率时,它的特性是理想的,一旦频率偏移,不论是隔离度还是输入驻波比,就都将变差,故工作频带较窄。

### 3.2.5　波导匹配双 T

波导双 T 接头由 ET 分支和 HT 分支合并组成,其结构如图 3-40 所示。如果接头内部装有匹配元件,即成为匹配双 T,则它具有理想的电桥特性,是一种 3dB 定向耦合器。

1. ET、HT 分支

图 3-41 是矩形波导的一种 T 形分支,分支波导与主波导相垂直。因分支沿主波导 $TE_{10}$模的电场所在平面,故称为 ET 分支。

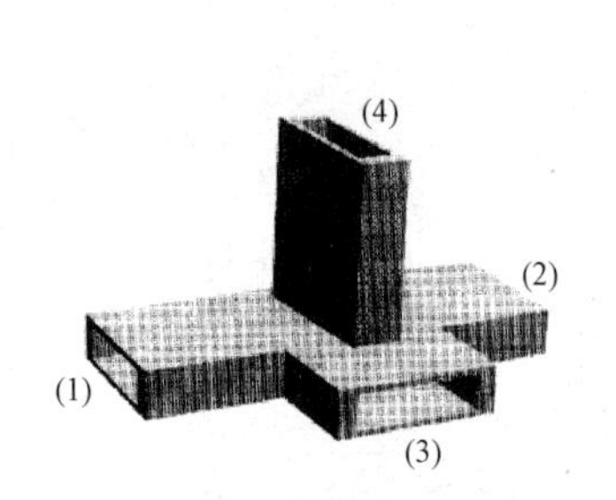


图 3-40　波导双 T 接头

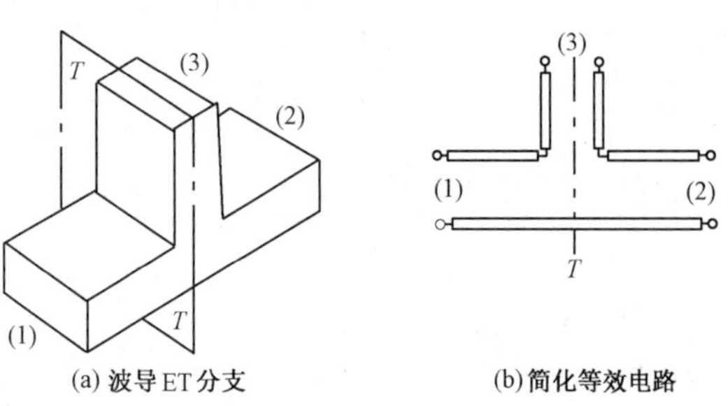


图 3-41　ET 分支及其简化等效电路

图 3-42 是矩形波导的另一种 T 形分支,分支波导沿主波导 $TE_{10}$ 模磁场所在平面,故称为 HT 分支。

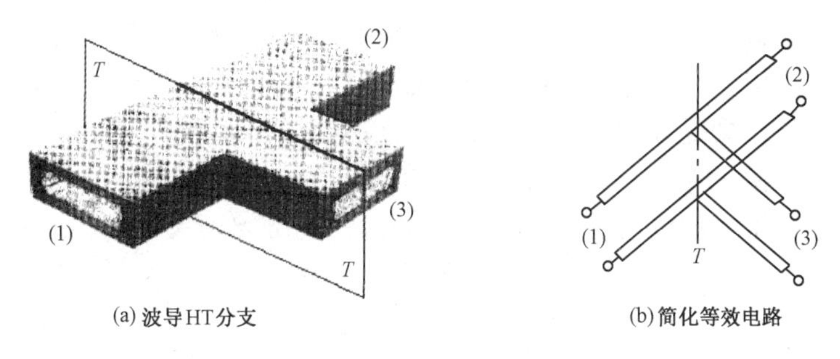


图 3-42　HT 分支及其简化等效电路

由图可见,ET、HT 的主波导端口(1)与(2)是关于面 T 对称的。对 ET 分支而言,当分支端口(3)接微波源,而端口(1)、(2)接匹配负载时,E 臂中的电场对于分支对称面来说是一个反对称激励电场,在端口(1)和(2)激励起等幅、反相波。所谓等幅,就是端口(1)和(2)中的电场幅度相等,因此分配到端口(1)和(2)中的功率也相等,所谓反相,即指(1)、(2)波导中离对称面 $T$ 等间距处的电场的相位相反。用散射参数表示,则为

$$S_{23} = -S_{13} \tag{3-67}$$

又因结构对称,故

$$S_{11} = S_{22} \tag{3-68}$$

对 HT 分支而言,当分支端口(3)接微波源,而端口(1)、(2)接匹配负载时,H 臂中的电场对于对称面来说是一个对称激励电场,在端口(1)和(2)激励起等幅、同相波。即在(1)、(2)波导中离对称面 $T$ 等间距处的电场具有相同的相位,且幅度相等。用散射参数表示,则为

$$S_{23} = S_{13} \tag{3-69a}$$

同样因结构对称,有

$$S_{11} = S_{22} \tag{3-69b}$$

下面我们来分析 ET 及 HT 分支的简化等效电路。设主波导的端口(1)和(2)分别同时输入同频率的等幅、同相波,对于 ET 分支,由式(3-67)及网络的互易特性可知,端口(3)无输出。注意到此时主波导中两个入射波叠加形成驻波,分支对称面 $T$ 为电场(电压)驻波的波腹、磁场(电流)的波节,则可得 ET 分支的简化等效电路如图 3-41(b)所示,即 E 臂相当于长线上的串联分支。这是因为当长线的串联分支位于主线的电流波节处时,分支线输入端电流为零,故无输出。类似地,如果端口(1)、(2)等幅反相输入,对 HT 分支,端口(3)无输出,其简化等效电路如图 3-42(b)所示,即 H 臂相当于长线上的并联分支。

上述波导 ET 分支、HT 分支以及微带、同轴三分支接头都是一个可逆、无耗的三端口网络,其特性可用散射参数矩阵表示。但这种可逆、无耗的三端口网络在任何情况下,都不可能做到各端口同时匹配,即 $S_{11}$、$S_{22}$、$S_{33}$ 不能同时为零。该性质已在上节中得到了证明。

## 2. 普通双 T 接头

普通双 T 接头在结构上是由 ET、HT 分支组成的一个可逆、无耗的四端口元件,具有一个对称面,主波导端口(1)与端口(2)对称,因而散射参数 $S_{11}=S_{22}$。其余参数可由分支特性确定,如图 3-40 所示的结构,对于 ET 分支,有 $S_{24}=-S_{14}$,对于 HT 分支,则有 $S_{23}=S_{13}$。在它们组成双 T 接头后,ET、HT 分支各自的特性仍然保留。下面讨论端口(3)和端口(4)之间的隔离

特性，当 $TE_{10}$ 模电磁波由端口(4)输入时，输入电场对于对称面而言为一反对称场，在接头区内电场力线受边界所限而畸变，如图 3-43(a)所示，但电力线仍为反对称分布，不能在 H 臂内激发起 $TE_{10}$ 模电磁波，即端口(3)无输出，因此 $S_{34}=0$。若 $TE_{10}$ 模电磁波由端口(3)输入，电场对于对称面而言为一对称场，在接头区内电场力线方向平行于 E 臂波导的宽壁，如图 3-43(b)所示；即使出现垂直于 E 臂宽壁的分量，也是相互抵消的。因此在 E 臂中不能激发起 $TE_{10}$ 模电磁波，即端口(4)无输出，$S_{43}=0$。显然，由于双 T 接头是一可逆元件，也可以由可逆性推得 H 臂输入时 E 臂无输出的结论，因而 $S_{34}=S_{43}=0$。由此可见，普通双 T 接头中 E 臂与 H 臂彼此隔离。

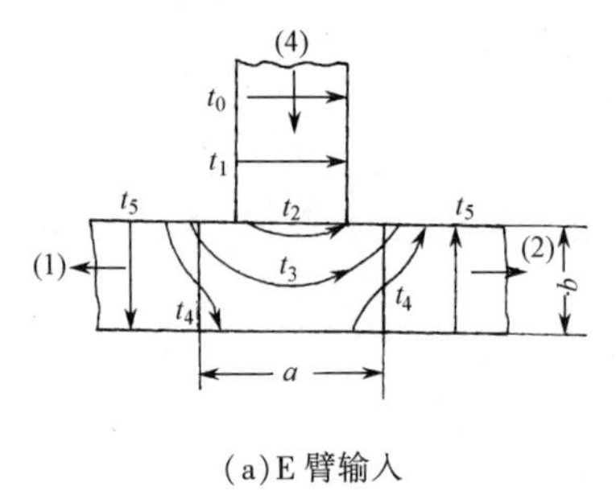

(a)E 臂输入

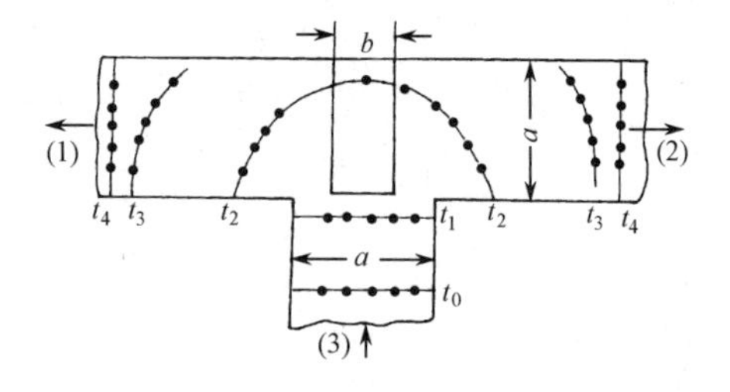

(b)H 臂输入

图 3-43　E 臂和 H 臂输入时的场分布

根据上述特性，普通双 T 接头的散射参数矩阵为

$$\boldsymbol{S}=\begin{bmatrix} S_{11} & S_{12} & S_{13} & S_{14} \\ S_{12} & S_{11} & S_{13} & -S_{14} \\ S_{13} & S_{13} & S_{33} & 0 \\ S_{14} & -S_{14} & 0 & S_{44} \end{bmatrix} \tag{3-70}$$

3. 匹配双 T

**(1) 匹配双 T 的特性**

若在普通双 T 接头中加入匹配装置后获得下列结果：当 $TE_{10}$ 波自 E 臂输入，其他各端口均接匹配负载时，端口(4)无反射；当 $TE_{10}$ 波自 H 臂输入，其余各端口均接匹配负载时，端口(3)无反射。具有这种特性的双 T 就称为匹配双 T，也称魔 T。这时网络的散射参数 $S_{33}=S_{44}=0$，因而匹配双 T 的散射参数矩阵可写成

$$\boldsymbol{S}=\begin{bmatrix} S_{11} & S_{12} & S_{13} & S_{14} \\ S_{12} & S_{11} & S_{13} & -S_{14} \\ S_{13} & S_{13} & 0 & 0 \\ S_{14} & -S_{14} & 0 & 0 \end{bmatrix} \tag{3-71}$$

匹配双 T 为无耗元件，根据能量守恒定律，必满足散射参数一元性，由 $\boldsymbol{S}^{\mathrm{T}}\boldsymbol{S}^{*}=\boldsymbol{1}$ 得到

$$\begin{bmatrix} S_{11} & S_{12} & S_{13} & S_{14} \\ S_{12} & S_{11} & S_{13} & -S_{14} \\ S_{13} & S_{13} & 0 & 0 \\ S_{14} & -S_{14} & 0 & 0 \end{bmatrix}\begin{bmatrix} S_{11}^{*} & S_{12}^{*} & S_{13}^{*} & S_{14}^{*} \\ S_{12}^{*} & S_{11}^{*} & S_{13}^{*} & -S_{14}^{*} \\ S_{13}^{*} & S_{13}^{*} & 0 & 0 \\ S_{14}^{*} & -S_{14}^{*} & 0 & 0 \end{bmatrix}=\begin{bmatrix} 1 & 0 & 0 & 0 \\ 0 & 1 & 0 & 0 \\ 0 & 0 & 1 & 0 \\ 0 & 0 & 0 & 1 \end{bmatrix} \tag{3-72}$$

按照矩阵乘法法则，等号左边 $\boldsymbol{S}$ 的第三行与 $\boldsymbol{S}^{*}$ 的第三列对应元素的乘积之和，应等于右边单

位矩阵中第三行第三列的元素,即

$$|S_{13}|^2+|S_{13}|^2+0+0=1$$

类似地,由单位矩阵中第四行第四列元素可得

$$|S_{14}|^2+|S_{14}|^2+0+0=1$$

故

$$|S_{13}|^2=|S_{14}|^2=\frac{1}{2} \tag{3-73}$$

由等号左边 $\boldsymbol{S}$ 的第一行与 $\boldsymbol{S}^*$ 的第一列诸对应元素乘积之和,得

$$|S_{11}|^2+|S_{12}|^2+|S_{13}|^2+|S_{14}|^2=1$$

将式(3-73)代入,得

$$|S_{11}|^2+|S_{12}|^2=0$$

因而

$$S_{11}=S_{22}=0 \tag{3-74}$$

$$S_{12}=0 \tag{3-75}$$

式(3-74)说明匹配双 T 的端口(1)、端口(2)也都是匹配的。而式(3-75)表明端口(1)与端口(2)彼此隔离。式(3-73)说明当 $TE_{10}$波自端口(3)或(4)输入时,功率等分为两部分,由端口(1)和(2)输出。当 $TE_{10}$波自端口(1)或端口(2)输入时,功率也等分为两部分,由端口(3)和(4)输出。因而,匹配双 T 是一个理想的 3dB 定向耦合器。适当地选择各端口参考面,使 $S_{13}=|S_{13}|=1/\sqrt{2}$,$S_{14}=|S_{14}|=1/\sqrt{2}$,则匹配双 T 的散射参数矩阵为

$$\boldsymbol{S}=\frac{1}{\sqrt{2}}\begin{bmatrix} 0 & 0 & 1 & 1 \\ 0 & 0 & 1 & -1 \\ 1 & 1 & 0 & 0 \\ 1 & -1 & 0 & 0 \end{bmatrix} \tag{3-76}$$

**(2) 双 T 接头的匹配**

对于普通双 T 接头,当 $TE_{10}$波自 E 臂或 H 臂输入时,虽然其余各端口都端接匹配负载,但 E 臂或 H 臂仍有反射波,这是在分支波导连接处结构突变而产生的。要消除这些反射波,必须在接头处放置电抗元件进行匹配。要注意的是,电抗元件的放置应不破坏双 T 接头的结构对称性。

匹配方法之一如图 3-44(a)所示,当(1)、(2)、(4)三个端口均接匹配负载时,在接头内部的对称面上插入一根金属圆棒,调整其粗细、位置及插入深度,使 H 臂端口呈匹配状态,然后锁紧。因金属圆棒与 H 臂中的电场力线相平行,对电场有反射,起调配作用,但对 E 臂中的 $TE_{10}$波几乎不起作用,因为 E 臂中电场力线方向与金属圆棒垂直。然后让(1)、(2)、(3)三个端口均接匹配负载,$TE_{10}$波自 E 臂输入,在接头区 E 臂中加入一些感性膜片,使产生一新的反射与接头处的反射相抵消。膜片的大小、厚度及位置由实验调整确定。由于膜片与 E 臂中电场力线相平行,故对 E 臂中的场有反射作用,而对 H 臂的场无影响。

另一种匹配方法如图 3-44(b)所示,它的匹配元件是一个金属圆锥体,顶部有一金属圆棒,锥体部分在底壁处被削去一块。圆棒对调配 H 臂起作用,圆锥部分对 H 臂、E 臂的匹配均起作用,这种结构的匹配双 T 性能较好,在±10%频带内,驻波比可小于 1.2。

还有一种 H 面折叠双 T 接头,它是将双 T 接头的(1)、(2)两个端口在 H 面平面内折叠而成的,其结构如图 3-45 所示。它的工作原理与匹配双 T 相同。H 面折叠双 T 同匹配双 T 相比,有着更多的不连续性。当 H 面折叠双 T 的(1)、(2)、(4)三个端口均接匹配负载时,由 H 臂端口(3)看进去的不连续性有 H 臂端口与大波导(宽壁尺寸为 $a_0$)之间的阶梯不连续性、折

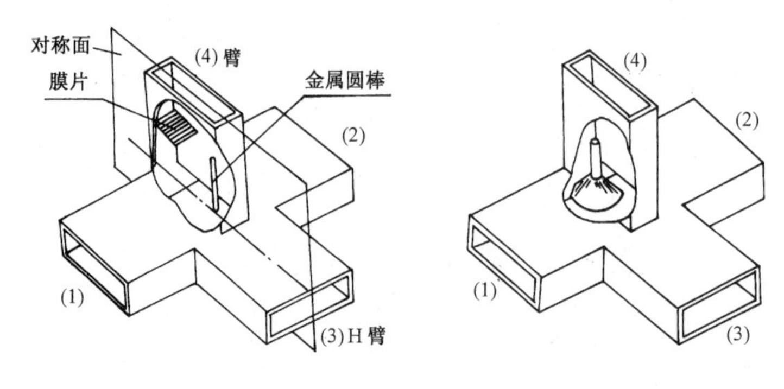


图 3-44　双 T 接头的匹配

叠臂(1)、(2)公共壁的端面引起的反射以及大波导宽面上开槽(E 臂分支的端口)的影响,因此要获得一个性能良好的折叠双 T,就必须对这些不连续性进行匹配,为此可选择宽度为 $a'$ 的波导段作为四分之一波长变换段,另外加一电感棒从而消除隔板引起的反射。

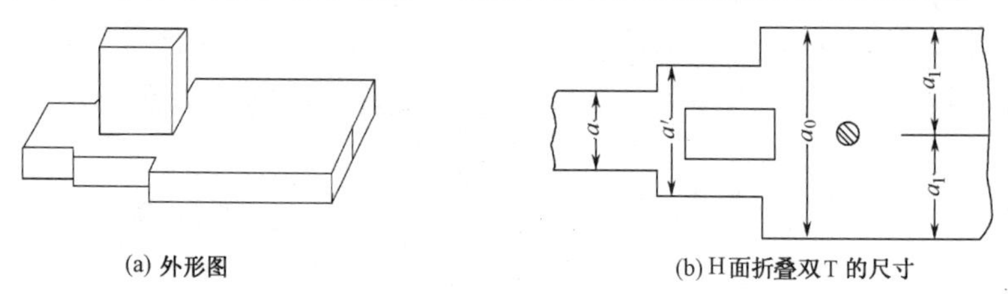


图 3-45　H 面折叠双 T

**(3) 匹配双 T 的应用**

① 平衡混频器。

在接收机混频电路中,为使本振信号和接收信号隔离,可将它们分别接在匹配双 T 的 E 臂和 H 臂上,而主线上的两臂中装接混频晶体管如图 3-46 所示。这样本振和接收信号都能以相等的幅度、适当的相位加在两个晶体管上进行混频,其差频信号送到中放电路中进行放大。当两晶体管特性完全一致时,则本振功率不会传到天线中辐射出去,天线的接收信号也不会漏到本振源电路中。另一方面,采用平衡混频电路抑制了本振源噪声,有利于降低噪声系数、提高混频器性能。

② 阻抗测量电桥。

匹配双 T 接头可用作平衡电桥测量阻抗,其原理图如图 3-47 所示。由 H 臂输入的信号等幅、同相地被分到(1)、(2)两端口中,(1)端口接阻抗 $Z_0$,(2)端口接被测阻抗 $Z_x$,如果 $Z_x$ 和 $Z_0$ 相等,则由 $Z_x$ 和 $Z_0$ 引起的反射波也是等幅、同相的,因此 E 臂不会有输出,指示器的指示值为零。如果 $Z_x \neq Z_0$,则它们引起的反射波不仅不同相,而且幅度也不相等,因此 E 臂就有输出,指示也就不等于零,此时可调整已知阻抗 $Z_0$,直到指示器指示为零,所测 $Z_x$ 就等于调整后的已知阻抗 $Z_0$。

**【例 3-6】** 某微波电桥如图 3-48 所示。其 4 臂接匹配电源,3 臂接匹配负载,1、2 臂接反射系数为 $\Gamma_1$、$\Gamma_2$ 的不匹配负载,$\boldsymbol{S}$ 矩阵如下。

(1) 试述该电桥的性能;(2) 求 $b_3$。

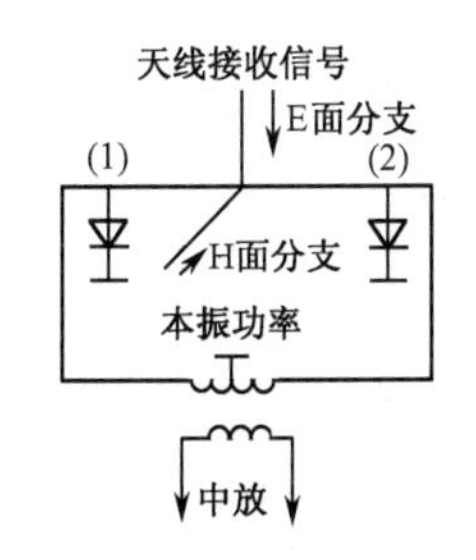


图 3-46　波导平衡混频器

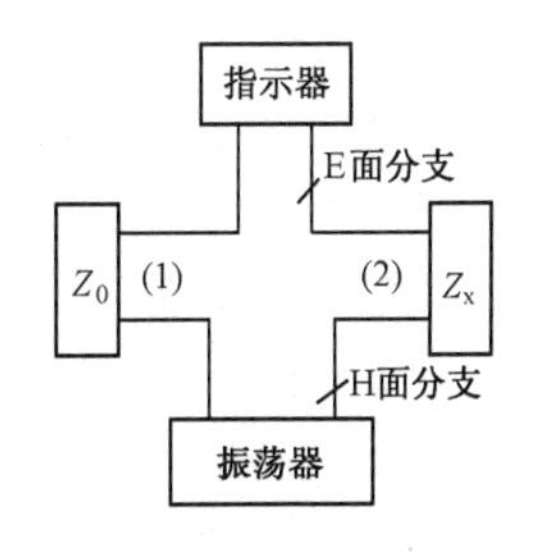


图 3-47　阻抗测量电桥

$$\boldsymbol{S}=\frac{1}{\sqrt{2}}\begin{bmatrix}0&0&\mathrm{j}&1\\0&0&1&\mathrm{j}\\\mathrm{j}&1&0&0\\1&\mathrm{j}&0&0\end{bmatrix}$$

**解：**（1）各端口均接匹配负载或匹配源，当信号由1(或2)端口输入时，1、2端口彼此互为隔离端，3、4端口输出等幅相位差为90°的信号；当信号由3(或4)端口输入时，3、4端口彼此互为隔离端，1、2端口输出等幅相位差为90°的信号。是3dB电桥。

（2）由 $a_3=0, a_1/b_1=\Gamma_1, a_2/b_2=\Gamma_2$，代入 $\boldsymbol{b}=\boldsymbol{S}\boldsymbol{a}$，即

$$\begin{bmatrix}b_1\\b_2\\b_3\\b_4\end{bmatrix}=\frac{1}{\sqrt{2}}\begin{bmatrix}0&0&\mathrm{j}&1\\0&0&1&\mathrm{j}\\\mathrm{j}&1&0&0\\1&\mathrm{j}&0&0\end{bmatrix}\begin{bmatrix}a_1\\a_2\\0\\a_4\end{bmatrix}$$

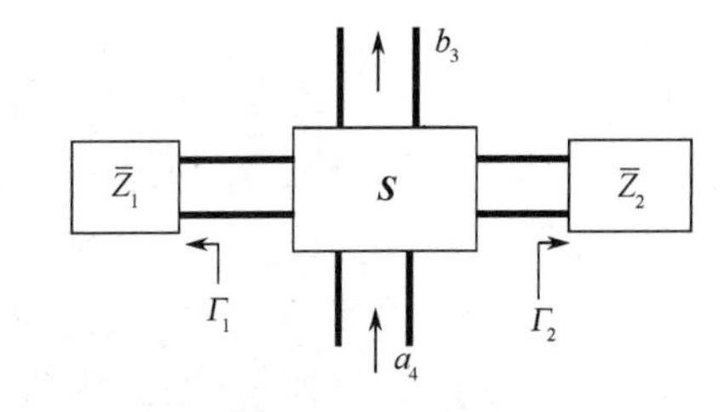


图 3-48　例 3-6 题图

得

$$b_1=\frac{1}{\sqrt{2}}a_4 \qquad b_2=\frac{\mathrm{j}}{\sqrt{2}}a_4$$

$$b_3=\frac{1}{\sqrt{2}}(\mathrm{j}a_1+a_2)=\frac{1}{\sqrt{2}}(\mathrm{j}\Gamma_1 b_1+\Gamma_2 b_2)=\frac{\mathrm{j}}{2}(\Gamma_1+\Gamma_2)a_4$$

本节习题 3-10~3-23。MOOC 视频知识点 3.5~3.11。

## 3.3　微波谐振器

微波谐振器是微波系统中的一种最基本的元件，广泛应用于振荡器、放大器、滤波器、频率计等器件中。微波谐振器的工作情况和电路理论中的 LC 集总参数谐振电路类似，在微波电路中也起着储能和选频的作用。微波谐振器的结构形式很多，既可由 TEM 波和非 TEM 波传输线构成，也可由非传输线的特殊腔体构成。无论是何种结构的谐振器，要获得对其的完整理论描述，必须得从电磁场方程出发，解其满足特定边界条件的场方程，所以场理论是分析微波谐振器的基本理论。但对于单模工作的传输线型谐振器，用分布参数的等效"路"理论来研究更为方便，因此本节主要讨论微波谐振器的基本特性、传输线型谐振器的等效电路与设计公式和几个基本的微波谐振器，对场分析法不做叙述，只给出场分析的一些重要结论。

### 3.3.1　微波谐振器的一般概念

1. 微波谐振器的一般概念

在一个 LC 并(或串)联谐振电路中，当激励源的信号频率与 LC 电路的谐振频率 $f_0$ 相同

时,就会发生谐振,源的能量就存储在 LC 电路中。磁场能量集中在电感线圈中,电场能量集中在电容器中,并且电场能量最大时,磁场能量为零;磁场能量最大时,电场能量为零。电能与磁能随时间不停地相互转换,转换频率是谐振频率的两倍,如图 3-49(a)所示。这时若从谐振电路耦合输出,则输出信号的频率就是谐振频率 $f_0$。在微波波段同样需要这样的储能和选频元件,但由于频率太高,集总参数的 LC 谐振电路已失去作用,因此必须用微波分布参数的电路来实现。我们知道,一段理想的终端短路(或开路)传输线,沿线的电磁场是驻波分布。若在距终端短路(或开路)面半波长整数倍处再加一理想短路(或开路)面,显然其内部的场仍是驻波分布,图 3-49(b)所示为同轴谐振器(也称同轴谐振腔)电路。在此谐振器内,电场能量最大时,磁场能量为零;磁场能量最大时,电场能量为零。电能与磁能随时间不停地相互转换,其能量转换关系与 LC 谐振电路一致。所不同的是电能和磁能分布在整个结构中,不能截然分开,这主要是传输线上分布参数作用的结果。因此在微波波段,一段两端短路(或开路)的传输线所起的作用与 LC 串并联谐振电路所起的作用完全一样,故称这样的结构为微波传输线型谐振器,若是由波导或同轴传输线构成的,则也称其为谐振腔。

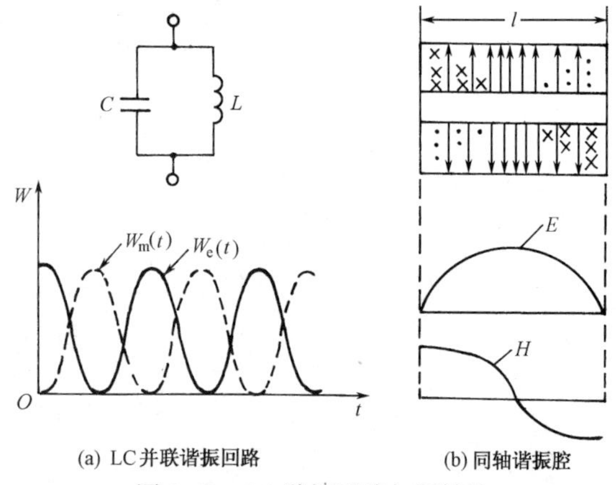

图 3-49　LC 谐振回路与同轴腔

对于分布参数系统的微波谐振器,用于描述其性能的特性参数与集总 LC 谐振电路的不同,它们是谐振波长 $\lambda_0$、谐振器的品质因数 $Q$ 及谐振器的等效损耗电导 $G$。这三个量既有确切的物理意义,又可通过测量得到。这样是无论从分析方法上,还是从电路结构及特性参数上来看,微波谐振器都具有不同于集总 LC 谐振电路的特点。

2. 特性参数

**(1) 谐振波长 $\lambda_0$**

图 3-50 所示为广义微波传输线型谐振器的等效电路。对于理想的短路(即电壁)或理想的开路(即磁壁)负载,有

$$|\Gamma_1| = |\Gamma_2| = 1, \quad \varphi_1 = \varphi_2 = \pi \text{ 或 } 0$$

当谐振时,由能量关系可知系统中的最大电能与最大磁能相等,即

$$W_e = W_m \tag{3-77}$$

用电路理论来描述,则是

$$\sum X = 0 \quad \text{或} \sum B = 0 \tag{3-78a}$$

对于传输线型谐振器,任取一参考面 $T$,则谐振条件可表示成

$$X_a + X_b = 0 \quad \text{或} \; B_a + B_b = 0 \tag{3-78b}$$

用 $T$ 参考面两边的反射系数来表示谐振条件,则有如下相位关系

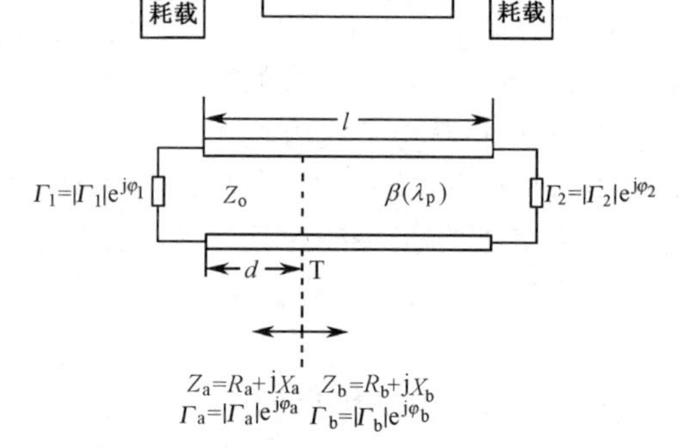

图 3-50　广义微波传输线型谐振器的等效电路

$$e^{j(\varphi_a+\varphi_b)} = 1 \tag{3-79}$$

对于理想的电壁(或磁壁),$\varphi_a=\varphi_1-2\beta d$,$\varphi_b=\varphi_2-2\beta(l-d)$,$\varphi_1=\varphi_2$,代入上式有

$$\beta l = p\pi \qquad (p=1,2,3,\cdots) \tag{3-80}$$

将 $\beta=\dfrac{2\pi}{\lambda_p}$代入上式可得

$$l=\frac{p}{2}\lambda_p \tag{3-81}$$

即长度为 $\lambda_p/2$ 整数倍的短路(或开路)广义传输线,可构成一微波传输线型谐振器。

将 $\lambda_p=\lambda_0/\sqrt{1-(\lambda_0/\lambda_c)^2}$ 代入式(3-80),整理后可得

$$\lambda_0=\frac{1}{\sqrt{\left(\dfrac{p}{2l}\right)^2+\dfrac{1}{\lambda_c^2}}} \tag{3-82}$$

从式中可得如下结论。

① 谐振波长就是工作波长 $\lambda_0$。在谐振器内填充空气介质时,$\lambda_0=c/f$,并且谐振波长与谐振器的尺寸、传输模式有关。

② 对于 TEM 模谐振器,由 $\lambda_c=\infty$ 可得 $\lambda_0=2l/p(p=1,2,3,\cdots)$,即同一谐振器可对应无数个谐振波长 $\lambda_0$;反之,$l=p\lambda_0/2$,即同一工作波长,可对应无数个谐振器的结构尺寸。因此是一个单模多谐系统。

③ 对于矩形波导模谐振器(或称谐振腔),将 $\lambda_c=2/\sqrt{\left(\dfrac{m}{a}\right)^2+\left(\dfrac{n}{b}\right)^2}$ $(m、n=0,1,2,3,\cdots)$

代入式(3-82)得

$$\lambda_0=\frac{2}{\sqrt{\left(\dfrac{m}{a}\right)^2+\left(\dfrac{n}{b}\right)^2+\left(\dfrac{p}{l}\right)^2}} \tag{3-83}$$

显然对于每个固定的谐振器(腔)的结构尺寸 $a\times b\times l$,每一组$(m,n,p)$确定一个谐振波长,对应一种场型分布,称为谐振模式。由于$(m,n,p)$有无数组,因此每个谐振器理论上可以有无数个谐振模式和谐振波长;若谐振波长 $\lambda_0$ 确定,则一组$(m,n,p)$可以确定一个谐振器的结构尺寸 $a\times b\times l$。有无数组$(m,n,p)$值,就有无数个结构尺寸不同的谐振器与之对应。因此,非 TEM 波传输线型谐振器是一种多模、多谐系统。

④ 若传输线两端接的不是理想电壁(或磁壁),则 $\lambda_0$ 还与 $\varphi_1$、$\varphi_2$(即加载情况)有关。

**(2) 品质因数 $Q$**

品质因数 $Q$ 是谐振器的一个基本特性参数,$Q$ 值的大小与谐振器的损耗有关。无论是集总参数谐振回路,还是微波分布参数电路的谐振器,品质因数的定义均为

$$Q=2\pi\frac{\text{谐振器内的储能}}{\text{谐振器在一个周期内的耗能}}=\omega_0\frac{W}{P_l} \tag{3-84}$$

在谐振器内,平均电能和平均磁能为

$$W_m=\frac{1}{4}\int_V\mu\,|\,\boldsymbol{H}\,|^2\mathrm{d}V,\qquad W_e=\frac{1}{4}\int_V\varepsilon\,|\,\boldsymbol{E}\,|^2\mathrm{d}V$$

谐振时有 $W_m=W_e$,故谐振器中存储的总能量为

$$W=W_e+W_m=2W_m=2W_e=\frac{1}{2}\int_V\varepsilon\,|\,\boldsymbol{E}\,|^2\mathrm{d}V=\frac{1}{2}\int_V\mu\,|\,\boldsymbol{H}\,|^2\mathrm{d}V \tag{3-85}$$

谐振器的损耗功率 $P_l$ 由两部分组成:一部分是谐振器内部自身的损耗功率,用 $P_{l0}$表示;另一部分是谐振器外部负载损耗的功率,用 $P_{le}$表示。

谐振器内部的损耗功率 $P_{l0}$ 主要是由构成谐振器的导体壁为非理想电壁所引起的导体损耗功率构成,即

$$P_{l0} = \frac{R_S}{2} \oint_S |\boldsymbol{H}_\tau|^2 dS \tag{3-86}$$

式中,$R_S$ 为表面电阻,且 $R_S = 1/\delta\sigma$,$\delta = \sqrt{\dfrac{2}{\omega\mu\sigma}}$ 为趋肤深度。这样,由 $P_{l0}$ 确定的品质因数称为固有品质因数或无载品质因数,用 $Q_0$ 表示,则 $Q_0$ 为

$$Q_0 = \omega_0 \frac{W}{P_{l0}} = \frac{\omega_0 \mu}{R_S} \frac{\int_V |\boldsymbol{H}|^2 dV}{\oint_S |\boldsymbol{H}_\tau|^2 dS} = \frac{2}{\delta} \frac{\int_V |\boldsymbol{H}|^2 dV}{\oint_S |\boldsymbol{H}_\tau|^2 dS} \tag{3-87}$$

由于导体表面的切向磁场总大于导体腔内部的磁场,因此可近似认为 $|\boldsymbol{H}|^2 \approx \frac{1}{2}|\boldsymbol{H}_\tau|^2$,这样可得到一个估算谐振器(腔)固有品质因数 $Q_0$ 的近似公式

$$Q_0 \approx \frac{1}{\delta} \frac{V}{S} \tag{3-88}$$

若谐振器内填充的是有耗介质,则 $P_{l0}$ 由导体损耗和介质损耗两部分构成。

任何一个谐振器都必须有与外电路联系的耦合装置,否则一个孤立的谐振器没有一点实用意义。因此对于一个实际的谐振器,其损耗功率 $P_l$ 为

$$P_l = P_{l0} + P_{le}$$

相应的品质因数称为有载品质因数,用 $Q_L$ 表示,则

$$Q_L = \omega_0 \frac{W}{P_{l0} + P_{le}} \tag{3-89}$$

令式中 $\omega_0 W/P_{le} = Q_e$,并称其为外部品质因数,则三者的关系为

$$\frac{1}{Q_L} = \frac{1}{Q_0} + \frac{1}{Q_e} \tag{3-90}$$

**(3) 等效电导 $G$**

等效电导 $G$ 表示谐振器功率损耗的大小,定义为

$$G = \frac{2P_l}{|U|^2} \tag{3-91}$$

式中,$U$ 为广义传输线的模式电压。由于模式电压的不唯一,因此 $G$ 也不是单值。

尽管与外部没有耦合的谐振器没有什么实用价值,但为简化分析,并导出有用的结论,后面的讨论都暂不考虑耦合问题,最后研究有耦合装置时的等效电路。

### 3.3.2 传输线型谐振器的等效电路

#### 1. 等效条件

任何一个单模微波谐振器都可看成一个单端口网络。由网络理论可知,在某个点频上,任何单端口网络都可用集总参数的 R(或 G)LC 串(或并)联电路来等效。但要使这种等效不局限在某一点频上,就需要增加一些等效条件。为寻求等效条件,先讨论集总参数 R(G)LC 谐振电路的特性。

图 3-51(a)是一个 RLC 的串联谐振电路,其输入阻抗 $Z_{in}$ 为

$$Z_{in} = R + j\left(\omega L - \frac{1}{\omega C}\right)$$
$$= R + j\omega_0 L\left(\frac{\omega}{\omega_0} - \frac{\omega_0}{\omega}\right) \quad (3\text{-}92a)$$

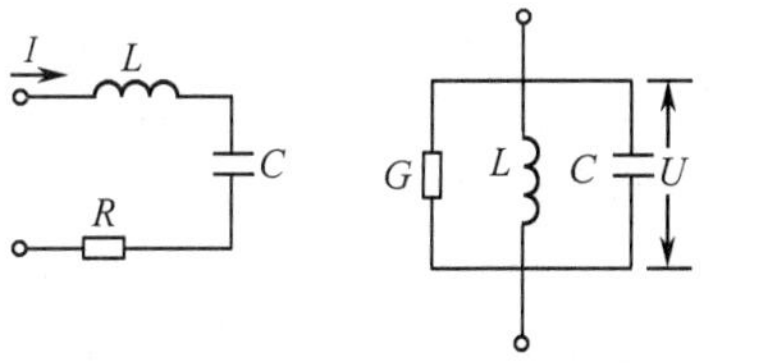

(a) RLC 串联谐振回路 (b) GLC 并联谐振回路

图 3-51 串联谐振回路与并联谐振回路

式中,$\omega_0 = 1/\sqrt{LC}$ 是谐振频率;$R$ 为输入阻抗的实部,是一个与频率无关的实数;$X = \omega L - \frac{1}{\omega C}$ 为输入阻抗的虚部,与频率有关,在谐振时($\omega = \omega_0$)等于零。谐振时的品质因数 $Q = \frac{\omega_0 L}{R}$。

在谐振频率点附近,上式近似为

$$Z_{in} = R + jL\frac{(\omega + \omega_0)(\omega - \omega_0)}{\omega} \approx R + j2L(\omega - \omega_0) = R + jX$$

其电抗斜率$\frac{dX}{d\omega}$为

$$\frac{dX}{d\omega} = \frac{d}{d\omega}[2L(\omega - \omega_0)] = 2L$$

这是一个与频率无关的常数,并且大于零。若定义谐振器的电抗斜率参数为

$$\mathscr{X} = \frac{\omega_0}{2}\frac{dX}{d\omega}\bigg|_{\omega=\omega_0}$$

则此串联谐振电路的电抗斜率参数为

$$\mathscr{X} = \frac{\omega_0}{2}\frac{dX}{d\omega}\bigg|_{\omega=\omega_0} = \omega_0 L \quad (3\text{-}92b)$$

由上述讨论可知,串联谐振电路的频率特性是:

① 在 $\omega_0$ 附近,电阻 $R$ 不随频率变化,是常数;

② 在 $\omega = \omega_0$ 时,电抗 $X$ 等于零;

③ 在 $\omega_0$ 附近,电抗斜率是常数,并且大于零。

当微波谐振器在谐振频率点附近满足上述条件时,就可以等效为一 RLC 的串联谐振电路。电路中元件 L、C 的值可由电抗斜率参数 $\mathscr{X}$ 确定。

对于图 3-51(b)的并联谐振电路,输入导纳为

$$Y_{in} = G + j\left(\omega C - \frac{1}{\omega L}\right) = G + j\omega_0 C\left(\frac{\omega}{\omega_0} - \frac{\omega_0}{\omega}\right) \quad (3\text{-}93a)$$

式中,$\omega_0 = \frac{1}{\sqrt{LC}}$为谐振频率;$G$ 为输入导纳的实部,是一个与频率无关的实数;$B = \omega C - \frac{1}{\omega L}$为输入导纳的虚部,与频率有关,谐振时等于零。

在谐振频率点附近,上式近似为

$$Y_{in} = G + jC\frac{(\omega - \omega_0)(\omega + \omega_0)}{\omega} \approx G + j2C(\omega - \omega_0) = G + jB$$

同理,定义电纳斜率参数为

$$\mathscr{B} = \frac{\omega_0}{2}\frac{dB}{d\omega}\bigg|_{\omega=\omega_0} = \omega_0 C \quad (3\text{-}93b)$$

则并联谐振电路有如下频率特性:

① 在 $\omega_0$ 附近,电导 $G$ 不随频率变化,是一个常数;

② 在 $\omega = \omega_0$ 时,电纳 $B$ 等于零;

③ 在 $\omega_0$ 附近,电纳斜率是常数,并且大于零。

如果微波谐振器在谐振频率点附近具有上述频率特性,则可以等效为一个 GLC 的并联谐振电路。电路中元件 L、C 的取值可由电纳斜率参数 $\mathscr{B}$ 确定。

因此等效的条件就是看微波谐振器在谐振频率点附近对外呈现的频率特性,与一个集总参数的 R(G)LC 谐振电路对外呈现的频率特性是否完全相同。若一样,则可以相互等效。

## 2. 传输线谐振器

**(1) 串联谐振器**

① 半波长终端短路谐振器:微波传输线谐振器既可用单模波导来实现,也可以用 TEM 波同轴线、带状线和微带线来实现,并且可用图 3-50 所示的双导线等效电路表示,此时的双导线代表的是广义微波传输线。

对于图 3-52 所示的半波长终端短路谐振器,当考虑小损耗时,其输入阻抗为

$$Z_{in} = Z_0 \text{th}\gamma l = Z_0 \frac{\text{th}\,\alpha l + \text{j}\tan\beta l}{1 + \text{j}\tan\beta l\,\text{th}\,\alpha l} \tag{3-94a}$$

因为损耗很小,$\alpha l \ll 1$,所以上式可近似为

$$Z_{in} \approx Z_0(\alpha l + \text{j}\tan\beta l) = Z_0\alpha l + \text{j}Z_0\tan\beta l = R + \text{j}X$$

其电抗斜率参数为

$$\mathscr{X} = \frac{\omega_0 \text{d}X}{2\,\text{d}\omega}\bigg|_{\omega=\omega_0} = \frac{\omega_0}{2} Z_0 l \sec^2\beta l\,\frac{\text{d}\beta}{\text{d}\omega}\bigg|_{\omega=\omega_0} = \frac{n\pi}{2} Z_0 \left(\frac{\lambda_{p0}}{\lambda_0}\right)^2 = \omega_0 L \tag{3-94b}$$

即 $R = Z_0\alpha l$ 是一个与频率无关的常数,且 $\omega = \omega_0$ 时,$X_{in} = Z_0\tan\left(\frac{2\pi}{\lambda_{p0}} \cdot \frac{n\lambda_{p0}}{2}\right) = 0$,$\mathscr{X} > 0$。因为在 $\omega_0$ 附近,该谐振电路的输入阻抗的频率特性符合串联谐振电路的特征,所以可在 $\omega_0$ 附近将其等效为集总参数的 RLC 串联谐振电路,等效电路的参数为

$$\left.\begin{aligned}
&R = Z_0\alpha l = \frac{n\lambda_{p0}}{2} Z_0\alpha \\
&\mathscr{X} = \frac{n\pi}{2} Z_0 \left(\frac{\lambda_{p0}}{\lambda_0}\right)^2 = \omega_0 L = \frac{1}{\omega_0 C} \\
&L = \frac{\mathscr{X}}{\omega_0}, \qquad C = \frac{1}{\omega_0 \mathscr{X}} \\
&Z_{in} = R + \text{j}\left(\omega L - \frac{1}{\omega C}\right) = R + \text{j}\mathscr{X}\left(\frac{\omega}{\omega_0} - \frac{\omega_0}{\omega}\right) \\
&Q_0 = \frac{\omega_0 L}{R} = \frac{\pi}{\alpha} \frac{\lambda_{p0}}{\lambda_0^2}
\end{aligned}\right\} \tag{3-95}$$

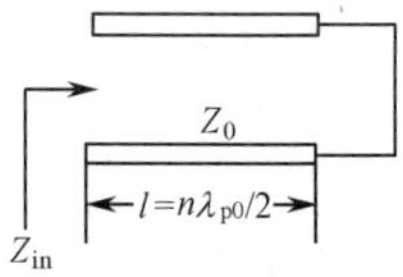

图 3-52 半波长终端短路谐振器

② 1/4 波长终端开路谐振器:对图 3-53 所示的 $l = (2n+1)\lambda_{p0}/4$ 的终端开路传输线,考虑小损耗时,其输入阻抗为

$$Z_{in} = Z_0 \text{cth}\gamma l = Z_0 \frac{1 + \text{j}\,\text{th}\alpha l\tan\beta l}{\text{th}\alpha l + \text{j}\tan\beta l} \tag{3-96a}$$

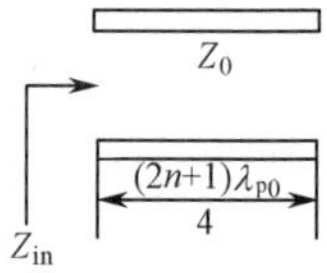

由于 $\alpha l \ll 1$,因此上式近似为

$$Z_{in} \approx Z_0\alpha l - \text{j}Z_0\cot\beta l = R + \text{j}X$$

其电抗斜率参数为

图 3-53 1/4 波长终端开路谐振器

$$\mathscr{X}=\frac{\omega_0}{2}\frac{\mathrm{d}X}{\mathrm{d}\omega}\bigg|_{\omega=\omega_0}=\frac{\omega_0}{2}Z_0 l\csc^2\beta l\frac{\mathrm{d}\beta}{\mathrm{d}\omega}\bigg|_{\omega=\omega_0}=\frac{2n+1}{4}\pi Z_0\left(\frac{\lambda_{p0}}{\lambda_0}\right)^2 \tag{3-96b}$$

即 $R=Z_0\alpha l$ 是一个与频率无关的常数，在 $\omega=\omega_0$ 时，$X=-Z_0\cot\left(\frac{2\pi}{\lambda_{p0}}\cdot\frac{2n+1}{4}\lambda_{p0}\right)=0$，$\mathscr{X}>0$。因为在 $\omega_0$ 附近，该谐振电路的输入阻抗的频率特性也符合串联谐振电路的特征，所以可在 $\omega_0$ 附近将其等效为集总参数的 RLC 串联谐振电路，等效电路的参数为

$$\left.\begin{aligned}
&R=Z_0\alpha l=\frac{2n+1}{4}\lambda_{p0}Z_0\alpha\\
&\mathscr{X}=\frac{2n+1}{4}\pi Z_0\left(\frac{\lambda_{p0}}{\lambda_0}\right)^2=\omega_0 L=\frac{1}{\omega_0 C}\\
&L=\frac{\mathscr{X}}{\omega_0},\qquad C=\frac{1}{\omega_0\mathscr{X}}\\
&Z_{in}=R+\mathrm{j}\left(\omega L-\frac{1}{\omega C}\right)=R+\mathrm{j}\mathscr{X}\left(\frac{\omega}{\omega_0}-\frac{\omega_0}{\omega}\right)\\
&Q_0=\frac{\omega_0 L}{R}=\frac{\pi}{\alpha}\frac{\lambda_{p0}}{\lambda_0^2}
\end{aligned}\right\} \tag{3-97}$$

**(2) 并联谐振电路**

① 半波长终端开路谐振器：对于 $l=\frac{n}{2}\lambda_{p0}$ 的终端开路传输线，其输入导纳 $Y_{in}$ 为

$$Y_{in}=Y_0\mathrm{th}\gamma l=Y_0\frac{\mathrm{th}\,\alpha l+\mathrm{j}\tan\beta l}{1+\mathrm{j}\,\mathrm{th}\,\alpha l\tan\beta l} \tag{3-98a}$$

由于 $\alpha l\ll 1$，因此 $Y_{in}$ 可近似为 $\quad Y_{in}\approx Y_0\alpha l+\mathrm{j}Y_0\tan\beta l=G+\mathrm{j}B$

其电纳斜率参数为

$$\mathscr{B}=\frac{\omega_0}{2}\frac{\mathrm{d}B}{\mathrm{d}\omega}\bigg|_{\omega=\omega_0}=\frac{n\pi}{2}Y_0\left(\frac{\lambda_{p0}}{\lambda_0}\right)^2 \tag{3-98b}$$

显然，在 $\omega_0$ 附近，$G=Y_0\alpha l$ 为一个与频率无关的常数，$\mathscr{B}>0$；在 $\omega=\omega_0$ 时，$B=Y_0\tan\left(\frac{2\pi}{\lambda_{p0}}\cdot\frac{n\lambda_{p0}}{2}\right)=0$。即在 $\omega_0$ 附近，该谐振电路的输入导纳的频率特性符合并联谐振电路的特征，故可等效为一集总参数 GLC 并联谐振电路，等效电路的参数为

$$\left.\begin{aligned}
&G=Y_0\alpha l=\frac{n\lambda_{p0}}{2}Y_0\alpha\\
&\mathscr{B}=\frac{n\pi}{2}Y_0\left(\frac{\lambda_{p0}}{\lambda_0}\right)^2=\omega_0 C=\frac{1}{\omega_0 L}\\
&C=\frac{\mathscr{B}}{\omega_0},\qquad L=\frac{1}{\omega_0\mathscr{B}}\\
&Y_{in}=G+\mathrm{j}B=G+\mathrm{j}\mathscr{B}\left(\frac{\omega}{\omega_0}-\frac{\omega_0}{\omega}\right)\\
&Q_0=\frac{\pi}{\alpha}\frac{\lambda_{p0}}{\lambda_0^2}
\end{aligned}\right\} \tag{3-99}$$

② 1/4 波长终端短路谐振器：对于 $l=(2n+1)\lambda_{p0}/4$ 的终端短路传输线，由上述讨论可推得，在 $\omega_0$ 附近，可等效为一集总参数的 GLC 并联谐振电路，等效电路的参数可由式(3-97)对偶得到，即

$$\left.\begin{aligned}
&G = Y_0\alpha l = \frac{2n+1}{4}\lambda_{p0}Y_0\alpha \\
&\mathscr{B} = \frac{2n+1}{4}\pi Y_0\left(\frac{\lambda_{p0}}{\lambda_0}\right)^2 = \omega_0 C = \frac{1}{\omega_0 L} \\
&C = \frac{\mathscr{B}}{\omega_0}, \qquad L = \frac{1}{\omega_0\mathscr{B}} \\
&Y_{in} = G + jB = G + j\mathscr{B}\left(\frac{\omega}{\omega_0} - \frac{\omega_0}{\omega}\right) \\
&Q_0 = \frac{\pi}{\alpha}\frac{\lambda_{p0}}{\lambda_0^2}
\end{aligned}\right\} \tag{3-100}$$

### 3.3.3 几种实用的微波谐振器(腔)

1. 同轴谐振腔

同轴谐振腔常用的有 $\lambda/2$ 型、$\lambda/4$ 型及电容加载型三种,它们都是用理想的电壁或磁壁封闭起来的空腔,其工作特点如下。

**(1) $\lambda/2$ 型同轴谐振腔**

两端短路的同轴谐振腔如图 3-54(a)所示,从参考面 $T$ 向两边看去的导纳为纯电纳 $j\overline{B}_1$ 和 $j\overline{B}_2$,谐振条件为

$$\overline{B}_1 + \overline{B}_2 = 0 \qquad 或 \qquad \overline{B}_1 = -\overline{B}_2 \tag{3-101a}$$

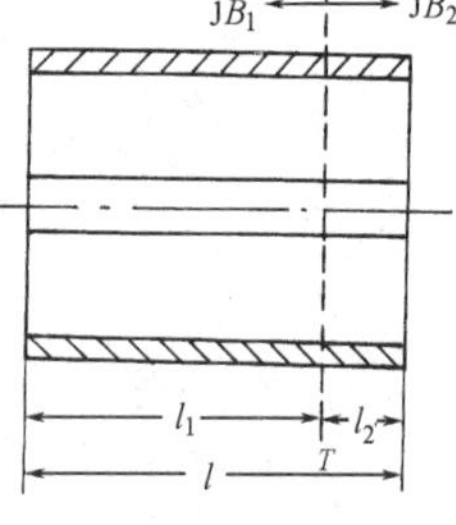


(a) 两端短路的同轴谐振腔

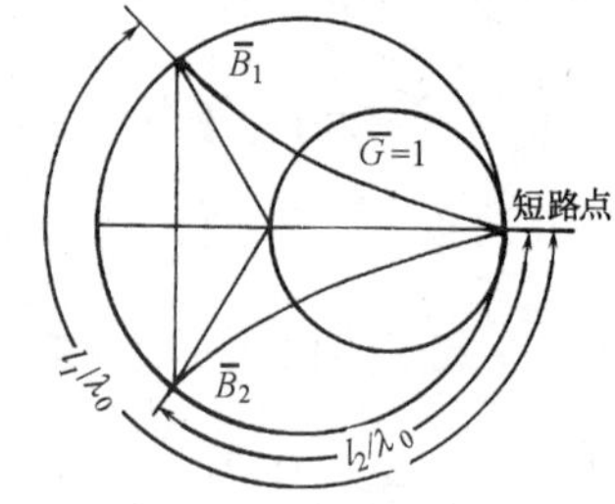


(b) 用导纳圆图表示谐振条件

图 3-54 $\lambda/2$ 型同轴谐振腔

谐振条件还可以用图 3-54(b)所示的导纳圆图表示,从圆图短路点顺时针方向转过波长数$l_1/\lambda_0$及 $l_2/\lambda_0$,就得到 $\overline{B}_1$ 和 $\overline{B}_2$ 值,由式(3-101a)可知 $\overline{B}_1$ 和 $\overline{B}_2$ 必对称地分布在实轴的两侧,因此有

$$\frac{l_1}{\lambda_0} + \frac{l_2}{\lambda_0} = \frac{1}{2} \qquad 或 \qquad \frac{l_1}{\lambda_0} + \frac{l_2}{\lambda_0} = n\frac{1}{2} \quad (n = 1,2,3,\cdots)$$

由上式可导出谐振波长 $\lambda_0$ 与腔体长度 $l$ 的关系为

$$\lambda_0 = \frac{2}{n}(l_1 + l_2) = \frac{2l}{n} \qquad 或 \qquad l = n\frac{\lambda_0}{2} \tag{3-101b}$$

上式表明,腔的长度 $l$ 固定时,对应无穷多个谐振波长;反之当谐振波长 $\lambda_0$ 固定时,对应无穷多个谐振波长。相邻两个谐振波长之差为 $\lambda_0/2$,这表明谐振腔具有多谐性。两端短路的同轴腔腔体为 $\lambda_0/2$ 的整数倍,故称为二分之一波长型同轴谐振腔。

**(2) $\lambda/4$ 型同轴谐振腔**

图 3-55(a)为一端短路另一端开路的同轴谐振腔,开路端常用同轴谐振腔的外导体延长形成的一段截止圆波导来减少辐射损耗。在图 3-55(b)所示的导纳圆图上,从短路点顺时针方向转过 $l_2/\lambda_0$ 就得到 $\overline{B}_2$,从开路点顺时针方向转过 $l_1/\lambda_0$ 就得到 $\overline{B}_1$。满足谐振条件 $\overline{B}_1 = -\overline{B}_2$ 的谐振波长由下式导出

$$\frac{l_1}{\lambda_0} + \frac{l_2}{\lambda_0} = \frac{1}{4} \qquad 或 \qquad \frac{l_1}{\lambda_0} + \frac{l_2}{\lambda_0} = \frac{l}{\lambda_0} = \frac{1}{4} + n\frac{1}{2} = (2n+1)\frac{1}{4}$$

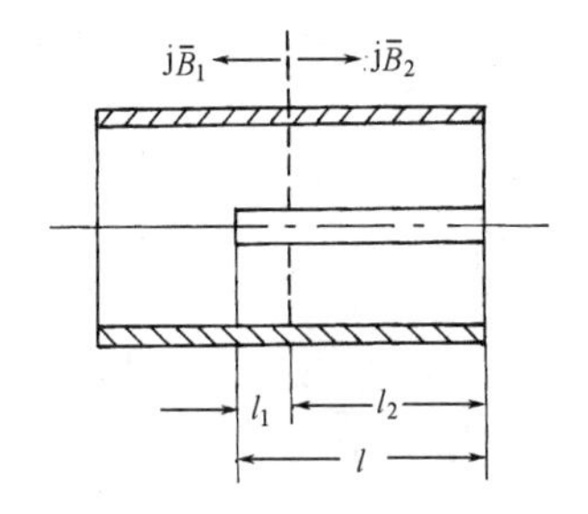


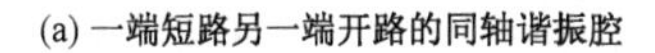
(a) 一端短路另一端开路的同轴谐振腔

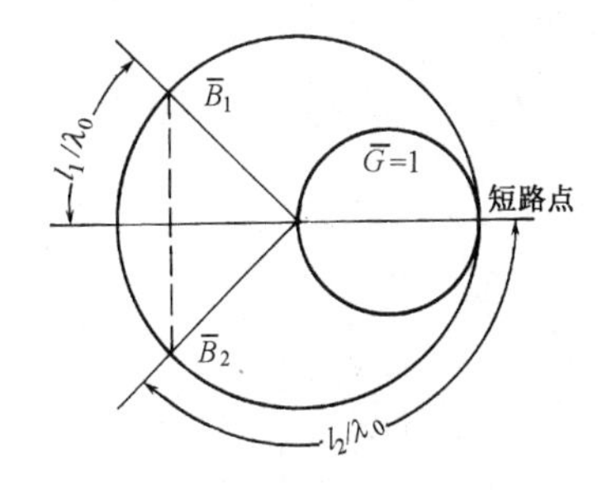


(b) 用导纳圆图表示谐振条件

图 3-55　λ/4 型同轴谐振腔

由上式可导出谐振波长 $\lambda_0$ 与腔体长度 $l$ 的关系为

$$\lambda_0 = \frac{4l}{2n+1} \qquad \text{或} \qquad l = (2n+1)\frac{\lambda_0}{4} \quad (n = 0,1,2,3,\cdots) \tag{3-102}$$

由于这类同轴谐振腔内导体长度为 $\lambda_0/4$ 的奇数倍,故称为四分之一波长型同轴谐振腔。

**(3) 电容加载型同轴谐振腔**

电容加载型同轴谐振腔如图 3-56 所示。同轴谐振腔内导体长度 $l<\lambda_0/4$,故图中参考面 $T$ 处向右侧看去的电纳 $\overline{B}_1<0$,向左侧看去的电纳 $\overline{B}_2>0$,$\overline{B}_2$ 是同轴线内导体端面与外导体短路面间的隙缝电容的电纳,隙缝宽度 $d$ 越小,电容 $C$ 越大。满足谐振条件 $\overline{B}_1+\overline{B}_2=0$ 的 $C$ 值由下式确定

$$\omega_0 C = Y_0 \cot\frac{2\pi l}{\lambda_0} \tag{3-103}$$

如果将隙缝电场近似看作均匀分布,则式中 $C$ 可按平板电容公式计算

$$C = \frac{\varepsilon_0 S}{d} = \frac{\varepsilon_0 \pi a^2}{d} \tag{3-104}$$

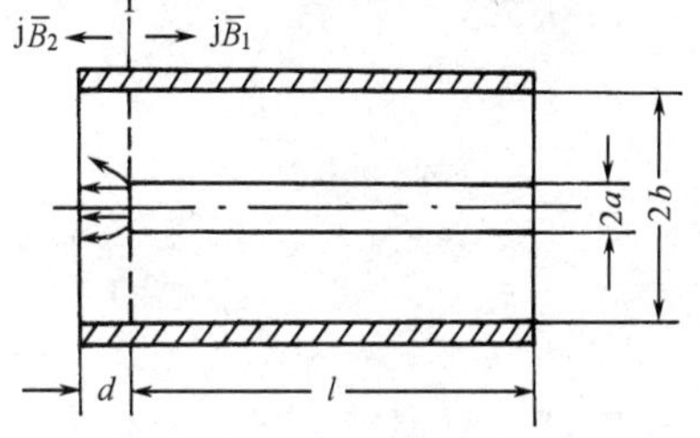


图 3-56　电容加载型同轴谐振腔

式中,$\varepsilon_0$ 为空气的介电常数,$a$ 为同轴谐振腔内导体半径,$d$ 为隙缝宽度。

当同轴腔工作在 TEM 模时,由式(3-87)可导出 λ/2 同轴谐振腔固有品质因数的计算公式为

$$Q_0 = \frac{\lambda_0}{\delta}\frac{1}{4 + \dfrac{l}{b}\dfrac{1+(b/\mathrm{a})}{\ln(b/\mathrm{a})}} \tag{3-105}$$

当$(b/\mathrm{a}) = 3.6$ 时,同轴谐振腔的固有品质因数 $Q_0$ 达到最大。

2. 波导谐振腔

波导谐振腔有矩形谐振腔和圆柱谐振腔两种。

**(1) 矩形谐振腔**

矩形谐振腔如图 3-57(a)所示,腔体长度为 $l$,横截面尺寸为 $a\times b$。矩形波导的主传输模式为 $\mathrm{TE}_{10}$波,故最低的谐振模式为 $\mathrm{TE}_{101}$模,其谐振波长由式(3-83)可得

$$\lambda_0 = \frac{2}{\sqrt{\dfrac{1}{a^2}+\dfrac{1}{l^2}}} \tag{3-106a}$$

实用的矩形谐振腔几乎都是以 $TE_{10p}$ 谐振模式工作的，将 $\Gamma=-1$ 代入 1.2 节的场方程，可得矩形谐振腔 $TE_{10p}$ 谐振模各场分量为

$$E_y=E_0\sin\left(\frac{\pi}{a}x\right)\sin\left(\frac{p\pi}{l}z\right)$$

$$H_x=-\frac{\mathrm{j}\beta}{\omega\mu}E_0\sin\left(\frac{\pi}{a}x\right)\cos\left(\frac{p\pi}{l}z\right) \tag{3-106b}$$

$$H_z=\mathrm{j}\frac{\pi}{a}\frac{1}{\omega\mu}E_0\cos\left(\frac{\pi}{a}x\right)\sin\left(\frac{p\pi}{l}z\right)$$

$$\beta=\frac{2\pi}{\lambda_g}=\frac{p\pi}{l} \tag{3-106c}$$

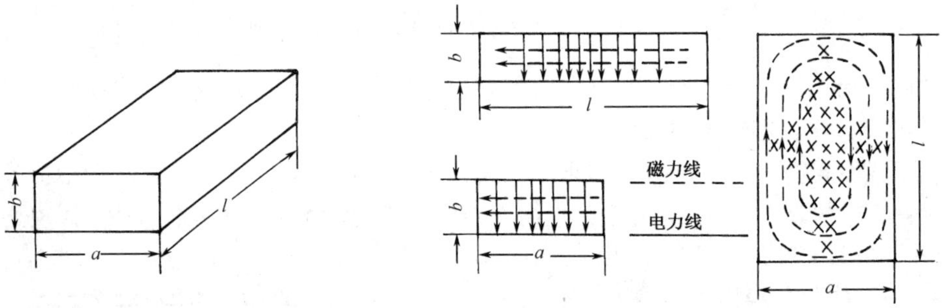

(a) 矩形谐振腔

(b) $TE_{101}$ 谐振模的场分布

图 3-57　矩形谐振腔及 $TE_{101}$ 谐振模的场分布

将 $TE_{101}$ 谐振模的各场分量表示式代入式(3-87)可得矩形腔 $TE_{101}$ 谐振模的固有品质因数与腔体尺寸的关系为

$$Q_0=\frac{abl}{\delta}\frac{a^2+l^2}{(a+2b)l^3+(l+2b)a^3} \tag{3-107}$$

若为立方体谐振腔，则 $a=b=l$，代入上式可得

$$Q_0=\frac{a}{3\delta}=\frac{\lambda_0}{3\sqrt{2}\delta} \tag{3-108}$$

当腔壁为铜时，若 $\lambda_0=10\mathrm{cm}$，则 $\delta=1.22\times10^{-4}\mathrm{cm}$，则立方体腔的固有品质因数的理论值为 $1.88\times10^4$，实际的 $Q_0$ 值约为 $10^4$。

矩形谐振腔 $TE_{101}$ 谐振模的场分布如图 3-57(b)所示。

**(2) 圆柱谐振腔**

将长度为 $l$ 的圆波导两端用理想电壁封闭就构成圆柱谐振腔。圆柱谐振腔的常用谐振模有 $TM_{010}$、$TE_{111}$、$TE_{011}$ 三种，下面简单介绍 $TE_{011}$ 谐振模。

$TE_{011}$ 谐振模在圆柱谐振腔中不是最低模，但由于该模式只有沿 $\varphi$ 方向的壁电流分布，损耗很小，故其品质因数 $Q$ 值最高，因而多用该模式做精度很高的稳频腔或波长计。

将圆波导的 $TE_{01}$ 谐振模的截止波长 $\lambda_c=1.64R$ 及 $p=1$ 代入式(3-82)可得

$$\lambda_0(\mathrm{TE}_{011})=\frac{1}{\sqrt{\left(\dfrac{1}{2l}\right)^2+\left(\dfrac{1}{1.64R}\right)^2}} \tag{3-109}$$

其固有品质因数 $Q_0$ 的计算公式为

$$Q_0=\frac{\lambda_0}{\delta}\frac{0.336\left[1.49+\left(\dfrac{R}{l}\right)^2\right]^{\frac{3}{2}}}{1+1.34\left(\dfrac{R}{l}\right)^3} \tag{3-110}$$

由于 $\mathrm{TE}_{011}$ 谐振模不是主模式,因此设计时要考虑模式抑制的问题。为了形象地表示各模式的简并情况,一般将圆柱腔中各谐振模式的谐振频率与腔体尺寸间的关系用图形表示出来,即将 $\lambda_c$ 的表达式代入式(3-82),并对该式进行变换,则对 $\mathrm{TE}_{mnp}$ 谐振模有

$$(f_0D)^2=\left(\frac{c\mu_{mn}'}{\pi}\right)^2+\left(\frac{cp}{2}\right)^2\left(\frac{D}{l}\right)^2 \tag{3-111a}$$

对 $\mathrm{TM}_{mnp}$ 谐振模有

$$(f_0D)^2=\left(\frac{c\mu_{mn}}{\pi}\right)^2+\left(\frac{cp}{2}\right)^2\left(\frac{D}{l}\right)^2 \tag{3-111b}$$

式中,$c$ 为光速,$D=2R$,$l$ 为腔体长度。这样以 $(D/l)^2$ 为自变量,$(f_0D)^2$ 为因变量,$m$、$n$、$p$ 为参数就可得一簇直线,这些直线就构成了图 3-58 所示的模式图。在指定的频率范围内改变 $(D/l)^2$ 的值时,从图中可以清楚地看出圆柱腔中会相继出现哪些谐振模式,因此在设计长度可调的圆柱谐振腔时,要用到模式图。通常把以谐振模直线为对角线、以谐振频率的变化范围 $(f_1D)^2\sim(f_2D)^2$ 及相应的 $(D/l_1)^2\sim(D/l_2)^2$ 为对应边的矩形方块称为工作方框,如图 3-59 所示的 $\mathrm{TE}_{011}$ 模的工作方框。显然设计圆柱谐振腔时,要消除干扰模的影响,可采用两种方法。一是缩小工作方框或移动工作方框,这样会使工作频带变窄,降低 $Q$ 值,并且无法消除 $\mathrm{TM}_{111}$ 伴生模;二是选择适当的耦合结构,使干扰模不易被激励,或使已出现的干扰模无法耦合输出,如 $\mathrm{TE}_{011}$ 的伴生模 $\mathrm{TM}_{111}$ 就可采用该方法抑制。它是采用图 3-60 所示的耦合结构,在波导侧壁上选两个耦合小孔,其孔间距为矩形波导 $\mathrm{TE}_{10}$ 模的波导波长的 1/2,这样两小孔中心处的磁场强度等幅反相,在圆柱腔中就只能激励起 $\mathrm{TE}_{011}$

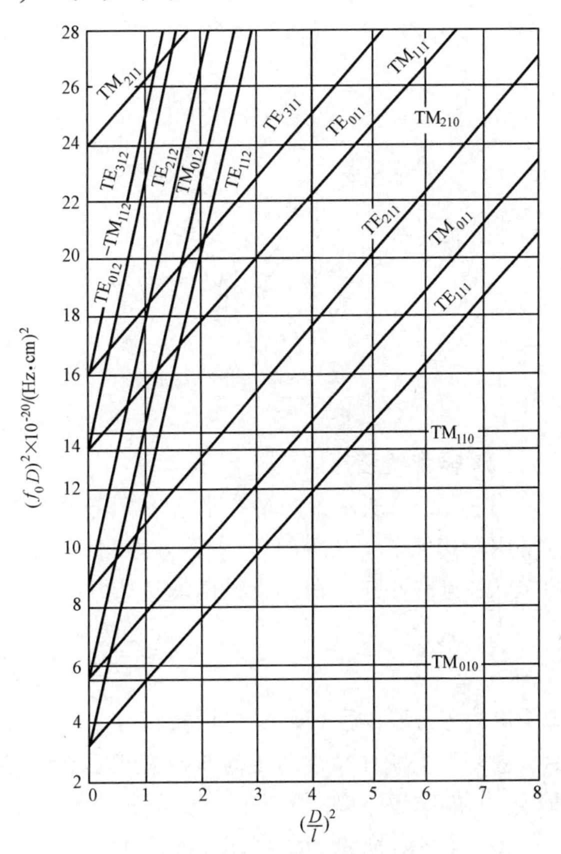

图 3-58　圆柱谐振腔模式图

模,从而有效地抑制了干扰模式。

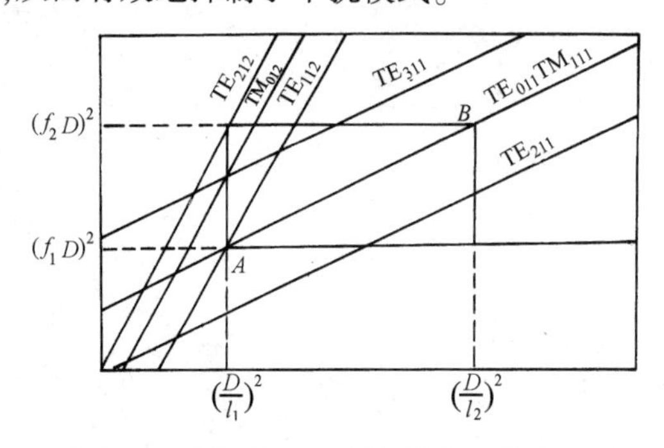


图 3-59 圆柱腔 $TE_{011}$ 谐振模的工作方框图

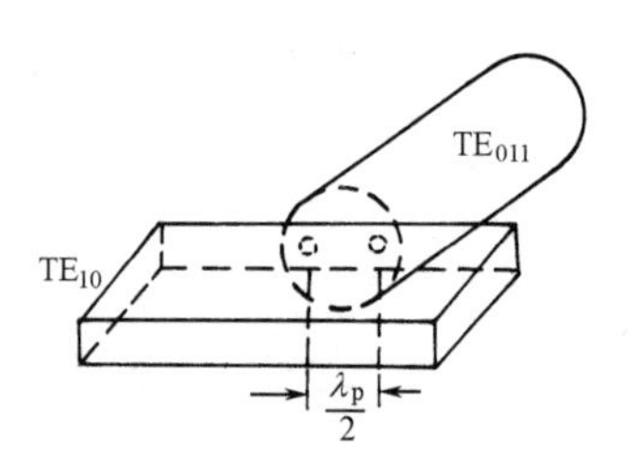


图 3-60 圆柱腔 $TE_{011}$ 谐振模的激励

## 3. 带状线与微带线谐振器

### (1) 带状线谐振器

带状线谐振器又分为 $\lambda/2$ 型及 $\lambda/4$ 型两种结构形式,如图 3-61 所示。图 3-61(a)为 $\lambda/2$ 型带状线谐振器,其中心导体两端开路,若导体周围媒质为空气,则可在离开路端 $\lambda/4$ 处加支撑中心导体的介质片。$\lambda/2$ 型带状线谐振器的长度可以是半波长的整数倍,即 $l=n\lambda_0/2(n=1,2,3,\cdots)$,$\lambda_0$ 为谐振波长。$\lambda/4$ 型带状线谐振器如图 3-61(b) 所示,谐振器中心导体一端短路,另一端开路,中心导体长度是四分之一波长的奇数倍,即 $l=(2n+1)\lambda_0/4(n=0,1,2,3,\cdots)$。

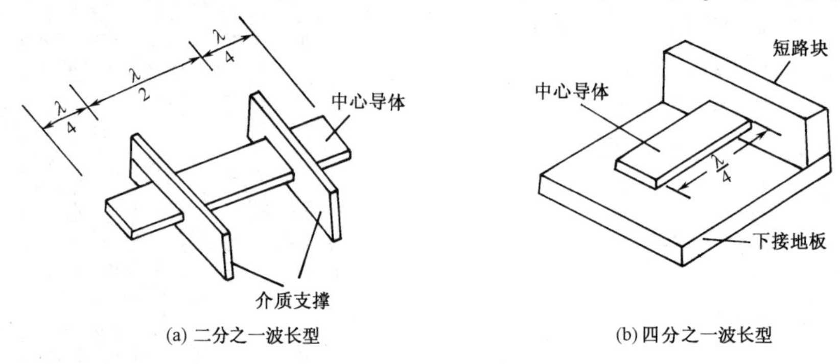


图 3-61 带状线谐振器

### (2) 微带线谐振器

图 3-62(a)所示为两端开路的微带线谐振器及其等效电路。微带开路端存在的边缘场效应常用一接地电容来等效,或者等效地将微带线两端延长 $\Delta l$,因此两端开路的微带线谐振器的实际长度略小于二分之一带内波长,谐振条件为

$$l + 2\Delta l = n\frac{\lambda_{p0}}{2} \quad (n = 1,2,3,\cdots) \tag{3-112a}$$

边缘电容 $C_0$ 或缩短长度 $\Delta l$ 可用实验方法确定,也可应用修正长度的经验公式。例如,在氧化铝陶瓷基片上制作特性阻抗为 50Ω 的开路微带线,近似取缩短长度为 $\Delta l=0.33h$,$h$ 为基片厚度,这一修正公式基本适用于 L 波段至 X 波段的微带。

图 3-62(b)所示为微带环谐振器,微带环的平均周长等于微带相波长的整数倍时即产生谐振,其谐振条件为

$$\pi(r_1 + r_2) = n\,\lambda_{p0} \quad (n = 1,2,3,\cdots)$$

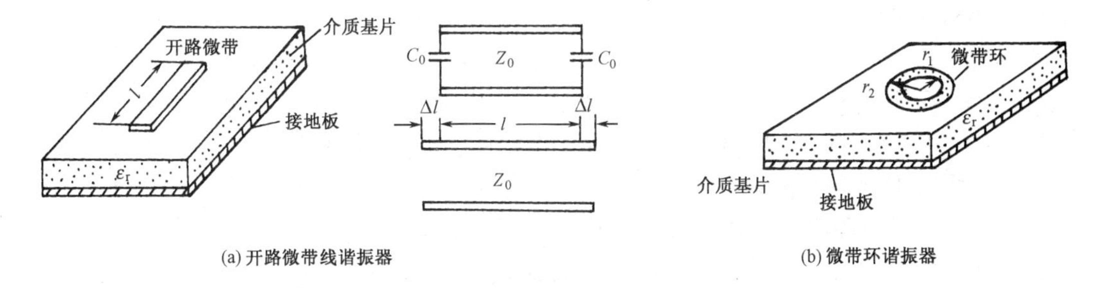


图 3-62　微带线谐振器

因微带相波长 $\lambda_{p0}=\lambda_0/\sqrt{\varepsilon_{re}}$，故微带环谐振器的谐振波长的计算公式为

$$\lambda_0=\frac{\pi(r_1+r_2)}{n}\sqrt{\varepsilon_{re}} \tag{3-112b}$$

式中，$r_1$ 和 $r_2$ 分别为微带环的内半径和外半径，$\varepsilon_{re}$为介质基片的有效相对介电常数。

微带线谐振器的品质因数 $Q$ 值在 X 波段以下主要取决于微带的导体损耗，在 X 波段以上则不可忽视微带基片的介质损耗，以及表面波导致的辐射损耗，它们都会使 $Q$ 值下降，使微带线谐振器的性能变差。

### 4. 介质谐振器

介质谐振器由一段介质传输线构成。为了使介质谐振器有明显的边界以及缩小谐振器的体积，介质谐振器由高介电常数和低损耗的介质材料制成，以使尽可能多的电磁波能量集中在介质谐振器内部。

介质谐振器的介质块可以是圆柱体、长方体或环形圆柱体，如图 3-63 所示。介质谐振器可以激励 TE 谐振模，也可以激励 TM 谐振模。和其他传输线谐振器类似，介质谐振器也存在无限个谐振模。图 3-63(a)所示的圆柱介质谐振器中最实用的几种谐振模的电磁场分布如图 3-64 所示。模式的下标 $\delta$ 表示轴向场的变化，且 $0<\delta<1$。用近似方法可以求

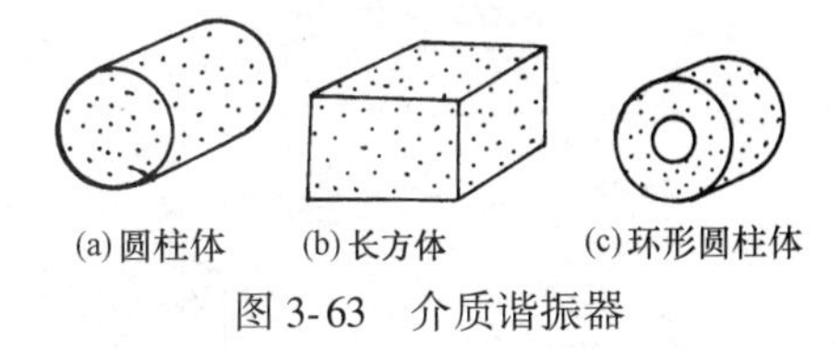


图 3-63　介质谐振器

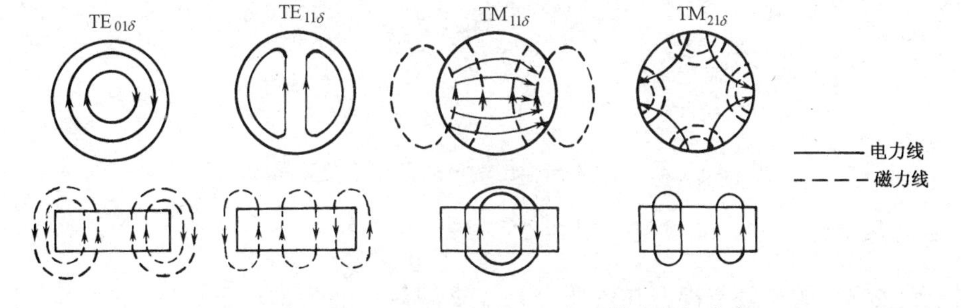


图 3-64　圆柱介质谐振器的几种实用模式的场分布

得介质谐振器的谐振频率，这方面的内容可参阅有关的文献。置于自由空间的介质谐振器的 $Q$ 值取决于介质材料的损耗，例如，用 $\varepsilon_r\approx35\sim40$ 的最新介质材料做成的谐振器的 $Q$ 值约为 5000。实际应用的介质谐振器都是放在波导管中或微带基片上的，如图 3-65 所示。靠近介质谐振器的上、下底部放置金属板，如果金属板与介质谐振器很靠近，则谐振频率将产生偏移。而且金属板上感应产生的传导电流所引起的导体损耗将降低介质谐振器的 $Q$ 值。例如，对于

如图 3-65 所示的圆柱介质谐振器，谐振模为 $TE_{01\delta}$，谐振器的结构参数为 $\varepsilon_r = 35$、$\varepsilon_1 = 1$、$\varepsilon_2 = 98$、$h_1 = 6\text{mm}$、$h_2 = 0.64\text{mm}$、$l = 1.83\text{mm}$、$a = 3\text{mm}$ 及导体表面电阻 $R_s = 0.05\Omega$，该介质谐振器的谐振频率为 $f_0 = 10\text{GHz}$。介质谐振器置于氧化铝基片上时，$Q$ 值将从自由空间的 4000 下降为 2300。

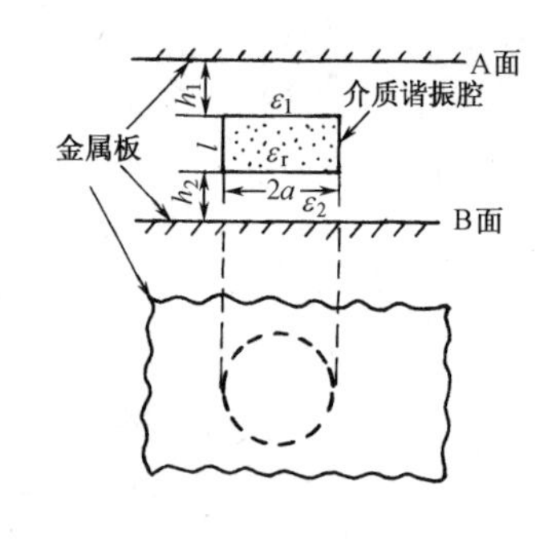

图 3-65　实际应用的介质谐振器

介质谐振器若采用高介电常数低损耗的介质材料，与其他传输线谐振器相比，在相同的谐振频率下，其几何尺寸要小得多。因此，在小型化的微波元部件中，介质谐振器的应用有着广阔的前景。

### 3.3.4　谐振器的实际等效电路及激励与耦合

#### 1. 等效电路

任何实际的谐振器都具有耦合电路，为了简化分析，总是将实际谐振器分解成耦合电路和谐振电路的组合。

图 3-66 和图 3-67 给出了只有一个输入耦合结构和具有输入与输出耦合结构的谐振器的等效电路。其中 $n$ 是表示耦合强弱的变压器匝数比，$Z_0$ 是信号源内阻，$Z_L = n^2 Z_0$ 及 $Z_L = n_2^2 R_L$ 表示经过耦合变换到谐振回路中的外加负载，谐振器是用串联谐振电路等效，还是用并联谐振电路等效，与谐振器和外电路的连接方式有关。

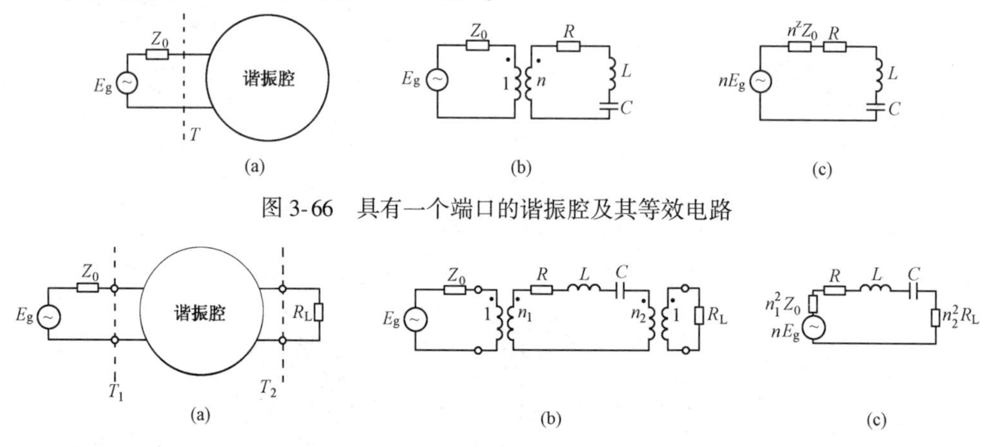

图 3-66　具有一个端口的谐振腔及其等效电路

图 3-67　具有输入与输出端口的谐振腔及其等效电路

#### 2. 激励原则

谐振器(或腔)的激励与耦合在本质上是一类问题。通常谐振器外接的传输线中的电磁波波形是已知的，谐振器(或腔)中希望激发的波形也是已知的，因此需要选择合适的激发装置，使之有利于谐振模式的激发，而不利于非谐振模式的激发就可以了。严格求解激励问题是很困难的，即使对最简单的激励模型也是如此，因此，用物理观点来定性地解释该问题。关于波形激励的物理解释可归结为如下几条原则。

① 应用某种激励装置，它能在被激励一侧建立起这样的电场分布，这种电场分布与所希望建立的波形的电场分布相一致。

② 应用某种激励装置,它能在被激励一侧建立起这样的磁场分布,这种磁场分布与所希望建立的波形的磁场分布相一致。

③ 应用某种激励装置,它能在被激励一侧的电壁上建立起这样的高频电流,这种电流的分布与所希望建立的波形的壁电流分布相一致。

微波谐振腔与外电路的耦合结构随传输线类型的不同可以各式各样。就其电磁作用来分,大体有三类:① 电场耦合,即通过电场使谐振腔与外电路相耦合,有时又称为电容耦合,这一类耦合结构有电容膜片或探针;② 磁场耦合,即通过磁场使谐振腔与外电路相耦合,故又称为电感耦合,这一类耦合结构有电感膜片或耦合环;③ 电磁耦合,即通过电场和磁场使谐振腔与外电路相耦合,这一类耦合有耦合小孔等,总之,采取哪种耦合方式,应根据谐振腔的类型及外接传输线的形式来确定。

本节习题 3-24~3-28;MOOC 视频知识点 3.12~3.14。

# 3.4 微波滤波器与微波铁氧体元件简介

## 3.4.1 微波滤波器

### 1. 基本概念与指标

微波滤波器是一类无耗的二端口网络,被广泛应用于微波通信、雷达、电子对抗及微波测量仪器中,在系统中用来控制信号的频率响应,使有用的信号频率分量几乎无衰减地通过滤波器,而阻断无用信号频率分量的传输。

微波滤波器的原理框图如图 3-68 所示,其工作频带称为通频带,通频带内的传输特性可用插入衰减 $L_A$ 表示,即

$$L_A = 10\lg\frac{P_i}{P_L} = 10\lg\frac{1}{|S_{21}|^2} \tag{3-113}$$

式中,$P_i$ 为网络输入端的入射波功率,$P_L$ 为匹配负载吸收的功率。

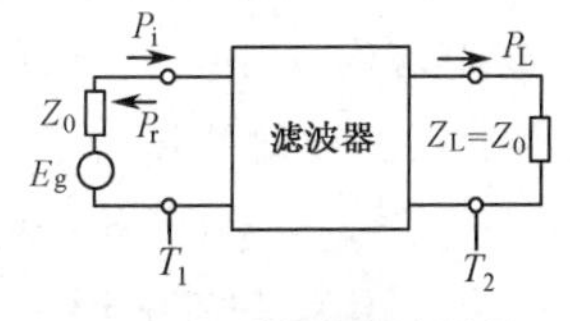


图 3-68 微波滤波器的原理框图

根据通频带的不同,微波滤波器可分为低通、高通、带通、带阻滤波器,它们的集总参数的梯形等效网络如图 3-69 所示。图 3-69(a)表示在源与匹配负载之间未插入网络时,信号传输给负载的情况。显然无论源频率 $f$ 如何变化,在 $Z_L=Z_g=Z_0$ 时,负载都可以从源获得最大功率。在图 3-69(b)、(c)、(d)、(e)中,负载和源之间分别插入了不同的滤波器等效网络,显然负载从源得到的功率将随插入网络的频率特性而变化。

滤波器的各种插入衰减的理想频率特性如图 3-70 所示。$L_A$(dB)为零的频带为通带,$L_A$(dB)为∞的频带为阻带,通带与阻带交界处的频率 $f_c$ 称为“截止频率”,图(c)和图(d)中通带与阻带交界处的频率均称为“截止频率”,$f_0$ 称为“中心频率”,$(f_2-f_1)$称为滤波器的工作带宽。

实际滤波器的频率特性不可能是理想的,在通带内 $L_A$(dB)不可能处处为零,在截止频率 $f_c$ 处 $L_A$(dB)不可能从零跳变到无穷大,因此实际的低通滤波器的频率特性如图 3-71 所示。图中 $L_{Ar}$ 为通带内允许的最大插入衰减,$L_{Ar}$ 对应的工作频率 $f_{cr}$ 为通带截止频率,$L_{As}$ 为阻带内允许的最小插入衰减,$L_{As}$ 对应的工作频率 $f_{cs}$ 为阻带边频,因此微波滤波器的主要技术指标如下

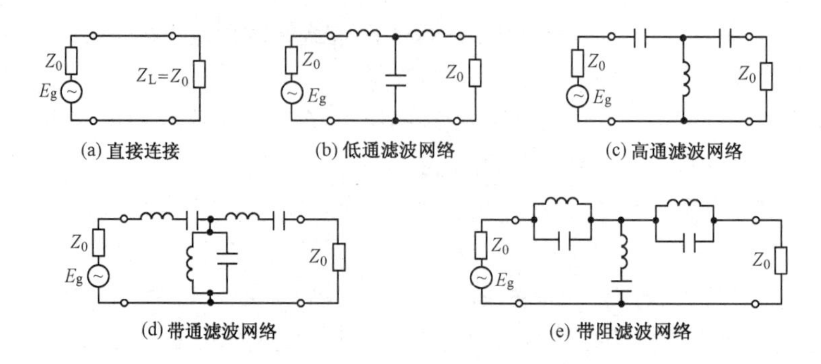


图 3-69　滤波器的梯形等效网络

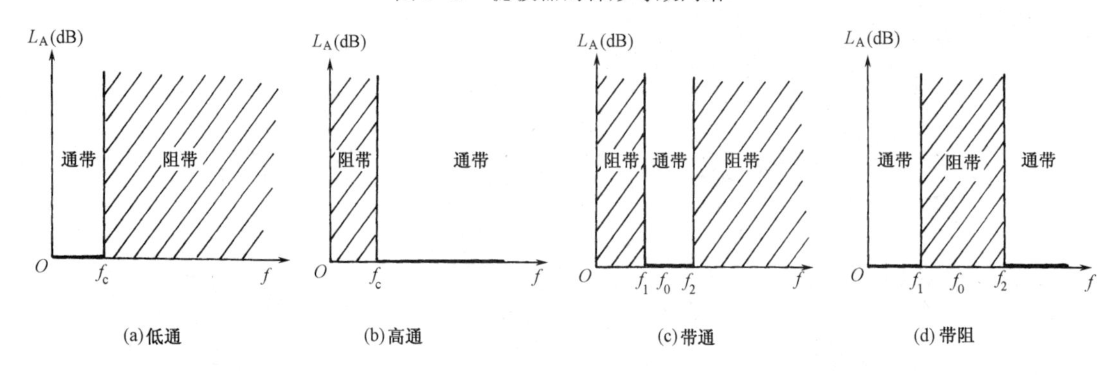


图 3-70　滤波器的理想频率特性

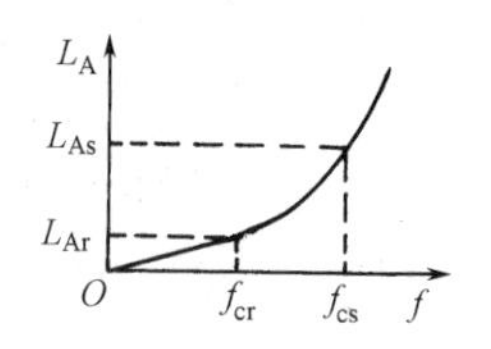


图 3-71　最平坦型低通原型

① 通带内允许的最大插入衰减 $L_{Ar}$ 和通带截止频率 $f_{cr}$。

② 工作频率范围 $\Delta f$。工作频率范围就是 $L_A \leqslant L_{Ar}$ 对应的通带范围，对带通和带阻滤波器，还有一个指标是中心频率 $f_0$。

③ 阻带内最小插入衰减 $L_{As}$ 与阻带边频 $f_{cs}$，这两个指标能表示出衰减特性曲线的陡峭程度。若 $f_{cs}$ 一定，则 $L_{As}$ 越大，频响特性曲线就越陡；若 $L_{As}$ 一定，则 $f_{cs}$ 越接近 $f_{cr}$，频响特性也越陡，即越接近理想特性。

④ 插入相移和时延频率特性。所谓插入相移，是信号通过滤波器所引入的相位滞后，即网络散射参数 $S_{21}$ 的相角 $\varphi_{21}$。它是频率 $f$（或角频率 $\omega$）的函数，画成曲线就是滤波器的插入相移频率特性 $\varphi_{21}$-$\omega$。相位滞后相当于信号经过滤波器所产生的时间延迟。插入相移 $\varphi_{21}$ 与角频率 $\omega$ 之比称为二端口网络的相位时延 $t_p$，即 $t_p=\varphi_{21}/\omega$，画成 $t_p$-$\omega$ 曲线即为滤波器的时延频率特性。

在微波通信系统中，为了不失真地传输信号，不仅要求滤波器的辐频响应满足预定的指标要求，而且还要求在整个通频带内具有恒定不变的时延，以减少延迟失真，故要求 $\varphi_{21}$ 与 $\omega$ 具有良好的线性关系。

微波滤波器的分类方法较多，前述的低通、高通、带通、带阻的分法是按功能分类的；还可按滤波器的插入衰减的频响特性分类，如最平坦型、等波纹型滤波器等；以及按构成滤波器的传输线来分类，如波导型、同轴线型、微带线型、带状线型滤波器等；此外根据工作频带的宽窄，还可将滤波器简单地分为窄带和宽带滤波器。

由于微波滤波器等效为一个双端口网络，因此对其的分析与设计就是对双端口网络的分析与综合的问题，即根据滤波器的插入衰减频率特性，用网络综合法确定滤波器网络结构及 L、C 元件的值，鉴于该设计方法在低通滤波器中的应用已日臻成熟，有丰富的数据资料及计算机辅助设计软件供设计应用,因此微波滤波器的综合是从低通滤波器原型开始的,为使设计具有一般性,将阻抗和频率均归一化,然后利用频率变换式将低通原型变换到所要求的频率范围,最后用微波分布参数电路元件实现综合出的集总元件的梯形网络。受课时限制,本节不讨论综合的过程,只介绍网络综合用到的基本原理——对偶电路原理,给出综合的结果及实际微波滤波器电路的实现。

### 2. 对偶电路原理

对偶电路原理在微波电路中经常应用,这是因为微波网络结构一般比较复杂,应用对偶电路原理,就有两种特性相同的电路可供选择,使得确定微波元件时有较大的回旋余地。

在图 3-72 中,设图 3-72(a)网络的输入阻抗为 $Z'_{in}$,图 3-72(b)网络的输入阻抗为 $Z''_{in}$,如果这两个输入阻抗之积为一实常数,与频率无关,即

$$Z'_{in} \cdot Z''_{in} = R^2 \tag{3-114}$$

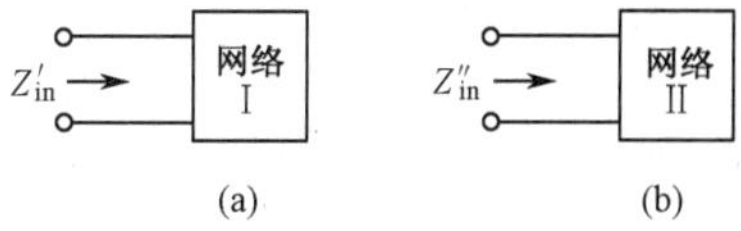

图 3-72　对偶电路

则称此两个网络互为对偶电路。或者说,图 3-72(a)网络是图 3-72(b)网络的对偶电路,图 3-72(b)网络是图 3-72(a)网络的对偶电路。为了简便,把 $Z'_{in}$和 $Z''_{in}$都对 $R$ 归一化,即

$$\frac{Z'_{in}}{R} \cdot \frac{Z''_{in}}{R} = \overline{Z}'_{in} \cdot \overline{Z}''_{in} = 1 \text{ 或 } \overline{Z}'_{in} = \frac{1}{\overline{Z}''_{in}} = \overline{Y}''_{in} \tag{3-115}$$

在此情况下,两个网络的归一化输入阻抗互为倒数,故也称这两个网络互为倒量网络。互为倒量网络的一个网络的归一化输入阻抗,等于另一个网络的归一化输入导纳。

一个网络的归一化输入阻抗或导纳已知,即可求得其输入端的反射系数。图 3-72(a)的网络反射系数是

$$\Gamma' = \frac{\overline{Z}'_{in} - 1}{\overline{Z}'_{in} + 1}$$

图 3-72(b)的网络的反射系数是

$$\Gamma'' = \frac{1 - \overline{Y}''_{in}}{1 + \overline{Y}''_{in}} = -\Gamma'$$

由此可见,两个对偶电路的输入端的反射系数,大小相等,相位相差 180°。对于输出端口接有负载的双端口无耗网络,可以把它看成单端口网络。如果有两个这样的对偶电路,由于两者的输入反射系数等幅反相,故两者的工作衰减相同,传输特性一样,因而这两个电路就其传输特性来说是等效的。

由于对偶电路的输入阻抗不同,因此电路结构不一样,但两者有一定的互换关系。下面我们就几个具体电路来说明这种关系。

**(1)阻抗与导纳互为对偶电路**

在图 3-73 中,一个电路是 $\overline{R}$、$\overline{X}_L$、$\overline{X}_C$ 相串联的电路,归一化输入阻抗为 $\overline{Z}$;另一个电路是 $\overline{G}$、$\overline{B}_L$、$\overline{B}_C$ 相并联的电路,归一化输入导纳为 $\overline{Y}$。若两者互为对偶电路,则必须有

$$\overline{Z} = \overline{Y},\ \overline{R} = \overline{G},\ \overline{X}_L = \overline{B}_C,\ \overline{X}_C = \overline{B}_L$$

**(2)阻抗串联电路与导纳并联电路互为对偶电路**

在图 3-74 中,图(a)为 $n$ 个阻抗串联的串联电路,它的归一化输入阻抗是

$$\overline{Z}_{in} = \overline{Z}_1 + \overline{Z}_2 + \cdots + \overline{Z}_n$$

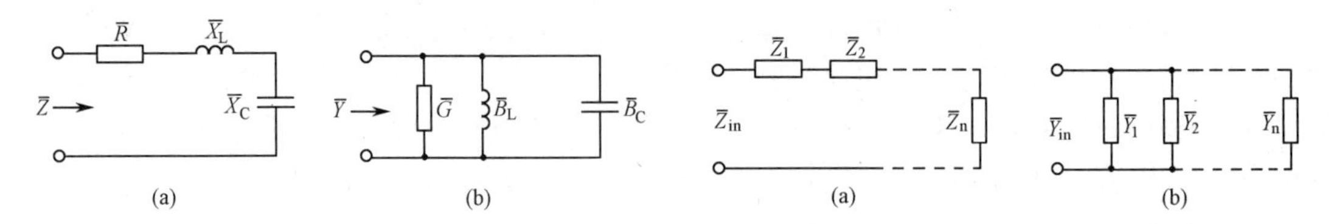


图 3-73　阻抗和导纳的对偶电路　　　　图 3-74　串联和并联的对偶电路

图 3-74(b)为 $n$ 个导纳并联的并联电路，它的归一化输入导纳是

$$\overline{Y}_{in} = \overline{Y}_1 + \overline{Y}_2 + \cdots + \overline{Y}_n$$

如果这两个电路互为对偶电路，必须满足

$$\overline{Z}_{in} = \overline{Y}_{in}$$

$$\overline{Z}_i = \overline{Y}_i \qquad (i = 1, 2, \cdots, n)$$

因此，这两个对偶电路的互换关系是：串联电路换成并联电路，串联归一化阻抗换成并联归一化导纳。

**(3) 梯形网络的对偶电路**

图 3-75 所示为两个不同的梯形网络，它们的归一化输入阻抗或导纳可以用连分式表示。

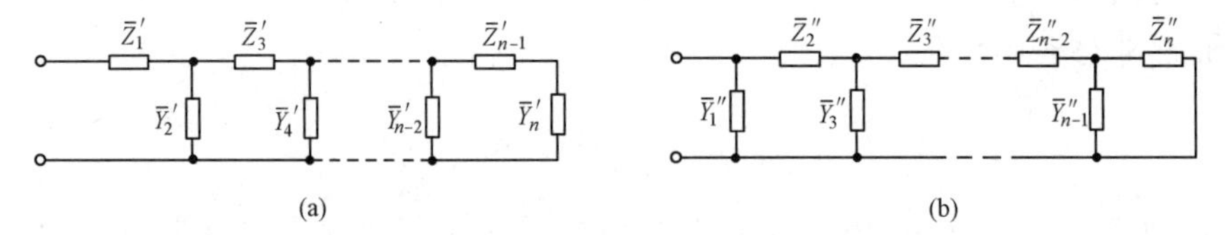


图 3-75　梯形对偶电路

对于图 3-75(a)和图 3-75(b)，分别有

$$\overline{Z}'_{in} = \overline{Z}'_1 + \cfrac{1}{\overline{Y}'_2 + \cfrac{1}{\overline{Z}'_3 + \cfrac{1}{\ddots \; \overline{Z}'_{n-1} + \cfrac{1}{\overline{Y}'_n}}}}, \qquad \overline{Y}''_{in} = \overline{Y}''_1 + \cfrac{1}{\overline{Z}''_2 + \cfrac{1}{\overline{Y}''_3 + \cfrac{1}{\ddots \; \overline{Y}''_{n-1} + \cfrac{1}{\overline{Z}''_n}}}}$$

比较上面两个连分式可见，如果图 3-75(a)中串联支路的归一化阻抗 $\overline{Z}'_i$($i$=奇数)等于图 3-75(b)中并联支路的归一化导纳 $\overline{Y}''_i$，图 3-75(a)中并联支路归一化导纳 $\overline{Y}'_j$($j$=偶数)等于图 3-75(b)中串联支路的归一化阻抗 $\overline{Z}''_j$，则图 3-75(a)的归一化输入阻抗 $\overline{Z}'_{in}$等于图 3-75(b)的归一化输入导纳 $\overline{Y}''_{in}$，故两者互为对偶电路。由此可见，这样两个对偶电路的互换关系是：串联支路换成并联支路，串联阻抗换成并联导纳，并联支路换成串联支路，并联导纳换成串联阻抗。

**(4) 1/4 波长阻抗变换器与 1/4 波长导纳变换器互为对偶电路**

图 3-76 所示为两个 1/4 波长变换器(此波长是中心频率上的相波长)，图 3-76(a)是 1/4 波长阻抗变换器，其归一化输入阻抗是

$$\overline{Z}'_{in} = \overline{Z}'^2_0 / \overline{Z}'_L$$

图 3-76(b)是 1/4 波长导纳变换器，其归一化输入导纳是

$$\overline{Y}''_{in} = \overline{Y}''^2_0 / \overline{Y}''_L$$

若两者互为对偶电路，则必须

$$\overline{Z}'_{in} = \overline{Y}''_{in}$$

$$\overline{Z}'_{\mathrm{L}}=\overline{Y}''_{\mathrm{L}}\quad \overline{Z}'_{0}=\overline{Y}''_{0}$$

由此可见,两者的互换关系是:传输线的归一化特性阻抗换成归一化特性导纳,负载阻抗换成负载导纳,但长度不变。若 $\overline{Z}'_{\mathrm{L}}=\overline{Y}''_{\mathrm{L}}=0$,则图 3-75(a)是短路线,图 3-75(b)是开路线,故短路线换成开路线。

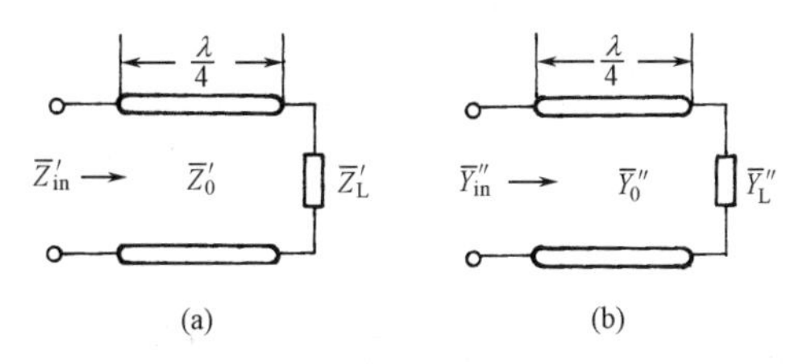


图 3-76　1/4 波长线的对偶电路

**(5) K 变换器与 J 变换器互为对偶电路**

图 3-77(a)是 K 变换器,其归一化输入阻抗是

$$\overline{Z}'_{\mathrm{in}}=\overline{K}^2/\overline{Z}'_{\mathrm{L}}$$

图 3-77(b)是 J 变换器,其归一化输入导纳是

$$\overline{Y}''_{\mathrm{in}}=\overline{J}^2/\overline{Y}''_{\mathrm{L}}$$

如果两电路互为对偶,则必须

$$\overline{Z}'_{\mathrm{in}}=\overline{Y}''_{\mathrm{in}}\qquad \overline{K}=\overline{J}\qquad \overline{Z}'_{\mathrm{L}}=\overline{Y}''_{\mathrm{L}}$$

因此,两者的互换关系是:K 变换器换成 J 变换器,负载阻抗换成负载导纳。

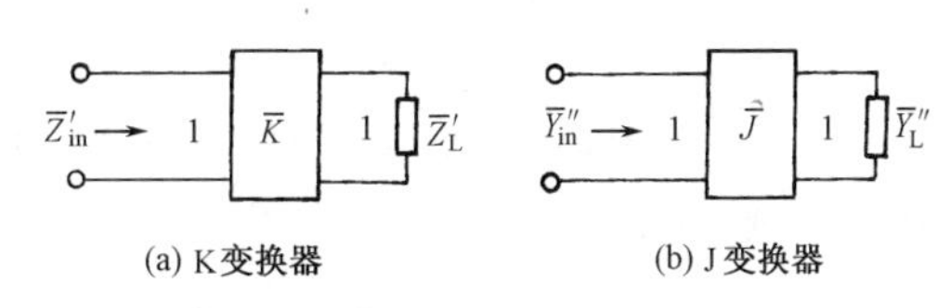


图 3-77　K、J 变换器的对偶电路

运用对偶电路的概念,可以得出一些复杂电路的对偶电路。例如,在图 3-78(a)的电路中,只要将 $K\to J$,$L\to C$,则可得图 3-78(b)的对偶电路。

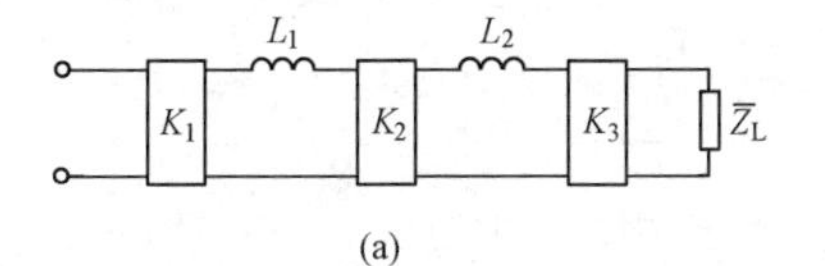


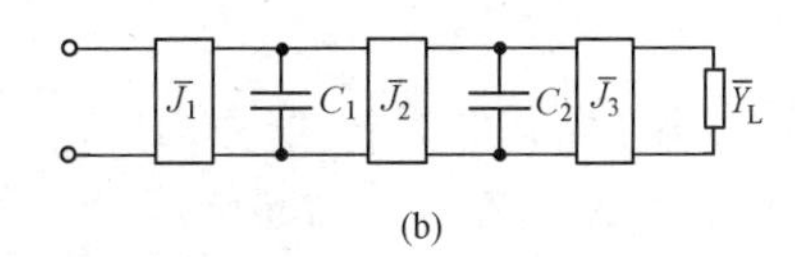


(a)　　(b)

图 3-78　对偶电路举例

## 3. 低通原型滤波器及其实现

低通原型滤波器的梯形网络等效电路如图 3-79(a)所示,根据对偶电路原理,图 3-79(b)与图 3-79(a)具有相同的传输特性,故也是一种低通原型电路。梯形网络中的各归一化电感、电容值 $g_k$ 可根据插入衰减的频率响应由网络综合得到,其频响特性有最平坦型、等波纹型等。

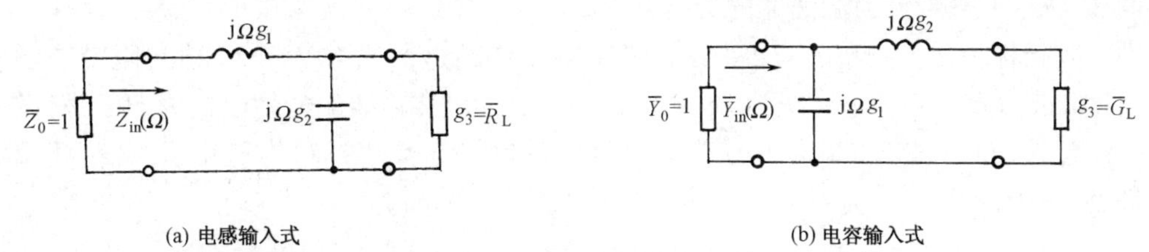


(a) 电感输入式　　(b) 电容输入式

图 3-79　低通原型滤波器的梯形网络等效电路($N=2$)

对于已综合出的梯形网络,各元件只能用微波分布参数的传输线实现,比较常用的是高低阻抗线的实现。

图 3-80(a)是一段长度为 $l(l<\lambda_{\mathrm{p0}}/8)$ 的高阻抗线,当 $Z_0\ll Z_{0\mathrm{h}}$、$Z_{\mathrm{L}}=Z_0$ 时,其可用图 3-80(b)的等效电路表示,并且

$$\overline{Z}=Z_0/Z_{0\mathrm{h}}\ll 1$$

其位于阻抗圆图的左半实轴上,当 $l/\lambda_{\mathrm{p0}}$ 较小时,则在 $T_1$ 端的输入阻抗 $\overline{Z}_{\mathrm{in}}$ 近似为

$$\overline{Z}_{\mathrm{in}}\approx\overline{Z}+\mathrm{j}x \tag{3-116a}$$

如图 3-80(c)电路所示，相当于在 $T_1$、$T_2$ 之间接了一个串联电感 $L$，其电抗值近似为

$$X = Z_{0h}\frac{\omega}{v_{p0}}l = Z_{0h}\beta l \tag{3-116b}$$

一般规定 $l<\lambda_{p0}/8$。

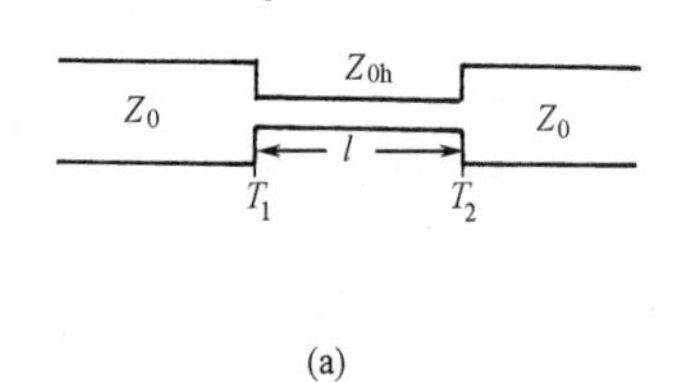

(a)

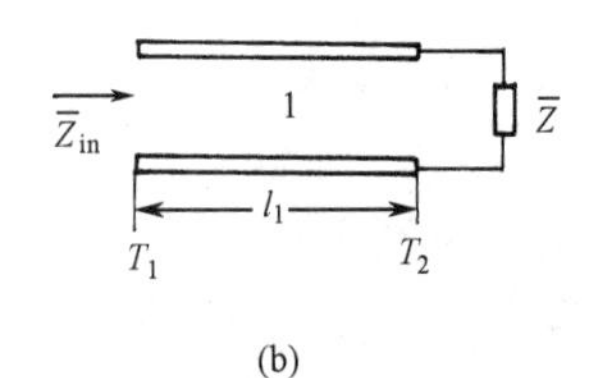

(b)

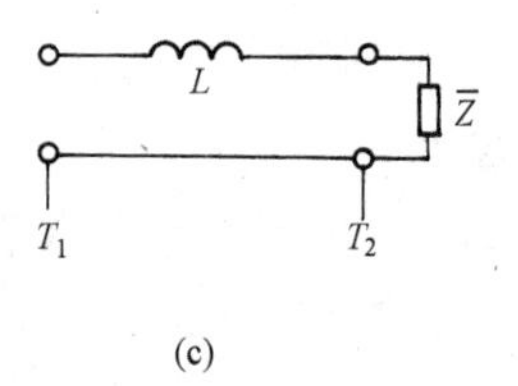

(c)

图 3-80　高阻抗线的等效

图 3-81(a)是一段长度为 $l(l<\lambda_{p0}/8)$ 的低阻抗线，当 $Z_{0l} \ll Z_0$、$Z_L = Z_0$ 时，其可用图 3-81(b)的等效电路表示，并且

$$\overline{Y} = \frac{Z_{0l}}{Z_0} \ll 1$$

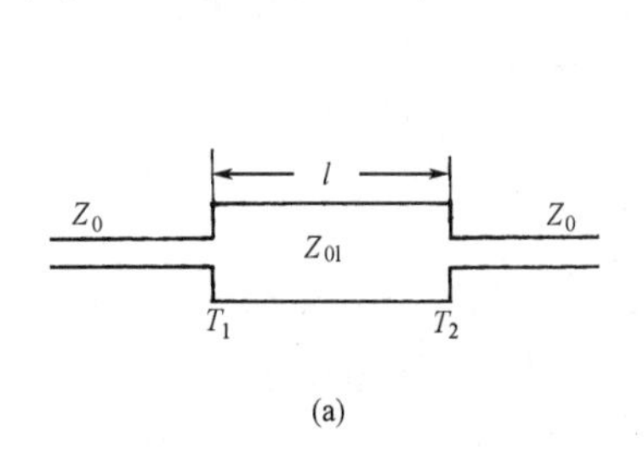

(a)

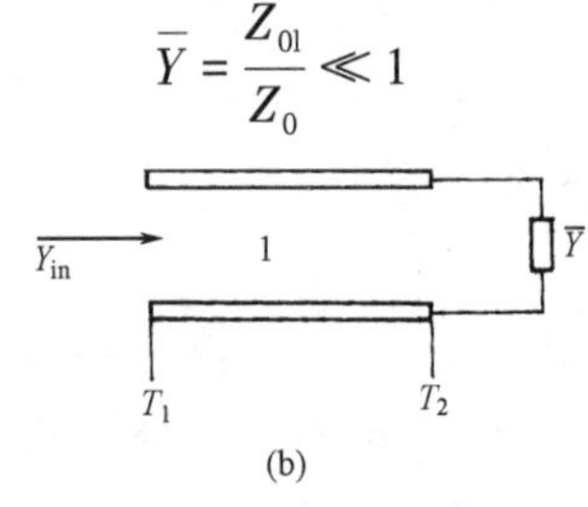

(b)

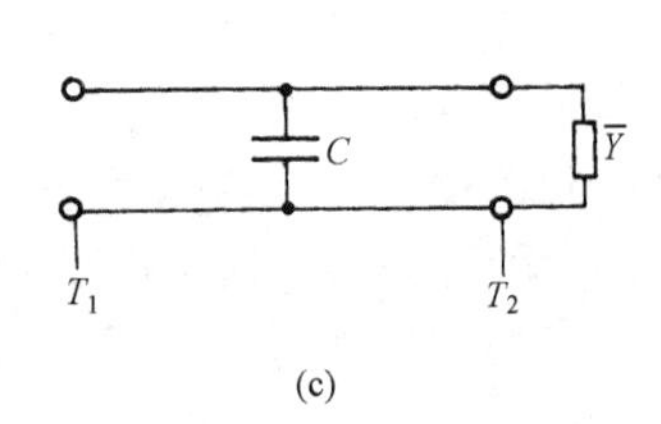

(c)

图 3-81　低阻抗线的等效

其位于导纳圆图的左半实轴上，这样当 $l/\lambda_{p0}$ 较小时，在 $T_1$ 端的输入导纳 $\overline{Y}_{in}$ 近似为

$$\overline{Y}_{in} \approx \overline{Y} + j\overline{B} \tag{3-117a}$$

如图 3-81(c)电路所示，相当于在 $T_1$、$T_2$ 之间接了一个并联电容，其电纳值近似为

$$B \approx Y_{0l}\frac{\omega}{v_{p0}}l = Y_{0l}\beta l \tag{3-117b}$$

一般规定 $l<\lambda_{p0}/8$。

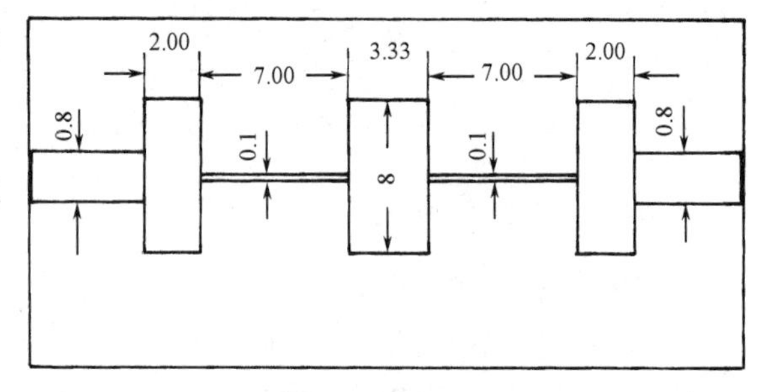

图 3-82　微带低通滤波器的电路结构尺寸

图 3-82 是一微带低通滤波器的电路结构尺寸。其指标为截止频率 $f_{cr}$ = 2. 2GHz，通带内允许的最大衰减 $L_{Ar}$ = 0. 2dB，阻带边频 $f_{cs}$ = 4. 0GHz，阻带内允许的最小衰减为 $L_{As} \geqslant$ 30dB，输入、输出传输线的特性阻抗为 50Ω，对微带电路，一般 $Z_{0h}$ 选 100Ω 左右，$Z_{0l}$ 选 10Ω 左右。该微带电路的基片材料为氧化铝陶瓷，其相对介电常数 $\varepsilon_r$ = 9. 0，基片厚度 $h$ = 0. 8mm，带线尺寸的单位为 mm。

### 4. 频率变换与带通、带阻滤波器的实现

微波高通、带通和带阻滤波器的集总参数的等效电路都可以通过用不同的频率变换函数从低通原型电路得到，然后利用低通原型滤波器的综合结果进行设计。

所谓频率变换，就是将微波滤波器的插入衰减频率特性 $L_A-\omega$ 变换为低通原型滤波器的插入衰减频率特性 $L_A-\omega_0$。由于低通原型滤波器的插入衰减是归一化频率 $\Omega = \dfrac{\omega}{\omega_0}$ 的偶函数，如图 3-83(a)所示，特性曲线关于纵轴对称，因此在变换中可以利用该特性曲线在第一象限的分支或者在第二象限的分支或者两者。

**(1) 从高通到低通的频率变换**

图 3-83(b)所示的高通滤波器的频率特性 $L_A$-$\omega$ 与低通原型电路的特性在第二象限的分支完全一样。取一变换函数,使其在

$$\omega=0 \longleftrightarrow \Omega=-\infty$$

$$\omega=\omega_c \longleftrightarrow \Omega=-1$$

$$\omega=\infty \longleftrightarrow \Omega=0$$

则可得变换函数为

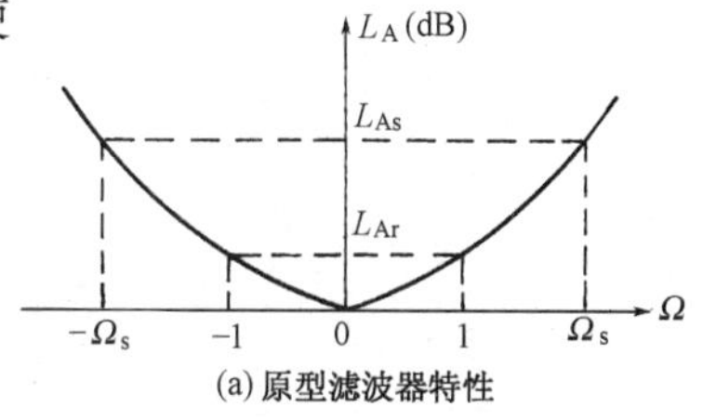

(a) 原型滤波器特性

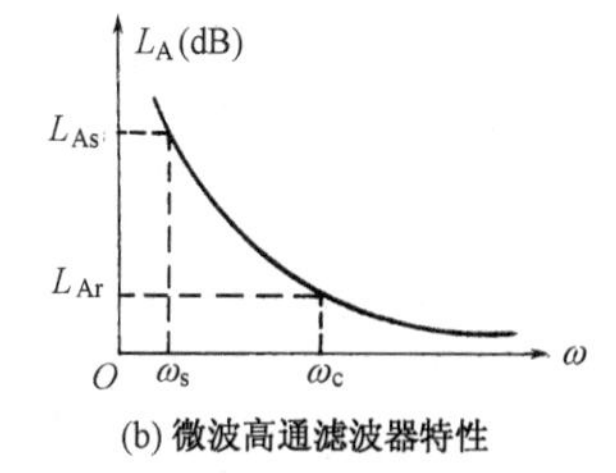

(b) 微波高通滤波器特性

图 3-83 微波高通滤波器的频率变换

$$\Omega=-\frac{\omega_c}{\omega} \tag{3-118}$$

图 3-84(a)的低通原型中的各集总参数 $g_k$ 是各阶梯电感、电容对源内阻(纯电阻)$Z_0$ 归一化的值,根据等插入衰减特性,就可以得到高通滤波器各阶梯电感、电容值,低通原型中串联电感的归一化阻抗值 $\mathrm{j}\Omega g_k$ 应等于高通滤波器中的串联阻抗归一化值 $Z_k'(\omega)$,即

$$Z_k'(\omega)=\mathrm{j}\Omega g_k=\mathrm{j}\left(-\frac{\omega_c}{\omega}\right)g_k=\frac{1}{\mathrm{j}\omega\left(\dfrac{1}{\omega_c g_k}\right)}$$

可见此支路为容性,电容归一化值为

$$C_k'=\frac{1}{\omega_c g_k} \tag{3-119a}$$

类似得并联支路的电感归一化值为

$$L_k'=\frac{1}{\omega_c g_k} \tag{3-119b}$$

由此可得如图 3-84(b)所示的电路,令信号源内阻为 $Z_0$,则元件的真实值为

$$C_k=\frac{1}{Z_0\omega_c g_k},\qquad L_k=\frac{Z_0}{\omega_c g_k} \tag{3-120}$$

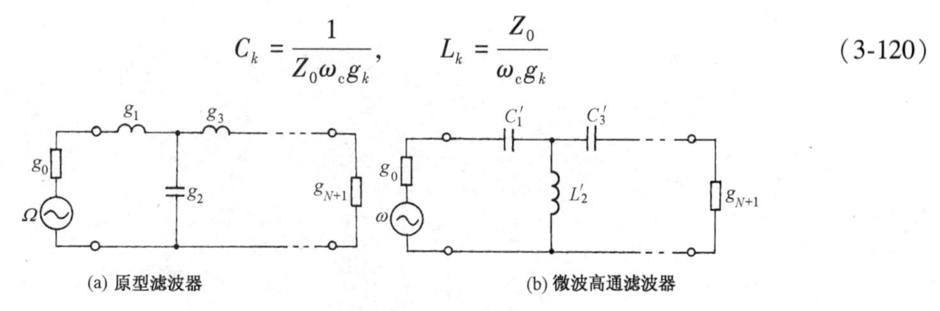


图 3-84 微波高通滤波器网络

**(2) 从带通到低通的变换及微波电路实现**

微波带通滤波器的插入衰减频率特性,通过下述的频率变换函数就可变换成原型滤波器在第一、第二象限的插入衰减频率特性,如图 3-85 所示,图 3-85(a)为原型滤波器特性,图 3-85(b)为微波带通滤波特性。所采用的频率变换函数为

$$\Omega=\frac{\omega_0}{\omega_2-\omega_1}\left(\frac{\omega}{\omega_0}-\frac{\omega_0}{\omega}\right)=\frac{1}{W}\left(\frac{\omega}{\omega_0}-\frac{\omega_0}{\omega}\right) \tag{3-121}$$

式中,$\omega_2$、$\omega_1$ 为带通滤波器的截止频率,$\omega_0$ 为中心频率,$W$ 为相对带宽。$\omega_0$ 和 $W$ 按下式定义

$$\omega_0=\sqrt{\omega_1\omega_2}\qquad W=\frac{\omega_2-\omega_1}{\omega_0} \tag{3-122}$$

$\omega$ 与 $\Omega$ 的对应关系如下：

| $\omega$ | $\omega_0$ | $\omega_1$ | $\omega_2$ | $\omega_{s1}$ | $\omega_{s2}$ | $\omega_s$ |
|---|---|---|---|---|---|---|
| $\Omega$ | 0 | -1 | 1 | $\Omega_{s1}<-1$ | $\Omega_{s2}>1$ | $\Omega_s=\frac{1}{W}\left(\frac{\omega_s}{\omega_0}-\frac{\omega_0}{\omega_s}\right)$ |

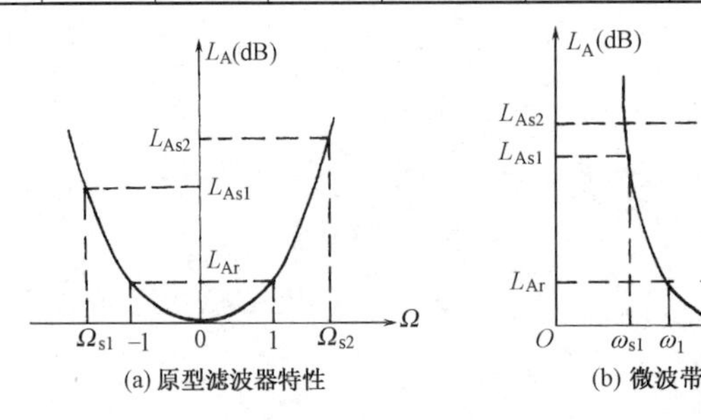

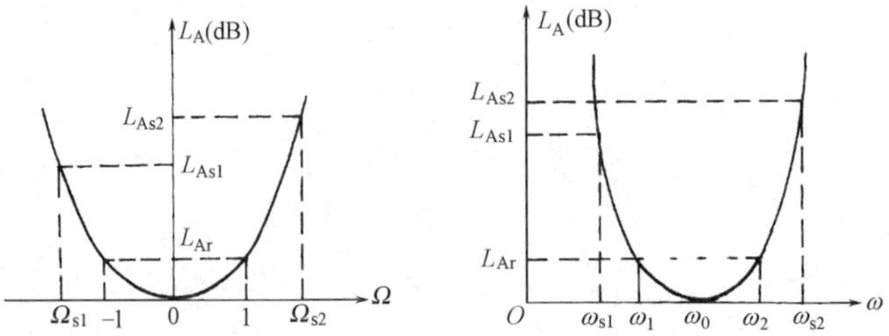

(a) 原型滤波器特性　(b) 微波带通滤波器特性

图 3-85　微波带通滤波器的频率变换

利用等插入衰减条件，可以导出如图 3-86 所示的带通滤波器的梯形网络及各元件归一化值。由低通原型中串联电感的归一化阻抗 $j\Omega g_k$ 应等于带通滤波器对应支路的归一化阻抗 $Z'_k(\omega)$，即

$$Z'_k(\omega)=j\Omega g_k=j\frac{1}{W}\left(\frac{\omega}{\omega_0}-\frac{\omega_0}{\omega}\right)g_k$$

$$=j\left[\omega\frac{g_k}{W\omega_0}-\frac{1}{\omega\ W/\omega_0 g_k}\right]=j\left[\omega L'_k-\frac{1}{\omega C'_k}\right]$$

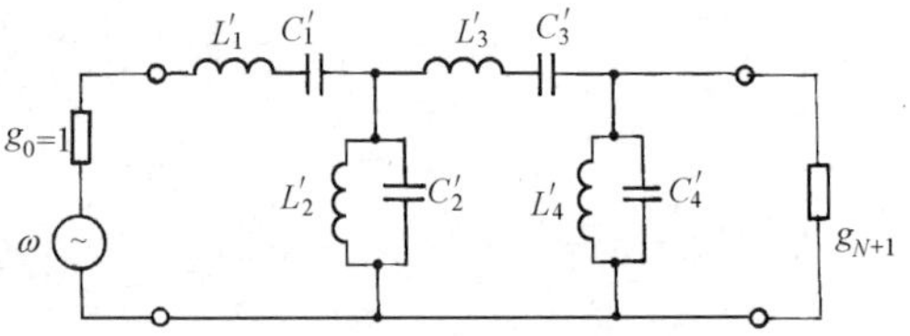

可得
$$L'_k=\frac{g_k}{W\omega_0},\quad C'_k=\frac{W}{\omega_0 g_k}\tag{3-123}$$

图 3-86　带通滤波器的梯形网络

即原型滤波网络中的串联电感变换为电感 $L'_k$ 和电容 $C'_k$ 的串联谐振电路。同理，由并联支路的归一化导纳相等可得

$$Y'_i(\omega)=j\Omega g_i=j\frac{1}{W}\left(\frac{\omega}{\omega_0}-\frac{\omega_0}{\omega}\right)g_i=j\left[\omega\frac{g_i}{W\omega_0}-\frac{1}{\omega\ W/\omega_0 g_i}\right]$$

$$=j\left[\omega C'_i-\frac{1}{\omega L'_i}\right]$$

因此
$$C'_i=\frac{g_i}{W\omega_0},\qquad L'_i=\frac{W}{\omega_0 g_i}\tag{3-124}$$

即原型滤波器网络中的并联电容变换为电容 $C'_i$ 和电感 $L'_i$ 的并联谐振电路。

由式(3-123)、式(3-124)及信号源内阻 $Z_0$ 可求出各元件的真实值。

图 3-87 是一个用微带平行耦合线结构实现的微波带通滤波器，采用 3 节，也可用平行耦合带状

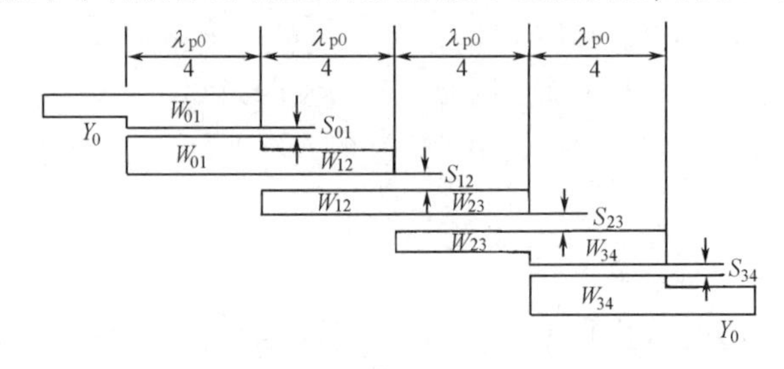


图 3-87　微波带通滤波器结构（$N=3$，带状线或微带线）

线结构实现。之所以采用该结构是因为平行耦合线段具有带通特性,并且当$f=f_0$、$\theta_0=\frac{2\pi}{\lambda_{p0}}\cdot\frac{\lambda_{p0}}{4}=\frac{\pi}{2}$时,信号几乎无衰减地通过耦合线传输线。

**(3) 从带阻到低通的变换及微波电路实现**

图 3-88 示出了微波带阻滤波器的频率变换关系,其中图 3-88(a)为原型滤波器特性,图 3-88(b)为微波带阻滤波器特性。

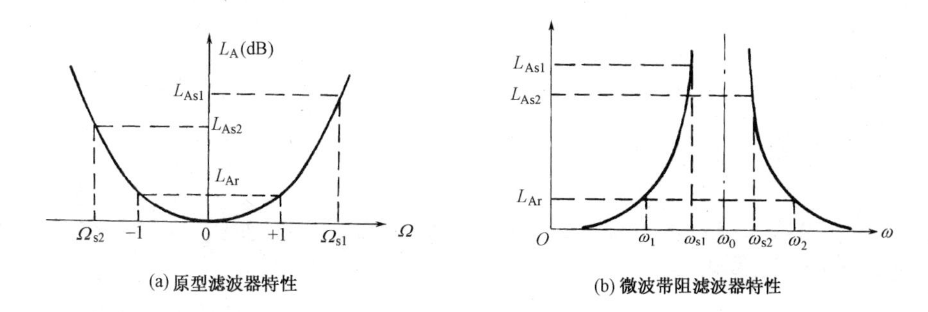


图 3-88 微波带阻滤波器的频率变换

采用的频率变换函数为

$$\Omega=\frac{W}{\frac{\omega_0}{\omega}-\frac{\omega}{\omega_0}}\quad \text{或}\quad \frac{1}{\Omega}=\frac{1}{W}\left(\frac{\omega_0}{\omega}-\frac{\omega}{\omega_0}\right)\tag{3-125}$$

式中

$$\omega_0=\sqrt{\omega_1\omega_2},\quad W=\frac{\omega_2-\omega_1}{\omega_0}\tag{3-126}$$

$\omega$ 与 $\Omega$ 的对应关系如下:

| $\omega$ | 0 | $\infty$ | $\omega_1$ | $\omega_0$ | $\omega_2$ | $\omega_{s1}$ | $\omega_{s2}$ |
|---|---|---|---|---|---|---|---|
| $\frac{1}{\Omega}$ | $\infty$ | $-\infty$ | 1 | 0 | −1 | | |
| $\Omega$ | 0 | 0 | 1 | $\pm\infty$ | −1 | $\Omega_{s1}>1$ | $\Omega_{s2}<-1$ |

利用等插入衰减条件也能导出如图 3-89 所示的带阻滤波器的梯形网络及其元件归一化值。等效关系是原型滤波网络中的串联电感变换为带阻滤波网络中串联支路上电感$L_k'$和电容$C_k'$的并联。$L_k'$及$C_k'$分别为

$$L_k'=\frac{Wg_k}{\omega_0},\qquad C_k'=\frac{1}{W\omega_0 g_k}\tag{3-127}$$

原型滤波网络中的并联电容变换为带阻滤波网络中并联支路上电感$L_i'$和电容$C_i'$的串联。$L_i'$及$C_i'$分别为

$$L_i'=\frac{1}{W\omega_0 g_i},\qquad C_i'=\frac{Wg_i}{\omega_0}\tag{3-128}$$

若知道信号源内阻$Z_0$,则滤波器各元件的真实值均可计算。

图 3-90 是一种带状线带阻滤波器的结构示意图,图中只画出主导带,未画出上、下接地板。在主导带的一侧有三根分支线,它们都是一端接地、另一端与主导带之间有隙缝,分支线与主导带之间通过隙缝耦合,隙缝相当于一耦合电容。由于短路分支线长度小于$\lambda_{p0}/4$,因此

等效为一电感，这样就构成了并联支路上的串联谐振回路。输入、输出带状线特性导纳为 $Y_0$，因 $N=3$ 为奇数，所以分支线之间的主带状线特性导纳也为 $Y_0$，分支线之间的每段主导带长度取为 $\lambda_{p0}/4$，起倒置变换器的作用。

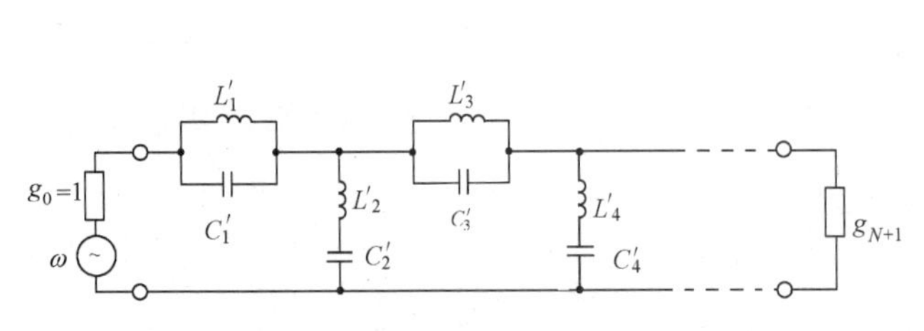


图 3-89　带阻滤波器的梯形网络

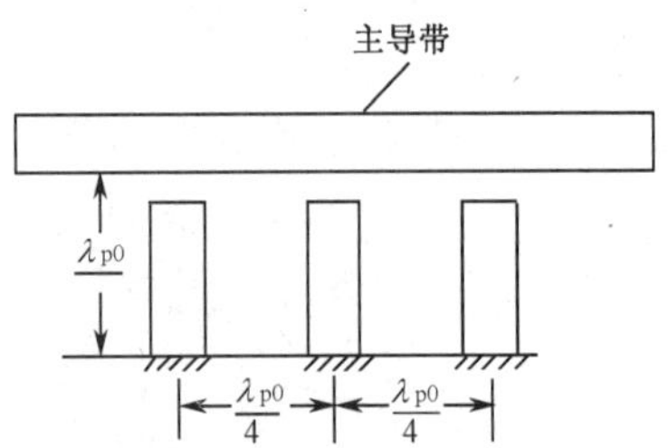


图 3-90　带状线带阻滤波器的结构示意图

## 3.4.2　微波铁氧体元件简介

铁氧体是一种人工烧结的磁性材料，其成分为二价的金属（如锰、镁、镍、锌等）和铁的氧化物，这种材料在特性上显示出两重性。

① 在电方面，它显示出低损耗的电介质的特征。其相对介电常数 $\varepsilon_r$ 为 10~20，介质损耗角正切 $\tan\delta$ 在 $10^{-4}$~$10^{-2}$ 数量级，电阻率高达 $10^8\Omega\cdot\text{cm}$，因此它不同于所有其他的金属磁性材料，电磁波可以进入其内部与它相互作用。

② 在磁方面，它又表现为一种磁性材料的特征。特别是在固定外磁场偏置后，铁氧体中的自旋电子与微波场产生"铁磁共振效应""相移不可逆效应""衰减不可逆效应"等现象，其磁导率也表现为张量，并称其为张量磁导率。尤其是，目前所研究的铁氧体材料的内部谐振频率几乎全部落在微波波段。

铁氧体材料的两重性使它成为构成各种性能独特的微波元件的基本材料。各种元件的性能都与张量磁导率有关，以张量磁导率为基础形成的微波铁氧体原理已成为微波理论的一个专门的分支，是分析和设计微波铁氧体元件的理论基础。本节采用等效网络观点，简单讨论铁氧体隔离器和微波环行器的性能指标。

### 1. 铁氧体隔离器

铁氧体隔离器（也称作单向器）是一种最常用、也是最有用的微波铁氧体元件，其两个端口之间的功率传输关系如图 3-91 所示，其主要性能指标如下。

图 3-91　铁氧体隔离器二端口网络的功率传输关系

**(1) 正向衰减（直波损耗）$\alpha_+$**

$$\alpha_+ = 10\log\frac{P_{01}}{P_1} = 10\log\frac{1}{|S_{21}|^2}\text{dB} \qquad (3\text{-}129)$$

它表示电磁波正向通过铁氧体隔离器时，铁氧体隔离器对电磁波引起的衰减，一般希望 $\alpha_+$ 值越小越好，理想铁氧体隔离器的 $|S_{21}|=1$，$\alpha_+=0$。

**(2) 反向衰减（同波损耗）$\alpha_-$**

$$\alpha_- = 10\log\frac{P_{02}}{P_2} = 10\log\frac{1}{|S_{12}|^2}\text{dB} \qquad (3\text{-}130)$$

它表示电磁波反向通过铁氧体隔离器时，铁氧体隔离器对电磁波所引起的衰减，一般希望 $\alpha_-$ 值越大越好，理想铁氧体隔离器的 $S_{12}=0$，$\alpha_-=\infty$。

**(3) 隔离比 $R$**

它表示反向衰减与正向衰减之比,即 $R=\alpha_-/\alpha_+$。希望 $R$ 越大越好。

**(4) 输入驻波比 $\rho$**

表示铁氧体隔离器输入端的匹配性能,希望 $\rho$ 接近于 1。

理想铁氧体隔离器的 $\boldsymbol{S}$ 矩阵为

$$\boldsymbol{S}=\begin{bmatrix}0 & 0\\ 1 & 0\end{bmatrix} \tag{3-131}$$

它表明该铁氧体隔离器是匹配、有耗、非互易的。铁氧体隔离器的最主要应用是将它放在微波信号源和负载之间,以避免可能的反射波功率对信号源的破坏。隔离器亦可用于匹配或调谐网络,但它所起的作用是吸收由负载不匹配引起的任何反射功率,使之不再产生二次反射,相当于使用匹配网络的情况。

按工作原理分,铁氧体隔离器可分为谐振式、场移式和法拉第旋转式三种,结构较简单、使用较普遍的是谐振式和场移式。它们都是在不同类型的传输线中,置放铁氧体片(或棒)并外加恒定偏置磁场而构成的。

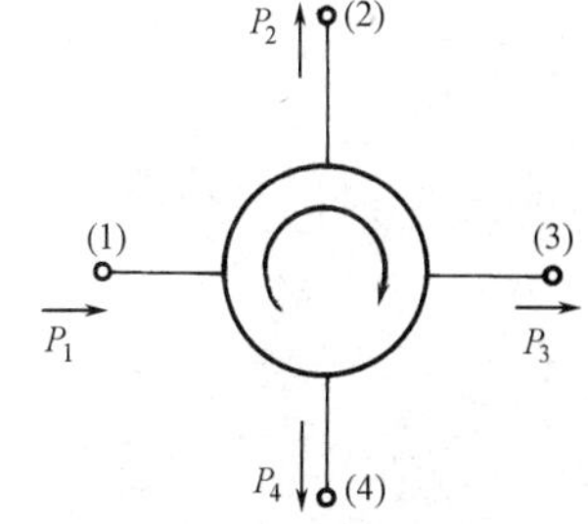


图 3-92　微波环行器的功率传输关系

2. 微波环行器

微波环行器也是常用的一种非互易铁氧体元件,一般有三端口和四端口环行器两类,理想环行器应具有这样的特性:各端口的能量传输是按照一个方向顺序“环行”的。例如,对于图 3-92所示的四端口微波环行器,功率传输的顺序为:由端口(1)输入的能量只能传输到端口(2),由端口(2)输入的能量只能传输到端口(3)……环行顺序为(1)→(2)→(3)→(4)→(1)。实际的微波环行器不可能是这样理想的,因此常用下述指标衡量其性能的优劣。

① 正向插入衰减 $\alpha_+$

$$\alpha_+=10\log\frac{P_1}{P_2}\text{dB}$$

式中,$P_1$ 为端口(1)的输入功率,$P_2$ 为端口(2)的输出功率。一般要求 $\alpha_+$ 值越小越好,理想情况下,$\alpha_+=0$。

② 反向衰减(又称隔离度)$\alpha_-$

$$\alpha_-=10\log\frac{P_1}{P_4}\text{dB}$$

式中,$P_4$ 为隔离端的输出功率,一般要求 $P_4$ 越小越好,理想情况下,$P_4=0,\alpha_-=\infty$。

③ 输入驻波比 $\rho$。这是指微波环行器各端口均接匹配负载时,输入端的固有驻波比。希望 $\rho$ 越小越好,理想匹配情况下,$\rho=1$。

④ 对臂隔离度 $\alpha_{13}$,它是对图示四端口微波环行器而言的指标。

$$\alpha_{13}=10\log\frac{P_1}{P_3}\text{dB}$$

式中,$P_3$ 为对臂端口(3)输出功率。$P_3$ 越小越好,理想情况下,$P_3=0,\alpha_{13}=\infty$。

另外,满足上述指标要求时的工作频带越宽越好。一般在指定的频带内,要求 $\alpha_+\leqslant 0.5\text{dB}$,$\alpha_-$(及 $\alpha_{13}$)$\geqslant 20\text{dB}$,$\rho\leqslant 1.2$。

图 3-93 是一个波导 H 面 Y 形结环行器，它可以等效为一个三端口网络。由 3.2.4 节可知，该三端口网络是互易、无耗时的，三个端口是不可能同时实现匹配的。但当在元件中加上非互易的磁化铁氧体时，各端口就可以同时实现匹配。此时散射参数矩阵由于非互易性而成为

$$
\boldsymbol{S}=\begin{bmatrix} 0 & S_{12} & S_{13} \\ S_{21} & 0 & S_{23} \\ S_{31} & S_{32} & 0 \end{bmatrix} \tag{3-132}
$$

即 $S_{12}\neq S_{21}, S_{23}\neq S_{32}, S_{31}\neq S_{13}$。由无耗网络的一元性可得

$$
\left.\begin{aligned} |S_{21}|^2+|S_{31}|^2&=1 \\ |S_{12}|^2+|S_{32}|^2&=1 \\ |S_{13}|^2+|S_{23}|^2&=1 \\ S_{31}{}^*S_{32}=S_{21}{}^*S_{23}=S_{12}{}^*S_{13}&=0 \end{aligned}\right\} \tag{3-133}
$$

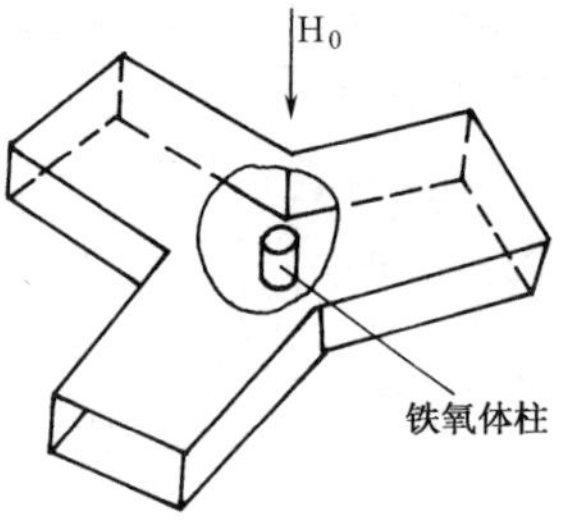

图 3-93　H 面分支 Y 形结环行器

为满足上式，可以有两种情况：

一是　　$S_{12}=S_{23}=S_{31}=0,\quad |S_{21}|=|S_{32}|=|S_{13}|=1$

如果适当选择参考面，使上式三个参量的相角为零，则有

$$
\boldsymbol{S}=\begin{bmatrix} 0 & 0 & 1 \\ 1 & 0 & 0 \\ 0 & 1 & 0 \end{bmatrix} \tag{3-134}
$$

环行顺序为(1)→(2)→(3)→(1)。

二是　　$S_{21}=S_{32}=S_{13}=0,\quad |S_{12}|=|S_{23}|=|S_{31}|=1$

此时

$$
\boldsymbol{S}=\begin{bmatrix} 0 & 1 & 0 \\ 0 & 0 & 1 \\ 1 & 0 & 0 \end{bmatrix} \tag{3-135}
$$

环行顺序为(1)→(3)→(2)→(1)。

这说明无耗三端口网络，若非互易，则三个端口可同时实现匹配，并可构成一个 Y 形结环行器。

图 3-94 是微波通信机的分路系统示意图。图中的 $F_1$ 表示以 $f_1$ 为中心频率的带通滤波器，$F_2$ 表示以 $f_2$ 为中心频率的带通滤波器。当一群以 $f_1,f_2,\cdots,f_n$ 为中心频率的信号从第一只微波环行器的(1)口输入时，它们都将从(2)口输出。经滤波器 $F_1$，只通过以 $f_1$ 为中心频率的一段频带，其余的都要反射回去。反射回去的是 $f_2,f_3,\cdots,f_n$，它们将从(3)口输出，再送到第二只微波环行器。同理，自第二只环行器(3)口输出的频率应为 $f_3,f_4,\cdots,f_n$。以此类推，就可把一群以 $f_1,f_2,\cdots,f_n$ 为中心频率的信号分成 $n$ 路了，这是接收端的情况。

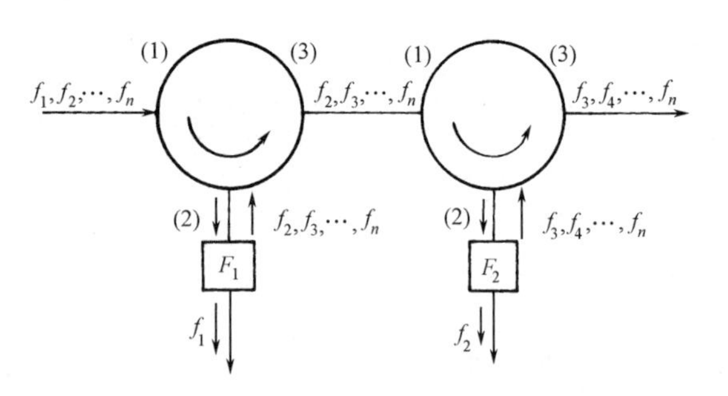


图 3-94　多路通信分路系统示意图

这种情况也可用在发送端，把 $n$ 路信号合并成一群信号，然后送到馈线和天线上。

本节习题 3-29~3-32；MOOC 视频知识点 3.15；MOOC 平台第 3 章测验。

# 习 题 三

3-1 一个喇叭天线由矩形波导馈电,传输 $TE_{10}$波,喇叭的归一化阻抗 $\overline{Z}_L=0.8+j0.6$,若用一对称电容膜片进行匹配,如图 3-95 所示。求电容膜片接入处到喇叭的距离 $l$ 及膜片的$b'/a$值。若采用对称电感膜片进行匹配,则 $l$ 及 $\delta/a$ 又各为多少(设 $b=a/2,\lambda_p=2a$)?

3-2 两段同轴线特性阻抗分别为 $Z_{01}=75\Omega$,$Z_{02}=50\Omega$,采用由介质套筒构成的四分之一波长变换段进行匹配,如图 3-96 所示。已知工作频率 $f$ 为 3GHz,外导体内径 $D=16$mm,试确定该介质的相对介电常数 $\varepsilon_r$ 及变换段长度 $l$。

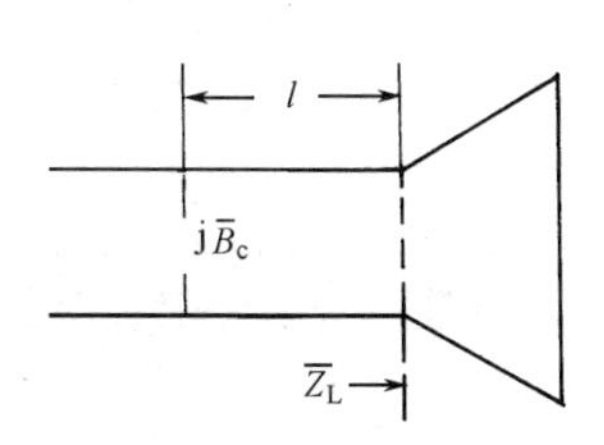


图 3-95 习题 3-1 图

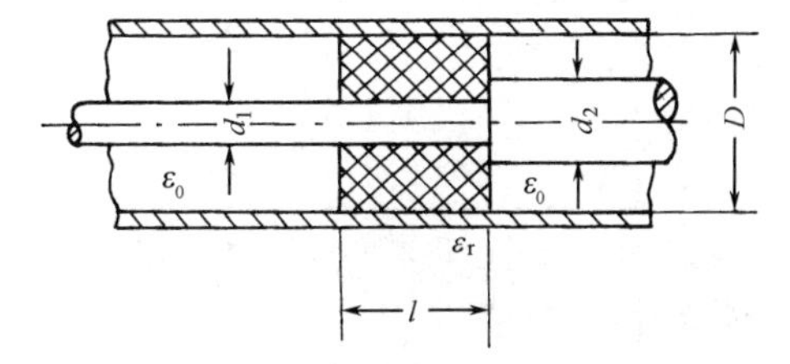


图 3-96 习题 3-2 图

3-3 标准 3cm 矩形波导 $a\times b=22.86\times10.16\text{mm}^2$,现要将此波导(充空气)通过四分之一波长变换段与一等效阻抗为 100Ω 的矩形波导相连接(它们的尺寸 $a$ 相同),试求 $\lambda=3.2$cm 时,变换段的尺寸 $b'$为多大。

3-4 一段填充介质为空气的矩形波导与一段填充有相对介电常数为 $\varepsilon_r=2.56$ 的电介质的矩形波导,借助于一段四分之一波长变换器进行匹配,如图 3-97 所示,求匹配段介质的相对介电常数 $\varepsilon_r'$及变换器长度 $l$。已知 $b=2.5$cm,$f=10000$MHz。

3-5 有一特性阻抗 $Z_0=50\Omega$ 的微带线,终端接匹配负载,另一端通过四分之一波长阻抗变换器与一阻抗为 6.4Ω 的器件相连接,已知工作波长 $\lambda=10$cm,微带基片厚度 $h=0.8$mm,基片介质的相对介电常数 $\varepsilon_r=9$,试计算构成变换器的微带的宽度 $W$ 及长度 $l$。

3-6 同轴双分支调配器的工作原理如图 3-98 所示。试在圆图上画出下列情况的调配过程:(1)$\overline{Y}_{c2}=0.5+j1$;(2)$\overline{Y}_{c2}=0.6$。并分别说明两种情况下分支导纳 j$\overline{B}_1$、j$\overline{B}_2$ 是容性还是感性,求两分支的电纳 $\overline{B}_1$、$\overline{B}_2$ 及相应的分支线的长度 $l_1$、$l_2$。

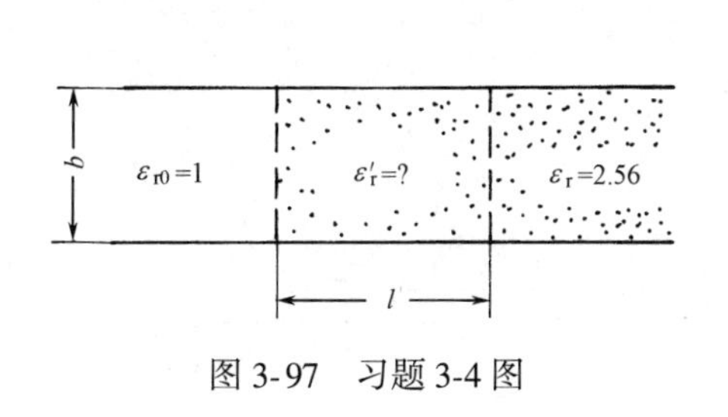


图 3-97 习题 3-4 图

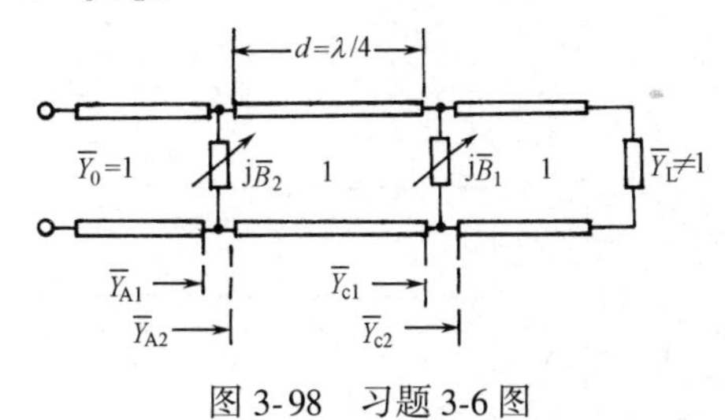


图 3-98 习题 3-6 图

3-7 图 3-99 中 $\overline{Y}_L=1.4\pm j1$ 时,对于间距 $d=0.25\lambda$ 的两短截线而言,要能实现匹配,$l/\lambda$ 分别至少等于多少?

3-8 波导两螺钉调配器的原理图如图3-98所示,若 $\overline{Y}_{c1}$ 落在辅助圆上,但 $\overline{Y}_{c1}=G-j|\overline{B}|$,最后能否调至匹配?为什么?

3-9 一同轴线特性阻抗 $Z_0=50\Omega$,终端负载阻抗 $Z_L=100\Omega$,要求在波长 $\lambda$ 为 10~15cm,

具有最平坦的反射特性，$\rho_{max}$为 1.05。当用两节阻抗变换器进行匹配时，求其尺寸。已知同轴线的外导体内径 $D$ 为 16mm，介质为空气。

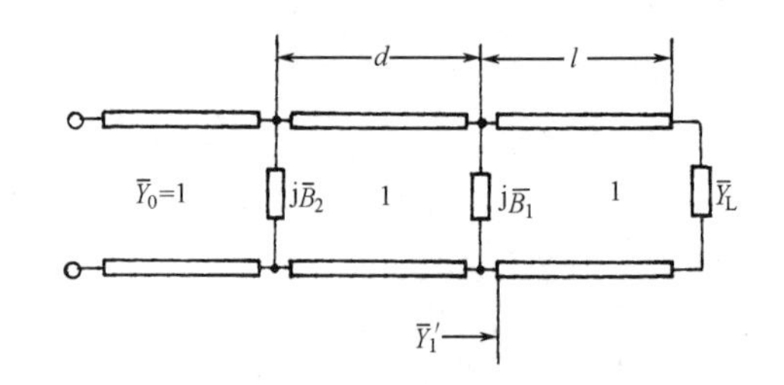

图 3-99　习题 3-7 图

3-10　有三只定向耦合器，其耦合度和隔离度分别如下表所示，求其定向性各为多少分贝。当输入功率为 100mW 时，求每只定向耦合器各耦合端的输出功率及隔离端的输出功率。

| $C$(dB) | $D$(dB) | $D'$(dB) | $P_3$(mW) | $P_4$(mW) |
|---|---|---|---|---|
| 3 | 25 | | | |
| 6 | 30 | | | |
| 10 | 30 | | | |

3-11　平行耦合带状线定向耦合器的耦合度 $C=10\text{dB}$，特性阻抗 $Z_0=50\Omega$，求其耦合线的奇、偶模特性阻抗值。

3-12　平行耦合带状线定向耦合器的耦合度为 13dB 时，写出它的散射参数矩阵 $\boldsymbol{S}$。

3-13　两只相同的平行耦合线定向耦合器串接后的耦合度为 $C=5\text{dB}$，每只定向耦合器的耦合度为多大？耦合系数为多大？

3-14　有一只微波元件由 4 只平行耦合微带定向耦合器及两只晶体管放大器组成，如图 3-100 所示。每只定向耦合器的耦合度为 8.34dB，每只晶体管放大器的电压增益 $G=10$、插入相移 $\theta=\pi$，若输入端口(1)的输入电压 $\dot{U}_{i1}=200\mu\text{V}$，求在中心频率时，其余各端口的输出电压的模及相位。

3-15　试判别图 3-101 所示各定向耦合器的耦合端及隔离端。

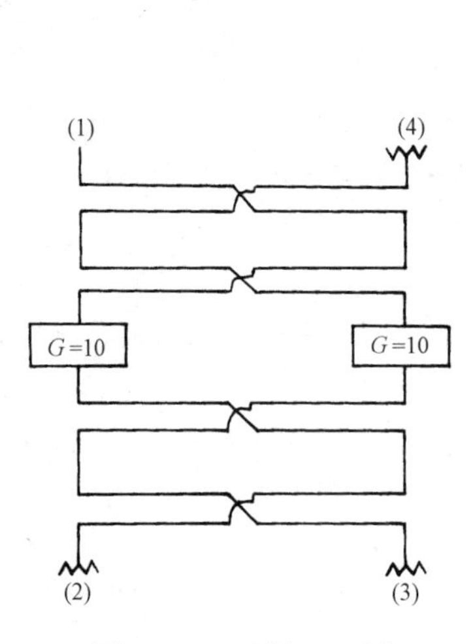

图 3-100　习题 3-14 图

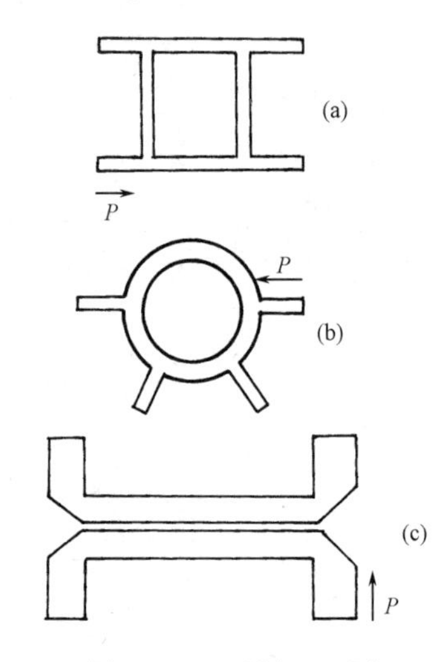

图 3-101　习题 3-15 图

3-16　3 分贝不变阻微带双分支定向耦合器如图 3-102 所示。已知 $\dot{U}_{i1}=|\dot{U}_{i1}|e^{j0}$，$\dot{U}_{i4}=|\dot{U}_{i4}|e^{j\frac{\pi}{2}}$，试证明端口(2)输出电压 $\dot{U}_{r2}$正比于$|\dot{U}_{i1}|+|\dot{U}_{i4}|$，端口(3)输出电压 $\dot{U}_{r3}$正比于$|\dot{U}_{i1}|-|\dot{U}_{i4}|$。当$|\dot{U}_{i1}|=2|\dot{U}_{i4}|$时，画出 $\dot{U}_{i1}$、$\dot{U}_{i4}$及 $\dot{U}_{r2}$、$\dot{U}_{r3}$的矢量图。

3-17 一个3分贝不变阻微带双分支定向耦合器，当信号电压 $a_1 = e^{j0}$ 由端口(1)输入时，端口(4)接匹配负载，端口(2)和(3)分别在长度为 $l$ 处接短路器，如图3-103所示。试问哪个端口有输出？输出电压 $b$ 是多少？此时组件结构成为何类元件？

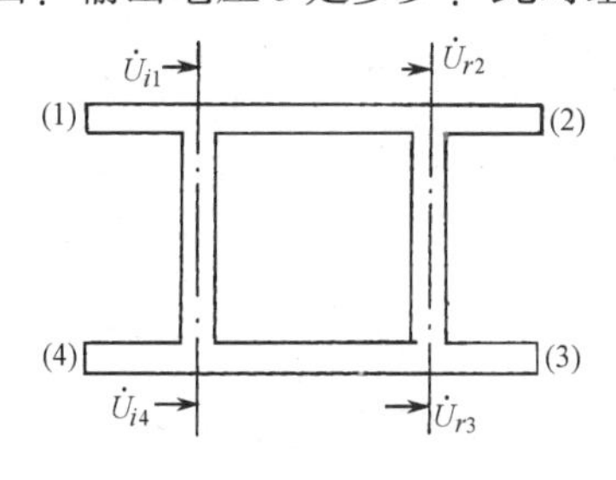

图3-102 习题3-16图

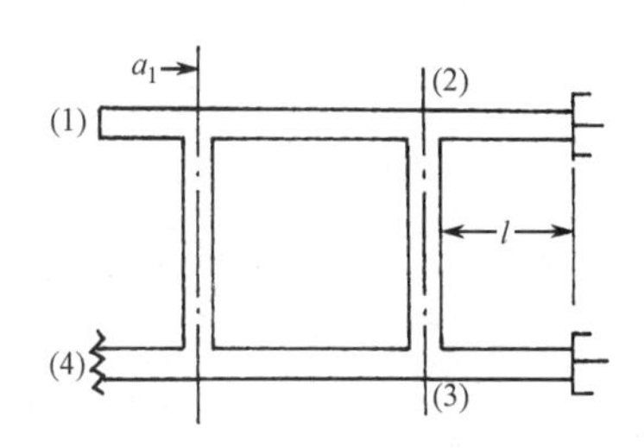

图3-103 习题3-17图

3-18 试用散射参数一元性证明一个互易、无耗的三端口网络不能同时实现各端口匹配。

3-19 一微带三端口功分器，$Z_0 = 50\Omega$，要求端口(2)与端口(3)输出功率之比 $P_2/P_3 = 1/2$，试计算 $Z_{02}$、$Z_{03}$ 及隔离电阻 $R$。若 $P_1$ 为90mW，求 $P_2$ 及 $P_3$。

3-20 微带不等功率分配器的结构如图3-104所示，已知在中心波长 $\theta = \pi/2$，输入端微带线特性阻抗 $Z_0 = 50\Omega$，端口(2)和(3)均接匹配负载 $Z_L = 50\Omega$，若要求 $P_2 = (1/4)P_1$，$P_3 = (3/4)P_1$，试计算 $Z_{02}$、$Z_{03}$、$R$ 及 $Z_{04}$、$Z_{05}$。

3-21 一匹配双T如图3-105所示，功率自端口(3)输入，为 $P_3$。端口(4)接匹配负载，端口(1)和(2)所接负载均不匹配，其反射系数分别为 $\Gamma_1$ 和 $\Gamma_2$，试证明端口(4)输出功率 $P_4$ 与输入功率 $P_3$ 之比为 $P_4/P_3 = (\Gamma_1 - \Gamma_2)(\Gamma_1 - \Gamma_2)^*/4$。

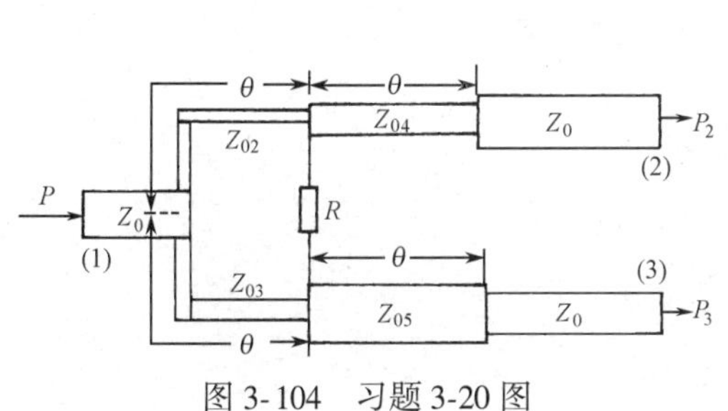

图3-104 习题3-20图

图3-105 习题3-21图

3-22 若匹配双T接有匹配信号源，在以下各种输入情况下，求各端口的功率输出。

(1) $a_1 = a_2 = a_4$；　　(2) $a_1 = a_2 = a_3$；

(3) $a_3 = a_4$ 和 $a_1 = a_2 = 0$；　　(4) $a_2 = a_3 = a_4$；

(5) $a_1 = a_2$ 和 $a_3 = a_4 = 0$；　　(6) $a_1 = -a_2$ 和 $a_3 = a_4 = 0$。

3-23 试分析由两只匹配双T组成的平衡式天线收发开关的工作原理。发射机、天线、接收机及两个气体放电器的连接方式如图3-106所示。两放电盒分别接入矩形波导连接臂Ⅰ、Ⅱ(两臂等长度)中，相距 $\lambda_p/4$。

3-24 微波谐振器(腔)与集总参数谐振回路相比较有哪些特点？

3-25 谐振腔的品质因数 $Q$ 如何定义？何谓固有品质因数？何谓有载品质因数？

3-26 有一 $\lambda/4$ 同轴谐振腔，腔内介质为空气，特性阻抗为100Ω，开路端的杂散电容为1.5pF，采用短路活塞调谐，当调到 $l = 0.22\lambda_0$ 时谐振，求谐振频率 $f_0$。

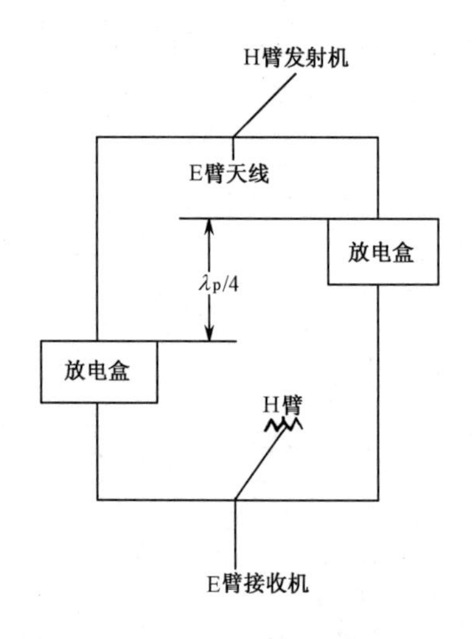


图 3-106　习题 3-23 图

3-27　电容加载同轴腔，若加载电容 $C = 1\text{pF}$，同轴线特性阻抗 $Z_0 = 50\Omega$，求谐振波长为 30cm 时，同轴腔内导体的长度。

3-28　立方体谐振腔谐振频率为 12GHz，采用 $TE_{101}$ 谐振模，求谐振腔的边长。

3-29　与低频集总参数滤波器相比较，试说明微波滤波器有些什么特点。

3-30　何谓对偶电路？两个对偶电路之间有何相同点？

3-31　铁氧体是属于金属磁性材料，还是非金属磁性材料？其一般特性是什么？

3-32　铁氧体隔离器和微波环行器的主要用途是什么？

# 第4章　天线基本理论

## 4.1　绪　　论

通信系统大致分为两大类:一类用各种传输线传递信息,称为有线通信系统,如有线电话、局域网等;另一类通过无线电波传递信息,称为无线通信系统,如电视信号、卫星通信、雷达、导航等,均是利用无线电波来传递信号的。

而无线电波的发射与接收则依靠天线来完成,如图4-1和图4-2所示。发射机回路的高频振荡能量经过馈线送到发射天线,发射天线的作用是将高频电流(或导波)能量变成电磁波能量,向规定的方向发射出去。反之,接收天线的作用是将来自一定方向的无线电波能量还原为高频电流(或导波)能量,经过馈线送入接收机的输入回路。由此可见,天线是无线电波的出口和入口,完成高频电流(或导波)能量和电磁波能量之间的变换,是无线电通信系统中不可缺少的重要设备。

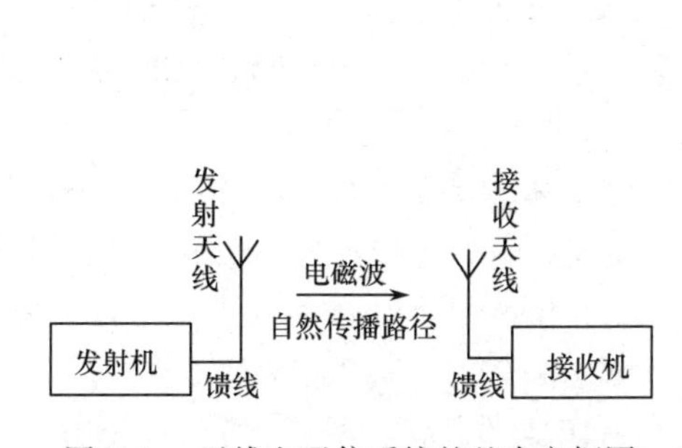


图4-1　无线电通信系统的基本方框图

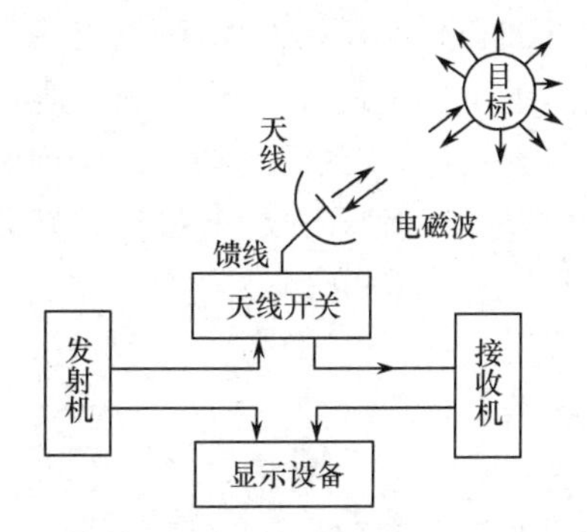


图4-2　无线电定位系统的基本方框图

### 1. 天线的定义

天线的基本功能是辐射或接收无线电波,但是辐射或接收电磁波的设备不一定都能用来作天线,因为任何高频电路只要不完全屏蔽起来,都可以向周围空间或多或少地辐射电磁波,或从周围空间或多或少地接收电磁波。同样,任意一个高频电路并不一定能用作天线,因为它辐射或接收电磁波的效率可能很低。只有能有效地辐射和接收电磁波的设备才能作为天线使用。要能有效地辐射或接收电磁波,天线在结构和形式上必须满足一定的要求。如平行双线传输线这样的封闭结构就不能用作天线,因为双线传输线在周围空间激发的电磁场很微弱。若把双线传输线的开路末端张开,它就能有效地辐射或接收电磁波。这样的结构称为开放结构。

根据通信系统的不同,常常要求天线只向某个特定的区域辐射(或只接收来自特定方向的无线电波),在其他方向不辐射或辐射很弱(或接收能力很弱或不能接收),就是要求天线要作定向的辐射或接收,即天线要具有方向性。

把天线和发射机或接收机连接起来的馈线系统也是无线通信系统的组成部分,馈线系统的作用就是把电磁能量送往天线或把电磁能量从接收天线送往接收机。馈线系统和天线的联系是很紧密的,天线与馈线统称天馈系统。

因此天线定义如下:

(1) 天线是能量转换器件,高效率地完成高频振荡能量和电磁波能量之间转换;

(2) 天线是方向性器件,发射天线将能量定向辐射在规定方向,接收天线只接收确定方向的无线电波,有空间方向响应问题;

(3) 天线是极化器件,天线应能发射或接收规定极化的电磁波;

(4) 天线是馈线的负载,与之相连接的馈线或电路有阻抗匹配问题;

(5) 天线是开放系统,必须有效地辐射或接收电磁波;

(6) 天线必须具有一定的频带宽度,在此频带内,天线的性能变化不大,满足给定的指标要求。

总之,天线是有效地进行能量转换和定向辐射或接收的极化器件。天线的辐射场分布或接收来波的场效应,以及与接收机、发射机的最佳匹配,就是天线工程关心的问题。

### 2. 天线的分类

为适应各种用途的要求,设计了各种形式天线。对于这些天线的分类,也有各种不同的方法。按工作性质可分为接收天线与发射天线两大类;按其适用波段来划分,即将各种形式的天线按使用的波长归为长波天线、中波天线、短波天线、超短波天线和微波天线,这种分类方法符合天线发展的历史过程,但有许多天线既可用于这个波段,又可用于另一波段。从纯理论的观点来说,任何一种形式的天线都可以用到所有的波段上。只是由于电气性能或结构装置等限制,在某些波段不能使用。因此按波长划分天线种类不够理想。

目前从便于分析和研究天线性能出发,比较合理的分类是按天线结构形式分为两大类:即线天线和面天线(也称口径天线)。所谓线天线,是指导线的半径远小于线本身的长度及波长,且载有高频电流的金属导线,亦包括金属面上线状的长槽,此长槽的横向尺寸要远小于波长及其纵向尺寸,此长槽上载有横向高频电场。线状天线一般用于长、中、短波。而线状槽天线常应用于超短波和微波波段。面天线是由金属或介质板、或导线栅格组成的面状天线。它的面积比波长的平方大得多,面天线一般用在微波波段。超短波天线的结构形式一般是线状天线与面状天线兼而有之。线天线和面天线的基本辐射原理是相同的,但分析方法有所不同。

线天线的典型例子是对称振子,又称双极天线,如图 4-3 所示。它的基本辐射元是沿导线分布的电基本振子(又称电流元),其辐射性能取决于天线的几何形状、长度及沿线电流的振幅和相位分布。

面天线的典型例子是喇叭天线,如图 4-4 所示,它的基本辐射元是喇叭开口平面上的惠更斯元。惠更斯元是口径平面上相伴随的空间电场和磁场的物理表象。喇叭天线的辐射性能基本上取决于喇叭口径平面上的电磁场分布(即惠更斯元的分布)和口径的几何尺寸,而不必考虑激励天线的电流分布。即面天线的辐射性能,仅根据开口面上的电磁场分布就可相当准确地计算,而不管其内部电流状态如何。

### 3. 天线的分析方法

天线的辐射问题是宏观电磁场问题,严格的分析方法是求解满足边界条件的麦克斯韦方程的解, 原则上与分析导波及空腔所采用的方法相同。但在分析天线时, 若采用这种方法将

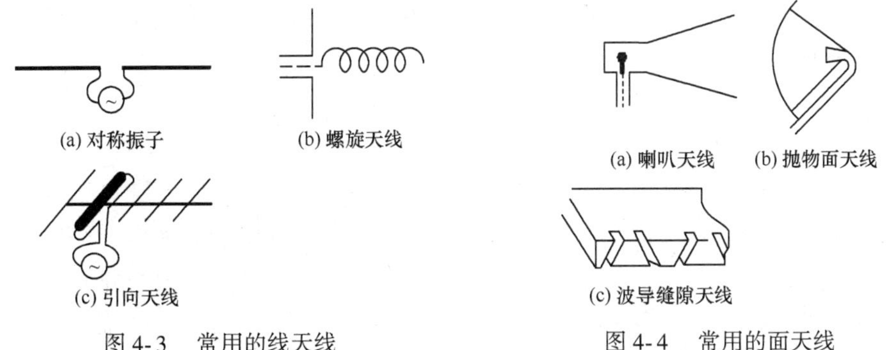


图 4-3　常用的线天线

图 4-4　常用的面天线

会导致数学上的复杂性。因此,实际上常采用近似解法,即将天线辐射问题分为两个独立问题:一是确定天线上的电流分布或确定包围场源的体积表面上的电磁场分布,即内场问题;二是根据已给定的电流分布或包围场源的体积表面上的电磁场分布求空间辐射场分布,即外场问题。

求解天线外场问题最常用的工程方法是:利用电磁场的线性叠加原理,即在线性系统内,若干场源产生于空间的总场是各个场源单独存在时所激发的部分场线性叠加的结果。对于线天线和面天线可看成是微分场源(即辐射元)连续存在产生的场的合成体,因此上述线性叠加成为积分运算。于是工程上常常采用叠加原理来处理外场问题,使问题得到简化。

不管是线天线或面天线,其辐射源都是高频电流元,因为面天线口径上的惠更斯元也是由内部的电流元产生的,因此,本课的讲述将从电基本振子(或电流元)的辐射问题开始。

受教学时数限制,本章仅介绍天线基本原理及基本分析方法,且后面的讨论基本上是工程近似的方法而不是严格的电磁场理论计算方法。内容只限基础知识及工程中常用的概念。

## 4.2　电基本振子(或电流元)的辐射场

### 4.2.1　电基本振子的辐射场公式

由电磁场理论已知,电基本振子(或电流元)定义为:一段载有高频电流的短细导线且长度 $l \ll \lambda$(波长)、导线直径 $d \ll \lambda$。因长度 $l$ 远小于 $\lambda$,可以认为沿振子的电流的大小和相位均相同,即电流分布为 $I\mathrm{e}^{\mathrm{j}\omega t}$,$I$ 为振幅值。由于全书的讨论均针对简谐电磁场,因而时间因子 $\mathrm{e}^{\mathrm{j}\omega t}$ 全部省略。取如图 4-5 所示的坐标系,电基本振子置于坐标原点并取 $z$ 轴沿电流正向,并设其位于理想均匀的无限大空间里。由电磁场理论知,其场的表达式为

$$\left.\begin{aligned} H_r &= 0 \\ H_\theta &= 0 \\ H_\varphi &= \frac{Il}{4\pi}\sin\theta\left(\mathrm{j}\,\frac{k}{r}+\frac{1}{r^2}\right)\mathrm{e}^{-\mathrm{j}kr} \end{aligned}\right\} \tag{4-1}$$

$$\left.\begin{aligned} E_r &= \frac{Il}{4\pi}\,\frac{2}{\omega\varepsilon}\cos\theta\left(\frac{k}{r^2}-\mathrm{j}\,\frac{1}{r^3}\right)\mathrm{e}^{-\mathrm{j}kr} \\ E_\theta &= \frac{Il}{4\pi}\,\frac{1}{\omega\varepsilon}\sin\theta\left(\frac{k^2}{\mathrm{j}r}+\frac{k}{r^2}-\mathrm{j}\,\frac{1}{r^3}\right)\mathrm{e}^{-\mathrm{j}kr} \\ E_\varphi &= 0 \end{aligned}\right\} \tag{4-2}$$

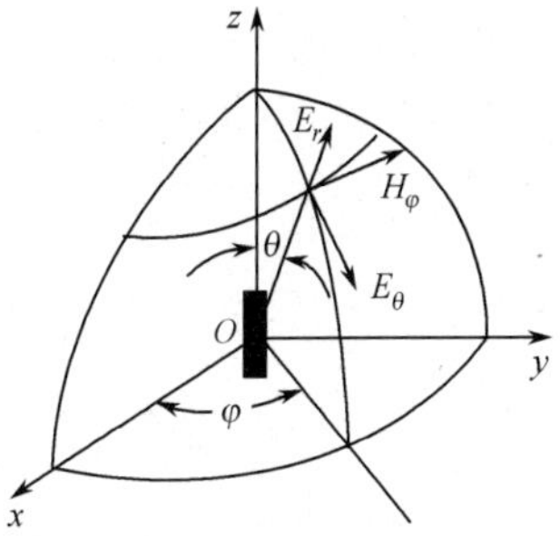

图 4-5　电基本振子场所采用的坐标系统

式中，$\boldsymbol{E}$ 是电场强度，单位是 V/m；$\boldsymbol{H}$ 是磁场强度，单位是 A/m；下标 $r$、$\theta$、$\varphi$ 表示球坐标中的各分量。自由空间媒质的介电系数 $\varepsilon=\varepsilon_0=10^{-9}/(36\pi)$ F/m；磁导率 $\mu=\mu_0=4\pi\times10^{-7}$ H/m；相移常数 $k=k_0=2\pi/\lambda_0$，$\lambda_0$ 为自由空间的波长，式中略去了时间因子 $e^{j\omega t}$。

研究式(4-1)和式(4-2)可见：电基本振子的电场有沿 $r$ 和 $\theta$ 方向的两个分量，即电场为 $\boldsymbol{E}=E_r\hat{\boldsymbol{e}}_r+E_\theta\hat{\boldsymbol{e}}_\theta$，而磁场仅有 $\varphi$ 方向的一个分量，即磁场 $\boldsymbol{H}=H_\varphi\hat{\boldsymbol{e}}_\varphi$，电场矢量和磁场矢量是相互垂直的。$E_r$、$E_\theta$ 和 $H_\varphi$ 三个分量中的每一个都由几项组成，各项随距离的变化分别与 $1/r$、$1/r^2$ 和 $1/r^3$ 成正比，如图 4-6 所示。我们根据距离的远近可将电基本振子的场分为三个区域来讨论，这三个区域是感应近场区($kr\ll1$)、辐射远场区($kr\gg1$)和辐射近场区(菲涅耳区，也称为中间区)。

感应近场区：感应场占支配地位，紧靠天线周围的区域。一般取 $r<0.62\sqrt{D^3/\lambda}$，$\lambda$ 是波长，$D$ 是天线的最大尺寸。

辐射近场区(菲涅耳区)：感应近场区与辐射远场区之间的区域。一般取 $0.62\sqrt{D^3/\lambda}<r<2D^2/\lambda$，同样 $\lambda$ 是波长，$D$ 是天线的最大尺寸而且 $D>\lambda$。

辐射远场区：在此区域电磁场分量实质上是横向分量(即 TEM 波)，全部是辐射功率，此时 $r>2D^2/\lambda$，$D$ 是天线的最大尺寸。关于天线的问题，我们讨论更多的是辐射远场区域。

### 1. 电基本振子近区场(感应场)

$kr\ll1$，即 $r\ll\lambda/(2\pi)$ 的区域内，称为近区。与 $r^{-2}$ 和 $r^{-3}$ 项相比较，$r^{-1}$ 项可忽略，并且 $e^{-jkr}\approx1$，则得出近区场的表示式：

$$\left.\begin{aligned}
&H_r=H_\theta=E_\varphi=0\\
&H_\varphi=\frac{Il}{4\pi r^2}\sin\theta\\
&E_r=-j\frac{Il}{4\pi r^3}\,\frac{2}{\omega\varepsilon}\cos\theta\\
&E_\theta=-j\frac{Il}{4\pi r^3}\,\frac{1}{\omega\varepsilon}\sin\theta
\end{aligned}\right\}\tag{4-3}$$

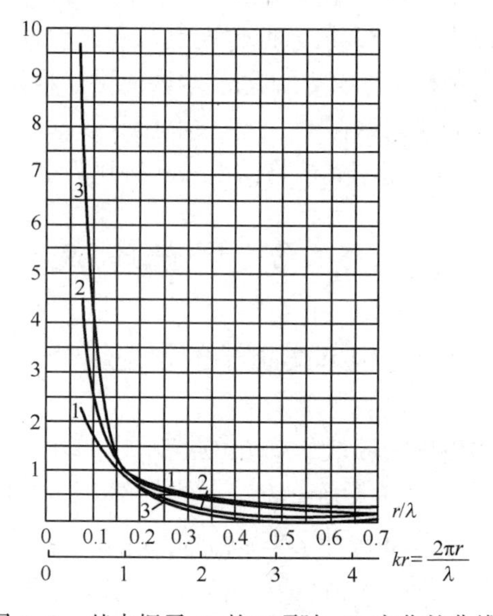


图 4-6　基本振子 $E_\theta$ 的三项随 $r/\lambda$ 变化的曲线

式(4-3)和稳态场推导出的公式完全相等，即 $E_r$ 与 $E_\theta$ 和静电场问题中的电偶极子的电场相似，而 $H_\varphi$ 和恒定电流元的磁场相似，故近区也称为似稳区。分析式(4-3)可看出：

① 电场和磁场均正比于 $r^{-2}$ 和 $r^{-3}$，因此随距离的增加而迅速减小，在 $r>\lambda$ 的距离处该场可被忽略；

② 电场滞后于磁场 90°，代表电磁能流的坡印亭矢量 $\boldsymbol{S}=\frac{1}{2}\boldsymbol{E}\times\boldsymbol{H}^*$ 是纯虚数，每周期平均辐射功率为零。因而电磁能量只在场源和场之间来回振荡，一个周期内场源供给场的能量等于从场流回场源的能量，没有能量向外辐射，由于忽略了 $r^{-1}$ 项，因此称这种场为感应场。

这种现象可以这样来解释，因电基本振子可看成是由很短的传输线展开的，具有很大的容抗，电动势滞后于电流接近于 90°，因此电场滞后于磁场 90°。

## 2. 电基本振子远区场(辐射场)

在 $kr \gg 1$,也就是 $r \gg \lambda$ 的区域内,电磁场主要由 $r^{-1}$ 项所决定,此时 $r^{-2}$ 和 $r^{-3}$ 的高次项很小,可忽略。由此得出

$$\left.\begin{aligned} &H_r = H_\theta = E_\varphi = 0 \\ &E_r = 0 \\ &E_\theta = \mathrm{j}\,\frac{60\pi Il}{\lambda}\sin\theta\,\frac{\mathrm{e}^{-\mathrm{j}kr}}{r} \\ &H_\varphi = \mathrm{j}\,\frac{Il}{2\lambda}\sin\theta\,\frac{\mathrm{e}^{-\mathrm{j}kr}}{r} = \frac{E_\theta}{120\pi} \end{aligned}\right\} \tag{4-4}$$

令 $Z_{\mathrm{W}} = E_\theta / H_\varphi = \sqrt{\mu/\varepsilon}$,称为波阻抗,在自由空间,$Z_{\mathrm{W}} = Z_{\mathrm{W0}} = 120\pi(\Omega)$。

分析式(4-4),可看出:

① 电场只有 $E_\theta$ 分量,磁场只有 $H_\varphi$ 分量,电场矢量和磁场矢量在空间相互垂直,与 $r$ 方向组成右手螺旋关系,而且在时间上同相,且 $E_\theta / H_\varphi = \sqrt{\mu/\varepsilon}$ 等于自由空间波阻抗,说明远区电磁场为横电磁波(即 TEM 波)。它们所构成的坡印亭矢量 $\boldsymbol{S} = \mathrm{Re}[\boldsymbol{E} \times \boldsymbol{H}^* /2]$ 是纯实数,即有功功率,并指向 $r$ 增加的方向,说明有电磁能量沿半径方向向外空间辐射。我们把电磁波能量离开场源流向空间不再返回的现象称为辐射。因此,电基本振子远区场称为辐射场。

② 电场、磁场正比于 $\mathrm{e}^{-\mathrm{j}kr}/r$,说明沿 $r$ 方向相位连续滞后,则等相位面为 $r=$ 常数的球面。其强度与 $r$ 的一次方成反比,当 $r$ 增大时,场强逐渐减小,表明电基本振子远区辐射场为球面波场。

③ 电场、磁场正比于 $\sin\theta$。说明在相同距离不同方向的各点场强是不同的,表明远区辐射场的分布具有方向性。在垂直振子轴的平面($\theta=90°$)内,场强达到最大值;在振子轴的延长线上($\theta=0°$ 和 $180°$)场强为零。

为了直观描述辐射场强在空间不同方向的分布,引入天线方向图函数和方向图两个电参数。在电场表示式中,与空间方向 $\theta$、$\varphi$ 有关的函数式称为场强方向图函数,记为 $f(\theta,\varphi)$。在远区,令 $r$ 为常数,将场强在空间的分布用图形表示,这种图形称为场强方向图。为了方便,一般我们只观察两个互相垂直的典型平面的方向图,典型平面称为主平面。对图 4-5 所示的电基本振子而言,一个是与振子轴垂直($\theta=90°$)的平面,称为赤道平面,另一个是包含振子轴的平面,称为子午平面。方向图可用直角坐标或极坐标来表示。电基本振子的方向图函数在图 4-5 坐标系中为 $f(\theta,\varphi)=\sin\theta$,方向图如图 4-7 所示,在子午平面内其极坐标方向图为 8 字形,在赤道平面内为一圆,表明垂直振子轴平面电基本振子天线无方向性。

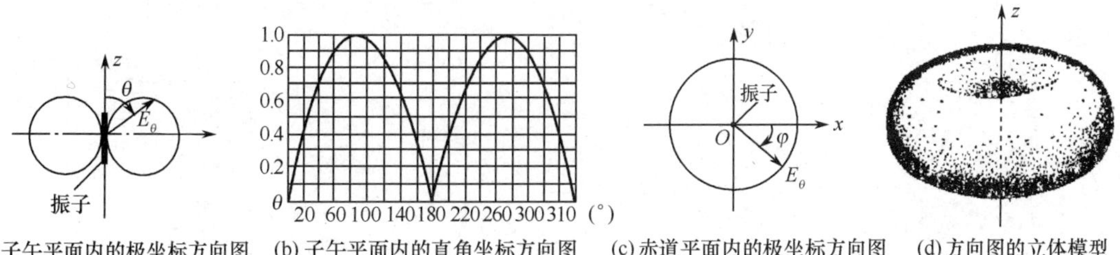


(a) 子午平面内的极坐标方向图 (b) 子午平面内的直角坐标方向图 (c) 赤道平面内的极坐标方向图 (d) 方向图的立体模型

图 4-7 电基本振子的方向图

在超高频天线中通常采用与场矢量相平行的两个平面：一个是 $E$ 面，即通过天线最大辐射方向并平行于电场矢量的平面，称为 $E$ 面；另一个是 $H$ 面，即通过天线最大辐射方向并平行于磁场矢量所构成的平面（或通过天线最大辐射方向并垂直于 $E$ 面的平面），称为 $H$ 面。电基本振子的赤道平面是 $H$ 面，子午平面就是 $E$ 面。

④ 电场、磁场强度与电流成正比，这是因为场是由场源激发的；而且场强与 $l/\lambda$ 成正比。这说明当 $l$ 一定时，频率愈高，场源就愈多，它激发起来的场也就愈强。我们把 $l/\lambda$ 称为电长度，以区别于几何长度。

3. 电基本振子中间区

以上讨论了电基本振子的近区场和远区场的特点。在近区和远区之间的区域为中间区，在这个区域内，电磁场与 $1/r$、$1/r^2$ 和 $1/r^3$ 成正比的各项大小差不多，在该区域感应场与辐射场都不占绝对优势，场结构很复杂，不需要专门讨论。

### 4.2.2 辐射功率和辐射电阻

天线的辐射功率可用坡印亭矢量积分法来计算。作包围天线的任意封闭曲面，假设封闭曲面内的媒质是无损耗的理想媒质，且无其他场源产生的场。在封闭曲面上对坡印亭矢量积分，求出通过封闭曲面的电磁功率通量的总和，就可得出天线的辐射功率 $P_r$，即

$$P_r = \oint\!\!\oint_S \boldsymbol{S} \cdot \hat{\boldsymbol{n}} \mathrm{d}s = \oint\!\!\oint_S \frac{1}{2}(\boldsymbol{E} \times \boldsymbol{H}^*) \cdot \hat{\boldsymbol{n}} \mathrm{d}s \tag{4-5}$$

式中，$\boldsymbol{S}$ 是复数形式的坡印亭矢量；上标“ * ”表示复数的共轭值；$\hat{\boldsymbol{n}}$是封闭曲面 $S$ 上的单位外法线矢量。一般来说 $P_r$ 是复功率，其中的无功分量和天线的近区场有关。为了计算方便，封闭曲面通常取以天线为中心，半径 $r$ 充分大的球面。$r$ 如延伸到远区场，这时球面上任一点的电场和磁场矢量互相垂直且同相，则坡印亭矢量 $\boldsymbol{S}=\frac{1}{2}\boldsymbol{E}\times\boldsymbol{H}^* = (|E|^2/(240\pi))\hat{\boldsymbol{r}}$，$\hat{\boldsymbol{r}}$为沿半径增加方向的单位矢；因此由式(4-5)积分得到一实功率，即

$$P_r = \oint\!\!\oint_S \frac{|\boldsymbol{E}|^2}{240\pi} \mathrm{d}s \tag{4-6}$$

参考图 4-8，面元 $\mathrm{d}s$ 为

$$\mathrm{d}s = r\mathrm{d}\theta \cdot r\sin\theta\mathrm{d}\varphi = r^2\sin\theta\mathrm{d}\theta\mathrm{d}\varphi$$

将此式代入式(4-6)得

$$P_r = \frac{1}{240\pi}\int_{\varphi=0}^{2\pi}\int_{\theta=0}^{\pi} |\boldsymbol{E}|^2 r^2\sin\theta\mathrm{d}\theta\mathrm{d}\varphi \tag{4-7}$$

如果我们定义天线的方向函数为

$$f(\theta,\varphi) = E(\theta,\varphi)\Big/\left(\frac{60I}{r}\right) \tag{4-8}$$

则总辐射功率的表示式(4-7)变为

$$P_r = \frac{15I^2}{\pi}\int_{\varphi=0}^{2\pi}\int_{\theta=0}^{\pi} |f^2(\theta,\varphi)|^2\sin\theta\mathrm{d}\theta\mathrm{d}\varphi \tag{4-9}$$

由式(4-4)略去相位因子，电基本振子的场强表示式为

$$E_\theta = \frac{60\pi Il}{\lambda r}\sin\theta \mathrm{e}^{-\mathrm{j}kr} \tag{4-10}$$

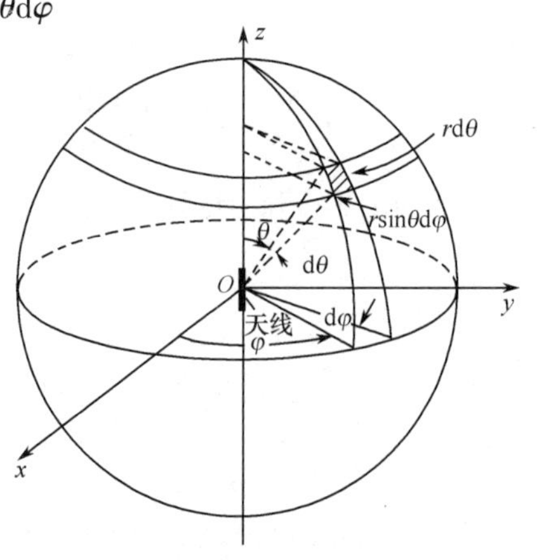


图 4-8 用坡印亭矢量计算辐射功率

代入式(4-7),可得出自由空间电基本振子的总辐射功率为

$$P_r = \frac{15I^2}{\pi}\int_{\varphi=0}^{2\pi}\int_{\theta=0}^{\pi}\left(\frac{\pi l}{\lambda}\right)^2 \sin^3\theta \mathrm{d}\theta \mathrm{d}\varphi = 40\pi^2 I^2\left(\frac{l}{\lambda}\right)^2 \tag{4-11}$$

从上式不难看出:

① 电流 $I$ 越大,辐射功率越大。这是很自然的,因为场是由场源激发的。

② 振子的电长度 $l/\lambda$ 越大,辐射功率越大。这说明当 $l$ 一定时,频率越高,就能更有效地辐射电磁波。

③ 辐射功率与距离 $r$ 无关。因为我们假定空间媒质不消耗功率且在空间无其他场源。

为方便起见,将天线辐射的功率视为被一个等效阻抗所吸收的功率,这个等效阻抗就称为辐射阻抗 $Z_r$。我们知道在天线周围存在着感应场和辐射场,而感应场的电磁能量仅在场源和场之间来回振荡,并未向外辐射,它是虚功率。因此,广义的辐射功率 $P_r$ 是复功率,包含实功率和虚功率两部分。"吸收"这个功率的等效阻抗也是一个复阻抗。当然,如果辐射功率是用远区场求出的,这时仅能得出实功率,因此等效阻抗是一纯电阻,称为辐射电阻 $R_r$,这样就可以像普通电路一样写出下式

$$P_r = \frac{1}{2}I^2 R_r \tag{4-12}$$

式中,$R_r$ 称为该天线归于电流 $I$ 的辐射电阻,这里 $I$ 是振幅值。将上式代入式(4-11)得电基本振子的辐射电阻为

$$R_r = 80\pi^2(l/\lambda)^2 \tag{4-13}$$

本节习题 4-1,4-2,4-4~4-6;MOOC 视频知识点 4.1~4.3。

## 4.3 磁基本振子(磁流元)的辐射场

所谓磁流元,就是载有高频电流的小圆环,环的半径和圆周长远小于波长。因此,认为流过小环的时谐电流的振幅和相位处处相同,即电流是均匀分布的。

小电流环也是天线的基本单元,为了计算其辐射场,我们利用电磁场的对偶原理来求得磁流元的辐射场。

### 4.3.1 小电流环(磁流元)的辐射场

一个载有高频电流 $i=\mathrm{Re}[I\mathrm{e}^{\mathrm{j}\omega t}]$ 的小圆环,环的半径和周长远小于波长,小环中的电流可以看成是均匀的,即电流的振幅和相位在小环回路中处处相同,如图 4-9(a)所示。设环置于 $xOy$ 平面上,其中心与坐标原点重合,环的面积为 $s$,则磁矩 $P^M$ 与电流之间的关系为

$$P^M = \mu i s \tag{4-14}$$

与电基本振子对比,小电流环可认为是由等值异号的磁荷 $+q^M$ 和 $-q^M$ 所构成的一磁基本振子,如图 4-9(b)所示,其磁偶极矩为

$$P^M = q^M l \tag{4-15}$$

式中,$l$ 为磁基本振子的长度,由式(4-14)及式(4-15)得出

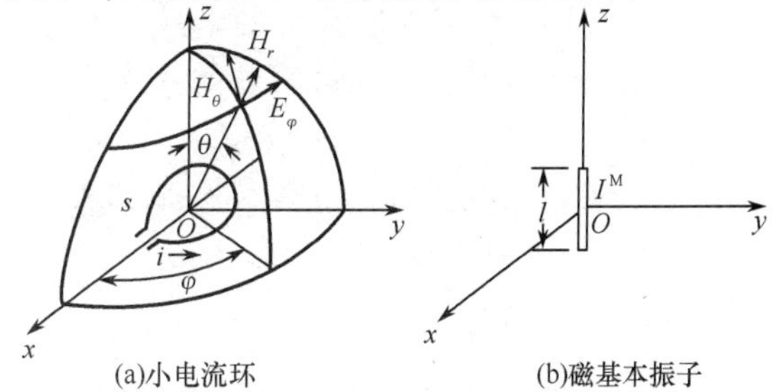

图 4-9　小电流环的辐射

$$q^{\mathrm{M}}=\frac{\mu is}{l} \tag{4-16}$$

而磁基本振子的磁流为

$$i^{\mathrm{M}}=\frac{\mathrm{d}q^{\mathrm{M}}}{\mathrm{d}t}=\frac{\mu s}{l}\frac{\mathrm{d}i}{\mathrm{d}t} \tag{4-17}$$

略去时间因子,则

$$\left.\begin{aligned} q^{\mathrm{M}}&=\frac{\mu Is}{l} \\ I^{\mathrm{M}}&=\mathrm{j}\frac{\omega\mu s}{l}I \end{aligned}\right\} \tag{4-18}$$

应用电磁场的对偶原理:$E_{\mathrm{e}}\to H_{\mathrm{m}}$、$H_{\mathrm{e}}\to -E_{\mathrm{m}}$、$I\to I^{\mathrm{M}}$,在式(4-1)和式(4-2)中用对偶量代换,则可得出小电流环场的表示式,即

$$\left.\begin{aligned} E_r&=0 \\ E_\theta&=0 \\ E_\varphi&=-\mathrm{j}\frac{\omega\mu sI}{4\pi}\sin\theta\left(\frac{\mathrm{j}k}{r}+\frac{1}{r^2}\right)\mathrm{e}^{-\mathrm{j}kr} \end{aligned}\right\} \tag{4-19}$$

$$\left.\begin{aligned} H_r&=\mathrm{j}\frac{sI}{2\pi}\cos\theta\left(\frac{k}{r^2}-\mathrm{j}\frac{1}{r^3}\right)\mathrm{e}^{-\mathrm{j}kr} \\ H_\theta&=\mathrm{j}\frac{sI}{4\pi}\sin\theta\left(\mathrm{j}\frac{k^2}{r}+\frac{k}{r^2}-\mathrm{j}\frac{1}{r^3}\right)\mathrm{e}^{-\mathrm{j}kr} \\ H_\varphi&=0 \end{aligned}\right\} \tag{4-20}$$

由式(4-19)及式(4-20)可见,小电流环的场与电基本振子的场恰好是电场与磁场调换了位置。因此小电流环的电磁场也分为近区和远区。

其远区场表达式为

$$\left.\begin{aligned} E_r&=E_\theta=H_\varphi=0 \\ H_r&=0 \\ H_\theta&=-\frac{\pi Is}{\lambda^2}\sin\theta\frac{\mathrm{e}^{-\mathrm{j}kr}}{r} \\ E_\varphi&=\frac{120\pi^2 Is}{\lambda^2}\sin\theta\frac{\mathrm{e}^{-\mathrm{j}kr}}{r} \end{aligned}\right\} \tag{4-21}$$

可见小电流环的远区场只有 $E_\varphi$ 与 $H_\theta$,它们在时间上同相,在空间上互相垂直,它们的坡印亭矢量 $\boldsymbol{S}=\frac{1}{2}\boldsymbol{E}\times\boldsymbol{H}^*$ 也是纯实数,并指向 $\hat{\boldsymbol{r}}$ 方向。这说明小电流环的远区场也是一个沿径向传播的横电磁波。$E_\varphi$ 和 $H_\theta$ 的绝对值之比也等于自由空间的波阻抗,即 $|E_\varphi|/|H_\theta|=120\pi$ ($\Omega$)。小电流环与电基本振子一样也有方向性。其场正比于 $\sin\theta$,即方向图函数 $f(\theta,\varphi)=\sin\theta$,在与环平面相垂直并通过原点的平面内的方向图与电基本振子在包含振子轴线平面内的方向图相同,为 8 字形。环所在的平面各方向是均匀辐射的,即在该平面内无方向性。事实上,对于一个很小的环来说,如果环的周长远小于 $\lambda/4$,则其方向图和环的实际形状无关,即环可以是矩形、三角形或其他形状的。

小电流环的辐射功率与辐射电阻可按电基本振子那样求出,其辐射电阻为

$$R_{\mathrm{r}}=\frac{320\pi^4 s^2}{\lambda^4} \tag{4-22}$$

如果小环有 $N$ 匝，匝间距离远小于波长，则它的辐射电阻为式(4-22)的 $N^2$ 倍。与电基本振子对比，电基本振子的辐射电阻与$(l/\lambda)^2$ 成正比，而小环的辐射电阻与$(s/\lambda^2)^2$ 成正比，这说明如果导线的长度相同，以此导线做成的环要比直导线的辐射弱得多。这是由于小环电流是闭合电流，在环直径两端对应线段上的电流是反方向的，这两线段相距又很近，它们的辐射基本上相消；而短直线段上的电流是同一方向的，各段电流在观察点产生的场几乎是同相相加的。小电流环是一种实用天线，称为环形天线。

### 4.3.2 缝隙元的辐射场

在金属片或波导和空腔谐振器壁上开缝，如图 4-10 所示，使电磁波透过缝隙辐射或接收，这样的天线称为裂缝或缝隙天线。这类天线特别适用于运动物体，如飞行器、车辆等。因为它可以做得与物体表面齐平，既隐蔽也不影响物体的运动。缝隙天线可看成是由许多缝隙元组成的。所谓缝隙元，就是在一无限大的理想导电的无限薄的金属平板上开一小的缝隙。设基本缝隙的场是由加在其中心的电势所激励的，如图 4-11 所示，缝隙的长度 $l$ 远小于波长。由于缝隙很窄，如果略去两端的边缘效应，则缝内的电场是近似均匀分布的，与细螺线管表面的场相比较，两者是一致的。因此，缝隙元也可看成另一类磁基本振子。缝隙中的均匀电场可认为是其中的均匀传导磁流产生的，所以对于缝隙元的辐射场的计算，可用缝隙中的等值磁流来代替，这与电基本振子的辐射场形成对偶关系。

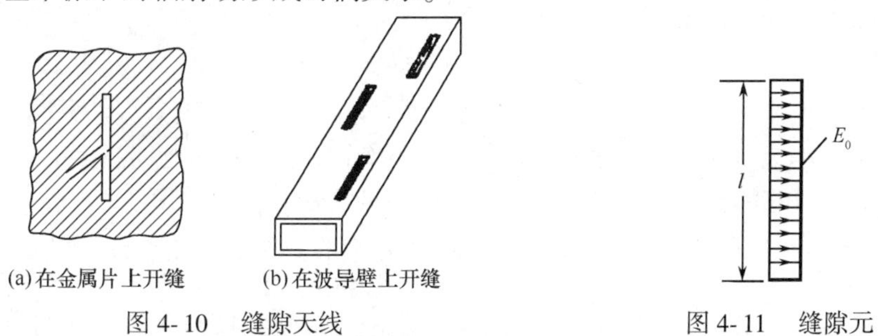

(a) 在金属片上开缝　(b) 在波导壁上开缝

图 4-10　缝隙天线　　图 4-11　缝隙元

如果我们将无限大的金属片移开，在缝隙的位置换上与缝隙相同形状及尺寸的无限薄的理想导电的金属片，在片的中点馈电，这就是一电基本振子。由于两者的结果是“对偶”的，故互称为对偶振子或补偿振子。两对偶振子的边界条件也是对偶的，依据对偶定理，由电基本振子的场就可确定缝隙元的场，两者所产生的电磁场分布和方向性完全相同，其差别仅在于：

① 磁场和电场互换；

② 缝隙金属片两侧面的场量不连续，它们的方向差 180°。

设缝隙元的宽度为 $d$，缝内的均匀电场强度为 $E_0$，则缝内的磁流振幅值为

$$I^{\mathrm{M}} = LJ^{\mathrm{M}} = -LE_0 \tag{4-23}$$

式中，$L$ 是周长，等于 $2d$；而缝隙两侧的电压为

$$U = \int_0^d E_0 \mathrm{d}x = E_0 d = \frac{1}{2} I^{\mathrm{M}} \tag{4-24}$$

将式(4-23)、式(4-24)用对偶量互换关系代入式(4-1)和式(4-2)中，略去 $r^{-2}$ 及 $r^{-3}$ 项，得缝隙元在远区场的表示式为

$$E_\varphi = \mathrm{j}\frac{Ul}{\lambda}\sin\theta\frac{\mathrm{e}^{-\mathrm{j}kr}}{r}, \qquad H_\theta = -\mathrm{j}\frac{Ul}{\lambda}\frac{1}{Z_{\mathrm{W0}}}\sin\theta\frac{\mathrm{e}^{-\mathrm{j}kr}}{r} \tag{4-25}$$

本节习题 4-3，4-7；MOOC 视频知识点 4.4~4.5。

# 4.4　对称振子的辐射场

电流元、小电流环只是组成天线的基本单元，为了说明天线的辐射特性，下面介绍线天线的基本形式——直线对称振子。

直线对称振子的结构如图 4-12 所示，两臂导线的截面通常是圆形的，设每个臂的长度为 $l$，导线的半径为 $a$。

直线对称振子是应用广泛、结构简单的一种线天线，简称为对称振子，它既可单独使用，也可作为阵列天线的组成单元，还可用作某些微波天线的馈源。

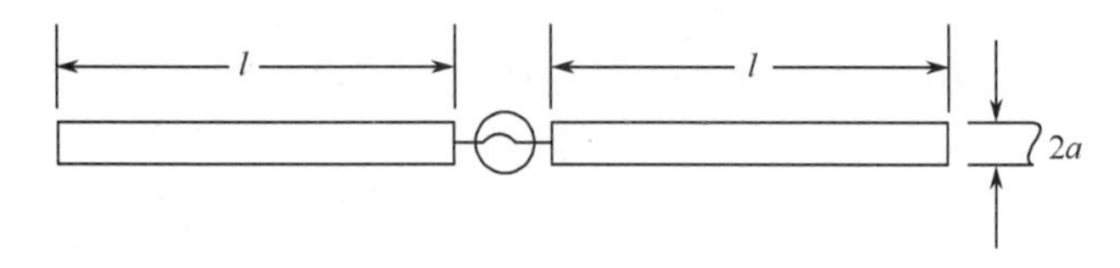


图 4-12　直线对称振子的结构

## 4.4.1　对称振子的电流分布

在对称振子两臂中间馈以高频电动势，则在对称振子的两臂将产生一定的电流和电荷分布，这种电流分布就在其周围空间激发电磁场，电磁能量将不断地向空间辐射。如果知道了对称振子两臂上的电流分布，就可以通过求解麦克斯韦方程而求得振子周围空间的电磁场分布。要求出振子上的电流分布的严格解，可以利用导体的边界条件，即电场强度的切线分量和磁场强度的法线分量等于零的条件。但是，对于这样一种简单几何形状的天线，要精确地求得振子上的电流电荷分布及其产生的电磁场，将会遇到复杂的数学运算，这在工程上往往是不实用的。通常工程上需要寻求近似的处理方法。

由图 4-13 可以看出，既然对称振子的结构相当于一段开路双线传输线张开而成，因此可以假设：对称振子的电流分布应该和开路双线传输线上的电流分布规律相似。双线上两导线相对应的线段上的电流是等幅反相的。而天线的两个臂一个向上张，一个向下折，当两者在一直线上时，空间指向亦相差 180°，这一因素与电流在时间相位上相差 180°相补偿。因而对统一的坐标而言，两臂对应线段上的电流流向相同，相位也相同，即在直线对称振子的两臂的对应线段上，电流是等幅同相的。严格的理论计算和实验都证明：这种假设和对称振子上实际的电流分布是很相近的。对于无限细的对称振子而言，振子上的电流分布和无耗开路双线传输线上的电流分布完全一致，即是正弦分布（或驻波分布）。对较粗的圆柱对称振子上的电流分布，则和正弦分布有点差别，但差别不大，只在波节点（终端波节点除外）差别较大。因电流节点的电流较小，对总辐射场的影响不大，因此计算对称振子的辐射场时可以近似认为对称振子上的电流分布和开路双线传输线相同，即为正弦分布（或

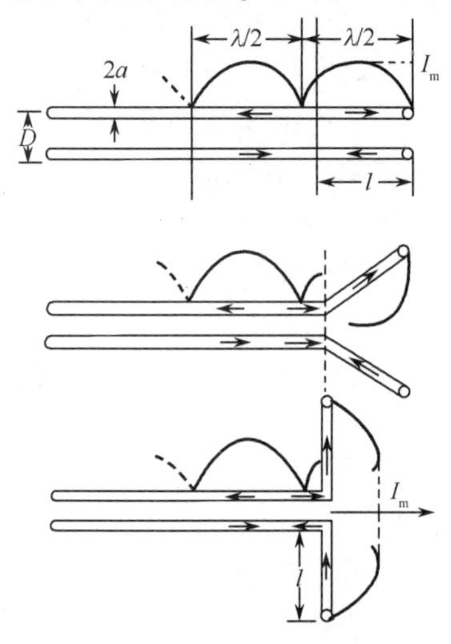


图 4-13　开路长线张开变成对称振子

驻波分布)。

取图 4-14 所示的坐标,设振子沿 $z$ 轴放置,振子中心位于坐标原点,则振子上电流分布的表示式为

$$I(z)=I_{\mathrm{m}}\sin k(l-|z|)=\begin{cases}I_{\mathrm{m}}\sin k(l-z) & 0<z<l\\ I_{\mathrm{m}}\sin k(l+z) & -l<z<0\end{cases}\tag{4-26}$$

式中,$I_{\mathrm{m}}$ 为波腹电流值;$k$ 为振子上电流传输的相移常数。由于振子有功率辐射,可视为一种功率损耗,$k$ 应为有耗线的相移常数。在计算细振子的辐射场时,通常认为 $k\approx k_0=2\pi/\lambda$,$k_0$ 和 $\lambda$ 分别是自由空间的相移常数和波长。

### 4.4.2 对称振子的辐射场和方向性

确定了对称振子上的电流分布后,就可计算其辐射场。在前面已求得电基本振子(电流元)的辐射场,电基本振子是长度远小于波长、电流均匀分布的基本辐射元。如果将对称振子分为许多小段,则每一小段都可看作一电基本振子,对于线性媒质,应用叠加定理,则对称振子的辐射场就等于这些无数小段基本振子辐射场的叠加。参看图 4-14,在 $z>0$ 的臂上任取一线元 $\mathrm{d}z$,其电流为 $I(z)$,则由前所述电基本振子的辐射场表示式(4-4)得

$$\mathrm{d}E_{\theta 1}=\mathrm{j}\,\frac{60\pi}{\lambda}\sin\theta_1 I_{\mathrm{m}}\sin k_0(l-z)\cdot\frac{\mathrm{e}^{-\mathrm{j}k_0 r_1}}{r_1}\cdot\mathrm{d}z\tag{4-27}$$

对于 $z<0$ 的臂,其对应线元的辐射场为

$$\mathrm{d}E_{\theta 2}=\mathrm{j}\,\frac{60\pi}{\lambda}\sin\theta_2 I_{\mathrm{m}}\sin k_0(l+z)\cdot\frac{\mathrm{e}^{-\mathrm{j}k_0 r_2}}{r_2}\cdot\mathrm{d}z\tag{4-28}$$

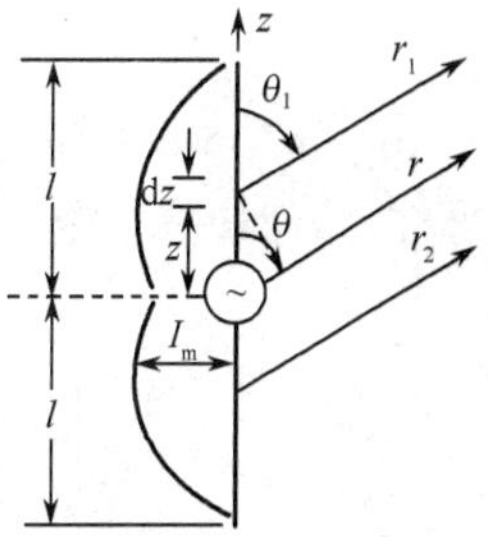

图 4-14　对称振子辐射场的计算

式中,$\mathrm{d}E_{\theta 1}$ 和 $\mathrm{d}E_{\theta 2}$ 分别表示两臂相对应的线元 $\mathrm{d}z$ 在 $\theta_1$ 和 $\theta_2$ 方向产生的电场矢量;$r_1$ 和 $r_2$ 是从对应 $\mathrm{d}z$ 到观察点的距离,$r$ 是从振子中点到观察点的距离。

在远区,因为 $kr\gg 1$(即 $r\gg\lambda$)、$r\gg 2l$,则每段线元到观察点的射线都近似认为是平行的,即 $\theta_1=\theta_2=\theta$。这样各线元在观察点产生的电场矢量都是同向的,即

$$\left.\begin{aligned}r_1&=r-z\cos\theta & z>0\\ r_2&=r-z\cos\theta & z<0\end{aligned}\right\}\tag{4-29}$$

因为 $r\gg 2l$,所以可认为 $\mathrm{d}E_{\theta 1}$ 和 $\mathrm{d}E_{\theta 2}$ 式中分母中的 $r_1$、$r_2$ 和 $r$ 是近似相等的,即

$$\frac{1}{r_1}=\frac{1}{r_2}=\frac{1}{r}$$

但是 $\mathrm{d}E_{\theta 1}$ 和 $\mathrm{d}E_{\theta 2}$ 式中指数项中的 $r_1$ 和 $r_2$ 则不能认为是相等的,因为它们和 $r$ 之间的波程差 $z\cos\theta$ 所引起的相位差是周期性的,极小的波程差就可能引起相当于几十度的相位差。

这样式(4-27)和式(4-28)可写为

$$\left.\begin{aligned}\mathrm{d}E_{\theta_1}&=\mathrm{j}\,\frac{60\pi}{\lambda r}\sin\theta I_{\mathrm{m}}\sin k_0(l-z)\,\mathrm{e}^{-\mathrm{j}k_0(r-z\cos\theta)}\,\mathrm{d}z\\ \mathrm{d}E_{\theta 2}&=\mathrm{j}\,\frac{60\pi}{\lambda r}\sin\theta I_{\mathrm{m}}\sin k_0(l+z)\,\mathrm{e}^{-\mathrm{j}k_0(r-z\cos\theta)}\,\mathrm{d}z\end{aligned}\right\}\tag{4-30}$$

把所有线元在观察点产生的辐射场叠加起来,就得到对称振子在观察点的总辐射场。因此,整个对称振子的辐射场就可由线元的辐射场对整个天线长度的积分求得,即

$$E_\theta = \int_0^l \mathrm{d}E_{\theta 1} + \int_{-l}^0 \mathrm{d}E_{\theta 2} = \mathrm{j}\frac{60I_\mathrm{m}}{r}\frac{\cos(k_0 l\cos\theta) - \cos k_0 l}{\sin\theta}\mathrm{e}^{-\mathrm{j}k_0 r} \tag{4-31}$$

由此可看出，对称振子的辐射场是一球面波，其等相位面是以振子中点为球心、半径为常数的球面，电场矢量在$\hat{\boldsymbol{\theta}}$方向上。在自由空间，依据远区场的性质，磁场为

$$H_\varphi = \frac{E_\theta}{120\pi} = \mathrm{j}\frac{I_\mathrm{m}}{2\pi r}\frac{\cos(k_0 l\cos\theta) - \cos k_0 l}{\sin\theta}\mathrm{e}^{-\mathrm{j}k_0 r} \tag{4-32}$$

根据辐射场强与方向的关系知，对称振子的方向函数

$$f(\theta,\varphi) = \frac{|\boldsymbol{E}|}{\dfrac{60|I_\mathrm{m}|}{r}} = \left|\frac{\cos(k_0 l\cos\theta) - \cos k_0 l}{\sin\theta}\right| \tag{4-33}$$

由式(4-33)可画出天线的场强方向图，其形状与 $l/\lambda$ 或 $k_0 l$ 有关。图 4-15 绘出了在各种 $l/\lambda$ 值时，对称振子的归一化场强方向图。由于结构具有对称性，其方向图仅与 $\theta$ 有关，而与 $\varphi$ 无关。对于两个主平面来说，图 4-15 就表示 $E$ 平面的方向图，$H$ 平面的方向图是一圆。将 $\theta=90°$代入式(4-33)就可得到 $H$ 平面的方向函数为

$$f(\theta,\varphi) = 1 - \cos k_0 l \tag{4-34}$$

由图 4-15 可以看出：无论 $l/\lambda$ 取何值，在 $\theta=0°$方向辐射场总是零。这是因为串接成对称振子的所有电基本振子在轴向都没有辐射的缘故。

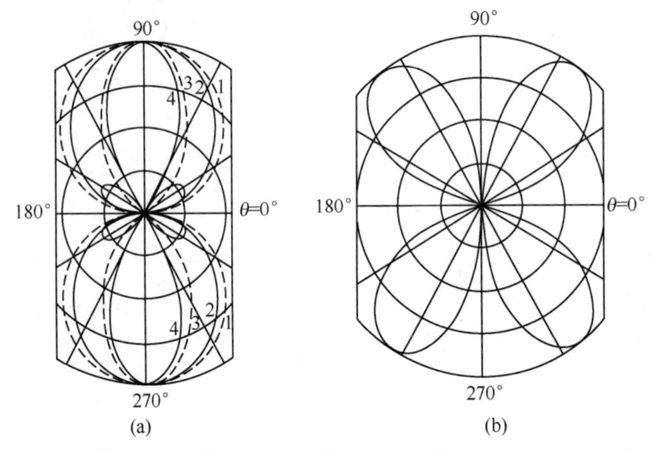


图(a)中：1. $\dfrac{l}{\lambda} \ll 1$；2. $\dfrac{l}{\lambda}=0.25$；3. $\dfrac{l}{\lambda}=0.5$；4. $\dfrac{l}{\lambda}=0.625$；图(b)中$\dfrac{l}{\lambda}=1$

图 4-15　对称振子的方向图

当 $l \ll \lambda$ 时，对称振子与电基本振子的方向图很接近。

当 $l/\lambda \leqslant 0.5$ 时，方向图形状仍为 8 字形，在 $\theta=90°$方向辐射最大，且随着 $l/\lambda$ 的增大，方向图变得更尖锐。这时对称振子上所有电基本振子的电流分布是同相的，$l/\lambda$ 增大表示基本振子的数目增多，它们在 $\theta=90°$方向上又没有波程差，场的叠加结果使得 $\theta=90°$方向上辐射场同相叠加，获得最大辐射，此时如图 4-16 所示。

当 $l/\lambda>0.5$ 时，对称振子上出现反相电流，方向图除主瓣外，还出现副瓣；当 $l/\lambda>0.7$ 时，最大辐射方向不在 $\theta=90°$方向。当 $l/\lambda=1$ 时，在 $\theta=90°$方向，对称振子电流相位差使得各基本振子的辐射场互相抵消，故 $\theta=90°$方向辐射变为零(由辐射最大变为零)。但在 $\theta\approx60°$方向上，由于波程差引起的相位差与电流相位差的相互补偿，使得在该方向上场的叠加结果变为最大。

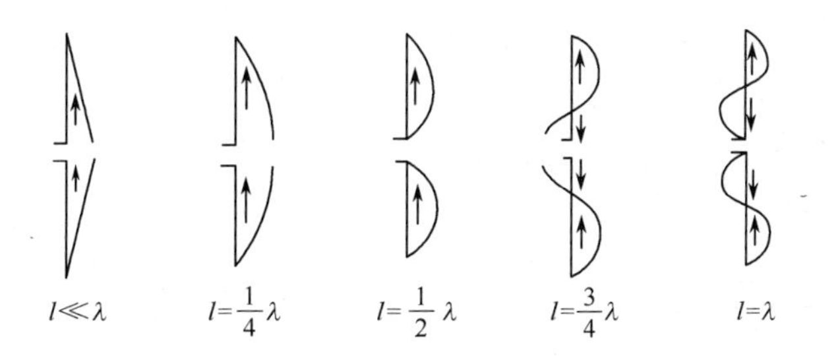


图 4-16　对称振子的电流分布

可见,影响对称振子方向性的因素有 4 个,即振子上基本单元的方向性、振子上的电流振幅分布、振子上的电流相位分布和各基本单元辐射场的波程差。其中主要作用因素是波程差和振子上电流的相位分布。

当 $l/\lambda \leqslant 0.625$ 时,最大辐射方向仍在 $\theta=90°$ 方向上。因此工程上几乎不用长对称振子,尤其是 $l>0.625\lambda$ 的振子。

对称振子最常用的是长度为 $2l=\lambda/2$ 的半波振子,其方向函数为

$$f(\theta,\varphi)=\left|\cos\left(\frac{\pi}{2}\cos\theta\right)/\sin\theta\right| \tag{4-35}$$

当 $2l=\lambda$ 时,称为全波振子,其方向函数为

$$f(\theta,\varphi)=\left|\frac{\cos(\pi\cos\theta)+1}{\sin\theta}\right| \tag{4-36}$$

### 4.4.3　辐射功率与辐射阻抗

计算对称振子的辐射功率和辐射阻抗通常有两种方法,一是坡印亭矢量法,二是感应电势法。坡印亭矢量法已在电基本振子中做了介绍,它通过在一个半径足够大并包围天线的球面上对坡印亭矢量进行积分,这时对天线的远区场进行计算,求得的天线辐射功率是实功率,因而只能计算相应的天线辐射电阻。感应电势法是在振子的导体表面进行计算,对应天线的近区场,因而可计算天线的辐射电阻和电抗。

将对称振子辐射场表示式(4-31)代入式(4-7),则天线的辐射功率为

$$P_{\mathrm{r}}=\frac{1}{120\pi}\int_0^{2\pi}\mathrm{d}\varphi\int_0^{\pi}\frac{1}{2}|\boldsymbol{E}|^2r^2\sin\theta\mathrm{d}\theta=30|I_{\mathrm{m}}|^2\int_0^{\pi}\frac{[\cos(k_0l\cos\theta)-\cos k_0l]^2}{\sin\theta}\mathrm{d}\theta \tag{4-37}$$

而天线的辐射功率与辐射电阻的关系为

$$P_{\mathrm{r}}=\frac{1}{2}|I|^2R_{\mathrm{r}} \tag{4-38}$$

由于对称振子上的电流是驻波分布的,因此要选择一个参考电流,通常都是以振子上的波腹电流 $I_{\mathrm{m}}$ 进行归算(也可用输入电流 $I_0$ 来归算)的。若用 $I_{\mathrm{m}}$ 归算,将式(4-37)代入式(4-38)即得归于波腹电流 $I_{\mathrm{m}}$ 的辐射电阻。

$$R_{\mathrm{r}}=\frac{2P_{\mathrm{r}}}{|I_{\mathrm{m}}|^2}=60\int_0^{\pi}\frac{[\cos(k_0l\cos\theta)-\cos k_0l]^2}{\sin\theta}\mathrm{d}\theta \tag{4-39}$$

因为上式积分结果复杂,已有人把积分结果制成表,供查阅。

图 4-17 所示了对称振子的辐射电阻 $R_r$ 与电长度 $l/\lambda$ 的关系曲线。由图可见，当 $l/\lambda$ 增大时，辐射电阻增大，到 $l/\lambda = 0.5$ 时达到峰顶；$l/\lambda$ 再增大时，辐射电阻反而减小，到 $l/\lambda \approx 0.75$ 时达到谷底；以后 $R_r$ 又随着 $l/\lambda$ 的增大而增大，到 $l/\lambda \approx 1$ 时再次达到峰顶。整个曲线呈现振荡的性质。

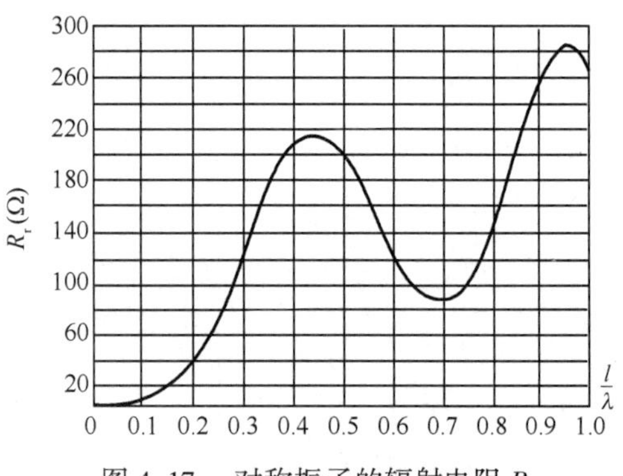


图 4-17　对称振子的辐射电阻 $R_r$ 与电长度 $l/\lambda$ 的关系曲线

对细半波对称振子$\left(2l = \dfrac{\lambda}{2}\right)$，其辐射电阻 $R_r = 73.1\Omega$；细全波对称振子（$2l = \lambda$），其辐射电阻 $R_r = 200\Omega$。

本节习题 4-8，4-9；MOOC 视频知识点 4.6~4.7。

# 4.5　发射天线的电参数

天线是无线电系统的重要部件，天线性能的好坏将直接影响整个系统的性能指标。为了评价一副天线的性能，必须规定一些能表示天线各种性能好坏的参数或指标。因此，定量表征天线性能、功能的物理量就是天线的电参数，为选择和设计天线提供依据。

根据电磁场互易原理，同一副天线在用作发射或接收时它的主要电参数是相同的，只是含义有所不同。本节只讨论发射天线的电参数。

## 4.5.1　天线的方向性及方向性参数

### 1. 方向性

天线的辐射功率在有些方向大，在有些方向小。所谓方向性，就是在相同距离的条件下天线辐射场的相对值与空间方向的关系。在球坐标系统中，空间方向取决于方位角 $\varphi$ 和子午角 $\theta$，如图 4-18 所示。前面介绍了基本辐射元的方向性，由基本辐射元所辐射出去的电磁波虽然是一球面波，但不是均匀球面波，在某些方向场强，在某些方向场弱。目前绝对没有方向性的天线实际上是不存在的。为了分析和对比方便，我们认为理想点源是无方向性天线，即它在各个方向、相同距离处产生的场的大小是相等的。

在前面我们定义了天线的方向函数 $f(\theta,\varphi)$ 就是辐射电场表达式中与方向$(\theta,\varphi)$有关的函数，将方向函数用曲线描绘出来，称之为方向图或方向性曲线。变化 $\theta$ 及 $\varphi$ 得出的方向图是空间方向图，亦称为立体辐射方向图，如图 4-7(d)所示。为了方便，通常采用通过天线最大辐射方向的两个相互垂直的平面方向图。

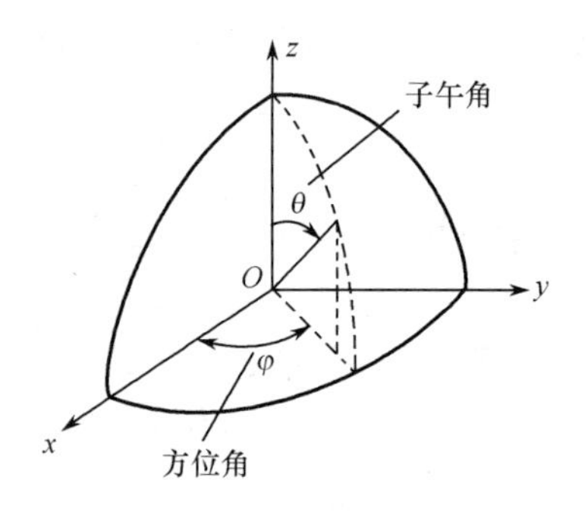


图 4-18　球坐标系统

在地面上架设的线天线一般采用下述两个平面：

① 当仰角 $\Delta$ 及距离 $r$ 为常数时，$\boldsymbol{E}$ 随方位角 $\varphi$ 的变化图形，称之为水平平面方向图；

② 当 $\varphi$ 及 $r$ 为常数时,$\boldsymbol{E}$ 随仰角 $\Delta$ 的变化图形,称之为垂直平面方向图。

同样,在超高频天线中常采用与场矢量相平行的两个平面:即 $E$ 面和 $H$ 面。

### 2. 归一化方向图函数和方向图参数

#### (1) 归一化方向图函数

方向函数 $f(\theta,\varphi)$ 不能明确表明天线方向性的优劣。为了清楚表明不同天线的方向性,引入归一化方向图函数 $F(\theta,\varphi)$ 和方向图参数。

**定义 4-1** 如果令空间方向图的最大值等于 1,则此方向图称为归一化方向图,相应的方向函数称为归一化方向函数,用 $F(\theta,\varphi)$ 表示,即

$$F(\theta,\varphi)=\frac{f(\theta,\varphi)}{f_{\max}(\theta,\varphi)}=\frac{|\boldsymbol{E}(\theta,\varphi)|}{|\boldsymbol{E}_{\max}|} \tag{4-40}$$

式中,$\boldsymbol{E}_{\max}$ 为最大辐射方向上的电场强度,而 $\boldsymbol{E}(\theta,\varphi)$ 为同一距离 $(\theta,\varphi)$ 方向上的电场强度。可见,$F(\theta,\varphi)$ 具有规范性,而且 $F(\theta,\varphi)_{\max}=1$。

由式(4-40)可得如下定理。

**定理 4-1** $$|\boldsymbol{E}|=|\boldsymbol{E}|_{\max}\cdot F(\theta,\varphi)$$

即已知 $r=$ 常数球面上最大场强值和场强方向图函数,即可得该球面上任意方向的场强值。

有时还采用辐射的功率流密度与方向关系的方向图 $P(\theta,\varphi)$,称之为功率方向图。

$$P(\theta,\varphi)=\frac{S(\theta,\varphi)}{S_{\mathrm{M}}}$$

$S(\theta,\varphi)$ 为 $(\theta,\varphi)$ 方向的功率通量密度,$S_{\mathrm{M}}$ 是功率通量密度的最大值。

不难看出,它与场强方向图之间的关系为

$$P(\theta,\varphi)=F^2(\theta,\varphi) \tag{4-41}$$

方向图也常用分贝(dB)表示,称为分贝方向图。

$$F(\theta,\varphi)\big|_{\mathrm{dB}}=20\lg F(\theta,\varphi)$$

$$P(\theta,\varphi)\big|_{\mathrm{dB}}=10\lg P(\theta,\varphi)=20\lg F(\theta,\varphi)$$

显然 $$P(\theta,\varphi)\big|_{\mathrm{dB}}=F(\theta,\varphi)\big|_{\mathrm{dB}}$$

**【例 4-1】** 对称振子方向图函数

$$f(\theta,\varphi)=\frac{\cos(kl\cos\theta)-\cos kl}{\sin\theta}$$

当 $l<0.625\lambda$ 时,$\theta=90°$ 是它的最大辐射方向,即 $f(\theta,\varphi)_{\max}=1-\cos kl$,所以

$$F(\theta,\varphi)=\frac{\cos(kl\cos\theta)-\cos kl}{\sin\theta(1-\cos kl)}$$

半波振子,$2l=\dfrac{\lambda}{2}$ $$F(\theta,\varphi)=f(\theta,\varphi)=\frac{\cos\left(\dfrac{\pi}{2}\cos\theta\right)}{\sin\theta} \tag{4-42}$$

方向图为三维空间的立体图形,如图 4-19(a)所示。为了方便,一般我们只计算和研究两个互相垂直的典型平面的方向图,如图 4-19(b)所示,典型平面称为主平面,即 $E$ 面和 $H$ 面。方向图可用不同的方式描绘,最常见的是用极坐标或直角坐标绘制的二维图形。

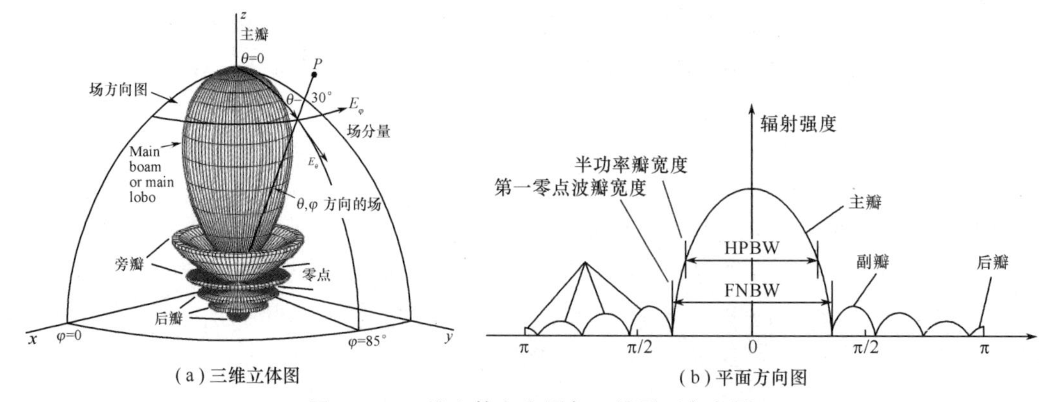

(a)三维立体图　　(b)平面方向图

图 4-19　三维立体方向图与二维平面方向图

综上所述,方向图表明了天线辐射的电磁能量在空间的分布状况,即辐射场强(或功率)大小在空间的分布图。

**(2) 方向图参数**

方向图表明天线辐射的电磁能量在空间的分布状况,即辐射场强(或功率)大小在空间的分布图。方向图参数是定量描述方向图特征的参数。

天线的方向图通常只有一个强的辐射区,我们称为主波束(或主瓣)。与主波束分离的区域辐射均较弱,我们称为副波束(或副瓣)。因此,天线的方向性能就可以用两个主平面($E$ 面和 $H$ 面)内的方向图参数(见图 4-20)来表示。

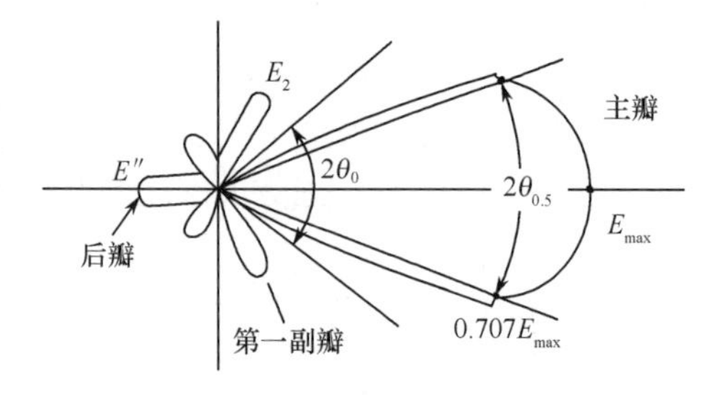

图 4-20　波瓣宽度和副瓣电平

设天线最强辐射方向为 $\theta=0°$,其余方向用 $\theta$ 表示,对于对称波束,天线的半功率波瓣宽度和零功率波瓣宽度可定义如下。

① 天线的半功率波瓣宽度(HPBW)

**定义 4-2**　在最大辐射方向两侧 $F(\theta,\varphi)=1/\sqrt{2}$ 的两点的夹角(即该方向的场强为最大辐射方向场强的 0.707 倍)或在最大辐射方向两侧功率为最大值一半的两点夹角,即 $F^2(\theta,\varphi)=1/2$ 的两点夹角。

令 $\theta_{0.5E}$ 和 $\theta_{0.5H}$ 为主波束半功率通量密度的方向,则半功率波瓣宽度分别为 $2\theta_{0.5E}$ 和 $2\theta_{0.5H}$。下标“E”和“H”分别表示 $E$ 面和 $H$ 面。

**【例 4-2】**　对电流元:$2\theta_{0.5E}=90°$;半波振子:$2\theta_{0.5E}=78°$,显然半波对称振子比电流元方向性强。

② 天线的零功率波瓣宽度(FNBW)

**定义 4-3**　最大辐射方向两侧的第一零值夹角即为天线零功率波瓣宽度。

令 $\theta_0$ 为主波束两侧零辐射方向,则天线的零功率波瓣宽度为 $2\theta_{0E}$ 和 $2\theta_{0H}$,显然 $2\theta_{0^E_H}>2\theta_{0.5^E_H}$。

③ 副瓣电平——Sll

波瓣宽度仅能衡量主瓣的尖锐程度,波瓣宽度越小,方向图越尖锐,表示天线辐射越集中。天线不仅有主波束,还有副波束,为了衡量副瓣的大小,以主瓣最大值($P_{max}$ 或 $E_{max}$)为基准,将副瓣最大方向的场强 $E_2$ 或功率 $P_2$ 小于主瓣最大值的分贝数称为副瓣电平,即

**定义 4-4**　副瓣电平指最大副瓣的最大值与主瓣最大值之比。

$$\mathrm{Sll}=10\lg\frac{P_2}{P_{\max}}(\mathrm{dB}),\qquad \mathrm{Sll}=20\lg\frac{E_2}{E_{\max}}(\mathrm{dB}) \tag{4-43}$$

副瓣越小,副瓣分散功率越小。最靠近主瓣的副瓣也称为第一副瓣电平,记为 FSll。

④ 背瓣电平(前后辐射比)——Bll

**定义 4-5** 主瓣最大值与后瓣最大值之比称为前后辐射比。

$$\mathrm{Bll}=20\lg\frac{|E|_{\max}}{|E''|}\mathrm{dB} \tag{4-44}$$

通常,天线在某一平面的主瓣宽度与天线在这一平面的最大尺寸和波长的比值 $l/\lambda$(电长度)成反比。波长越短,天线就能做得越大(与波长相比),天线方向图的主瓣宽度也越小。所以在超短波和波长更短的波段内天线的方向性较强,主瓣半功率宽度可做到几度、十分之几度。

### 3. 方向系数

不同天线具有不同的方向图,方向图可形象地表示天线的方向性,但不便于不同天线之间的比较,为了用一个数字定量地表示天线的方向性,有必要规定一个参数,这个参数叫作方向系数。

比较就需一个标准,常以理想点源天线为比较标准。理想点源天线是无方向性的,即它在空间各方向的辐射强度相等。方向图是一个球体(实际中并不存在)。

**定义 4-6** 该天线在最大辐射方向上的功率密度 $S_{\max}$(或场强 $E_{\max}$ 的平方)和总辐射功率相同的无方向性天线,在同一距离处的功率密度 $S_0$(或场强 $E_0$ 的平方)的比值,称为该天线的方向系数。

设该天线和无方向性天线的辐射功率分别为 $P_{\mathrm{r}}$ 和 $P_{\mathrm{ro}}$,且 $P_{\mathrm{r}}=P_{\mathrm{ro}}$,则该天线的方向系数为

$$D=\frac{S_{\max}}{S_0}\bigg|_{P_{\mathrm{r}}=P_{\mathrm{ro}}}=\frac{|\boldsymbol{E}|^2_{\max}}{|\boldsymbol{E}_0|}\bigg|_{P_{\mathrm{r}}=P_{\mathrm{ro}}} \tag{4-45}$$

因辐射远区场的 $\boldsymbol{E},\boldsymbol{H}$ 同相,且 $\boldsymbol{S}_{\mathrm{ar}}=\dfrac{|E|^2}{2Z}\hat{\boldsymbol{e}}_{\mathrm{r}}$,则

$$S_{\max}=\frac{|E|^2_{\max}}{2Z_W},\qquad Z_W=120\pi(\Omega) \tag{4-46}$$

又因理想点源天线无方向性,即 $P_{\mathrm{ro}}=P_{\mathrm{r}}$ 在球面上均匀分布,且效率为 100%

$$S_0=\frac{P_{\mathrm{r}}}{4\pi r^2} \tag{4-47}$$

天线辐射功率

$$P_{\mathrm{r}}=\frac{1}{2}\int_0^{2\pi}\mathrm{d}\varphi\int_0^{\pi}\frac{|\boldsymbol{E}|^2}{Z}r^2\sin\theta\mathrm{d}\theta,\qquad |\boldsymbol{E}|=|\boldsymbol{E}|_{\max}F(\theta,\varphi) \tag{4-48}$$

由上面三式可得方向系数的一般公式为

$$D=\frac{4\pi}{\int_0^{2\pi}\mathrm{d}\varphi\int_0^{\pi}F^2(\theta,\varphi)\sin\theta\mathrm{d}\theta} \tag{4-49}$$

式(4-49)是方向系数的一般表示式。如果不特别说明,方向系数 $D$ 均指最大辐射方向的方向系数。任意方向的方向系数 $D(\theta,\varphi)$,可由方向系数的定义得

$$D(\theta,\varphi)=DF^2(\theta,\varphi)=\frac{4\pi F^2(\theta,\varphi)}{\int_0^{2\pi}\mathrm{d}\varphi\int_0^{\pi}F^2(\theta,\varphi)\sin\theta\mathrm{d}\theta}=\frac{4\pi f^2(\theta,\varphi)}{\int_0^{2\pi}\mathrm{d}\varphi\int_0^{\pi}f^2(\theta,\varphi)\sin\theta\mathrm{d}\theta} \tag{4-50}$$

若天线立体方向图轴对称,即 $f(\theta,\varphi)$ 与 $\varphi$ 无关,则有

$$D=\frac{2}{\int_0^{\pi}F^2(\theta)\sin\theta\mathrm{d}\theta} \tag{4-51}$$

**【例 4-3】** 理想无方向性天线 $D=1$。

电流元： $F(\theta,\varphi)=\sin\theta$ $D=1.5$

半波对称振子： $F(\theta,\varphi)=\dfrac{\cos\left(\dfrac{\pi}{2}\cos\theta\right)}{\sin\theta}$ $D=1.64$

由方向系数的定义可得：

**推论 1** 因远区功率流密度和电场强度的平方成正比，则

$$D=\left.\frac{|\boldsymbol{E}|_{\max}^2}{|\boldsymbol{E}_0|^2}\right|_{P_{\mathrm{r}}相同}$$

$$|\boldsymbol{E}|=|\boldsymbol{E}|_{\max}F(\theta,\varphi)=\sqrt{D}F(\theta,\varphi)|\overline{E}_0| \tag{4-52}$$

可得方向系数 $D$ 的意义：在相同辐射功率的条件下，方向系数为 $D$ 的天线在 $r$ 处所产生的场为无方向性天线在该处场强的 $\sqrt{D}$ 倍。

**推论 2** 因为 $D=\dfrac{|\boldsymbol{E}|_{\max}^2}{2Z_W}\Big/\dfrac{P_{\mathrm{r}}}{4\pi r^2}=\dfrac{|\boldsymbol{E}|_{\max}^2\cdot r^2}{60P_{\mathrm{r}}}$，故

$$|\boldsymbol{E}|_{\max}=\frac{\sqrt{60P_{\mathrm{r}}D}}{r} \tag{4-53}$$

$$|\boldsymbol{E}|=\frac{\sqrt{60P_{\mathrm{r}}D}}{r}\cdot F(\theta,\varphi) \tag{4-54}$$

由此也可定义方向系数为：在最大辐射方向的同一接收点、电场强度相同的条件下，无方向性天线的辐射功率比有方向性天线的辐射功率增大的倍数，即

$$D=\left.\frac{P_{\mathrm{ro}}}{P_{\mathrm{r}}}\right|_{E_{\max}=E_r} \tag{4-55}$$

故有时将 $P_{\mathrm{r}}D$ 称为天线的等值辐射功率。或在辐射功率相同的条件下，采用方向系数为 $D$ 的天线所建立的场强比无方向性天线建立的场强提高 $\sqrt{D}$；或在同一点产生相同的场强，方向系数为 $D$ 的天线辐射功率只需无方向性天线的辐射功率的 $\dfrac{1}{D}$。

方向系数常用分贝来表示

$$D(\mathrm{dB})=10\lg(D) \tag{4-56}$$

当天线的空间方向图不是轴对称，但只有一个较尖锐的主波束而副瓣较小时，还可以用通过主波束最大辐射方向的主平面（即 $E$ 面和 $H$ 面）内的方向图 $f_{\mathrm{E}}(\theta)$ 和 $f_{\mathrm{H}}(\theta)$ 计算方向系数的近似值

$$D=\sqrt{D_{\mathrm{E}}}\sqrt{D_{\mathrm{H}}} \tag{4-57}$$

也可以用 $E$ 平面和 $H$ 平面方向图的半功率波瓣宽度 $2\theta_{0.5\mathrm{E}}$ 和 $2\theta_{0.5\mathrm{H}}$，通过经验公式来近似计算方向系数，即

$$D\approx\frac{33000}{(2\theta_{0.5\mathrm{E}})(2\theta_{0.5\mathrm{H}})} \tag{4-58}$$

上式分子中的数字变化范围较大，当副瓣电平较高（$-10$dB 以上）时，此数字可适当减小到 15000~20000；当副瓣电平较低（$-20$dB 以下）时，此数字可增大到 35000~42000。

### 4.5.2 天线效率与增益系数

1. 天线效率

输入天线的功率并非全部都能以电磁波能量的形式向外空间辐射,有一部分功率在天线中被损耗了。天线的效率也就是辐射功率与输入功率之比,即发射天线的效率由下式定义

$$\eta_A=\frac{P_r}{P_{in}} \tag{4-59}$$

式中,$P_r$ 是天线的辐射功率,$P_{in}$是输入到天线的功率,这里所指的功率均为实功率或有功功率。发射天线的功率损耗有:天线系统中的热损耗、介质损耗、感应损耗(悬挂天线的设备及大地的感应损耗)等。

效率表示天线是否有效地转换能量,是天线的重要指标。

输入功率可写成 $P_{in}=P_r+P_l$,$P_l$ 是损耗功率,若把 $P_{in}$、$P_r$ 和 $P_l$ 都归一化计算,并用输入电流 $I_0$ 的输入电阻 $R_{in}$、辐射电阻 $R_{r0}$和损耗电阻 $R_{l0}$来表示,则

$$P_r=\frac{1}{2}|I_0|^2R_{r0},\qquad P_l=\frac{1}{2}|I_0|^2R_{l0} \tag{4-60}$$

$$P_{in}=\frac{1}{2}|I_0|^2(R_{r0}+R_{l0})=\frac{1}{2}|I_0|^2R_{in} \tag{4-61}$$

式中,$R_{in}$为输入电阻,$R_{r0}$和 $R_{l0}$分别是归于输入端电流 $I_0$ 的辐射电阻和损耗电阻,因此

$$\eta_A=\frac{P_r}{P_{in}}=\frac{R_{r0}}{R_{in}}=\frac{R_r}{(R_r+R_l)} \tag{4-62}$$

其中 $R_r$ 和 $R_l$ 归于同一电流。从上式可看出,要提高天线效率,须尽可能地减小损耗电阻和增大辐射电阻。

天线的效率常用百分数表示。对于长、中波天线,由于波长较长,而天线的长度不可能取得很大,因此 $l/\lambda$ 较小,它的辐射能力自然很低,天线效率也较低。此外,它和馈电系统间的匹配也较差,通常长波天线的效率 $\eta_A$ 为 10%~40%;中波天线的效率 $\eta_A$ 为 70%~80%。因此,提高天馈系统的效率是很重要的问题。对于超高频天线,天线效率一般很高,接近于 1,功率损耗主要发生在馈电设备中。

2. 增益系数

方向系数说明了天线辐射能量的集中程度,天线效率则表示天线在能量变换上的效能。为了更全面地表示天线的性能,常常把两者联系起来,来表征天线总的收益程度。因此,引入一个新的天线电参数,即增益系数。

发射天线增益系数的定义是:在相同输入功率的条件下,天线在某方向上某点产生的功率密度 $S_1$(或 $|E_1|^2$)与理想点源(无方向性理想天线)在同一点产生的功率密度 $S_0$(或 $|E_0|^2$)的比值,即为该天线在该方向$(\theta,\varphi)$的增益系数,通常以 $G(\theta,\varphi)$表示,即

$$G(\theta,\varphi)=\frac{S_1}{S_0}=\frac{|E_1|^2}{|E_0|^2}\quad(相同输入功率) \tag{4-63}$$

增益系数还可以定义为:在某点产生的相等电场强度的条件下,理想点源(无方向性天线)输入功率 $P_{in0}$与某天线输入功率 $P_{in1}$的比值,称为该天线在该方向$(\theta,\varphi)$上的增益,即

$$G(\theta,\varphi)=\frac{P_{\text{in0}}}{P_{\text{in1}}}\quad(\text{相同电场强度})\tag{4-64}$$

上述两个定义是等效的,但不管哪一种定义,均应满足:

(1) 观察点与天线和理想点源等距离;

(2) 无方向性天线是理想的,即效率等于1,并位于自由空间。

因此,由定义得天线在最大辐射方向的增益系数为

$$G=\frac{S_{\max}}{S_0}\bigg|_{\substack{P_{\text{in}}\text{相同}\\ r}}=\frac{|\boldsymbol{E}|^2_{\max}}{|\boldsymbol{E}_0|^2}\bigg|_{\substack{P_{\text{in}}\text{相同}\\ r}}\tag{4-65}$$

式中,$S_0=\frac{P_{\text{in}}}{4\pi r^2}$。

理想点源天线效率为100%,$P_{\text{in0}}=P_{\text{r0}}$,又因最大辐射方向上

$$S_{\max}=\frac{|\boldsymbol{E}|^2_{\max}}{2Z}=\frac{60P_{\text{r}}D}{2\times120\pi r^2}=\frac{P_{\text{r}}D}{4\pi r^2},\qquad G=\frac{P_{\text{r}}}{P_{\text{in}}}D=\eta_{\text{A}}D\tag{4-66}$$

即增益系数 $G$ 是综合衡量天线能量转换和方向性的参量。

如果不特别说明,增益系数 $G$ 均指最大辐射方向的增益系数。

由式(4-54)可得天线所产生的电场强度为

$$E(\theta,\varphi)=\frac{\sqrt{60P_{\text{r}}D}}{r}F(\theta,\varphi)=\frac{\sqrt{60P_{\text{in}}G}}{r}F(\theta,\varphi)\tag{4-67}$$

将 $P_{\text{r}}D$ 换为 $P_{\text{in}}G$,可得 $P_{\text{r}}D=P_{\text{in}}G$。由此解得

$$D=\frac{|\boldsymbol{E}|^2_{\max}\cdot r^2}{60P_{\text{r}}}\tag{4-68}$$

$$G=\frac{|\boldsymbol{E}|^2_{\max}\cdot r^2}{60P_{\text{in}}}\tag{4-69}$$

上式就是天线增益的测量依据。

例如,用比较法测天线增益。通过比较待测天线和一个已知其增益的参考天线在相同输入功率下所辐射的最大功率密度,就能测出天线的增益,即

$$G=\frac{P_{\max}}{P_{\max(\text{参考天线})}}\times G(\text{参考天线})$$

一般如不特别说明,某天线的增益系数就是通常所指的、以理想点源作为对比标准的增益系数,常记为 dBi,代替 dB 以强调用各向同性天线作参考。但有些地方也采用自由空间的无耗的半波对称振子作为对比标准。它的方向系数等于 1.64dB 或 2.15dB,因此,以它作为对比标准时所得出的增益系数 $G'$ 与以理想点源作为对比标准时所得出的 $G$ 之间的关系为

$$G'=G/1.64$$

相对于半波对称振子的增益常记为 dBd。天线增益系数包含天线方向系数和效率,更有实用意义。一个增益为 $G$ 的天线相当于把天线的输入功率提高为原来的 $G$ 倍。

当考虑天线的极化时,常用部分增益(局部增益)的概念。某给定极化分量的部分增益的定义为:设被研究天线和作为参考的无方向性点源天线的输入功率相同时,被研究天线在最大辐射方向产生的某极化分量的功率密度(或场强模值的平方值或辐射强度)与无方向性点源天线在该处产生的功率密度(或场强模值的平方值或辐射强度)之比。该定义为天线在最大辐射方向的部分增益,也可以类似地定义天线在其他方向的部分增益。若不特别说明,部分增益常指最大辐射方向的部分增益。部分增益的分贝值用 dBic 表示。天线的增益(绝对增益)

等于用功率比表示的任两个正交极化的部分增益的总和。

### 4.5.3 天线的极化特性

发射天线所辐射的电磁场都是有一定的极化的。由于天线的远区场 $\boldsymbol{E}$ 和 $\boldsymbol{H}$ 互相垂直,两者极化情况一致,因此天线的极化定义为:在最大辐射方向上电场矢量的空间取向随时间的变化方式。与电磁场理论相同,可分为线极化、圆极化和椭圆极化。线极化分为水平极化和垂直极化;圆极化可由两个正交且具有 90°相位差的等幅线极化产生。根据矢量端点旋转方向的不同,圆极化可以是右旋的,也可以是左旋的。在天线技术中,一般规定:顺着传播方向看去,电场矢量端点旋转方向是顺时针的,则称为右旋极化,反之则称为左旋极化。

天线在某方向的极化是:

对发射天线——天线在该方向所辐射电波的极化;

对接收天线——天线在该方向接收获得最大接收功率(极化匹配)时入射平面波的极化。

未规定方向时,极化为最大增益方向(即最大辐射方向或最大接收方向)的极化。实际上,辐射波的极化随方向而变,因而,方向图的各部分可能具有不同的极化。

根据天线辐射的电磁波是线极化或圆极化及椭圆极化,相应的天线称为线极化天线或圆极化天线及椭圆极化天线。

线极化——场矢量只有一个分量;(或者)场矢量有两个同相或反相的正交线分量。

圆极化——场矢量有两个正交线极化分量;而且两个正交线极化分量等幅、相位差为±90°。

椭圆极化——既不是线极化也不是圆极化。

由于不同极化的电磁波在传播时有不同的特点,所以根据天线任务的不同,要对天线所辐射的电磁波的极化特性提出要求,天线辐射预定(要求)极化的电磁波称为主极化,天线可能会在非预定的极化上辐射不需要的能量,这种不需要的辐射称为交叉极化或寄生极化。对线极化天线来说,交叉极化方向和预定的极化方向相垂直;对圆极化来说,交叉极化可以看成与预定的极化旋转方向相反的分量。

交叉极化携带能量,对主极化是一种损失,要设法消除,但对收发公用天线或双频公用天线(频率复用天线),则利用主极化和交叉极化特性,达到收发隔离或双频隔离。

一般而言,常采用椭圆极化,线极化和圆极化是椭圆极化的特例。

当接收天线的极化与来波方向的极化不同时,就是所谓的极化失配。此时,天线从来波中截获的功率达不到最大。如果接收天线的极化与来波方向的极化相同,天线从来波中截获的功率达到最大,称为极化匹配,此时没有极化损耗。

在天线架设时也要注意发射天线与接收天线的极化匹配。有时为了通信需要,将线极化天线与圆极化天线一起使用,此时极化失配因子为 0.5,接收能量有一半损失,但通信不会中断。

### 4.5.4 天线的工作频带宽度

天线的方向特性、极化特性、阻抗特性及其效率等电参数都和频率有关。这些特性参数都是按一定的频率设计的。实际天线都是在一定频率范围内工作的,天线的特性参数在偏离设计频率时往往要发生变化。因此,把天线的各种特性参数不超过规定变化范围的频率范围称为天线的频带宽度,简称天线带宽。

天线或天线系统的工作频带或频带宽度不同于前面所讨论的那些指标,它并没有单一的定义,它取决于对此天线的技术要求,可能受到下列因素中的任何一个或几个因素的限制:方向图的形状或最大辐射方向的改变,副瓣或后瓣电平的增大,增益的降低,极化特性的改变或阻抗特性的变坏等。

对窄带天线:常用相对带宽来表示工作频带,即$\frac{\Delta f}{f_0}\times 100\%$,$f_0$ 为频带的中心频率,$\Delta f=f_{\max}-f_{\min}$即天线参数不超过规定变化范围的最高和最低频率范围。

对宽带天线:常用倍频$f_{\max}/f_{\min}$表示频带宽度,即用天线的最高频率为最低频率的倍数表示。

以上介绍了发射天线的主要电参数,它们适用于一切发射天线,是天线的基本电参数。

### 4.5.5 天线的有效长度

天线在空间的辐射场强与天线上的电流分布有关,方向图能表示出不同方向上辐射电磁场的相对强度,不能给出空间某点的场强的绝对值。为了衡量线天线的辐射能力,把天线在最大辐射方向的电场强度和天线馈电点电流联系起来,引入有效长度 $l_e$ 的概念。

它的定义是:某天线的有效长度是一假想的天线长度 $l_e$,此假想天线上的电流分布为均匀分布,电流大小等于该实际天线的波腹电流(或馈电点电流),并且此天线在最大辐射方向产生的场强等于该实际天线在最大辐射方向的场强。

参见图 4-21,根据式(4-10),考虑到各基本振子辐射场的叠加,此时实际天线在最大方向产生的电场为

$$E_{\max}=\int_{-l}^{+l}\mathrm{d}E=\int_{-l}^{l}\frac{30kI(l)}{r}\mathrm{d}l=\frac{30k}{r}\int_{-l}^{l}I(l)\,\mathrm{d}l \tag{4-70}$$

而假想天线上的电流为均匀分布,即各基本振子电流的振幅及相位相同,且在 $\theta=90°$ 方向上,各基本振子到观察点的距离也相同,将式(4-10)中的 $l$ 改为有效长度 $l_e$ 即可,因此

$$E_{\max}=\frac{30kl_eI}{r} \tag{4-71}$$

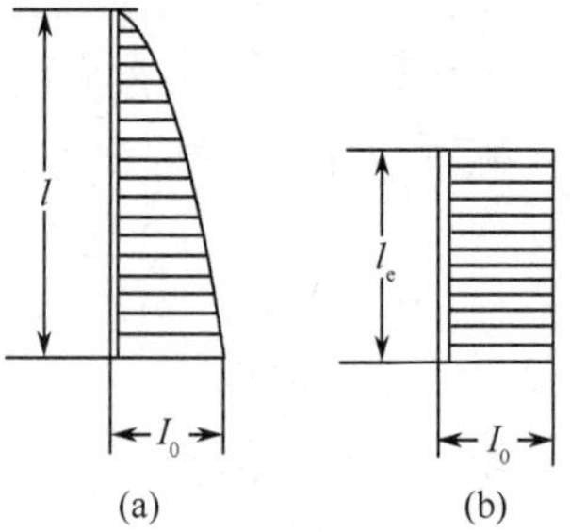

图 4-21　求天线的有效长度 $l$

式中,$l_e$ 是以电流 $I$ 归算的有效长度。

对比以上两式得

$$Il_e=\int_{-l}^{+l}I(l)\,\mathrm{d}l \tag{4-72}$$

由上式可看出,有效长度 $l_e$ 与所归一化计算的电流 $I$ 的乘积等于电流分布曲线与天线长度 $l$ 之间所包含的面积。如图 4-21 所示,若以馈电点电流 $I_0$ 归一化计算,则此乘积即为该图(b)中矩形的面积,等于式(4-72)右边所代表的图(a)电流所包围的面积,所以

$$l_{e0}=\frac{1}{I_0}\int_{-l}^{l}I(l)\,\mathrm{d}z \tag{4-73}$$

$l_e$ 与归算电流有关,若以波腹电流 $I_m$ 归算,其有效长度为 $l_{em}$,则可以证明 $l_{em}I_m=l_{e0}I_0$。

对于对称振子:$I_{(z)}=I_m\sin k(l-|z|)$,$I_0=I_m\sin kl$,由此可得 $l_{e0}=\frac{\lambda}{\pi}\tan\frac{kl}{2}$;

对于半波振子:因为 $I_o=I_m$,故 $l_{eo}=l_{om}$,所以 $l_e=\frac{\lambda}{\pi}=0.318\lambda$;

对于电流元:$l_e=\Delta l$;而对于很短振子有:$l\ll\lambda$,$l_e\approx l$。

注意:有效长度这一概念通常只应用在天线一臂的电长度小于 $\lambda/4$ 的天线中。当 $2l=\lambda$ 时,$I_0\to0$,$l_{eo}\to\infty$,有效长度的概念就不合理了。

将天线的有效长度与天线的方向图联系起来,则可以说明围绕天线周围空间各点场强的绝对值,即

$$E(\theta,\varphi)=\frac{30kl_e I}{r}F(\theta,\varphi) \tag{4-74}$$

式中,$l_e$ 与 $F(\theta,\varphi)$ 均用同一电流 $I$ 归算。

将式(4-74)代入式(4-48),得

$$P_r=\frac{1}{2}I^2R_r=\frac{(30kl_e I)^2}{240\pi}\int_0^{2\pi}\int_0^{\pi}F^2(\theta,\varphi)\sin\theta d\theta d\varphi \tag{4-75}$$

由式(4-51),将该式关系代入式(4-75),得

$$D=\frac{30k^2l_e^2}{R_r} \tag{4-76}$$

当天线为直立天线时,有效长度又称为有效高度,用 $h_e$ 表示。

### 4.5.6 输入阻抗

如图 4-22 所示,从能量传输的观点看,天线实质上是馈线的终端负载。按照电路理论,天线的输入阻抗是由馈电点的高频电压 $U_0$ 和该点电流 $I_0$ 所决定的,其关系式为

$$Z_{in}=U_0/I_0 \tag{4-77}$$

但必须明确:天线周围的场不是位场,因此,严格地计算一个辐射元的阻抗特性是比较困难的。但输入阻抗又是线天线的一个重要指标,因为它直接影响天线馈入(对接收天线而言为输送给接收机)的效率。因此,实际工程中常由实验测量来确定天线输入阻抗,或采用工程近似计算法(即感应电动势法、等效传输线法、边值法等)得到天线输入阻抗。天线的输入阻抗取决于天线本身结构、工作频率及周围环境影响。

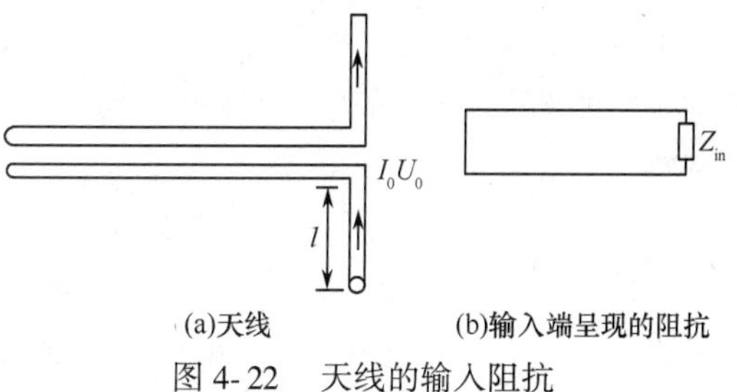


图 4-22　天线的输入阻抗

#### 1. 用感应电动势法计算天线输入阻抗的思路

感应电动势法就是紧贴天线表面取封闭面,从功率出发定义天线的输入阻抗。

事实上,天线的辐射功率是一复数功率,它包含实功部分和无功部分两个分量。有功辐射功率加上天线导体中的热损耗、绝缘损耗和介质损耗、地电流及天线周围物体的损耗等构成实功功率。如果将此功率认为被一个电阻所吸收,并且通过这个电阻的电流就是馈电点的电流,则这个电阻就是输入电阻。辐射功率的无功分量并不是辐射出去的功率,而是存储在天线近区中与源交换的那部分功率,它决定了输入阻抗的虚部。

即输入到天线的功率等效为一个阻抗所吸收的功率,此阻抗的电流等于输入点电流 $I_A$,这个等效阻抗就是天线的输入阻抗 $Z_{in}$,即

$$Z_{in}=R_{in}+jX_{in} \tag{4-78}$$

式中,$R_{in}$称为输入电阻;$X_{in}$称为输入电抗。

$$Z_{in}=\frac{\tilde{P}_{in}}{|I_A|^2/2} \tag{4-79}$$

式中,$I_A$ 为天线的输入电流;$\tilde{P}_{in}$ 为封闭面紧贴天线表面得到的输入天线系统的复功率, 且

$$\tilde{P}_{in}=P_A+jQ_r$$

$Q_r$ 是存储在天线近区的(感应场)能量,它决定天线输入阻抗的虚部。

$$P_A=P_r+P_l$$

式中,$P_l$ 是天线的各类损耗功率。

$$Z_{in}=\frac{P_r+P_l+jQ_r}{|I_A|^2/2}=R_{ro}+R_{lo}+jX_{in}=R_{in}+jX_{in} \tag{4-80}$$

同理可得

$$\eta_A=\frac{R_{ro}}{R_{ro}+R_{lo}}$$

## 2. 对称振子的输入阻抗计算

工程上计算对称振子输入阻抗普遍采用等效传输线法,它虽是近似计算,但公式简便,便于实际应用。等效传输线法应用传输理论来近似地计算输入阻抗。

对称振子是由一段开路双线传输线张开而成的,因此可以应用传输线理论来近似地计算其输入阻抗。但是对称振子和传输线之间存在下列两点主要差别,在计算输入阻抗时应当加以考虑:

① 传输线是非辐射系统,而对称振子是辐射系统,如果把振子的功率辐射看作一种损耗,则对称振子应等效为有耗线;

② 均匀传输线上对应线元之间的距离处处相等,故分布参数是均匀的,其特性阻抗沿线不变。而对称振子上的对应线元之间距离则是变化的,如图 4-23所示,因此分布参数和特性阻抗沿线是不均匀的。

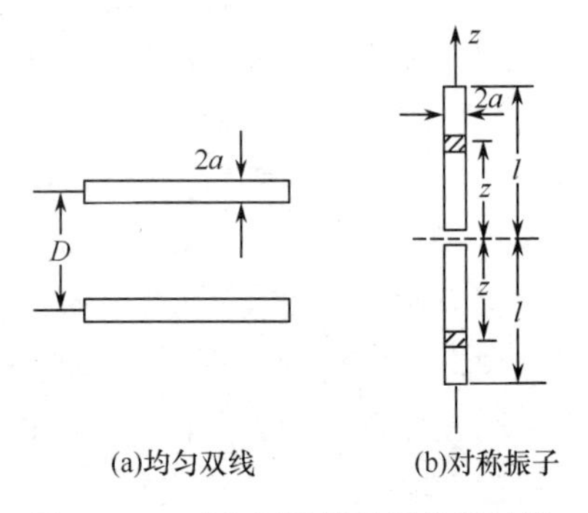

图 4-23　对称振子特性阻抗的计算

等效传输线法就是将不均匀的对称振子等效为不均匀有耗开路线,利用其阻抗公式来计算对称振子的输入阻抗,因考虑上述两个主要差别,故要对公式做适当的修正。

根据传输线理论,已知长度为 $l$ 的均匀有耗开路线的输入阻抗为

$$Z_{in}=Z_e\frac{\mathrm{sh}(2\alpha l)-\frac{\alpha}{k}\sin(2kl)}{\mathrm{ch}(2\alpha l)-\cos(2kl)}-jZ_e\frac{-\frac{\alpha}{k}\mathrm{sh}(2\alpha l)+\sin(2kl)}{\mathrm{ch}(2\alpha l)-\cos(2kl)} \tag{4-81}$$

式中,$Z_e=\sqrt{L_1/C_1}$ 为无耗线的特性阻抗,$\alpha=R_1/2Z_e$ 为线的衰减常数,$k=2\pi/\lambda_A$ 为线的相移常数,$L_1$、$C_1$ 和 $R_1$ 分别为线上单位长度的分布电感、分布电容和损耗电阻,$\lambda_A$ 为线上波长。

用式(4-81)来计算对称振子的输入阻抗时,必须先求得振子的特性阻抗、衰减常数和相移常数。

已知均匀双线的特性阻抗为

$$Z_e = 120\ln\frac{D}{a} \tag{4-82}$$

式中,$a$ 是导线的半径;$D$ 是线间距离。前面已经指出,对称振子线元之间的距离是变化的,即 $D=2z$,如图 4-23 所示。因此,特性阻抗是不均匀的,通常用其平均特性阻抗来表示振子的特性阻抗,即

$$Z_{CA} = \frac{1}{l}\int_0^l 120\ln\frac{2z}{a}dz = 120\left(\ln\frac{2l}{a} - 1\right) \tag{4-83}$$

由上式可知,$a$ 越大(即振子越粗),振子的特性阻抗 $Z_{CA}$ 就越小。

振子上的电流衰减主要是由辐射引起的,将振子的辐射功率等效为电阻损耗,设振子的单位长度损耗电阻为 $R_1$,并均匀地沿线分布,则整个振子的损耗功率即辐射功率可表示为

$$P_r = \frac{1}{2}\int_0^l |I(z)|^2 R_1 dz$$

而由辐射电阻表示的辐射功率

$$P_r = \frac{1}{2}|I_m|^2 R_r$$

以 $I(z)=I_m\sin k(l-z)$ 代入计算,则

$$R_1 = \frac{2R_r}{\left[1-\frac{\sin(2kl)}{2kl}\right]} \tag{4-84}$$

$$\alpha = \frac{R_1}{2Z_{CA}} = \frac{R_r}{Z_{CA}l\left[1-\frac{\sin 2kl}{2kl}\right]} \tag{4-85}$$

由式(4-85)可知,$Z_{CA}$ 减小,$\alpha$ 将增大。

由于对称振子辐射引起电流的衰减,使得振子上电流波的传播相速小于自由空间的光速,其波长 $\lambda_A$ 小于自由空间的波长 $\lambda$,因此式(4-81)中的 $k$ 不能用无耗线的 $k_0$ 代入计算。此外,由于振子分布参数不均匀及导线粗细,使得振子末端具有较大的端面电容,末端的电流不为零,这种现象通常称为末端效应。这一效应使得振子的等效长度增大。理论和实验证明,以 $k=nk_0$ 代入计算,则所得出的结果与实际情况比较接近。因此采用对称振子的 $Z_{CA}$、$\alpha$ 和 $k$ 计算 $Z_{in}$ 的公式为

$$Z_{in} = Z_{CA}\frac{\mathrm{sh}(2\alpha l) - \frac{a}{nk_0}\sin(2nk_0 l)}{\mathrm{ch}(2\alpha l) - \cos(2nk_0 l)} - \mathrm{j}Z_{CA}\frac{\frac{\alpha}{nk_0}\mathrm{sh}(2\alpha l) + \sin(2nk_0 l)}{\mathrm{ch}(2\alpha l) - \cos(2nk_0 l)} \tag{4-86}$$

式中,$n=k/k_0=\lambda/\lambda_A$ 表示振子上的波长缩短系数,图 4-24 绘出了不同 $l/a$ 时的 $n$ 随 $l/\lambda$ 的变化曲线。

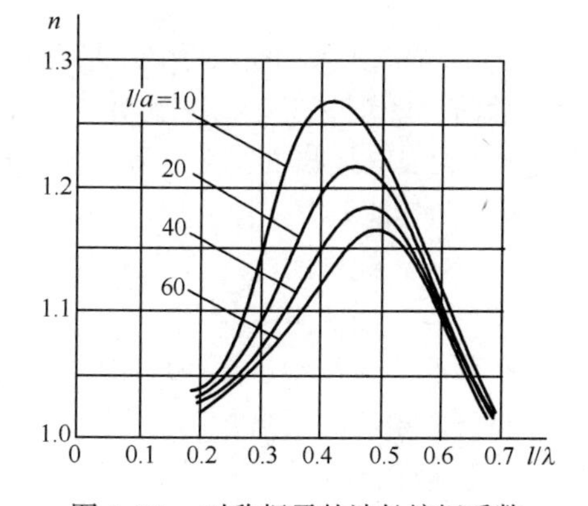


图 4-24　对称振子的波长缩短系数

以 $Z_{CA}$ 为参量,由式(4-86)算得的输入阻抗随 $l/\lambda$ 的变化曲线示于图 4-25 中,由图可见,$Z_{CA}$ 愈低,$Z_{in}$ 随 $l/\lambda$ 的变化愈平缓。在实际中,常用加粗振子直径的办法来降低天线的特性阻抗,以展宽天线的工作频带。

当对称振子的臂长在 $0\leqslant l/\lambda\leqslant 0.35$ 和 $0.65\leqslant l/\lambda\leqslant 0.85$ 范围时,式(4-86)可近似为

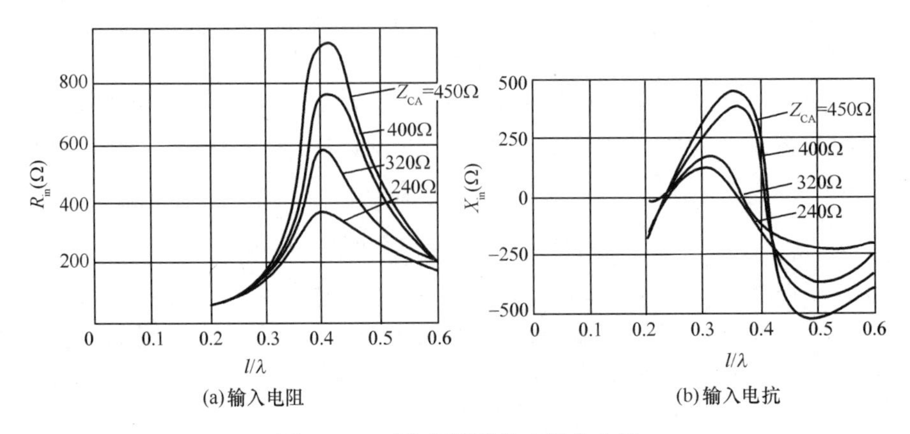


图 4-25　对称振子的输入阻抗曲线

$$Z_{in}=\frac{R_r}{\sin^2(kl)}-jZ_{CA}\cot(kl) \tag{4-87}$$

如果振子的长度比波长小得多(通常 $l<\lambda/8$),且它的直径也较小,此时 $n\approx1$,则可进一步简化为

$$Z_{in}\approx20(k_0l)^2-j\frac{120}{k_0l}\ln\left(\frac{2l}{a}-1\right) \tag{4-88}$$

细对称振子输入电阻的几个简单的近似公式列于表 4-1 中。

**表 4-1　细对称振子输入电阻的简单近似公式**

| 臂长度 $l$ | 输入电阻 $R_{in}(\Omega)$ |
|---|---|
| $0<l<\frac{\lambda}{8}$ | $20\pi^2\left(\frac{2l}{\lambda}\right)^2$ |
| $\frac{\lambda}{8}<l<\frac{\lambda}{4}$ | $24.7\left(\frac{2\pi l}{\lambda}\right)^{2.4}$ |
| $\frac{\lambda}{4}<l<0.319\lambda$ | $11.14\left(\frac{2\pi l}{\lambda}\right)^{4.17}$ |

例如,半波对称振子 $2l=\lambda/2$,应用第二个公式,给出 $R_{in}=24.7(\pi/2)^{2.4}=73.0\Omega$。这与理论数值相同。

本节习题 4-10~4-24;MOOC 视频知识点 4.9~4.11。

# 4.6　接收天线理论

接收天线的主要功能是将电磁波能量转化为高频电流(或导波)能量。当把接收天线放在外来无线电波的场内时,接收天线就感应出电流,并在接收天线输出端产生一个电动势。此电动势就通过馈线向无线电接收机输送电流。所以接收天线就是接收机的电源,而接收机则是接收天线的负载。和其他电源一样,接收天线也有它的内阻抗。研究接收天线就要解决以下问题:

① 接收天线中的电动势的大小和传来无线电波的方向关系,即接收天线的方向性;

② 接收天线的阻抗;

③ 接收天线供给负载的功率与哪些因数有关及接收功率达到最大的条件;

④ 接收天线的电参数。

## 4.6.1　天线接收无线电波的物理过程

设在空间无线电波的电磁场内沿 $z$ 轴放置一个长度为 $2l$ 的天线,如图 4-26 所示。电波的电场一般可分为两个分量:一个是与射线和天线轴所构成的平面相垂直的分量 $E_1$;另一个是在该平面内的分量 $E_\theta$。只有电场矢量沿天线导体表面的切线分量 $E_z=E_\theta\sin\theta$ 才能在天线上激起电流,其余的电场分量因为和导体的表面垂直,所以不能在天线上激起电流。如果导体是理想的,则天线上激起的电流所产生的二次场的电场矢量的切线分量应和来波切线分量 $E_z$ 大小相等、相位相反,以满足导体表面上电场矢量的切线分量之和为零的边界条件。因此在天线上很小的一段线元 dz 上,场 $E_\theta$ 所激起的元电动势为 $E_z\mathrm{d}z$,该电动势在负载 $Z$ 中产生的电流可以通过传输线理论计算出来。设此电流为 d$I$,则在负载 $Z$ 中产生的总电流是所有元电动势所产生的电流 d$I$ 之和,即

$$I = \int \mathrm{d}I \tag{4-89}$$

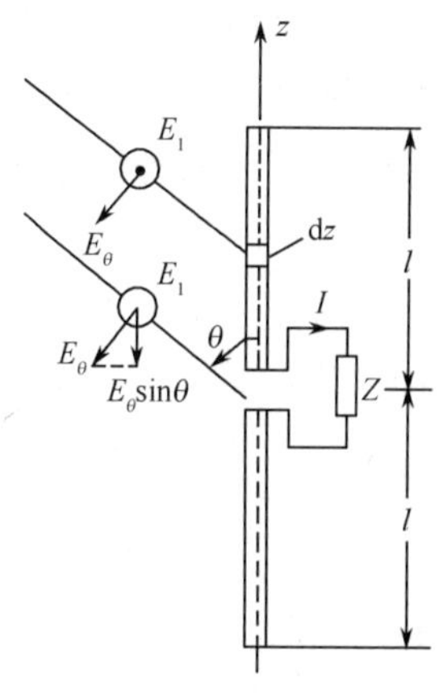

图 4-26　天线接收无线电波的物理过程

以上分析接收天线的方法称为感应电动势法。从这里我们可以清楚地了解接收天线接收无线电波的物理过程。

应该指出,沿天线各点电场的切线分量 $E_z$ 的相位是不同的,这是由于到达沿线各点的射线有波程差,此波程差又是电波传来方向 $\theta$ 的函数,因此接收电流 $I$ 也是 $\theta$ 的函数,这说明了接收天线有方向性。同时由于各元电动势的位置不同,它们在负载中产生的电流也不同,因此负载中的总电流和天线的几何形状及尺寸有密切的关系。

以上仅以直线振子为例,至于其他更复杂的天线,也可按此分析。由于感应电动势是分布于整个接收天线上的,每个元电动势所在的具体位置的不同都会对负载中的电流产生影响,因此对于复杂的天线,其分析过程也将是很复杂的,为此,在使用中往往采用另一种分析方法,即互易原理法。

从接收天线的功能知,接收天线和发射天线的作用是一个可逆过程,按工程上可逆能量转换器的共同规律,同一天线用作发射和用作接收时的性能是相同的。我们将通过互易原理来证明这一点。显然,分析接收天线往往比分析发射天线要复杂。

### 4.6.2　用互易原理法分析接收天线

参见图 4-27,如果在线性无源四端网络的端点Ⅰ-Ⅰ上加电动势 $e_1$,这时,在端点Ⅱ-Ⅱ上所接负载 $Z_2$ 中产生的电流是 $I_{12}$;如果将电动势 $e_2$ 加到Ⅱ-Ⅱ端上,在接于Ⅰ-Ⅰ端的负载 $Z_1$ 上产生的电流是 $I_{21}$。$e_1$、$e_2$、$I_{12}$和 $I_{21}$有如下关系

$$\frac{e_1}{I_{12}} = \frac{e_2}{I_{21}} \tag{4-90}$$

这就是网络中的互易原理。将电路理论中的互易原理应用于天线的分析,即得到互易原理法。

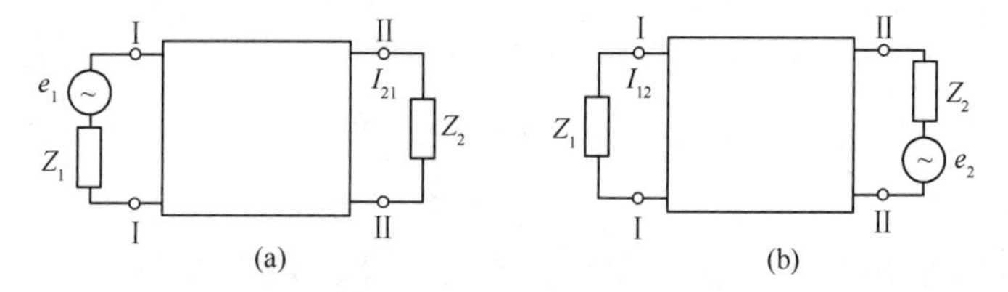

图 4-27　网络理论中的互易原理

设两个任意相同或不相同的天线 1 和 2 安放在任意的相对位置,它们间的距离充分远,没有其他场源,空间的媒质是线性且各向同性的,则两天线之间的电信道可以看成一线性无源四端网络,如图 4-28 所示,故可以应用互易原理。这里对于空间媒质是否均匀并没有特殊要求,

媒质的电参数可以从一点到另一点任意地变化,也可以存在若干不连续分界面,重要的是媒质的电参数与场强无关,且其特性与传播方向亦无关,这在大多数情况下均能满足。只有当电波经过电离层传播时不能满足,这时互易原理的应用是近似的。下面讨论两种情况。

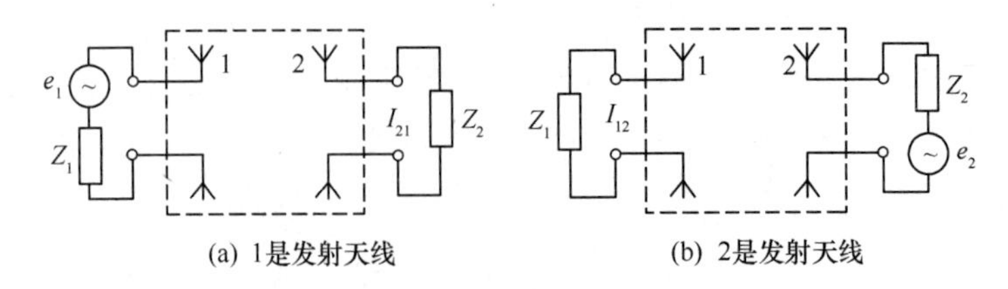


图 4-28 收发天线的互易原理

① 当天线 1 受电动势 $e_1$ 激励时,其输入电流为

$$I_1=e_1/(Z_1+Z_{in1}) \tag{4-91}$$

式中,$Z_1$ 是连接在天线 1 上的内阻抗;$Z_{in1}$是天线 1 的输入阻抗。

由于天线 1 向周围空间辐射电磁波,在接收天线 2 处产生的电场强度为 $\boldsymbol{E}_{12}$,由式(4-74)可知

$$\boldsymbol{E}_{12}=\frac{30kl_{e1}I_1}{r}F_1(\theta_1)\hat{\boldsymbol{\theta}}_1 \tag{4-92}$$

式中,$l_{e1}$是天线 1 的有效长度;$F_1(\theta_1)$是天线 1 用作发射天线的方向函数;$\hat{\boldsymbol{\theta}}_1$ 是矢径 $r$ 和天线 1 轴间夹角 $\theta_1$ 方向的单位矢。

② 当天线 2 受电动势 $e_2$ 激励时,其输入端电流为

$$I_2=e_2/(Z_2+Z_{in2}) \tag{4-93}$$

式中,$Z_2$ 是连接在天线 2 上的内阻抗;$Z_{in2}$是天线 2 的输入阻抗,与前述过程相似,得出

$$\boldsymbol{E}_{21}=\frac{30kl_{e2}I_2}{r}F_2(\theta_2)\hat{\boldsymbol{\theta}}_2 \tag{4-94}$$

式中,$\boldsymbol{E}_{21}$为天线 2 向周围空间辐射电磁波在天线 1 处所产生的场;$l_{e2}$是天线 2 的有效长度;$F_2(\theta_2)$是天线 2 用作发射天线的方向函数;$\hat{\boldsymbol{\theta}}_2$ 是矢径 $r$ 和天线 2 轴间夹角 $\theta_2$ 方向的单位矢。

在 $\boldsymbol{E}_{12}$或 $\boldsymbol{E}_{21}$的作用下,负载 $Z_2$(或 $Z_1$)上的电流为 $I_{12}$(或 $I_{21}$),将式(4-91)代入式(4-92)或将式(4-93)代入式(4-94)可得

$$e_1\hat{\boldsymbol{\theta}}_1=\frac{r\boldsymbol{E}_{12}(Z_1+Z_{in1})}{30kl_{e1}F_1(\theta_1)},\qquad e_2\hat{\boldsymbol{\theta}}_2=\frac{r\boldsymbol{E}_{21}(Z_2+Z_{in2})}{30kl_{e2}F_2(\theta_2)} \tag{4-95}$$

在式(4-95)等号两侧各对 $\boldsymbol{E}_{21}$、$\boldsymbol{E}_{12}$分别取标积,整理后得

$$\left.\begin{aligned} e_1&=\frac{r(Z_1+Z_{in1})(\boldsymbol{E}_{12}\cdot\boldsymbol{E}_{21})}{30kl_{e1}F_1(\theta_1)(\hat{\boldsymbol{\theta}}_1\cdot\boldsymbol{E}_{21})}\\ e_2&=\frac{r(Z_2+Z_{in2})(\boldsymbol{E}_{21}\cdot\boldsymbol{E}_{12})}{30kl_{e2}F_2(\theta_2)(\hat{\boldsymbol{\theta}}_2\cdot\boldsymbol{E}_{12})}\end{aligned}\right\} \tag{4-96}$$

注意:上式中的 $\boldsymbol{E}_{12}$和$\hat{\boldsymbol{\theta}}_1$ 都是在 $\theta_1$ 增加的方向上,$\boldsymbol{E}_{21}$和$\hat{\boldsymbol{\theta}}_2$ 都是在 $\theta_2$ 增加的方向上;一般来说 $\boldsymbol{E}_{12}$和 $\boldsymbol{E}_{21}$是不同向的。由互易原理,将式(4-96)代入式(4-90),消去 $r$ 及 $30k$,由于 $\boldsymbol{E}_{12}\cdot\boldsymbol{E}_{21}=\boldsymbol{E}_{21}\cdot\boldsymbol{E}_{12}$亦可消去,得

$$\frac{I_{21}(Z_1+Z_{in1})}{l_{e1}F_1(\theta_1)(E_{21}\cdot\hat{\boldsymbol{\theta}}_1)}=\frac{I_{12}(Z_2+Z_{in2})}{l_{e2}F_2(\theta_2)(\boldsymbol{E}_{12}\cdot\hat{\boldsymbol{\theta}}_2)} \tag{4-97}$$

令 $E_{21\theta1}$ 表示 $\boldsymbol{E}_{21}$ 在 $\hat{\boldsymbol{\theta}}_1$ 方向的分量，$E_{12\theta2}$ 表示 $\boldsymbol{E}_{12}$ 在 $\hat{\boldsymbol{\theta}}_2$ 方向的分量，得

$$\frac{I_{21}(Z_1+Z_{\text{in1}})}{E_{21\theta1}l_{\text{e1}}F_1(\theta_1)}=\frac{I_{12}(Z_2+Z_{\text{in2}})}{E_{12\theta2}l_{\text{e2}}F_2(\theta_2)} \tag{4-98}$$

由上式看出，等式左边各量仅与天线 1 有关，而等式右边各量仅与天线 2 有关，即等号两边都是各对同一天线的，与天线的形式和排列方法均无关。假定天线 1 不变，改变天线 2，由于 $Z_1$、$Z_{\text{in1}}$、$l_{\text{e1}}$ 及 $F_1(\theta_1)$ 均不变，$I_{21}$ 与激励它的电场 $E_{21\theta1}$ 的比值也是不变的。因此，等式右边应保持为一常数，即式(4-98)为一恒等式。这样可断定下述等式对任一天线都是正确的，即

$$\frac{I(Z+Z_{\text{in}})}{E_\theta l_{\text{e}}F(\theta)}=C(\text{常数}) \tag{4-99}$$

式中，$E_\theta$ 是作用于此接收天线的电场强度，其方向在 $\theta$ 增加的方向上；$I$ 是作用于此天线端子上的电流；$l_{\text{e}}$、$F(\theta)$ 和 $Z_{\text{in}}$ 是同一天线用作发射天线时的相应参数；$Z$ 是连接于天线端子上的负载阻抗。

式(4-99)还可改写为

$$I=C\,\frac{E_\theta l_{\text{e}}F(\theta)}{Z+Z_{\text{in}}}=\frac{e_{\text{A}}}{Z+Z_{\text{in}}}$$

式中，$e_{\text{A}}$ 是接收天线中的感应电动势，即

$$e_{\text{A}}=CE_\theta l_{\text{e}}F(\theta) \tag{4-100}$$

为了确定 $C$，可取任一简单的天线，例如，电基本振子，设来波方向与振子轴的夹角为 $\theta$，在来波与天线轴所构成的平面内的电场分量为 $E_\theta$，则作用于振子表面的电场切向分量为 $E_\theta\sin\theta$，长为 $2l$ 的基本振子中感应的电动势为

$$e_{\text{A}}=2lE_\theta\sin\theta \tag{4-101}$$

已知电基本振子用作发射天线的归一化方向函数 $F(\theta,\varphi)=\sin\theta$，有效长度 $l_{\text{e}}=2l$，将这些关系代入式(4-100)得

$$e_{\text{A}}=CE_\theta 2l\sin\theta \tag{4-102}$$

由式(4-101)和式(4-102)所得的结果应相等，故知 $C=1$，因此

$$I=\frac{E_\theta l_{\text{e}}F(\theta)}{Z+Z_{\text{in}}}=\frac{e_{\text{A}}}{Z+Z_{\text{in}}} \tag{4-103}$$

$$e_{\text{A}}=E_\theta l_{\text{e}}F(\theta) \tag{4-104}$$

由以上两式可看出：

① 输入阻抗 $Z_{\text{in}}$ 在发射和接收时相同；

② 接收天线的感应电动势与此天线工作于发射时的方向函数 $F(\theta)$ 成正比，若定义接收天线的方向函数是其感应电动势与来波入射方向 $\theta$ 的关系，则天线的方向函数在发射和接收时相同；

③ 接收天线有效长度的定义是：接收的电动势和最大接收方向来波的电场的比值。最大接收方向上 $F(\theta)=1$，因此由式(4-104)得

$$e_{\text{Amax}}=E_\theta l_{\text{e}} \tag{4-105}$$

有效长度在发射和接收时是相同的。

### 4.6.3 接收天线的等效电路和有效接收面积

由式(4-103)，所有接收天线均可画成图 4-29 的等效电路，图中(等效电路中) $e_{\text{A}}$ 是接收

天线的电动势;$Z_L$ 是接收天线的负载阻抗,通常它就是接收机或末端接有接收机的馈线的输入阻抗,$Z_L=R_L+jX_L$。这样把接收天线问题变成一个等效的集中参数电路问题,由电路定律来计算接收天线向负载输出的功率为

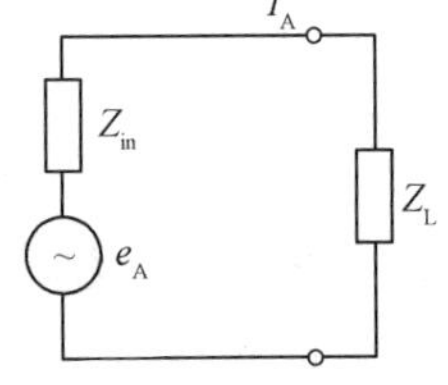


图 4-29 接收天线的等效电路

$$P_R=\frac{1}{2}|I_A|^2R_L=\frac{1}{2}\frac{e_A^2}{(R_{in}+R_L)^2+(X_{in}+X_L)^2}\cdot R_L \qquad (4\text{-}106)$$

由电路理论知,当负载与天线共轭匹配(即 $Z_L=Z_{in}^*$)时,负载上获得最大输出功率(或称最大接收功率),即 $R_L=R_{in}$,$-X_L=X_{in}$,天线输出功率最大,此时

$$P_{Rmax}=\frac{1}{2}|I_A|^2R_{in}=\frac{e_A^2}{2(2R_{in})^2}R_{in}=\frac{e_A^2}{8R_{in}} \qquad (4\text{-}107)$$

接收功率 $P_R$ 与最大接收功率 $P_{Rmax}$ 之间的关系为

$$P_R=\gamma P_{Rmax} \qquad (4\text{-}108)$$

式中

$$\gamma=\frac{4R_{in}R_L}{(R_{in}+R_L)^2+(X_{in}+X_L)^2} \qquad (4\text{-}109)$$

$\gamma$ 称为匹配系数,它表示接收天线与负载的匹配程度。共轭匹配时,$\gamma=1$,一般情况下 $\gamma<1$。

和发射天线一样,接收天线的输入电阻可分为两部分,即 $R_{in}=R_{r0}+R_{l0}$,其中 $R_{l0}$ 为归算于电流 $I_A$ 的损耗电阻。若天线是无耗的,则最大接收功率

$$P_{opt}=\frac{e_A^2}{8R_{r0}} \qquad (4\text{-}110)$$

式中,$P_{opt}$ 称为接收天线的最佳接收功率,即当天线中没有损耗时的最大接收功率。

当天线以最大接收方向对准来波方向时,$e_A=|\boldsymbol{E}|l_e$,由式(4-76)得

$$P_{opt}=\frac{|\boldsymbol{E}|^2\lambda^2D}{960\pi^2}=\frac{D\lambda^2}{4\pi}\cdot\frac{|\boldsymbol{E}|^2}{240\pi}=A_eS \qquad (4\text{-}111)$$

式中,$S=\frac{|\boldsymbol{E}|^2}{240\pi}$表示外来电波的坡印亭矢量模值。而

$$A_e=\frac{D\lambda^2}{4\pi} \qquad (4\text{-}112)$$

式中,$Ae$ 称为接收天线的有效接收面积(也称为有效口径)。它代表接收天线吸取外来电波的能力。因为用它乘以来波的坡印亭矢量就可得到最大可能的接收功率。但应注意此有效面积是在天线对准来波最大方向计算的,而且是在负载与天线匹配的条件下得到的结果。

对电流元 $D=1.5$ $A_e=\frac{3}{8\pi}\lambda^2$

半波对称振子天线 $D=1.64$ $A_e=0.132\lambda^2$

由此可见,在已知有效面积时,用式(4-112)可计算天线的方向性系数。在微波天线中,通常是先利用其他方法求出其有效接收面积(即有效口径),然后利用式(4-112)计算方向系数

$$D=\frac{4\pi}{\lambda^2}A_e \qquad (4\text{-}113)$$

### 4.6.4 接收天线的电参数

关于接收天线方向函数、有效长度和输入阻抗、有效接收面积等已在上面讨论了,下面将

讨论效率、方向系数和增益系数等参数。

1. 效率

接收天线的效率定义为：天线向负载输出的最大功率 $P_{max}$ 和天线无损耗时向负载输出的功率(即最佳输出功率)$P_{opt}$之比，即

$$\eta_A = P_{max}/P_{opt} \tag{4-114}$$

由式(4-107)和式(4-111)得

$$\eta_A = R_{r0}/R_{in} \tag{4-115}$$

式中，$R_{r0}$和 $R_{in}$是同一天线用作发射时归于输入电流的辐射电阻和输入电阻，可见接收天线的效率也等于它用作发射天线时的效率。

2. 方向系数

接收天线的方向系数的定义是：假定从各个方向传来的电波场强相同，天线在某个方向上接收时向负载输出的功率 $P$ 与在各个方向接收时它输入到负载中的功率的平均值 $P_{av}$之比，称为此接收天线在该方向上的方向系数，即

$$D(\theta,\varphi) = \frac{P_R}{P_{av}} \tag{4-116}$$

已知

$$P_R = \frac{1}{2}\left|\frac{e_A}{Z_L + Z_{in}}\right|^2 R_L \tag{4-117}$$

$$P_{av} = \frac{1}{s}\oint\!\!\oint P_R \mathrm{d}s \tag{4-118}$$

式中，$s = 4\pi r^2$，$\mathrm{d}s = r^2\sin\theta\mathrm{d}\theta\mathrm{d}\varphi$，将此代入式(4-116)得

$$\begin{aligned} D(\theta,\varphi) &= \frac{e_A^2}{\dfrac{1}{s}\oint\!\!\oint_s e_A^2 \mathrm{d}s} = \frac{|\boldsymbol{E}|^2 l_e^2 F^2(\theta,\varphi)}{\dfrac{|\boldsymbol{E}|^2 l_e^2}{4\pi}\oint\!\!\oint_s F^2(\theta,\varphi)\sin\theta\mathrm{d}\theta\mathrm{d}\varphi} \\ &= \frac{4\pi F^2(\theta,\varphi)}{\int_0^{2\pi}\int_0^{\pi} F^2(\theta,\varphi)\sin\theta\mathrm{d}\theta\mathrm{d}\varphi} = DF^2(\theta,\varphi) \end{aligned} \tag{4-119}$$

在最大方向上的方向系数为

$$D = \frac{4\pi}{\int_0^{2\pi}\int_0^{\pi} F^2(\theta,\varphi)\sin\theta\mathrm{d}\theta\mathrm{d}\varphi} \tag{4-120}$$

它与式(4-49)所描述的发射天线的方向系数完全相同。

3. 增益系数

接收天线的增益系数的定义是：假定从各个方向传来的电波场强相同，天线在某一方向接收时向负载输出的功率 $P$ 和该天线在所有方向接收且无耗时输入到负载中的功率平均值 $(P_{av})_{\eta_A=1}$之比，称为此天线在该方向的增益，即

$$G(\theta,\varphi) = \frac{P}{(P_{av})_{\eta_A=1}} \tag{4-121}$$

不难证明

$$G(\theta,\varphi) = \eta_A\frac{P}{P_{av}} = \eta_A D(\theta,\varphi) \tag{4-122}$$

最大方向增益系数

$$G = D\eta_A \tag{4-123}$$

由上述关系可知收、发两者的增益系数也是相同的。

由此可得重要结论:同一副天线用作发射和接收时天线电参数是相同的,只是物理含义不同。

### 4.6.5 接收天线的方向性与干扰

无线电接收设备的干扰可分为两类,即内部噪声和外部干扰。内部噪声来源于各种电路、电子管和半导体器件以及天线本身的热噪声;外部干扰有宇宙噪声、大气噪声,以及电器运行产生的噪声等。它们来自四面八方,构成对天线接收的干扰。

若干扰均匀分布于空间并从所有方向传到接收点,利用定向接收天线可以增大有用信号功率和外部干扰功率之比。可以证明这一比值和天线的方向系数成正比。

设干扰同时从各个方向传到接收点,干扰场强为 $\boldsymbol{E}_{n0}$,以接收天线为中心作一半径为 $r$ 的球面,取球坐标系统,在球面上取一面元 $ds$,设在$(\theta,\varphi)$方向的方向系数为 $D(\theta,\varphi)$,由式(4-111)可得出该方向单位立体角($ds/r^2=\sin\theta d\theta d\varphi$)内干扰场在接收机输入端产生的功率为

$$dP_{n0}=\gamma\eta_A dP_{opt}=\gamma\eta_A\frac{|\boldsymbol{E}_{n0}|^2\lambda^2 D(\theta,\varphi)}{960\pi^2}\frac{ds}{r^2}=\gamma\eta_A\frac{|\boldsymbol{E}_{n0}|^2\lambda^2 D}{960\pi^2}F^2(\theta,\varphi)\sin\theta d\theta d\varphi \quad (4\text{-}124)$$

式中,$D$ 是最大接收方向的方向系数;$\gamma$ 为匹配系数,$\gamma=1-|\Gamma|$,$\Gamma$ 为反射系数,$\eta_A$ 为效率。因此

$$P_{n0}=D\int_{\varphi=0}^{2\pi}\int_{\theta=0}^{\pi}\gamma\eta_A\frac{|\boldsymbol{E}_{n0}|^2\lambda^2}{960\pi^2}F^2(\theta,\varphi)\sin\theta d\theta d\varphi \quad (4\text{-}125)$$

假设从所有方向传来的干扰场都相等,即 $\boldsymbol{E}_{n0}=$常数,并将式(4-49)代入式(4-125)得

$$P_{n0}=\frac{\gamma\eta_A|\boldsymbol{E}_{n0}|^2\lambda^2}{240\pi} \quad (4\text{-}126)$$

因为有用信号是从天线的最大接收方向传来的,所以在接收机输入端的有用信号功率为

$$P_s=\frac{\gamma\eta_A|\boldsymbol{E}_s|^2 D\lambda^2}{960\pi^2} \quad (4\text{-}127)$$

式中,$|\boldsymbol{E}|_s$ 为天线最大接收方向上的信号场强。

因此,信号功率和干扰功率之比为

$$\frac{P_s}{P_{n0}}=\frac{|\boldsymbol{E}_s|^2}{|\boldsymbol{E}_{n0}|^2}\cdot\frac{D}{4\pi} \quad (4\text{-}128)$$

可见在接收机输入端的有用信号功率和干扰功率之比与天线的方向系数 $D$ 成正比,即用方向系数为 $D$ 的天线和无方向性天线相比较,从提高信号功率和干扰功率的比值上说,相当于把发射天线的辐射功率提高到原来的 $D$ 倍。

要保证正常接收,必须使信号功率和噪声功率的比值达到一定数值。在超短波波段,外部干扰场远小于接收机的内部噪声电平,如果接收天线的增益较高,则可降低必需的信号功率,这时仍能保持一定的信噪比,因此它与增益系数,即 $D$ 与 $\eta_A$ 的乘积有密切的关系。但在长、中波波段,外部干扰电平远大于接收机的内部噪声电平,干扰源主要在外部,天线效率的高低对信噪比并没有什么影响,此时影响信噪比的主要是方向系数 $D$。在短波波段的较低频段上也是如此。因此有时采用方向性较强但效率并不高的天线作为接收天线。

### 4.6.6 对接收天线方向性的要求

对接收天线方向图的要求与该天线的使用场合有关,从抑制干扰来看,有下面这些要求。

① 波瓣宽度尽可能窄,但这要依据工作性质而定。例如通信天线,波瓣太窄是不允许的,当来波方向易于变化时,太窄则很难保证稳定的接收。如果信号与干扰来自同一方向,即使波瓣很窄,也没有什么意义。因此,采用定向天线来抑制干扰必须是当信号方向与干扰方向不同时才有效。

② 降低旁瓣电平。一般来说,当主瓣变窄时,旁瓣往往增大,如果干扰传来的方向恰与旁瓣最大方向相同,则在此方向上干扰的影响将显著增大。通常邻近主瓣的第一旁瓣和后瓣较大,因此在一些设计任务中,要求其电平不大于一定数值。对雷达天线而言,旁瓣较大还可能造成目标的失落,因为由主瓣所看到的目标可能与由旁瓣所看到的目标在显示器上相混淆,即将主瓣看到的目标掩盖了,造成目标丢失。无论应用在什么场合,都希望将旁瓣压到最低的程度。

③ 要求天线的方向图中最好能有一个或多个可控制的零值,这样我们就可以将此零值对准干扰方向,而且当干扰方向变化时,我们也可随之改变,从而保证可靠的接收。

### 4.6.7 弗里斯(Friis)传输公式

如图 4-30 所示,设收发天线的间距为 $r$,相互处于对方的远区。发射机将功率 $P_t$ 馈送给有效面积为 $A_{et}$ 的发射天线,在相距 $r$ 处有一接收天线,以有效面积 $A_{er}$ 截取发射天线所辐射的功率并传递给接收机。先设发射天线是各向同性的,则在接收天线处的功率密度为 $S_r=\dfrac{P_t}{4\pi r^2}$,若发射天线具有增益 $G_t$,则接收天线处的功率密度按比例增至 $S_r=\dfrac{P_tG_t}{4\pi r^2}$,若收发天线均阻抗共轭匹配、极化匹配,且最大辐射方向相互对准,由有效接收面积的概念得接收天线的所收集的接收功率:$P_r=A_{er}\cdot S_r=\dfrac{P_tG_tA_{er}}{4\pi r^2}$。

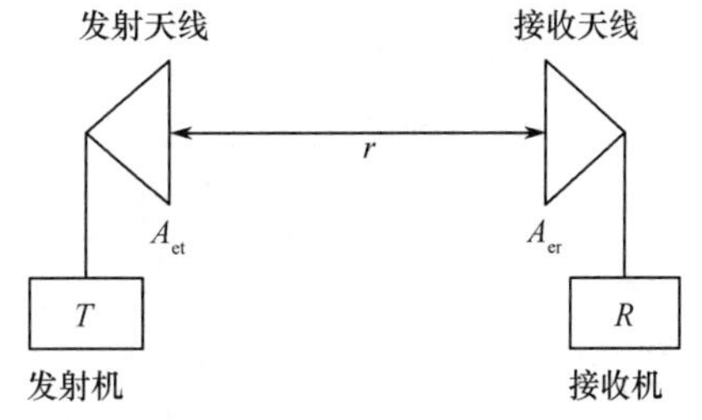

图 4-30 Friis 传输模型

再将发射天线的增益表示为

$$G_t=\frac{4\pi A_{et}}{\lambda^2}$$

代入 $P_r$,即得弗里斯传输公式,也称为弗里斯(Friis)传输方程

$$\frac{P_r}{P_t}=\frac{A_{er}A_{et}}{r^2\lambda^2}\quad(\text{无量纲})$$

式中,$P_t$ 为发射功率,$P_r$ 为接收功率,单位为 W;$A_{et}$ 为发射天线的有效面积,$A_{er}$ 为接收天线的有效面积,单位为 $m^2$;$r$ 为两天线间的距离,单位为 m;$\lambda$ 为波长,单位为 m。

本节习题 4-25~4-29,4-48;MOOC 视频知识点 4.11。

## 4.7 天线阵的方向性、均匀直线阵

由前面讨论我们知道电流元方向系数 $D=1.5$、半波振子 $D=1.64$,可见它们的方向性很弱。实际无线电系统中大多要求天线具有很强的方向性。增加电流元的数目(即增大电基本振子的臂长 $l$),有可能提高天线的方向性。但由前面分析知,随着臂长 $l$ 的增加,电基本振子的方向系数并不单调地不断增大,而是在到达最大值 $D=3.2(l\approx0.625\lambda)$之后,臂长增加方向系数反倒下降。显然,要增强天线的方向性,不能单纯依靠增加天线长度。

为了提高天线的方向性，将多个独立天线按一定方式排列在一起，便组成天线阵（或阵列天线）。天线阵的辐射可由阵内各天线的辐射叠加求得，因此，天线阵与每一天线的形式、相对位置和电流分布有关。选择并调整天线的形式、位置和电流关系，就可得到我们需要的各种形状的方向图。

天线阵根据其排列方法可分为直线阵、平面阵和立体阵。但基础是直线阵，平面阵和立体阵可从直线阵推广得出。

天线阵理论只适用于由相似天线元组成的天线阵。所谓相似天线元，就是指：组阵的天线单元不仅结构形式相同，而且空间取向、工作波长也相同，即它们空间辐射场方向图函数完全相同。

下面讨论最简单的直线阵——均匀直线阵，其概念是阵列天线的基础。

## 4.7.1 直线阵的辐射场和方向性

### 1. 直线阵的辐射场

所谓直线阵，就是由独立的相似天线元排列在一条直线上构成的天线阵。设相似天线元是对称振子，共有 $n$ 个，沿 $z$ 轴共轴排列，各元距第一个元的中心距离分别为 $d_{11}(=0)$，$d_{12}$，…，$d_{1n}$；各元电流分布依次为 $I_1$，$I_2$，…，$I_n$，如图 4-31 所示。

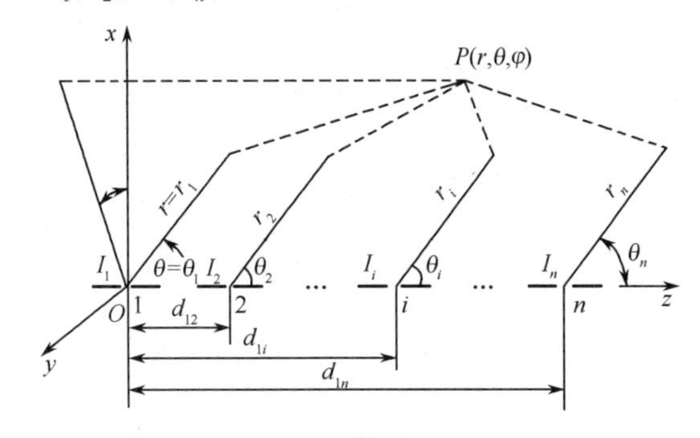


图 4-31　离散元直线阵

根据叠加定理，该直线阵在远区 $p$ 点的辐射场是各天线元在该点辐射场的叠加，即

$$\boldsymbol{E}=\sum_{i=1}^{n}\boldsymbol{E}_i=\sum_{i=1}^{n}\mathrm{j}\frac{60I_{\mathrm{M}i}}{r_i}\mathrm{e}^{-\mathrm{j}kr_1}f_i(\theta_i)\mathrm{e}^{\mathrm{j}k(r_1-r_i)}\hat{\boldsymbol{\theta}}_i \tag{4-129}$$

因 $p$ 点在天线阵远区，即 $kr\gg1$、$r\gg2l$、$r\gg(n-1)d$，因此可认为由各天线元到该点的射线相互平行，即

$$\left.\begin{aligned}\theta_1\approx\theta_2\approx\cdots\approx\theta_n=\theta\\ \hat{\theta}_1\approx\hat{\theta}_2\approx\cdots\approx\hat{\theta}_n=\hat{\theta}\end{aligned}\right\} \tag{4-130}$$

而且振幅项$\dfrac{1}{r_i}$对合成场的影响极小，因此振幅项近似认为

$$\frac{1}{r_1}\approx\frac{1}{r_2}\approx\cdots\approx\frac{1}{r_n}=\frac{1}{r} \tag{4-131}$$

指数项中的 $r_i$ 不能认为是相等的，因为极小的波程差就可能相当于几十度的相位差。但可近似为

$$r_1-r_i\approx d_{1i}\cos\theta \tag{4-132}$$

又因阵列中各天线元是相似元，故

$$f_1(\theta)=f_2(\theta)=\cdots=f_n(\theta) \tag{4-133}$$

把上面各式代入式(4-129),就得到

$$\boldsymbol{E}=\mathrm{j}\frac{60I_{\mathrm{M1}}}{r}\mathrm{e}^{-\mathrm{j}kr}f_1(\theta)\sum_{i=1}^{n}\frac{I_{\mathrm{M}i}}{I_{\mathrm{M1}}}\mathrm{e}^{\mathrm{j}kd_{1i}\cos\theta}\boldsymbol{\theta}_i \tag{4-134}$$

设

$$\frac{I_{\mathrm{M}i}}{I_{\mathrm{M1}}}=m_{1i}\mathrm{e}^{\mathrm{j}\xi_{1i}} \tag{4-135}$$

式中,$m_{1i}$和$\xi_{1i}$分别为第$i$个天线元与第1个天线元电流的幅度比和相位差。

把式(4-135)代入式(4-134),得天线阵的辐射场

$$\boldsymbol{E}=\mathrm{j}\frac{60I_{\mathrm{M1}}}{r}\mathrm{e}^{-\mathrm{j}kr}f_1(\theta)\sum_{i=1}^{n}m_{1i}\mathrm{e}^{\mathrm{j}(kd_{1i}\cos\theta+\xi_{1i})}\boldsymbol{\theta} \tag{4-136}$$

### 2. 方向图乘积定理

用$|f(\theta)|$表示天线阵的场强幅度方向函数,由式(4-136)知

$$|f(\theta)|=|f_1(\theta)|\cdot|f_{\mathrm{a}}(\theta)| \tag{4-137}$$

式中,$|f_1(\theta)|$为天线单元的方向函数,仅与天线元的结构形式和尺寸有关,称为单元因子。

$$|f_{\mathrm{a}}(\theta)|=\left|\sum_{i=1}^{n}m_{1i}\mathrm{e}^{\mathrm{j}(kd_{1i}\cos\theta+\xi_{1i})}\right| \tag{4-138}$$

$|f_{\mathrm{a}}(\theta)|$仅与天线单元的电流分布$I_i$、空间分布$d_i$和元的个数$n$有关,而与天线单元的形式和尺寸无关,因此称为阵因子。

由式(4-137)可知,在各天线元为相似元的条件下,天线阵的方向函数是单元因子与阵因子之积。这就是天线阵方向函数或方向图乘积定理(简称方向图乘积定理)。

在一般情况下,在球坐标系中,单元因子和阵因子不仅是$\theta$的函数,还可能是方位角$\varphi$的函数,故天线阵方向图乘积定理的一般形式是

$$|f(\theta,\varphi)|=|f_1(\theta,\varphi)|\cdot|f_{\mathrm{a}}(\theta,\varphi)| \tag{4-139}$$

**特别明确:**天线阵方向图乘积定理只适用于相似元组成的天线阵,因为如果天线阵中的各元不是相似元,那么在总方向图函数中就提不出公共的单元因子,方向图乘积定理就不成立。

由方向图乘积定理知,欲求天线阵的方向图,必须先求天线单元方向图和阵因子方向图。阵因子与天线单元的方向性无关。

## 4.7.2 均匀直线阵

所谓均匀直线阵,就是$n$个相似天线元排列成一条直线,各天线元等间距$d$排列,而且各天线元上电流的幅度相等(等幅分布),相位依次等量递增$\xi$(线性相位分布)的直线阵。其天线单元电流分布为:$I_1=I$、$I_2=I\mathrm{e}^{\mathrm{j}\xi}$、$I_3=I\mathrm{e}^{\mathrm{j}2\xi}$、…、$I_n=I\mathrm{e}^{\mathrm{j}(n-1)\xi}$,$\xi$是相邻天线元的电流相位差。$m_{1i}=1$(等幅分布),$\xi_{1i}=(i-1)\xi$,相邻天线元的等间距为$d$,而且$d_{1i}=(i-1)d$。

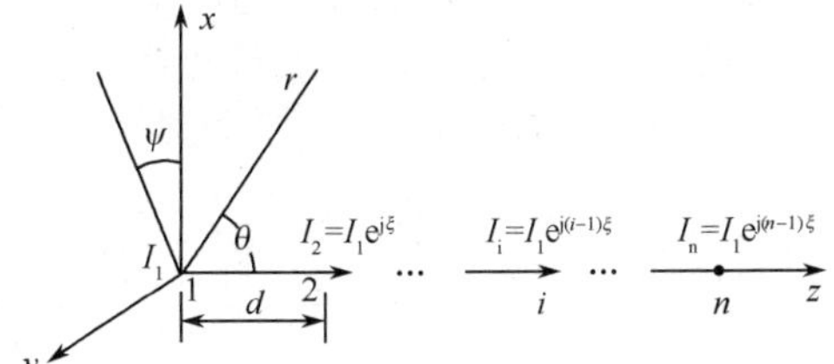

图4-32　均匀直线阵的坐标系

均匀直线阵的坐标系如图4-32所示,显然,阵中各天线元的辐射波在到达观察点时,天线2的辐

射波相位比天线1的相位领先一个相位角：$\psi=kd\cos\theta+\xi$，其中 $kd\cos\theta$ 是两天线射线的波程差，$\xi$ 是天线 2 和天线 1 的电流相位差；同样，天线 3 的辐射波比天线 2 的辐射波相位也领先一个相位角 $\psi$，而比天线 1 的辐射波相位领先 $2\psi$；以此类推，整个均匀直线阵在观察点所产生的总辐射场强为

$$\begin{aligned}\boldsymbol{E}&=\boldsymbol{E}_1+\boldsymbol{E}_2+\boldsymbol{E}_3+\cdots+\boldsymbol{E}_n=\boldsymbol{E}_1\left(1+\frac{E_2}{E_1}+\frac{E_3}{E_1}+\cdots+\frac{E_n}{E_1}\right)\\&=\boldsymbol{E}_1\left[1+\mathrm{e}^{\mathrm{j}\psi}+\mathrm{e}^{\mathrm{j}2\psi}+\cdots+\mathrm{e}^{\mathrm{j}(n-1)\psi}\right]\end{aligned}\tag{4-140}$$

式中，$\boldsymbol{E}_1,\boldsymbol{E}_2,\boldsymbol{E}_3,\cdots,\boldsymbol{E}_n$ 分别为元天线 1,2,3,…在观察点所产生的场强。则

$$\boldsymbol{E}=\boldsymbol{E}_1\sum_{i=1}^{n}\mathrm{e}^{\mathrm{j}(i-1)\psi}\tag{4-141}$$

式(4-141)是一复数几何级数。式中各项如用复数矢量表示，天线阵辐射场可用矢量加法求得，如图 4-33(a)所示。

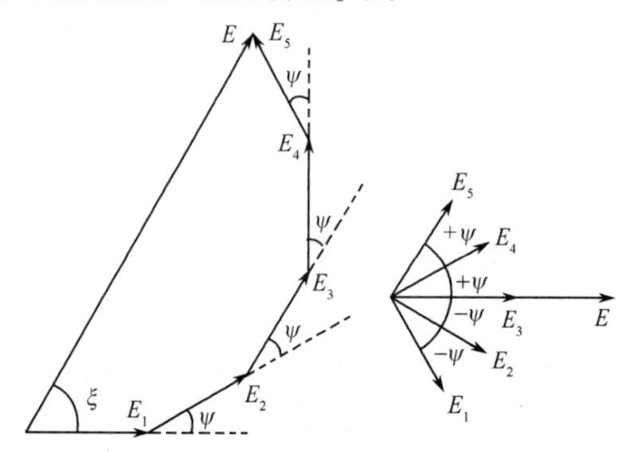

(a)相位参考点在阵左端点　(b)相位参考点在阵中点

图 4-33　5 元均匀直线阵辐射场复数矢量图

式(4-141)中，$\boldsymbol{E}_1$ 为天线 1 在观察点产生的辐射场，$\hat{\boldsymbol{e}}_1$ 是无限远观察点处电场的单位方向矢量。

$$\boldsymbol{E}_1=\mathrm{j}\frac{60I_{\mathrm{M1}}}{r}f_1(\theta,\varphi)\mathrm{e}^{\mathrm{j}kr_1}\cdot\hat{\boldsymbol{e}}_1$$

而

$$\psi=kd\cos\theta+\xi\tag{4-142}$$

而第二个因子 $\sum_{i=1}^{n}\mathrm{e}^{\mathrm{j}(i-1)\psi}$ 与组成天线阵的天线元形式和取向无关，只与各天线元电流相位和间距有关，即

$$\left|\sum_{i=1}^{n}\mathrm{e}^{\mathrm{j}(i-1)\psi}\right|=\left|\sum_{i=1}^{n}\mathrm{e}^{\mathrm{j}(i-1)\psi}\right|=\left|\frac{\sin\left(\frac{n}{2}\psi\right)}{\sin\left(\frac{\psi}{2}\right)}\mathrm{e}^{\mathrm{j}\varphi}\right|=\left|\frac{\sin\left(\frac{n}{2}\psi\right)}{\sin\left(\frac{\psi}{2}\right)}\right|$$

式中，$\varphi=\frac{n-1}{2}\psi$，是天线阵的辐射场领先于坐标原点(相位参考点)处天线元 1 的辐射场的相位。若以直线阵的中点为相位参考点，则 $\varphi=0$。图 4-33(b)就是以阵中点为相位参考点的 5 元阵辐射场的复数矢量图。$\varphi$ 值表征天线阵的相位方向图，它对天线阵的幅度方向图没有影响。

因此，均匀直线阵的总场强

$$\boldsymbol{E}=\mathrm{j}60I_{\mathrm{M1}}\mathrm{e}^{\mathrm{j}\frac{n-1}{2}\psi}f_1(\theta,\varphi)f_{\mathrm{a}}(\theta)\frac{\mathrm{e}^{-\mathrm{j}kr}}{r}\hat{\boldsymbol{e}}\tag{4-143}$$

于是 $n$ 元均匀直线阵的总方向函数 $f(\theta)$ 为下列形式

$$|f(\theta)|=|f_1(\theta,\varphi)|\,|f_{\mathrm{a}}(\theta)|\tag{4-144}$$

式中，$f_1(\theta,\varphi)$是单元天线的方向图函数，称为单元因子，则

$$f_{\mathrm{a}}(\theta)=\left|\frac{\sin\frac{n}{2}\psi}{\sin\frac{\psi}{2}}\right|\tag{4-145}$$

$f_{\mathrm{a}}(\theta)$与组成天线阵的天线元形式及取向无关，只与各天线元电流相位及间距有关，因此是均匀直线阵的阵因子。

式(4-144)就是 $n$ 元均匀直线阵的方向图乘积定理。只要天线阵是由相似元组成的,不管天线元间距和各元电流的振幅是否均匀,天线阵的总方向图就都可写为单元因子与阵因子的乘积,即方向图乘积定理是普遍成立的。

阵因子的最大值可由 $\frac{\mathrm{d}}{\mathrm{d}\psi}[f_a(\psi)]=0$ 确定。

由式(4-145)得最大值在 $\psi=2m\pi(m=0,\pm1,\pm2\cdots)$,用罗彼塔法则求得

$$f_{aM}=\left|\frac{\sin\left(\frac{n}{2}\psi\right)}{\sin\left(\frac{\psi}{2}\right)}\right|_{\psi=2m\pi}=n \tag{4-146}$$

则均匀直线阵阵因子的归一化方向函数

$$|F_a(\theta)|=\frac{1}{n}\left|\frac{\sin\left(\frac{n}{2}\psi\right)}{\sin\left(\frac{\psi}{2}\right)}\right| \tag{4-147}$$

图4-34是不同 $n$ 的 $|F_a(\theta)|$ 对 $\psi$ 的关系曲线,称为均匀直线阵阵因子的通用方向图。

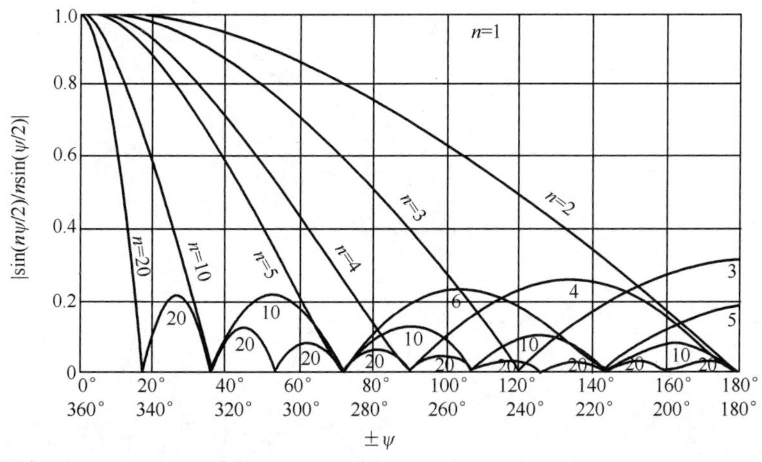


图4-34 $|F_a(\psi)|$ 对 $\psi$ 的关系曲线

式(4-147)是 $\psi$ 的周期函数,周期为 $2\pi$。每个周期内有一个最大值为1的大瓣和 $(n-2)$ 个小瓣。大瓣的宽度是 $4\pi/n$,诸小瓣的宽都是 $2\pi/n$。

$\psi=kd\cos\theta+\xi$ 是一个重要参量,是两相邻天线元的辐射场的相位差,即第 $i+1$ 元的辐射场领先于第 $i$ 元的辐射场的相位。式中表明,$\psi$ 取决于两个相位因素:一是 $kd\cos\theta$,由相邻元的辐射场到达同一观察点的波程差 $d\cos\theta$ 所引起的相位差,称为空间相差;二是 $\xi$,是相邻元的电流相位差。形成天线阵方向性的根本因素是上述随方向变化的波程差。它产生随方向变化的空间相位差,使诸天线元的辐射场在不同的方向上,以不同的相位关系叠加而获得总辐射场,形成天线阵辐射场随方向变化的特性。相邻元的间距以及电流的幅度比和相位差是通过形成阵方向性的根本因素(随方向变化的波程差)产生效应的。

从 $\psi$ 的物理意义可知:$\psi=2m\pi$ 时,天线阵的辐射场因各天线元的辐射场是同相叠加的,因此场强达到最大,方向图出现最大值。$f_{aM}=n$ 是各元电流等幅的结果。通常要求天线阵方向图只有一个最大值发生在 $\psi=0$ 的主瓣。设主瓣最大值方向(天线阵最大辐射方向)为 $\theta_M$,由式(4-142)得

$$\xi = -kd\cos\theta_M \tag{4-148}$$

即阵中各元的电流依次滞后 $kd\cos\theta_M$ 相位时，$\theta_M$ 方向的领先空间相位差正好为电流滞后相位差所补偿，各天线元的辐射场是同相叠加的，故该方向成为天线阵最大辐射方向。

式(4-142)还表明，在 $\theta$ 的可取值范围($0°\leqslant\theta\leqslant180°$)内，$\psi$ 的变化范围是$[-kd+\xi, kd+\xi]$。在此 $\psi$ 变化范围内，$\theta$ 的取值范围称为天线阵的可见区。从数学上，$\psi$ 可以在上述范围外取值，对应的 $\theta$ 就不在空间可见区内。对应 $\theta$ 可见区的 $\psi$ 范围，称为 $\psi$ 可见区。

通用方向图$|F_a(\psi)|$与方向图$|F_a(\theta)|$有对应关系，通过式(4-142)，由前者可绘出后者。在下面的讨论中，为方便起见，有时用通用方向图。

### 4.7.3 几种常见均匀直线阵

#### 1. 边射直线阵

边射直线阵就是最大辐射方向在垂直于阵直线方向的直线阵，即 $\theta_M=90°$的直线阵。由式(4-148)得，边射阵相邻元的电流相位差为 $\xi=0$，即同相均匀直线阵形成边射阵。在边射阵的最大辐射方向，各元到观察点没有波程差，所以各元电流不需要有相位差。对于边射阵，有

$$\psi = kd\cos\theta \tag{4-149}$$

$$F_a(\theta) = \frac{\sin\left(\frac{n}{2}kd\cos\theta\right)}{n\sin\left(\frac{1}{2}kd\cos\theta\right)} \tag{4-150}$$

为了书写方便，上式右边已略去绝对值符号(下同)。

图4-35是 $d=\lambda/4$ 的10元边射阵在含阵直线平面内的阵方向图。

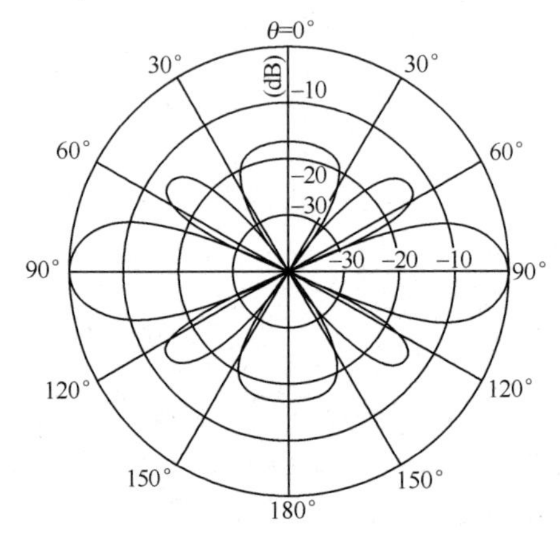

图4-35 边射阵方向图($n=10, d=\lambda/4$)

#### 2. 原型端射直线阵

原型端射直线阵就是最大辐射方向在阵直线方向的直线阵，即 $\theta_M=0°$或180°。由式(4-148)得，原型端射阵相邻元的电流相位差为 $\xi=-kd(\theta_M=0°)$或 $\xi=kd(\theta_M=180°)$，阵的各元电流的相位沿最大辐射方向依次滞后 $kd$。因此，有

$$\psi = kd(\cos\theta \mp 1) \tag{4-151}$$

$$F_a(\theta) = \frac{\sin\left[\frac{n}{2}kd(\cos\theta \mp 1)\right]}{n\sin\left[\frac{1}{2}kd(\cos\theta \mp 1)\right]} \tag{4-152}$$

式中，$\theta_M=0°$时电流相位取负号，$\theta_M=180°$时电流相位取正号。即端射直线阵最大辐射方向总偏向电流滞后一方。

$d=\lambda/4$ 的10元原型端射阵在含阵直线平面内的阵方向图如图4-36所示。

### 3. 相位扫描直线阵

由式(4-148)知

$$\theta_{M}=\arccos\left(-\frac{\xi}{kd}\right) \tag{4-153}$$

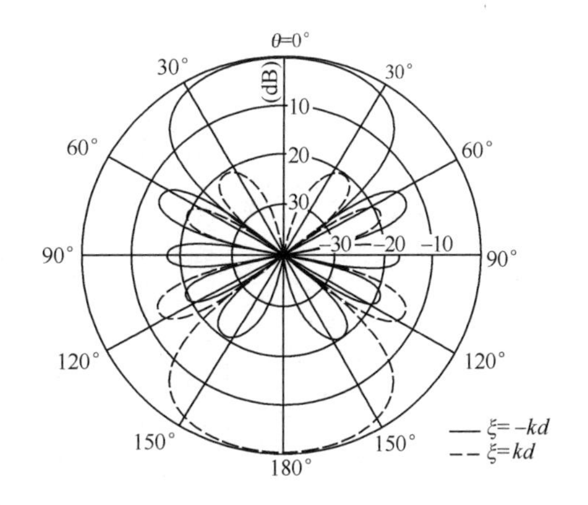

图 4-36　原型端射阵方向图($n=10,d=\lambda/4$)

直线阵相邻元电流相位差 $\xi$ 变化,将引起方向图最大辐射方向相应变化。如果 $\xi$ 随时间按一定规律重复变化,天线阵不转动,最大辐射方向连同整个方向图就能在一定空域内往复运行,即实现方向图扫描。利用 $\xi$ 的变化使方向图扫描,这种扫描称为相位扫描,通过改变相邻元电流相位差实现方向图扫描的天线阵,称为相位扫描天线阵或相控阵。图 4-37(a)是相位扫描阵的原理图。各元电流的相位变化由串接在各自馈线中的电控相移器控制。

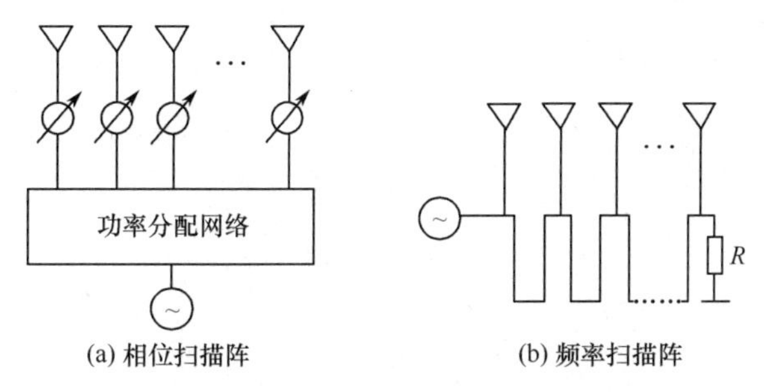

图 4-37　相位扫描阵和频率扫描阵的原理

相位扫描阵的 $\xi=-kd\cos\theta_{M}$,有

$$\psi=kd(\cos\theta-\cos\theta_{M}) \tag{4-154}$$

$$F_{a}(\theta)=\frac{\sin\left[\frac{n}{2}kd(\cos\theta-\cos\theta_{M})\right]}{n\sin\left[\frac{1}{2}kd(\cos\theta-\cos\theta_{M})\right]} \tag{4-155}$$

图 4-38 是 $d=\lambda/4$ 的 10 元相位扫描阵在含阵直线平面内的阵方向图($\theta_{M}=60°$)。

由式(4-153),$\theta_{M}$ 亦与工作频率有关,改变工作频率可以实现方向图扫描,称为频率扫描。图 4-37(b)表示方向图频率扫描原理。馈线末端接匹配负载,当信号频率电控改变时,随之改变的馈线电长度将引起天线元电流的相位变化。

### 4. 强端射直线阵

原型端射阵的方向图具有较宽的主瓣,它的方向系数不是最优的。强端射阵是一种适当压缩主瓣宽度,使方向系数到最大的改进型端射直线阵。下面结合图 4-39 说明强端射阵原理。

$d=\lambda/4$、$\xi=-kd(\theta_{M}=0°)$的原型端射阵,其 $\psi$ 可见区为$[-\pi,0]$。通用方向图主瓣的零功率宽度为 $2\psi_{01}$。若使 $\psi$ 可见区向左平移 $\delta$,主瓣零功率宽度变为 $2(\psi_{01}-\delta)$,便可达到压缩主瓣宽

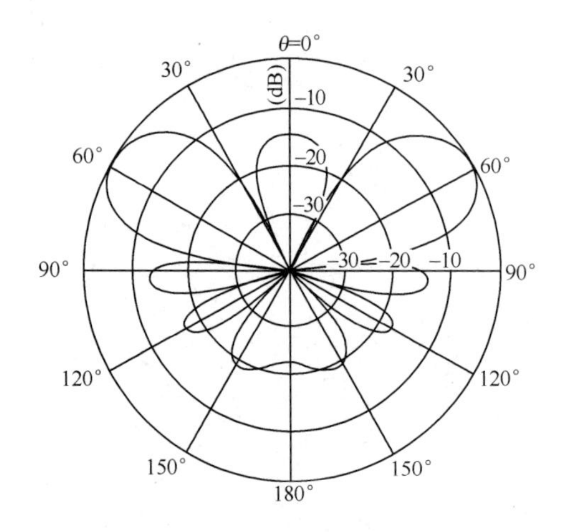


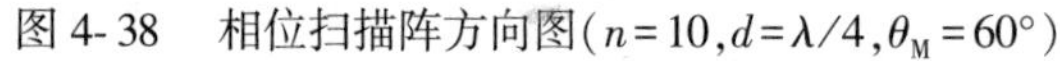
图 4-38　相位扫描阵方向图($n=10, d=\lambda/4, \theta_M=60°$)

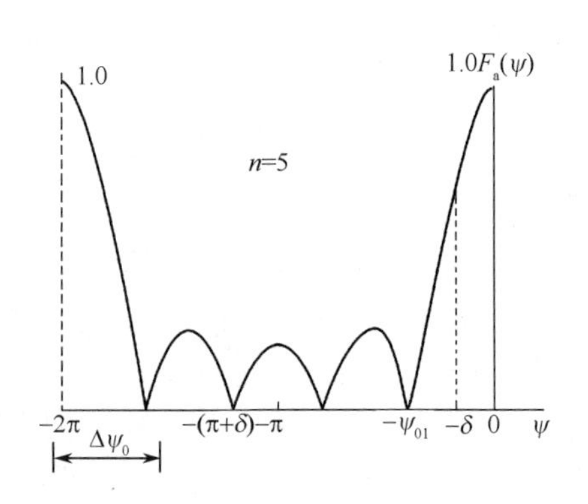


图 4-39　强端射阵原理说明

度的目的。为此,应在原型端射阵元电流相位分布的基础上修改 $\xi$ 值,因为 $\psi$ 可见区的位置是由 $\xi$ 决定的。根据 $\theta=0°, \psi=-\delta$,由式(4-142),得 $\xi=-(kd+\delta)$。不过可见区平移量 $\delta$ 要适当,$\delta$ 过小,压缩主瓣的效果不明显,方向系数提高得不大;$\delta$ 过大,主瓣最大值下降得太大,方向系数反而降低。根据计算,$\delta$ 的最优值为 $2.94/n \approx \pi/n$。因此,强端射阵的条件是,$\theta_M=0°$时,$\xi=-(kd+2.94/n)\approx -(kd+\pi/n)$。同理,$\theta_M=180°$时,$\xi=+(kd+2.94/n)\approx +(kd+\pi/n)$。于是

$$\psi = kd(\cos\theta \mp 1) \mp \frac{\pi}{n} \tag{4-156}$$

$$f_a(\theta) = \frac{\sin\left\{\dfrac{n}{2}\left[kd(\cos\theta \mp 1) \mp \dfrac{\pi}{n}\right]\right\}}{\sin\left\{\dfrac{1}{2}\left[kd(\cos\theta \mp 1) \mp \dfrac{\pi}{n}\right]\right\}} \tag{4-157}$$

式中,正、负号的取法同原型端射阵。

强端射阵的 $\xi=\mp(kd+\pi/n)$,故各天线元在天线阵最大辐射方向的场强不再同相($\psi \neq 0$),而是依次相差 $\pi/n$ 相位($\psi=\mp\pi/n$),因而方向函数最大值

$$f_{aM} = \left.\frac{\sin\left(\dfrac{n}{2}\psi\right)}{\sin\left(\dfrac{1}{2}\psi\right)}\right|_{\psi=\mp\frac{\pi}{n}} = \frac{1}{\sin\left(\dfrac{\pi}{2n}\right)} \tag{4-158}$$

强端射阵的归一化方向函数

$$f_a(\theta) = \sin\left(\frac{\pi}{2n}\right)\frac{\sin\left\{\dfrac{n}{2}\left[kd(\cos\theta \mp 1) \mp \dfrac{\pi}{n}\right]\right\}}{\sin\left\{\dfrac{1}{2}\left[kd(\cos\theta \mp 1) \mp \dfrac{\pi}{n}\right]\right\}} \tag{4-159}$$

由于 $1/\sin(\pi/2n)<n$,较之原型端射阵,强端射阵的副瓣电平增高,这是为提高方向系数所付出的代价。

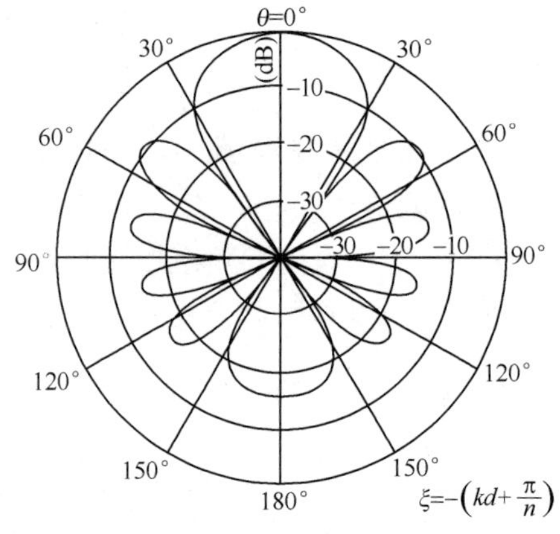


图 4-40　强端射阵方向图
($n=10, d=\lambda/4$)

图 4-40 是 $d=\lambda/4$ 的 10 元强端射阵在含阵直线平面内的阵方向图。

### 4.7.4 栅瓣和间距选择及方向系数

$\psi$ 可见区的大小是由间距 $d$ 决定的。$d$ 过大时,方向图有多个最大值相同的大瓣。如前所述,它们的最大值发生在 $\psi=2m\pi$。最大值在 $\psi=0$ 的大波瓣称为方向图主瓣。最大值在其他 $\psi$ 的诸大波瓣称为方向图栅瓣。消除栅瓣的办法是正确选择间距,使它不超过某个极限值。

要天线阵方向图不出现栅瓣,应使 $\psi$ 可见区$[-kd+\xi,kd+\xi]$不包括 $\psi=\pm2\pi$,即

$$\begin{cases}-kd+\xi>-2\pi\\ kd+\xi<2\pi\end{cases}$$

解此联立不等式,得

$$\frac{d}{\lambda}<1-\frac{|\xi|}{2\pi} \tag{4-160}$$

这就是消除栅瓣最大值的间距条件。此条件不能保证消除栅瓣中的一些较大值。也就是说,即使间距满足式(4-160),$\psi$ 可见区也仍可能深入邻近栅瓣区中,使方向图具有大的副瓣。

为了消除整个栅瓣,而不只是限于消除它的最大值,应有

$$\begin{cases}-kd+\xi\geqslant-(2\pi-\Delta\psi_0)\\ kd+\xi\leqslant2\pi-\Delta\psi_0\end{cases}$$

式中,$\Delta\psi_0=2\pi/n$,是通用方向图栅瓣零功率宽度的一半(见图 4-40)。于是

$$\frac{d}{\lambda}\leqslant1-\frac{1}{n}-\frac{|\xi|}{2\pi} \tag{4-161}$$

将前述 4 种均匀直线阵的值 $\xi$ 代入上式,得到下列消除整个栅瓣的间距条件:

边射阵
$$\frac{d}{\lambda}\leqslant\frac{n-1}{n} \tag{4-162}$$

原型端射阵
$$\frac{d}{\lambda}\leqslant\frac{n-1}{2n} \tag{4-163}$$

强端射阵
$$\frac{d}{\lambda}\leqslant\frac{2n-3}{4n} \tag{4-164}$$

相位扫描阵
$$\frac{d}{\lambda}\leqslant\frac{n-1}{n(1+|\cos\theta_M|)} \tag{4-165}$$

式中,$\theta_M$ 应为扫描范围的边缘角。当 $n$ 很大时,式(4-165)简化为

$$\frac{d}{\lambda}\leqslant\frac{1}{1+|\cos\theta_M|} \tag{4-166}$$

将三种直线阵的归一化阵因子代入方向系数计算公式中,在 $nd\geqslant\lambda$ 时,得出方向系数为:

边射阵
$$D=2n\left(\frac{d}{\lambda}\right)$$

原型端射阵
$$D=4n\left(\frac{d}{\lambda}\right)$$

强端射阵
$$D=1.79\left[4n\left(\frac{d}{\lambda}\right)\right]$$

本节习题 4-30~4-32;MOOC 视频知识点 4.12~4.13。

## 4.8 二元天线阵、理想地面对天线的影响

前面我们讨论了直线阵和均匀直线阵的方向性,只要天线阵是由相似元组成的,则不管天

线元间距和各元电流的振幅是否均匀,其阵的方向性就都是由方向图乘积定理决定的,即天线阵的方向图等于单个天线的方向图(单元因子)和阵因子的乘积。天线阵的阵因子与单个天线的形式和尺寸无关,只与天线单元的电流分布 $I_i$、空间分布 $d_i$ 和单元的个数 $n$ 有关。方向图乘积定理是具有普遍性的,即无论天线阵是直线阵、平面阵或立体阵,只要天线单元是相似元,则天线阵的方向图就都可以写为单元因子与阵因子的乘积。因此天线单元可以是任意形式的天线,也可以是一个天线阵。

这一节我们讨论几种常用均匀直线二元阵和理想导电平面上的天线问题。

### 4.8.1 二元天线阵和方向性

二元天线阵:由两个形式和取向相同的相似天线元构成的天线阵列,如图 4-41 所示。两天线间的距离为 $d$,它们离观察点的距离分别为 $r_1$ 和 $r_2$。两天线上的电流分别为 $I_1$ 和 $I_2$,$I_2=mI_1\mathrm{e}^{\mathrm{j}\xi}$,其中 $m$ 为两天线电流振幅的比值,而 $\xi$ 为 $I_2$ 比 $I_1$ 领先的相位角。

由直线阵的阵因子 $f_\mathrm{a}=\sum\limits_{i=1}^{n}m_{1i}\mathrm{e}^{\mathrm{j}(kd_{1i}\cos\theta+\xi_{1i})}$ 得知二元阵:$n=2$,$f_\mathrm{a}(\theta)=(1+m\mathrm{e}^{\mathrm{j}\psi})$,$\psi=\xi+kd\cos\theta$。

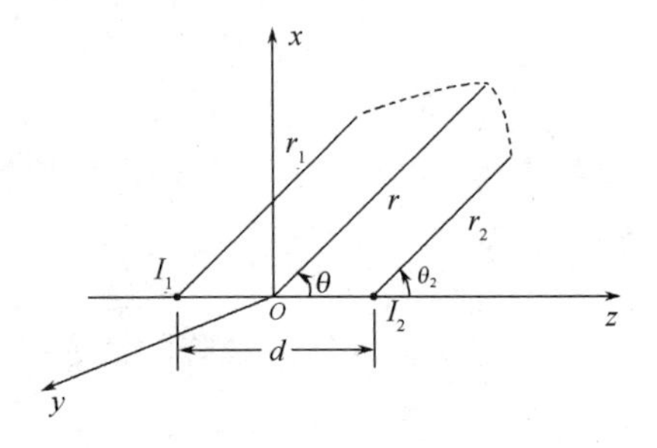

图 4-41 二元阵坐标系

由此可见,阵因子与电流振幅比 $m$、电流相位差 $\xi$ 及两天线间距 $d$ 有关(三要素)。而且,在包含阵轴的所有平面内,阵因子相同。在与阵轴垂直的平面内 $\theta=90°$,$\psi$ 为常数,阵因子没有方向性,这是因为在此面内两天线无波程差,两天线的场在各个方向都以同样的相位差 $\xi$ 和给定的振幅比 $m$ 叠加。可见与方向有关的波程差是形成天线方向性的根本因素。

下面讨论几种均匀直线二元阵的方向图函数和方向图,以说明方向图乘积定理的应用。

均匀直线二元阵即 $m=1$(等幅分布)、$n=2$,这时

$$f_\mathrm{a}(\theta,\varphi)=\left|\frac{\sin n\psi/2}{\sin\psi/2}\right|=\left|2\cos\frac{\psi}{2}\right|=2\left[\cos\frac{1}{2}(\xi+kd\cos\theta)\right] \tag{4-167}$$

其中,$\psi=\xi+kd\cos\theta$ 是一个重要参量,它是两个天线元辐射场的相位差。

1. 等幅同相($m=1,\xi=0$)

这时

$$f_\mathrm{a}(\theta)=2\cos\left(\frac{kd\cos\theta}{2}\right) \tag{4-168}$$

注:为了书写方便,上式右边已略去绝对值符号(下同)。

**【例 4-4】** 两个半波对称振子共轴排列,如图 4-42 所示。设两振子的电流等幅同相,间距为 $\lambda/2$。求此二元阵的 $E$ 面方向图。

**解:** 本例的单元因子是半波对称振子,根据方向图乘积定理,此二元阵的总方向图等于半波对称振子乘以等幅同相二元阵的阵因子。

半波对称振子在 $E$ 平面的方向函数

$$f_1=\frac{\cos\left(\frac{\pi}{2}\cos\theta\right)}{\sin\theta}$$

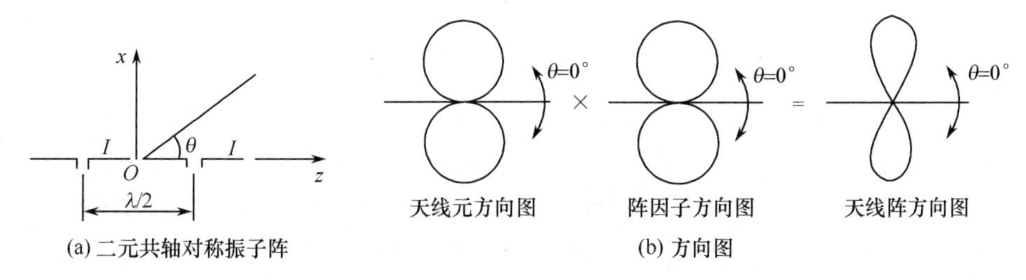


图 4-42　二元共轴对称振子阵及其方向图

阵因子将 $n=2,m=1,\xi=0,d=\lambda/2$ 代入式(4-168),得

$$|f_a(\theta)| = |1+e^{jk(\lambda/2)\cos\theta}| = 2\left|\cos\left(\frac{\pi}{2}\cos\theta\right)\right|$$

在 $\theta=90°$ 和 $270°$ 时 $f_a(\theta)$ 为最大值,这是因为在该方向两天线单元无波程差,而电流相位又相同,因此场同相叠加达到最大值。在 $\theta=0°$ 和 $180°$ 时 $f_a(\theta)$ 为零值,这是因为 $d=\lambda/2$ 的波程差引起的相位差为 180°,而电流相位相同不能补偿波程差引起的相位差,因此场反相叠加,又因电流等幅分布,所以场在该方向相互抵消为零值辐射。故得二元阵的方向函数为

$$|f(\theta)| = |f_1(\theta)| \cdot |f_a(\theta)| = 2\left|\frac{\cos^2\left(\frac{\pi}{2}\cos\theta\right)}{\sin\theta}\right|$$

应用方向图乘积定理得到本例题二元阵的 $E$ 面方向图如图 4-42(b)所示。

## 2. 等幅反相($m=1,\xi=\pm\pi$)

这时,$\psi=kd\cos\theta\pm\pi$,阵因子为

$$f_a(\theta) = \left|2\cos\left(\frac{kd\cos\theta}{2}\pm\frac{\pi}{2}\right)\right| = \left|\mp 2\sin\left(\frac{kd\cos\theta}{2}\right)\right|$$

即等幅反相二元阵阵因子为

$$f_a(\theta) = 2\sin\left(\frac{kd\cos\theta}{2}\right) \tag{4-169}$$

将上式和等幅同相二元阵阵因子做比较知:等幅同相二元阵和等幅反相二元阵阵因子的零值方向与最大值方向恰好互换位置,即同相阵的最大辐射方向在反相阵中却是零值辐射方向。$d=\lambda/2$ 和 $d=\lambda$ 的等幅二元阵阵因子图如图 4-43 所示。

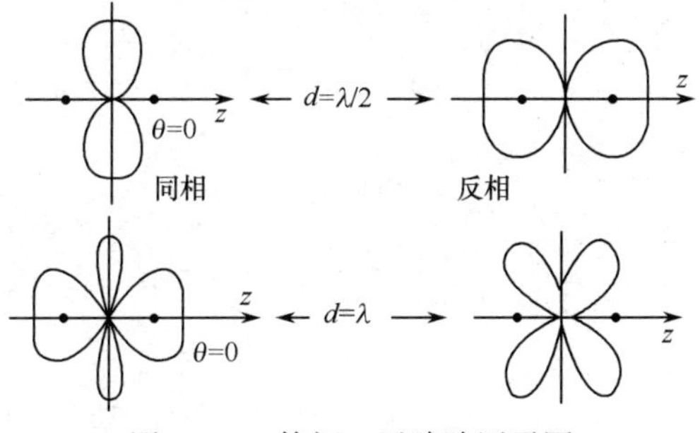


图 4-43　等幅二元阵阵因子图

## 3. 等幅相位正交($m=1,\xi=\pm 90°$)

这时,$\psi=kd\cos\theta\pm\frac{\pi}{2}$,阵因子为

$$f_a(\theta)=2\cos\left(\frac{kd\cos\theta}{2}\pm\frac{\pi}{4}\right) \quad (4\text{-}170)$$

当 $d=\lambda/4$ 和 $\xi=+90°$时的阵因子方向图如图 4-44 所示,这时的方向图如心脏,具有单向辐射特点,而且最大辐射在 $\theta=180°$方向,最小的辐射在 $\theta=0°$方向。在 $\theta=0°$方向,由于波程差为 $\lambda/4$,天线 1 的场比天线 2 的场相位落后 90°,但由于电流相位又落后 90°,因此总相位落后 180°,两天线的场反相抵消。而在 $\theta=180°$方向,天线 1 的场由于波程差产生的相位超前 90°正好补偿了它的电流相位落后 90°,两天线的场同相叠加。$\xi=-90°$的情况可类比理解(情况相反)。

当 $d=\lambda/2,\xi=90°$时的阵方向图如图 4-45 所示,这时最大辐射在 $\theta=120°$,零辐射在 $\theta=60°$,这些都可用前述相位关系来解释。

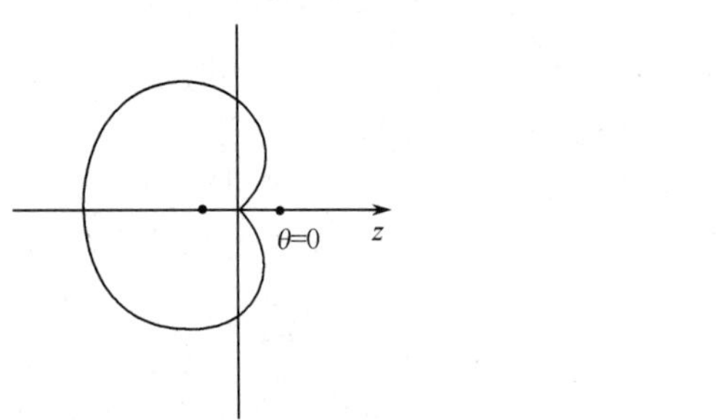


图 4-44 $d=\lambda/4,\xi=\pi/2$ 等幅二元阵

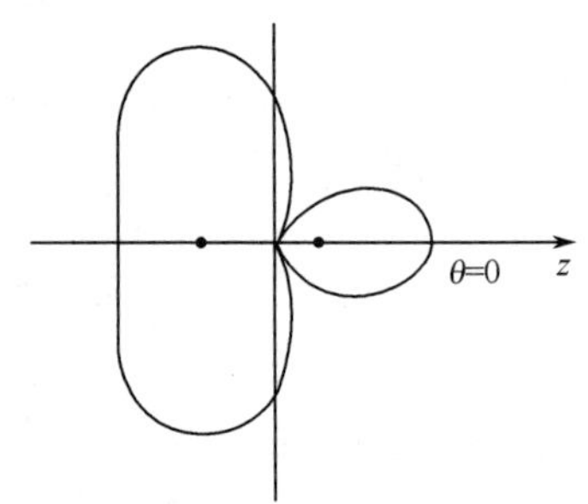


图 4-45 $d=\lambda/2,\xi=\pi/2$ 等幅二元阵

从上述几幅方向图可见,天线最大辐射方向似乎是偏向电流相位较落后的一边,而这点可用波程超前弥补电流相位的落后来解释。但必须注意,当两天线间距较长时,会出现许多最大辐射方向,有些还偏向相位超前的天线一边。因此"最大辐射方向偏向电流相位落后的那一边"这句话是有条件的。

**【例 4-5】** 两个半波对称振子齐平排列,如图 4-46(a)所示。设 $I_2=I_1e^{-j\pi/2}$,间距为 $\lambda/4$。求此二元阵的 $E$ 面方向图。

**解:** 已知 $n=2,m=1,\xi=-\pi/2,d=\lambda/4$,得

$$|f_a(\theta)|=2\left|\cos\left[\frac{\pi}{4}(\cos\theta-1)\right]\right|$$

由于单元因子

$$|f_1(\theta,\varphi)|=\left|\frac{\cos\left(\frac{\pi}{2}\cos\gamma\right)}{\sin\gamma}\right|=\left|\frac{\cos\left(\frac{\pi}{2}\sin\theta\cos\varphi\right)}{\sqrt{1-(\sin\theta\cos\varphi)^2}}\right|$$

故得

$$|f(\theta,\varphi)|=2\left|\frac{\cos\left(\frac{\pi}{2}\sin\theta\cos\varphi\right)}{\sqrt{1-(\sin\theta\cos\varphi)^2}}\right|\cdot\left|\cos\left[\frac{\pi}{4}(\cos\theta-1)\right]\right|$$

此二元阵的 $E$ 面($\varphi=0$)归一化方向函数

$$|f(\theta)|=\left|\frac{\cos\left(\frac{\pi}{2}\sin\theta\right)}{\cos\theta}\right|\cdot\left|\cos\left[\frac{\pi}{4}(\cos\theta-1)\right]\right|$$

$E$ 面方向图如图 4-46(b)所示。

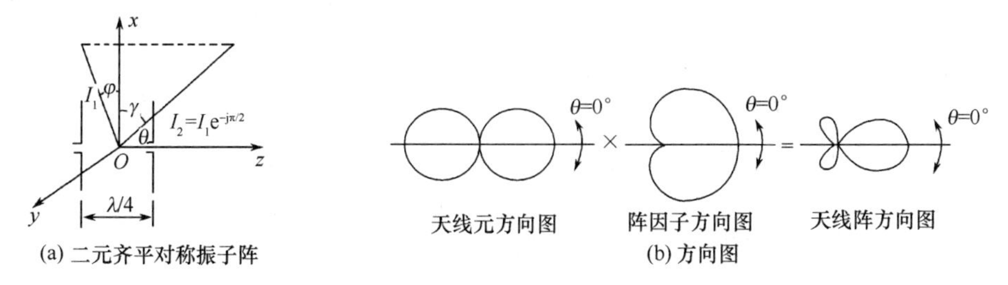


(a) 二元齐平对称振子阵 (b) 方向图

图 4-46　二元齐平对称振子阵及其方向图

## 4.8.2　理想地面对天线方向性的影响

前面讨论的天线都是假设位于无限大自由空间的,实际上天线不是架设在地面就是置于载体表面。在许多情况下这些地面和表面都是良导体,在天线电磁场的作用下将产生感应电流,该电流也要在空间激起电磁场,因此必然要影响天线的电性能(方向图、阻抗和方向系数等)。只有在超短波和微波波段,天线的口径尺寸和架设高度远大于波长,地面对天线影响较小,这时可以不考虑地面对天线性能的影响。严格求解地面对天线性能的影响是非常复杂的,是不切合工程应用的。通常用近似的方法来分析地面和金属反射面的影响,这种近似方法就是把地面和载体表面看成无限大的理想导电平面,用镜像原理分析它对天线性能的影响,这种方法称为镜像法。

### 1. 镜像原理

在静电学中已知,当一个点电荷放在一理想导电的无限大平面上方时,上半空间的场为这个电荷的场和它镜像电荷的场的叠加。由图 4-47 得知,理想地面上方的一个正电荷向左运动,形成向左的电流,而它的镜像(负电荷)也随之向左运动,并形成方向向右的电流,即水平电流的像是“负像”。由此可知,垂直电流的像是“正像”。图 4-47 中还画出了斜向电流和它的像电流,以及当导线较长、线上电流有驻波分布时的情况。用镜像法分析理想导电平面上的天线的电磁场,先要确定镜像天线及其电流分布。

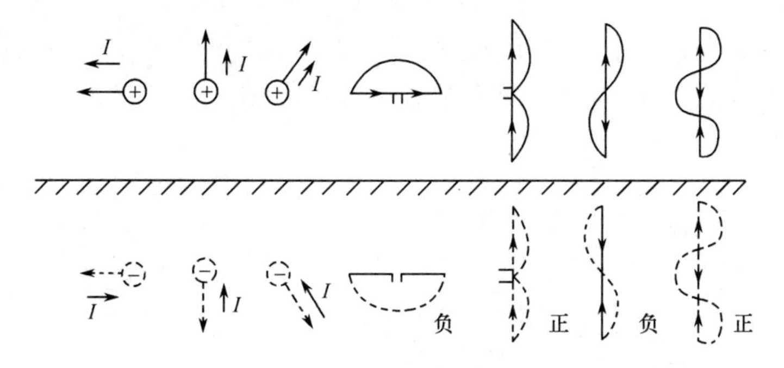


图 4-47　镜像原理图

架设在地面上的天线在距离天线较远的观察点处所产生的场包含两部分:一部分是天线的直射波的场;另一部分是经过地面反射波的场。天线的地面反射波的场可视为由位于地面下的天线的镜像所辐射的。根据理想导体的边界条件,在理想导电平面的表面上电场的切线分量等于零,所以,镜像天线的电荷必然和实际天线的电荷量值相等且符号相反。由此可得理想导电平面上垂直、水平、倾斜放置的电基本振子的镜像振子和电流分布如图 4-48 所示。垂直电基本振子和水平电基本振子的镜像振子与原振子相同,但镜像电流则分别与原振子的电流等幅同相(正像)和等幅反相(负像)。倾斜电基本振子的镜像振子也是倾斜的,但取向相反,镜像电流的垂直和水平分量分别是原电流的正像和负像。

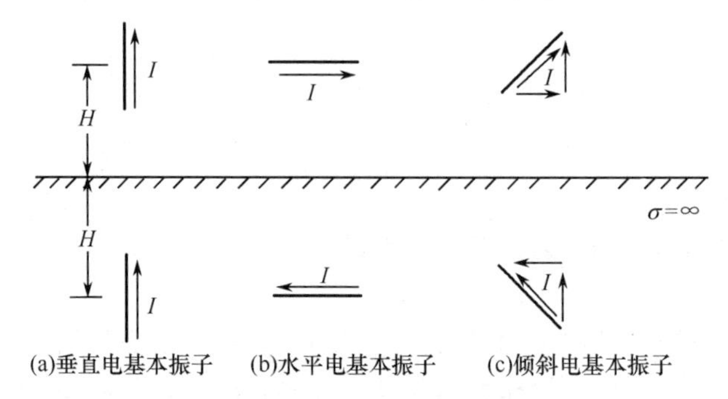


(a)垂直电基本振子　(b)水平电基本振子　(c)倾斜电基本振子

图 4-48　电基本振子的镜像

有了电基本振子的镜像和镜像电流分布,对于电流分布不均匀的天线来说,可将天线分割成许多基本单元,每一小段都有它对应的镜像,把所有的镜像合起来就是整个天线的镜像。

开路单导线天线和对称振子天线的镜像如图 4-49(a)和(b)所示。由图可见:当天线垂直于理想导电平面时,对于开路单导线天线,其长度为半波长的奇数倍时,镜像为正像;其长度为半波长的偶数倍时,镜像为负像。对于对称振子天线,无论何种长度,其镜像都是正像。当天线平行于理想导电平面时,任何长度的开路单导线天线和对称振子天线的镜像都是负像。

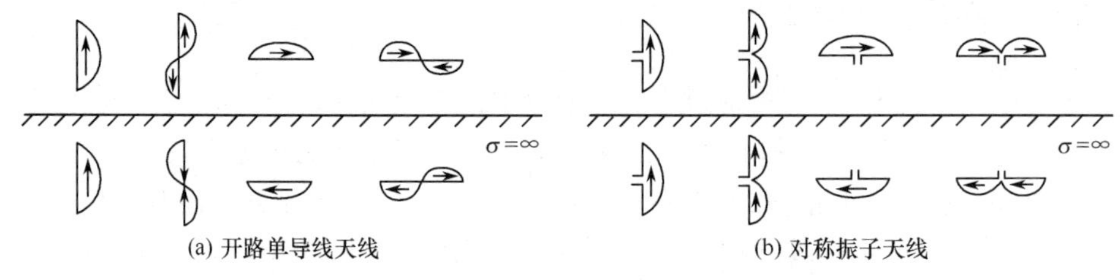


(a) 开路单导线天线　(b) 对称振子天线

图 4-49　开路单导线天线和对称振子天线的镜像

### 2. 理想地面上的垂直半波对称振子

设一半波对称振子垂直于理想地面放置,其中心离地高度为 $H$,取图 4-50 的坐标系,源天线的远场为 $\boldsymbol{E}_1$,由镜像原理知其像天线仍然是半波对称振子,而且像电流为正像。设像天线的远场为 $\boldsymbol{E}_2$,所以

$$\boldsymbol{E}_1 = E_{1\theta}\hat{\boldsymbol{\theta}}_1 = \mathrm{j}\frac{60I_{\mathrm{M}}}{r_1}\frac{\cos\left(\dfrac{\pi}{2}\cos\theta_1\right)}{\sin\theta_1}\mathrm{e}^{-\mathrm{j}kr_1}\hat{\boldsymbol{\theta}}_1$$

$$\boldsymbol{E}_2 = E_{2\theta}\hat{\boldsymbol{\theta}}_2 = \mathrm{j}\frac{60I_{\mathrm{M}}}{r_2}\frac{\cos\left(\dfrac{\pi}{2}\cos\theta_2\right)}{\sin\theta_2}\mathrm{e}^{-\mathrm{j}kr_2}\hat{\boldsymbol{\theta}}_2$$

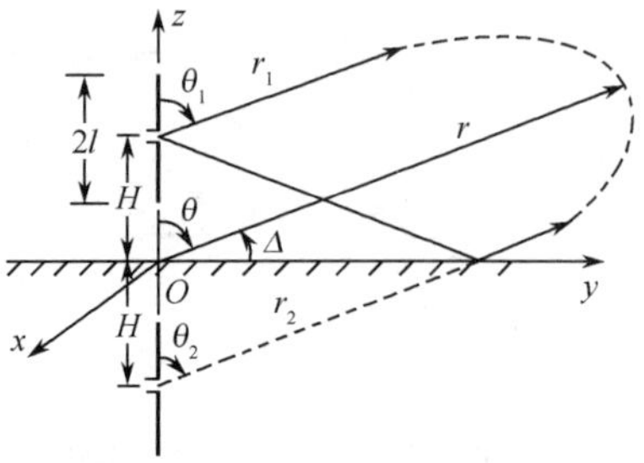

图 4-50　理想地面上的垂直对称振子($2l=0.5\lambda$)

由振幅近似,$\dfrac{1}{r_1}\approx\dfrac{1}{r_2}\approx\dfrac{1}{r}$;由射线平行近似,$\theta_1=\theta_2=\theta$,$\hat{\boldsymbol{\theta}}_1=\hat{\boldsymbol{\theta}}_2=\hat{\boldsymbol{\theta}}$,$r_1\approx r-H\cos\theta=r-H\sin\Delta$,$r_2\approx r+H\sin\Delta$;$\Delta=\dfrac{\pi}{2}-\theta$ 是

观察点射线与导电平面的夹角,称为仰角。

因此,源天线和理想地面影响后的空间电场为

$$\boldsymbol{E}=\boldsymbol{E}_1+\boldsymbol{E}_2=(E_{1\theta}+E_{2\theta})\hat{\boldsymbol{\theta}}=E_\theta\hat{\boldsymbol{\theta}}$$

$$E_\theta=\mathrm{j}\frac{60I_\mathrm{M}}{r}\frac{\cos\left(\dfrac{\pi}{2}\sin\Delta\right)}{\cos\Delta}\mathrm{e}^{\mathrm{j}kr}\cdot 2\cos(kH\sin\Delta) \tag{4-171}$$

由此可见,存在地面反射后,原来由对称振子中心($r_1=0$)发出的球面波 $\mathrm{e}^{-\mathrm{j}kr_1}/r_1$ 变化为由坐标原点($r=0$)发出的球面波 $\mathrm{e}^{-\mathrm{j}kr}/r$。$r=0$ 处称为天线总场的相位中心。此外,天线总场比源天线的场多一个方向性因子 $2\cos(kH\sin\Delta)$,令

$$\left.\begin{aligned}f_1(\Delta)&=\frac{\cos\left(\dfrac{\pi}{2}\sin\Delta\right)}{\cos\Delta}\\ f_\mathrm{g}(\Delta)&=2\cos(kH\sin\Delta)\end{aligned}\right\}\quad(0°\leqslant\Delta\leqslant180°) \tag{4-172}$$

则地面影响后的总方向函数为

$$f(\Delta)=f_1(\Delta)f_\mathrm{g}(\Delta)$$

式中,$f_1(\Delta)$是单元天线的方向函数;$f_\mathrm{g}(\Delta)$称为地因子。

也就是说,地面影响除相位中心转移外,附加了新的方向因子 $f_\mathrm{g}(\Delta)$。由式(4-172)可知,这时的方向性只与 $\Delta$(或 $\theta$)有关,而与 $\varphi$ 无关。这是因为不仅单元方向性与 $\varphi$ 无关,且地因子也与 $\varphi$ 无关,前者是由于对称振子本身的轴对称性,后者则是地面影响也对 $Oz$ 轴对称。

所以,理想地面对天线的反射影响等效为镜像天线的作用,而且源天线和镜像天线构成一个二元阵系统,地因子 $f_\mathrm{g}(\Delta)$就是二元阵的阵因子。垂直地面的半波对称振子的像是正像,因此构成等幅同相二元阵。平行地面的对称振子的像是负像,因此构成等幅反相二元阵。

由正像地因子 $f_\mathrm{g}(\Delta)=2\cos(kH\sin\Delta)$ 可知,$f_\mathrm{g}(\Delta)$的最大值为 2,最小值为 0。$f_\mathrm{g}(\Delta)=2$ 表明,在这个方向源天线和像天线的场同相叠加(波程差为波长整数倍),$f_\mathrm{g}(\Delta)=0$ 则表明源的场和像的场反相抵消(波程差为半波长奇数倍),当 $H$ 较大时,地因子可有多个极大值和极小值。

最大值方向 $\Delta_\mathrm{M}$ 由下式决定:

$$\left.\begin{aligned}kH\sin\Delta_\mathrm{M}&=m\pi\\ \Delta_\mathrm{M}&=\arcsin\left(\frac{m\lambda}{2H}\right)\end{aligned}\right\}\quad m=0,1,2,3\cdots \tag{4-173}$$

零辐射方向 $\Delta_0$ 为

$$\Delta_0=\arcsin\left[\frac{(2n+1)\lambda}{4H}\right]\quad n=0,1,2,3\cdots \tag{4-174}$$

图 4-51 是各种 $H$ 值时 $f_\mathrm{g}(\Delta)$的方向图,由图可见,垂直电流的地因子有两个特点:一是各个波瓣最大值相同,二是不管 $H$ 为多少,$\Delta=0$ 方向总是最大值,因为这个方向源与像总是没有波程差。方向图只画了一半,因为只在上半空间有场。

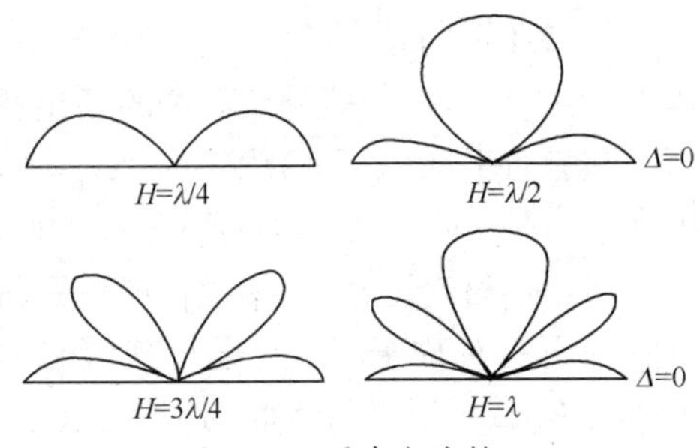


图 4-51　垂直电流的地因子(正像)方向图

不应忘记，总方向性由 $f_1(\Delta)$ 和 $f_g(\Delta)$ 相乘，因此总场在 $\Delta=90°$ 方向应恒为零，由图 4-47 还可看出，当 $2l$ 为波长的整数倍时，像天线有时是负像，这时的结果和前述不一样。

理想地面上垂直半波对称振子的 $H$ 面的场可从式(4-171)令 $\Delta=$常数得到，不难理解，$H$ 面无方向性。

### 3. 理想地面上的水平对称振子

一个对称振子平行于理想地面放置，其中心离地高度为 $H$，取图 4-52(a)的坐标系，由镜像原理知，平行于理想地面的任何长度的对称振子天线的镜像都是负像。因此，水平对称振子与它的镜像振子组成间距为 $2H$ 的等幅反相二元阵，如图 4-52(a)所示。我们利用等幅反相二元阵阵因子可得理想导电平面上水平对称振子的方向函数为

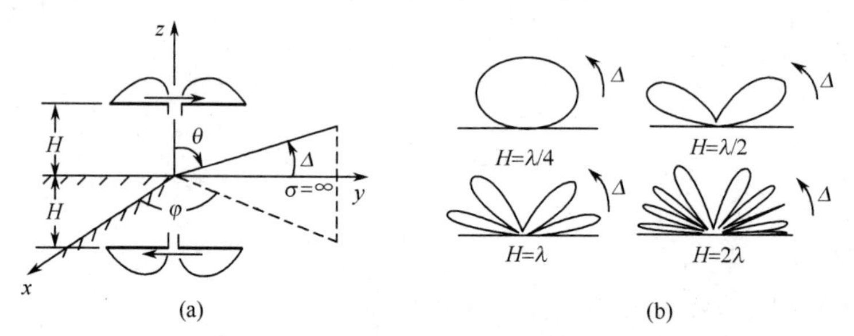


图 4-52　水平对称振子及其方向图

$$f(\Delta,\varphi)=f_1(\Delta,\varphi)f_g(\Delta,\varphi)\quad(0°\leqslant\Delta\leqslant 90°)$$

式中

$$f_1(\Delta,\varphi)=\frac{\cos(kl\cos\Delta\sin\varphi)-\cos(kl)}{\sqrt{1-(\cos\Delta\sin\varphi)^2}}$$

$f_g(\Delta)$ 为地因子，即等幅反相二元阵阵因子

$$f_g(\Delta)=2\sin(kH\sin\Delta)\tag{4-175}$$

显然，这时地因子方向图也具有最大值相同的多瓣结构(当 $H$ 较大时)，而且最大值和零值的方向正好与垂直电流时的相反(互换)，其最大值方向 $\Delta_M$ 由下式决定：

$$\left.\begin{aligned}kH\sin\Delta_M&=(2m+1)\frac{\pi}{2}\\ \Delta_M&=\arcsin\left[\frac{(2m+1)\lambda}{4H}\right]\end{aligned}\right\}\quad m=0,1,3,\cdots\tag{4-176}$$

零值方向为

$$\Delta_0=\arcsin\left(\frac{n\lambda}{2H}\right)\qquad n=0,1,2,3,\cdots\tag{4-177}$$

值得注意的是，不管 $H$ 为多少，当 $\Delta=0$ 时，$f_g(\Delta)$ 总是零，这是因为源与像在此方向虽无波程差，但因电流反相等导致两者的场相抵消。

在垂直平面($\varphi=0°$)内

$$f(\Delta)=[1-\cos(kl)]2\sin(kH\sin\Delta)\quad(0°\leqslant\Delta\leqslant 180°)\tag{4-178}$$

即在 $\varphi=0°$ 平面上，水平对称振子总方向性由地因子唯一决定，因为单元在此面无方向性。

由前述讨论可知，对架设在理想地面上的天线，理想地面对天线的影响等效为地因子。对垂直地面的对称振子，天线与其镜像构成一个等幅同相二元阵，正像地因子为 $f_g(\Delta)=2\cos(kH\sin\Delta)$；对平行地面的天线，天线与其镜像构成一个等幅反相二元阵，负像地因子为 $f_g(\Delta)=2\sin(kH\sin\Delta)$；地因子也是与单元方向性无关的新的方向因素。而且必须明确由镜像法算的电磁场只对导电平面的上半空间有效，因此导电平面的下半空间是没有方向图的。

4. 垂直接地振子的方向性

垂直接地振子就是馈电端接近导电平面的垂直开路单导线天线。它与其镜像构成全长为 $2l$ 的振子(称为等效对称振子),如图 4-53 所示。在上半空间垂直接地振子与自由空间对称振子的方向图完全相同,即

$$f(\Delta)=\frac{\cos(kl\sin\Delta)-\cos kl}{\cos\Delta}\quad(0°\leqslant\Delta\leqslant180°)\tag{4-179}$$

垂直接地振子的辐射阻抗仍按辐射功率和归算电流计算,即 $Z_r=2P_r/|I_M|^2$,其中 $P_r$ 是计入导电平面影响后的辐射功率,是等效对称振子辐射功率的一半,因此,垂直接地振子的辐射阻抗是自由空间等效对称振子辐射阻抗的一半。垂直接地振子的输入阻抗也是自由空间等效对称振子输入阻抗的一半,因为它的输入电压是等效对称振子的一半,而两者的输入电流相同。

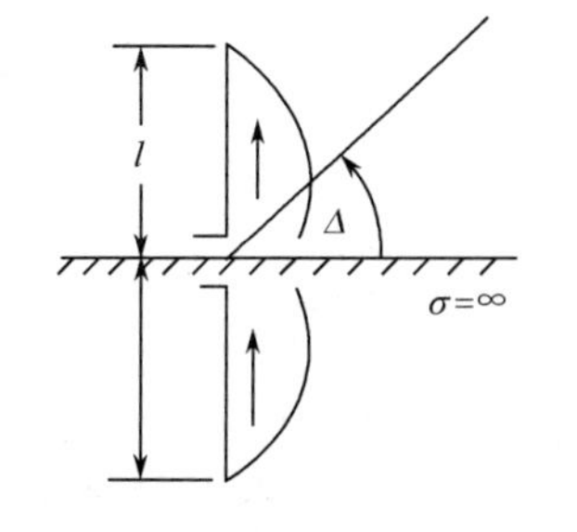

图 4-53　垂直接地振子

由 $D=120f_M^2/R_r$ 可知,垂直接地振子的方向系数等于自由空间等效对称振子方向系数的 2 倍,因为二者的 $f_M$ 相同,前者的辐射电阻仅是后者的一半。

在许多实际情况下,实际地面的电参数与理想导电平面差别很大,但仍可用镜像法分析实际地面上天线的方向性。本节不做讨论。

本节习题 4-33~4-41;MOOC 视频知识点 4.13~4.15;MOOC 平台第 4 章天线基本理论测验。

## 4.9　天线阵的阻抗

在天线阵中,每个天线都是一高频开放电路,它们彼此相距很近,与集中参数的耦合电路相似,各振子之间电磁场相互作用,发生电磁耦合效应。称天线阵中的每个振子为耦合振子,它不同于孤立存在的单个振子,因耦合振子表面及周围空间的场分布要受到周围振子的影响。振子上的电流也必然要做相应的变化,其辐射功率、辐射阻抗及输入阻抗也相应地随之而变。

1. 耦合振子的等效电路及阻抗

自由空间的两个相邻的天线,可以用一个二端口网络来代替,其等效情况如图 4-54 所示。

$$\left.\begin{aligned}U_1&=I_1Z_{11}+I_2Z_{12}\\U_2&=I_1Z_{21}+I_2Z_{22}\end{aligned}\right\}$$

式中,$U_1$、$U_2$是折合到电流波腹处的电压。$I_1$、$I_2$ 用天线波腹处电流 $I_{1m}$、$I_{2m}$表示,且有$\frac{I_{2m}}{I_{1m}}=me^{j\xi}$。$Z_{11}$、$Z_{22}$分别是两天线的自阻抗。$Z_{12}$、$Z_{21}$分别是两天线的互阻抗,根据互易定理有 $Z_{12}=Z_{21}$。解上述联立方程,求得天线 1 的辐射阻抗 $Z_1$为

$$Z_1=\frac{U_1}{I_{1m}}=Z_{11}+\frac{I_{2m}}{I_{1m}}Z_{12}=Z_{11}+me^{j\xi}Z_{12}\tag{4-180}$$

天线 2 的辐射阻抗 $Z_2$为

$$Z_2 = \frac{U_2}{I_{2m}} = Z_{22} + \frac{I_{1m}}{I_{2m}} Z_{21} = Z_{22} + \frac{1}{m} e^{-j\xi} Z_{21} \tag{4-181}$$

对于前面所举特殊情况,即当 $m=1, \xi=0$ 时,则有

$$\left.\begin{aligned} Z_1 &= Z_{11} + Z_{12} \\ Z_2 &= Z_{22} + Z_{21} \end{aligned}\right\} \quad 且有\ Z_{12} = Z_{21} \tag{4-182}$$

由此可见,在这种情况下该二元阵中任一天线的辐射阻抗,就等于该天线的自阻抗与二元阵的互阻抗之和。

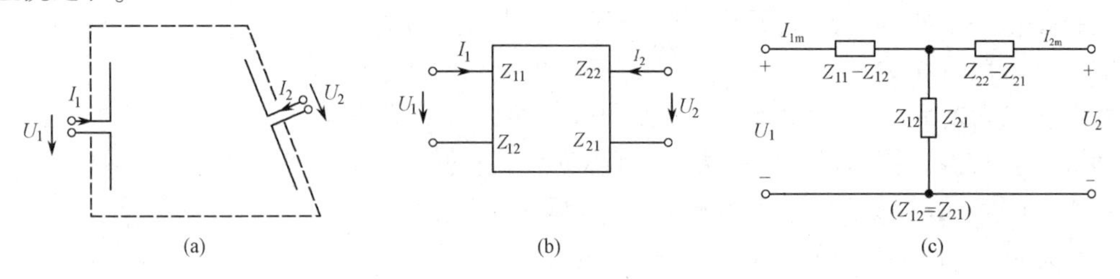


图 4-54　耦合振子及其等效电路

一般情况下,互阻抗的计算比较复杂,工程上已给出一些实用的计算曲线和图表,最常用的互阻抗的曲线如图 4-55~图 4-59 所示。图 4-55 和图 4-56 分别是两半波振子齐平平行和共线排列时,$Z_{12}$随 $d/\lambda$ 的变化曲线;图 4-57 则为 $d=0.25\lambda$ 的两半波振子中心错开(非齐平)排列时,$Z_{in}$随中心错开的轴向尺寸 $h/\lambda$ 的变化曲线;图 4-58 和图 4-59 则均为臂长 $l$ 的两对称振子齐平平行排列时的互电阻 $R_{12}$和互电抗 $X_{12}$随 $kd$ 的变化曲线。

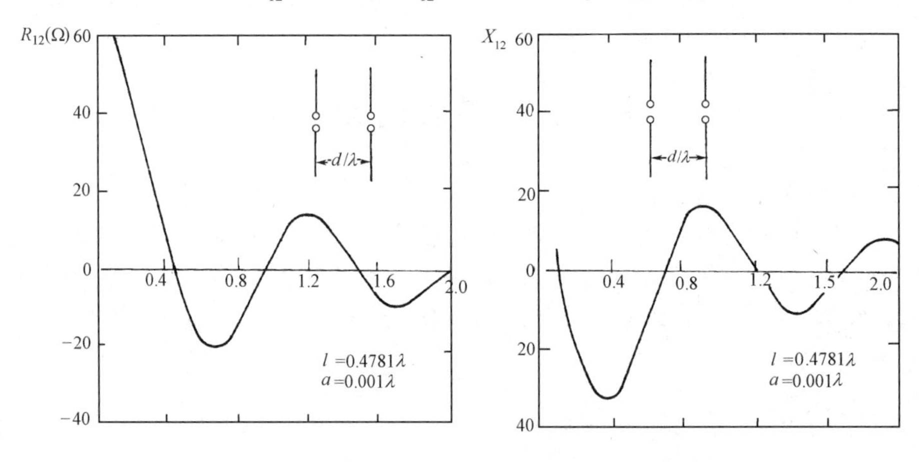


图 4-55　两齐平平行排列半波振子 $Z_{12}$-$d/\lambda$ 曲线

## 2. 无源振子、反射器与引向器

下面讨论二元振子阵中的特定情况,即假定两个振子中仅一个振子被激励,设为 $U_1$;另一个振子在馈电端短接,即 $U_2=0$。在此条件下,振子"2"的电流完全由激励振子"1"的场感应而产生,故称振子"2"为无源振子或寄生振子。图 4-60 示出了由两半波对称振子构成的二元振子阵,其中振子"1"是激励振子,振子"2"是无源振子。则可得

$$\left.\begin{aligned} U_1 &= I_{1m} Z_{11} + I_{2m} Z_{12} \\ 0 &= I_{1m} Z_{21} + I_{2m} Z_{22} \end{aligned}\right\} \tag{4-183}$$

由上式可解出 $I_{1m}$、$I_{2m}$及电流比 $I_{2m}/I_{1m}$,即

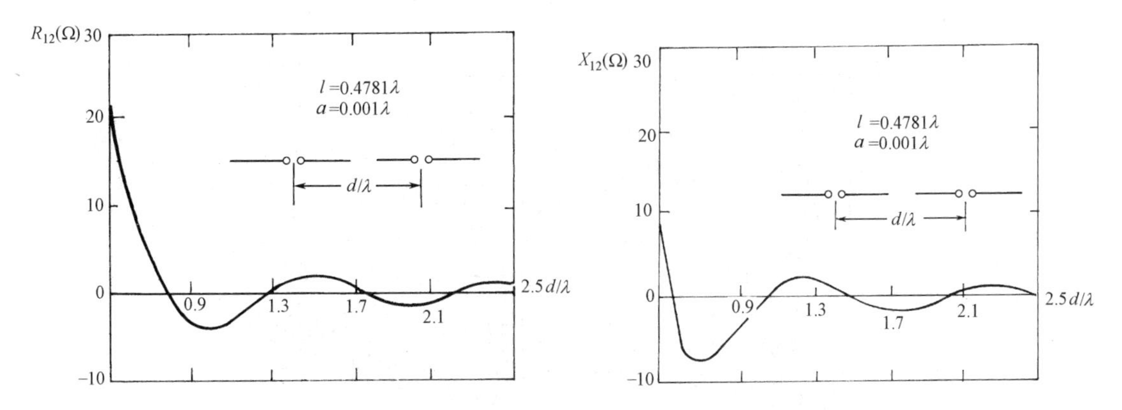


图 4-56　两共线排列半波振子 $Z_{12}$-$d/\lambda$ 曲线

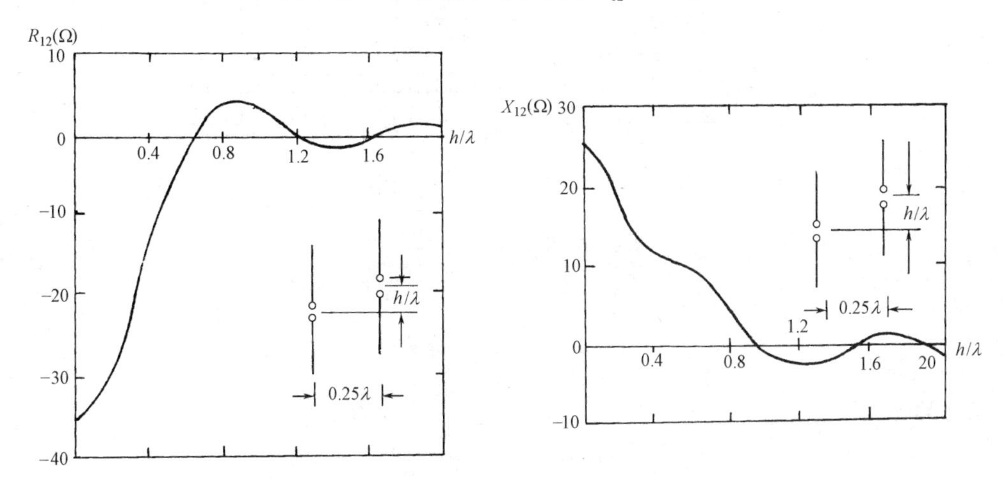


图 4-57　$d=0.25\lambda$ 中心错开的两半波振子 $Z_{in}$-$hd$ 曲线

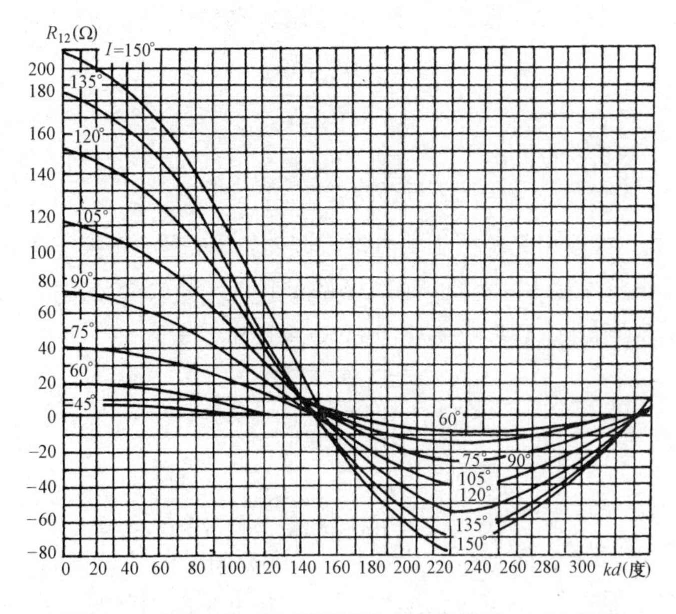


图 4-58　臂长 $l$ 的两齐平平行排列对称振子 $R_{12}$-$kd$ 曲线

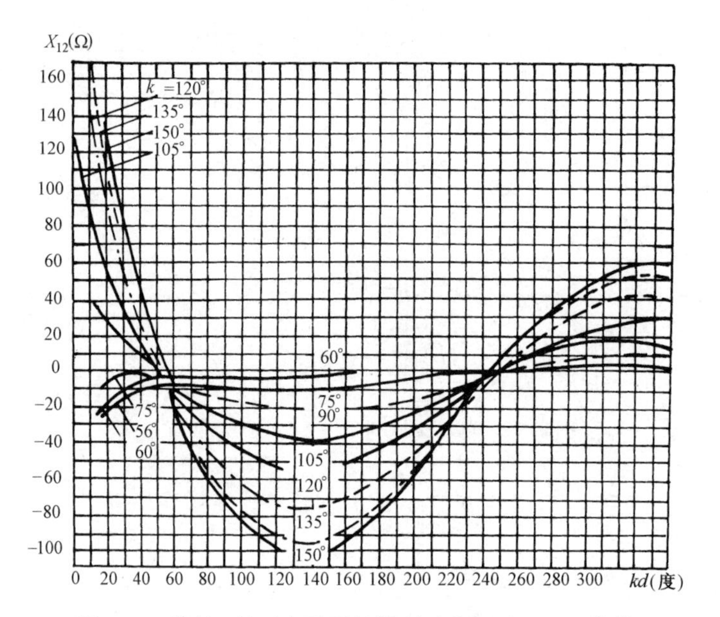


图 4-59　臂长 $l$ 的两齐平平行排列对称振子 $X_{12}$-$kd$ 曲线

$$I_{1\text{m}} = \frac{Z_{22}U_1}{Z_{11}Z_{22} - Z_{12}^2}, \qquad I_{2\text{m}} = \frac{-Z_{12}U_1}{Z_{11}Z_{22} - Z_{12}^2} \tag{4-184}$$

$$\frac{I_{2\text{m}}}{I_{1\text{m}}} = -\frac{Z_{12}}{Z_{22}} = m\text{e}^{\text{j}\xi} \tag{4-185}$$

则二元阵的阵因子为

$$f(\alpha) = 1 + m\text{e}^{\text{j}(\xi + kd\cos\alpha)} \tag{4-186}$$

式中,$d$ 为两振子之间的距离;$\alpha$ 为射线与阵轴间的夹角。从式(4-184)可看出,改变两振子的互阻抗或振子“2”的自阻抗,则可改变电流的幅度比 $m$ 和相位差 $\xi$,从而可获得不同的方向图。

由式(4-185)得

$$m = \sqrt{\frac{R_{12}^2 + X_{12}^2}{R_{22}^2 + X_{22}^2}} \tag{4-187}$$

$$\xi = \pi + \text{arccot}\,\frac{X_{12}}{R_{12}} - \text{arccot}\,\frac{X_{22}}{R_{22}} \tag{4-188}$$

一般可通过调整 $d$ 或改变无源振子的电抗来调整 $\xi$。改变无源振子电抗的办法通常有两种:一是在无源振子馈电端接入一电抗(例如短路支节),二是改变无源振子的长度 $2l_2$。若采用前一种办法,即接入电抗 $X_{2n}$,则式(4-187)和式(4-188)改变为

$$m = \sqrt{\frac{R_{12}^2 + X_{12}^2}{R_{22}^2 + (X_{22} + X_{2n})^2}} \tag{4-189}$$

$$\psi = \pi + \text{arccot}\,\frac{X_{12}}{R_{12}} - \text{arccot}\,\frac{(X_{22} + X_{2n})}{R_{22}} \tag{4-190}$$

若天线阵的方向图主瓣方向是在激励振子指向无源振子的阵轴方向上,则称此无源振子为引向器,好像无源振子的作用是将天线阵的辐射能量导引向无源振子一侧。反之,若主瓣在无源振子指向激励振子的方向上,好像无源振子的作用是将阵的辐射能量反射回去一样,则称此无源振子为反射器。调节 $\xi$ 和 $d$,可以使无源振子成为引向器,也可以使无源振子成为反射

器。图 4-61 所示为不同间距 $d$ 和不同无源振子自阻抗的相位角[$\mathrm{arccot}(X_{22}+X_{2n})/R_{22}$]时,两个半波振子在垂直于振子轴平面($H$ 面)内的方向图。将它与 $m=1,\xi=\pi/2$ 的二元阵的方向图相比,可见,在后向总是存在一定比例的辐射。由此可知,当 $d=\lambda/4$ 时,要同时满足 $m=1$ 和 $\xi=\pi/2$是不可能的。一般来说 $m<1$,仅当 $d$ 很小且 $Z_{12}$接近 $Z_{22}$时,$m$ 才可能大于 1。

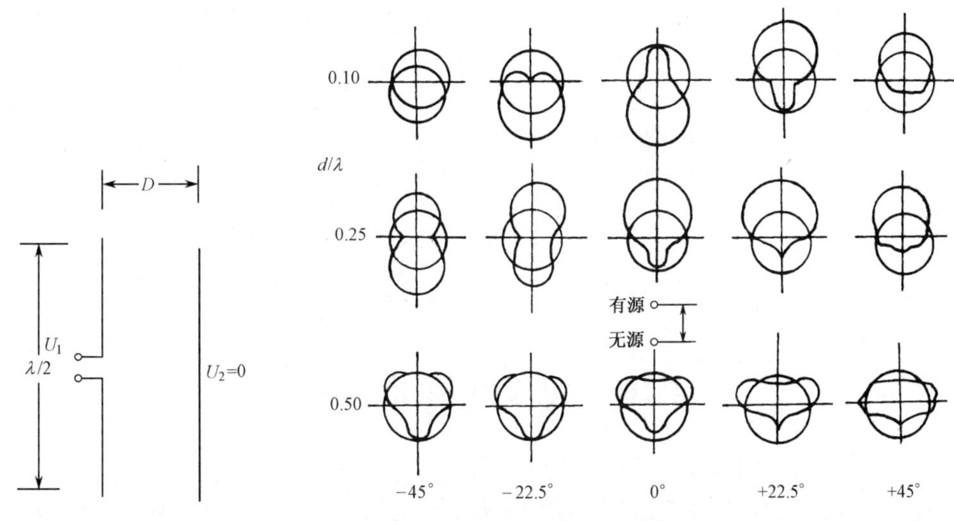


图 4-60　带无源振子的二元振子阵

图 4-61　当无源振子调谐于不同情况时两半波振子阵在与振子轴垂直平面内的方向图

在超短波天线中,通常采用改变 $l_2$ 的办法来改变 $\xi$。当 $2l_2$ 大于谐振长度时,自阻抗呈现为感抗,有 $X_{22}>0$,$\mathrm{arccot}(X_{22}/R_{22})>0$,另外,通常有 $|X_{12}/R_{12}|<|X_{22}/R_{22}|$,故 $\xi$ 角在 $0\sim\pi$ 之间,即无源振子上的电流相位超前于激励振子,此时无源振子起反射器的作用;反之,当 $2l_2$ 小于谐振长度时,$X_{22}<0$,呈现一容抗,$\mathrm{arccot}(X_{22}/R_{22})<0$。同理,$\xi$ 角在 $\pi\sim2\pi$ 之间变化,无源振子上的电流相位滞后于激励振子,故无源振子起引向器的作用。调节 $d$ 也可改变 $m$ 和 $\xi$。当 $d$ 太大时,无源振子上感应电流变小,其引向或反射的作用也减小。当 $d$ 太小时,若 $d\to a$($a$ 为振子导线半径),如前所述,$Z_{12}\to Z_{22}$,此时有 $m=1,\xi=\pi$,此二元阵的辐射能力很低($R_\Sigma\to0$)。一般来说 $d$ 由实验确定,实验表明,当用作引向器时,$d=(0.2\sim0.3)\lambda$,当用作反射器时,$d=(0.15\sim0.23)\lambda$。

### 3. 折合振子

最简单的折合振子是二元折合振子。它是由两个放得很近的两端点相连接在一起的两个振子所构成的,在其中一个振子的中间馈电,如图 4-62 所示。可以粗略地把它理解成一段 $\lambda/2$ 的短路线,由中点向两侧拉开,如图 4-63 所示。折合振子两端点为电流节点,它相当于两个半波振子并联。当组成两振子的导线粗细相同时,两振子上的电流大小相等、相位相同。

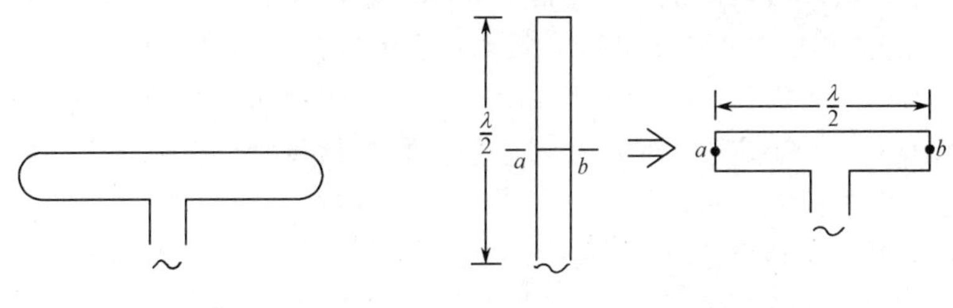


图 4-62　二元折合振子

图 4-63　$\lambda/2$ 传输线张开成折合振子

振子的输入电阻 $R_A=R_1+R_2$，其中 $R_1$、$R_2$分别是两振子的输入电阻。$R_1=R_{11}+R_{12}$；$R_2=R_{22}+R_{21}$，$R_{11}$、$R_{22}$是它们的自电阻；$R_{12}$、$R_{21}$是它们的互电阻。因为假设两振子相同，所以 $R_{11}=R_{22}$；$R_{12}=R_{21}$，又因为两振子相距很近($D\ll\lambda$)，故可认为 $R_{11}\approx R_{12}$，所以 $R_A\approx 4R_{11}$。我们知道半波振子的 $R_{11}$ 就是它的辐射电阻 $R_r$，亦即 $R_{11}=R_r=73.1(\Omega)$，故 $R_A\approx 4\times 73.1\approx 300\Omega$。

折合振子还具有一定的宽波段特性，其原因解释如下：当把它看作传输线时，它是两个串联的 $\lambda/4$ 短路线，而从整个天线看，它又是一个直径很粗的 $\lambda/4$ 开路线。折合振子天线上既有传输线电流通路，又有天线电流通路。可以把它看成两个串联的 $\lambda/4$ 短路线与一个 $\lambda/4$ 开路线并联。在谐振状态时，开路线与短路线都呈现纯电阻特性；当偏离谐振频率时，两者中一个呈现感抗另一个呈现容抗，具有电抗补偿作用，使总的阻抗变化量不大，因此能在较宽的频带内满足阻抗匹配的要求。折合振子因为其电流分布和单元振子相同，故其方向特性和单元半波振子完全相同。

本节习题 4-42，4-43。

## 4.10 面天线基本理论简介

前面讨论的线天线的辐射特性与天线上的电流状态密切相关，即和天线导线的形状、线上电流的振幅分布及相位分布、线的长度等有关。而且单个线天线增益有限，半波对称振子的方向系数 $D=2.15\text{dB}$，这对于遥远距离的通信是远远不够的。虽然多个天线排成的天线阵系统可获得很高的增益，但馈电网络复杂体积庞大、结构笨重及调整困难，因此成本较高，而且提高频率后虽然使天线电尺寸增大从而提高增益，但当频率提高到一定程度即波长很短时，单元天线尺寸很小，这时天线功率容量不可能提高，极易发生高功率击穿，而且天线阻抗很难控制，阵列中各单元的互耦问题很难解决。因此线天线的增益很少能超过 30dB，而且大多数只应用在厘米波段以下的低频段中。

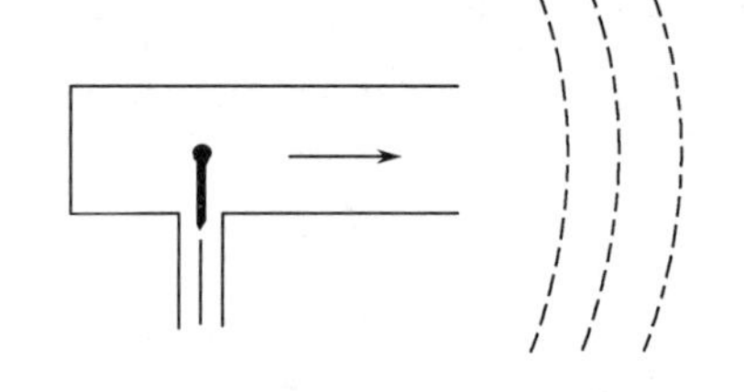

图 4-64　最简单的面天线——开口波导

为了解决线天线固有的弱点，出现了面天线。最简单的面天线是一个开口波导，如图 4-64 所示。馈电同轴电缆的一段芯线伸入波导内，在波导内激励起某种模式的电磁导波，传至波导开口端后将向空间辐射电磁波。其空间辐射特性基本上由波导口径尺寸和波导口上的电磁场结构决定，而不必考虑探针状态与电流状态，因此称为口径天线或面天线。

在 $\lambda<10\text{cm}$，即微波波段，多采用面天线，这样不仅结构简单，而且增益很高。面天线的主要形式如下。

① 喇叭天线：由终端开口的波导，为加大口径逐渐张开而形成的，常用的有矩形喇叭天线、圆形喇叭天线；通常用作标准增益天线、反射面天线的馈源和高增益天线。

② 反射面天线：它由馈源(也称照射器)和金属反射面构成。馈源(照射器)通常由振子天线或喇叭天线构成，金属反射面对馈源产生的电磁波进行全反射，形成天线的方向性。常用的有抛物面天线、卡塞格伦天线。

面天线的基本问题是确定它的辐射电磁场，原则上开口波导辐射器的辐射特性可对芯线上电流及波导内、外壁的电流的辐射进行积分求得，但这在数学上是非常困难的，同样对其他面天线将更加困难。由惠更斯—菲涅耳原理知，面天线的辐射特性基本上由口径面上的电磁场所决定,因此面天线辐射场的计算通常采用口径场积分的方法,称为口径积分或辐射积分。

### 4.10.1 惠更斯—菲涅耳原理与惠更斯元

#### 1. 惠更斯—菲涅耳原理

在波动论中,惠更斯原理认为,波在传播过程中,波阵面上每一点都是子波源,由这些子波源产生的球面波波前的包络构成下一时刻的波阵面。这个原理定性地解释了波在前进中的绕射现象。后来,菲涅耳发展了这个原理,认为波在前进过程中,空间任一点的波场是包围波源的任意封闭曲面上各点的子波源发出的波在该点以各种幅度和相位叠加的结果。

把惠更斯—菲涅耳原理用于电磁辐射问题,则表明空间任一点的电磁场,是包围天线的任意封闭曲面上各点产生的电磁场在该点叠加的结果。

对于开口波导,可把封闭面取在紧贴波导外壁和口径平面。对于理想导体,波导外壁上的场为零,因此开口波导的辐射场只由口径平面上的场决定。当然,实际导体的电导率是有限的,因此,导体表面附近的场不为零,对辐射场仍有贡献,这点贡献可由导体表面的电流求得。研究表明,波导外表面(或其他面天线的非激励表面,例如抛物面的背面)对辐射场影响的最低电平在-20dB 左右以下。当天线口径电尺寸较大或不关心这些低电平时,这些影响可忽略。因此,把惠更斯—菲涅耳原理用于电磁波辐射就发展为研究面天线的口径积分法。

#### 2. 惠更斯元及其辐射场

波阵面上每一点的作用都相当于一个小球面波源,从这些波源产生二次辐射的球面子波,相继的波阵面就是这些二次子波波阵面的叠加。或者说,新的波阵面是这些子波波面的包络面。在图 4-65(b)中,A 是原波阵面,A′是传播中的下一个波阵面。可以看到 A′是 A 上各个球面子波波面的包络面。这些小球面波源常称为惠更斯元。

惠更斯原理是波动中的一种普遍原理,在机械波和电磁波中都同样适用。电磁波本身就是以波动形式存在的电磁场,因此,就电磁波而言,惠更斯元就是在传播过程中,在一定的波阵面上振动着的电磁场。下面我们进一步说明在电磁场中这种惠更斯元的性质。

设想在空间传播着横电磁(TEM)波,我们在它的波阵面上取很小的一个小方块,我们称之为面元,在此面元上电场强度 $\boldsymbol{E}$ 和磁场强度 $\boldsymbol{H}$ 都是均匀分布的。如把此面元放在坐标原点与 $xOy$ 平面相合,如图 4-66 所示,电场 $\boldsymbol{E}$ 在 $x$ 轴正方向,磁场 $\boldsymbol{H}$ 在 $y$ 轴正方向,传播方向为 $z$ 轴正方向。此外根据 TEM 波的特点,在传播中,贮于电场和贮于磁场的能量是相同的。因此,如果要把此面元上的 $\boldsymbol{E}$ 和 $\boldsymbol{H}$ 看作惠更斯源,则电场 $\boldsymbol{E}$ 的振动将激起一个电磁场;磁场 $\boldsymbol{H}$ 的振动也将激起一个电磁场。这两个电磁场之和才是此面元上电磁场激起的子波辐射场。那么什么样的辐射源所产生的电磁场,才分别与图 4-66 的电场和磁场相当呢?为此,需要回忆电基本振子(电流元)和磁基本振子(电流环)的电磁场。如果像图 4-67 那样放置电基本振子和磁基本振子,则相应的磁场和电场将如图 4-66 所示。

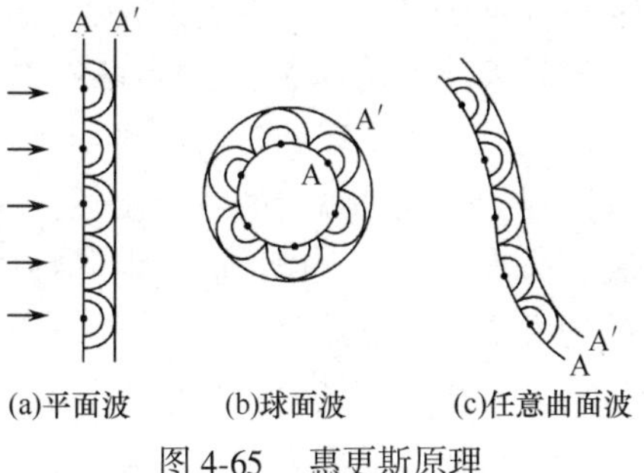

图 4-65　惠更斯原理

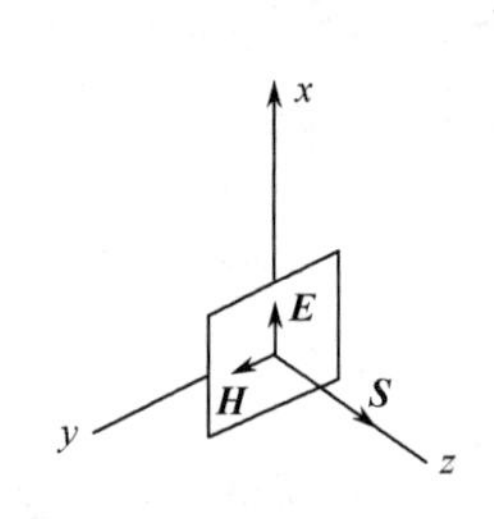


图 4-66　波阵面上的面元

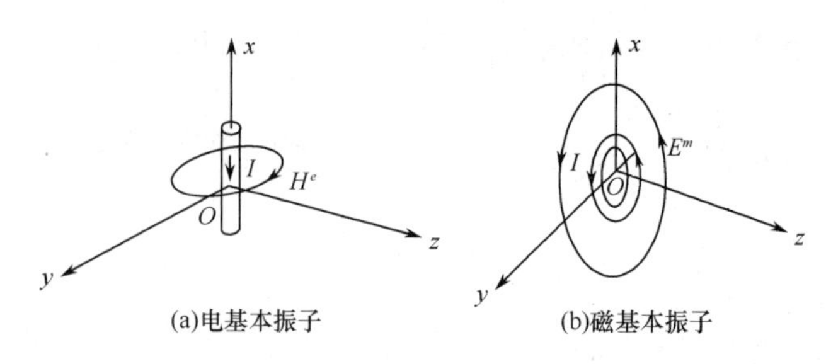


图 4-67　等效惠更斯元

因此，横电磁(TEM)波波阵面上任一点的惠更斯元可用电基本振子和磁基本振子来等效。从这种等效可以导出惠更斯元所产生的辐射场的一般表示式。

设面天线口径面在 $xOy$ 平面上，如图 4-68 所示，口径面上场分布为 $\boldsymbol{E}_s=E_x\hat{\boldsymbol{e}}_x+E_y\hat{\boldsymbol{e}}_y$。

由电磁场理论知，惠更斯元的辐射场的一般形式为

$$\left.\begin{aligned}E_\theta&=\frac{\mathrm{j}}{2\lambda}(1+\cos\theta)\,\mathrm{d}S[E_x\cos\varphi+E_y\sin\varphi]\mathrm{e}^{-\mathrm{j}kr}/r\\E_\varphi&=\frac{\mathrm{j}}{2\lambda}(1+\cos\theta)\,\mathrm{d}S[-E_x\sin\varphi+E_y\cos\varphi]\mathrm{e}^{-\mathrm{j}kr}/r\end{aligned}\right\}\tag{4-191}$$

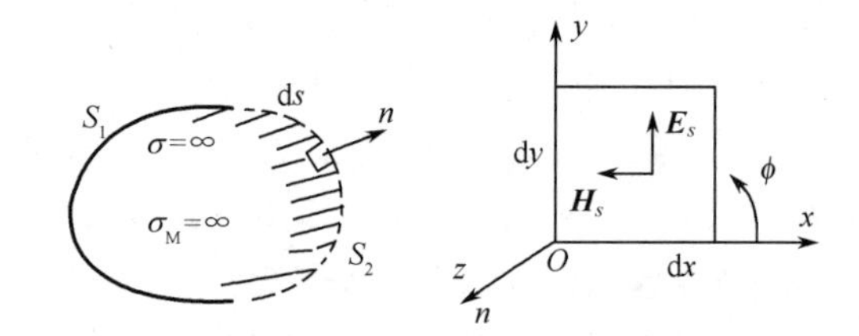


图 4-68　辐射积分面和惠更斯元

电场有 $\theta$ 分量和 $\varphi$ 分量，且相位相同，因此合成场仍属于线极化波；磁场与电场构成横电磁(TEM)波，因此磁场存在 $H_\theta$ 分量和 $H_\varphi$ 分量，而且满足

$$\frac{E_\theta}{H_\varphi}=\frac{-E_\varphi}{H_\theta}=Z_{\mathrm{W0}}$$

$Z_{\mathrm{W0}}$为自由空间平面波的波阻抗。

## 4.10.2　面天线的辐射场与辐射积分

请看图 4-68(a)，$S_1$ 是天线金属表面，$S_2$ 是任意取的和 $S_1$ 完全衔接的空气界面，$S_1+S_2$ 构成包围辐射源的完整封闭面，由惠更斯—菲涅耳原理知，天线在空间的辐射场基本上由口径面 $S_2$ 上的子波源决定。因此求解面天线在整个空间的电磁场问题分为两部分：一部分是确定口径面上的场分布，即天线的内部问题；另一部分是天线远区辐射场，即天线的外部问题。天线口径 $S_2$ 上的电磁场是由初级馈源产生的。这个场与初级馈源的形式、尺寸和位置有关，与媒质参数以及 $S_1$ 和 $S_2$ 的形状和尺寸有关，内部问题的求解常用电磁场的辅助源法和矢位法，并且把理想条件下得到的解直接地或加以修正后作为实际情况的解。天线的外部问题，为了简化常假设天线金属表面是由理想导体构成的，即假设在 $S_1$ 外表面上的电磁场等于零，这样天线远区辐射场就由给定的或求出的天线口径 $S_2$ 面上的电磁场唯一确定。所以，天线辐射场问题就转化为口径面上面元的辐射场在空间的叠加，即整个面天线是由无穷多个惠更斯辐射元组成的天线阵。显然，面天线不是离散元阵，而是单元间距趋于无限小的连续元阵。用叠加原理计算面天线合成场，不再是若干项求和，而是一个面积分。

设口径面上电场为 $\boldsymbol{E}_s=E_x\hat{\boldsymbol{e}}_x+E_y\hat{\boldsymbol{e}}_y$，在 $S_2$ 上任取一个面元 $\mathrm{d}S=\mathrm{d}x\cdot\mathrm{d}y$(见图 4-68(b))，由

式(4-191),对 $S_2$ 面上的所有惠更斯元的辐射场进行积分,即得口径面在空间的总辐射场。通常口径面 $S_2$ 取作平面 $S$,这对平面较方便。在图 4-69 中面元 $\mathrm{d}S$ 的坐标为$(x_s,y_s)$,矢径 $\boldsymbol{\rho}=x_s\hat{\boldsymbol{x}}+y_s\hat{\boldsymbol{y}}$,射线波程为 $r_s$,把 $r_s$ 代入式(4-191),并用微分符号表示,惠更斯元的场为 $\mathrm{d}\boldsymbol{E}=\mathrm{d}E_\theta\hat{\boldsymbol{\theta}}+\mathrm{d}E_\varphi\hat{\boldsymbol{\varphi}}$,则

$$\left.\begin{aligned}\mathrm{d}E_\theta&=\frac{\mathrm{j}}{2\lambda}(1+\cos\theta)[E_x\cos\varphi+E_y\sin\varphi]\mathrm{d}S\mathrm{e}^{-\mathrm{j}kr}/r_s\\ \mathrm{d}E_\varphi&=\frac{\mathrm{j}}{2\lambda}(1+\cos\theta)[-E_x\sin\varphi+E_y\cos\varphi]\mathrm{d}S\mathrm{e}^{-\mathrm{j}kr}/r_s\end{aligned}\right\}\tag{4-192}$$

整个口径面 $S$ 的总辐射场为 $\overline{E}=E_\theta\hat{\boldsymbol{\theta}}+E_\varphi\hat{\boldsymbol{\varphi}}$

$$\left.\begin{aligned}E_\theta&=\iint_s\mathrm{d}E_\theta=\frac{\mathrm{j}}{2\lambda r}(1+\cos\theta)[I_x\cos\varphi+I_y\sin\varphi]\\ E_\varphi&=\iint_s\mathrm{d}E_\varphi=\frac{\mathrm{j}}{2\lambda r}(1+\cos\theta)[-I_x\sin\varphi+I_y\cos\varphi]\end{aligned}\right\}\tag{4-193}$$

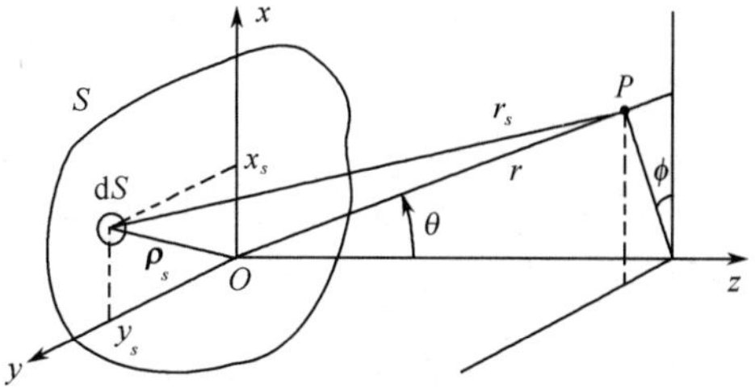

得到式(4-193)时已用了振幅近似 $1/r_s\approx1/r$,式中

图 4-69　平面口径的坐标系

$$\frac{I_x}{I_y}=\iint_S\frac{E_x}{E_y}\mathrm{e}^{-\mathrm{j}kr_s}\mathrm{d}S\tag{4-194}$$

$I_x$ 和 $I_y$ 称为辐射积分。

再用射线平行近似,有

$$r_s\approx r-\boldsymbol{\rho}_s\cdot\hat{\boldsymbol{r}}=r-x_s\sin\theta\cos\varphi-y_s\sin\theta\sin\varphi\tag{4-195}$$

这里$\hat{\boldsymbol{r}}=\hat{\boldsymbol{x}}_s\sin\theta\cos\varphi+\hat{\boldsymbol{y}}_s\sin\theta\sin\varphi+\hat{\boldsymbol{z}}\cos\theta$ 是矢径$\boldsymbol{r}$的单位矢,即$\boldsymbol{r}=r\cdot\hat{\boldsymbol{r}}$。故式(4-193)化为

$$\begin{aligned}E_\theta&=\frac{\mathrm{j}}{2\lambda}(1+\cos\theta)[N_x\cos\varphi+N_y\sin\varphi]\mathrm{e}^{-\mathrm{j}kr}/r\\ E_\varphi&=\frac{\mathrm{j}}{2\lambda}(1+\cos\theta)[-N_x\sin\varphi+N_y\cos\varphi]\mathrm{e}^{-\mathrm{j}kr}/r\end{aligned}\tag{4-196}$$

式中

$$\frac{N_x}{N_y}=\iint_s\frac{E_x}{E_y}\mathrm{e}^{\mathrm{j}k(x_s\sin\theta\cos\varphi+y_s\sin\theta\sin\varphi)}\mathrm{d}S\tag{4-197}$$

是辐射积分的直角坐标形式,它们相当于天线阵中的阵因子。实际上,面天线就是由无数惠更斯元构成的连续面阵。

从式(4-193)和式(4-194)可知,面天线远区辐射场的计算公式相当简单,只要给出天线口径平面上的电磁场分布,远区辐射场就不难求出。应该明确,辐射积分是假设天线口径为平面,由投射波波阵面与口径面重合的结果。若不满足这些条件,则计算辐射场时会产生误差。

通常把某一坐标轴取得与口径上主极化一致,例如 $E_x$ 为主极化,则主极化的场为

$$\left.\begin{aligned}E_\theta&=\frac{\mathrm{j}}{2\lambda}(1+\cos\theta)\cos\varphi N_x\mathrm{e}^{-\mathrm{j}kr}/r\\ E_\varphi&=\frac{-\mathrm{j}}{2\lambda}(1+\cos\theta)\sin\varphi N_x\mathrm{e}^{-\mathrm{j}kr}/r\end{aligned}\right\}\tag{4-198}$$

而正交极化 $E_y$ 的场为

$$\left.\begin{aligned} E_\theta &= \frac{\mathrm{j}}{2\lambda}(1+\cos\theta)\sin\varphi N_y \mathrm{e}^{-\mathrm{j}kr}/r \\ E_\varphi &= \frac{\mathrm{j}}{2\lambda}(1+\cos\theta)\cos\varphi N_y \mathrm{e}^{-\mathrm{j}kr}/r \end{aligned}\right\} \tag{4-199}$$

顺便指出,当口径场 $\boldsymbol{E}_s$ 和 $\boldsymbol{H}_s$ 不满足正交关系式 $\hat{z}\times\boldsymbol{E}_s=Z_{\mathrm{W0}}\boldsymbol{H}_z$ 时,辐射积分与式(4-197)不一样,但结果类似。此外,前述讨论中隐含 $\boldsymbol{E}_s$ 和 $\boldsymbol{H}_s$ 是没有 $\hat{z}$ 向分量的。

### 4.10.3 面天线的方向系数和口径效率

如同线天线,衡量面天线方向特性的主要参数为方向系数。为获得高方向系数,天线口径场 $\boldsymbol{E}$ 是同相或基本同相(须要波束扫描或偏移的情况除外),因此,我们主要研究同相口径的辐射。

面天线的方向系数仍按 $D=\left.\frac{S_{\max}}{S_0}\right|_{P_{\mathrm{r}},r}=\left.\frac{|\boldsymbol{E}|^2_{\max}}{|\overline{E}_0|^2}\right|_{P_{\mathrm{r}},r}$ 式定义。若天线只有主极化 $\boldsymbol{E}_s=E_x\hat{\boldsymbol{x}}$,则口径上各点的功率流密度为 $S=|E_x|^2/(120\pi)$,口径总辐射功率为

$$P_{\mathrm{r}}=\iint_s\frac{|E_x|^2}{120\pi}\mathrm{d}S \tag{4-200}$$

通常,口径上各点的场同相或相位对称,这时,最大辐射在 $\theta=0$ 方向,即

$$|\boldsymbol{E}|_{\max}=\sqrt{|E_\theta(\theta=0)|^2+|E_\varphi(\theta=0)|^2}$$

由式(4-198)得

$$|\boldsymbol{E}|_{\max}=\frac{1}{\lambda r}\left|\iint_s E_x\mathrm{d}S\right| \tag{4-201}$$

注意,$S_0=\frac{P_{\mathrm{r}}}{4\pi r^2}=\frac{|\boldsymbol{E}_0|^2}{120\pi}$,则把式(4-200)和式(4-201)代入 $D$ 的定义式中得

$$D=\frac{4\pi}{\lambda^2}\frac{\left|\iint_s E_x\mathrm{d}S\right|^2}{\iint_s|E_x|^2\mathrm{d}S} \tag{4-202}$$

比较接收天线中定义的天线有效面积,则面天线的有效面积为

$$A_{\mathrm{e}}=\left|\iint_s E_x\mathrm{d}S\right|^2\Big/\iint_s|E_x|^2\mathrm{d}S \tag{4-203}$$

从而

$$D=\frac{4\pi}{\lambda^2}A_{\mathrm{e}} \tag{4-204}$$

当口径场均匀分布(等幅同相分布)时,$E_x=E_0$ 为常数,由式(4-203)得 $A_{\mathrm{e}}=E_0^2A^2/E_0^2A=A$,则 $A$ 为天线的最大有效面积,也为天线口面的几何面积,则天线最大方向系数为 $D_{\max}=\frac{4\pi}{\lambda^2}A$。

因此,定义

$$\nu=A_{\mathrm{e}}/A=\frac{1}{\boldsymbol{A}}\frac{\left|\iint_s E_x\mathrm{d}S\right|^2}{\iint_s|E_x|^2\mathrm{d}S} \tag{4-205}$$

为天线口径效率,又称口面利用系数。$\nu$ 表示口径场不均匀分布时有效口径面积 $A_e$ 和实际口径面积 $A$ 之比。当口径场不均匀分布(包括幅度与相位不均匀分布)时,$\nu<1$。当口径场均匀分布时,$\nu=1$ 与口径形状无关。在这种情况下,天线有最大的方向系数,因此为了提高面天线的方向系数,应尽量使口径面上电磁场均匀分布。其他情况下的方向系数都比这个小,而且口径场分布越不均匀,口径效率越低。

由式(4-204)和式(4-205)得面天线方向系数公式

$$D=\frac{4\pi}{\lambda^2}A\nu=\frac{4\pi}{x^2}\frac{\left|\iint_s E_x \mathrm{d}S\right|^2}{\iint_s |E_x|^2\mathrm{d}S} \tag{4-206}$$

即 $D$ 与 $A$ 及 $\nu$ 成正比。

### 4.10.4 同相口径的辐射场

当口径场相位不均匀时,天线的方向性会变差。因此,实用中总是尽可能使口径场的相位均匀。口径形状,以矩形和圆形最多见。

1. 矩形口径的辐射

矩形波导口、锥角喇叭以及某些切割抛物面属这种情况。研究矩形口径的辐射可以较清楚地了解面天线的许多基本特性。

下面讨论同相等幅分布情况,这种情况是实际问题的理想极限,这时口径场 $\boldsymbol{E}_s=E_x\hat{\boldsymbol{x}}=E_0\hat{\boldsymbol{x}}$,$E_0$ 为常数,与坐标无关。取图 4-70 所示的坐标系,由式(4-197)和式(4-198)得

$$E_\theta=\frac{\mathrm{j}\mathrm{e}^{-\mathrm{j}kr}}{2\lambda r}(1+\cos\theta)\cos\varphi\int_{-a/2}^{a/2}\int_{-b/2}^{b/2}E_0\mathrm{e}^{\mathrm{j}k(x_s\sin\theta\cos\varphi+y_s\sin\theta\sin\varphi)}\mathrm{d}x_s\mathrm{d}y_s$$

$$E_\varphi=\frac{-\mathrm{j}\mathrm{e}^{-\mathrm{j}kr}}{2\lambda r}(1+\cos\theta)\sin\varphi\int_{-a/2}^{a/2}\int_{-b/2}^{b/2}E_0\mathrm{e}^{\mathrm{j}k(x_s\sin\theta\cos\varphi+y_s\sin\theta\sin\varphi)}\mathrm{d}x_s\mathrm{d}y_s$$

一般只了解天线的两个全辐射面的情况。在 $E$ 面:$\varphi=0°$,$\sin\varphi=0$,$E_\varphi=0$;在 $H$ 面:$\varphi=90°$,$\cos\varphi=0$,$E_\theta=0$,则

$$E_{\mathrm{E}}=E_\theta(\varphi=0)=\frac{\mathrm{j}}{2\lambda}(1+\cos\theta)E_0ab\,\frac{\sin\psi_1}{\psi_1}\mathrm{e}^{-\mathrm{j}kr}\Big/r \tag{4-207}$$

$$E_{\mathrm{H}}=E_\varphi(\varphi=90°)=\frac{-\mathrm{j}}{2\lambda}(1+\cos\theta)E_0ab\,\frac{\sin\psi_2}{\psi_2}\mathrm{e}^{-\mathrm{j}kr}\Big/r \tag{4-208}$$

$$\psi_1=kb\sin\theta/2 \tag{4-209}$$

$$\psi_2=ka\sin\theta/2 \tag{4-210}$$

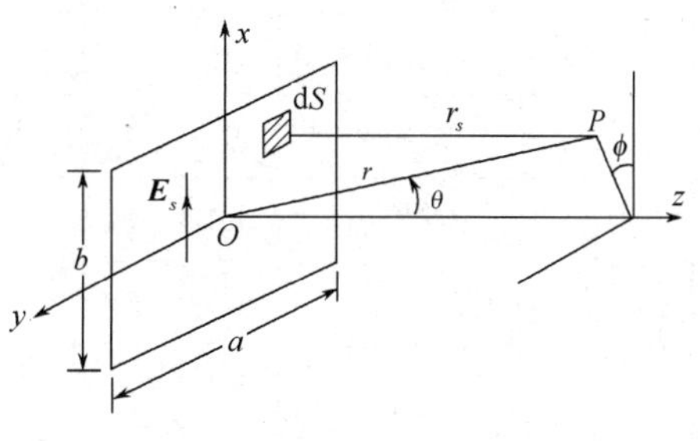

图 4-70 矩形口径坐标系

$\psi_1$ 和 $\psi_2$ 称为通用参数,它把考察方向与天线尺寸、波数 $k$ 联系在一起,是关于天线方向性的决定性参数。由式(4-197)和式(4-198)知,等幅同相矩形口径两个主要方向函数为

$$
\left.\begin{aligned}
f_{\mathrm{E}}(\theta) &= (1+\cos\theta)\sin\psi_1/\psi_1 \\
f_{\mathrm{H}}(\theta) &= (1+\cos\theta)\sin\psi_2/\psi_2
\end{aligned}\right\} \tag{4-211}
$$

当 $a=b$ 时，$\psi_1=\psi_2$。可见，除惠更斯元的方向性外，不管哪个面，方向函数都具有 $\sin\psi/\psi$ 的形式，而 $\psi$ 的值由考察面上的口径尺寸 $a$ 或 $b$ 决定，如不计 $(1+\cos\theta)$ 的作用，天线两个主面的半功率波瓣宽度为

$$
\left. BW_{\mathrm{E}} \approx 0.89\,\frac{\lambda}{b} = 51^\circ\frac{\lambda}{b}, \qquad BW_{\mathrm{H}} \approx 0.89\,\frac{\lambda}{a} = 51^\circ\frac{\lambda}{a} \right\} \tag{4-212}
$$

结果和上一节的分立的均匀线阵一样。实际上，这时的矩形口径也是均匀线阵，不过辐射元连续分布而已。

$\sin\psi/\psi$ 画成曲线示于图 4-71。有关的特性参数列于表 4-2 中。表 4-2 给出了口径形状为矩形和圆形而且相位均匀分布时的方向特性参数。

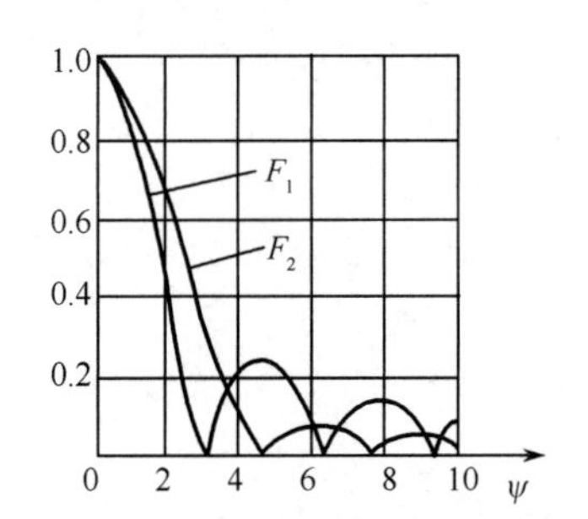


图 4-71　矩形同相口径的阵因子

$F_1=\sin\psi/\psi$，$F_2=\cos\psi/[1-(2\psi/\pi)^2]$

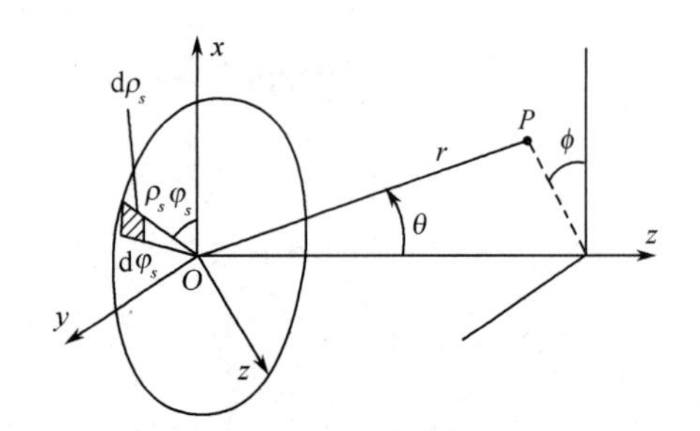


图 4-72　圆口径的坐标系

图表中的 $L$ 表示矩形尺寸，可以是 $a$ 或 $b$。从图 4-71 可看出，口径尺寸 $L/\lambda$ 越大，主波瓣越窄，副瓣越多。因为 $L/\lambda$ 越大，第一零点 $\theta_0$ 越小，而 $\psi$ 的可能值越大。这些规律与分立的均匀线阵一样。

**表 4-2　同相口径的方向特性**

| 口径形式 | 口径场振幅分布 | | | 方向函数 | 波束宽度 $BW$(度) | 副瓣电平 FSLL(dB) | 口径效率 $\nu$ |
|---|---|---|---|---|---|---|---|
| 矩形 | $E_s=E_0=$常数 | | | $\sin\psi/\psi$ | $51\lambda/L$ | −13.5 | 1 |
| | $E_s=E_0\cos(\pi y_s/a)$ | | | $\dfrac{\cos\psi}{1-\left(\dfrac{2\psi}{\pi}\right)^2}$ | $68\lambda/a$ | −23.0 | 0.81 |
| 圆形 | | $A$ | $P$ | | | | |
| | 均匀振幅 | 0 | 0 | $J_1(u)/u$ | $58\lambda/d$ | −17.6 | 1 |
| | 渐减分布 $A+(1-A)*[1-(\rho_s/a)^2]^P$ $d=2a$ $u=ka\sin\theta$ | 0.2 | 1 | | $67\lambda/d$ | −23.5 | 0.87 |
| | | 0.2 | 2 | | $70\lambda/d$ | −31.7 | 0.79 |
| | | 0.3 | 1 | | $65\lambda/d$ | −22.4 | 0.91 |
| | | 0.3 | 2 | | $67\lambda/d$ | −27.5 | 0.87 |

## 2. 圆口径的辐射积分

在圆口径情况下，把辐射积分中的变量变为极坐标较方便。参见图 4-72，口径直角坐标系

与极坐标系的关系为 $x_s=\rho_s\cos\varphi_s, y_s=\rho_s\sin\varphi_s$，面元 $\mathrm{d}S=\rho_s\mathrm{d}\varphi_s\mathrm{d}\rho_s$，口径场$\boldsymbol{E}_s(x_s,y_s)$变为$\boldsymbol{E}_s(\rho_s,\varphi_s)$，因而式(4-197)变为

$$\frac{N_x}{N_y}=\iint^{E_x(\rho_s\varphi_s)}_{E_y(\rho_s\varphi_s)}\mathrm{e}^{\mathrm{j}k\rho_s\sin\theta\cos(\varphi-\varphi_s)}\rho_s\mathrm{d}\rho_s\mathrm{d}\varphi_s \tag{4-213}$$

如果只考虑 $E_x$ 的辐射场，由式(4-198)得

$$\begin{aligned}E_\theta&=\frac{\mathrm{j}\mathrm{e}^{-\mathrm{j}kr}}{2\lambda r}(1+\cos\theta)\cos\varphi\int_0^{2\pi}\int_0^a E_x(\rho_s,\varphi_s)\mathrm{e}^{\mathrm{j}k\rho_s\sin\theta\cos(\varphi-\varphi_s)}\rho_s\mathrm{d}\rho_s\mathrm{d}\varphi_s\\E_\varphi&=\frac{-\mathrm{j}\mathrm{e}^{-\mathrm{j}kr}}{2\lambda r}(1+\cos\theta)\sin\varphi\int_0^{2\pi}\int_0^a E_x(\rho_S,\varphi_s)\mathrm{e}^{\mathrm{j}k\rho_s\sin\theta\cos(\varphi-\varphi_s)}\rho_s\mathrm{d}\rho_s\mathrm{d}\varphi_s\end{aligned} \tag{4-214}$$

式中，$a$ 是圆口径的半径。

实际天线的口径场很难做到完全同相，这时用平面口径积分公式计算不妥，因为此时不满足正交关系式 $\hat{z}\times\boldsymbol{E}_s=Z_{\mathrm{W0}}\boldsymbol{H}$，但若口径场相位偏差不大，则可近似用平面口径积分计算。本节不做讨论。

### 4.10.5 常用面天线简介

为得到高增益天线，在通信、雷达和射电望远镜(天文)中广泛采用反射面天线，反射面采用导电性能良好的金属或金属层制成，它将入射于面上的电磁波几乎全反射。

常用的反射面天线有抛物面天线和卡塞格伦天线。

#### 1. 抛物面天线

随着卫星通信、电视技术的普及，从城市到农村，从平原到深山，到处都架设着大“铝锅”，这就是现代信息传输技术中的主力——抛物面天线。

抛物面天线(单镜面)是借鉴光学望远镜所产生的。它由一个轻巧的抛物面反射器和一个置于抛物面焦点的馈源构成。通常分为圆锥抛物面和抛物柱面两大类，本节只讨论前一种，而且主要讨论圆口径的圆锥抛物面。所谓圆锥抛物面，是由抛物线绕对称轴旋转所形成的曲面。

抛物面天线的工作原理可用几何光学射线法说明(图 4-73)。令馈源天线的相位中心与焦点 $F$ 重合，由 $F$ 发出的球面波服从几何光学射线定律。

① 反射线平行律：即由焦点 $F$ 发出的射线经抛物面反射后，反射线与轴线平行。如入射线为 $FM$，反射线为 $MM'$，$M$ 点的法线为 $Mn$，对于抛物面，有 $\angle FMn=\angle M'Mn=\psi/2$，即反射线 $MM'$与 $Oz$ 轴平行，反射面上的任意点均为如此。

② 等光程律：即所有由 $F$ 点发出的射线经抛物面反射后到达任何与 $Oz(OF)$轴垂直的平面上的光程相等，即

$$FO+OF'=f+1=FM+MM'=\rho+MM'$$

式中，$\rho$ 是由 $F$ 到 $M$ 的矢径，因为 $MM'=\rho\cos\psi+(l-f)$，所以

$$\rho=\frac{2f}{1+\cos\psi}=\frac{f}{\cos^2(\psi/2)}=f\sec^2(\psi/2) \tag{4-215}$$

实际上，式(4-215)正是极坐标中抛物线的定义式，这个公式和等光程律互为因果，式中 $f$ 为抛物线的焦距。由上可知，抛物面天线的工作原理为：由焦点 $F$ 发出的球面波经

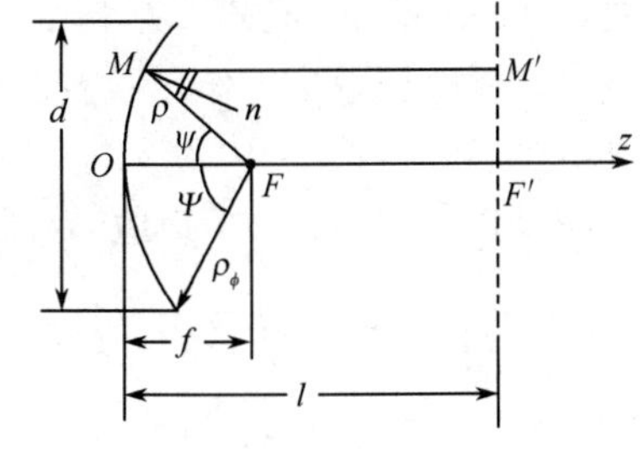

图 4-73　抛物面天线工作原理图

抛物面反射后变为波前垂直于 $Oz$ 轴的平面波,在口径上各点的场同相,因而沿 $Oz$ 方向可得最强辐射。直角坐标下的抛物面方程为 $x^2+y^2=4fz$。

抛物面的口径直径 $d$、焦距 $f$ 和半张角 $\psi$ 有如下关系

$$\tan\frac{\psi}{2}=\frac{d}{4f} \text{或} d=4f\tan\frac{\psi}{2} \tag{4-216}$$

为了使抛物面天线获得高增益,通常都按最佳增益设计抛物面的结构,即要求口面场同相等幅分布(即均匀分布),同时抛物面从馈源截获功率最大,漏失功率最小。显然,上述是两个矛盾体的要求。因此,在最佳状态时可以使口径获得较均匀的照射从而口径效率 $\nu$ 较大,而且抛物面从馈源处截获的功率大,从而 $\eta_a$ 也较大,结果增益因子 $g=\nu\eta_a$ 最大。偏离最佳状态时,不是 $\nu$ 小 $\eta_a$ 大,就是 $\nu$ 大 $\eta_a$ 小,结果 $g$ 下降。因此要求馈源的方向图与抛物面的半张角有恰当配合,才能使得抛物面天线获得最佳增益,通常用焦径比 $f/d$ 描述。实用天线的焦径比 $f/d=0.25\sim0.5$,大多数 $f/d=0.3\sim0.4$。

截获效率 $\eta_a$ 的定义为 $\eta_a=\dfrac{\text{投射到反射面上的功率}}{\text{馈源总辐射功率}}\times100\%$

抛物天线的增益可按下式计算

$$G=\frac{4\pi}{\lambda^2}Sg,\qquad S=\pi(d/2)^2 \tag{4-217}$$

式中,$d$ 为天线直径;$S$ 为口径面积;$g$ 为效率。有报道,实际天线的 $g$ 可达 0.8,但这是极个别的。粗制滥造的抛物面天线 $g$ 只有 0.2,一般的值参见表 4-3,这是根据一些实际天线得到的。

**表 4-3　抛物面天线特性简易估算表**

| 类型＼参数 | FSLL (dB) | $K$(度) | $g$ | $G\cdot BW^2$ | $A$ |
|---|---|---|---|---|---|
| 最佳增益 | −17 | 67 | 0.6 | 27 000 | 0.3~0.2 |
| 中等性能 | −20 | 72 | 0.55 | 28 000 | 0.2~0.1 |
| 低旁瓣 | −25 | 80 | 0.47 | 29 000 | <0.1 |
| 高效率 | −12 | 59 | 0.70 | 24 000 | |

表中 FSLL 为第一副瓣电平,$A$ 为抛物面口径场边缘电平,$BW=K\lambda/d$ 为半功率波瓣宽度,$K$ 为波瓣宽度系数,$G\cdot BW^2$ 为增益波瓣宽度积。由表可知,天线的增益(自然数)和波瓣宽度的平方成反比,而且不同副瓣性能的天线,这个比例系数不一样,显然 FSLL、$K$ 和 $g$、$A$ 等都有相互制约关系,表中的数据针对做得较好的天线。许多的实际天线 $g$ 值应降低 20%,而 $K$ 应加 3°~5°。

对于由圆锥抛物面切割成的矩形口径天线,也可用此表估算性能,不过直径 $d$ 要用口径尺寸 $d_1$ 或 $d_2$ 代替,面积则是 $S=d_1\cdot d_2$。

我国电视卫星工作在 C 波段($f$=4GHz),据表 4-3,取 $g=0.5$,$K=70°$,直径 $d$=3m 的抛物天线增益 $G\approx39$dB,半功率波瓣宽度 BW=1.8°。1992 年在市场出现的 $d$=1.2m 的家用小天线,$G\approx31$dB,BW≈4.4°,可以收看亚洲一号卫星的电视节目,但图像质量比 3m 天线要差。

### 2. 卡塞格伦天线

卡塞格伦天线是一种双反射面天线,主反射面是抛物面,副反射面是置于主面与其焦点之间的一个小双曲反射面。其性能和单镜面天线相似,不同之处是由于多了副面,可以把本应置

于焦点的馈源放到抛物面顶点附近。

卡式(卡塞格伦)天线出现在20世纪60年代,同期出现的单脉冲跟踪天线和深空探测射电望远镜天线都要求馈源靠近天线顶部(后馈方式)。而原来单镜面抛物面天线的前馈方式(馈源置于焦点)将大大损害单脉冲天线和射电望远镜天线的性能。借鉴于卡塞格伦式光学望远镜的工作原理,产生了卡式天线。由于卡式天线可采用小焦径比($f/d<0.3$)工作,且馈源靠近天线底座,结构紧凑,以致后来大、中型卫星地面站天线都采用这种方案。

卡式天线的工作原理可用图4-74来说明,和主反射面类似,副反射面是双曲线绕对称轴旋转的双曲锥面,双曲面的一个焦点 $F_1$(实焦点)靠近抛物面部,另一焦点 $F_2$(虚焦点)与抛物面焦点重合。双曲面具有这样的性质,从焦点 $F_1$ 发出的球面波经双曲面反射后变为相位中心在另一焦点 $F_2$ 的球面波,由于 $F_2$ 与抛物面的焦点重合,反射后的球面波经主面反射后形成同相的口径场,从而获得沿 $z$ 向的最大辐射。因此,有了副面后,得以从前馈变为后馈。不过,由于抛物面的半张角 $\Psi$ 一般比双曲面的半张角 $\Phi$ 大,后馈馈源的方向图比前馈馈源的方向图要窄一些,因为要使主面处于最佳增益状态,边缘电平应该约为-10dB($A=0.16$)。从卡式天线的工作原理可知,如果口径尺寸 $d$ 和口径场的照射相同(如最佳增益照射),单镜抛物面天线和双镜卡式天线的性能一样,因此,表4-3对二者通用。分析证明,用一个馈源放在实焦点作主面焦距为 $f$ 的卡式天线的照射器时,主面口径场分布与用这个馈源直接去照射焦距为 $Mf$ 的抛物面的口径场分布一样,后者称为卡式天线的等效抛物面,而 $M=(e+1)/(e-1)$ 称为放大率,$e$ 是双曲面的偏心率,一般情况下,取$M=4\sim8$。$f_e=Mf$ 称为等效焦距。

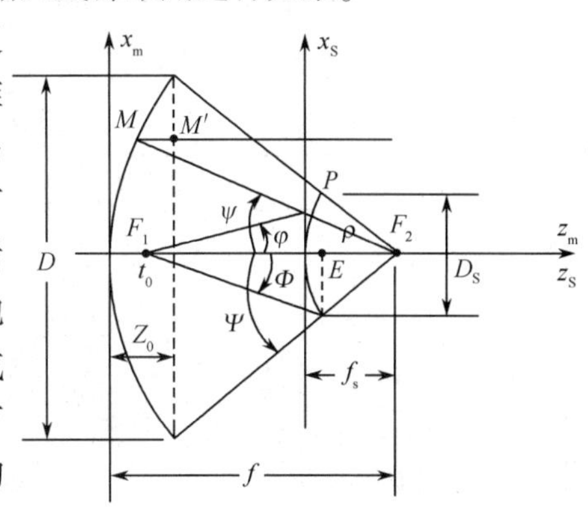

图4-74　卡式天线的工作原理图

本节习题4-44~4-47,4-49,4-50。

## 4.11　通信系统中常用天线简介

通信、雷达、导航、广播、电视等无线电系统都是通过无线电波来传递信息的,天线是这些无线电系统中有效发射和接收电磁波的重要部件,在通信系统中天线在保证通信质量、实现即时通信方面起到了重要作用。通常使用最多的通信天线形式为引向天线、螺旋天线、微带天线、手机天线、基站天线和智能天线等。

### 4.11.1　引向天线

引向天线又称八木天线,它被广泛应用于米波、分米波波段的通信,以及雷达、电视及其他无线电系统中。引向天线的结构形式如图4-75所示,它由一个有源振子(通常是半波振子)、一个反射器(通常为稍长于半波振子的无源振子)和若干引向器组成。只要适当调整振子的长度和它们之间的距离,就可使引向天线获得较尖锐的定向辐射特性。引向天线的优点是结构简单、架设方便牢固,且该天线具有较高的增益。其主要缺点是工作频带较窄。

不同单元数的引向天线增益可根据表4-4来确定。

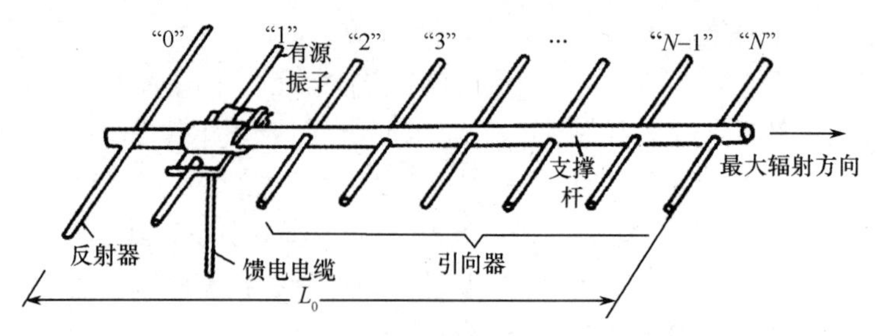


图 4-75　引向天线的结构形式

**表 4-4　引向天线的增益**

| 单元数 $N$ | 反射器数 | 引向器数 | 增益范围(dB) | 备 注 |
|---|---|---|---|---|
| 2 | 1 | 0 | 3~4.5 | |
| 2 | 0 | 1 | 3~4.5 | |
| 3 | 1 | 1 | 6~8 | |
| 4 | 1 | 2 | 7~9 | |
| 5 | 1 | 3 | 8~10 | |
| 6 | 1 | 4 | 9~11 | |
| 7 | 1 | 5 | 9.5~11.5 | |
| 8 | 1 | 6 | 10~12 | |
| 9 | 1 | 7 | 10~12.5 | |
| 10 | 1 | 8 | 11~13 | |
| | 1×21×2 | 3×23×2 | 11~13 | $N$=5 双层 |

## 4.11.2　螺旋天线

### 1. 经典螺旋天线

经典螺旋天线可辐射圆极化波,并具有良好的宽频带特性。该天线大约能在 1.7∶1 的频带内,保持方向图、阻抗特性基本不变。经典螺旋天线常称为螺旋天线,是用金属导线(导线或管材)制成的螺旋形结构。它通常用同轴电缆馈电,电缆的内导体与螺旋线的一端相连接,外导体和金属状的接地板相连接。另外也有其他连接方法。螺旋直径可以是不变的,也可以是渐变的,如图 4-76 所示。

螺旋天线的辐射特性基本上取决于螺旋的直径与波长之比 $d/\lambda$。通常 $d/\lambda$ 的取值范围是 0.25~0.46,这是获得轴向辐射所必须满足的条件,如图 4-77(a)所示。该天线的主要特点是:①沿轴线有最大辐射;②辐射场是圆极化波;③沿螺旋线导线传播的波是行波;④输入阻抗近似为纯阻;⑤具有宽频带特性。

螺旋天线的螺旋直径 $d/\lambda$ 很小($d/\lambda<0.8$)时,在垂直于螺旋轴线的平面上有最大的辐射,并且在这个平面上具有圆形对称的方向图,如图 4-77(b)所示,类似基本振子的方向特性。具有这种辐射特性的螺旋天线常称为边射型或电小螺旋天线或法向模螺旋天线。此外,当 $d/\lambda$ 比值选择得恰当时,还可获得圆锥型的方向图,如图 4-77(c)所示。

在分析螺旋天线时,可以近似地把它看成由几个平面圆环串接而成,也可把它看成由环形天线作为单元天线所组成的阵列。

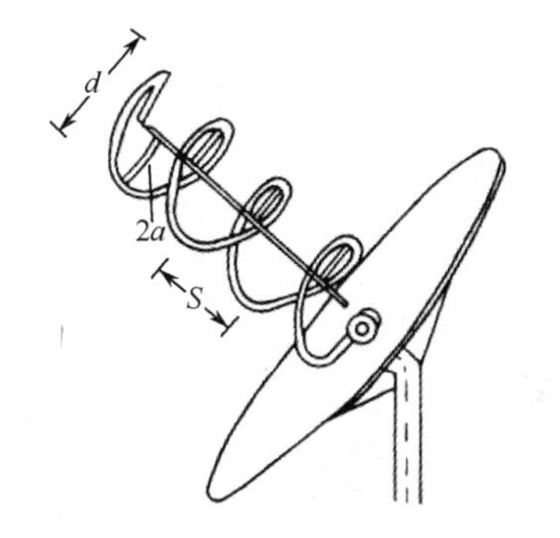


图 4-76 经典螺旋天线的结构图

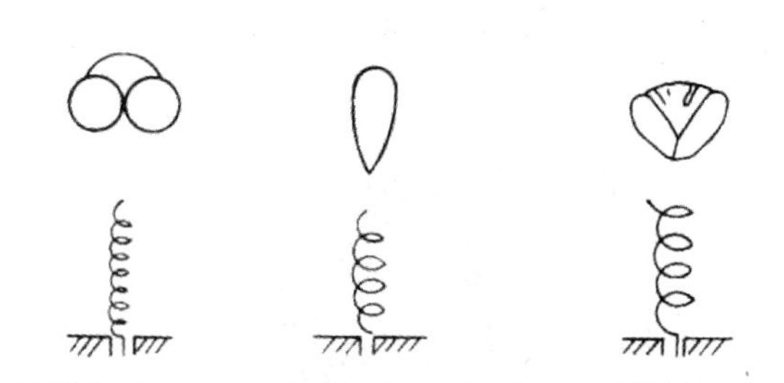


图 4-77 螺旋天线的三种辐射形态

## 2. 等角螺旋天线

图 4-78 所示为等角螺旋天线,它由两个对称的等角螺旋臂构成。每臂的边缘线都满足曲线方程 $r=r_0e^{\alpha\varphi}$,并具有相同的 $a$ 参数,而且天线的金属臂与两臂之间的缝隙是同一形状,即两者相互补偿,称为自互补结构(式中 $r_0$ 是对应于 $\varphi=0°$的矢径,$a$ 是决定螺线张开快慢的参数)。这种自互补天线的阻抗具有纯电阻性质,是与频率无关的常数,即

$$Z_{\text{fengxi}}=Z_{\text{jislnt}}=60\pi=188.5\Omega \tag{4-218}$$

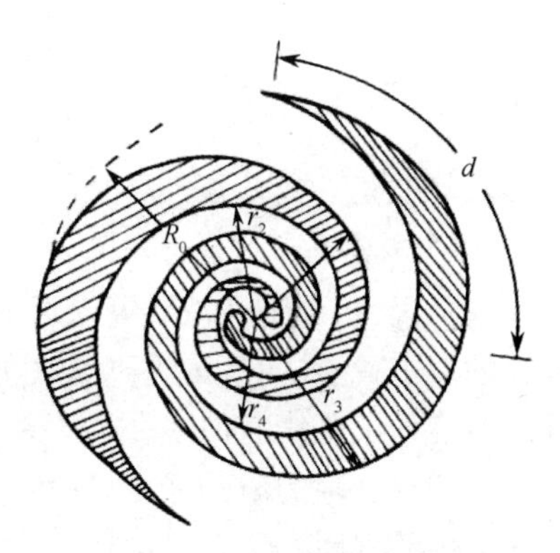


图 4-78 等角螺旋天线

自互补等角螺旋天线的最大辐射方向垂直于天线平面。设天线平面的法线与射线之间的夹角为 $\theta$,其方向图可近似表示为 $\cos\theta$。在 $\theta\leqslant70°$的锥角范围内场的极化接近于圆极化,极化方向由螺旋张开的方向决定。通常取一圈半螺旋来设计这一天线,即外径 $R_0=r_0e^{0.3\pi}$,若以 $a=0.221$ 代入,可得 $R_0=8.03r_0$,则工作波长的上下限 $\lambda_{\min}\approx(4\sim8)r_0$,$\lambda_{\max}\approx4R_0$,带宽在 8 倍频程以上。也可将天线绕在一锥面上构成了圆锥型等角螺旋天线,该天线在沿锥尖方向具有最强的辐射,其他性质与平面等角螺旋天线类似。

## 3. 阿基米德螺旋天线

阿基米德螺旋天线是另一种常用的平面螺旋天线,如图 4-79(a)所示。天线臂曲线的极坐标方程为

$$r=r_0+\alpha\varphi \tag{4-219}$$

$r_0$是对应于 $\varphi=0°$的矢径,天线的两个螺旋臂分别是 $r_1=\alpha\varphi$ 和 $r_2=\alpha(\varphi-\pi)$。为了明显地将两臂分开,在图 4-79(b)中分别用虚线和实线表示这两个臂。由图可知,由于两臂交错盘旋,两臂上的电流是反相的,表面看似乎其辐射是彼此相消的,事实并不尽然。研究图中 $P$ 和 $P'$点处的两线段,设$\overline{OP}$和$\overline{OQ}$相等,即 $P$ 和 $Q$ 为两臂上的对应点,对应线段上电流的相位差为 $\pi$,由 $Q$ 点沿螺旋臂到 $P'$点的弧长近似等于 $\pi r$,这里 $r$ 为$\overline{OQ}$的长度。故 $P$ 点和 $P'$点电流的相位差为 $\pi+\dfrac{2\pi}{\lambda}\cdot\pi r$,若设 $r=\lambda/(2\pi)$,则 $P$ 点和 $P'$点的电流相位差为 $2\pi$ 。因此,若满足上述条件,两线段的辐射是同相叠加的而非相消的。也就是说,该天线的主要辐射集中在 $r=\lambda/(2\pi)$ 的螺旋线上,称此为有效辐射带。随着频率的改变,有效辐射带也随之而变,但由此而产生的

方向图变化并不大，故阿基米德螺旋天线也具有宽频带特性。如果在该线的一侧加一圆柱形反射腔，就构成了背腔式阿基米德螺旋天线，它可以嵌装在运载体的表面下。

阿基米德螺旋天线具有宽频带、圆极化、尺寸小、效率高、可以嵌装等优点，故目前应用得越来越广泛。

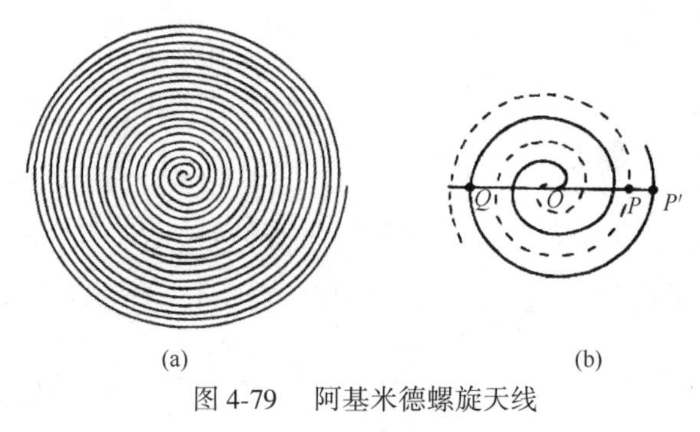


图 4-79　阿基米德螺旋天线

### 4.11.3　缝隙天线

缝隙天线，就是在波导臂上开有缝隙，藉以发射或接收电磁波。实际应用的缝隙通常开在波导的一个臂上，而且为提高天线的方向性，总在波导臂上开有多条缝隙，构成波导缝隙天线阵。该阵列中天线与馈线合为一体，不必像振子阵列那样另加馈电网络。适当改变缝隙的位置就可调整缝隙的激励强度，获得所要求的振幅分布。该天线的缺点是频带较窄。

常用的缝隙天线是在传输 $TE_{10}$ 主模的矩形波导臂上开半波谐振缝隙。如果开缝隙截断波导内壁表面的电流线，则表面电流一部分绕过缝隙，另一部分以位移电流的形式沿着原来方向流过缝隙，以维持总电流连续，因而缝隙被激励。图 4-80 给出了开缝的形式及其切断电流的状况。缝与波导轴线平行时称为纵缝，与轴线垂直时称为横缝。波导缝隙的辐射强度取决于它在波导臂上的位置和取向。根据波导内传输波的形式，又可以分为谐振式缝隙天线阵和非谐振式缝隙天线阵。若波导内传播驻波型电磁波，并使各缝隙得到同相激励，则此种缝隙阵称为谐振式或驻波缝隙天线阵。该天线阵的特点之一是相邻缝间的距离为 $\lambda_g$ 或 $\lambda_g/2$（$\lambda_g$ 为波导波长），如图 4-81 所示。

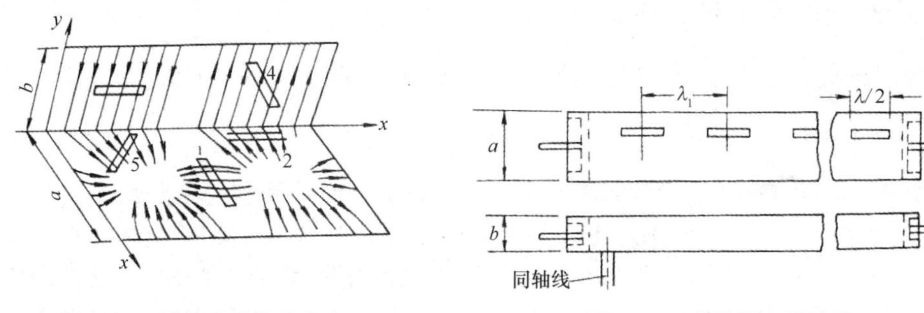


图 4-80　波导内壁电流分布　　图 4-81　宽臂纵向缝隙阵

非谐振式缝隙天线阵与谐振式缝隙天线阵有两点不同：一点是相邻谐振缝隙间距 $d$ 大于或小于 $\lambda_g/2$（对宽臂纵缝）或小于 $\lambda_g$（对宽臂横缝）；另一点是波导终端用吸收负载匹配，故非谐振式缝隙天线阵也称为行波缝隙阵，如图 4-82 所示。

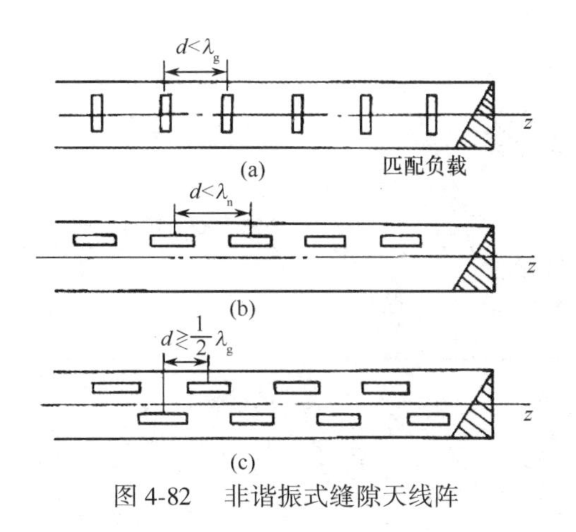

图 4-82　非谐振式缝隙天线阵

### 4.11.4　微带天线

近年来，微带天线愈来愈受到人们的重视，因为它便于获得圆极化，容易实现双频段和双极化，尺寸小、重量轻、价格低，尤其是具有很小的剖面高度，易附着于任何金属物体的表面，最适用于某些高速飞行的物体，如飞机、火箭、导弹等。微带天线的缺点是工作频带较窄，基本辐射单元具有明显的谐振特性。在工作频率偏离谐振点后，其输入阻抗与馈线不太匹配，在馈电点产生强烈的反射，使天线不能正常工作。

1. 微带天线的结构

微带天线是在带有导体接地板的介质基片上贴加导体薄片而形成的天线。它利用微带线或同轴线等馈线馈电，在导体贴片与接地板之间激励起射频电磁场，并通过贴片周围与接地板间的缝隙向外辐射。因此，微带天线也可看成一种缝隙天线。通常介质基片的厚度与波长相比是很小的，因而它实现了一维小型化，属于电小天线的一类。

导体贴片一般是规则形状的面单元，如矩形、圆形、三角形、五角形或圆环形薄片等，其中矩形和圆形贴片微带天线最为常见；也可以是窄长条形的薄片振子(偶极子)。由这两种单元形成的微带天线分别称为微带贴片天线和微带振子天线，如图 4-83(a)和(b)所示。微带天线的另一种形式是利用微带线的某种形变(如弯曲、直角弯头等)来形成辐射，称之为微带线型天线。其中一种形式如图 4-83(c)所示，这种天线因为沿线传输行波，又称为微带行波天线。微带天线的第 4 种形式是利用开在接地板上的缝隙，由介质基片另一侧的微带线或其他馈线(如槽线)对其馈电，称之为微带缝隙天线，如图 4-83(d)所示。由各种微带辐射单元可构成多种多样的阵列天线，如微带贴片天线阵、微带振子天线阵等。

2. 微带天线的馈电

微带天线的馈电会影响其输入阻抗，进而影响天线的辐射性能，因而它对微带天线的设计至关重要。

微带天线的馈电方法有很多种，根据贴片与馈线是否有金属导体接触，将其分为直接馈电和间接馈电两大类。直接馈电包括同轴探针馈电和微带线馈电，这两种方法因为设计简单而在实际微带天线的设计中使用得最多。间接馈电则包括电磁耦合馈电、孔径耦合馈电和共面

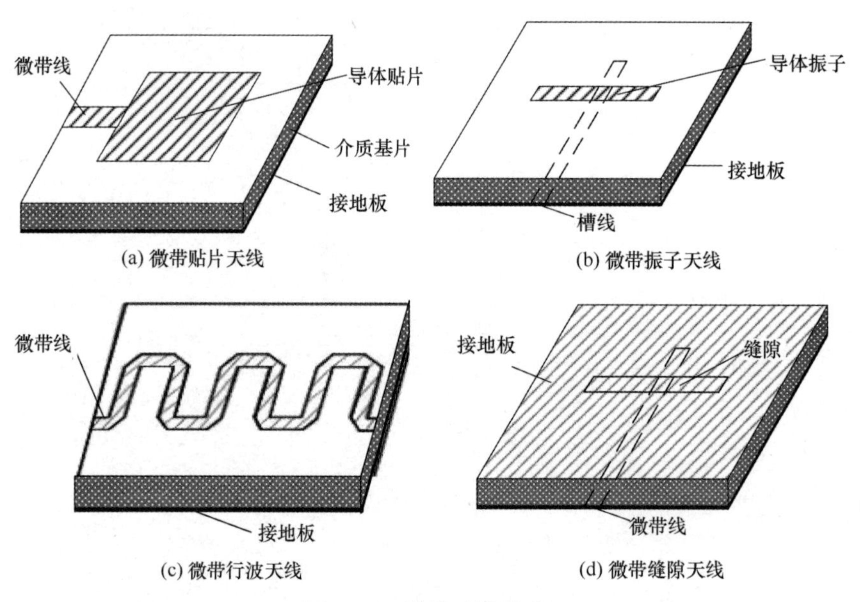


图 4-83　微带天线形式

波导馈电。图 4-84 分别给出了各种馈电形式的结构图。

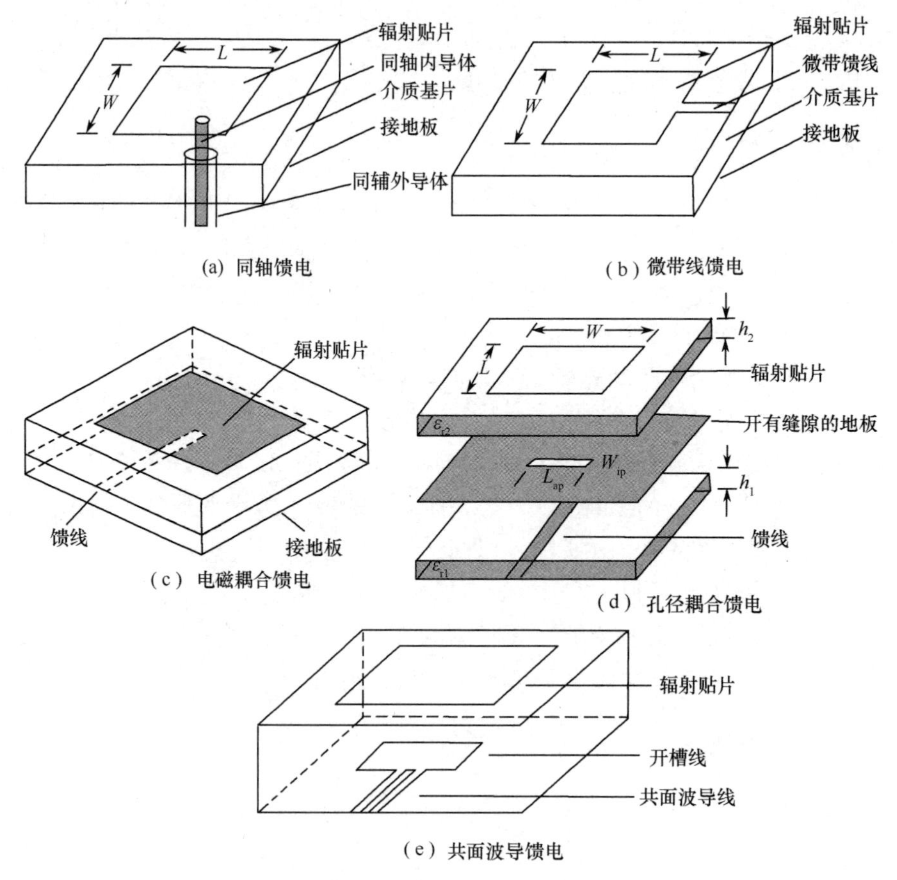


图 4-84　微带天线的馈电形式

### 3. 矩形微带天线的主要特性

矩形微带天线元的结构尺寸如图 4-85 和图 4-86 所示。长度 $L \approx \lambda_g/2$，宽度 $\lambda_g$ 和 $\lambda_0$ 分别为波在介质衬底及自由空间中的波长。

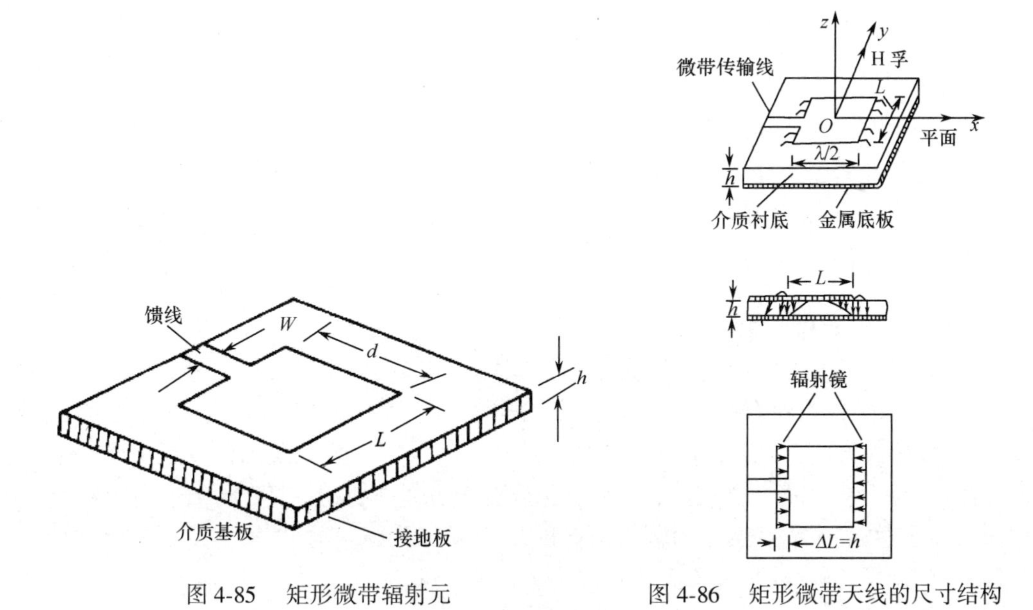


图 4-85　矩形微带辐射元　　　　图 4-86　矩形微带天线的尺寸结构

由于 $L \approx \lambda_e/2$，因此沿传播方向前后两缝上的电场水平分量（平行于金属底板）保持同相，相当于两个同相馈电，间距为半个 $\lambda_e$ 的平行隙缝。缝的长度 $L$ 为辐射片的宽度 $W \approx \lambda_0/2$，缝宽 $\Delta L \approx$ 厚度 $h$。两缝隙将在空间产生辐射作用。辐射的最大方向为介质板的法线方向，即图 4-86所示的 $z$ 轴方向。另外两个侧缝上电场水平分量的大小相等，方向相反，没有辐射作用。

矩形微带天线的单元方向图与两个长度及间距均为半波长的缝隙天线的方向图一样。它是基本缝隙，即磁基本振子的方向图与隙缝的长度因子及由一对隙缝构成的二元阵的阵因子三者的乘积，其方向图如图 4-87 所示。

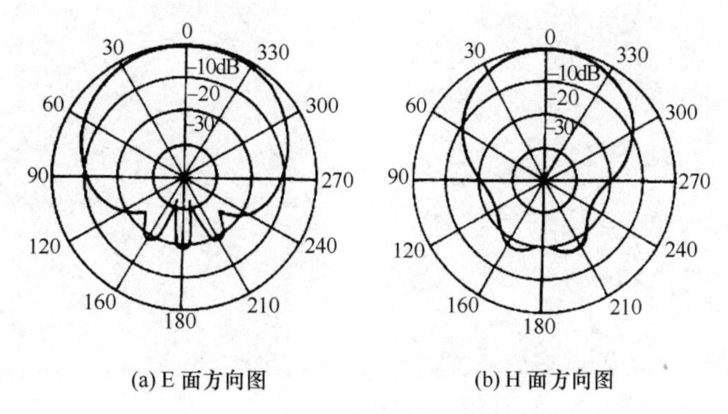


(a) E 面方向图　　(b) H 面方向图

图 4-87　矩形微带天线的单元方向图

工程设计中关心的是 E 面和 H 面的方向图。矩形微带天线元的辐射场只需在单缝隙辐射场的表示式中乘以二元阵的阵因子即可。

$$F_{E(\varphi)}=\frac{\sin\left(\frac{kh}{2}\cos\varphi\right)}{\frac{kh}{2}\cos}\cdot\cos\left(\frac{kd}{2}\cos\varphi\right) \tag{4-220}$$

$$F_{H(\theta)}=\frac{\sin\left(\frac{kL}{2}\cos\theta\right)}{\frac{kL}{2}\cos\theta} \tag{4-221}$$

此外,微带天线还具有性能多样化的优点,例如,采用多贴片等方法容易实现双频带、双极化等工作性能;利用不同的馈电方式,能方便地获得圆极化等。当然,各种形式的微带辐射单元又可构成微带阵列天线,以适应不同方向性的要求。

### 4.11.5 手机天线

手机具有方便、快捷的优点,已成为人们联络和沟通的主要手段。早期手机天线是外置天线,它包括单极天线、螺旋天线和 PCB 印刷螺旋天线等。外置天线的优点是工作频带宽、接收信号比较稳定、制造简单、费用低等;缺点是放置于机体外容易损坏、天线靠近人体时容易影响信号的接收性能、天线对人体的辐射伤害较大、接收和发送信号时使用不同的匹配电路。时至今日,外置天线已被淘汰,内置天线已成为手机天线的主流。

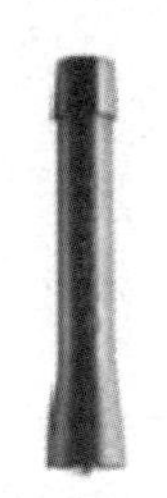

(a) 螺旋天线

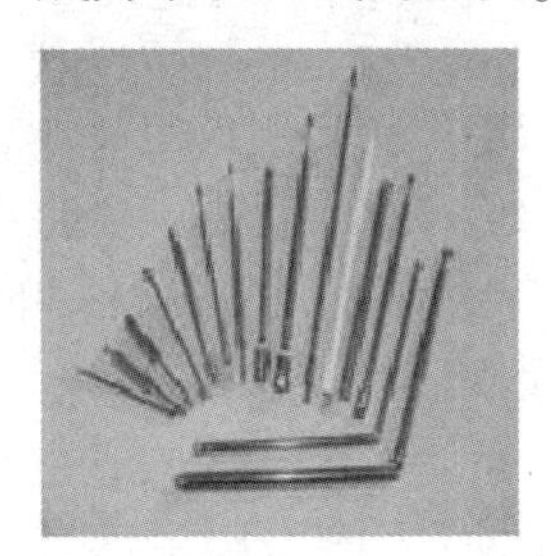

(b) 拉杆天线

(c) 鞭状天线

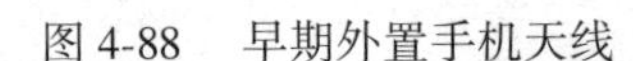

图 4-88 早期外置手机天线

(a) PIFA 天线

(b) 单极子天线

图 4-89 手机内置天线

内置天线的特点是:结构小,不易损坏;可以放置在远离人脑的部位,并且在靠近人脑的地方贴上反射层以减小天线对人脑的辐射。一部手机中可以安装多个天线,容易组阵,易于实现手机天线的智能化。随着天线技术的不断进步,内置天线的形式逐渐增多,主要包括微带贴片天线、单极天线、倒L形天线、倒F形天线、PIFA天线、陶瓷天线、缝隙天线等,其中单极天线、平面倒F形天线、微带贴片天线和缝隙天线应用得最广。

### 1. 单极天线

将对称振子天线的一臂长度降为零,馈电点直接接地,另一臂垂直于无限大理想导电面,称为单极天线。单极天线利用了理想地面的镜像效果,其作用等效于对称振子天线。单极天线的辐射体面积为300~350mm²,距离PCB的高度为3~4mm。天线和主板之间只有一个馈电点,没有短路臂。图4-90是典型的四分之一波长的单极天线模型。单极天线的结构为矩形平面时,天线具有一定的宽带特性,当天线的平面结构发生改变时,天线的输入阻抗和带宽能够得到改善,但是辐射特性不会改变。

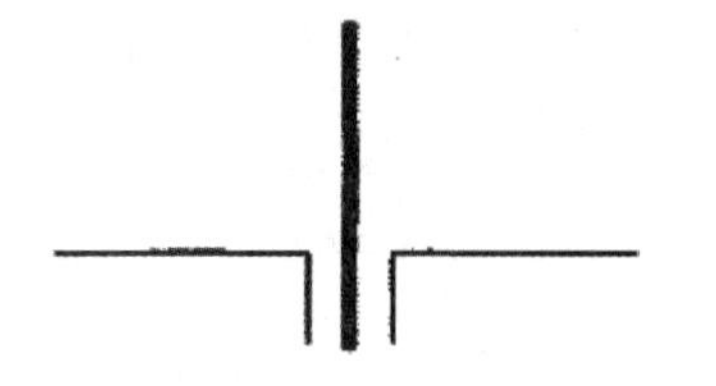

图4-90　四分之一波长的单极天线

图4-91所示为一款尺寸小(35mm×20mm×1.6mm)且能覆盖WLAN 2.4GHz(2400~2484MHz)、5.2GHz(5150~5350MHz)、5.8GHz(5725~5825MHz)和WiMAX 3.5GHz(3300~3700MHz)频段的多频印刷单极天线。该天线主要由一个C形枝节、两个L枝节和一个50Ω微带馈线组成。该天线主要采用了多枝节技术和增大地板面积来实现多频宽带的目的。

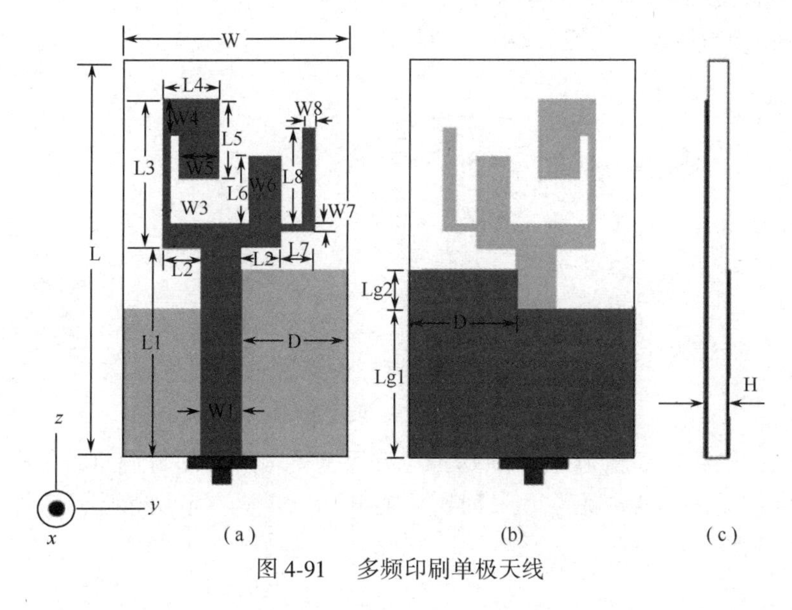


图4-91　多频印刷单极天线

### 2. PIFA天线

最先在手机中广泛使用的内置天线就是平面倒F形天线(Planar Inverted F-shaped Antenna, PIFA),即PIFA天线。PIFA天线具有制造简单、成本低廉、性能稳定、剖面低、易调节等优点,天线辐射单元与人体头部之间相隔一块PCB,大大减小了辐射单元对人体的电磁辐射,具有低SAR值的特点。

天线的辐射方向图如图4-92所示,其平面倒F形天线的演化过程如图4-93所示。

典型的PIFA天线是由平面辐射单元、馈电、短路片、接地面4部分组成的。如图4-94所

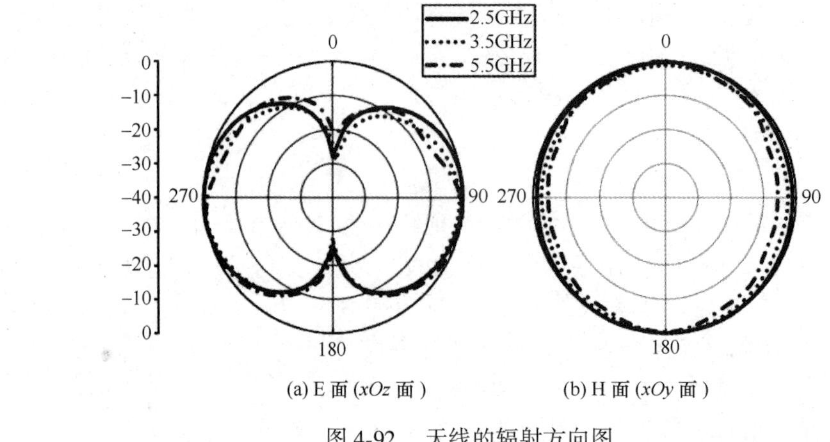


图 4-92　天线的辐射方向图

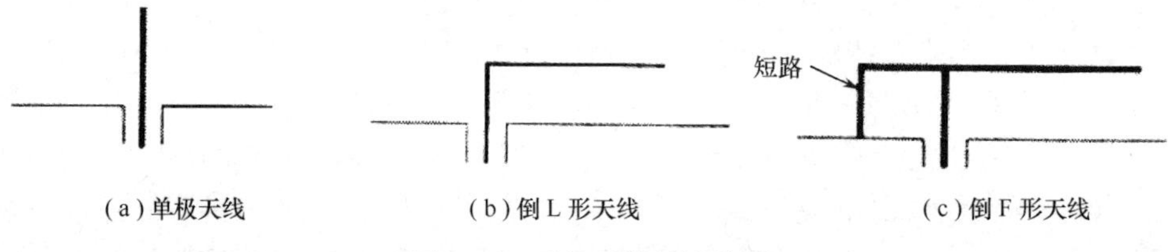


图 4-93　手机天线的演化图

示。$L_1$ 和 $L_2$ 是天线辐射单元的长度和宽度，$W$ 是短路片的宽度，$H$ 是天线的高度。短路片的作用是将辐射单元与接地面短路，减小天线辐射单元的尺寸，从而达到减小手机天线体积的目的。

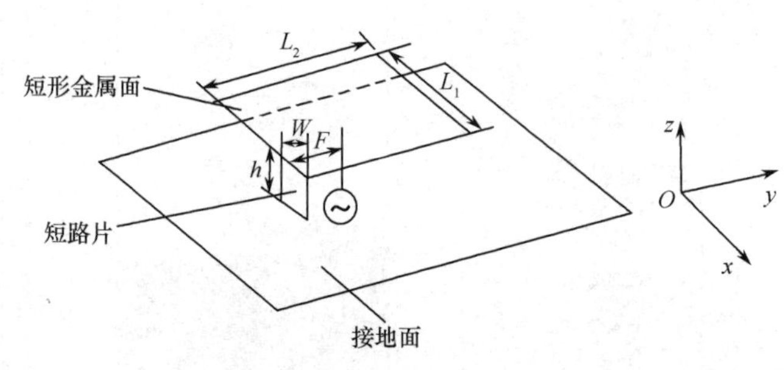


图 4-94　PIFA 天线的基本模型

PIFA 天线的辐射体面积为 550～600mm$^2$，天线基本辐射单元与地面的距离为 7～10mm。PIFA 天线通常放置在手机的顶部，组装时需要避开喇叭等具有金属结构的组件，以免影响手机天线的接收性能。

### 3. 印刷天线

随着移动通信技术的发展，手机技术标准有了新的定义，手机制式不断增大，频段范围也不断增大，PIFA 天线在厚度、尺寸、多频实现等方面越来越呈现出局限性。印刷天线由上层贴片、馈电、下层接地面组成。天线通过改变上层贴片的形状、加载缝隙等方法来改变天线的电流路径，实现天线的宽带特性。同时印刷天线的高度小，上层贴片距离接地面较近，所以天线的尺寸可以做得很小，而且可以覆盖多个频段。对于移动通信系统来说，印刷天线的不足之处为其多被应用于高频，当然通过优化设计可以使印刷天线能够呈现低频特性。

### 4.11.6 基站天线

在移动通信系统中,基站天线的作用就是在基站与服务区域内各移动站之间建立无线电传输线路。因此基站天线在移动通信中扮演着“上传下达”的重要角色。

我国的基站天线经历了由最初的普通定向和全向天线,到后来被广泛使用的机械天线,再到现在大面积推广使用的电调天线和双极化天线的发展历程。在不同的环境下,所使用的天线也不尽相同。下面我们对几种常用类型的基站天线进行简单的比较和分析。

① 全向天线。顾名思义,此种天线在水平面为全向均匀辐射,其水平面的方向图为一个圆,无方向性。

② 定向天线。此天线在水平面上向某一特定的方向辐射,仅覆盖一定的角度,也就是在水平面有方向性。定向天线水平面的波束宽度一般有 65°、90°、120°和 180°,具体使用哪种类型的定向天线,要根据站型配置和当地的地理环境而定。

③ 机械天线。称其为机械天线是因为其下倾角的调整方式是机械式的。基站天线一般架设在高处,而移动终端用户都在基站的下方,因此实际应用中需要天线波束适当下倾。机械天线要实现波束下倾,必须通过调整天线背面支架位置来控制天线相对于支撑塔倾斜的角度,采用这种方法来实现不同角度的下倾。经过实用过程中的实践证明,当机械天线下倾角度为1°~5°时,其对水平面方向图的形状基本不产生影响,可以认为是机械天线下倾的最理想角度。下倾到5°~10°时,方向图稍有变形但变形尚可接受且能继续投入使用。当下倾角度大于10°时,方向图严重变形甚至出现方向图分裂。机械天线在日常使用过程中的维护和保养过程也十分麻烦,需要工作人员爬到安放天线的塔顶进行调整,同时机械下倾的精度也较低。

④ 电调天线。与前面的机械天线相比,电调天线显得更为先进和方便。它通过电子控制的方式来调整天线的下倾角度,采用这种方法能实现远程控制和带电操作。电调天线的原理是通过改变线阵各单元的相位,使天线的最大辐射方向发生偏移。电调天线除能方便地控制下倾角度外,更大的优点在于,实现大角度下倾时,其水平面方向图形状并未受到较大影响。电调天线下倾 10°时,水平面方向图变化依然不大(机械天线下倾 10°时,水平面方向图已严重变形),只是覆盖范围有所缩小。

⑤ 双极化天线。双极化天线是近年来才逐渐兴起的一种新的天线形式。传统的基站天线采用空间分集,因此需要专门修筑铁塔来安放天线,而现在的城市人口拥挤导致空间显得尤为珍贵,城市中已没有多余的空地来修建铁塔。双极化天线的出现成功地解决了这一问题,它采用极化分集的形式进而避免了空间分集对大量空间的需求,两副极化相互正交且同时工作的天线直接放在一起,通过极化的隔离来保证天线间不会相互影响。工程应用中通常将+45°和-45°极化的两副天线相组合。采用双极化天线的基站每个扇区仅需一副天线(一个极化用于发射,另一个极化用于接收)。双极化天线对站址的要求也更加简单,它不再需要传统天线的铁塔来支撑天线。在实际应用中,将双极化天线固定在一根高度能满足要求的柱子上即可。在基站站点获取困难、话务量高的城区,双极化天线成为基站天线的首选。

现在应用人工磁导体(AMC)设计的宽带室内基站天线已用于 MIMO 系统中。此宽带室内基站天线工作在 5.2/5.8GHz 的 WLAN 频段和 5.5GHz 的 WiMAX,载有人工磁导体(AMC),用于多输入多输出(MIMO)系统。此 MIMO 系统由十六个单元组成,每个单元都有一对由耦合 E 形微带馈线馈电的折叠偶极子组成。周期性 AMC 感性表面处于偶极子下面来实现单向辐射和低剖面,从而实现了天线小型化和增大了带宽。此 MIMO 系统具有频带宽、隔离度高、辐射增强、相关性低以及体积紧凑等优点,并且易于加工和测试。

### 4.11.7 智能天线

智能天线是在自适应天线技术的基础上发展形成的。自 20 世纪 60 年代提出自适应天线技术以来,经过多年的研究发展,其在雷达、通信、电子对抗以及遥感等诸多领域有着广泛的应用。智能天线一般可分为两类:波束切换天线系统(Switched Beam System)和自适应天线系统(Adaptive Array Antennas)。

常用的智能天线是一种阵列天线,它通过调节各阵列单元信号的激励幅度和相位来改变阵列的方向图形状,即自适应或以预定方式控制波束幅度、指向和零点位置,使波束总是指向信号方向,而零点指向干扰方向,实现波束随用户移动,从而提高天线的增益和信干比,节省发射功率。

智能天线的主要组成有:①天线阵部分,典型的阵列形状大致可分为线阵、面阵、圆阵等,而在实际应用中,还可以根据不同的需要组成三角阵、不规则阵和随机阵等;②模/数转换或数/模转换部分;③波束形成网络部分的精简结构,目前在多波束切换智能天线中主要有基于 Bulter 和 Blass 矩阵所形成的多波束网络;④DOA 估计单元。根据阵列单元的激励幅度和相位的不同,可以综合出不同的方向图。图 4-95 和图 4-96 给出了智能天线的基本框图和带有 DOA 估计单元的智能天线框图。

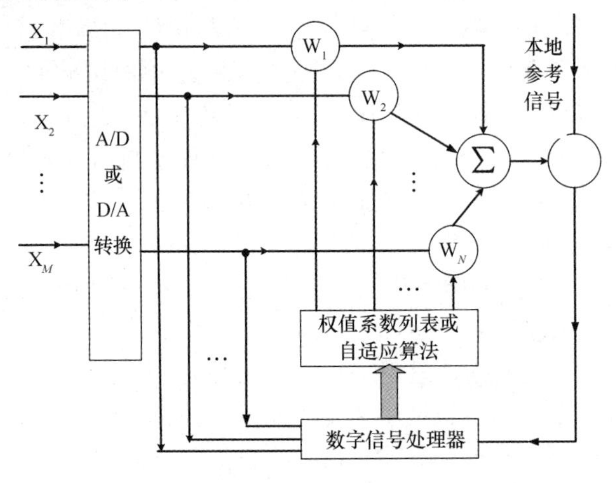


图 4-95　智能天线的基本框图

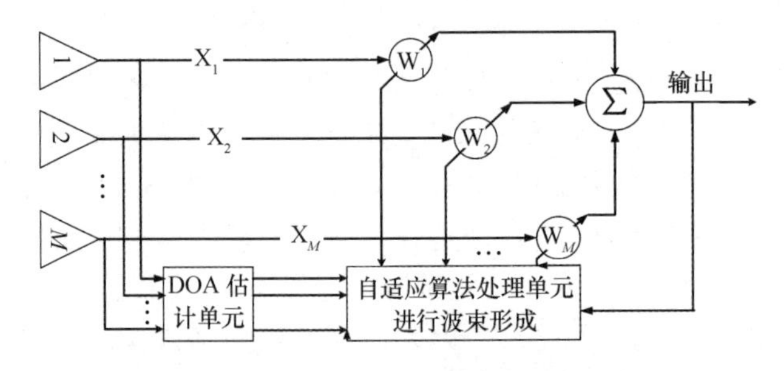


图 4-96　带有 DOA 估计单元的智能天线框图

常用的智能天线系统有以下几种。

### 1. 波束切换天线系统

波束切换天线系统利用天线阵列和固定波束形成网络(Fixed Beaming Network,BFN)来创建一组固定的波束覆盖整个用户区,系统将扫描每个波束的输出,并选择具有最大输出功率的波束。如果有用信号移动到另一个波束,则天线将自动切换到新的波束。这样,任一时间系统只采用单波束模式。波束切换天线系统框图如图 4-97 所示,它由波束形成网络、RF 开关以及波束选择逻辑控制和用户接收机组成。波束切换天线系统的波束指向固定,不需要进行复杂计算和加权,工程实现代价低且系统可靠性好。其缺点:一是系统对有效的多径分量不能提供特定的保护;二是系统没有利用相干多径进行分集合并,造成有用信息的损失;三是移动用户从波束中心向覆盖范围边缘移动时接收信号强度有波动。

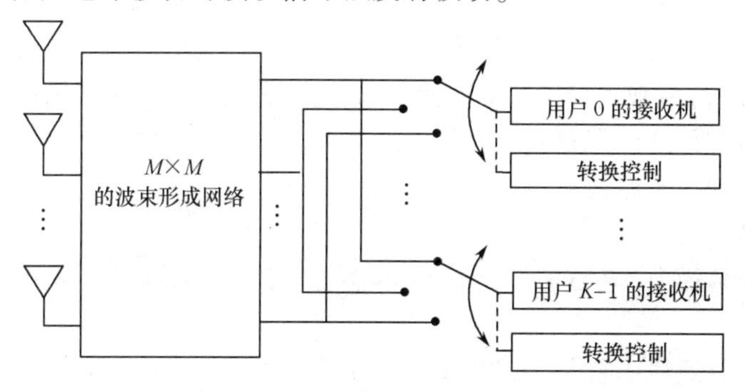


图 4-97　波束切换天线系统框图

### 2. 自适应阵天线系统

自适应阵天线系统的结构框图如图 4-98 所示,它由阵元空间分布的天线阵列和阵列信号处理器构成。阵列信号处理器根据接收准则自动地调节天线阵元的幅度和相位加权,以达到最佳的接收效果。从空间响应来看,自适应阵天线阵列是一个空间滤波器,利用基带数字信号处理技术,产生空间定向波束,使天线主波束即最大增益点对准用户信号到达方向,旁瓣或零陷对准干扰信号到达方向,从而给有用信号带来最大的增益,有效地减小多径效应所带来的影响,同时达到抑制干扰信息的目的,如图 4-99 所示。

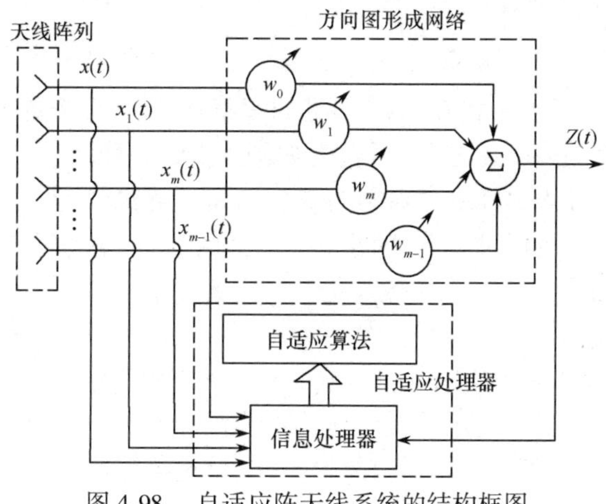


图 4-98　自适应阵天线系统的结构框图

图 4-99　智能天线波束指向

## 4.12　电波传播概论

电磁波从发射天线辐射出去后，要通过一段相当长的自然环境区域，才能被对方接收天线所接收（如通信、导航）或被目标所散射并沿原来传播路径返回发射点被雷达天线接收。电波传播就是研究电磁波在这种自然环境中传播的规律。红外线和激光的传播问题不包括在内。

无线电波传播的主要方式有下列几种。

**（1）地波传播**

发射天线位于地面上，电磁波沿地表面传播，因此这种传播方式也叫地表面波传播；如图 4-100 所示。

从低频到超高频波段（近距离）都可采用这种方式传播。

**（2）天波传播**

无线电波自发射天线向天空辐射，在电离层内经过连续折射，返回地面到达接收点，如图 4-101所示。这种传播方式称为天波传播，它主要适用于短波（高频）波段。

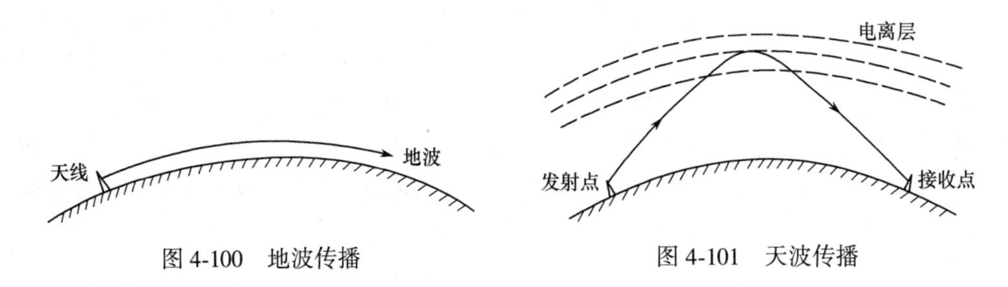


图 4-100　地波传播　　图 4-101　天波传播

**（3）视距传播**

发射天线和接收天线限于在相互“看”得见的视线距离内的传播称为视距传播。对地面通信而言，这时天线架设的高度比波长大得多，如图 4-102（a）所示。卫星通信超高频雷达也采用这种传播方式，即不计入地面的方向图的影响，如图 4-102（b）和（c）所示。

在这种传播方式中，因电磁波是在空间直接传播的，所以又称为空间波传播或直接波传播。这种传播方式主要适用于米波（甚高频）至微波（超高频）波段。

**（4）散射传播**

无线电波经过对流层或电离层中的不均匀分布介质而散射至接收点，如图 4-103 所示。这种传播方式称为散射传播，它适用的波段和视距传播的基本相同，但距离远得多（例如电离层散射可达 2000km），所以，相对地面通信来说，它是超视距传播的。

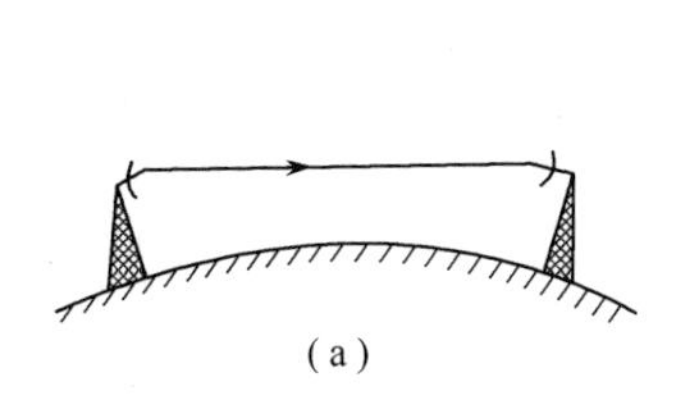
(a)

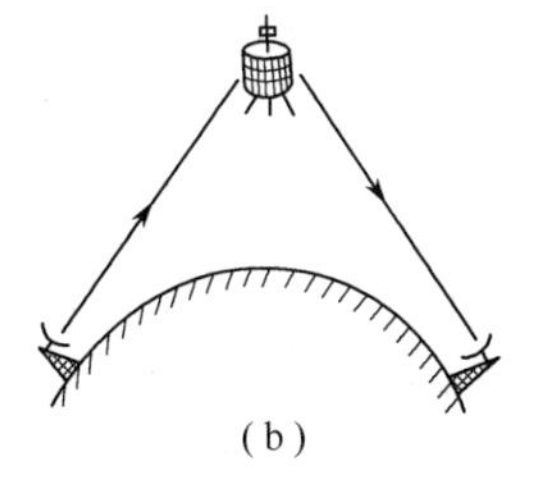
(b)

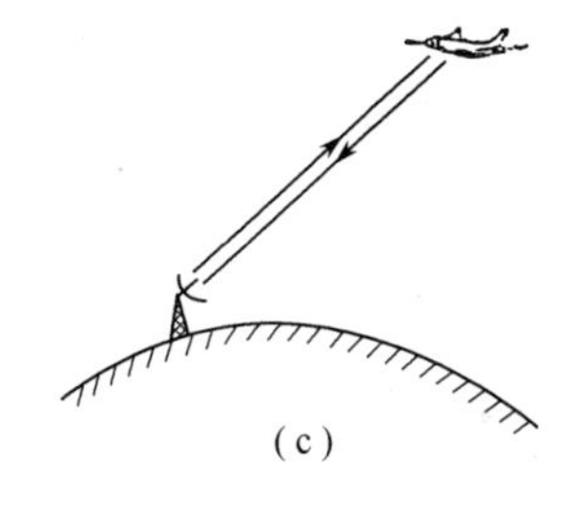
(c)

图 4-102　视距传播

### 4.12.1　电波在自由空间的传播

无线电波在空间传播时，一方面由于电波随着传播距离增大、能量分散而减弱，另一方面传播介质的吸收和反射等也损耗一部分能量，因此，电磁波的强度就进一步减弱。为了能够比较传播的情况并提供讨论的基础，我们先研究无线电波在自由空间的传播。

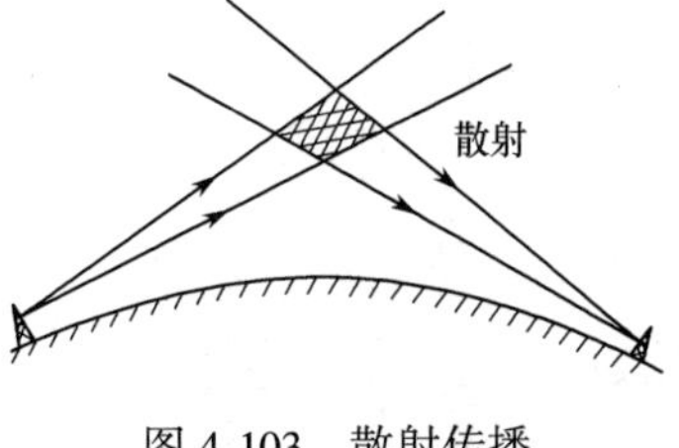

图 4-103　散射传播

所谓自由空间，严格来说是指真空，但在实际中不能达到这种条件。所以，通常是指一个没有任何能反射或吸收电磁波的物体的无穷大空间。

设想一个天线放置于自由空间中，若天线的辐射功率为 $P_r$，方向系数为 $D$，则可以算出在接收点的电场强度为

$$E_0 = \frac{\sqrt{60P_rD}}{r} \quad \text{V/m} \tag{4-222}$$

或

$$E_0 = \frac{245\sqrt{PD}}{r} \quad \text{mV/m} \tag{4-223}$$

在式(4-223)中，功率 $P$ 用 kW 计算；距离 $r$ 以 km 计算。这就是电波在理想的自由空间中传播时电场强度的振幅。

在许多地方，特别是超短波微波的传播中，常常不用场强来描述传播情况，而用功率的传播损耗来表示。设 $A_r$ 是接收天线的有效面积，$S_r$ 是接收点处单位面积通过的辐射功率，于是天线的接收功率为

$$P_r = S_rA_r, \quad Z_0 = 120\pi$$

由此得

$$S_r = \frac{1}{2}(E_0^2/Z_0) = \frac{P_tD_t}{4\pi r^2} \tag{4-224}$$

式中，$D_t$ 是发射天线的方向系数；$P_t$ 是发射功率。由方向系数与天线有效面积公式可知

$$A_r = \frac{\lambda^2}{4\pi}D_r$$

式中，$D_r$ 为接收天线的方向系数。

利用以上各式可导出接收功率 $P_r$ 的表示式，即

$$P_r = \left(\frac{\lambda}{4\pi r}\right)^2 P_tD_tD_r \tag{4-225}$$

在通信系统的设计中，常将比值 $P_t/P_r$ 规定为传播损耗，用 $L$ 表示，即

$$L=\frac{P_t}{P_r}=\left(\frac{4\pi r}{\lambda}\right)^2\frac{1}{D_tD_r} \tag{4-226}$$

或写成分贝值,即

$$L=20\lg\left(\frac{4\pi r}{\lambda}\right)-10\lg D_t-10\lg D_r \tag{4-227}$$

为了不计入天线的影响,在上式中令 $D_t=D_r=1$,由此可得

$$L_0=20\lg\left(\frac{4\pi r}{\lambda}\right)(\text{dB}) \tag{4-228}$$

式(4-228)称为自由空间传播的基本损耗,简称自由空间损耗。这个损耗纯粹是在一定的波长下,发射功率随着传播距离的增大自然扩散而引起的。它的数值可用式(4-228)计算,也可用图 4-104 方便地查出。

**【例 4-6】** 一条 6GHz($\lambda=0.05$m)的传播电路,在距离为 100km 时,自由空间传播损耗从图 4-104 上查出大约为 149dB。

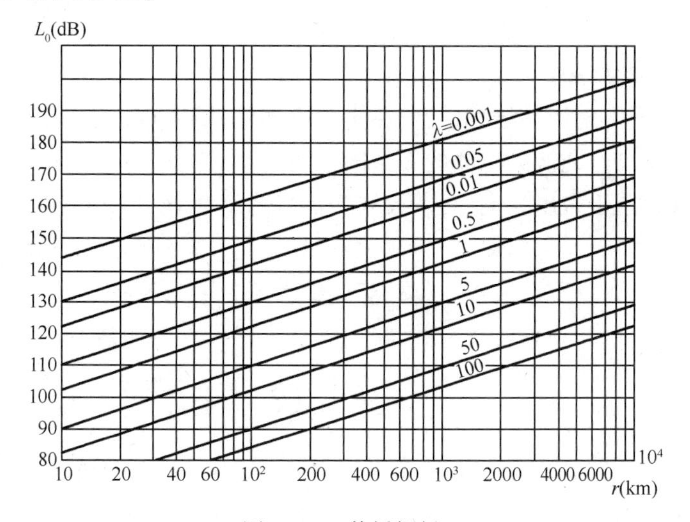


图 4-104 传播损耗

当考虑到电波传播的实际路径时,由传播介质和障碍所造成的种种影响,可以用一个衰减因子 $V$ 的大小来表示。设接收点的实际场强振幅为 $E$,通过自由空间传播而达到的场强为 $E_0$,则衰减因子 $V$ 规定为 $V=E/E_0$,这是一个无量纲的量。由此,接收点的实际场强振幅可写为

$$E=E_0V \tag{4-229}$$

式中,$E_0$ 由式(4-224)计算。写成分贝值则为

$$V=20\lg\left(\frac{E}{E_0}\right) \tag{4-230}$$

从通信系统的设计观点来看,电波传播研究工作的重要内容之一就是确定衰减因子的大小和变化规律。

### 4.12.2 介质对平面波的影响

无线电波传播的实际介质包括地球环境和宇宙空间。它对电波的影响主要体现在两个方面:一是电波在其中传播时受其电参数的影响;二是电波遇到两种不同介质时交界面(实际上

是两种不同电参数)的影响。

### 1. 均匀介质的复介电常数

均匀介质是指全部介质所占区域内,介电常数 $\varepsilon=\varepsilon_0\varepsilon_r$、磁导率 $\mu=\mu_0\mu_r$ 和电导率 $\sigma$ 都不变化的介质。在这种介质中,如果存在着随时间按正弦变化的稳定电磁场,并在不计及磁化时,可以把电导率的作用包括到介电常数中去,即采用复介电常数 $\varepsilon'$ 来描述

$$\varepsilon'=\varepsilon-\mathrm{j}\,\frac{\sigma}{\omega} \tag{4-231}$$

若用 $\varepsilon'$ 代替原来绝缘介质中的介电常数 $\varepsilon$,就自然地计入了电导率的影响。$\varepsilon'$ 的相对值 $\varepsilon_r'=\varepsilon'/\varepsilon_0$ 称为相对复介电常数,即

$$\varepsilon_r'=\varepsilon_r-\mathrm{j}\,\frac{\sigma}{\varepsilon_0\omega}=\varepsilon_r-\mathrm{j}60\lambda\sigma \tag{4-232}$$

式中,$\varepsilon_r$ 是相对介电常数;$\lambda$ 是波长,单位为米;$\sigma$ 是电导率,单位是西门子/米。

实际的介质在大多数情况下,都是非铁磁介质,因而常认为介质的磁导率和真空一样,即 $\mu=\mu_0$,此时相对磁导率 $\mu_r=1$。例如,对无线电波在其中传播的重要介质之一——大地,它的电参数划分如表 4-5 所示。由表中的数值,并通过式(4-228)即可计算出相应的复介电常数值。

**表 4-5 大地介质电参数**

| | $\varepsilon_r$ | $\sigma$(S/m) |
|---|---|---|
| 干土 | 4 | $10^{-3}$ |
| 一般土 | 4 | $3\times10^{-2}$ |
| 湿土 | 4 | $10^{-2}$ |
| 海水 | 80 | 4 |

### 2. 半导电介质中的平面电磁波

在均匀绝缘介质中传播的平面电磁波,其相位常数 $\beta$ 与介质的电参数、频率和波的相速之间的关系为

$$\beta=\omega/v=\omega\sqrt{\mu\varepsilon},\qquad v=1/\sqrt{\mu\varepsilon}$$

考虑到 $\mu=\mu_0$,$\varepsilon=\varepsilon_0\varepsilon_r$ 及真空中的光速 $v_0=c=1/\sqrt{\mu_0\varepsilon_0}$,可知 $v=c/\sqrt{\varepsilon_r}$,由此得

$$\beta=\omega\sqrt{\varepsilon_r}/c=\omega n/c \tag{4-233}$$

式中,$n=\sqrt{\varepsilon_r}$ 称为介质的折射率,它是真空中的光速 $c$ 与介质中的波速 $v$ 之比。对于半导电介质,应把 $\varepsilon_r$ 换为相对复介电常数 $\varepsilon_r'$。这样一来 $\sqrt{\varepsilon_r'}$ 是一个复数,相应地 $n$ 也应为一个复数。把 $n$ 换为 $n-\mathrm{j}p$,则由式(4-232)可得

$$(n-\mathrm{j}p)^2=\varepsilon_r'=\varepsilon_r-\mathrm{j}60\lambda\sigma \tag{4-234}$$

这样,我们可得到两个方程,即

$$n^2-p^2=\varepsilon_r,\qquad np=30\lambda\sigma \tag{4-235}$$

解此方程组,可求出折射率 $n$ 和吸收系数 $p$,即

$$n=\left[\frac{1}{2}\left(\sqrt{\varepsilon_r+(60\lambda\sigma)^2}+\varepsilon_r\right)\right]^{1/2},\qquad p=\left[\frac{1}{2}\left(\sqrt{\varepsilon_r+(60\lambda\sigma)^2}-\varepsilon_r\right)\right]^{1/2} \tag{4-236}$$

在这种情况下传播常数 $\gamma$ 为复数,可写成 $\gamma=\alpha+\mathrm{j}\beta=\mathrm{j}(\beta-\mathrm{j}\alpha)$,即有

$$\beta-\mathrm{j}\alpha=\omega(n-\mathrm{j}p)/c \tag{4-237}$$

$$\beta=\omega n/c,\qquad \alpha=\omega p/c \tag{4-238}$$

这里 $\alpha$ 表示振幅在传播过程中的衰减,称为衰减常数。

若平面波的电场矢量为 $x$ 方向分量并沿 $z$ 方向传播,则根据电磁场理论可知,在半导电介

质中可表示为

$$E_x=E_0\mathrm{e}^{-\gamma z}=E_0\mathrm{e}^{-\alpha z}\mathrm{e}^{-\mathrm{j}\beta z}=E_0\mathrm{e}^{-\frac{\omega}{c}pz}\mathrm{e}^{-\mathrm{j}\frac{\omega}{c}nz} \tag{4-239}$$

由相速 $v=c/n$ 及式(4-236)还可导出相速为

$$v=c\left[\frac{1}{2}\left(\sqrt{\varepsilon_{\mathrm{r}}^2+(60\lambda\sigma)^2}+\varepsilon_{\mathrm{r}}\right)\right]^{-1/2} \tag{4-240}$$

由式(4-236)和式(4-238)可以看出:平面电磁波在半导电介质中传播时,由于介质导电而吸收能量使振幅逐渐衰减,衰减的快慢与 $\varepsilon_{\mathrm{r}}$、$\sigma$ 及 $\lambda$ 有关,$\sigma$ 越大,衰减越快。因为 $\sigma$ 越大,电场在导体中引起的电流越大;波长越短(频率高),衰减越大。

另外,电波在半导电介质中的传播速度也与 $\varepsilon_{\mathrm{r}}$、$\sigma$、$\lambda$ 有关,$\varepsilon_{\mathrm{r}}$、$\sigma$ 越大,相速越慢;频率越低,相速也越慢。电波在介质中传播的相速大小与频率有关的现象称为色散,与此相应的介质称为色散介质。它表明频率不同的电磁波,在同一种半导电介质中传播时的速度不同。

从式(4-236)可知,如果 $60\lambda\sigma\ll\varepsilon_{\mathrm{r}}$,则介质接近于完全绝缘体。这时折射率 $n$ 和吸收系数 $p$ 分别为

$$n\approx\sqrt{\varepsilon_{\mathrm{r}}},\qquad p\approx30\lambda\sigma/\sqrt{\varepsilon_{\mathrm{r}}} \tag{4-241}$$

衰减常数为

$$\alpha=\omega p/c\approx60\pi\sigma/\sqrt{\varepsilon_{\mathrm{r}}}\ (1/\mathrm{m}) \tag{4-242}$$

由式(4-240)得相速为

$$v=c/\sqrt{\varepsilon_{\mathrm{r}}}\ (\mathrm{m/s}) \tag{4-243}$$

如果 $60\lambda\sigma\gg\varepsilon_{\mathrm{r}}$,则介质接近于良导体,这时

$$n=p\approx\sqrt{30\lambda\sigma} \tag{4-244}$$

衰减常数和相速为

$$\alpha=\omega p/c\approx2\pi\sqrt{30\sigma/\lambda}\ (1/\mathrm{m}),\quad v=c/\sqrt{30\lambda\sigma}\ (\mathrm{m/s}) \tag{4-245}$$

可见,对无线电波传播来说,一种介质是绝缘体还是良导体,不仅取决于介质本身电导率的大小,还取决于电波的频率。

表4-6和表4-7是在干土和海水中传播振幅降至 $1/10^6$ 时,上述参数对几种波长的数值,$\lambda_0$ 是自由空间波长,$\lambda$ 是在介质中的波长。在求降至 $10^{-6}$ 的距离 $z$ 时,可命 $\mathrm{e}^{-\alpha z}=10^{-6}$,而得

$$z=(6\ln10)/\alpha=13.81/\alpha\quad(\mathrm{m})$$

**表4-6　干土($\varepsilon_{\mathrm{r}}=4,\sigma=0.001\mathrm{S/m}$)**

| $\lambda_0$(m) | $p$ | $\alpha$(1/m) | $z$(m) | $n$ | $v$(m/s) | $\lambda=\lambda_0/n$(m) |
|---|---|---|---|---|---|---|
| 20.000 | | $7.66\times10^{-2}$ | 1800 | 24.5 | $1.22\times10^7$ | 816 |
| 2000 | | $2.43\times10^{-2}$ | 570 | 7.75 | $3.86\times10^7$ | 258 |
| 200 | 2.08 | $6.54\times10^{-2}$ | 210 | 2.88 | $1.04\times10^3$ | 69.5 |
| 20 | 0.30 | $9.42\times10^{-2}$ | 147 | 2.02 | $1.34\times10^8$ | 9.9 |
| 2 | | $9.42\times10^{-2}$ | 147 | 2.00 | $1.5\times10^8$ | 1.00 |

**表4-7　海水($\varepsilon_{\mathrm{r}}=80,\sigma=4\mathrm{S/m}$)**

| $\lambda_0$(m) | $p$ | $\alpha$(1/m) | $x$(m) | $n$ | $v$(m/s) | $\lambda=\lambda_0/n$(m) |
|---|---|---|---|---|---|---|
| 20 000 | — | 0.486 | 28.4 | 1550 | $1.93\times10^5$ | 12.9 |
| 2000 | — | 1.54 | 8.96 | 489 | $6.13\times10^5$ | 4.1 |
| 200 | — | 4.86 | 2.84 | 155 | $1.93\times10^6$ | 1.3 |
| 20 | — | 15.4 | 0.894 | 49 | $6.13\times10^6$ | 0.43 |
| 2 | 14.3 | 45 | 0.31 | 17 | $1.78\times10^7$ | 0.12 |

从表中的数值也可看出,波长越短,衰减越严重;介电常数和电导率越大,相速越慢,波长缩短的现象越严重。

### 3. 在不同介质交界面上的反射与折射

当电波从一种介质进入另一种介质时,在交界面上波分为两部分:一部分进入第二介质,产生折射,改变了传播方向;另一部分电波被反射。折射波与反射波的传播方向规律为:

① 对反射波,入射角等于反射角(图 4-105 和图 4-106 中的 $\varphi$ 角)。

② 对折射波,入射角 $\varphi$ 和折射角 $\psi$ 与两种介质的折射率有关,它们遵守折射定律

$$\frac{\sin\varphi}{\sin\psi}=\frac{n_2}{n_1} \tag{4-246}$$

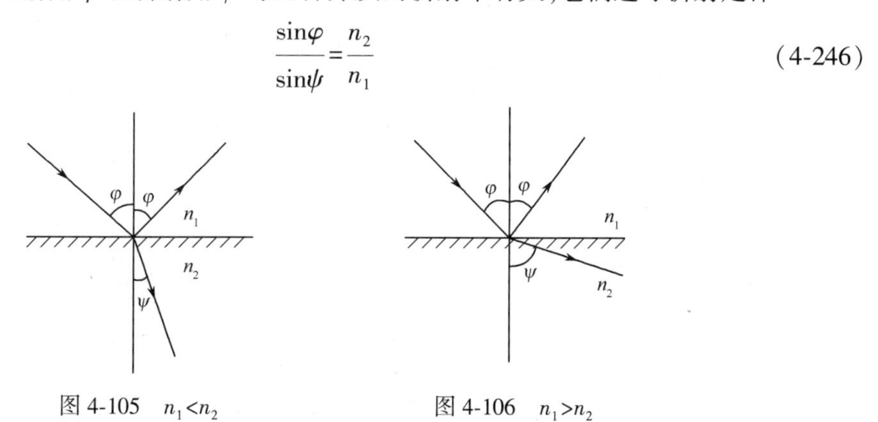


图 4-105 $n_1<n_2$　　　图 4-106 $n_1>n_2$

由此可见,假定入射角 $\varphi$ 不变,则 $n_2>n_1$ 时,波折向界面法线方向,即 $\psi<\varphi$(图 4-105);$n_2<n_1$ 时,波折向界面,即 $\psi>\varphi$(图 4-106);两种介质的折射率 $n$ 相差得越大,折射得越厉害。

在 $n_1>n_2$ 的情况下,逐渐增大入射角 $\varphi$,折射角也随之增大。到 $\psi=\pi/2$ 即 $\sin\psi=\sin\pi/2=1$ 时,是一种临界状态,这时,没有折射波而只有反射波。与之相应的入射角 $\varphi_0$ 由下式决定:

$$\sin\varphi_0=\frac{n_2}{n_1}(n_1>n_2) \tag{4-247}$$

它称为全反射的临界角。

## 4.12.3 地波传播

无线电波沿地球表面传播,称为地波传播。大地介质中的带电粒子受天线辐射的电磁场激发,产生再辐射。这种再辐射与原来的辐射场叠加在一起造成电磁场能量大体上贴近地表面传播。由于地是半导电介质,如果采用水平极化波传播损耗较大,所以地波传播多半采用垂直极化波。

垂直极化波贴地传播的情况如图 4-107 所示。只要地面不是理想导电的,辐射场就有一部分在地面以下。地面以下的电磁场在传播中相速显著变慢,其结果是地面上的波阵面(同相位面)受地下传播的牵连而变为倾斜。在倾斜波面上的能流密度矢量 $\boldsymbol{S}$,由于垂直于倾斜波面而指向地面。这说明电磁能分成了两部分,一部分能流为 $E_{1x}H$,沿地面向前传播,即图 4-107 中的 $S_z$;另一部分能流为 $E_{1z}H$,垂直指向地面向下传播,即图中的 $S_n$。$E_{1x}$ 和 $E_{1z}$ 是倾斜波面上的电场强度矢量垂直于地面和平行于地面的分量。从对地面波的计算结果可知,这两个电场分量的振幅有下列关系

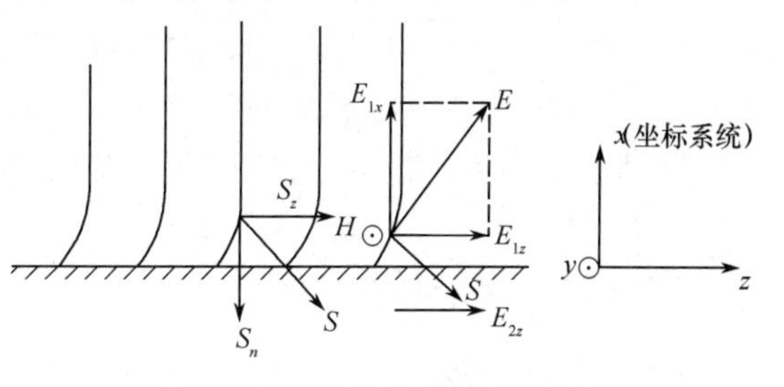


图 4-107 垂直极化波贴地传播

$$E_{1z}=\frac{E_{1x}}{4\sqrt{\varepsilon_r^2+(60\lambda\sigma)^2}} \tag{4-248}$$

当地是半导电的介质时,这两个分量的相位也不同。只有当 $\varepsilon_r \gg 60\lambda\sigma$ 时,两者才接近同相。从式(4-248)可得到有关地波传播的如下重要结论。

① 在地面上靠近地面的接收点,既可以用垂直天线(接收 $E_{1x}$ 分量),又可用水平天线(接收 $E_{1z}$ 分量)来接收地波。若地的电导率减小,波长减小,水平分量($E_{1z}$)相对增强,地的吸收也增大,波面倾斜变严重;若地的电导率增大,波长增大,水平分量相对减弱,地的吸收减小。当地是理想导体时,$\sigma$ 变为无限大,水平分量为零,电场只有垂直分量,波面也不再倾斜,地也不吸收能量。

② 在地面下靠近地面的接收点,必须用水平天线(例如,埋地天线的一种)。这时,进入地面的能流矢量大小为 $E_{1z}H$。从能量守恒的概念可知,垂直向下传播的能量流刚进入地面下时仍然为 $E_{1z}H$。在地面下靠近地面处必然只有水平分量 $E_{2z}$,而且 $E_{2z}=E_{1z}$。但是,由于地是半导电介质,若 $E_{2z}$ 继续深入地下传播,则必然依上一节所讲过的规律衰减。通常令进入地面传播的波在振幅衰减到其表面数值的 1/e 时的深度为透入深度,用 $\delta$ 表示,即要求 $\beta\delta=1$,而 $\delta=1/\beta$。

从这个关系式并利用上节的结果即可算出 $\delta$。不同波长进入不同地面的深度 $\delta$ 如表 4-8 所示。

可见,如要在地下或水下接收地波,波长越短越不利。

以上所讨论的是接收点的地波电场基本结构。如果考虑到传播距离,则地波场强随距离而急剧衰减的现象是很明显的。

**表 4-8 在不同波长进入不同地面的深度 $\delta$ 对比值**

| $\lambda_0$(m) | 海水 | 湿土 | 干土 |
|---|---|---|---|
| | $\varepsilon_r=80,\sigma=4$S/m | $\varepsilon_r=4,\sigma=10^{-2}$S/m | $\varepsilon_r=4,\sigma=10^{-3}$S/m |
| 10 000 | 1.453m | 29.0m | 92.0m |
| 1000 | 0.460 | 9.18 | 29.05 |
| 100 | 0.145 | 2.90 | 9.20 |
| 10 | 0.046 | 0.92 | 2.91 |
| 1 | 0.014 | 0.29 | 0.92 |

地波传播主要用于中长波通信,但在军用和民用的移动电台中也常用于更高频率(如超短波)的短距离通信。

地波传播的主要优点是信号比较稳定,基本不受气候条件的影响。此外,实际和理论的分析都表明,地波传播时和整个传播路程的土壤电性质有关,特别和发射点及接收点的土壤电性质有关。例如,收发两点位于海上,中间隔着陆地和同样路程;收发两点位于陆上,而中间隔着海水,则前者的传播损耗要小一些,接收的场强要高。这种情况,有人称为地波的"起飞"与"着陆"效应。因此,在实际工作中选择收发地点的条件,对地波传播是有意义的。

### 4.12.4 天波传播

1. 电离层

通常所说的天波传播是指电波通过电离层反射传播。电离层是在地面上空 60~350km 的高空大气电离区域。

由于大气上空分为三层,因此电离层也分为 D、E、F 三层。100km 以下为氮气和氧气,100~

200km除氮气外还有氧原子;再高则为氮分子和氮原子,如图 4-108 所示。

大气上空的氧分子、氧原子、氮原子等被太阳的紫外线和微粒辐射将原子或分子中的一个或几个电子打出来,这些分子或原子成为带正电的离子,这个过程就叫电离。能使原子或分子电离的除太阳外,还有宇宙中其他星球的辐射,它们是夜间气体电离的主要来源。在这些辐射作用下电离的气体原子或分子形成电离层。

电离层的三层中,最低的为 D 层,只有白天才存在;E 层更高,最高为 F 层,在夏季白天又分为 $F_1$ 与 $F_2$ 两层,晚上只存在 $F_2$ 层。

根据人造卫星探测的结果,电离层的分层是阶梯形的,电子密度随高度的变化情况如图 4-109所示。电离层的高度和电子密度如表 4-9 所示。

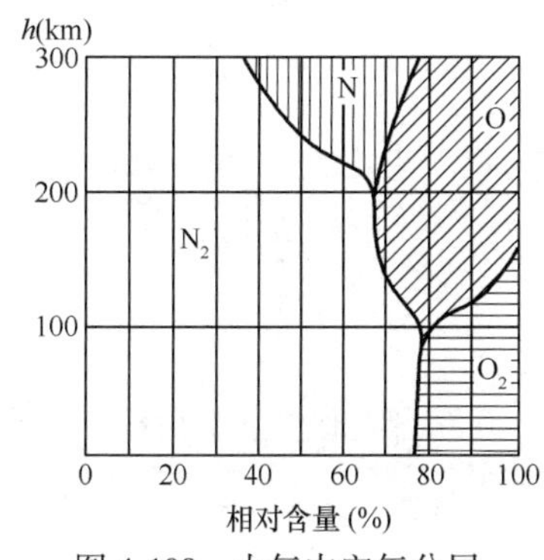


图 4-108　大气中空气分层

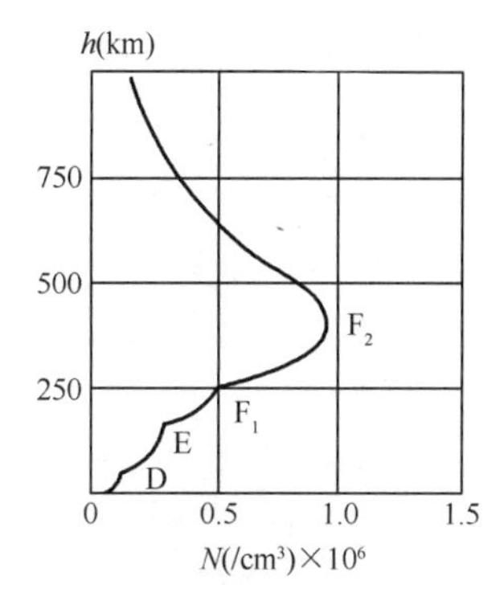


图 4-109　中子密度随高压的变化

**表 4-9　电离层的高度和电子密度**

| 层 | $N(/cm^3)$ | $h(km)$ | 附注 |
|---|---|---|---|
| D | $10^3 \sim 10^4$ | 70~90 | 此层夜间消失 |
| E | $2\times10^5$ | 100~120 | |
| $F_1$ | $3\times10^5$ | 160~180 | 此层主要在夏季白天存在 |
| $F_2$ | $\begin{cases}1\times10^6\\2\times10^6\end{cases}$ | 300~450<br>250~350 | 夏季、冬季 } 高度是大体上的昼夜变化范围 |

电离层除上述的规则层外,还经常在 E 层的高度上出现电子浓度比正常 E 层大得多的小区域的电离层,通常可存在几小时,这个层称为偶发 E 层(常以符号 $E_S$ 表示)。它常能反射比一般电离层所能反射的高得多的频率(达 40~50MHz)。偶发 E 层产生的原因尚不很清楚。

电离层中各正负离子、电子之间,以及这些带电粒子和中性分子之间,还不断发生碰撞,使带电粒子重新结合成中性分子,这个过程称为复合。实际上,电离层的出现就是电离作用超过复合作用的结果。反过来,如果电离作用比复合作用弱,电离层就会消失。此外,碰撞还可以使带电粒子的动能转化为热能,而损耗一部分能量。当把电离层作为电波的传播介质而确定其电参数时,如果把这些作用都考虑进去,所得的结果将很复杂。考虑到各种带电粒子中电子的质量最小,在电磁场的作用下,它的活动性最强,所以对电离层的电参数,在初级近似的情况下,可认为只由电子的作用构成,而且不计入碰撞。由此,我们可以得到表示其相对介电常数的关系式,即

$$\varepsilon_r = 1 - \frac{80.8N}{f^2} \tag{4-249}$$

式中,$N$ 为电子密度,单位为每立方米的电子数;$f$ 为频率,单位为赫兹。从这个结果可以看出,在电离层中相对介电常数总是小于 1 的。从折射率 $n$ 和 $\varepsilon_r$ 的关系 $n=\sqrt{\varepsilon_r}$ 可知

$$n=\sqrt{1-\frac{80.8N}{f^2}} \tag{4-250}$$

由于电波传播的相速 $v=\frac{c}{n}$,因此从上式可知,在电离层中电子密度度越大,折射率越小,相速也越大;并且,频率不同,相速 $v$ 也不同。因此,电离层是折射率小于 1 的色散介质。

式(4-250)的导出过程如下。设在导体内的电场强度为 $E$,导体的电导率为 $\sigma$,则在其中受电场作用产生的通过单位面积的电流 $J$(体电流密度)和电场 $E$ 的关系为

$$J=\sigma E$$

设电子在电场力作用下运动的速度为 $v$,电子的电量为 $e$,每单位体积的电子数为 $N$,则通过单位面积由电子运动而形成的电流 $J$ 应表示为

$$J=Nev$$

设电子在电场力作用下所受的力为 $F$,电子的质量为 $m$,则根据力学中的牛顿第二定律和电场力的计算关系 $F=eE$ 可知

$$eE=m\frac{\mathrm{d}v}{\mathrm{d}t}$$

其中,右方的$\frac{\mathrm{d}v}{\mathrm{d}t}$表示受力引起的加速度。由于电场是正弦振动,因此在稳态情况下可用 $\mathrm{j}\omega$ 代替$\frac{\mathrm{d}}{\mathrm{d}t}$,于是得到

$$eE=\mathrm{j}\omega v\cdot m$$

从此式中解出 $v$,代入电流密度的表示式可知

$$J=\frac{Ne^2}{\mathrm{j}\omega m}E$$

由此可见,在这种情形下能够求得一个等效电导率

$$\sigma=\frac{Ne^2}{\mathrm{j}\omega m}$$

把它代入式(4-252)即得等效介电常数

$$\varepsilon'=\varepsilon-\frac{Ne^2}{\omega^2 m}$$

在电离层的条件下,气体分子是稀薄的,因而其固有的介电常数 $\varepsilon$ 与真空的 $\varepsilon_0$ 没有区别,于是上式成为

$$\varepsilon'=\varepsilon_0-\frac{Ne^2}{m\omega^2}$$

与之相应的相对介电常数为

$$\varepsilon_r'=1-\frac{Ne^2}{m\varepsilon_0\omega}$$

最后把 $e=1.602\times10^{-19}\mathrm{C}$、$m=9.108\times10^{-31}\mathrm{kg}$、$\varepsilon_0=8.855\times10^{-11}\mathrm{H/m}$ 及 $\omega=2\pi f$ 代入,再将 $\varepsilon_r'$ 改为 $\varepsilon_r$,即得式(4-246)。

### 2. 电波在电离层中的折射和反射

当电波射向电离层时,因空气的折射率大($n_0\approx1$),所以进入电离层后,由式(4-247)可知,其折射角将大于入射角,如图 4-110 所示。由于电离层中的电子密度是随高度而增大的,为了便于分析电波的折射情况,可将电离层分为许多薄层,如图 4-111 所示,各层电子密度逐

渐增大，而折射率逐渐减小，电波进入电离层后将连续地以此入射角大的折射角向前传播，进到电离层的某一高度，电波的射线就转平了，即 $\varphi_n=90°$。这时电波轨迹达到最高点，并产生全反射。若再继续下去，则电波逐步返回地面。所以电波在电离层内部实际上是一个逐步折射的过程，但我们可等效地看成电波是从某一点反射回地面的。

应用折射定律于上述情况，可得

$$n_0\sin\varphi_0=n_1\sin\varphi_1=n_2\sin\varphi_2=\cdots=n_n\sin\varphi_n$$

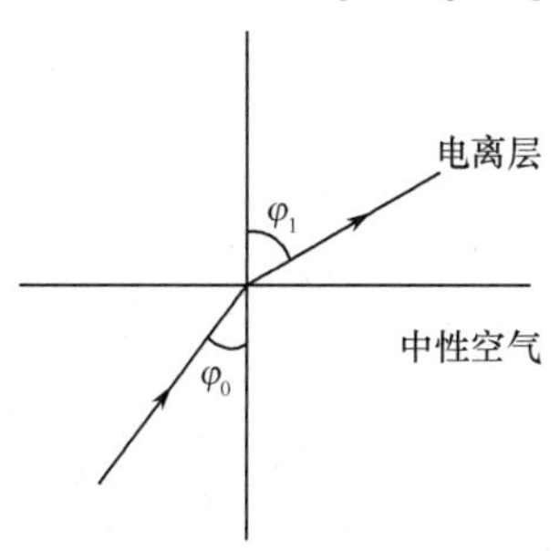


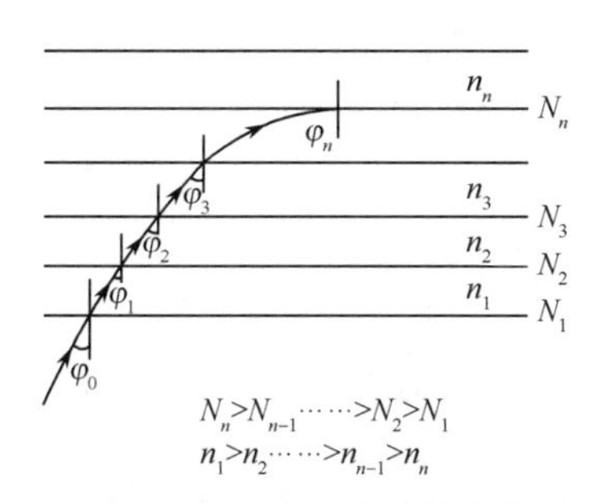

图 4-110　电波射向电离层　　　　图 4-111　将电离层分为许多薄层

$n_0$ 为层下中性空气的折射率，近似等于 1。设第 $n$ 层的电子密度 $N_n$ 正好使电波能够转平，产生全反射，即 $\varphi_n=\pi/2,\sin\varphi_n=\sin(\pi/2)=1$。于是从上式可得电波在电离层中产生全反射的条件为

$$\sin\varphi_0=\frac{n_n}{n_0}\sin\varphi_n=n_n\quad(\varphi_n=\pi/2,n_0=1)\quad\sin\varphi_0=n_n=\sqrt{1-\frac{80.8N_n}{f^2}}\tag{4-251}$$

上式说明了电波能从电离层反射回来的电波频率，以及入射角和反射点的电子密度之间的关系。

从上面的讨论可知，电离层反射电波的特性和电波频率有关，而且不是所有频率都能为电离层所反射回来。从式(4-251)可知，频率越高的无线电波，相应的电离层折射率越趋近于 1，所以电波折射小些，它需要电子密度大一些的电离层才能使射线折射转平，返回地面。所以，如果无线电波频率过高，以至于最大电子密度的电离层也不能使它的射线转平，那它就穿过电离层而不再返回地面了。因此，能返回地面的电波有一个最高可用频率(MUF)，凡是低于最高可用频率的电波，都可以从电离层反射回地面。这种情况如图 4-112所示。

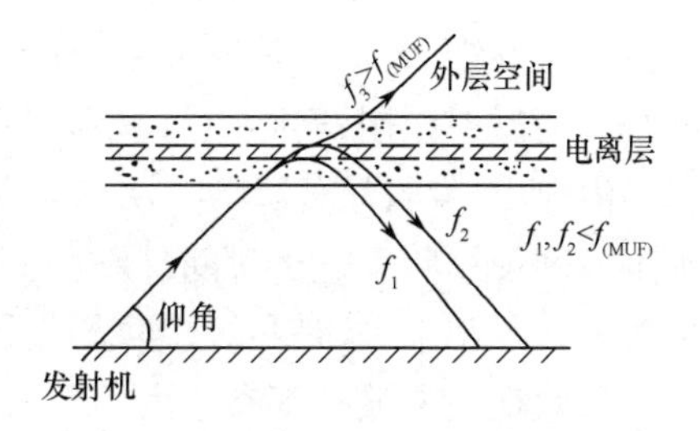

图 4-112　电离层反射电波与频率的关系

电波能否反射还与入射角 $\varphi_0$ 有关。由图 4-105 可知，入射角 $\varphi_0$ 越大，进入电离层后，折射角也越大，经过连续折射后，射线很易转平。所以，入射角越大，越容易反射。如入射角 $\varphi_0$ 小，则不易转平，所以它只适用于较低的频率。从上面的公式可知最高可用频率与入射角有关。当入射角 $\varphi_0$ 最小，即等于零(电波垂直向上入射到电离层)时，能反射回来的最高可用频率是最低的，称它为电离层的临界频率，用 $f_0$ 表示，它只与电离层的最大电子密度有关，如图 4–113 所示。

令 $\varphi_0=0$，用 $N_m$ 代替 $N_n$($N_m$ 为层中最大电子密度)代入式(4-251)，可求得临界频率为

$$f_0=\sqrt{80.8N_m}\tag{4-252}$$

这样一来，式(4-252)可改写为

$$\sin\varphi_0=\sqrt{1-\left(\frac{f_0}{f_{(MUF)}}\right)^2}\tag{4-253}$$

此式所确定的频率即以入射角 $\varphi_0$ 投向电离层时所能反射的最高可用频率,或写成

$$f_{(\mathrm{MUF})}=f_0\sec\varphi_0 \tag{4-254}$$

称它为电离层的正割定律。

设通信距离为 1000km,利用 E 层反射,其高度为 100km,最大电子密度为 $N_m=2\times10^{11}/\mathrm{cm}^3$,求最高可用频率 $f_{(\mathrm{MUF})}$。先由已知的 $N_m$,利用式(4-252)可算出临界频率为

$$f_0=\sqrt{80.8\times2\times10^{11}}=4\times10^8(\mathrm{Hz})$$

然后由图 4-113 可求出

$$\sec\varphi_0=\frac{\sqrt{500^2+100^2}}{100}\approx5.2$$

由此从式(4-254)可知

$$f_{(\mathrm{MUF})}=5.2\times4=20.8\mathrm{MHz}$$

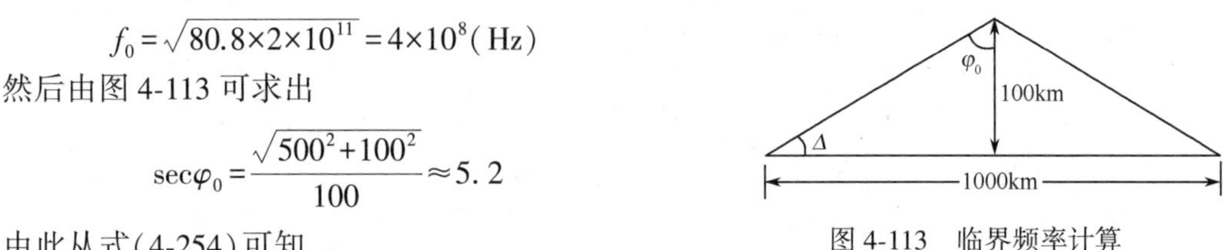

图 4-113　临界频率计算

从图上还可求出发射天线的仰角为 $\Delta\approx11°$。这个数据可用作架设短波天线(例如菱形天线)的参考。

### 3. 电离层对无线电波的吸收

当电波通过电离层时,电离层中的电子被电场加速而往返运动。当它与中性分子或离子碰撞时,就将从电波得到的能量传递给中性分子或离子,这样无线电波的一部分能量转化为碰撞所产生的热量而损耗掉了,这就是电离层对电波的吸收。

电子密度越大,参与碰撞的电子数就越多,所以吸收越大。另外,气体分子密度大,在单位时间内发生碰撞的次数比密度小的情况下要多,所以吸收也大。由于 E 层和 D 层在较低的高度,气体密度较大,故碰撞次数要比 F 层多得多。根据测量结果估计,F 层碰撞次数的数量级为 $10^3$ 次/秒,E 层为 $10^6$ 次/秒,D 层为 $10^7$ 次/秒。所以,虽然 D 层和 E 层的电子密度低,但由于碰撞次数多,故正常情况下主要的吸收层是 D 层和 E 层。D 层由于临界频率太低,对短波不起任何反射作用,实际上只起到一个吸收层的作用;E 层在白天可以反射短波。因此,夜间 D 层消失后,吸收显著降低。所以夜间短波,中波电台信号增强。但由于夜间干扰大为增强,加上夜间使用频率低于日间,即同一天线的夜间效率比日间效率低,所以,总体来说,夜间并不能改善接收状况,还是白天接收的效果好。

吸收还与电波频率有很大关系。频率越高,吸收越小;频率越低,吸收越大。对此可以这样来解释:当频率低时,振荡的周期长,所以每个电子受到加速的时间长,因此,电子运动的路径长,碰撞的能量也大,碰撞的机会也多,由此引起的能量损耗大,亦即电离层吸收多。对于高频率,则正相反,由于周期相对较短,因此加速时间短,运动的路径也短,所以碰撞的机会少,碰撞丢失的能量也小,结果损耗就小,也就是吸收小。

上述分析告诉我们,天波传播时应该使用尽可能高的频率。这样,既能为电离层所反射,吸收又最小,这是最有利的情况。但也不能使用最高可用频率,因为最高可用频率是电离层的上限频率,使用这个频率时,只要电离层的情况稍有变化,便可能穿过电离层而不反射回来,导致通信中断。因此,我们通常取最高可用频率的 85%作为最佳工作频率(OWF),即

$$\mathrm{OWF}=0.85\times\mathrm{MUF}$$

如果将使用的频率降低,则信号电平将因吸收的增大而降低。当低到一定的程度以至于不能保证通信所必需的信号噪声比时,通信就要中断。这个能保证最低所需的信噪比的频率

称为最低可用频率(LUF)。最低可用频率是由必需的最低信噪比决定的,因此与很多因素有关,这里不进行讨论了。

最后要指出的是:由于噪声分布通常是随频率的增高而减小的,所以,天波传播的信号噪声比和频率的关系非常大。频率提高时,信号电平增强,噪声电平下降,所以信号噪声比增大得很快。反之,则信号噪声比很快地下降。因此在天波通信中,频率的选择是个重要的问题。

频率的选择通常是根据电波研究机关所做的电离层预报来决定的。

目前较好的办法是采用频率斜测的方法,即在发射点向通信方向发射一串不同频率的脉冲信号,这些脉冲通过电离层到达接收点,经地面散射后有一部分能量向后沿原路返回到发射点。在发射点接收这个返回的信号,并根据返回的信号强度确定哪一个频率最好。这就是电离层斜测法,用这种方法可以即时地决定应该选用的频率。

### 4. 衰落和分集接收

天波传播的特点是接收点的电场强度表现为振幅随时间做随机的变化,这种现象称为衰落。造成衰落的主要原因是电波多径传播引起的干涉。当接收点有数条路径的电波到达时,收到的场强是它们的矢量和,如图 4-114 所示。由于电离层不断变化,反射点的高度也变化,就使两条路径不能保持固定的相位差,因此,收到的信号振幅总是不断地随机变化的,变化通常较快,约在十分之几秒到几十秒的范围内。

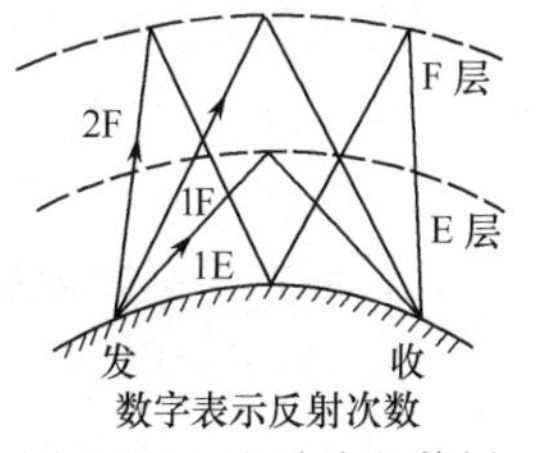

图 4-114 电波多径传播

造成衰落的另一原因是电离层吸收的变化,由于吸收的变化比较慢,数分钟或几十分钟才能观测出来,因此称它为慢变化。

衰落的存在使天波通信不稳定。为了克服衰落,可以采用强方向性天线接收或采用分集接收的方法。因为不同频率产生的衰落起伏是互不相关的,频率相差得越多,两个频率同时衰落的可能性越小,所以,可采用频率分集的方法。就是用两个频率发射,在接收点用两副天线分别接收后再合并。这种方法的缺点是要多占用频道。所以通常采用另一种称为空间分集接收的方法,即只发射一个频率而在接收点采用在空间位置上彼此有一定距离的两副以上的天线接收,再将它们合并起来,如图 4-115 所示。它根据的原理是:两副或两副以上彼此相距几百米(一般至少在 200m 以上或几个波长以上,最好在 10 个波长以上)的每个天线所收到的无线电波衰落是不同时的(不相关的),即 A 天线信号衰落,B 天线信号不一定衰落,B 天线信号衰落时,A 天线信号或 C 天线信号不一定衰落。即使同时衰落,它们衰落的程度也不会相同。如果我们用合适的方法经常选择某一瞬间信号最强的天线输出,送入接收机,就可以在很大程度上消除衰落的影响。分集接收的效果随着天线数量的增加而得以改善,但在三重分集以上再增加天线数目,效果就不很明显,反而是设备费用要增加许多。一般调幅信号,如普通电报、电话等宜用三副天线组成三重分集;调频信号有二重分集就可以了。图 4-115 表示三重分集和二重分集的天线配置情况。三重分集的三副天线通常排成等边三角形,使任何两副天线都不在同一入射波的波面上。二重分集的天线可排成与米波方向平行或垂直。除上述两种分集方式外,还有其他分集方式,但不如空间分集应用得广泛,所以不再赘述。

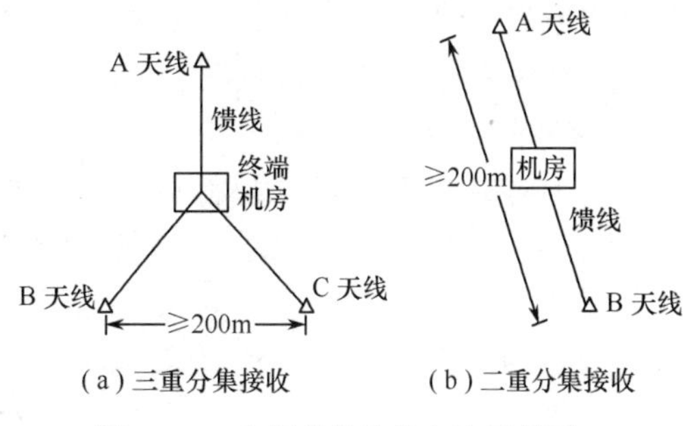

图 4-115 空间分集接收方法示意图

电离层传输信道的带宽受多径传播的限制。因为不同路径的程差引起的相位差相当于不同时间(称为时延)到达接收点而产生的相位差,即 $\omega\Delta t$,这里 $\Delta t$ 为最长路径与最短路径之间的时延。如频率 $f_1$ 的相位差为 $\omega_1\Delta t=\pi$,则两波相消;频率 $f_2$ 的相位差为 $\omega_2\Delta t=-\pi$,也引起两波相消。由此,$(\omega_1-\omega_2)\Delta t=2\pi$,即 $f_1-f_2=1/\Delta t$。如令 $B=f_1-f_2$ 表示带宽,则 $B=1/\Delta t$。可见带宽和多径时延成反比,这一关系可用来估计多径传播对带宽的限制。

5. 电离层的变化

由于电离层的主要电离源是太阳源的紫外线和微粒辐射,因此,这些情况的任何改变都要影响电离层。又因太阳照射的情况在昼夜 24 小时都不同,而且不同季节和年份的情况也不同,所以电离层的高度和密度是随时间、季节、年份而变化的,不同地点上空的电离层状况也是不同的。电离层的变化有两种,即正常变化与不正常变化。

**(1) 正常变化**

日变化:昼夜 24 小时之间的变化。白天和晚上不同时间电离层的电子密度最大值和其高度要发生变化,因此,临界频率和传播损耗也要变化。

季变化:即一年四季,每个月份也是变化的,一般说来,E 层的夏季临界频率比冬季高,夏季的传播损耗也大于冬季。但是在中纬地区,冬季的 F 层电子密度最大值大于夏季,所以,冬季的 F 层临界频率和传播损耗反而大于夏季。

太阳 11 年周期的变化:太阳的辐射情况与太阳的黑子数有关。太阳黑子数有 11 年的周期变化,从太阳黑子数最小(约等于零)到太阳黑子数最大(约 200),将使传播损耗增大 50% 左右,而 $F_2$ 层的临界频率则可翻一番。例如,在太阳活动性最大的年份,$F_2$ 层的临界频率可达 50MHz。

**(2) 不正常变化**

电离层扰动:由太阳喷发或其他的紫外线突然爆发而产生,使 D 层的电子密度突然增大,因而对无线电波的吸收也突然增加,造成接收困难。另外,电离层扰动是由于太阳直接的大量紫外线辐射造成的,故电离层扰动总发生于白天。虽然它是一种不规则扰动,但根据经验,一般有如下情况:不是每天都出现扰动,一般在 1 年中有 10%~30%的天数会出现,平均每隔 2~3 天会出现一次,大部分扰动时间不超过 1 小时。扰动的程度也不同,最严重的曾经达到 3 天。这些扰动还有一个 27 天周期的趋向。

磁暴:磁暴是指地磁场发生突然大的扰动。磁暴通常要引起电离层暴。这种现象的主要表现就是 $F_2$ 层中的电子密度突然减小,因此,它的临界频率突然下降。原来使用较高频率的电波就会穿透 $F_2$ 层而不能反射,通信会突然中断。磁暴及电离层暴主要在极区附近比较严重,持续时间一般为几小时至几个昼夜。

$E_S$ 层:$E_S$ 层是一种不规则的现象,它在 E 层的高度小范围内出现,电子密度很大,但比较薄(和正常 E 层比较),时而出现,时而消失,时强时弱,很不规则。并具有半透明性,即在反射一部分电波能量的同时又穿透一部分能量,因此要产生附加的损耗。这种 $E_S$ 层由于具有不规则性,过去在通信中是很少利用的。但是由于它能反射较高频率(高达 50MHz 以上,某些个别情况可达 150MHz),而且在亚洲远东地区,在夏季几乎是大部分时间存在的,因此,在太阳活动性低的年份里,E 层、F 层的最高可用频率减小,不能使用较高频率通信,以至于这个波段的低频率更加拥挤。在这个时期,利用 $E_S$ 层则可以扩展工作频率。

由于 $E_S$ 层的高度较低(100km),而且它属于小区域性的,因此,通常只能一次反射传播,

所以利用 $E_S$ 层传播的通信距离一般在 2000km 以内。但因为电波的入射角大(因 $E_S$ 层高度低),所以它的最高可用频率比较高,临界频率为 4.0MHz 的 $E_S$ 层可以反射 12MHz 的频率,而且据实际测试发现,$E_S$ 层实际传输频率范围相当宽,比最高可用频率高的频率也能反射,只不过这时的衰减要大得多。

在夏季的白天和晚上,$E_S$ 层往往对中短距离电路起控制作用,利用它可以扩展工作频率范围。但是选频必须十分仔细,即使不考虑利用它,也必须考虑它对 $F_2$ 层传播的遮蔽影响。至于冬季,$E_S$ 层影响较小,传播主要由 $F_2$ 层控制。我国曾做过 $E_S$ 层的频率预测,经实验证明与实际吻合得较好。由此也证明,$E_S$ 层虽然做不规则变化,但是它的统计规律仍然是可以掌握的。今后这方面的应用可能会多起来。

利用电离层反射的天波通信是在发现地波通信距离受到很大的限制之后发展起来的。它的优点是设备简单,缺点是频带窄(限于短波)、衰落严重,而且要跟随电离层的变化及时地变化频率。

6. 工作频率的确定

根据“短波频率预测编辑组”编辑出版的《不同太阳活动期 $F_2$ 层频率预测》和《E 层频率预测》两书,在收发点确定之后,即可按其说明的步骤和图表求出该电路在某个月一天 24 小时内每小时的最高可用频率(MUF),并根据 OWF = 0.85×MUF 即可得到每小时的最佳工作频率,将其绘成如图 4-116所示的曲线(以北京—拉萨 6 月份的结果为图例),图中 $I_c$ 为太阳活动指数,与太阳黑子数有关。工作频率最好等于最佳工作频率,高于最佳工作频率是不可靠的,低于最佳工作频率则电波损耗较大,若工作频率高于最高可用频率,则不可能通信,电波穿出电离层。但每小时都按图 4-116 的最佳工作频率曲线改变频率太麻烦,会给收发双方带来许多困难,因此工作频率在一昼夜之间的变换次数越少越好。通常可用两个或三个频率作为一天的工作频率,白天使用一个频率称为日频,夜间使用另一个频率称为夜频(如图 4-116 中的实粗线所示)。

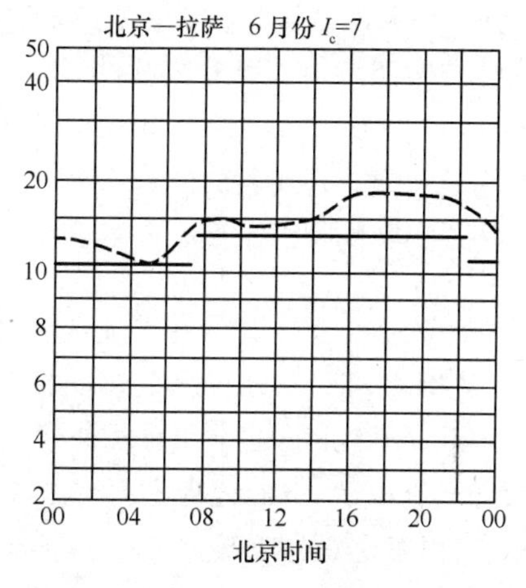


图 4-116 每小时最佳工作频率曲线

如果一天用两个频率,那么变换的时间要注意选择。早上若换频时间太早,则可能使电波穿出电离层;若太晚,则夜频所受的吸收太大。与此相反,晚上如换频早了,电波在电离层中吸收太大,如太晚了,电波可能穿出电离层。换频时间的掌握可根据不同电路的工作经验而确定。

## 4.12.5 视距传播

视距传播是发射天线和接收天线之间在互相能“看见”的距离内的传播。视距传播大体上有两个方面:一方面是地面上的中继站之间或电视广播、调频广播的传播;另一方面是地面与空中飞机、卫星等通信或雷达探测等的传播。视距传播使用的波段属于米波至毫米波波段。

1. 视线距离

在地面的天线之间,设发射天线高度为 $h_1$,接收天线高度为 $h_2$,在两者的高度确定之后,就有一个与之对应的视线距离。它是当收发天线的连线和地面相切时在地面上的大圆弧长,如图4-117中所示的$d_0$。视线距离取决于地球半径和两天线的高度(在雷达中即为天线与目标之间的距离)。

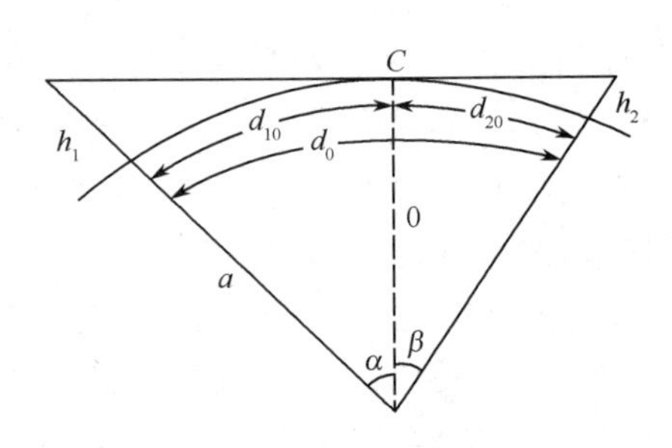


图4-117 视线距离

从图上的$\alpha$可知

$$\cos\alpha=\frac{a}{a+h_1}$$

$$\sin\alpha=\sqrt{1-\left(\frac{a}{a+h_1}\right)^2}=\sqrt{\frac{2ah_1+h_1^2}{(a+h_1)^2}}$$

实际上$h_1$、$h_2 \ll a$,而$\alpha$很小,故上式可近似地表示为

$$\sin\alpha\approx\alpha=\sqrt{\frac{2ah_1}{a^2}}$$

考虑到$d_{10}=a\alpha$,故得

$$d_{10}=\sqrt{2ah_1}, \qquad d_{20}=\sqrt{2ah_2}$$

于是视线距离为

$$d_0=d_{10}+d_{20}=\sqrt{2a}(\sqrt{h_1}+\sqrt{h_2}) \tag{4-255a}$$

考虑到地球半径$a\approx$6370km,并且天线高度仍以m为单位,则

$$d_0=3.57(\sqrt{h_1}+\sqrt{h_2}) \quad \text{km} \tag{4-255b}$$

这就是地面上视线距离的计算公式。由于大气折射,电波射线被弯曲,故视线距离比$d_0$要大一些。实际的视线距离

$$d\approx1.15d_0 \tag{4-255c}$$

这一距离在雷达中即为在其他条件满足时可能观测到目标的距离。

**【例4-7】** 一电视发射天线辐射中心距地面的高度为200m,则在上式中令$h_1=200$,$h_2=0$,求得$d_0=50$km,这个距离就是该电视台的最大服务半径。在地面上通信系统中的视距传播距离只能小于,而不能超过式(4-255c)所确定的距离。至于地面与空间对象之间的传播视线距离,则不受它的限制。

## 2. 电波传播的菲涅耳区

在地面上进行视距通信,不能忽视地形的影响。实际上要使接收点的信号达到或接近自由空间传播的电平,起主要作用的只是一个有限的区域。这个区域多大?另一方面考虑地面反射影响时,对地面反射起主要影响的地面区域有多大?电波传播的菲涅耳区就是回答这些问题的。

惠更斯—菲涅耳原理指出,如果包围波源做一个假想的封闭面,则到达接收点的电磁场是面上各个小面元的二次辐射场在接收点叠加的结果;而这些无数的二次波源又是原来的波源在各个小面元上的辐射场形成的,如图4-118所示。在讲述微波天线时,我们曾经用过这一原理。现在,我们要用它导出电波传播的菲涅耳区。

设想在发射点$A$和接收点$B$之间放置一个电波不能透过的无限大屏,由于这个不透明屏相当于在无限远处闭合包围$A$点,因此,接收点$B$处的场强为零。现在在屏上围绕$AB$直线与屏的交点$O$开一个圆孔,孔面积为$\Delta\Sigma_1$,如图4-119所示。这样一来在$B$点就有电磁场出现,用$|\Delta E_1|$表示它的电场大小,用$\varphi_1$表示它的相位。由惠更斯—菲涅耳原理,可认为这个电场

是 $\Delta\Sigma_1$ 面上二次源辐射的结果。然后，再把孔开大，再挖去一块 $\Delta\Sigma_2$ 那样大的环面积。于是在 $B$ 点增加了第二个面积 $\Delta\Sigma_2$ 的二次辐射，它的电场大小为 $|\Delta E_2|$，相位为 $\varphi_2$。由于 $\Delta\Sigma_2$ 上的辐射经过的路程要长些，所以 $\varphi_2>\varphi_1$。这样一来，在 $B$ 点的电场将为 $|\Delta E_1|$ 和 $|\Delta E_2|$ 的矢量和。把上述方法继续下去，再挖去 $\Delta\Sigma_3,\Delta\Sigma_4\cdots\cdots$ 之后，$B$ 点收到的合成场将为图 4-120(a)所示的矢量 $\boldsymbol{E}$。进一步，再把每个 $\Delta\Sigma$ 无限分小，则在 $B$ 点同样的合成场 $\boldsymbol{E}$ 将不是一些矢量的折线相加，而是许多无限小矢量沿光滑曲线相加，如图 4-120(b)所示。

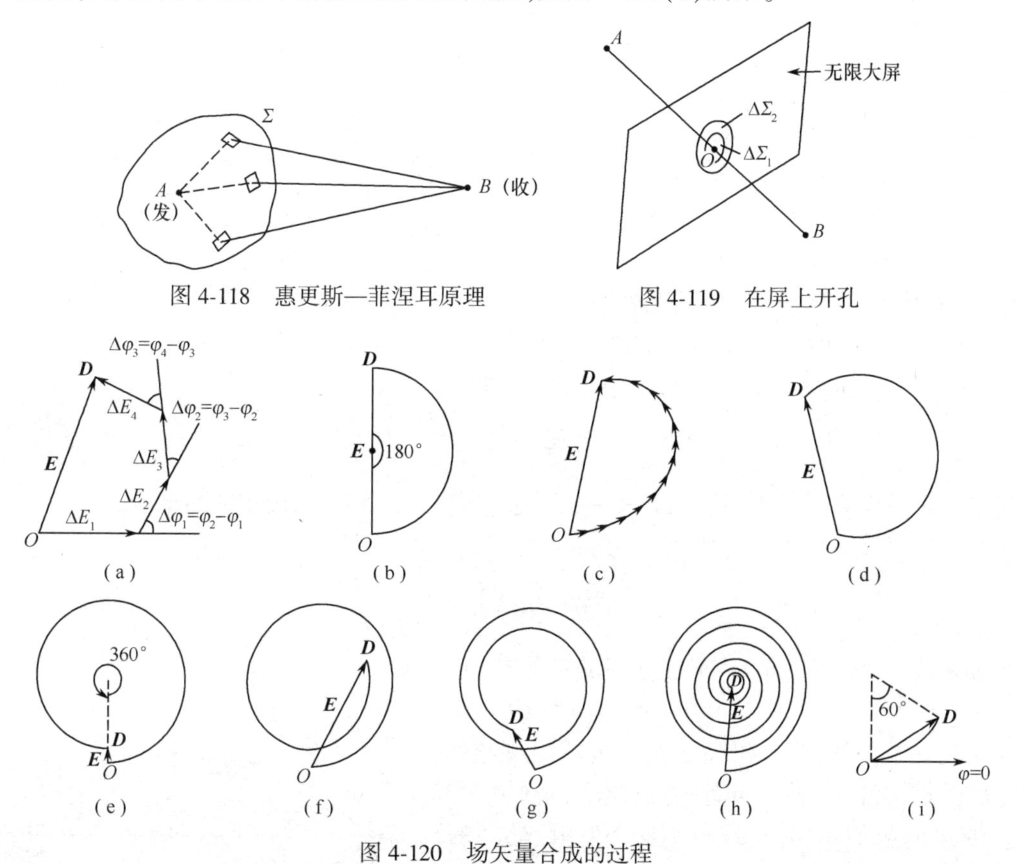


图 4-118　惠更斯—菲涅耳原理

图 4-119　在屏上开孔

图 4-120　场矢量合成的过程

如果我们一点一点地从中心 $O$ 起逐渐把圆孔开大，则在 $B$ 点的合成场将经历如图 4-120(c)～(h)的变化。图 4-120 中的 $\boldsymbol{D}$ 矢量表示合成场 $\boldsymbol{E}$ 的大小。由于孔逐渐开大，波源至孔边的距离逐渐增大，因此，一次辐射减弱，二次辐射也减弱。即继续挖掉一块面积，新增加的惠更斯源的作用逐步减小。结果，合成的矢量端点轨迹沿内卷螺线运动。在完全把屏除去后，它收敛到如图 4-120(h)的圆半径 $\boldsymbol{OD}$。这时的 $\boldsymbol{OD}$ 应该是从 $A$ 辐射经自由空间到达 $B$ 的场强。

如果从中心开孔，首先开到边缘 $D_1$，让孔的大小使 $AD_1B-AOB=\lambda/2$（半波长），如图 4-121 所示。这时，中心到边缘的电波行程差引起的相位差为 $\pi$，所以在 $B$ 点的场强大小正好相当于一个半圆的直径，如图 4-120(c)所示。再把孔扩大到 $OD_2$ 使 $AD_2B-AD_1B=\lambda/2$，则新增加的面积上的二次波源作用之和与前一面积的相位相反，在 $B$ 点的场如图 4-120(e)所示。依这种方法继续开孔，到完全除去不透明屏时，达到自由空间场强。用这种方法在屏上每挖去的一块面积称为菲涅耳半波带。如果没有不透明屏，而只有一个垂直于传播视线 $AB$ 的假想平面，则可以认为到达 $B$ 点的自由空间场强为上述各个菲涅耳半波带上的次波源的辐射场叠加（矢量和）的结果。由图 4-120(c)可以看出，第一个半波带的辐射场振幅为自由空间辐射场的两倍。

现在,我们来计算这种半波带的尺寸与距离和波长的关系。如图 4-122 中,设从 $O$ 到 $\boldsymbol{D}$ 在无限大面积 $\boldsymbol{\Sigma}$ 上一共分出 $n$ 个半波带,并设第 $n$ 个带的半径(自 $O$ 点起算)为 $F_n$,则由直角三角形的关系和上述分带的方法可得

$$\sqrt{F_n^2+d_1^2}+\sqrt{F_n^2+d_2^2}-d=n\frac{\lambda}{2} \tag{4-256}$$

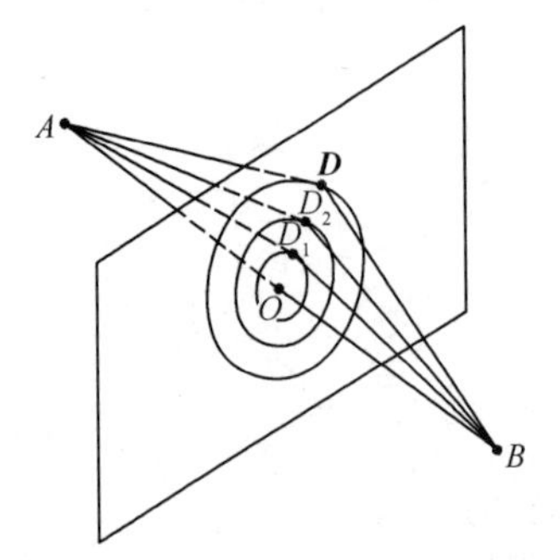


图 4-121　辐射场 $A$ 到 $B$ 的开孔示意

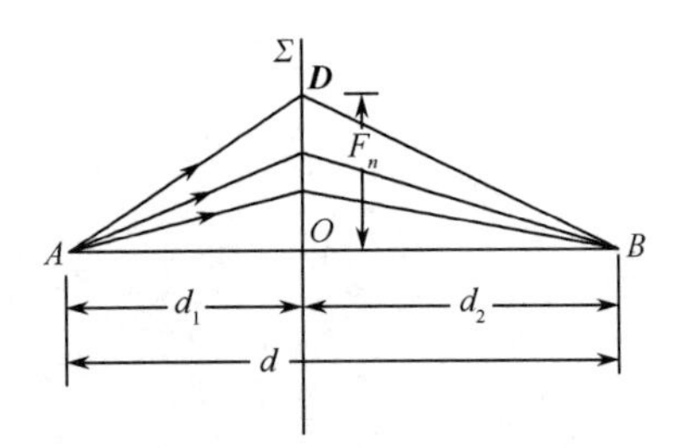


图 4-122　半波带的尺寸与距离和波长的关系

实际上,传播距离 $d_1$、$d_2$ 和 $d$ 都比波长 $\lambda$ 大得多,因而相对来说 $F_n$ 也比 $d_1$、$d_2$ 小得多。把上式左方依二项定理展开,略去高阶小项,可以算出

$$F_n=\sqrt{\frac{n\lambda d_1 d_2}{d}} \tag{4-257}$$

这是第 $n$ 个菲涅耳带的半径。在此式中,$n$ 为正整数,波长和距离用相同的单位。

进一步研究式(4-256),把 $d$ 从左方移到右方,则可得

$$AD+DB=d+n\frac{\lambda}{2}$$

当传播距离 $d$、波长 $\lambda$ 和菲涅耳带数目 $n$ 不变时,上式成为

$$AD+DB=\text{常数}$$

凡是满足此条件的点,在平面上是一个椭圆,在空间则是将此椭圆绕 $AB$ 轴旋转而成的椭球。对不同的菲涅耳带,$n$ 的数值不同,椭球也不同。发射点 $A$ 和接收点 $B$ 是这些旋转椭球体的焦点。这些椭球体所占的空间区域称为菲涅耳区,如图 4-123所示。前面所讲的菲涅耳带就是垂直于 $AB$ 直线的平面与这些椭球交截出来的面积。在中点处面积最大,接近两端 $AB$ 处面积最小。如果 $d$、$n$、$\lambda$ 不变,允许 $d_1$ 和 $d_2$ 改变,则式(4-257)表示在传播路径上不同地点的第 $n$ 个菲涅耳区半径。

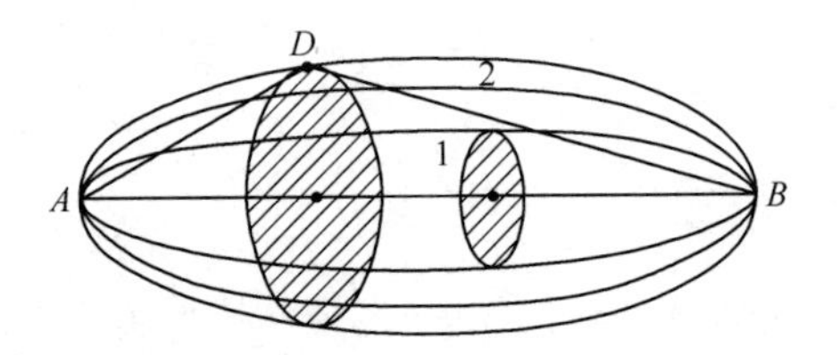


图 4-123　椭球体中的菲涅耳区

从以上的讨论可知:对于电波传播起主要作用的空间区域是一个有限的、以发射点和接收点为焦点的旋转椭球区。式(4-258)给出了第 1 个椭球区的半径,现在我们来进一步确定达到自由空间电平的最小椭球区,为此我们再次研究图 4-120(h)~(i)。

由前面的讨论可知,当从中心开孔到某一个面积使其边缘与中心的波程差引起的相位差为 π/3 时,合成场的振幅就达到自由空间数值了。由此可见,不一定要许多菲涅耳区,也不一定要全部第一菲涅耳区,而只要第一个菲涅耳区面积的 1/3 就可获得自由空间场强了,在式(4-257)中令 $n=1$ 得到第一菲涅耳区的半径为

$$F_1=\sqrt{\frac{\lambda d_1 d_2}{d}} \tag{4-258}$$

面积的 1/3，对应半径的 $1/\sqrt{3}$，因此，得到自由空间场强的最小菲涅耳区半径为

$$F_0 = F_1/\sqrt{3} = 0.577F_1 \tag{4-259}$$

它表示电波传播所需要的最小空中通道(最小菲涅耳椭球)的半径。在上式中，$d=d_1+d_2$ 是两天线之间的地面距离，由于实际的天线高度与地面距离相比很小，因此它也是传播路径的天线中心视线距离。同时，还必须注意，在最小椭球中，$F_0$ 在中点处最大，越接近两端则越小。

**【例 4-8】** 由式(4-256)算出工作频率为 6000MHz($\lambda=0.05$m)，传播距离 $d=50$km 中点处($d_1=d_2=25$km)的第一菲涅耳区半径，即

$$F_1 = \sqrt{\frac{0.05\times25^2\times10^6}{50\times10^3}} = 25\text{m}$$

由式(4-257)算出在中点处的最小菲涅耳区半径为

$$F_0 = 0.577F_1 = 0.577\times25 \approx 14.4\text{m}$$

它表明了在 6GHz、50km 距离通信时空中通道的具体尺寸。

再如 $\lambda=2$m，$d_1=1$km，$d_2=49$km 时，第一菲涅耳尔半径和最小菲涅耳半径分别为

$$F_1 = \sqrt{\frac{2\times10^3\times49\times10^3}{50\times10^3}} = 45\text{m}$$

$$F_0 = 0.577F_1 = 0.577\times45 \approx 26\text{m}$$

### 3. 传播余隙

在选定地面上的视距传播路径时，应研究沿途的地形剖面图，并由它来决定站址，再应用菲涅耳区的计算以确定天线高度。为此，必须研究在地形剖面图上的传播余隙及其变化。所谓传播余隙，如图 4-124 所示，它是两天线发射中心的连线与地形障碍最高点的垂直距离(此图与图 4-115不一样，两天线高度的延长线不交于地心，这是由于站间距离比起地球半径来说太小，可用抛物面代替这一部分地面，因而两天线平行交于无限远)，它的大小用 $H_c$ 表示。由上述菲涅耳区的原理可知，为保证两天线之间的传播为自由空间值，至少要使传播余隙 $H_c$ 等于或大于最小菲涅耳区半径 $F_0$，即 $H_c \geqslant F_0$。

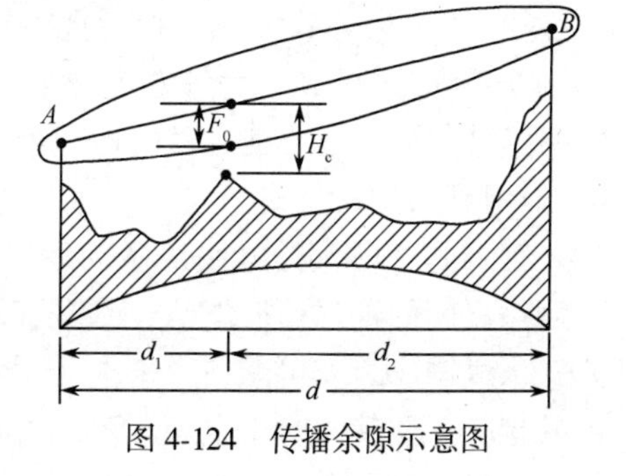

图 4-124 传播余隙示意图

如果传播余隙 $H_c$ 比较小，就有可能使视线受阻，引起附加的传播损耗。

### 4. 大气折射

在低空大气层中的空气的主要成分是氮和氧。在此层中实际上不发生电离，它的相对介电常数 $\varepsilon_r$ 非常接近于 1，比 1 略大万分之几，因此，它的折射率 $n(n=\sqrt{\varepsilon_r})$ 也稍大于 1，在 1.000 26~1.000 46 之间。为了清楚地表明这种微小的变化，常用折射指数 $N$ 来表示，且规定为

$$N=(n-1)10^6$$

这样，大气的折射指数 $N$ 就在 260~460 之间变化。它和压强 $p$、热力学温度 $T$、水气压 $e$ 之间的关系为

$$N=\frac{77.6}{T}\left(p+\frac{4810e}{T}\right)$$

式中，$p$ 和 $e$ 的单位均为 mPa。在正常的情况下，地面附近的 $p$ 在 1023mPa 左右，$e$ 为 1mPa 左右。通常大气压强、温度和水气压都随高度而下降。因此，在一般情况下，$N$ 随高度而减小，折射率 $n$ 也随高度而减小。如果我们把大气看作折射率随高度而分层减小的介质，则由式(4-247)可知，电波在大气层中传播时射线的轨道不是直线，而是向下弯曲的。在特殊的气候条件下，折射指数 $N$ 随高度的增加，射线轨道上弯。图 4-125 是几种情况下的射线弯曲情况，它们所对应的每升高一米折射指数的变化如表 4-10 所示。

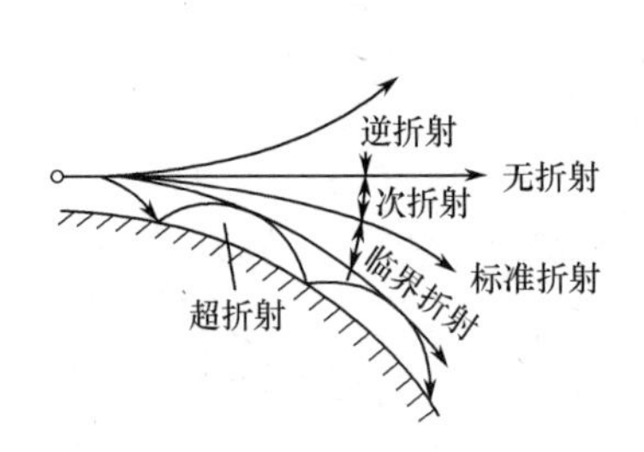

图 4-125　几种情况下的射线弯曲情况

**表 4-10　折射指数**

| 折射类型 | 每升高一米折射指数的变化值 | $K$ |
|---|---|---|
| 逆折射 | >0 | <1 |
| 无折射 | =0 | =0 |
| 次折射 | 0～-0.04 | $1\sim\frac{4}{3}$ |
| 标准折射* | -0.04 | $\frac{4}{3}$ |
| 临界折射 | -0.157 | ∞ |
| 超折射 | <-0.157 | |

* 温带大陆地区的平均气象条件。

前面的一些公式[如式(4-255)]都是假定大气是均匀的、电波的射线轨道为直线而得到的。实际上，大气为不均匀介质，电波在其中传播时的轨道为曲线，这就给直接应用这些公式带来了困难。为了解决这个问题，通常采用等效地球半径的概念，如保持电波射线轨道和地球表面之间的相对曲率不变，使地球的半径改变到电波射线成为直线(如图 4-126 所示)，则这时的地球半径称为等效地球半径。如令 $a_e$ 表示考虑到折射的等效地球半径，$a$ 为真实地球半径，则 $a_e=Ka$，这里 $K$ 称为等效地球半径因子。表 4-10 也给出了几种折射情况下的 $K$ 值。当考虑折射影响时，只要把真实的地球半径 $a$ 用等效地球半径 $a_e$ 来代替，就可直接应用介质为均匀时得到的所有公式。

考虑到大气折射，电波传播的地形剖面图如图 4-127 所示。当 $K<1$ 时，等效地球半径变小，两站之间的地球曲面上凸，障碍的高度上升，使原来在标准折射时($K=4/3$)确定的传播余隙 $H_c$ 大大减小。有可能使原来大于最小菲涅耳区半径 $F_0$ 的余隙变为小于最小菲涅耳区半径，甚至有可能使 $AB$ 之间视线受阻，接收信号受到严重衰减。因此，在地球上视距传播的电路设计中，应考虑到这一段地区的气象条件变化，使 $K$ 在最小值与最大值之间(如 $K$ 在 2/3～∞)变化，都能使传播的余隙 $H_c$ 不至于小于最小菲涅耳区半径 $F_0$。

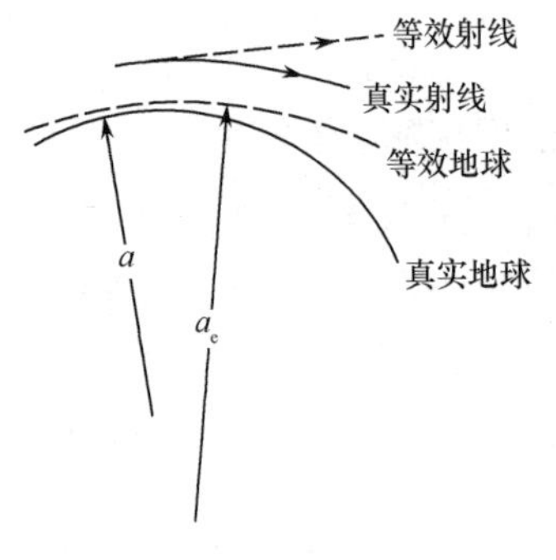

图 4-126　等效地球半径概念示意

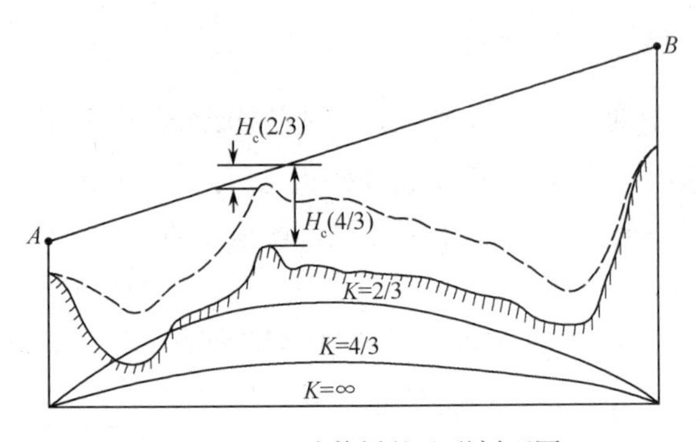

图 4-127　电波传播的地形剖面图

### 5. 地面的反射

**（1）反射系数**

在视距传播中从发射天线到接收天线，除直接波外，还有一条经由地面反射的间接波，如图 4-128 所示。反射波的特性可由反射系数来说明。

当反射点与波源相距较远时，可用平面波的反射系数来代替球面波的反射系数。设 $E_1$ 表示反射波的电场振幅，$E_0$ 表示入射波的电场振幅，则反射系数规定为 $R=E_1/E_0$。波的极化方向不同，反射系数的计算关系也不同，如图 4-129 所示。反射系数的大小取决于地的介电常数和投射角。考虑到地的导电性，则反射系数还与电导率和波长(频率)有关。不仅如此，当地是半导电介质时，反射系数还是复数，即 $R=|R|\mathrm{e}^{-\mathrm{j}\gamma}$，这里 $|R|$ 表示振幅大小之比，$\gamma$ 表示经过反射而引起的相移。

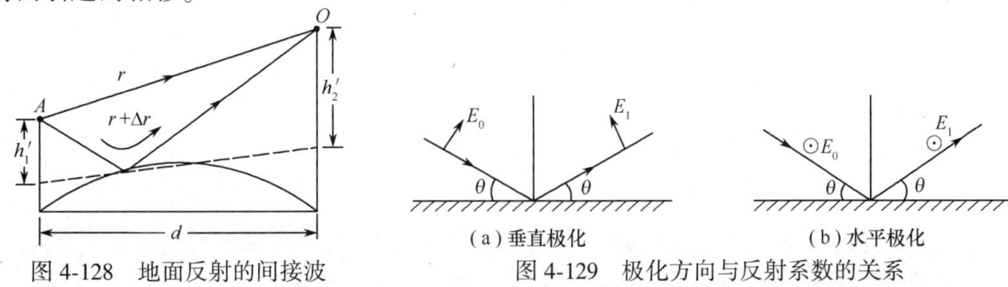


图 4-128 地面反射的间接波　　图 4-129 极化方向与反射系数的关系

在给定 $\varepsilon_r$、$\sigma$ 和 $f$(频率)时，随着 $\theta$ 角的变化，水平极化波的反射系数大小与相位的改变不如垂直极化波那样有强的起伏。水平极化波的反射系数大小对所有 $\theta$ 角都比相应的垂直极化波大。

**（2）地面不平坦的影响**

地面不平坦的概念具有相对性，波长与起伏高度之比有着决定性的意义。起伏高度的数量级为几百米的丘陵地带对超长波而言可认为是十分平坦的地面，可是对厘米波段，起伏高度为 10cm 的平坦草地也应认为是粗糙地面。

现在看一下反射面不平坦到什么程度就破坏了镜面反射的特点，即反射波将漫射开来而不服从反射定律，如图 4-130 所示。为简单起见，设所有不平坦度都有同样的高度，如图 4-131 所示，实线表示平面的下边界，虚线表示上边界。在上下边界反射的波有由程差而引起的相位差，即 $\Delta\varphi=\dfrac{2\pi}{\lambda}2h\sin\theta$。若程差远小于波长，使 $\Delta\varphi$ 很小，则可认为是镜面的。由此常用的标准是

$$\frac{4\pi h}{\lambda}\sin\theta\leqslant\frac{\pi}{4},\qquad h\leqslant\frac{\lambda}{16\sin\theta}\tag{4-260}$$

这个关系式称为粗糙反射面上的瑞利条件。由式(4-260)可以看出，可允许的不平坦条件，不仅取决于波长，并且取决于入射仰角 $\theta$，$\theta$ 角越小，可允许的不平坦高度越大。

地面不平坦的影响主要是产生如图 4-130 所示的漫反射，使反射波能量发射到各个方向，故其作用相当于反射系数的降低。若地面非常粗糙，则可以忽略反射波的影响，而只考虑直射波。

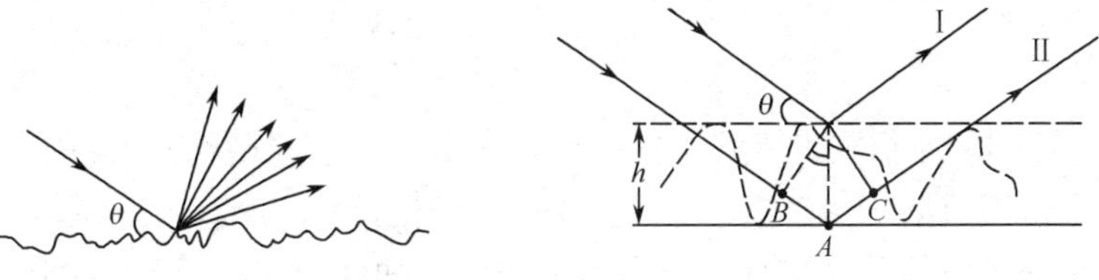


图 4-130 反射波漫射　　图 4-131 不平坦度假设示意图

**(3) 地面反射的菲涅耳区**

地面对电波反射起主要影响的区域不是收发点间的整个地面,而只是其中的某一地段,这一区域有多大?就是地面反射的菲涅耳区要解答的问题。在电波传播的菲涅耳区的讨论中,曾得出传播空间的主区,即以发射点 $A$ 和接收点 $B$ 为焦点的旋转椭球体(见图 4-123)。现设地面是理想的导电平面,反射波可认为是由辐射源的镜像所辐射的,则由镜像 $A'$ 所辐射电波的第一菲涅耳旋转椭球是以 $A'B$ 为焦点的一个旋转椭球体,如图 4-132所示。以 $A'B$ 为焦点旋转椭球体与地面相交处形成一个以椭圆为边界的地段(如图 4-132的下图),它就是对反射具有实际意义的主要地段,即图 4-133 中的椭圆,它称为菲涅耳区椭圆。

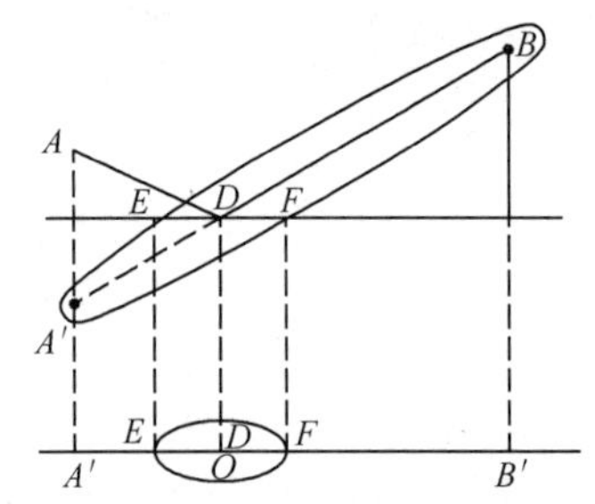

图 4-132　第一菲涅耳旋转椭球体

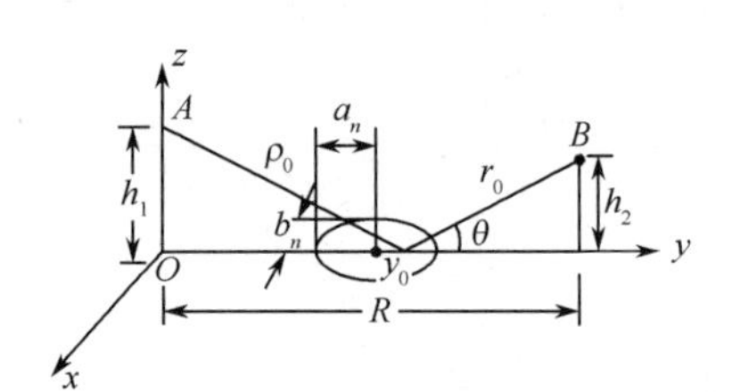

图 4-133　菲涅耳区椭圆

所以当波长、收发点间的距离及收发天线高度确定之后,即可算出对电波反射起主要影响的地段。在这一地段内若满足瑞利条件,则可认为地面是平坦的。

**(4) 地面反射对接收点场强的影响**

由图 4-128 可知,到达接收点的反射波不仅有由地面反射而引起的相移,还有由波的行程差而引起的相移。行程差相移为 $\beta\Delta r=2\pi\Delta r/\lambda$。这里的 $\Delta r$ 是反射射线与直接射线的路程差。设地面反射的相移 $\gamma=\pi$,如果同时有 $2\pi\Delta r/\lambda=\pi$,则到达接收点的两波会同相相加,接收信号增强,如果这时 $2\pi\Delta r/\lambda=2\pi$,则到达接收点的场反相相消,接收信号减弱,在反射系数 $|R|=1$ 时,甚至完全抵消。

$\Delta r$ 与天线之间的距离和两天线的高度有关。它由下式计算

$$\Delta r=\frac{2h_1'h_2'}{d} \tag{4-261}$$

式中,$d$ 是收发间的距离,$h_1'$ 与 $h_2'$ 是在反射点处切平面上的天线高度,如图 4-128 所示。两个波叠加之后的合成场强度振幅的衰减因子 $V$ 从式(4-229)求出为

$$V=\frac{E}{E_0}=\left[1+|R|^2+2|R|\cos\left(\frac{4\pi h_1'h_2'}{\lambda d}+\gamma\right)\right]^{-\frac{1}{2}} \tag{4-262}$$

在实际的超短波视距传播中,由于天线高度相对于传播距离来说都很小,因此 $\theta$ 角很小。所以不论是水平极化波还是垂直极化波,都可以认为 $|R|\approx1,\gamma=\pi$,即电波在视距传播中经过光滑地面的反射,场强不变而相位改变 180°。则式(4-262)可简写为

$$V\approx2\left|\sin\frac{\pi}{\lambda}\Delta r\right|=2\left|\sin\frac{2\pi h_1h_2}{\lambda d}\right| \tag{4-263}$$

由此结果即可得到衰减因子 $V$ 随距离 $d$ 和接收天线高度 $h_2'$ 变化的情况,如图 4-134 所示。

由图可见,在地面反射不可忽略时,不适当的距离和天线高度有可能使信号严重衰落。同时,由于气象变化还有可能使原来相互增强的射线变到两条射线的场强互相抵消。因此,在选择视距传播的地形时,通常不希望通过强反射的光滑地面。最好是在崎岖的山地上空、密林上

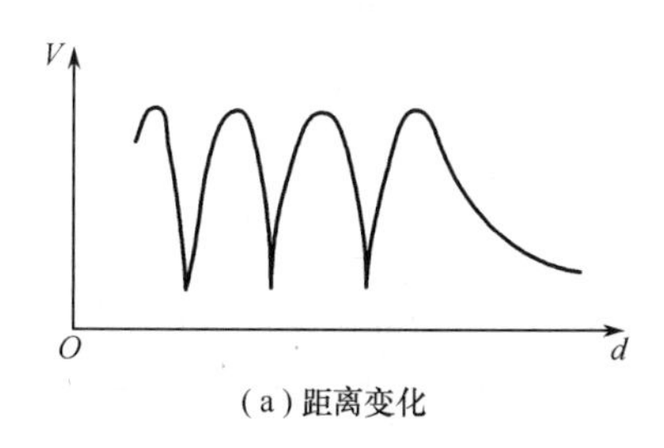


(a) 距离变化

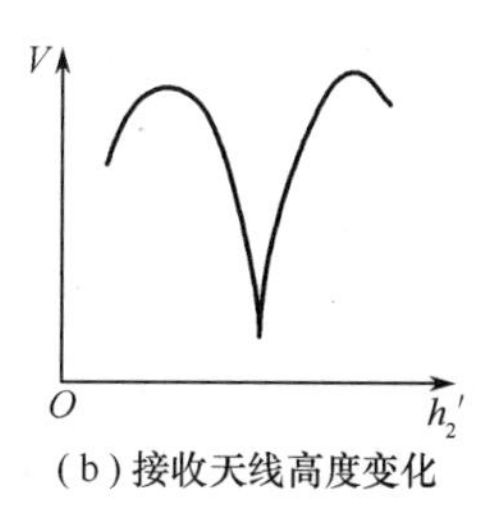


(b) 接收天线高度变化

图 4-134　衰减因子随距离及天线高度的变化

空。这时,由于地面不平,反射系数很小,间接射线的作用也很小。如果必须通过光滑地面,就要采取其他方法以减弱反射波的作用。

反射波的存在及其变化是引起信号衰落的重要原因之一,因为它的存在就表明存在着两条传播路径,而且是不稳定的。这种情形和电离层的多径效应相似。但是,除此之外对流层的不均匀和显著的分层还会使电波在上空反射,这样也形成多径效应引起衰落。波长越短,信号变化也越剧烈。因为波长短,$\Delta r$ 只要有很小的变化,就可能使相位有较大的变化。不过,总体说来,视距传播比天波传播稳定。在视距传播中,克服快衰落的有效办法仍为分集接收。在视距传播的空间分集中通常采用垂直于传播方向不同间隔的两个天线。这是因为大气在垂直方向上的变化比水平方向变化大,天线的间隔大约为 100 个波长。

### 6. 大气对电波的吸收

大气对无线电波的吸收主要有两个方面。

一方面是水滴(雾、雨、雪)对电波的散射使传播中的电波能量损失;另一方面是气体分子(水蒸气、氧)的谐振吸收。由于在电磁场作用下,气体分子形成带电的小电偶极子(水分子原来就是电偶极子),它们都有一个或几个自然谐振频率。如果电波的频率和它们的自然谐振频率一致,将受到强吸收。其作用与电路中的谐振吸收回路相似。但这些吸收一直到 10GHz(波长 3cm)都不是很严重的。当工作频率高于 10GHz 时,大气吸收就比较显著了。至于毫米波传输系统,还应认真研究氧分子引起的谐振吸收。图 4-135 表示对流层中电波吸收的情况。纵坐标为每千米的衰减分贝数,横坐标为波长。

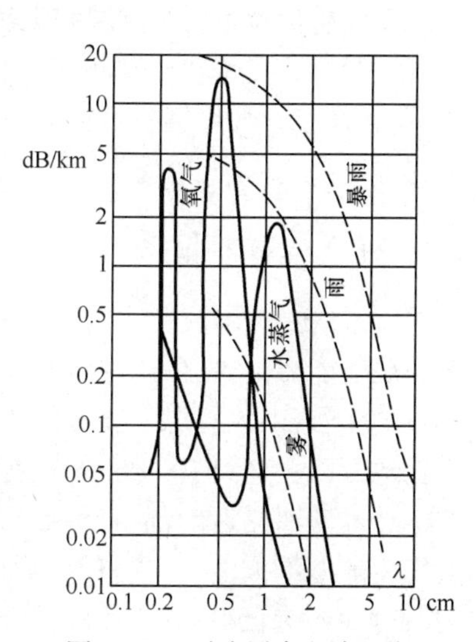


图 4-135　对流层中电波吸收

### 7. 地面与空间对象的视距传播

地面与低空移动通信对象(如飞机)之间的视距传播,和前面所讲的地面中继站之间的视距传播是一样的。但因其不受地形限制,所以传播条件更为有利。卫星与地面之间的视距传播可以认为基本上是自由空间的传播,不同的是距离太远,传播的自然损耗很大。例如,同步卫星与地面相距 36 000km,自由空间损耗在 190dB 左右,因此需要在地面站装备大功率发射机和大的高增益天线,并使用高灵敏度、低噪声的接收机以接收从卫星上转发下来的信号。

地面与空间的通信必须通过大气层和电离层。大气层对电波的吸收问题已如上述。至于电离层,则因其折射率与电子密度和电波频率有关,电波在其中通过时会产生色散。如果传播的频带宽，则高低频率相差大，色散现象显著，因此，色散效应对信道的带宽有一定限制。不仅如此，在电离层中通过的路径越长，色散也越严重，对带宽的限制也越大。由于电离层有日、时、季节和年份的变化，所以带宽限制也与此有关。图 4-136 表示地面空间通信的带宽限制。图中(a)线是下限，是在太阳活动性(黑子数)最大年份的夏季白天，且是卫星处于低仰角时的情形。这时电离密度最大，电波穿过电离层的路径也最长，所以带宽限制也最大。图中(b)线为上限，是在太阳活动性最小年份的冬季黑夜，且是卫星处于高仰角时的情形。这时电离密度最小，电波穿过电离层的路径最短，所以带宽限制最小。

在其他通信方式(如电离层反射)时，电离层也存在色散问题，但那时对信道带宽起决定作用的是多径效应而不是色散，故前面没有提到这一点。

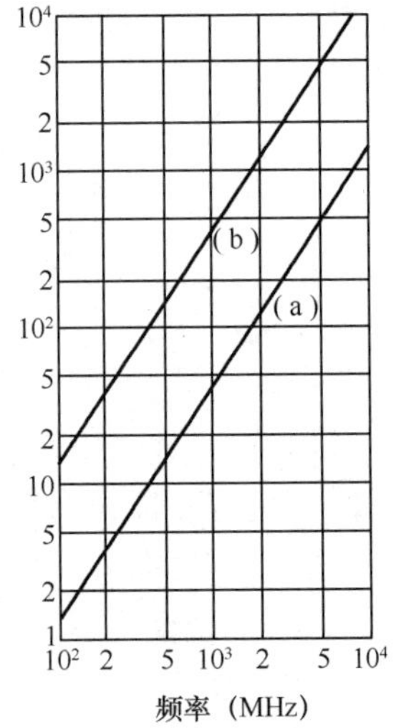

带宽 (MHz)

频率 (MHz)

(a) 低仰角，夏日

(b) 高仰角，冬夜

图 4-136　地面空间通信的带宽限制

### 4.12.6　散射传播

散射传播是指利用对流层和电离层中的不均匀体对电磁波"乱"反射以达到传播的目的。这种"乱"反射不是没有规律可循的，而是服从统计规律的。这种传播的优点是可以实现超高频波段(米波到微波)的超视距传播，特别是不受恶劣气象条件和电离层不正常变化的影响。甚至在不正常变化时，传播信号还会加强。

1. 对流层散射传播

超短波的对流层散射通信是 20 世纪 50 年代发展起来的通信方式。在以前人们认为高频电波的绕射能力很弱，在视线距离以外急剧衰减。后来，在超越视距很远的地方观测到比绕射强得多的信号，由此发现了散射传播的方式。图 4-137 是几种传播方式的衰减情况比较。

从地面以上直到 10~16km 高度的低空大气层称为对流层。它是各种天气的形成区域，气流的机械运动和热运动都很活跃。但是在此层中的空气实际上不被电离。是什么原因引起无线电波的散射呢？为回答这一问题，提出了几种不同的理论。但是多数人认为是由于对流层中有一种不均匀的湍流，它对无线电波起散射作用。这种散射场的电平虽然比绕射场高得多，但比视距内的直接传播低得多，使用高增益天线可以在100~800km 的距离上进行正常通信，使用的发射功率为数百瓦至几十千瓦。下面简单地说明涡流运动引起散射的机制。

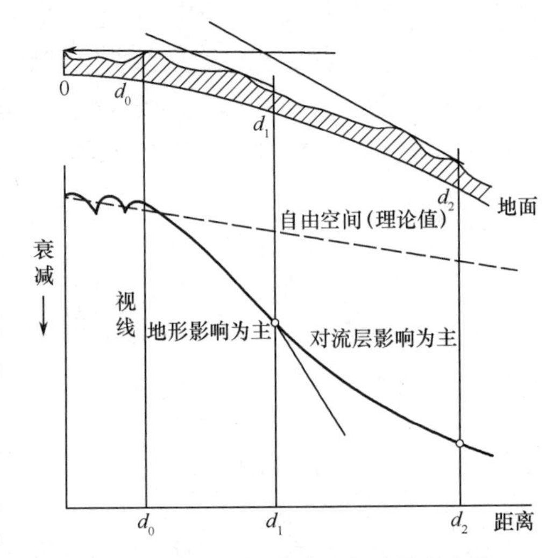


图 4-137　几种传播方式的衰减情况比较

因地面受热不均匀，使对流层区域内产生向上和向下的气流和风。当气体运动速度超过某一临界值时，气体粒子的运动失去其稳定性，变成了所谓的涡流运动，即带有旋涡性质的运动。这些涡流不停地起伏变化,使产生的旋涡不断分裂成较小的旋涡,而后者又分裂成更小的旋涡,如此继续下去,直到最小的旋涡在黏着力的作用下消失为止。此时旋涡的动能变成热能。这一团旋涡消失了,又有其他的旋涡产生,于是存在着各种尺寸的旋涡。一般认为,对流层中主要是尺寸为 60m 以下的湍流。各个小旋涡的压强 $p$、温度 $T$、水气压 $e$ 都不一样,因此形成很多具有不同折射率,即具有 $\Delta n$ 变化的小不均匀体。每个不均匀体在电波的作用下都产生感应电流,像一个基本偶极子那样辐射,即第一个不均匀体变成一个二次辐射体,这就是无线电波在对流层不均匀体上的散射作用。

无线电波散射的发生需要在波长远小于湍流尺寸数倍的频率上,因此,对流层主要对频率为 100MHz 以上的电波发生散射。频率低于 100MHz 的电波,散射效应很小,这也就是对流层散射主要适用于分米波和厘米波波段的原因。

图 4-138 是对流层散射信道简图。发射天线和接收天线共同照射的区域称为散射体积。发射天线向对流层的散射体积辐射,接收天线好像在那里收集分布在相当大的散射体积上的各个二次辐射源的散射波。

在对流层散射中,接收点的场强是散射体积内各点所散射的电波到达接收点的矢量和,所以它们之间有多径时延,因此影响了散射信道的带宽。多径时延的最大值取决于散射体积顶部和底部这两条路径的差值。很明显,一方面,这与散射体积的大小有关,即与天线的波束宽度有关。波束越窄,方向性越尖锐,多径时延越小。另一方面,通信距离越大,则多径时延也越大。所以,通信距离越远,天线波束越宽,则多径时延越大,信道带宽也越窄。表 4-11 是某一散射电路的多径时延和带宽。

**表 4-11　散射电路的多径时延和带宽**

| 距离(km) | 多径时延 $\Delta t$(μs) | 带宽 $B$(MHz) |
|---|---|---|
| 200 | 0.25 | 4.0 |
| 300 | 0.8 | 1.25 |
| 400 | 1.9 | 0.52 |
| 500 | 4.1 | 0.24 |
| 600 | 6.3 | 0.16 |

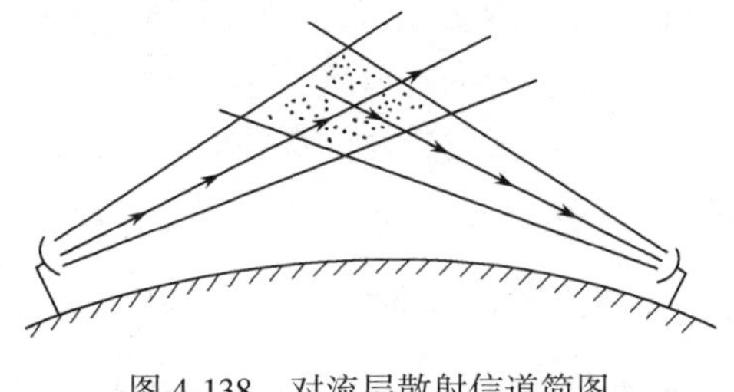

图 4-138　对流层散射信道简图

很明显,这一电路使用的天线方向性不强。如采用波束宽度为 1°以下的锐方向性天线,则有可能在 300km 左右的距离上获得 10~12MHz 的信道带宽。

对流层散射信道的带宽可近似地由图 4-139 的曲线来估计,图上纵坐标为带宽 $B$,单位为 MHz;横坐标为通信距离,单位为 100km。不同的曲线表示不同的天线波束在垂直平面的宽度 $\alpha$,单位为度。虚线是带宽的下限。曲线的计算公式也注明在图上。

大量实验证明,散射信号的场强与波长的关系不大。这样就可以利用 10 厘米波和厘米波段,可用较小的天线得到较高的增益和窄的波束。由图 4-140 可知,波长为 1m 和波长为 10cm 的场强都是同一数量级。厘米波的场强比米波的略低一些,但是由于厘米波的天线有较高的增益,实际上使用厘米波较为有利。图中还表示出实验场强的平均电平。为了比较,图中还绘出 10cm 波长的绕射值(图中发射天线高 $h_1=36$m,接收天线高 $h_2=21$m)。

对流层散射信号有较深的衰落,它有快衰落和慢衰落两种。快衰落是由于各个散射源产生的很多射线的干涉而引起的。慢衰落则是由于散射体积范围内空气移动所造成的气象条件所引起的。虽然对流层散射具有衰落特性,但其平均场强值却是相当稳定的。它的快衰落具有空间和频率的选择性。衰落的空间选择性表现在相距几十个波长的各点上同时接收时,信号衰落的特性是彼此完全无关的。其原因是到达两个不同的接收点的无线电波,它们在散射体积中为处于不同地点的不同条件的散射源的散射。

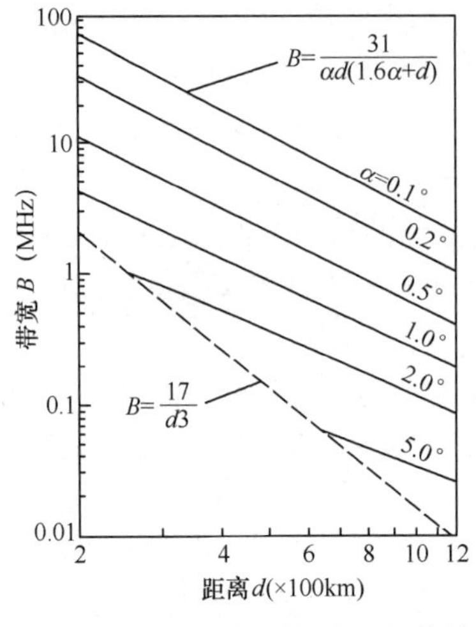

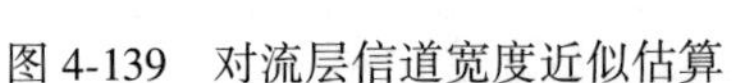


图 4-139　对流层信道宽度近似估算

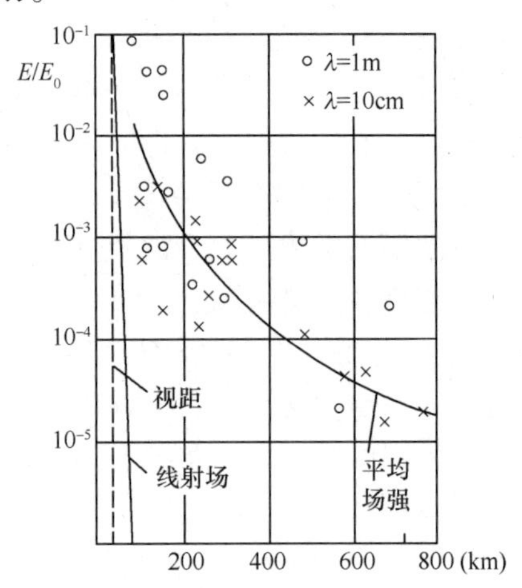


图 4-140　散射信号的场强与波长关系

同样,在同一地点同时接收由一个发射点发射的频率相差数百千赫至几兆赫的两个无线电波时,这两个信号的衰落也是完全无关的。因此,使用空间分集和频率分集可以有效地克服衰落,得到较稳定的输出。

由于对流层的温度、湿度等受昼夜、季节等的影响,因此,对流层散射也有昼夜日时和季节的变化。但弱信号的昼夜变化小,强信号的昼夜变化相当明显,一般午后较弱。

此外散射传播的传输损耗很大,一般在 180dB 以上。比自由空间损耗要大 30~50dB。所以,为了能有效地通信,必须采用大功率发射机强方向性天线和高灵敏接收机。

### 2. 电离层散射传播

在电离层中也会产生电离的不均匀性,特别是在电离层的下部。这种不均匀性是由于空气的湍流运动和电离辐射不均匀而引起的。电离层中也存在着类似的湍流运动,不过它的尺寸较对流层的要大得多。因此,当电波投射到这些湍流上时,也要产生散射,但是能产生电离层散射的频率要低得多,一般是 30~100MHz,常用的是 40~60MHz。它通常在 70~90km 的高度散射到接收点去,有时也可达到 110km 左右的高度。因此,一般认为散射是在 D 层和 E 层的下部发生的。由于电离层散射高度较高,因此,传播距离较对流层散射远得多,一个站距通常在 1000km 以上,最大可达 2200km 左右。它也具有多径效应,而且多径时延更大,有时可达 0. 3ms 以上。因此,信道带宽限制较大,只能通 1 路话,并有较大的衰落现象。不过由于它不是靠电离层反射传播,而是靠电离层中的湍流传播的,所以当电离层扰动时(例如,高空核爆炸),电离层散射信号不仅不会中断,在许多情况下,信号电平反而可以增高。这是电离层散射的一个特色。采用这种传播方式所需的发射功率较大,为 5kW 左右。

### 3. 流星遗迹散射传播

当观测由电离层散射传播的连续发射信号时,可以看到在均匀起伏的信号上,时常出现较强的脉冲,它们的数目取决于接收机灵敏度,如图 4-141 所示。这些脉冲是由冲入大气层的流星造成的空气电离柱的散射所引起的。

到达地球大气层的流星粒子的速度在 11.3~72km/s 范围。它们在大气中运动时由于摩擦而强烈地发热,在 90~110km 的高空被烧毁。当流星粒子变成气体状态时分解出大量的离子,形成细长柱形的电离遗迹。开始时遗迹并不大,不超过几十厘米,后来由于扩散,体积很快地增大。在空气流和风切变(指方向不定的强风)的作用下,起初是直柱形的遗迹会变形而扭曲。

每昼夜大约有几亿个造成平均长度为 25km 电离遗迹的流星冲入地球大气层中。据估计,无线电波能分辨的单个电离遗迹是由半径大于 0.008cm、质量超过 $10^{-5}$g 的粒子所造成的。遗迹对电波的散射如图 4-142 所示。

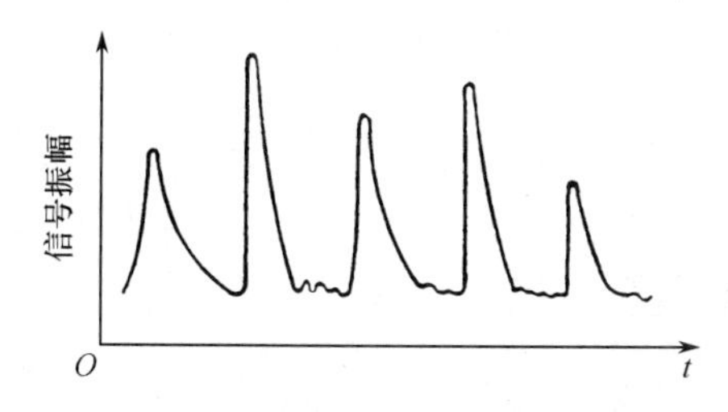


图 4-141 电离层散射传播的连续反射信号

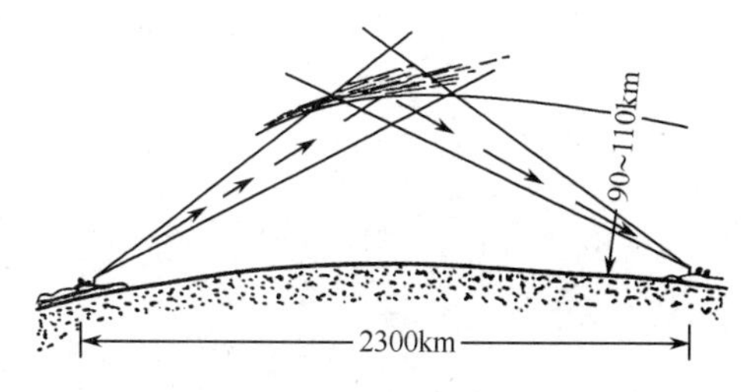


图 4-142 遗迹对电波的散射

由刚形成的电离遗迹产生的散射带有明显的方向特性,它们很像镜面反射,因此,有人不称它为散射,而称为反射。射到流星遗迹电离柱上的无线电波主要是在反射角等于入射角的方向上被反射。因此,在落到通信区域的大气层内的大量流星中,只有一定取向的流星遗迹才适用于通信。

流星遗迹中的电子密度用单位长的电子数来表示,称为线密度。对电波起作用的电子线密度范围为 $10^{10}$~$10^{18}$/m。通常以 $10^{14}$/m 为标准,大于此数的遗迹称为密遗迹,小于此数的遗迹称为疏遗迹。由现测的数据分析,这两种遗迹对电波的散射机制是不相同的。对于疏遗迹的反射,可以认为电波不受到显著影响而通过细长的圆柱体电离遗迹时,遗迹中的电子在电波的作用下,强迫振动而再辐射电子的散射信号。

密遗迹反射的特点是电波不能穿过电离柱,因对超短波来说,电离柱中部的电子密度超过式(4-252)所确定的临界值。电波在这种遗迹中以相当于前面讲过的电离层电波传播方式(即连续折射)而反射。

产生疏遗迹的流星粒子质量较小,为 $10^{-5}$~$10^{-3}$g;产生密遗迹的流星粒子质量较大,为 $10^{-3}$~10g。可以反射电波的遗迹存在时间一般在 0.1~100s 范围。反射电波的频率基本上在米波波段(30~100MHz)。实际上用于通信的频率是它的低端,即 30~70MHz。随着频率的增高,由式(4-251)可知,电离遗迹的相对介电常数渐趋于 1,而不能反射电波。这种传播方式所需的发射功率为 0.5~2kW,带宽为 10~100kHz。

利用流星遗迹的散射通信系统基本上是一种弱信号系统,因通过遗迹反射的信号功率损失是相当大的。例如,某个典型的系统工作于 50MHz,1300km 的电路上发射功率为 2kW,而接收机的信号功率超过 $2\times10^{-14}$W,相当于系统损耗为 170dB。在这个总损耗中,大约 90dB 代表与传输路径长度有关的损耗,80dB 为散射损耗。

由于流星遗迹出现的高度与电离层的 D 层、E 层差不多,所以其通信距离也和电离层散射的一样,最大站距为 2000~2300km。但是前面所讲的对流层和电离层的散射通信系统是连续工作的，而流星遗迹散射的通信系统却是断续工作的。只有在通信双方天线方向图的主瓣相交的体积中存在电离遗迹的时刻才能进行通信。平均可以认为，每分钟的传送时间为2~3s，即为两站设备总工时间的3%~5%。

根据有用流星的空间分布的研究得知，最有效的空域(即可被利用来进行遗迹通信的流星最多的区域)是偏离收发点连线中心两侧(约100km)的地方。故架设天线时，应将天线最大辐射方向对准这个区域，才能保证以最高效率进行通信。近年来采用了双瓣天线，两个瓣各对准收发信机连线两侧有效度最高的区域，如图4-143所示。

流星信号的日变化与季变化粗略地说明与流星进入地球的变化规律一致。根据大量观测结果，变化的主要规律是：日变化——早晨六点钟左右流星出现率最高，傍晚六点钟最低；正午十二点左右有一轻微的突起，图4-144是流星遗迹通信时间的日时变化，它和流星的日变化是一致的。

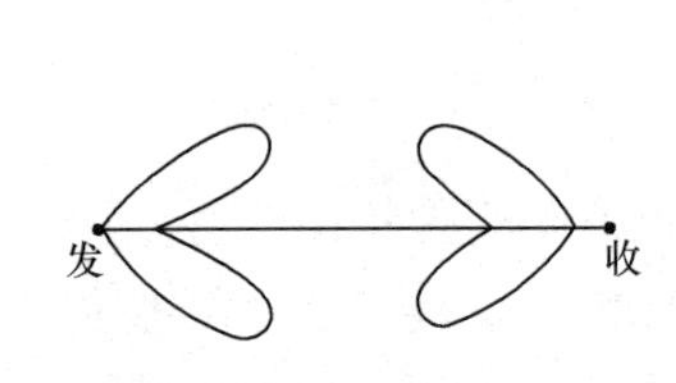

图4-143　双瓣天线示意图

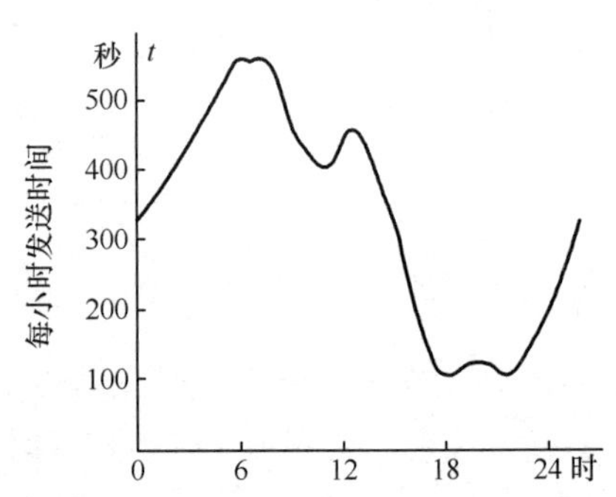

图4-144　流星遗迹通信时间的日时变化

季变化为秋季(约在七、八、九月附近)流星出现率最高；春季(三、四月间)流星出现率最低。

上述的一些结果只是大致的变化规律，对不同的电路都略有不同，因某电路上观测到的流星数目与此电路的地理位置、路径长度、天线的方向等因素有关。此外，每年的流星发生率也不同。

上述三种散射传播方式中，由于对流层散射传播的频带较宽，发射功率相对较小，所以实际中比电离层散射和流星遗迹散射应用得更广泛。

本节习题4-51~4-59。

# 习　题　四

4-1　根据式(4-1)和式(4-2)，证明电基本振子在空气介质中远区($kr\gg1$)场的近似表示式为式(4-4)和近区场($kr\ll1$)的近似表示式为式(4-3)。

4-2　已知一电流元长$L=1$m，其上电流$I=1$A，工作频率$f=3$MHz。

(1) 设电流元平放在纸面上(见图4-145)，求距离$r=10$km处$A$、$B$、$C$、$D$、$E$各点的电场强度数值，并在图上标出极化方向。

(2) 若电流元垂直于纸面，其余条件不变，再求各点电场大小及标明极化方向。

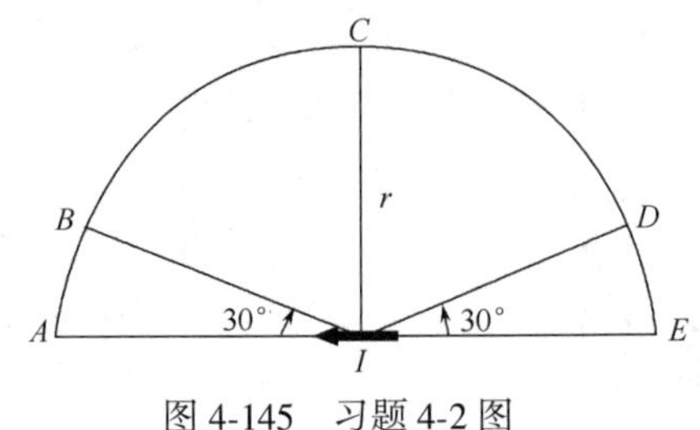

图4-145　习题4-2图

4-3　如用电流元探测来波的方位，应如何放置电流元及如何操作？(假设来波电场的极化任意。)

若用小环探测，又如何？

4-4　在赤道平面±45°的范围内，电基本振子的辐射功率是它总辐射功率的百分之几？

4-5　长度为$\frac{\lambda_0}{10}$（$\lambda_0$ 为自由空间波长）的电基本振子的辐射电阻是多少？

4-6　完全相同的两个电基本振子天线，其上电流幅度相等，相位相差 π/3，即

$$I_2 = I_1 e^{-j\pi/3}$$

它们相互垂直地放置于空气中，如图 4-146 所示。若已知 $x$ 轴上 $m_1$ 点（远区）的平均坡印亭矢量值为$S = 1\text{mW/m}^2$，试求 $xOy$ 平面上 $m_2$（$\overline{Om_1} = \overline{Om_2}$）的平均坡印亭矢量值。

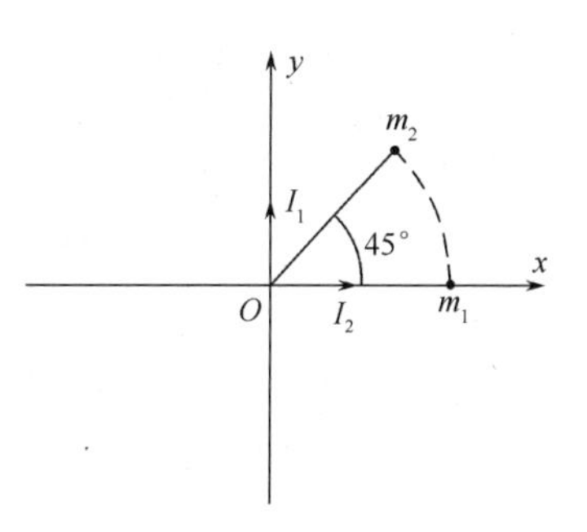

图 4-146　题 4-6 图

4-7　一小圆环与一电基本振子共同构成一组合天线，环面和振子轴置于同一平面中，两天线的中心重合。试求此组合天线 $E$ 面和 $H$ 面的方向图，设两天线在各自的最大辐射方向上远区同距离点产生的场强相等。

4-8　绘出其长度分别为 $l/\lambda = 0.25$、0.5、0.75 和 1.0 时的对称振子电流分布及 $E$ 面方向图形并确定零点和极点位置。

4-9　设计一副适用于电视二频道（频率为 56.5～64.5MHz）的半波对称振子（要考虑天线终端效应），并计算该天线在子午面内的方向函数，绘出极坐标图形。

4-10　天线的归一化方向性函数为

$$F^2(\theta,\varphi) = \cos^2\theta$$

场强仅存在于 $0 \leqslant \theta \leqslant \pi/2, 0 \leqslant \varphi \leqslant 2\pi$，在其他处为零。求出它在 $xOz$ 及 $yOz$ 平面内的半功率张角（以度计）。

4-11　计算电流元的半功率波瓣宽度 BW。

4-12　试计算 $L = 0.25\lambda$ 对称振子的半功率波瓣宽度 BW。

4-13　某天线方向函数$f(\theta) = \sin^2\theta + 0.414$，求其半功率波瓣宽度 BW 和归一化方向函数。

4-14　计算电流元的方向系数 $D$。

4-15　已知某天线的归一化方向函数为 $F(\theta) = \begin{cases} \cos^2\theta & |\theta| \leqslant \frac{\pi}{2} \\ 0 & |\theta| \geqslant \frac{\pi}{2} \end{cases}$，试求其方向系数。

4-16　已知某天线第一副瓣最大值为主瓣最大值的 0.01，求第一副瓣电平 FSLL 的分贝数。又已知此天线 $D = 100$，求第一副瓣方向的 $D'$值。

4-17　已知电流元的方向系数 $D = 1.76\text{dB}$，半波偶极子的 $D = 2.15\text{dB}$。

（1）如果二者辐射功率相等，求它们在最大辐射方向上相等距离处的电场振幅之比。

（2）若二者在最大方向上相等距离处的电场相等，求它们的辐射功率之比。

4-18　已知对称振子 $2L = 2\text{m}$，工作波长 $\lambda = 10\text{m}$ 和 4m，求这两种情况下的有效长度。

4-19　已知电流元在 $\theta = 30°$、$r = 5\text{km}$ 处的电场为 2mV/m，求其辐射功率 $P_r$。

4-20　已知某天线输入功率为 10W，方向系数 $D = 3$，效率 $\eta_a = 0.5$，求：

（1）$r = 10\text{km}$ 处的电场值；

（2）若欲使 $r=20\text{km}$ 处的电场和（1）中 10km 处的相同，方向系数应增大到多大？

4-21　设一天线归于输入电流的辐射电阻和损耗电阻分别为 $R_{r0}=4\Omega$、$R_{lo}=1\Omega$，天线方向系数 $D=3$，求其输入电阻 $R_0$ 和增益 $G$。

4-22　一无方向性天线，辐射功率为 100W，计算 $r=10\text{km}$ 处的 $M$ 点的辐射场强值。若改用方向系数为 $D=100$ 的强方向性天线，其最大辐射方向对准 $M$ 点，求 $M$ 点处的场强值。

4-23　已知 A、B 两天线的方向系数分别为 $D_A=20\text{dB}$、$D_B=22\text{dB}$，$\eta_A=1$，$\eta_B=0.5$，现将两天线先后放在同一位置，且主瓣最大方向指向观察点 $P$。试求：

（1）当辐射功率 $P_r$ 相同时，两天线在 $P$ 点产生的电场强度振幅比；

（2）当输入功率 $P_{in}$ 相同时，两天线在 $P$ 点产生的电场强度振幅比；

（3）当两天线在 $P$ 点产生的电场强度相等时，两天线的辐射功率比和输入功率比。

4-24　在空气中沿 $z$ 方向行进的椭圆极化波具有 $x$ 和 $y$ 方向分量，且

$$E_x = 3\sin(\omega t - kx) \quad (\text{Vm}^{-1})$$

$$E_y = 6\sin(\omega t - kx + 75°) \quad (\text{Vm}^{-1})$$

求：波通过单位面积所传送的平均功率。

4-25　设入射平面波电场振幅为 $E$，其极化与电流元共面，电流元长为 $L$，求来波方向为 0°、30°、60°、90°、120°时接收电动势的振幅表达式。

4-26　某微波天线的方向系数为 900，求其最大有效接收面积（或最大有效口径）。

4-27　设以半波振子为接收天线，用来接收波长为 $\lambda$、极化方向与振子平行的线极化平面波，试求与振子轴线垂直平面内的有效接收面积。

4-28　设在相距 1.5km 的两个站之间进行通信，每站均以半波振子为天线，工作频率为 300MHz。若一个站发射的功率为 100W，则另一个站的最大接收功率为多少？

4-29　两谐振半波偶极子共面，但轴线不平行（见图 4-147）。一收一发，发射功率为 2W，两天线相距 2km，波长为 1.5m，试求：

（1）接收功率及负载 $Z_L$ 上的电流；

（2）把 $Z_L$ 和 $e$ 互换，接收功率和负载电流是否变化，何故？

（3）若天线 1 绕 $z$ 轴转 90°，情况如何？

（4）若天线 1 绕 $z$ 轴转 30°，如何求接收功率和电流？

4-30　用方向图乘积定理求：由半波振子组成的四元边射阵，在垂直于半波振子轴平面内的方向图函数。

4-31　设天线阵是由 10 个理想点源组成的无损耗端射阵，间距为 $\lambda/4$，其方向图函数为

$$F(\theta) = \sin\left(\frac{\pi}{2n}\right)\frac{\sin(n\Psi/2)}{\sin(\Psi/2)}$$

式中，$\Psi=\pi/2(\cos\theta-1)-\dfrac{\pi}{n}$，$n=10$，试求该天线阵的增益。

4-32　均匀直线式天线阵的元间距 $d=\dfrac{\lambda}{2}$，如果要求阵的最大辐射方向在偏离天线阵的轴线的±60°的方向，问单元之间的电流相位差为多少？

4-33　已知二元阵的参数：$m=1$、$\xi=\pi/2$、$l/\lambda=0.25$、$d/\lambda=0.25$，试写出天线阵 $E$ 面和 $H$ 面方向图函数并绘出 $E$ 面内和 $H$ 面的极坐标图形。

4-34　两基本振子同相等幅馈电，其排列如图 4-148 所示，画出(a)、(b)两种情况下的 $E$ 面和 $H$ 面方向图。

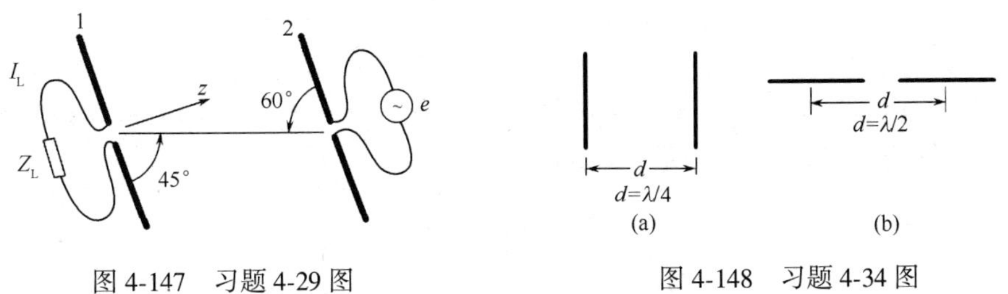


图 4-147　习题 4-29 图　　图 4-148　习题 4-34 图

4-35　求图 4-149 中各种二元阵的方向图函数，并简单画出其 $E$ 面和 $H$ 面方向图(设全是半波对称振子)。

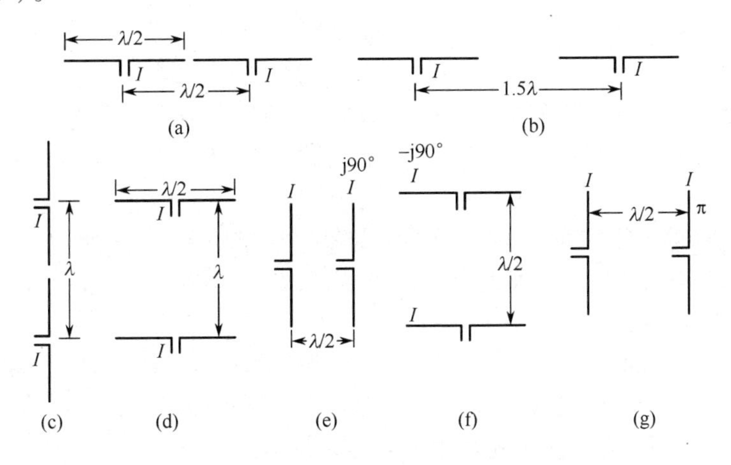


图 4-149　习题 4-35 图

4-36　绘出图 4-150 中的各种天线的电流分布和它们的像电流分布(理想导电地面)。

(1) $L=0.5\lambda$；(2) $L=1\lambda$。

4-37　架设在地面上的水平振子天线，工作波长 $\lambda=40\text{m}$，若要在垂直于天线的平面内获得最大辐射仰角 $\Delta=30°$，该天线应架设多高？

4-38　两半波偶极子并排($h=0$)，$d=4\lambda$ 和 $\lambda$，求这两种情况下的方向系数。

4-39　求离地高度为 $H=1.5\lambda$ 的垂直半波振子的方向函数并简画其 $E$ 面方向图。

4-40　求出图 4-151 中的三元阵的方向函数并简画其上半空间的垂直面及水平面方向图。

4-41　图 4-152 为地面上两个并联馈电半波偶极子，求：(1) $H$ 面方向函数；(2) 仰角为 30°方向的方向系数。

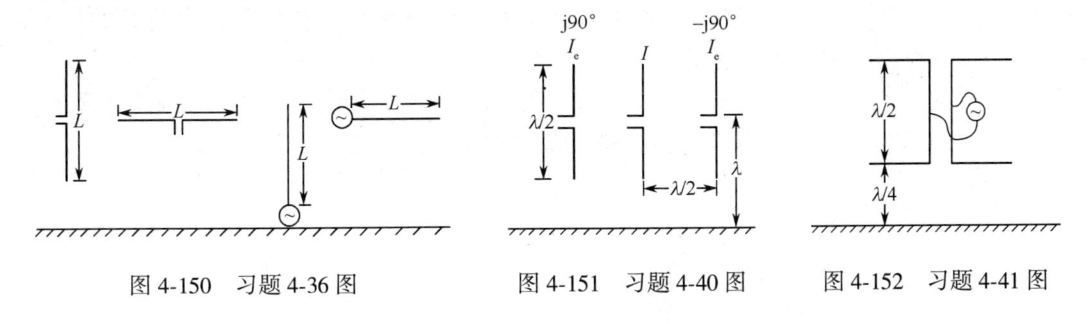


图 4-150　习题 4-36 图　　图 4-151　习题 4-40 图　　图 4-152　习题 4-41 图

4-42　两谐振半波偶极子并排($h=0$),求下列各种情况下的各振子的辐射阻抗和输入阻抗(设效率为 1)。(1) 间距 $d=0.25\lambda$,$I_1=I_2$;(2) $d=0.5\lambda$,$I_1=I_2$;(3) $d=\lambda$,$I_1=I_2 l^{j90°}$。

4-43　求图 4-151 所示的三元阵归于中间振子电流的总辐射阻抗。

4-44　电磁场中的惠更斯元可由哪些基本辐射单元等效?

4-45　试应用方向图乘积定理分析矩形口径场等幅同相分布时的辐射方向特性。

4-46　已知矩形喇叭天线口面场分布为:

$$E_y = E_0 \cos \frac{\pi x_1}{D_1}$$

分别求出它在 $E$ 面和 $H$ 面的半功率波瓣宽度、副瓣电平、口面利用系数和方向函数。

4-47　计算 $5\lambda\times5\lambda$ 方口径天线(设等幅同相)和直径 $D=5\lambda$ 的圆口径天线(设等幅同相)的半功率波瓣宽度和方向系数。

4-48　已知某接收点处收到的功率通量密度为 $-60\text{dB}\mu\text{W/m}^2=10^{-6}\,\mu\text{W/m}^2$,试计算该点的电场强度有效值。

4-49　若抛物面天线的口面直径为 1m,口面利用系数为 0.5,发射机工作频率为 10GHz,辐射功率为 100W,求天线最大辐射方向上的等效全向辐射功率和距天线 100km 处的功率通量密度。

4-50　同上题,若用相同的抛物面天线作接收天线,求该天线能接收到的最大功率。

4-51　同步卫星与地面的距离大约为 36 000km,若工作频率为 6GHz,求地面与卫星通信时的自由空间传播衰减。

4-52　主台发射天线为 $\lambda/4$ 直立天线,考虑到地面影响后天线的方向系数 $D=3.28$,设工作频率 $f=1\text{MHz}$,发射天线的辐射功率 $P_\Sigma=100\text{kW}$,求在干土($\varepsilon_r=4$,$\sigma=10^{-3}\text{S/m}$)和海水($\varepsilon_r=80$,$\sigma=4\text{S/m}$)两种情况下地波传播时离主台 80km 处的场强。

4-53　一垂直发射天线,工作频率 $f=1\text{MHz}$,天线基部电流为 50A,天线有效高度为 48m,电波在湿土($\varepsilon_r=20$,$\sigma=10^{-2}\text{S/m}$)上传播,求距天线 100km 处的场强。

4-54　试求 $f=5\text{MHz}$ 的电波在电子浓度 $N=1.5\times10^5/\text{cm}^3$ 的电离层时的最小入射角。

4-55　设通信距离为 1000km,利用高度为 100km 的 E 层反射,E 层的最大电子密度为 $2\times10^{11}/\text{m}^3$,求最佳工作频率和发射天线的仰角。

4-56　设电视发射台天线架高 200m,某接收天线允许架设的最大高度为 36m,试求视距距离 $d$。

4-57　某电视台的服务区域为以发射天线为中心、半径为 50km 的范围,试确定此发射天线的架设高度。

4-58　发射天线的辐射功率为 25W,工作波长为 20cm,方向系数 $D=60$,架设高度 $h_1=100\text{m}$,接收天线架设高度 $h_2=25\text{m}$,收发天线间的距离 $r=10\text{km}$,求传播路径中所需的最大传播余隙和接收点的场强。

4-59　同步卫星距地面 36 000km,试求利用此卫星进行洲际通信时的服务半径(提示:不计大气折射的影响,不应使用地面视距传播计算视线距离的公式)。

# 附录 A　简单不均匀性的等效电路分析

微波网络元件是基于微波传输线中的不均匀性(或不连续性)构成的。由于微波网络理论是在低频网络理论的基础上产生的,因此类似于低频电路中的集总元件的电路,将这些不均匀性用集总元件的等效电路表示。但应注意,等效电路中的集总元件模型在结构与内容上都不同于低频集总元件,它们不仅与不均匀性的结构尺寸有关,而且还与传输线的类型、传输模式、工作频率及特定的边界等因素有关,并且一般也是不能用相应的集总元件实现的。对不均匀性的分析计算,可通过求解电磁场的边值问题得到,这里只定性对一些常见简单不均匀性进行介绍,并给出等效电路及计算公式。

## A.1　矩形波导的不连续性

矩形波导的不连续性有膜片、谐振窗、销钉、波导阶梯及 T 形接头等,下面分别讨论。

1. 膜片

矩形波导中的膜片从其电性能上来看,可分为两类:一类是电容膜片;另一类是电感膜片。下面分别叙述。

**(1) 电容膜片**

图 A-1 所示为矩形波导中电容膜片结构及其等效电路。矩形波导中传输的是 $TE_{10}$ 模电磁场,在不连续性膜片处要激励起高次模,这些高次模在波导中是截止的,离膜片不远的地方就会很快地被衰减掉。由于

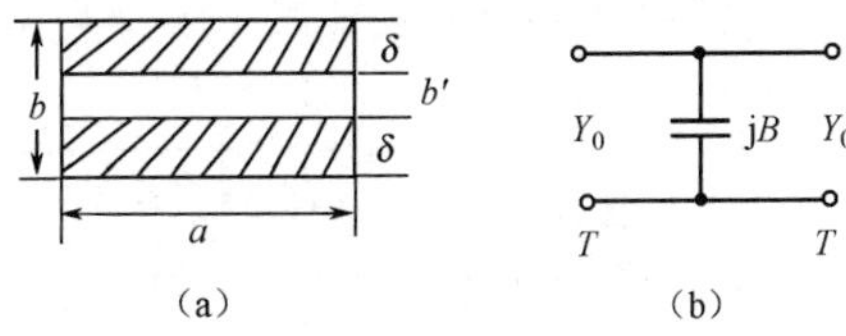

图 A-1　电容膜片结构及其等效电路

$TE_{10}$ 模电场只有 $y$ 分量,没有 $x$ 分量,且不连续性仅在 $y$ 方向上,$x$ 方向是连续的,故电力线在膜片两边以边缘电场形式分布着。这样一来,在膜片附近存储了净电能,同时膜片极薄且无损耗,因此,该不连续性膜片可等效为一个集总电容元件,用容纳 j$B$ 表示之,如图 A-1(b)所示。若在此波导终端接匹配负载,则由此电纳 j$B$ 所引起的反射系数是

$$\Gamma = \frac{Y_0 - (Y_0 + \mathrm{j}B)}{Y_0 + (Y_0 + \mathrm{j}B)} = -\frac{\mathrm{j}B}{2Y_0 + \mathrm{j}B} = -\frac{\mathrm{j}\bar{B}}{2 + \mathrm{j}\bar{B}} \tag{A-1}$$

式中,$\bar{B} = B/Y_0$ 是归一化电纳。将式(A-1)对 $\mathrm{j}\bar{B}$ 求解得

$$\mathrm{j}\bar{B} = -\frac{2\Gamma}{1 + \Gamma} \tag{A-2}$$

由此可见,利用测量反射系数的方法可以确定它的电纳值。

电容膜片的电纳也可以用准静态场法或变分法等来计算。对于图 A-1(a)的对称电容膜片,其归一化电纳的一次近似值为

$$\bar{B} = \frac{B}{Y_0} = \frac{4b}{\lambda_g}\ln \csc\left(\frac{\pi b'}{2b}\right) \tag{A-3}$$

式中,$\lambda_g$ 是波导波长,$b$ 是波导高度,$b'$是两膜片间的间距。表 A-1 中列出几种电容膜片的等效电路和一次近似值公式。这些公式在 $b/\lambda_g<1$ 的情况下的误差小于 5%。手册中的设计曲

线是采用二次近似值绘出的,其误差比5%更小。

**表 A-1　波导中电容膜片的结构及其等效电路**

| 波导横截面 | 波导侧面 | 等效电路与设计公式 |
| --- | --- | --- |
| 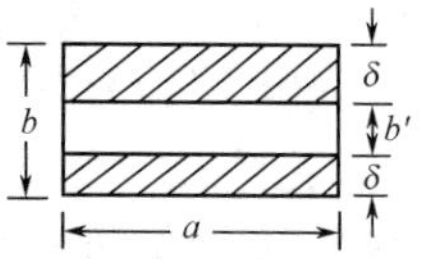 $b$, $\delta$, $b'$, $\delta$, $a$ | 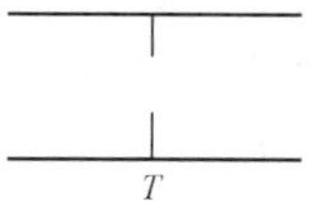 $T$ | 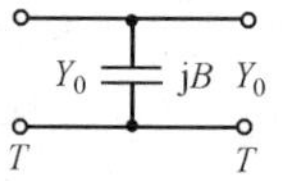 $Y_0$ jB $Y_0$, $T$ $T$; $B/Y_0 = \frac{4b}{\lambda_g}\ln\csc\frac{\pi b'}{2b}$ |
| 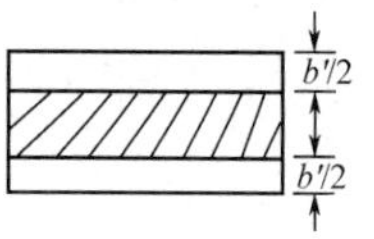 $b'/2$, $b'/2$ | 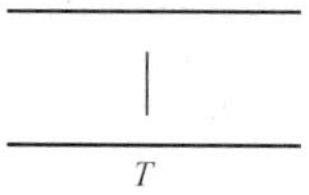 $T$ | 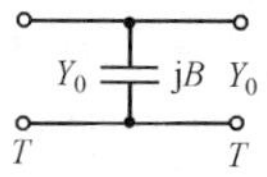 $Y_0$ jB $Y_0$, $T$ $T$; $\frac{B}{Y_0} = \frac{4b}{\lambda_g}\ln\csc\frac{\pi b'}{2b}$ |
| 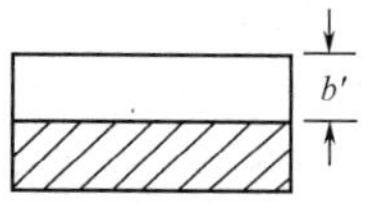 $b'$ | 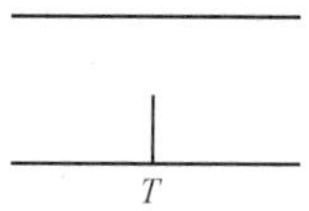 $T$ | 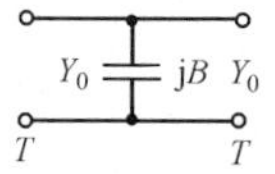 $Y_0$ jB $Y_0$, $T$ $T$; $\frac{B}{Y_0} = \frac{8b}{\lambda_g}\ln\csc\frac{\pi b'}{2b}$ |
| 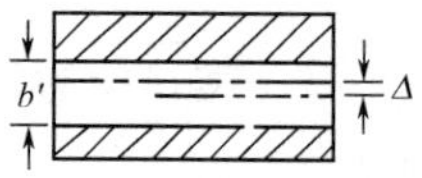 $b'$, $\Delta$ | 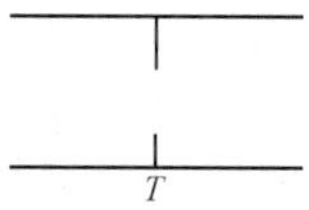 $T$ | 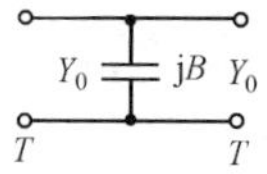 $Y_0$ jB $Y_0$, $T$ $T$; $\frac{B}{Y_0} = \frac{4b}{\lambda_g}\ln\left(\sec\frac{\pi}{6}\Delta\csc\frac{\pi b'}{2b}\right)$ |

由于电容膜片的口径附近电场比较集中,容易发生击穿,因此其传输的功率容量低,同时电容膜片不易得到较大的等效电纳,所以在实际应用中,除特殊情况外,很少采用。

**(2) 电感膜片**

图 A-2 所示为矩形波导中的电感膜片结构及其等效电路。波导中传输的是 $TE_{10}$模电磁场,在该不连续性膜片上要激励起高次模。这些高次模在波导中是截止的,在离膜片不远的地方就很快地被衰减掉。由于 $TE_{10}$模的磁场没有 $y$ 分量,而不连续性只在 $x$ 方向上,在 $y$ 方向是连续的,因此满足边界条件的高次模在膜片口径上产生的磁场储能大于电场储能,同时膜片极薄且无损耗,故此膜片可等效成一个集总电感元件,用感纳 $-\mathrm{j}B$ 表示,如图 A-2(b)所示。这个感纳 $-\mathrm{j}B$ 也可以通过测量反射系数求得。

感纳 $-\mathrm{j}B$ 可以用电磁场边值问题求解,对于图 A-2(a)的对称电感膜片,其归一化电纳值可用下列近似公式来计算,即

$$\overline{B} = \frac{B}{Y_0} = \frac{\lambda_g}{a}\cot^2\left(\frac{\pi\delta}{2a}\right) \qquad \text{(A-4)}$$

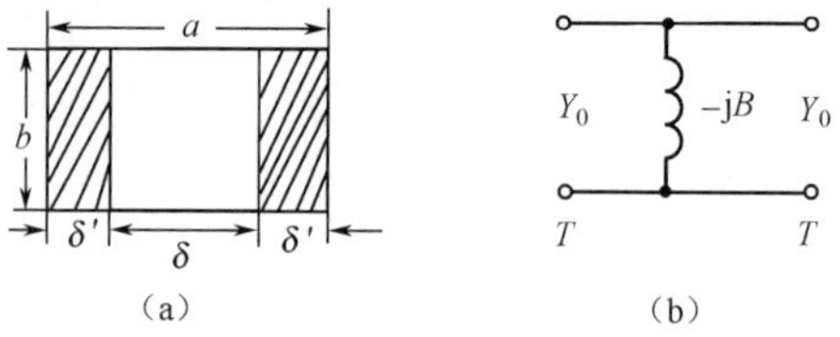

(a)　(b)

图 A-2　电感膜片结构及其等效电路

式中,$\lambda_g$ 是波导波长,$a$ 是波导宽边长度,$b$ 是波导窄边长度,$\delta$ 是两膜片间的间距。表 A-2 列出几种电感膜片结构的等效电路及其设计公式。这些设计公式都是近似的,利用手册中的设计曲线可以得到更精确的结果。

电感膜片的电场不像电容膜片那样集中在膜片口径附近,故功率容量较大,不易击穿,同时也易于获得较大的电纳值,所以实际应用甚广。

**表 A-2　波导中电感膜片结构及其等效电路**

| 波导横截面 | 波导侧面 | 等效电路与设计公式 |
| --- | --- | --- |
| $b$，$\delta$，$a$ | $T$ | $Y_0$　$-\mathrm{j}B$　$Y_0$　$T$　$T$　$\dfrac{B}{Y_0}=\dfrac{\lambda_g}{a}\cot^2\dfrac{\pi\delta}{2a}$ |
| $\delta$ | $T$ | $Y_0$　$-\mathrm{j}B$　$Y_0$　$T$　$T$　$\dfrac{B}{Y_0}=\dfrac{\lambda_g}{a}\cot^2\left(\dfrac{\pi\delta}{2a}\right)\left(1+\csc^2\dfrac{\pi\delta}{2a}\right)$ |
| $\delta$ | $T$ | $Y_0$　$-\mathrm{j}B$　$Y_0$　$T$　$T$　$\dfrac{B}{Y_0}=\dfrac{2\lambda_g}{a\,\mathrm{arcsch}\left(\csc\dfrac{\pi\delta}{2a}-2\right)}$ |

## 2. 谐振窗

在微波系统中,为了将某些电真空器件与波导相耦合,或者将波导充气或密封,使之不影响微波功率的传输,广泛采用谐振窗或介质密封的谐振窗。谐振窗也可以作为滤波器的谐振器。

图 A-3 所示为谐振窗结构及其等效电路。它是由在垂直于波导轴线的平面上焊接一个金属框构成的,如果在金属框上再粘上薄介质片(如玻璃、云母、聚四氟乙烯、陶瓷片等),就成为介质谐振窗。

直观来看,我们可以把谐振窗理解为电感膜片和电容膜片的组合,因此可用图 A-3(b)的等效电路来表示。显然,当它的电场储能和磁场储能相等时发生谐振,并联导纳为零,信号将无反射地通过。此时的工作频率即谐振频率,相应的工作状态称为匹配状态。在失谐频率上,或者磁场储能大于电场储能,或者电场储能大于磁场储能,因此呈现电感性或电容性,必定引起反射,称此时的工作状态为失配状态。

根据波导理论,可以把谐振窗看成在主波导中级联一小段横截面为 $a'\times b'$ 的缩小尺寸波导,只要它们相匹配,就不会有反射。对于空气填充的均匀波导,当其横截面尺寸满足下列条件时,

$$\lambda > a > \lambda/2,\qquad \lambda/2 > b > 0$$

波导中只有 $TE_{10}$ 模传输,其归一化特性阻抗为

$$(\bar{Z})_{TE_{10}} = \frac{b}{a}\frac{1}{\sqrt{1-(\lambda/2a)^2}}$$

相应地缩小尺寸波导的归一化特性阻抗为

$$(\bar{Z}')_{TE_{10}} = \frac{b'}{a'}\frac{1}{\sqrt{1-(\lambda/2a')^2}}$$

因此,匹配条件是

$$\frac{b}{a\sqrt{1-(\lambda/2a)^2}} = \frac{b'}{a'\sqrt{1-(\lambda/2a')^2}} \qquad \text{(A-5)}$$

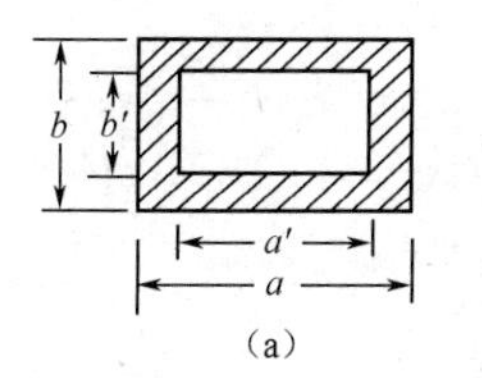

(a)

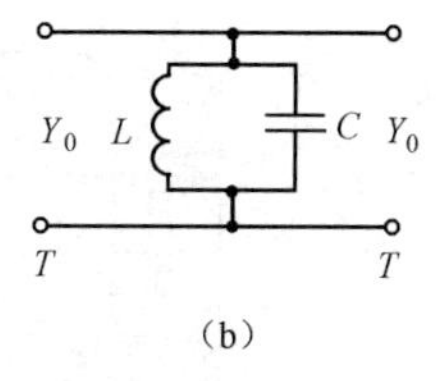

(b)

图 A-3　谐振窗结构及其等效电路

由此可见，对于某固定波长 $\lambda$，满足谐振窗匹配条件的 $a'$ 和 $b'$ 有无穷多个。将 $a'=2x, b'=2y$ 代入式(A-5)可得

$$\frac{b}{a\sqrt{1-(\lambda/2a)^2}}=\frac{y}{x\sqrt{1-(\lambda/4x)^2}}$$

即

$$x^2-\frac{4a^2-\lambda^2}{4b^2}y^2=\frac{\lambda^2}{16} \tag{A-6}$$

上式是个双曲线方程，该曲线如图 A-4 所示。曲线上各点所对应的尺寸都满足匹配条件。实验证明，式(A-6)可用于空气谐振窗的初步工程设计。

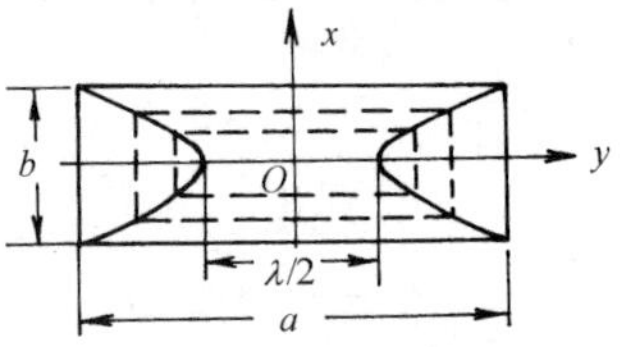

图 A-4　确定谐振窗尺寸的双曲线

如果谐振窗有介质填充，设介质的相对介电常数为 $\varepsilon_r$，磁导率为 $\mu_0$，则式(A-6)须改变为

$$\frac{b}{a\sqrt{1-(\lambda/2a)^2}}=\frac{b'}{a'\sqrt{\varepsilon_r}\sqrt{1-\lambda^2/4a'^2\varepsilon_r}} \tag{A-7}$$

利用此公式可以对介质谐振窗进行初步估计，然后通过实验修正。

3. 销钉

在微波系统中，用作匹配元件、滤波器和固定移相器的销钉有两种，一种是电感销钉，另一种是电容销钉，它们都是用无耗细金属棒对穿矩形波导构成的，又称为对穿销钉。

图 A-5 所示为矩形波导中电感销钉结构及其等效电路。当波导中传输 $TE_{10}$ 模时，它将在销钉上引起电流流通，在销钉周围激发起磁场，产生高次模。高次模的磁场储能大于电场储能，故在销钉周围存储了净磁能，同时销钉极细且无损耗，因此，该销钉可等效成一个集总元件电感，称为电感销钉。在图 A-5 所示的等效电路中，感纳 $-\mathrm{j}B$ 可用下面近似公式来计算：

$$\frac{B}{Y_0}=\frac{2\lambda_g}{a\left[\sec^2\frac{\pi\Delta}{a}\ln\left(\frac{2a}{\pi r}\cos\frac{\pi\Delta}{a}\right)-2\right]} \tag{A-8}$$

如果销钉放在波导中央，则 $\Delta=0$，于是上式变为

$$\frac{B}{Y_0}=\frac{2\lambda_g}{a\left(\ln\frac{2a}{\pi r}-2\right)} \tag{A-9}$$

图 A-6 所示为矩形波导中电容销钉结构及其等效电路。这种销钉与 $TE_{10}$ 模的横向磁场平行，在其附近空间激发出与它相垂直的法向电场，引起电场能量集中，呈现出电容性。由于销钉甚细且无损耗，故可用一个集总元件电容来等效，称为电容销钉。图 A-6(b)所示为其等效电路，容纳 $\mathrm{j}B$ 可按下列公式来近似计算：

$$\frac{B}{Y_0}=\frac{4\pi^2r^2}{\lambda_g b} \tag{A-10}$$

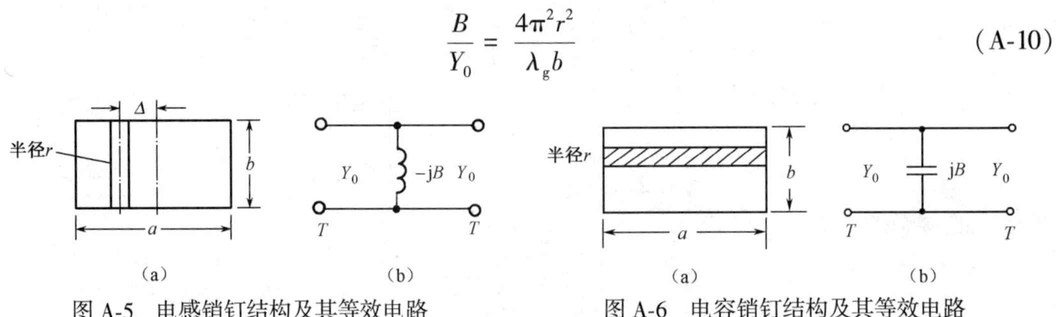


图 A-5　电感销钉结构及其等效电路　　图 A-6　电容销钉结构及其等效电路

### 4. 波导阶梯

在不同截面尺寸的矩形波导相连接时，在连接处就会形成波导阶梯，产生不连续性，激发起高次模。最常见的阶梯是 E 面阶梯和 H 面阶梯，下面分别叙述。

**(1) E 面阶梯**

图 A-7(a)所示为矩形波导的 E 面阶梯，它是由两个宽度相等、高度不等的波导构成的。由于两个波导对称连接，所以又称为对称 E 面阶梯。这种阶梯不连续性是沿着 $y$ 方向的，$x$ 方向没有不连续性，同时激励的 $TE_{10}$模没有 $x$ 分量电场，故所激发的高次模的电场能量大于磁场能量，因此不连续性阶梯呈电容性，可用一个集总元件电容表示，如图 A-7(b)所示。该电容元件的容纳 $B$ 可引用电容膜片的结果来计算。因为在用准静态场法求解时，波导阶梯左半边的电场分布与对称电容膜片一半的电场分布一样，而阶梯右半边的边缘场影响可以忽略，故波导阶梯的容纳将是相对应电容膜片容纳的一半，即

$$\frac{B}{Y_0} = \frac{2b}{\lambda_g}\ln \csc\left(\frac{\pi b'}{2b}\right) \tag{A-11}$$

如果波导阶梯是不对称的，如图 A-8 所示，则应用镜像法可把它看成高为 $2b$ 和 $2b'$的两个矩形波导对称连接，于是其等效电路中的容纳 $B$ 是

$$\frac{B}{Y_0} = \frac{4b}{\lambda_g}\ln \csc\left(\frac{\pi b'}{2b}\right) \tag{A-12}$$

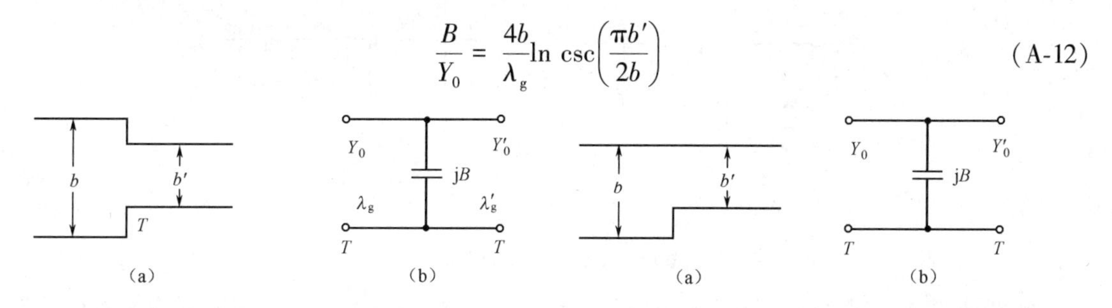


图 A-7　对称 E 面阶梯及其等效电路　　图 A-8　不对称 E 面阶梯及其等效电路

**(2) H 面阶梯**

矩形波导中 H 面阶梯如图 A-9(a)所示，它是由两个高度相等、宽度不等的矩形波导相连接时所构成的。这种情况与电感膜片相似，可以用一个集总元件电感来等效，如图 A-9(b)所示。在应用时需要特别注意阶梯两侧波导的特性阻抗是不相等的，另外，对应的 H 面阶梯波导波长亦不相等。

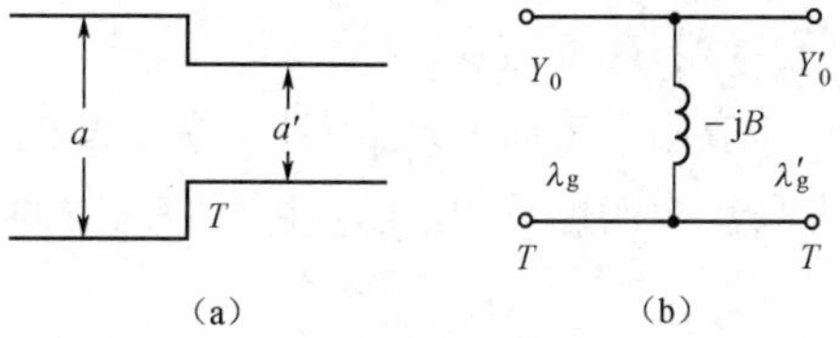

图 A-9　对称 H 面阶梯及其等效电路

### 5. 波导 T 形接头

矩形波导 T 形接头有 E-T 接头和 H-T 接头两种结构，如图 A-10 所示。图A-10(a)是 E 面 T 形接头，简称 E-T 接头，它的分支波导的宽壁与主波导中 $TE_{10}$模的电场方向平行。图 A-10(b)是 H 面 T 形接头，简称 H-T 接头，它的分支波导的宽壁与主波导中 $TE_{10}$模的磁场平行。

这种 T 形接头多用作分支接头，在微波元部件中经常碰到类似的结构，如何正确处理和设计，是研究和设计微波元部件的问题之一，下面我们分别讨论这两种接头的特点及等效电路。

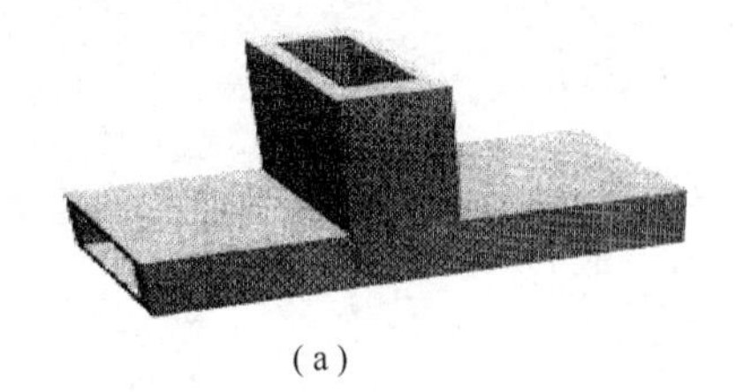
(a)

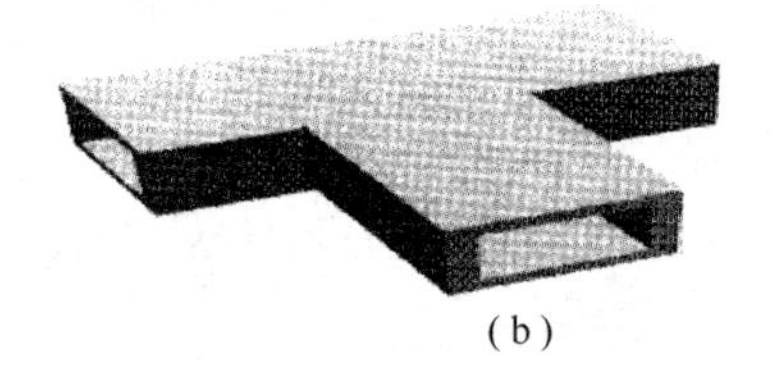
(b)

图 A-10　矩形波导 T 形接头

**(1) E-T 接头**

首先我们用惠更斯原理来定性地分析 E-T 接头的工作原理以及简单等效电路。简化起见,暂不考虑接头处不连续性所产生的高次模的影响,只讨论 $TE_{10}$模传输情况。

设激励 $TE_{10}$模的信号源接在该接头的端口 1 上,则 $TE_{10}$模电磁波将向端口 2 和端口 3 传输,其电场分布如图 A-11(a)所示,由此可见,如果简单认为端口 1 和 2 之间紧靠着,不计其电长度,则端口 1 的电压将等于端口 2 与端口 3 的电压之和。又设有两个相同的信号源,分别从端口 1 和端口 2 两边的对称位置上同时向接头激励,则其电场分布如图 A-11(b)所示,端口 3 没有电磁波传输,波在主波导中形成驻波。根据这两种不同激励情况的传输特性,E-T 接头的分支波导相当于一个串联分支,它的简单等效电路应是个具有串联分支的传输线,如图 A-12 所示。

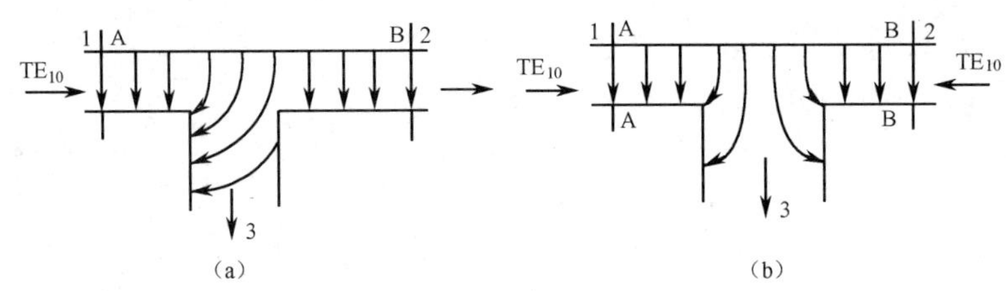


图 A-11　E-T 接头中的电场分布

实践证明,E-T 接头的上述等效电路虽然能表明其主要特性,但由于没有考虑高次模的影响,不足以表示其全部特性。首先,高次模的影响是在接头处要产生反射波;其次使传输波的大小和相位发生变化。因此,E-T 接头的等效电路必须在图 A-12 的简单等效电路的基础上,加以适当的修正补充,以使其能更好地表示实际 E-T 接头的性能,如图 A-13 所示,图中各参数可查阅有关的设计手册。

**(2) H-T 接头**

应用惠更斯原理,不计其端口间的电长度,同样可以对 H-T 接头进行分析,分析时暂不考虑高次模的影响,只讨论主模 $TE_{10}$波的传输情况。

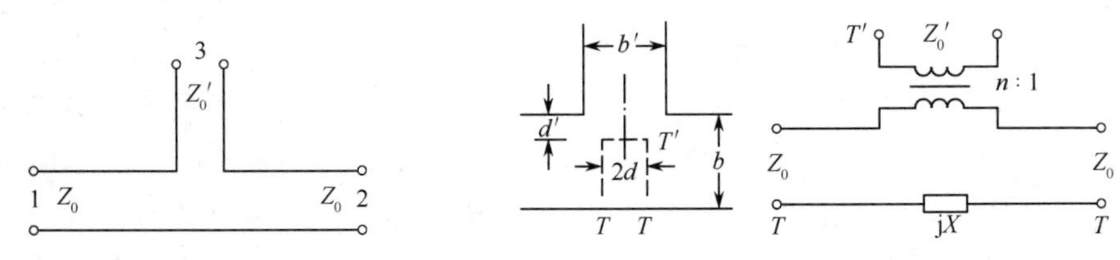


图 A-12　E-T 接头简单等效电路　　　图 A-13　E-T 接头的实际等效电路

设有 $TE_{10}$模从端口 1 输入,由端口 2 和端口 3 输出,则其电场分布如图 A-14(a)所示。图中黑点表示电力线的方向由纸下指向纸面,虚线表示电磁波传输的等相位面(波前),由此可见,接头处各端口的电压是相同的。图 A-13(b)所示电磁波由端口 3 输入,由端口 1 和端口 2

输出,各端口电压也相同。因此 H-T 接头的分支波导相当于一个并联分支,它的简单等效电路应是个具有并联分支的传输线,如图 A-15 所示。

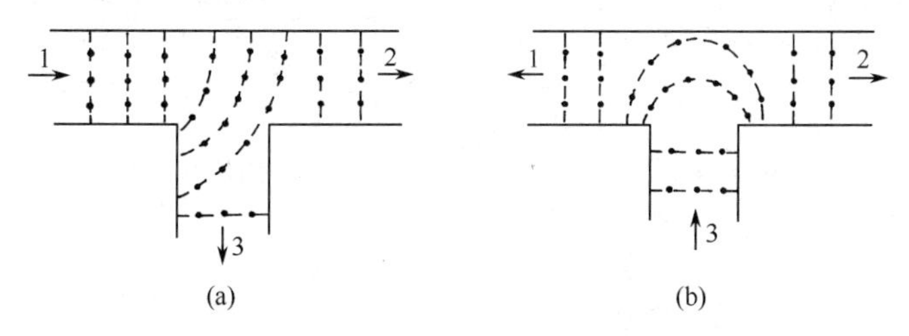


图 A-14　H-T 接头中的电场分布

实际上 H-T 接头的等效电路必须考虑高次模的影响,因而必须在上述简单等效电路的基础上加以修改和补充,从而得到图 A-16 的实际等效电路,图中的电路参数可查阅有关设计手册曲线。必须注意,H-T 接头与 E-T 接头并不是相互对偶电路,不能从 E-T 接头的数据对偶得出 H-T 接头的数据。

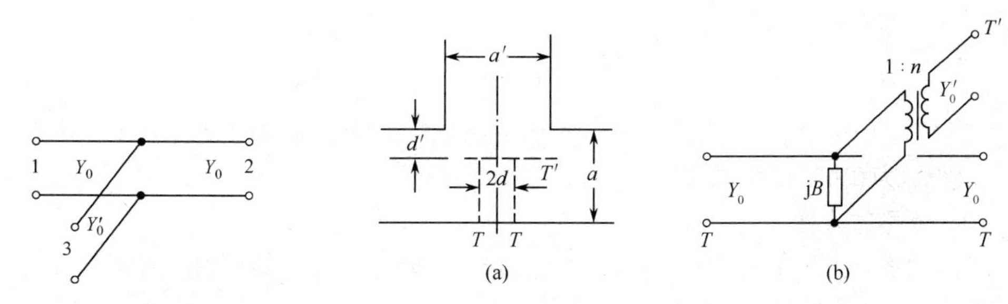


图 A-15　H-T 接头的简单等效电路

图 A-16　H-T 接头的实际等效电路

## A.2　同轴线的不连续性

在微波系统中,采用同轴线结构经常会遇到许多不连续性问题,例如,内外导体半径突变所形成的阶梯、中心导体间断的间隙电容、销钉及串联和并联的短截线等。所有这些,在设计同轴元件时都要正确处理,方能提高同轴元件的质量。下面分别叙述。

### 1. 同轴线阶梯

图 A-17 所示为同轴线的内外导体半径发生突变所形成的各种阶梯。这种阶梯不连续性使主模(TEM 模)电磁场分布发生畸变,激起高次模。这些高次模是截止的,只在不连续性附近存在,稍远一些即被衰减。由于 TEM 模只有径向电场,而不连续性只存在于径向上,因此这些高次模的电场能量大于磁场能量,可用一个集总元件的并联电容来表示,如图 A-17(d)所示。并联电容 $C_d$ 值的计算可采用准静态场法或变分法等,也可以利用计算机进行数值计算。

**(1) 内导体阶梯**

当同轴线内导体上有不连续性阶梯,如图 A-17(a)所示时,其等效边缘电容 $C_d$ 值可由下式来计算,即

$$C_d{}' = \frac{\varepsilon}{100\pi}\left(\frac{\alpha^2+1}{\alpha}\ln\frac{1+\alpha}{1-\alpha} - 2\ln\frac{4\alpha}{1-\alpha^2}\right) + 11.1(1-\alpha)(\tau-1)\times 10^{-15}\quad \text{F/cm} \tag{A-13}$$

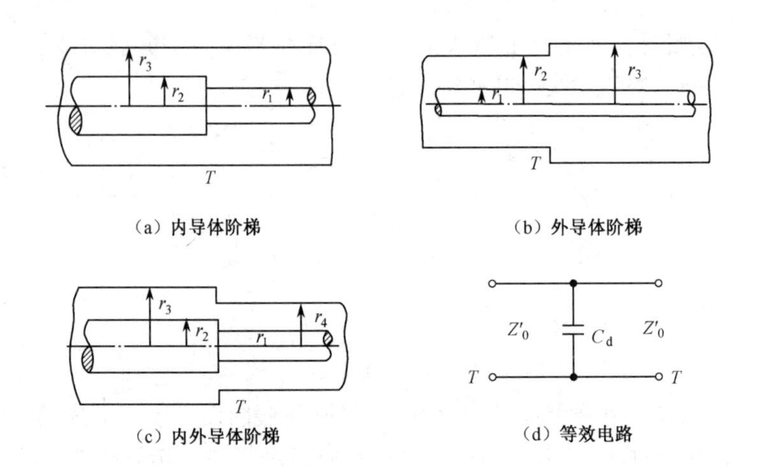


(a) 内导体阶梯　(b) 外导体阶梯　(c) 内外导体阶梯　(d) 等效电路

图 A-17　同轴线的阶梯不连续性及其等效电路

其中
$$\alpha=\frac{r_3-r_2}{r_3-r_1},\qquad \tau=\frac{r_3}{r_1}$$

而 $C_d$ 是
$$C_d=2\pi r_3 C'_d \tag{A-14}$$

式(A-13)在 $0.01\leqslant\alpha\leqslant1.0$、$1.0<\tau\leqslant6.0$ 的范围内,最大误差不超过 $\pm0.30\times10^{-15}$ F/cm。图 A-18所示为相应的设计曲线。

**(2) 外导体阶梯**

当同轴线外导体上有阶梯不连续性时,其等效边缘电容 $C_d$ 值可由下式来计算:

$$C'_d=\frac{\varepsilon}{100\pi}\left(\frac{\alpha^2+1}{\alpha}\ln\frac{1+\alpha}{1-\alpha}-2\ln\frac{4\alpha}{1-\alpha^2}\right)+4.12(0.8-\alpha)(\tau-1.4)\times10^{-15}\quad \text{F/cm} \tag{A-15}$$

式中
$$\alpha=\frac{r_2-r_1}{r_3-r_1},\qquad \tau=\frac{r_3}{r_1}$$

而 $C_d$ 是
$$C_d=2\pi r_1 C'_d \tag{A-16}$$

在 $0.01\leqslant\alpha\leqslant0.7$、$1.5\leqslant\tau\leqslant6.0$ 的范围内,式(A-15)的最大误差不超过 $\pm0.6\times10^{-15}$ F/cm。图 A-18 所示为相应的设计曲线。

**(3) 内外导体阶梯**

当同轴线的内外导体均有阶梯不连续性,如图 A-17(c)所示时,其等效边缘电容 $C_d$ 可视其阶梯结构所引起的场的畸变情况而定。图中的内外导体阶梯可以看成内导体阶梯引起的场畸变在不连续性右边,而外导体阶梯引起的场畸变在不连续性左边,两者互不相干。因此,对于右边的内导体阶梯,可用式(A-13)和式(A-14)来计算;对于左边外导体阶梯,可用式(A-15)和式(A-16)来计算,然后两者相加,就可得到内外导体阶梯的并联电容:

$$C_d=2\pi r_2 C'_{d外}+2\pi r_4 C'_{d内} \tag{A-17}$$

需要注意,在使用内导体阶梯、外导体阶梯或内外导体阶梯时,同轴线左右两侧的特性阻抗有可能不同。

## 2. 同轴线开路端电容

图 A-19 所示为一个同轴线开路端,在开路端上由于边缘电荷集中,产生了边缘电场,它可等效为一个集总元件电容,而不是真正的开路端。开路端等效电容的计算可应用图 A-18(a)的曲线,此时 $r_1=0$,$\tau=\infty$,$\alpha=(r_3-r_2)/r_3$,根据这些数据,即可由图 A-18(a)的 $\tau=\infty$ 曲线查得 $C'_{\mathrm{d}}$ 值,于是开路端电容值是

$$C_{\mathrm{d}} = 2\pi r_3 C'_{\mathrm{d}} \tag{A-18}$$

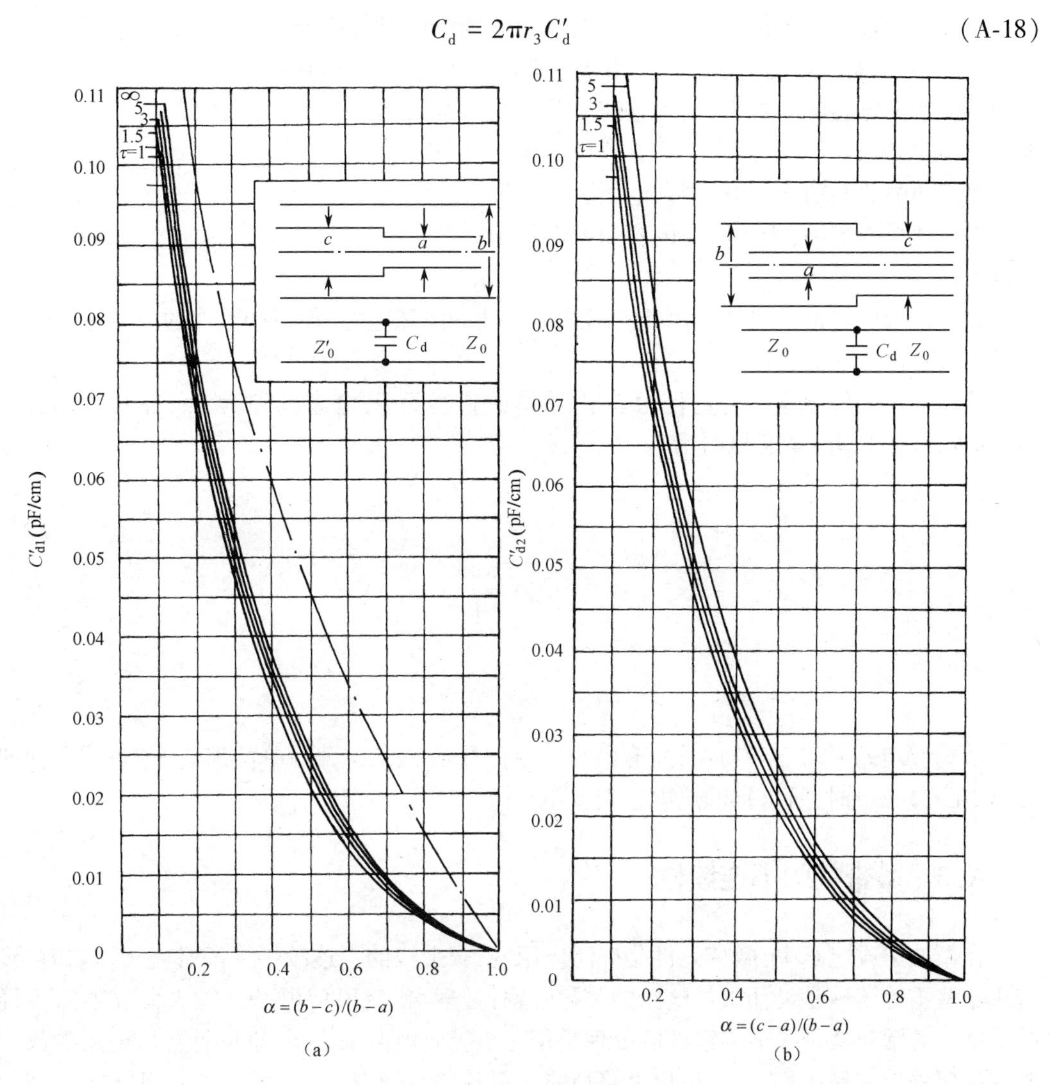


图 A-18　同轴线阶梯的边缘电容

此外,我们还可以把开路端电容用一小段同轴线来等效,如图 A-19(c)所示。等效长度$\Delta l$可用下式来计算

$$\Delta l = \frac{\lambda}{2\pi}\operatorname{arccot}\frac{\omega C_{\mathrm{d}}}{Y_0} = \frac{\lambda}{2\pi}\operatorname{arccot} Z_0 \omega C_{\mathrm{d}} \tag{A-19}$$

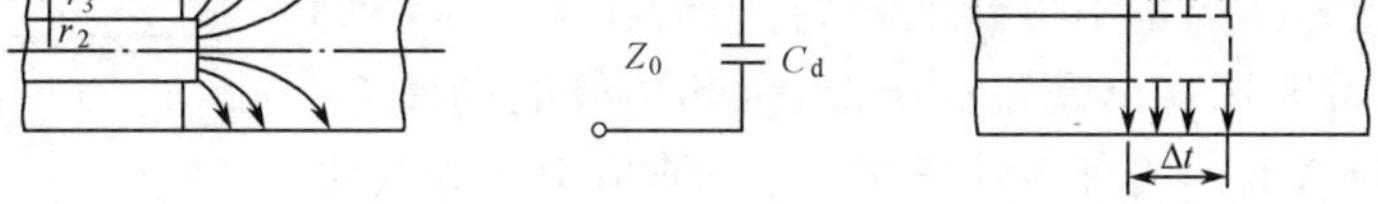

(a)　(b)　(c)

图 A-19　同轴线的开路端

需要注意,同轴线右端的尺寸应选择得使某些圆波导模式不能传播,以免影响开路性能。

### 3. 同轴线的电容间隙

为了在同轴线上获得串联电容,可以把同轴线的内导体断开,如图 A-20 所示。这种串联电容可以作为耦合电容,也可以作为隔直流电容。产生所需电容的间隙,可用理论或实验方法确定。实验方法如下:先测出该不连续性的电压驻波比与间隙关系曲线,然后根据电压驻波比计算出不连续性的容纳,于是所需电容间隙即可由此得出。

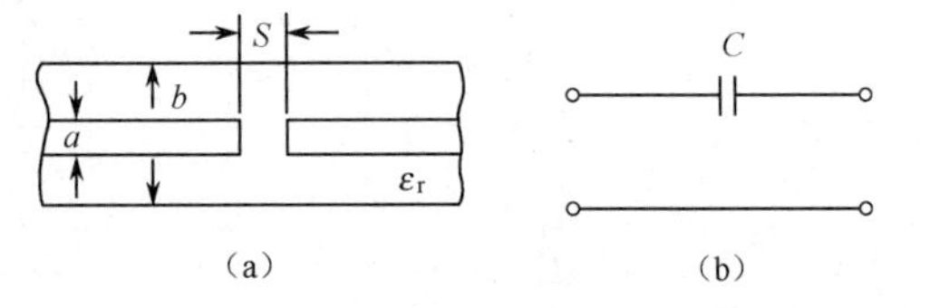


图 A-20 同轴线的电容间隙

通常很难用理论直接计算出任意横截面形状的间隙电容,但对同轴线的内导体间隙,可用下述方法获得良好的近似。

设同轴线的外导体的内直径为 $b$,内导体的直径为 $a$,电容间隙为 $S$。若 $b-a<\lambda$,$S\ll\lambda$,$S\ll(b-a)$,则此间隙电容可写为

$$C = C_p + C_f \tag{A-20}$$

式中,$C_p$ 是平板电容,其值为

$$C_p = \frac{\pi\varepsilon a^2}{4S} \tag{A-21}$$

$C_f$ 是边缘电容,其值为

$$C_f = \varepsilon a \ln\left(\frac{b-a}{S}\right) \tag{A-22}$$

在式(A-19)~式(A-21)中,所有电容的单位都是 F,$a$、$b$、$S$ 的单位都是 m。利用这种近似计算,在$a/b<0.1$时,所求得的总电容误差不超过 5%。

## A.3 微带线的不连续性

在微波集成电路中,微带元件是广泛应用的,微带线的不连续性要经常碰到。如何处理和利用这些不连续性是设计微带电路的关键问题,处理恰当,可使电路性能大大改善,达到预期的要求。通常对微带线不连续性的处理是用一个等效电路来表示,准确计算出电路参数,设计时就按照等效电路进行,从而确保电路性能。但是,微带结构的边界条件是很复杂的,再加上不连续性结构,那就更加复杂化了。现在对微带线不连续性的精确计算,都是用电子计算机来进行数值计算的,以得出所需数据。但为了应用简便,这里我们只介绍几种不连续性的近似公式和经验数据,它们大都从矩形波导和带状线中移植过来,一般能得到较好的效果。

### 1. 微带线的开路端

微带线的理想开路端是不可能实现的,因为在微带中心导带突然中断处,导带末端将出现过剩电荷,引起边缘电场效应。这种边缘场的影响通常有两种方法来表示,一种是用一等效集总元件电容,另一种是用一段微带线。后者用来设计微带结构比较简便,图 A-21 所示为这种表示方法。

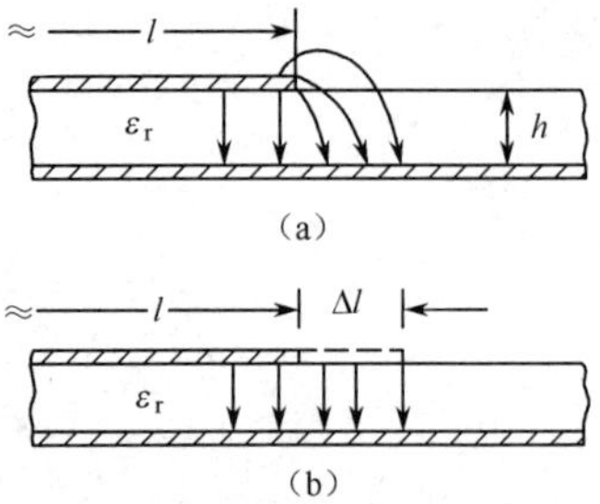

图 A-21 微带线开路端的边缘场效应

计算微带线开路端的缩短长度 $\Delta l$ 的方法有很多,这里我们把带状线开路端的经验公式移植过来。在带状线开路端的公式中,用 $2h$ 代换 $b$,即可得到微带线开路端的缩短长度是

$$\Delta l = \frac{1}{\beta}\operatorname{arccot}\left(\frac{4C + 2W}{C + 2W}\cot\beta C\right) \tag{A-23}$$

式中,$\beta = 2\pi/\lambda_e$,$\lambda_e$ 是微带波长,$C = \frac{2h}{\pi}\ln 2$。同时,当 $\beta C \leqslant 0.3$ 时,上式可简化为

$$\Delta l = C\frac{C + 2W}{4C + 2W} \tag{A-24}$$

实践表明,在氧化铝陶瓷基片上阻抗为 50Ω 左右的开路端,$\Delta l = 0.33h$ 是个很好的修正项,在 L、S 波段直到 X 波段都可使用。

### 2. 微带线阶梯

当两根中心导带宽度不等的微带线相接时,在中心导带上就会出现阶梯。阶梯不连续性上的电荷和电流分布将同均匀微带线上的分布不相同,从而引起高次模。通常有两种等效电路来表示微带阶梯不连续性:一种是在传输线上用一个串联电感来表示;另一种是在传输线上用一个并联电容来表示。图 A-22 所示为用串联电感表示的等效电路,这个等效电路是从矩形波导阶梯不连续性的等效电路对偶变换而得的。由于微带线可以等效成平板传输线,平板传输线的平板宽度 $D$ 与微带线中心导带宽度 $W$ 之间的关系是

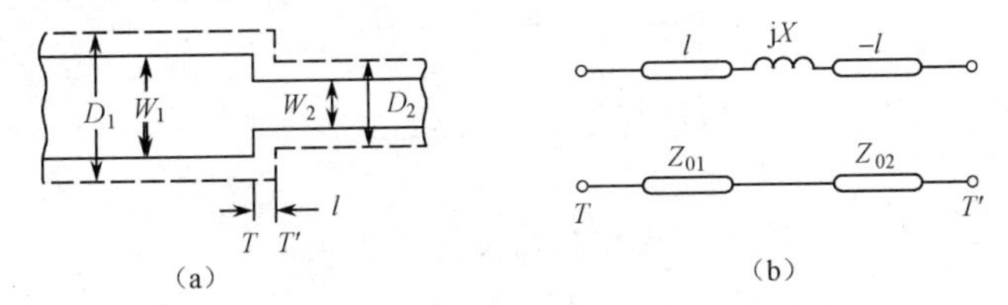


图 A-22　微带线阶梯及其等效电路

$$D_1 = \frac{120\pi h}{Z_{01}\sqrt{\varepsilon_{e1}}}, \qquad D_2 = \frac{120\pi h}{Z_{02}\sqrt{\varepsilon_{e2}}} \tag{A-25}$$

式中,$Z_{01}$ 和 $Z_{02}$ 是微带阶梯的阶梯阻抗,已知 $\varepsilon_r$、$h$ 以及 $W_1$ 和 $W_2$ 后,就可由微带数据表求得 $Z_{01}$、$\varepsilon_{e1}$ 和 $Z_{02}$、$\varepsilon_{e2}$,于是就可计算出 $D_1$ 和 $D_2$ 来。已知 $D_1$ 和 $D_2$ 后,图 A-22(b)等效电路的电路参数是

$$\frac{X}{Z_{01}} = \frac{2D_1}{\lambda_{e1}}\ln\csc\left(\frac{\pi}{2}\frac{D_2}{D_1}\right), \qquad l = \frac{2h}{\pi}\ln 2 \tag{A-26}$$

式中

$$\varepsilon_e = \frac{\varepsilon_r + 1}{2} + \frac{\varepsilon_r - 1}{2}\left(1 + \frac{10h}{W}\right)^{-1/2}, \qquad \lambda_e = \lambda_0/\sqrt{\varepsilon_e} \tag{A-27}$$

在实际应用中,$X$ 值和 $l$ 值一般较小,对电路的影响不太大,故可以忽略。或者把 $l$ 看成零,而只考虑 $X$ 的影响,于是图 A-22 中参考面 $T$ 与 $T'$ 重合,这就更利于设计了。

和其他形式传输线阶梯一样,微带线阶梯也应注意左右两侧的特性阻抗不同。

### 3. 微带线的电容间隙

微带间隙是微带电路中常见的不连续性,用它可作为耦合电容和隔直流电容。在间隙很小时,可以把它看成一个集总元件串联电容,电容 $C$ 值可用近似计算或实验方法来确定。

图 A-23 所示为一个 50Ω 微带线的间隙电容与间距 $S$ 的关系曲线，由此可在已知 $S$ 时来确定电容值。但在要求较精确的情况下，电容间隙不能看成一个集总电容，而要用 Π 形等效电路来表示，如图 A-24 所示。这是用微带平板模型上的间隙与矩形波导缝隙等效而得到的。其等效电路参数是

$$\frac{B_a}{Y_0}=-\frac{4h}{\lambda_e}\ln \operatorname{ch}\frac{\pi S}{2h},\qquad \frac{B_b}{Y_0}=\frac{2h}{\lambda_e}\ln \operatorname{ch}\frac{\pi S}{4h} \tag{A-28}$$

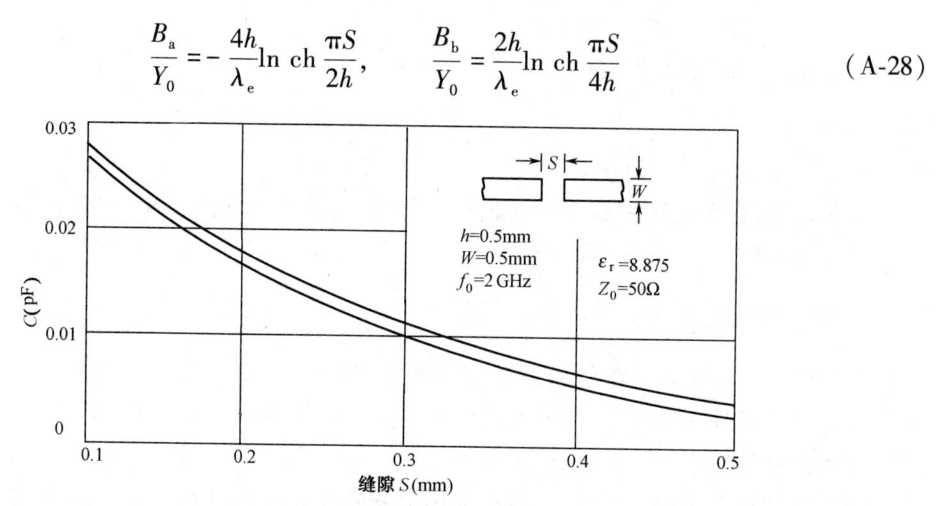


图 A-23　微带间隙电容与 $S$ 的关系曲线

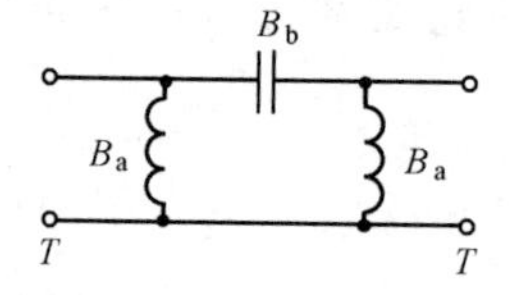


图 A-24　微带间隙的等效电路

# 附录 B　波导参数表

**表 B-1　标准矩形波导主要参数表**

| 波导型号 | | 主模频率范围（GHz） | 截止频率（MHz） | 结构尺寸(mm) | | | 衰减(dB/m) | | |
|---|---|---|---|---|---|---|---|---|---|
| 国际 | 国家 | | | 宽度 $a$ | 高度 $b$ | 壁厚 $t$ | 频率（MHz） | 理论值 | 最大值 |
| R3 | | 0. 32~0. 49 | 256.58 | 584.2 | 292.1 | | 0.386 | 0.00078 | 0.0011 |
| R4 | | 0.35~0.53 | 281.02 | 533.4 | 266.7 | | 0.422 | 0.000 90 | 0.0012 |
| R5 | | 0.41~0.62 | 327.86 | 457.2 | 228.6 | | 0.49 | 0.001 13 | 0.0015 |
| R6 | | 0.49~0.75 | 393.43 | 381.0 | 190.5 | | 0.59 | 0.001 49 | 0.002 |
| R8 | | 0.64~0.98 | 513.17 | 292.1 | 146.05 | 3 | 0.77 | 0.002 22 | 0.003 |
| R9 | | 0.76~1.15 | 605.27 | 247.65 | 123.83 | 3 | 0.91 | 0.002 84 | 0.004 |
| R12 | BJ 12 | 0.96~1.46 | 766.42 | 195.58 | 97.79 | 3 | 1.15 | 0.004 05 | 0.005 |
| R14 | BJ 14 | 1.14~1.73 | 907.91 | 165.10 | 82.55 | 2 | 1.36 | 0.005 22 | 0.007 |
| R18 | BJ 18 | 1.45~2.20 | 1 137.1 | 129.54 | 64.77 | 2 | 1.74 | 0.007 49 | 0.010 |
| R22 | BJ 22 | 1.72~2.61 | 1 372.4 | 109.22 | 54.61 | 2 | 2.06 | 0.009 70 | 0.013 |
| R26 | BJ 26 | 2.17~3.30 | 1 735.7 | 86.36 | 43.18 | 2 | 2.61 | 0.013 8 | 0.018 |
| R32 | BJ 32 | 2.60~3.95 | 2 077.9 | 72.14 | 34.04 | 2 | 3.12 | 0.018 9 | 0.025 |
| R40 | BJ 40 | 3.22~4.90 | 2 576.9 | 58.17 | 29.083 | 1.5 | 3.87 | 0.024 9 | 0.032 |
| R48 | BJ 48 | 3.94~5.99 | 3 152.4 | 47.55 | 22.149 | 1.5 | 4.73 | 0.035 5 | 0.046 |
| R58 | BJ 58 | 4.64~7.05 | 3 711.2 | 40.39 | 20.193 | 1.5 | 5.57 | 0.043 1 | 0.056 |
| R70 | BJ 70 | 5.38~8.17 | 4 301.2 | 34.85 | 15.799 | 1.5 | 6.46 | 0.057 6 | 0.075 |
| R84 | BJ 84 | 6.57~9.99 | 5 259.7 | 28.499 | 12.624 | 1.5 | 7.89 | 0.079 4 | 0.103 |
| R100 | BJ 100 | 8.20~12.5 | 6 557.1 | 22.860 | 10.160 | 1 | 9.84 | 0.110 | 0.143 |
| R120 | BJ 120 | 9.84~15.0 | 7 868.6 | 19.050 | 9.525 | 1 | 11.8 | 0.133 | |
| R140 | BJ 140 | 11.9~18.0 | 9 487.7 | 15.799 | 7.898 | 1 | 14.2 | 0.176 | |
| R180 | BJ 180 | 14.5~22.0 | 11 571 | 12.945 | 6.477 | 1 | 17.4 | 0.238 | |
| R220 | BJ 220 | 17.6~26.7 | 14 051 | 10.668 | 5.328 | 1 | 21.1 | 0.370 | |
| R260 | BJ 260 | 21.7~33.0 | 17 357 | 8.636 | 5.328 | 1 | 26.1 | 0.435 | |
| R320 | RJ 320 | 26.4~40.0 | 21 077 | 7.112 | 3.556 | 1 | 31.6 | 0.583 | |
| R400 | BJ 400 | 32.9~50.1 | 26 344 | 5.690 | 2.845 | 1 | 39.5 | 0.815 | |
| R500 | BJ 500 | 39.2~59.6 | 31 392 | 4.775 | 2.388 | 1 | 47.1 | 1.060 | |
| R620 | BJ 620 | 49.8~75.8 | 39 977 | 3.759 | 1.880 | 1 | 59.9 | 1.52 | |
| R740 | BJ 740 | 60.5~91.9 | 48 369 | 3.099 | 1.549 | 1 | 72.6 | 2.03 | |
| R900 | BJ 900 | 73.8~112 | 590 14 | 2.540 | 1.270 | 1 | 88.6 | 2.74 | |
| R1200 | BJ 1200 | 92.2~140 | 737 68 | 2.032 | 1.016 | 1 | 111 | 3.82 | |
| R1400 | | 114~173 | 907 91 | 1.651 | 0.826 | | 136.3 | 5.21 | |
| R1800 | | 145~220 | 115 750 | 1.295 | 0.648 | | 174.0 | 7.50 | |
| R2200 | | 172~261 | 137 268 | 1.092 | 0.546 | | 206.0 | 9.70 | |
| R2600 | | 217~330 | 173 491 | 0.864 | 0.432 | | 260.5 | 13.76 | |

表 B-2　标准扁矩形波导主要参数表

| 波导型号（国家） | 主模频率范围（GHz） | 截止频率（MHz） | 结构尺寸（mm） | | | 衰减（dB/m） | | |
|---|---|---|---|---|---|---|---|---|
| | | | 宽度 $a$ | 高度 $b$ | 壁厚 $t$ | 频率（MHz） | 理论值 | 最大值 |
| BB 22 | 1.72~2.61 | 1 372.2 | 109.2 | 13.10 | 2 | 2.06 | 0.030 18 | 0.039 |
| BB 26 | 2.17~3.30 | 1 735.4 | 88.40 | 10.40 | 2 | 2.61 | 0.043 93 | 0.056 |
| BB 32 | 2.60~3.95 | 2 077.9 | 72.14 | 8.60 | 2 | 3.12 | 0.056 76 | 0.074 |
| BB 39 | 3.22~4.90 | 2 576.9 | 58.20 | 7.00 | 1.5 | 3.87 | 0.077 65 | 0.101 |
| BB 48 | 3.94~5.99 | 3 152.4 | 47.55 | 5.70 | 1.5 | 4.73 | 0.105 07 | 0.137 |
| BB 58 | 4.64~7.05 | 3 711.2 | 40.40 | 5.00 | 1.5 | 5.57 | 0.130 66 | 0.170 |
| BB 70 | 5.38~8.17 | 4 301.2 | 34.85 | 5.00 | 1.5 | 6.46 | 0.143 9 | 0.181 |
| BB 84 | 6.57~9.99 | 5 259.2 | 28.50 | 5.00 | 1.5 | 7.89 | 0.165 1 | 0.215 |
| BB 100 | 8.20~12.5 | 6 557.1 | 22.86 | 5.00 | 1 | 9.84 | 0.193 1 | 0.251 |

# 附录C 同轴线参数表

**常用同轴射频电缆特性参数表**

| 电缆型号 | 内导体(mm) | | 绝缘外径(mm) | 电缆外径(mm) | 特性阻抗(Ω) | 衰减常数(3GHz)(不大于dB/m) | 电晕电压(kV) |
|---|---|---|---|---|---|---|---|
| | 根数/直径 | 外径 | | | | | |
| SYV-50-2-1<br>SWY-50-2-1 | 7/0.15 | 0.45 | 1.5±0.10 | 2.9±0.10 | 50±3.5 | 2.69 | 1.0 |
| SYV-50-2-2<br>SWY-50-2-2 | 1/0.68 | 0.68 | 2.2±0.10 | 4.0±0.20 | 50±2.5 | 1.855 | 1.5 |
| SYV-50-3<br>SWY-50-3 | 1/0.90 | 0.90 | 3.0±0.15 | 5.0±0.25 | 50±2.5 | 1.482 | 2.0 |
| SYV-50-5-1<br>SWY-50-5-1 | 1/1.37 | 1.37 | 4.6±0.20 | 7.0±0.30 | 50±2.5 | 1.062 | 3.0 |
| SYV-50-7-1<br>SWY-50-7-1 | 7/0.76 | 2.28 | 7.3±0.25 | 10.2±0.30 | 50±2.5 | 0.851 | 4.0 |
| SYV-50-9<br>SWY-50-9 | 7/0.95 | 2.85 | 9.0±0.30 | 12.4±0.40 | 50±2.5 | 0.724 | 5.0 |
| SYV-50-12<br>SWY-50-12 | 7/1.2 | 3.60 | 11.5±0.40 | 15.0±0.50 | 50±2.5 | 0.656 | 6.5 |
| SYV-50-15<br>SWY-50-15 | 7/1.54 | 4.62 | 15.0±0.50 | 19.0±0.50 | 50±2.5 | 0.574 | 9.0 |
| SYV-75-2<br>SWY-75-2 | 7/0.08 | 0.24 | 1.5±0.10 | 2.9±0.10 | 75±5 | 2.97 | 0.75 |
| SYV-75-3<br>SWY-75-3 | 7/0.17 | 0.51 | 3.0±0.15 | 5.0±0.25 | 75±3 | 1.676 | 1.5 |
| SYV-75-5-1<br>SWY-75-5-1 | 1/0.72 | 0.72 | 4.6±0.20 | 7.1±0.30 | 75±3 | 1.028 | 2.5 |
| SYV-75-7<br>SWY-75-7 | 7/0.40 | 1.20 | 7.3±0.25 | 10.2±0.30 | 75±3 | 0.864 | 3.0 |
| SYV-75-9<br>SWY-75-9 | 1/1.37 | 1.37 | 9.0±0.30 | 12.4±0.40 | 75±3 | 0.693 | 4.5 |
| SYV-75-12<br>SWY-75-12 | 7/0.64 | 1.92 | 11.5±0.40 | 15.0±0.50 | 75±3 | 0.659 | 5.5 |
| SYV-75-15<br>SWY-75-15 | 7/0.82 | 2.46 | 15.0±0.50 | 19.0±0.50 | 75±3 | 0.574 | 7.0 |
| SYV-100-5 | 1/0.60 | 0.60 | 7.3±0.25 | 10.2±0.30 | 100±5 | 0.729 | 2.5 |

注:同轴射频电缆型号组成:

第一部分字母:
- 第一个字母——分数代号:"S"表示同轴射频电缆。
- 第二个字母——绝缘材料:"T"表示聚乙烯绝缘;"W"表示稳定聚乙烯绝缘。
- 第三个字母——护层材料:"V"表示聚氯乙烯;"Y"表示聚乙烯。

第二部分数字:特性阻抗。

第三部分数字:芯线绝缘外径。

第四部分数字:结构序号。

# 部分习题答案

## 习题一

1-4　50Ω，j5. 23×$10^{-6}$Ω，j104. 6Ω，j2. 1×$10^{-9}$S，j4. 2×$10^{-2}$S

1-5　−j18V，−j0. 11A

1-6　$100\cos(\omega t+\pi/6)$V，$100e^{j\frac{\pi}{6}}$V

1-7　−0. 2，150Ω，7. 5cm

1-8　（a）1，∞Ω　（b）0，100Ω　（c）1/3，200Ω　（d）1/3，200Ω

1-9　$R_{max}=75\Omega$　　$R_{min}=33.3\Omega$

1-10　−j0. 2

1-11　（a）j520Ω　（b）−j520Ω　（c）−j173. 2Ω　（d）j173. 2Ω

1-12　$0.62e^{j29.75°}$

1-17　$0.7e^{-j135°}$

1-18　42. 5−j22. 5Ω，0. 016λ，0. 174λ

1-19　18+j24Ω　　0. 02−j0. 026S

1-20　65−j77Ω

1-21　$100\sqrt{10}$Ω，6. 1cm

1-22　0. 15λ，0. 4λ

1-23　0. 2−j0. 4

1-29　3cm

1-30　2. 32cm，2. 32×$10^8$m/s

1-32　10. 45mm

1-34　1. 58cm

1-36　51. 76Ω，51. 8GHz

1-37　$W$=0. 32mm

1-38　0. 7，6. 6，35Ω，1. 17cm，1. 17×$10^8$m/s

1-40　1. 4mm，0. 076mm

1-41　6. 8mm，0. 6mm

1-42　0. 78mm，0. 3mm

1-43　36Ω，58Ω

## 习题二

2-5　图(a) $S_{11}=S_{22}=\frac{n^2-1}{n^2+1}$，$S_{12}=S_{21}=\frac{-j2n}{n^2+1}$；图(b) $S_{11}=-S_{22}=\frac{Z_{01}^2-Z_{02}^2}{Z_{01}^2+Z_{02}^2}, S_{12}=S_{21}=\frac{-2Z_{01}^2Z_{02}^2}{Z_{01}^2+Z_{02}^2}$

2-6　图(a) $\boldsymbol{a}=\begin{bmatrix}-1 & j\\ j2 & 1\end{bmatrix}, \bar{\boldsymbol{Z}}=\begin{bmatrix}j/2 & -j/2\\ -j/2 & -j/2\end{bmatrix}$；图(b) $\boldsymbol{a}=\begin{bmatrix}0 & j\\ j & 0\end{bmatrix}, \bar{\boldsymbol{Z}}=\begin{bmatrix}0 & -j\\ -j & 0\end{bmatrix}$；

图(c) $\boldsymbol{a}=\begin{bmatrix}1 & j\\ j2 & -1\end{bmatrix}, \bar{\boldsymbol{Z}}=\begin{bmatrix}-j/2 & -j/2\\ -j/2 & j/2\end{bmatrix}$

2-11　$S_{11}=S_{22}=-j0.2$，　$S_{12}=S_{21}=\pm 0.98$

2-12　π，0. 175dB，　$0.98e^{j\pi}$，　1. 5

2-13　$\bar{Z}_{11}=\bar{Z}_{22}=0, \bar{Z}_{12}=\bar{Z}_{21}=-j$；　$\bar{Y}_{11}=\bar{Y}_{22}=0, \bar{Y}_{12}=\bar{Y}_{21}=j; S_{11}=S_{22}=0, S_{12}=S_{21}=-j$

2-14　$\frac{1}{2}(3+\sqrt{5})$　　2-17　$S_{11}=S_{22}=2/3$，$S_{12}=S_{21}=\pm 1/3$

## 习题三

3-1　电容膜片 $l=0.946a, b'/a=1/6$；电感膜片 $l=0.556a, \delta/a=2/3$

3-2　1. 5，　2cm

3-3　6.6mm

3-4　1.55,　　0.69cm

3-5　$W=4.14\text{mm}$,　　$l=0.923\text{cm}$

3-6　(1) $\mathrm{j}\overline{B}_1=\begin{cases}-\mathrm{j}0.5\\-\mathrm{j}1.5\end{cases}$感性　$\mathrm{j}\overline{B}_2=\begin{cases}\mathrm{j}1\text{ 容性}\\-\mathrm{j}1\text{ 感性}\end{cases}$;(2) $\mathrm{j}\overline{B}_1=\begin{cases}\mathrm{j}0.48\text{ 容性}\\-\mathrm{j}0.48\text{ 感性}\end{cases}$　$\mathrm{j}\overline{B}_2=\begin{cases}\mathrm{j}0.8\text{ 容性}\\-\mathrm{j}0.8\text{ 感性}\end{cases}$

3-7　$0.154\lambda$,　　$0.027\lambda$

3-9　5.94mm,　　3.94mm

3-11　36Ω,　　69Ω

3-12　$S_{12}=S_{21}=S_{34}=S_{43}=-\mathrm{j}0.975, S_{13}=S_{31}=S_{24}=S_{42}=0.224$　其余 $S_{ij}=0$

3-13　10.6dB,　　0.294

3-14　$U_{r4}=U_{r2}=0$,　　$U_{r3}=2000\mathrm{e}^{-\mathrm{j}\frac{\pi}{2}}\ \mu\text{V}$

3-17　$b_1=0$,　　$b_4=a_1\mathrm{e}^{-\mathrm{j}\left(\frac{\pi}{2}+2\beta l\right)}$

3-19　103Ω,　51.5Ω,　106Ω,　30mW,　60mW

3-20　131.6Ω,　43.9Ω,　115.5Ω,　65.8Ω,　38Ω

3-26　202MHz

3-27　6cm

3-28　17.68mm

## 习题四

4-2　(1) $|E_A|=0\text{ V/m}$, $|E_c|=1.884\times10^{-4}\text{V/m}$, $|E_D|=|E_B|=9.42\times10^{-5}\text{V/m}$, $E_E=E_A=0\text{V/m}$

(2) 各点场强相同, $|E_{max}|=1.884\times10^{-4}\text{V/m}$

4-11　BW=90°

4-12　BW=78°

4-13　BW=80°

4-14　$D=1.5$

4-16　$D'=1$

4-17　(1) 0.9564　(2) 1.0933

4-18　1.03m, 1.27m

4-19　4.4W

4-20　(1) 3mV/m, (2) $D_2=4D_1$

4-21　5Ω, 2.4

4-22　7.75mV/m, 77.5mV/m

4-24　$S_{av}=60\text{mW/m}^2$

4-26　$71.6\lambda^2$

4-27　$0.13\lambda^2$

4-28　0.76μW

4-30　$F=\sin(2kd\cos\theta)/4\sin\left(\frac{1}{2}kd\cos\theta\right)$

4-31　17.8dB 或 12.5dB

4-32　$-\pi/2$

4-37　$h=20\text{m}$

4-39　$f(\Delta)=2\cos(3\pi\sin\Delta)\cdot\cos\left(\frac{\pi}{2}\sin\Delta\right)/\cos\Delta$

4-40　$f(\Delta)=f_1(\Delta)\cdot f_a(\Delta)\cdot f_g(\Delta)$, $f_g=2\cos(2\pi\sin\Delta)$

$f_1(\Delta)=\cos\left(\frac{\pi}{2}\sin\Delta\right)/\cos\Delta$, $f_a(\Delta)=\sin3\left[-\frac{\pi}{4}+\frac{\pi}{2}\cos\Delta\right]/\sin\left[-\frac{\pi}{4}+\frac{\pi}{2}\cos\Delta\right]$

4-43　(1) $Z_{\Sigma1}=103.1+\mathrm{j}12.5\Omega$, $Z_{01}=Z_{02}=103.1\Omega$, $Z_{\Sigma1}=Z_{\Sigma2}$

4-47　矩形口径: $B_W=10.2°$, $D=314$; 圆形口径: $B_W=11.6°$, $D=246.5$

# 参 考 文 献


[1] 王新稳,李萍. 微波技术与天线[M]. 西安:西安电子科技大学,1999.

[2] 廖承恩. 微波技术基础[M]. 西安:西安电子科技大学出版社,1995.

[3] 吴万春,梁昌洪. 微波网络及其应用[M].北京: 国防工业出版社,1980.

[4] 吴明英,毛秀华. 微波技术[M].西安: 西北电讯工程学院出版社,1979.

[5] R.E.Collin. Foundations for Microwave Engineering. McGraw-Hill Book Co. 1966. 微波工程基础[M]. 中译本.吕继尧,译. 北京:人民邮电出版社,1985.

[6] 梁昌洪. 计算微波[M]. 西安:西北电讯工程学院出版社,1985.

[7] 吴宏雄,丘秉生. 微波技术[M]. 广州:中山大学出版社,1995.

[8] 陈振国. 微波技术基础与应用[M]. 北京:北京邮电大学出版社,1996.

[9] 谢宗浩,刘雪樵. 天线[M]. 北京:北京邮电学院出版社,1992.

[10] 徐之华. 天线[M]. 长沙:国防科技大学出版社,1990.

[11] 单秋山. 天线[M]. 北京:国防工业出版社,1989.

[12] 周朝栋,王元坤,周良明. 线天线理论与工程[M]. 西安:西安电子科技大学出版社,1988.

[13] 林昌禄,陈海,吴为公. 近代天线设计[M]. 北京:人民邮电出版社,1990.

[14] 张钧,刘克诚,张贤铎,等. 微带天线理论与工程[M]. 北京:国防工业出版社,1988.

[15] 黄立伟,许季华. 天线与电波传播基础[M]. 西安:西安电子科技大学出版社,1988.

[16] 杨恩耀,杜嘉聪. 天线[M]. 北京:电子工业出版社,1986.

[17] 黄立伟. 反射面天线[M]. 西安:西北电讯工程学院出版社,1986.

[18] 魏文元,宫德明,陈必森. 天线原理[M]. 北京:国防工业出版社,1985.

[19] 俱新德,谷深远. 常用电视接收天线[M]. 北京:国防工业出版社,1983.

[20] 郭景越等. 电视接收天线实用手册[M]. 北京:电子工业出版社,1989.

[21] 董维仁,王华芝,云大年. 天线与电波传播[M]. 北京:人民邮电出版社,1986.

[22] 梁昌洪.简明微波[M]. 北京:高等教育出版社,2006.

[23] 王一平,杨恩跃,肖景明 . 传输线—天线—电波传播[M]. 西安:西北电讯工程学院出版社,1976.

[24] 王元坤 . 电波传播概论[M]. 北京:国防工业出版社,1984.

[25] 叶后裕 . 电磁波基础[M]. 西安:西安电子科技大学出版社,1991.

[26] 姚建铿,迟楠,等 . 太赫兹通信技术的研究与展望[J]. 中国激光,2009. 36(9). 2213-2233.

[27] 赵国忠.太赫兹科学技术研究的新进展[J]. 国外电子测量技术,2014,33(2),1-20.

[28] 学雷达的人应该了解一下 P、L、S、C、X、K 等波段的由来 . http://zhidao.baidu.com/link?url=wz9qoW0z587RmslXJ5QXVIXO7181QcYPrc3nvXxnlRx4hBXOrfwlq0b-CWXYwpalhGhE-P7WoRgi15fty-WdsYuq.

[29] 微波波段代号 . http://blog.sciencenet.cn/blog-417113-354041.html.